油气藏渗流理论与开发技术系列

低渗致密油藏开发提高采收率渗流理论及方法

朱维耀　岳　明　宋智勇　侯吉瑞　王克亮　著

科学出版社

北　京

内 容 简 介

本书采用室内渗流物理模拟实验、理论方程建立、数值模拟计算和现场实际应用相结合的方法建立了反映低渗致密油藏开发提高采收率的非线性渗流理论，该理论主要包括各种复杂渗流机理、渗流规律及各类稳定渗流、不稳定渗流、多相渗流的非线性数学模型和实验方法等。同时，全书着重论述了低渗致密油藏开发纳微米颗粒分散体系调驱、微生物驱油、CO_2驱油、空气泡沫驱油的渗流规律与实验技术，以及这些技术在工程中的应用等。

本书适合石油工程领域的技术人员、科研工作者及高等院校师生阅读。

图书在版编目(CIP)数据

低渗致密油藏开发提高采收率渗流理论及方法 / 朱维耀等著. —北京：科学出版社，2019.8

（油气藏渗流理论与开发技术系列）

ISBN 978-7-03-061165-9

Ⅰ. ①低… Ⅱ. ①朱… Ⅲ. ①低渗透油气藏-油田开发-提高采收率-研究 Ⅳ. ①TE348

中国版本图书馆CIP数据核字(2019)第086691号

责任编辑：万群霞 崔元春 / 责任校对：樊雅琼
责任印制：师艳茹 / 封面设计：耕者设计工作室

科 学 出 版 社 出版
北京东黄城根北街16号
邮政编码：100717
http://www.sciencep.com

北京通州皇家印刷厂 印刷

科学出版社发行 各地新华书店经销

*

2019年8月第 一 版 开本：720 × 1000 1/16
2019年8月第一次印刷 印张：30 1/2
字数：612 000

定价：248.00 元

（如有印装质量问题，我社负责调换）

前　　言

我国低渗致密油藏资源丰富，在已探明的原油储量中所占比例很高，占全国已探明储量的 3/4 以上，开采潜力巨大，高效开发意义重大。由于低渗致密油藏储层渗透率低、许多储层纵向层数多、单层厚度薄、平面上应力分布复杂、物性差、砂泥交互、丰度低、储量动用程度低，提高采收率难度大。另外，由于缺乏理论和技术，严重制约了低渗致密油藏的高效开发。为此，迫切需要提高采收率渗流理论及方法作为指导，以期给出开采低渗致密油藏的规律性认识，为高效、科学开发提供理论支撑。

作者在跟踪国内外理论和技术研究的基础上，经多年创新和实践积累，采用室内渗流物理模拟实验、理论方程建立、数值模拟计算和现场实际应用相结合的方法建立了反映渗流特征的非线性渗流理论，取得原创性成果。该理论经矿场大范围工业化应用和验证，取到了较好的低渗致密油藏开发效果。本书是一部反映油气田开发领域最新科技研究成果的书籍，回答了部分低渗致密油藏在开发中认识不清的问题。希望本书能对低渗致密油藏的开发起到推动作用。

全书分五个部分共 21 章，第一部分介绍低渗致密油藏纳微米颗粒分散体系调驱非线性渗流理论，共 5 章，分别为纳微米颗粒分散体系的制备及性能、纳微米颗粒分散体系微观驱油机理、裂缝性储层纳微米颗粒分散体系调驱机理、纳微米颗粒分散体系调驱基质-裂缝非线性渗流数学模型及数值模拟方法；第二部分介绍低渗透油藏微生物驱油非线性渗流理论，共 4 章，分别为低渗透油藏微生物驱油机理、减阻增注-微生物联注室内模拟实验、低渗透油藏功能菌与内源菌驱油非线性渗流理论、低渗透油藏微生物驱油数值模拟方法及技术；第三部分主要由侯吉瑞教授执笔，介绍低渗透裂缝型油藏 CO_2 驱两级封堵扩大波及体积技术，共 3 章，分别为 CO_2 驱提高采收率主控因素研究、CO_2 驱封堵剂筛选和评价研究、CO_2 驱两级封堵工艺技术研究；第四部分主要由王克亮教授执笔，介绍低渗透裂缝性油藏空气泡沫驱提高采收率技术，共 5 章，分别为空气泡沫驱起泡剂筛选及性能评价，空气泡沫驱原油低温氧化机理研究，微观运移过程中泡沫形成和衰变机理，酚醛树脂交联体系与铬交联体系性能分析与评价，空气泡沫体系封堵能力、渗流能力和驱油效果评价；第五部分主要介绍上述理论和技术在油田现场的实际应用。

本书是国家油气重大专项和国家自然科学基金课题的部分研究成果，感谢科学技术部和国家自然科学基金委员会的支持。本书第一作者的博士研究生韩宏彦、李华、王亚震、刘凯等及科研团队的同事为本书的科研工作做出了很大的贡献，借此机会向他们一并表示感谢。

目前已出版的渗流理论、油气藏工程类图书涉及上述内容的较少，因此希望本书能为石油科学技术工作者、工程技术人员、高等院校师生在油气藏开发的学习和应用中起到积极的作用。

由于时间仓促及作者水平有限，书中难免有不妥之处，恳请读者批评指正。

作　者

2018 年 10 月 20 日

目　录

第四部分 低渗透裂缝性油藏空气泡沫驱提高采收率技术

第一部分　低渗致密油藏纳微米颗粒分散体系调驱非线性渗流理论

第1章 纳微米颗粒分散体系的制备及性能

纳微米颗粒分散体系调驱技术可以应用于常规聚合物驱不适用的低渗、高温、高盐类油藏，注入能力强，封堵强度大，分散性好，易于进入低渗储层的喉道，对于低渗油藏可以有效改善水驱效果[1-3]。本章使用蒸馏沉淀聚合法，制备了粒径可调的两种纳微米颗粒分散体系，即由丙烯酰胺复合形成的聚合物微球和由丙烯酰胺与具有不同功能的单体共聚合成的二元或三元复合微球。通过改变单体比例、浓度和交联剂比例，可以得到尺寸在200nm～2μm的聚丙烯酰胺复合聚合物颗粒，并优选出了纳微米范围内的3个典型尺度的聚合物颗粒进行了水化特征、黏度特征及流变特征分析。

1.1 纳微米颗粒分散体系制备

本章的研究中制备了两种纳微米颗粒分散体系，第一种是以纳微米级无机核-聚合物壳构成的典型核壳结构复合微球。选取粒径均一的二氧化硅作为复合材料的核，在核上包覆一层丙烯酰胺水化层，保证微球能够稳定存在于水中，不会沉淀[4,5]。第二种是不加入二氧化硅，采用丙烯酰胺单体直接进行聚合，得到纳微米颗粒。这种聚合物微球具有一定的弹性和水化膨胀性能，能够选择性地进入不同的孔道。

1.1.1 二氧化硅制备

制备两种二氧化硅，即介孔二氧化硅和实心二氧化硅作为纳微米颗粒制备的核。

1. 粒径可控的介孔二氧化硅制备

本次实验用到的主要试剂为：无水乙醇(EtOH，分析纯，北京化学工业集团有限责任公司)、月桂胺(DDA，分析纯，北京恒业中远化工有限公司)、正硅酸乙酯(TEOS，分析纯，含量为28.5%，北京现代东方精细化学品有限公司)。

实验过程：在15℃下将一定量的EtOH和去离子水混合倒入250mL的锥形瓶中，用中速磁力搅拌，加入适量的DDA到上述混合液中，待DDA全部溶解后，快速加入适量的TEOS，15min后溶液出现淡蓝色浑浊，之后随时间推移逐渐变成乳白色，继续搅拌20h后结束反应。将反应后的液体用高速离心机离心，去掉上层清液，固体用EtOH洗涤3次，得到的固体在50℃的恒温鼓风干燥箱中干燥12h，然后在550℃的马弗炉中焙烧5h，得到去除导向剂DDA的产物。

样品形貌的表征采用 JSM-4500 和 JSM-5500 两种扫描电子显微镜(SEM)。小角 X 射线采用的仪器为日本 Rigaku 公司生产的小角度 X 射线衍射仪(SAXRD)，采用 CuKα 作为发射源，波长 K= 0.15418nm。样品形貌与结构的表征采用高分辨透射电子显微镜(HRTEM)，型号为日本电子株式会社(JEOL)生产的 JEM-2010F。N_2 吸附/脱附分析采用的仪器为 Micrometritics ASAP-2010。比表面积和孔径分布分别根据 BET(brunauer emmett teller)和 BJH(barrett joyner halanda)模型由吸附曲线得到。样品的热失重分析采用 TGA-2050 型热失重分析仪。

通过改变 DDA 与 TEOS 的比例及溶剂总量，从而改变醇和水比例(体积比)来调控二氧化硅的粒径，进而分别得到粒径为 50nm～1μm 的形貌可控的微球。图 1-1 和图 1-2 分别为改变总溶剂量和溶剂量比例的颗粒粒径变化趋势图；4 个不同粒径尺度的微球的 SEM 图如图 1-3 所示。

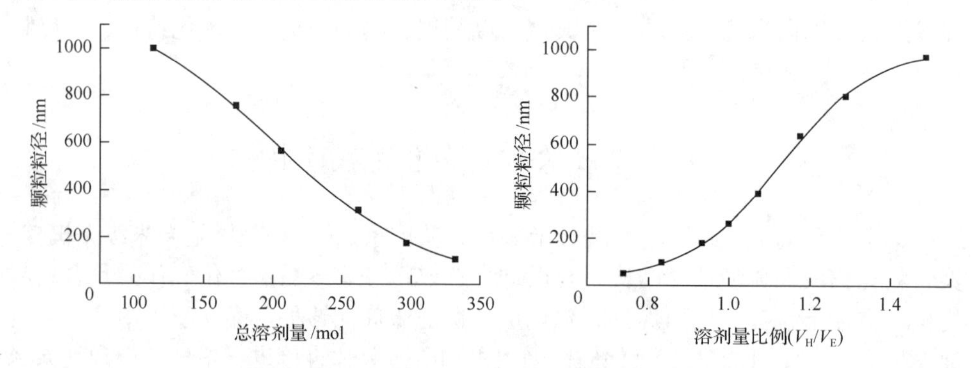

图 1-1 总溶剂量与粒径大小关系

图 1-2 溶剂量比例与粒径大小关系

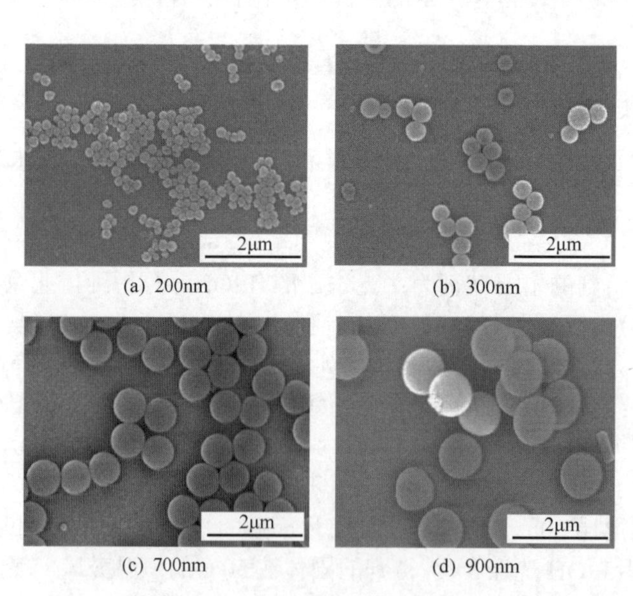

(a) 200nm (b) 300nm

(c) 700nm (d) 900nm

图 1-3 不同粒径介孔二氧化硅微球 SEM 图

图1-4是粒径为150nm、375nm的介孔二氧化硅微球的TEM图，可知介孔二氧化硅内部存在很多孔隙，这些孔隙的存在可以减轻二氧化硅密度，其具有的大的比表面积有助于表面进行后续的包覆。

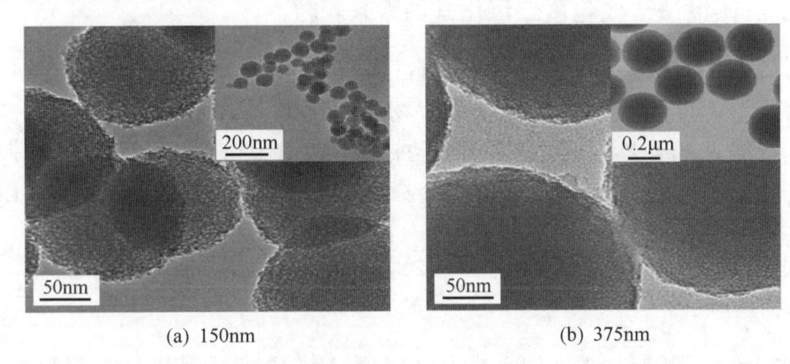

(a) 150nm　(b) 375nm

图1-4　不同粒径介孔二氧化硅微球的TEM图

2. 实心二氧化硅制备

本次实验用到的主要试剂：无水乙醇(EtOH，分析纯，北京化学工业集团有限责任公司)、月桂胺(DDA，分析纯，北京恒业中远化工有限公司)、正硅酸乙酯(TEOS，分析纯，含量为28.5%，北京现代东方精细化学品有限公司)、氨水(25%，北京化学工业集团有限责任公司)。

实验过程：在15℃下将一定量的EtOH、去离子水和氨水充分混合倒入250mL的锥形瓶中进行磁力搅拌；再将一定量的EtOH与适量的TEOS充分混合后快速倒入上述250mL的锥形瓶中，快速搅拌，当溶液出现淡蓝色浑浊后，缓慢搅拌，继续搅拌3h后结束反应。将反应后的液体用高速离心机离心，去掉上层清液，再用丙酮洗涤3次后，得到的固体超声后放入丙酮中保存。

通过改变溶剂总量、水/醇的物质的量比、TEOS浓度，以及固定氨水的量来调控无孔二氧化硅的粒径。图1-5为不同粒径无孔二氧化硅微球的SEM图，图中的标尺均为2μm。

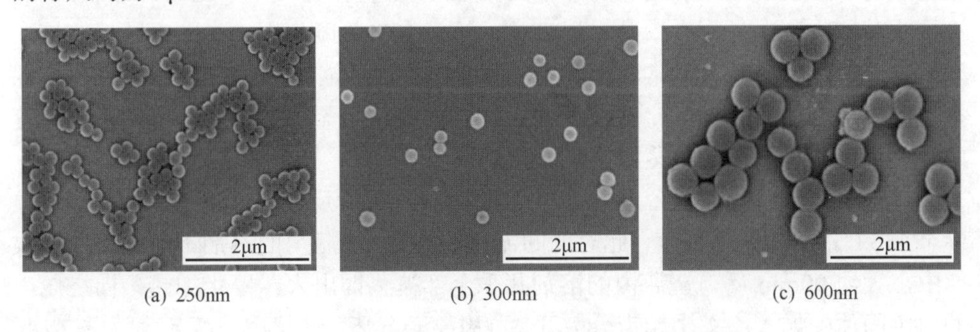

(a) 250nm　(b) 300nm　(c) 600nm

图1-5　不同粒径无孔二氧化硅微球的SEM图

由图 1-5 可知，无孔二氧化硅的形状规则、表面光滑，可以作为后续包覆的纳微米颗粒的核。

1.1.2 沉淀-蒸馏法合成包覆二氧化硅纳微米颗粒

采用沉淀-蒸馏法在二氧化硅表面直接包覆一层非水膨性交联聚合物，使微球表层聚合物层厚度可控，再在交联聚合物表面包覆一层水化层聚合物。交联聚合物层保证了微球的弹性及变形性，使微球在小喉道中可以通过变形顺利通过，水化层聚合物能使微球缓慢膨胀变大，使聚合物能够在颗粒较小时注入地层，在进入地层后缓慢膨胀，在大孔道中形成较大的球而缓慢运动。

1. 试剂与仪器

本次实验用到的试剂：丙烯酰胺(AM)、*N*，*N'*-亚甲基双丙烯酰胺(MBA)、2-丙烯酰胺基-甲基丙磺酸(AMPS)、偶氮二异丁腈(AIBN)、乙腈、乙醇。

本次实验用到的仪器：恒温油浴锅、Mastersizer2000 型激光粒度分析仪[英国马尔文(Malvern)仪器有限公司生产，采用 He-Ne 光源，激光电源的功率为 10mW，测定波长为 633nm，仪器测试范围为 0.02～2000μm，测定温度为 25℃]、S-360 型扫描电子显微镜(英国 Cambridge 公司生产，分辨率为 10nm，工作电压为 20kV) Nexus670 型傅里叶红外光谱仪(FTIR)(美国 Nicolet 公司生产，扫描范围为 4000～400cm^{-1}，KBr 压片)、圆底烧瓶、冷凝回流管。

2. 合成过程

将二氧化硅微球加入装有分析纯乙腈溶剂的三口烧瓶中，用超声分散开；再向烧瓶中加入一定量的交联剂 MBA(占单体质量的 0%～20%)，用超声分散开；再加入一定量的引发剂 AIBN(占单体质量的 1%～3%)，用超声分散开后备用。将 AM 加入一定量的乙腈溶剂中，用超声分散开后备用。

将装有二氧化硅微球的三口烧瓶置于恒温油浴锅中，油面高于反应液面，圆底烧瓶的一口装向下倾斜 30°的冷凝回流管(或者直接装一个李比希冷凝管)、蒸馏接头和接收瓶；另一个口装上温度计，第三个口关闭备用，加入后续反应液。开始升温，在 15min 内从常温上升到沸腾状态，油浴锅温度保持在 90℃左右，保持反应液沸腾状态 15min，在此期间，烧瓶内液体由无色变成淡蓝色，再逐渐变成乳白色，此时无溶剂被蒸馏出来。

打开第三个口，加入备用的 AM 乙腈溶液，继续反应 15min。调节油浴锅温度至 115℃，加大蒸馏强度，此时的回流比约为 2，烧瓶内的溶剂不断地流入接收瓶中，大约 90min 后，烧瓶内的溶剂几乎全部被蒸馏出来。停止加热，向烧瓶内的白色固体中加入乙醇用超声分散开，再用离心分离；继续用乙醇超声清洗 2 次，净化得到纳微米颗粒。然后将得到的固体颗粒置于50℃的烘箱中烘12h，烘干得到需要的纳微米颗粒粉末，研磨后称量装好。

3. 改变交联剂的量选择适合的交联层厚度

选取粒径为200nm的二氧化硅0.5g、AM 0.5g、乙腈40mL，改变交联剂MBA占二氧化硅(MBA/SiO_2)的质量比例，MBA/SiO_2的质量比例由0.5%增加到60%时，可以发现包覆厚度先迅速增加后保持基本不变，微球半径因聚合物的包覆大约增加100nm，如图1-6所示。将以上颗粒分别溶于水中可以发现，MBA/SiO_2的质量比例低于20%时，颗粒表面部分脱落；当质量比例增大到40%时，全部稳定不存在脱落；当质量比例超过60%时，包覆层呈现颗粒状。因此选择MBA/SiO_2的质量比例为40%，此时形成的包覆层既稳定又在水中不脱落(图1-6)。

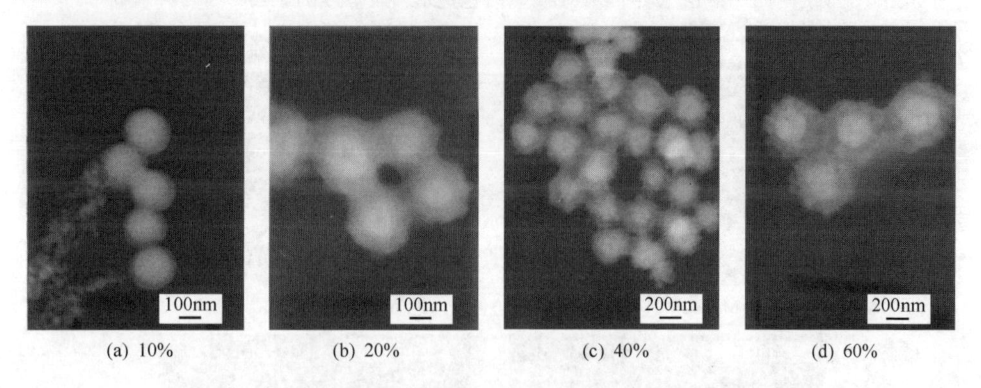

(a) 10%　(b) 20%　(c) 40%　(d) 60%

图1-6　不同MBA/SiO_2的质量比例对不同包覆厚度的影响

4. 改变AM的量确定水化层的厚度

固定二氧化硅的质量为0.5g、乙腈溶剂量为40mL、MBA/SiO_2的质量比例为40%，改变AM的质量，由0.25g增加到0.75g，发现包覆厚度由30nm增加到了100nm左右，并且随着AM质量的增加，颗粒表面的聚合物形貌越来越不规则，出现了小颗粒状物质，当AM增加到0.75g时，出现网络状的结构，如图1-7所示。实验中，AM的质量为0.5g时，包覆效果最好。

5. SiO_2/AM/MBA/AMPS核壳结构的三元复合微球

除了水化层包覆AM外，还加入了功能性的复合物，如AMPS和AM按照一定比例加入外层包覆物中，此种复合微球具有较好的抗温抗盐性能。改变AMPS/AM的质量比例，当AMPS/AM的质量比例由10%增大到50%时，得到的微球的SEM图如图1-8所示。

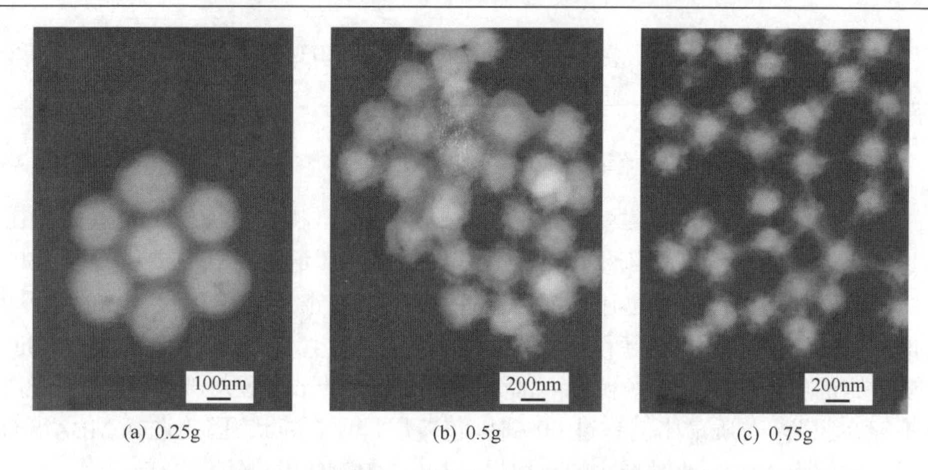

(a) 0.25g　(b) 0.5g　(c) 0.75g

图 1-7　不同 AM 质量对包覆形貌及厚度的影响

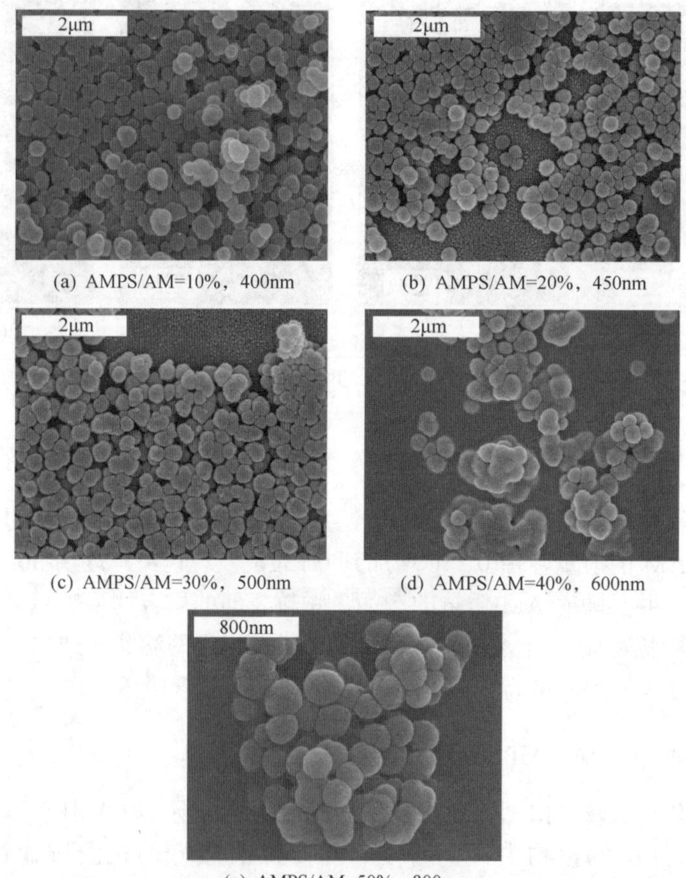

(a) AMPS/AM=10%，400nm　(b) AMPS/AM=20%，450nm

(c) AMPS/AM=30%，500nm　(d) AMPS/AM=40%，600nm

(e) AMPS/AM=50%，800nm

图 1-8　AMPS/AM 的质量分数不同时制备的 SiO_2-MBA-AMPS-AM 复合微球 SEM 图

1.1.3　蒸馏-沉淀法合成纳微米颗粒

在蒸馏状态下，AM、丙烯酸(AA)和甲基丙烯酸甲酯(MMA)在引发剂 AIBN 存在的情况下，在有油溶性乙腈溶剂的圆底烧瓶中进行共聚合。在反应体系中，引发剂分解产生自由基，可与聚合单体反应得到新自由基，自由基链不断增长，引起自身极性发生变化，从介质中沉析出来，多条链段相互缠结形成稳定的核悬浮在介质中，形成的初级增长核吸收反应介质中的单体和自由基，在核内继续进行聚合反应，形成聚合物颗粒。AM、AA 和 MMA 三元共聚合属于自由基共聚合，共聚反应方程式为[6]

$$m\underset{\text{COOH}}{CH_2=CH}+n\underset{\text{CONH}_2}{CH_2=CH}+k\underset{\text{COOCH}_3}{CH_2=CCH_3}\xrightarrow{\text{AIBN}}\left[CH_2-\underset{\text{COOH}}{CH}\right]_m\left[CH_2-\underset{\text{CONH}_2}{CH}\right]_n\left[CH_2-\overset{CH_3}{\underset{\text{COOCH}_3}{C}}\right]_k \tag{1-1}$$

1. 试剂与仪器

本次实验用到的试剂：AM、AA、MMA、MBA、AIBN、甲基丙烯酸(MAA)、乙腈、乙醇。

本次实验用到仪器：恒温油浴锅、Mastersizer2000 型激光粒度分析仪、S-360 型扫描电子显微镜、圆底烧瓶、冷凝回流管。

2. 合成过程

将 AM 和共聚单体(AA、MMA)(单体占溶剂质量的 1.6%～6.2%)加入单口圆底烧瓶中，倒入分析纯的乙腈溶剂，再向烧瓶中加入一定量的交联剂 MBA(占单体质量的 0%～20%)，使用超声分散开后再加入一定量的引发剂 AIBN(占单体质量的 1%～3%)，使用超声分散开后备用。

将圆底烧瓶置于恒温油浴锅中，油面高于反应液面，单口圆底烧瓶上装好向下倾斜 30°的冷凝回流管(或者直接装一个李比希冷凝管)、蒸馏接头和接收瓶。在 15min 内从常温升温至沸腾状态，油浴锅温度保持在 90℃左右，保持沸腾状态 15min，在此期间，烧瓶内液体由无色变成淡蓝色，再逐渐变成乳白色，无溶剂被蒸馏出来。

调节油浴锅温度至 115℃，加大蒸馏强度，此时的回流比约为 2，烧瓶内的溶剂不断地流入接收瓶中，大约 90min 后，烧瓶内的溶剂几乎全部被蒸馏出来。停止加热，向烧瓶内白色固体中加入乙醇后用超声分散开，并离心分离得到固体。

再用乙醇超声清洗、离心分离 2 次，净化得到微球，然后将得到的固体微球放于 50℃的烘箱中 12h，烘干得到需要的纳微米颗粒粉末，研磨后称量装好。

3. 考虑 AM 和 AA 的单体比例的影响

合成 AM 和 AA 二元共聚纳微米颗粒，保持交联剂与单体质量比为 1∶10，总单体浓度为 25g/L，引发剂质量为 0.02g，改变两种单体的质量比，AA/AM 从 0∶10 逐步上升至 10∶0，其组成及所得产物见表 1-1，SEM 结果如图 1-9 所示。

表 1-1　单体比例的组成及 SEM 结果分析

序号	AA/AM	SEM 粒径分布及形貌
A1	0∶10	不成球状
A2	2∶8	400～700nm，颗粒不均一，粘连严重
A3	4∶6	330～450nm，粘连
A4	5∶5	280nm，光滑球，单分散，大小均一
A5	6∶4	300nm，团聚成一个大球
A6	8∶2	不形成球状，大块状
A7	10∶0	无反应

从图 1-9 可以看出，保持其他配比不变，AA/AM 由 0∶10 逐步增大时，实验结果由不成球到逐渐成球，到球形度渐好但粘连，当 AA/AM 增大到 5∶5 时，

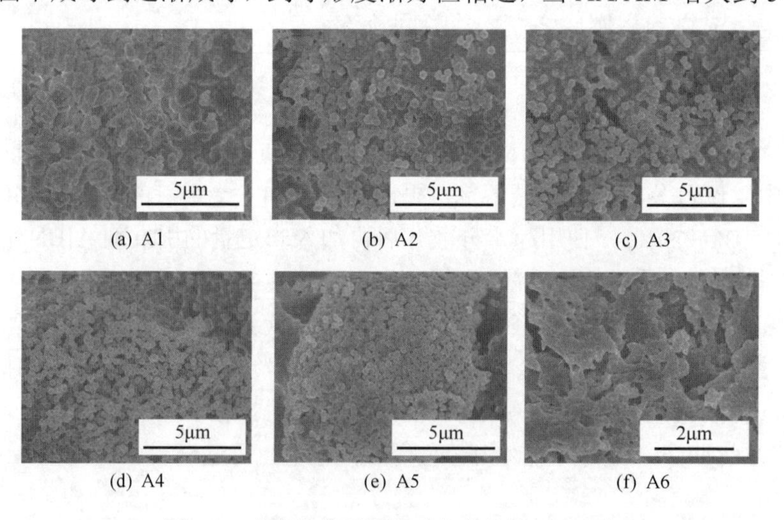

图 1-9　改变单体质量比时各产物的 SEM 图

成球及分散性最好，超过此比例后，微球开始团聚成块，最后当AA/AM达到10∶0时，又不能成球。可见当AA/AM为5∶5时，得到的纳微米颗粒粘连最少，成球率最高，微球粒径是280nm，呈良好的单分散状态。表明AM和AA以等质量共聚合时，聚合效果最好。

4. 考虑单体浓度对共聚合反应的影响

通过第一组实验，选取最优单体比例AM/AA质量比为5∶5，保持MBA占总单体质量为10%，引发剂为0.02g，通过改变反应溶剂的量来研究单体浓度对聚合过程的影响，具体组分见表1-2。

表1-2　不同单体浓度下SEM结果分析

序号	溶剂/mL	$C_{单体}$/(g/L)	SEM粒径分布及形貌
B1	10	100	不形成球
B2	20	50	700～1000nm，粘连，大小不一
B3	40	25	280nm，光滑球，单分散，大小均一
B4	60	16.7	180～220nm，大小不均一，粘连
B5	80	12.5	大小不一，粘连严重，团聚

所得产物干燥后的SEM图如图1-10所示，溶剂量由10mL逐步增加，所得产物由不成球到成表面凹凸不平的非均质球，当溶剂量增加到40mL时，产物变为粒径均一的单分散纳微米颗粒，但粒径变小很多。超过此体积后，微球形貌开

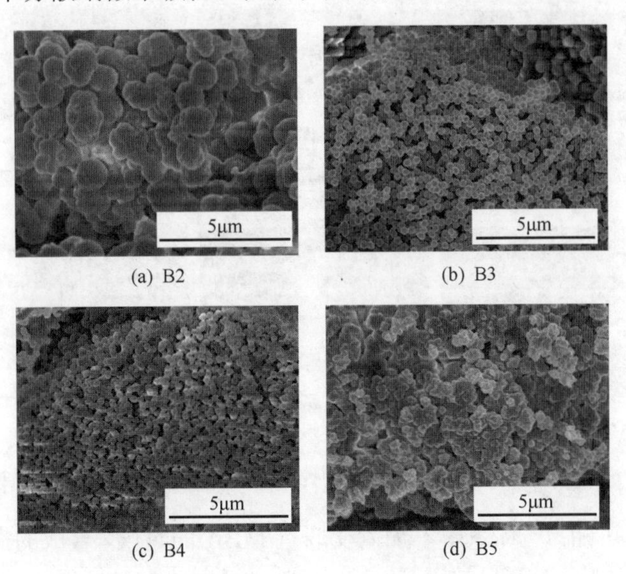

(a) B2　(b) B3　(c) B4　(d) B5

图1-10　改变单体浓度时各产物的SEM图

始变差，微球粘连，当溶剂量增加到 80mL 时，产物变为凌乱的块状。这说明聚合反应有一个优化单体浓度，即溶剂体积是 40mL，单体浓度为 25g/L。这是因为在反应体系中形成的初级核浓度基本一致，单体浓度高时，在初级核的基础上进行聚合的单体更多，颗粒大，影响了微球形貌；而单体浓度低时，在初级核的基础上进行聚合的单体变少，形成的颗粒小，浓度低于一定程度很难形成微球。

5. 考虑交联剂对共聚合反应及形成微球水化特性的影响

通过第一组实验选取最优单体比例 AM/AA（质量比）为 5∶5，第二组实验选取最优单体浓度为 25g/L，并保持引发剂的质量为 0.02g，改变交联剂的比例研究其对二元共聚合反应的影响。交联剂占总单体的质量比例（质量分数）由 0 逐步增大到 16%，具体组分及结果分析见表 1-3，所得样品干燥后的 SEM 结果如图 1-11 所示。

表 1-3　改变交联剂的质量分数时 SEM 和激光粒度仪结果分析

序号	MBA/%	SEM 粒径/nm	微球水化后粒径分布/μm	水化后是否有团聚	膨胀倍数
C1	0	180～200	—	—	—
C2	1	250～270	2.0～10，峰值 5	2～100μm 有团聚	19
C3	2	220～240	0.8～4，峰值 1.9	5～80μm 有团聚	8.3
C4	4	200～240	0.8～3.0，峰值 1.7	10～50μm 有团聚	7.7
C5	8	280～300	0.3～0.8，峰值 0.5	无团聚	1.7
C6	16	650～900	0.6～2.0，峰值 1.1	无团聚	1.4

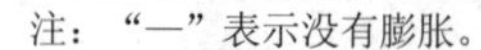
注：“—”表示没有膨胀。

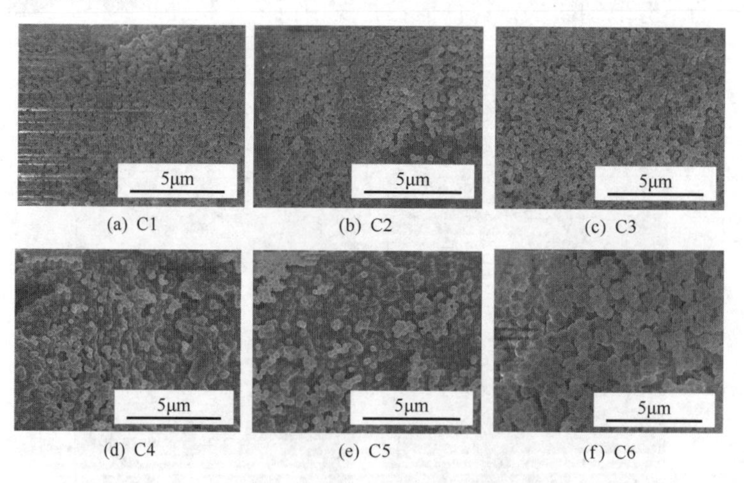

(a) C1　(b) C2　(c) C3
(d) C4　(e) C5　(f) C6

图 1-11　改变交联剂的比例时各产物的 SEM 图

由图 1-11 可知：当体系中不加入交联剂 MBA 的时候，合成的微球均一性好，粒径很小且单分散。MBA 的质量分数由 1%增大到 8%时，得到的纳微米颗粒粒径稍大，但整体变化不大；当 MBA 的质量分数达到 16%时，纳微米颗粒粒径显著增大，纳微米颗粒表面粗糙，这是形成的小纳微米颗粒的二次团聚造成的。说明交联剂并不是共聚合反应所必需的成分，但是对共聚合反应有一个临界浓度，若大于此临界浓度，则共聚反应产物形貌团聚，难以形成单分散纳微米颗粒。

所得样品用蒸馏水配制成 $4000\times10^{-6}\mu g/g$ 的水溶液，水化 1h 后，用激光粒度仪测量纳微米颗粒的水化粒径分布，样品 C2～C6 的粒度分布如图 1-12 所示：其中 C1 纳微米颗粒溶于水后测不出粒径分布，说明 C1 纳微米颗粒在水溶液中全部散开了；C2～C4 纳微米颗粒不仅出现了一个主峰，在粒径较大范围内还有一个或两个小峰，这可以认为是纳微米颗粒在水溶液中团聚而造成的；C5 和 C6 纳微米颗粒的水化粒径只有一个峰，说明纳微米颗粒在水溶液中分散性好，没有发生团聚现

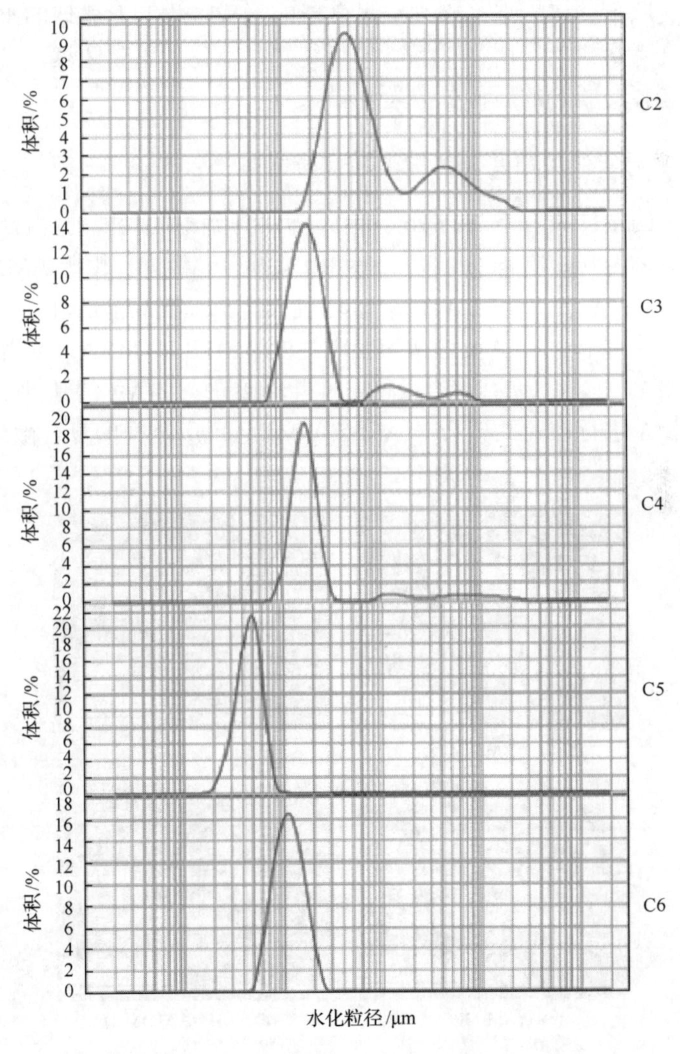

图 1-12　改变交联剂比例时水化粒径分布图

象。这说明交联剂含量只有达到一个临界值后，形成的纳微米颗粒水化后不会发生团聚现象。

将纳微米颗粒的水化粒径分布的主峰峰值(D50)除以干燥纳微米颗粒的 SEM 的平均粒径，求得膨胀倍数，其结果见表 1-3：随着交联剂比例的增大，C2～C5 纳微米颗粒水化粒径分布逐步降低，C6 纳微米颗粒水化粒径虽然明显高于 C5 纳微米颗粒，但是 C6 干燥纳微米颗粒的粒径远大于 C5 纳微米颗粒的粒径，因此整体上，膨胀倍数随着交联剂的质量分数的升高而减小。这说明交联剂对纳微米颗粒的水化特性有明显的影响，即交联剂的质量分数越大，微球聚合越紧密，水化时微球越不容易分散开，水化膨胀倍数越小。

因此，交联剂的浓度选择必须从对微球的形成过程和对微球的水化特性影响两方面来综合考量。为了所得干燥微球形貌好，水化后不易团聚，且具有较好的膨胀倍数，选择交联剂的质量分数为 8%。

6. 具有不同官能团的复合纳微米颗粒的制备

由于不同的单体具有不同的功能特性，为了得到不同功能的复合纳微米颗粒，采用不同的单体组合，制备不同功能的纳微米颗粒。例如，由于 AMPS 具有耐高温耐盐的性能，得到的 P(AM-AMPS)微球也具有抗高温高盐的性能。本章采用亲水性的 AM 为主单体，将 AA 替换为亲水性的 AMPS 或 MAA，或者替换为疏水性的单体 MMA，进行二元共聚合反应，再者直接在 AM/AA 的基础上，添加疏水性的单体 MMA 进行三元共聚合 P(AM-AA-MMA)，所制得的复合微球的 SEM 图如图 1-13 所示。

(a) P(AM-AMPS)　(b) P(AM-MAA)　(c) P(AM-MMA)　(d) P(AM-AA-MMA)

图 1-13　不同官能团共聚合形成的聚合物微球 SEM 图

为了检测所得纳微米颗粒的化学特性，对所得纳微米颗粒进行了傅里叶红外扫描，结果如图 1-14 所示。图 1-14 中自下而上 A、B、C、D、E 5 条曲线分别是 P(AM-AA)、P(AM-MAA)、P(AM-AMPS)、P(AM-MMA)、P(AM-AA-MMA) 这 5 种共聚物的红外光谱图，可知 5 条吸收图谱中都有：$1664cm^{-1}$ 左右的波长吸收，它是酰胺中的 C═O 伸缩振动；$3351cm^{-1}$、$3206cm^{-1}$ 左右两个峰，是 N—H 的对称和反对称伸缩振动，属于伯氨基，说明 AM 的存在；$2950cm^{-1}$ 左右是 C—H 的伸缩振动，$1452cm^{-1}$ 是—CH_2CH_2—中的变角振动，$777cm^{-1}$ 左右是—$(CH_2)_n$—的面外弯曲振动，共同说明聚合物的存在，这些共同的特征峰可以证明里面共同含有聚丙烯酰胺。A、B、D、E 曲线都有 $1715cm^{-1}$ 左右的吸收峰，它是羧酸中的 C═O 伸缩振动，$1221cm^{-1}$ 是羧酸中的 C—O 伸缩振动，$950cm^{-1}$ 是 O—H 面外弯曲振动，说明存在羧酸。D、E 曲线中有 $1718cm^{-1}$、$1211cm^{-1}$ 两处极强的吸收，是羧酸酯的特征吸收，而 D 曲线中有明显的 $2983cm^{-1}$、$2946cm^{-1}$ 两处吸收，是—CH_3 的反对称与对称伸缩振动，说明 D 曲线中的甲基含量高于 E 曲线，D 曲线是 P(AM-MAA)，E 曲线是 P(AM-AA-MMA) 含有 MMA，C 曲线中有 $1211cm^{-1}$ 处的极强宽峰和 $1040cm^{-1}$ 处的强峰，说明有磺酸盐存在，证明是 P(AM-AMPS)。

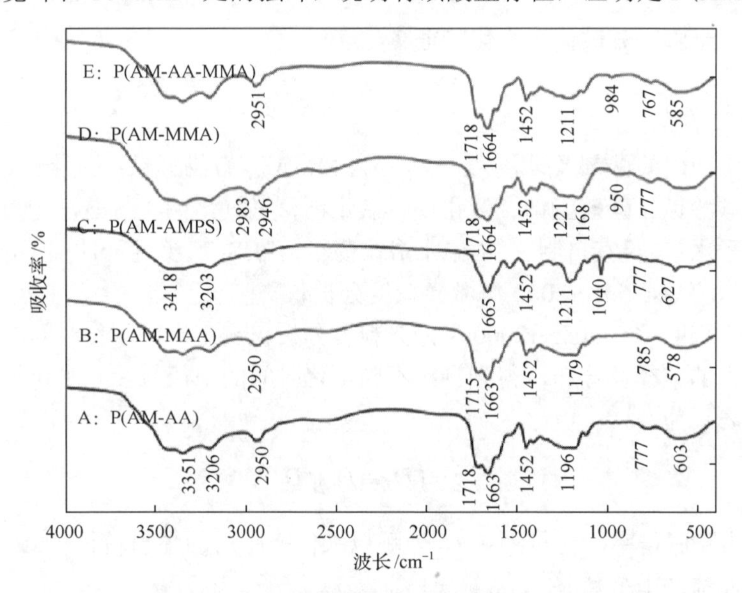

图 1-14　各种不同共聚物的红外光谱图

通过蒸馏-沉淀法制备聚丙烯酰胺系列复合颗粒操作过程简单、绿色环保，且颗粒在水溶液中分散性好，能保持球形并适度膨胀，具有一定的弹性，可以选择性地进入不同地层孔道，用于油藏深部调驱提高采收率。

通过改变单体比例、单体浓度、交联剂浓度等合成条件，可以得到尺寸为 200nm～2μm 的聚丙烯酰胺复合纳微米颗粒，并优选出 3 个典型尺度（纳米级 200～

240nm、亚微米级 280～380nm、微米级 400～500nm)的 AM/AA/MMA 的颗粒进行后续试验(图 1-15)。

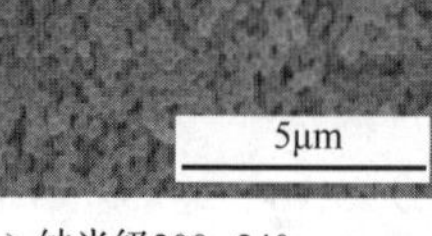

(a) 纳米级200~240nm

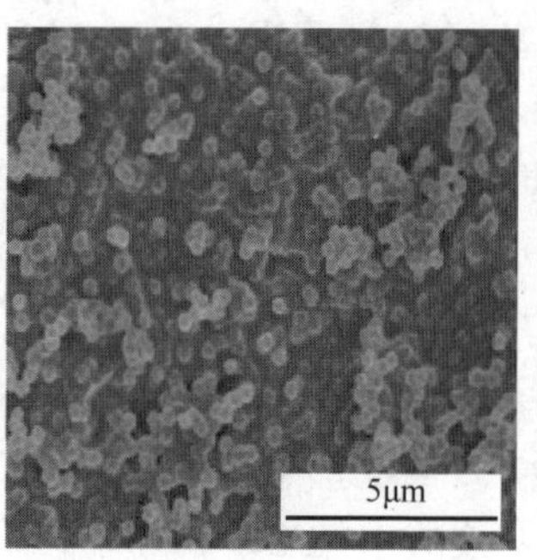

(b) 亚微米级280~380nm

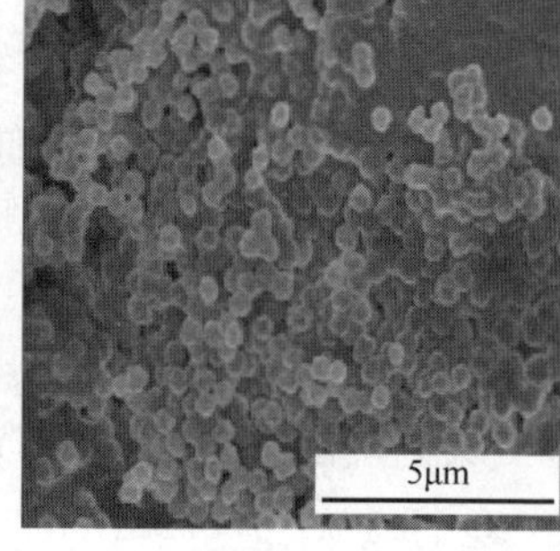

(c) 微米级400~500nm

图 1-15　3 个典型尺度的 AM-AA-MMA 纳微米颗粒 SEM 图

1.2　纳微米颗粒分散体系性能的表征

1.2.1　纳微米颗粒分散体系水化特征

1. 实验方法

实验中使用的试剂及设备为：AM-AA-MMA 聚合物颗粒；氯化钠、氯化钾、硫酸钠、碳酸钠、碳酸氢钠、氯化镁、氯化钙、氢氧化钠、盐酸，均为分析纯试剂、去离子水(实验室自制)；恒温水浴振荡箱、PHS-25 数字 pH 计(上海雷磁仪器厂生产)、Mastersizer2000 型激光粒度分析仪。

利用生产的 Mastersizer2000 型激光粒度分析仪测定不同水化时间的聚合物颗粒分散体系的粒径及分布，得到颗粒不同水化时间的中值粒径。水化膨胀性能用膨胀倍率表示为[7,8]

$$\varepsilon=\left(D_2-D_1\right)/D_1 \tag{1-2}$$

式中，ε 为膨胀倍率，无量纲；D_2 为颗粒水化膨胀后的中值粒径，μm；D_1 为颗粒水化膨胀前的中值粒径，μm。

2. 实验结果与讨论

1) 纳微米颗粒水化膨胀机理

丙烯酰胺类复合颗粒属于阴离子型聚电解质，在水溶液中聚合物分子链—COOH 基团发生电离，致使聚合物表面分子链带负电，带负电的聚合物分子与体相溶液间的界面生成双电层。紧靠聚合物分子表面处，由于静电引力和范德瓦尔斯作用力，某些阳离子连同部分溶剂分子牢固吸附在表面，称之为特性吸附离子。特性吸附离子的电性中心构成 Stern 平面，Stern 平面与表面之间的区域称为 Stern 吸附层。在 Stern 吸附层之外，离子呈扩散分布构成扩散层，电荷分离而造成的固液两相内部的电位差称为表面电势。聚合物分子表面双电层结构如图 1-16 所示。

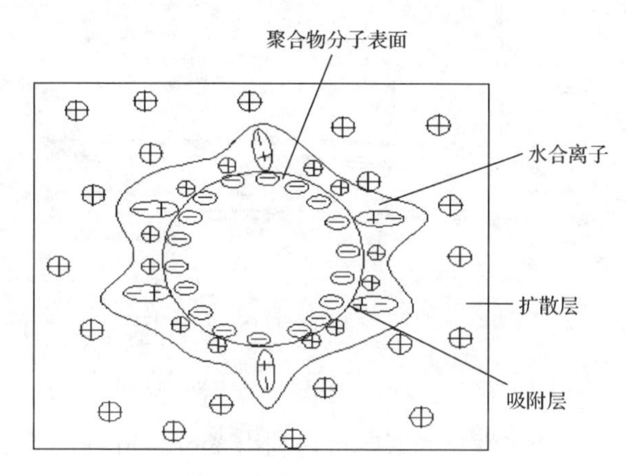

图 1-16　聚合物分子表面双电层结构

纳微米颗粒水化后，溶剂水大量进入聚合物分子吸附层，随着聚合物分子链的电离，聚合物分子表面所带负电荷越来越多，各分子链上羧基负离子之间的静电排斥也逐渐加强，分子链间的静电排斥力得以逐渐增强，聚合物分子链舒展程度增加，分子链表面水化层逐渐增厚，纳微米颗粒得以水化膨胀，尺寸逐渐增大。

纳微米颗粒的水化膨胀受各种因素的影响，但主要受聚合物分子链间的静电斥力影响。纳微米颗粒分散体系中的阳离子进入聚合物分子吸附层后，会中和分子链上羧基所带的负电荷，对分子链上羧基负离子之间的静电排斥起到了有效屏蔽，导致分子链间静电斥力大大减弱，聚合物分子链卷曲程度增加，扩散层厚度减小，电势下降。体系中阳离子浓度越高，这种屏蔽作用越激烈，纳微米颗粒水化受到的影响越大，表现为测试得到的纳微米颗粒粒径随着阳离子浓度的增大而降低[9]。

2）NaCl 浓度对纳微米颗粒膨胀性能的影响

温度为 60℃时，颗粒浓度为 1.5g/L 的纳微米颗粒分散体系在不同 NaCl 浓度下纳微米颗粒的膨胀倍率随水化时间的变化关系如图 1-17 所示，可知当 NaCl 浓度相同时，纳微米颗粒的膨胀倍率随着水化时间增大而增大，水化约 150h 后，膨胀倍率趋于稳定。且水化初始阶段纳微米颗粒的膨胀倍率迅速增加，但随着水化时间的增加，纳微米颗粒的膨胀速度变慢，曲线趋于平缓。在相同水化时间下，随着 NaCl 浓度的增大，纳微米颗粒的膨胀倍率减小。且颗粒在去离子水与盐水中的膨胀倍率相差很大，可见 NaCl 浓度对纳微米颗粒膨胀性能影响很大。

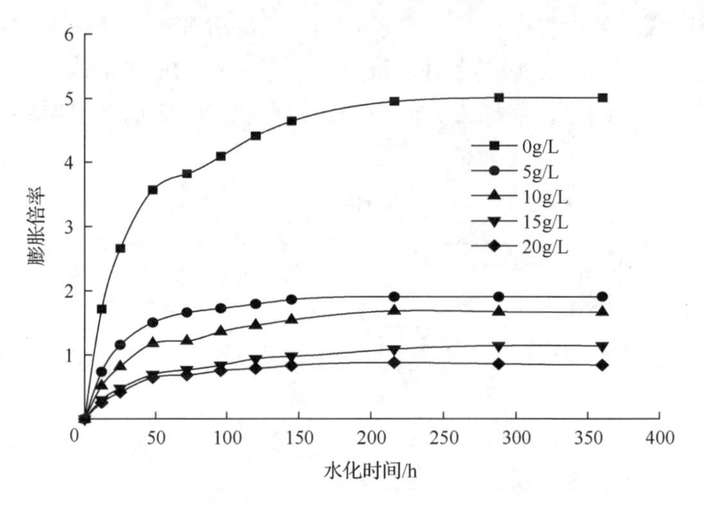

图 1-17　NaCl 浓度对纳微米颗粒膨胀性能的影响

NaCl 浓度对颗粒膨胀性能的影响可以利用 Flory-Huggins 理论来解释分析，根据 Flory-Huggins 理论，从颗粒内外离子浓度差产生的渗透压出发，可以计算平衡时的最大膨胀倍率 $Q_{\max}$：

$$Q_{\max}^{5/3} \approx \left[\left(\frac{i}{2V_{\mathrm{u}} S^{1/2}} \right)^2 + \left(1/2 - x_1 \right) \big/ V_1 \right] \Bigg/ \frac{V_{\mathrm{e}}}{V_0} \tag{1-3}$$

式中，$Q_{\max}$ 为最大膨胀倍率；V_{u} 为颗粒的摩尔体积；S 为外部电解质的离子强度；x_1 为聚合物颗粒和水的相互作用参数；V_0 为未膨胀颗粒的摩尔体积；V_1 为已膨胀颗粒的摩尔体积；V_{e} 为交联网络的有效交联单元数；i 为每个结构单元所具有的电荷数；i/V_{u} 为固定在颗粒上的电荷浓度；$\left(1/2 - x_1\right)/V_1$ 为水与颗粒网络的亲合力；V_{e}/V_0 为颗粒的交联密度。

由式(1-3)可知，将颗粒置入电解质溶液时，电解质浓度越大，电解质的离子强度 S 越大，颗粒最大膨胀倍率 $Q_{\max}$ 越小，即颗粒最大膨胀倍率 $Q_{\max}$ 随着 NaCl 浓度的增大而减小。

3) 温度对纳微米颗粒膨胀性能的影响

NaCl 浓度为 5g/L 时，颗粒浓度为 1.5g/L 的纳微米颗粒分散体系在不同温度下纳微米颗粒的膨胀倍率随水化时间变化关系如图 1-18 所示，可知当温度相同时，纳微米颗粒的膨胀倍率随着水化时间的增大而增大，最终趋于平衡。在相同水化时间下，纳微米颗粒的膨胀倍率随着温度的增高而增大，且温度越高，纳微米颗粒的膨胀倍率增幅越大，说明温度越高，纳微米颗粒的膨胀效果越好。

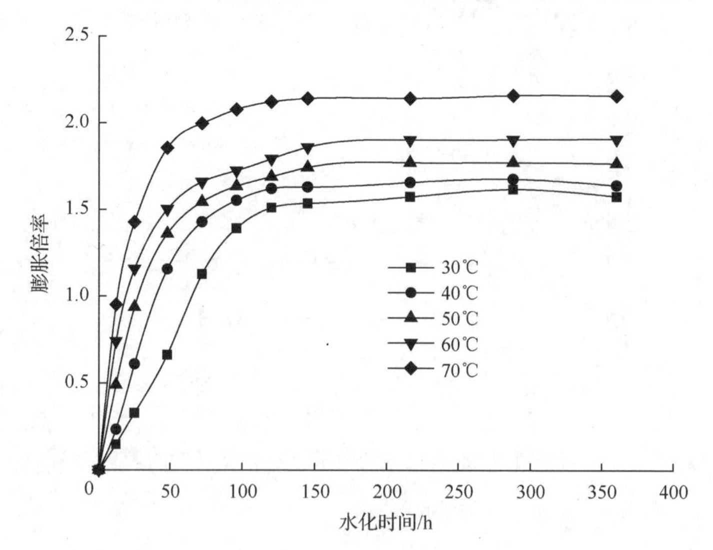

图 1-18　温度对纳微米颗粒膨胀性能的影响

温度对纳微米颗粒膨胀性能的影响同样可以用 Flory-Huggins 理论来解释分析。升高温度会促使颗粒中的酰胺基团进一步水解，根据 Flory-Huggins 理论，水解度增加使 i/V_u 增大，同时也使 Q_{max} 增大。进一步分析发现，高温下 i/V_u 越大，即 S 的系数越大，S 变化时对 Q_{max} 的影响也越大；低 NaCl 浓度下，S 越小，i/V_u 的系数越大，i/V_u 变化时对 Q_{max} 的影响也越大。可见，高温下 NaCl 浓度对膨胀倍率的影响更显著，低 NaCl 浓度下温度对膨胀倍率的影响更显著。

4) 地层水类型对纳微米颗粒膨胀性能的影响

温度为 60℃、NaCl 浓度为 5g/L 时，颗粒浓度为 1.5g/L 的纳微米颗粒分散体系在不同类型地层水中纳微米颗粒的膨胀倍率随水化时间变化关系如图 1-19 所示。由图 1-19 可知，氯化钙和氯化镁水型对纳微米颗粒的膨胀倍率的影响较为显著，表现为当颗粒水化膨胀平衡时，在氯化钙和氯化镁水型中颗粒的最大膨胀倍率分别为 1.18 和 2.54，明显小于在硫酸钠水型和碳酸氢钠水型中的膨胀倍率。

地层水类型对纳微米颗粒膨胀性能的影响，是因为纳微米颗粒膨胀吸水后，聚合物分子链段上存在大量可离解的基团，生成高分子阴离子和阳离子。阳离子无规则分散在负离子周围，形成稳定的电场。但当从外界引入阳离子时，由于阳离子对负电荷的屏蔽作用，聚合物分子间的作用力减弱，易趋于稳定状态，膨胀性能减弱。由于 Ca^{2+}、Mg^{2+}比 Na^{+}、H^{+}具有更强的中和屏蔽能力，其对纳微米颗粒膨胀性能的影响更为明显。

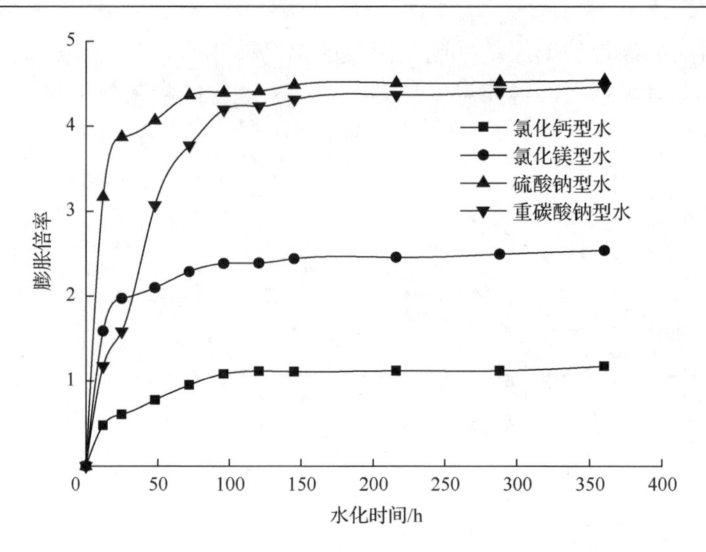

图 1-19　地层水类型对纳微米颗粒膨胀性能的影响

5) pH 对纳微米颗粒膨胀性能的影响

温度为 60℃、NaCl 浓度为 5g/L 时，颗粒浓度为 1.5g/L 的纳微米颗粒分散体系在不同 pH 下纳微米颗粒的膨胀倍率随水化时间变化关系如图 1-20 所示。由图 1-20 可知，当体系 pH 小于 7 时，即处于酸性环境中，体系较早达到水化膨胀平衡；当体系 pH 大于 7 时，即处于碱性环境中，体系较晚达到水化膨胀平衡。且不管是在酸性还是碱性环境中，纳微米颗粒膨胀性能均弱于中性环境。这是由纳微米

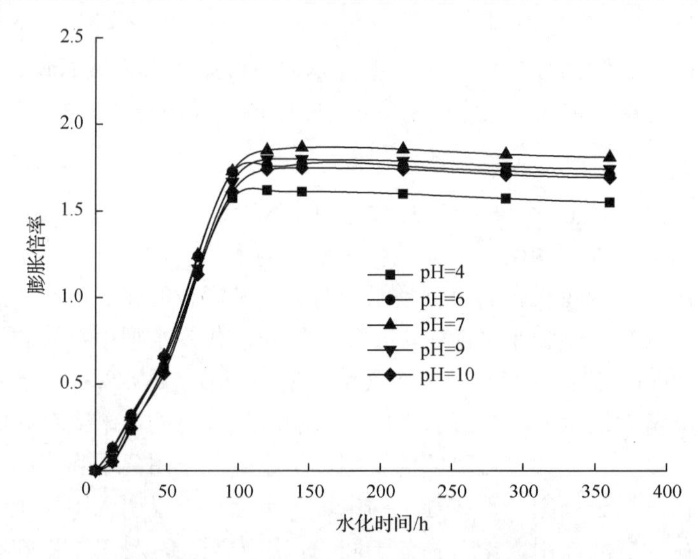

图 1-20　pH 对纳微米颗粒膨胀性能的影响

颗粒所带电荷引起的，颗粒表面附着有带负电的阴离子，当 pH 较低时，水中的 H^+使颗粒所带负电失效，分子线团发生收缩，单位体积内的网络空间减小，导致颗粒的膨胀倍率变小；当 pH 较高时，颗粒所带负电的排斥作用使其分子拉伸，宏观表现为颗粒的膨胀倍率增加，但当 pH 过高时，容易破坏分子内结构，使分子线团断裂。

1.2.2　纳微米颗粒分散体系黏度特征

1. 实验方法

利用美国 Brookfield 公司生产的 Brookfield DV-Ⅱ 黏度计对聚合物颗粒分散体系的黏度特性进行测试分析，剪切速率为 $7.4s^{-1}$，考察颗粒浓度、温度、NaCl 浓度和水化时间对颗粒黏度特性的影响。

本次实验所使用的材料及仪器：AM/AA/MMA 颗粒；氯化钠、去离子水、恒温水浴振荡箱、分析电子天平、Brookfield DV-Ⅱ 黏度计。

2. 实验结果与讨论

1) 纳微米颗粒分散体系黏度-浓度关系

在温度为 60℃、NaCl 浓度为 5g/L 的条件下，纳微米颗粒水化 5 天时，纳微米颗粒分散体系黏度随颗粒浓度变化关系如图 1-21 所示。由图 1-21 可知，随着纳微米颗粒浓度的增加，纳微米颗粒分散体系黏度逐渐增大。这是因为纳微米颗粒浓度较低时，颗粒孤立存在于水中，彼此之间距离较远，此时分散体系黏度跟

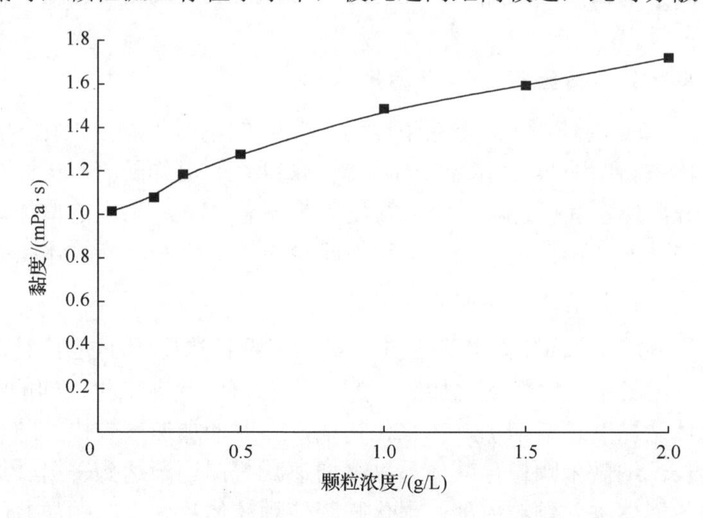

图 1-21　纳微米颗粒分散体系黏度-颗粒浓度关系曲线

水基本一致；随着纳微米颗粒浓度的增加，少数颗粒开始逐渐聚集，浓度进一步增加，颗粒形成明显的聚集体结构，黏度逐渐增大但增幅有限。

2) 纳微米颗粒分散体系黏度-温度关系

在 NaCl 浓度为 5g/L 的环境下，颗粒浓度为 1.5g/L 的纳微米颗粒水化 5 天时，纳微米颗粒分散体系黏度随温度变化关系如图 1-22 所示。

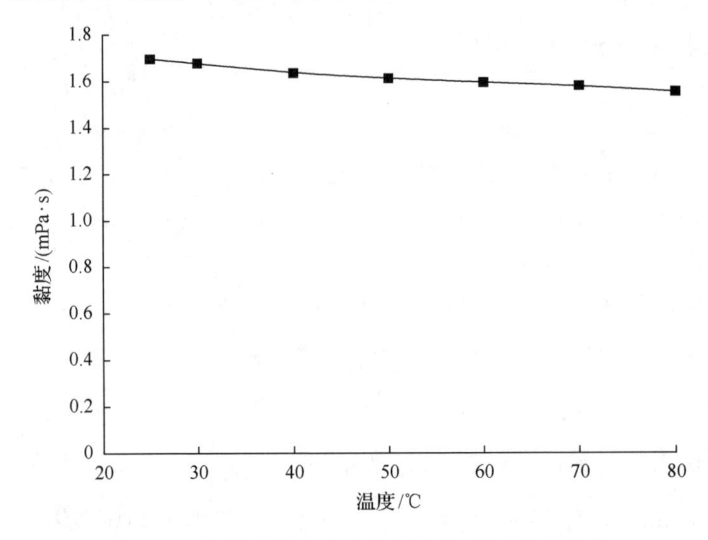

图 1-22 纳微米颗粒分散体系黏度-温度关系曲线

由图 1-22 可知，随着温度的增加，纳微米颗粒分散体系黏度逐渐减小。这是因为温度升高，颗粒热运动加剧，促使解缔合作用快速发生，黏度降低，但黏度随温度变化幅度很小。

3) 纳微米颗粒分散体系黏度-盐浓度关系

在温度为 60℃的环境下，颗粒浓度为 1.5g/L 的纳微米颗粒水化 5 天时，纳微米颗粒分散体系黏度随 NaCl 浓度变化如图 1-23 所示，可知随着 NaCl 浓度的增加，纳微米颗粒分散体系黏度逐渐减小。这是因为随着 NaCl 浓度的增加，颗粒的双电层及水化层减薄，颗粒尺寸变小，颗粒间聚结作用变差，分散体系黏度降低。

4) 纳微米颗粒分散体系黏度的稳定性

在温度为 60℃、NaCl 浓度为 5g/L、纳微米颗粒浓度为 1.5g/L 时，纳微米颗粒分散体系黏度随水化时间变化如图 1-24 所示，可知随着水化时间的增加，纳微米颗粒分散体系黏度逐渐增加，在水化初期，黏度增加速度较快，随着水化时间的进一步延长，纳微米颗粒分散体系黏度增速减缓，逐渐达到平衡。这是因为水化时间增加，液体进入颗粒内部，水化膨胀使颗粒体积增大，颗粒之间的接触概率增大，黏度增大。

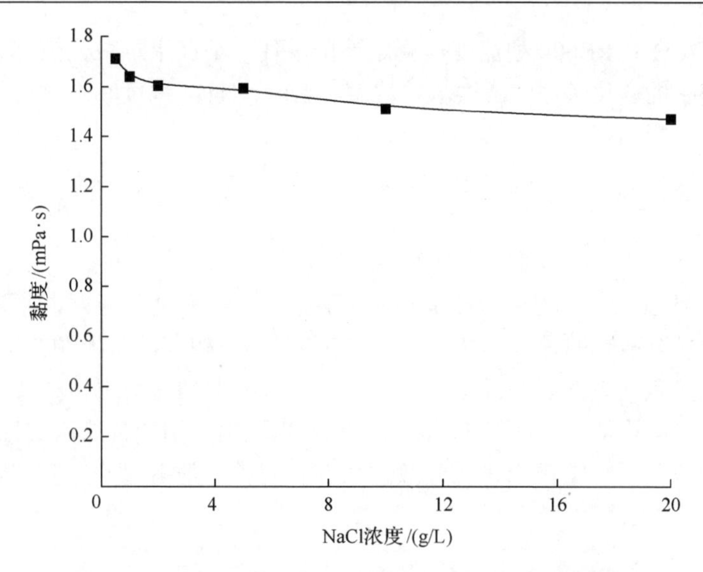

图 1-23　纳微米颗粒分散体系黏度-NaCl 浓度关系曲线

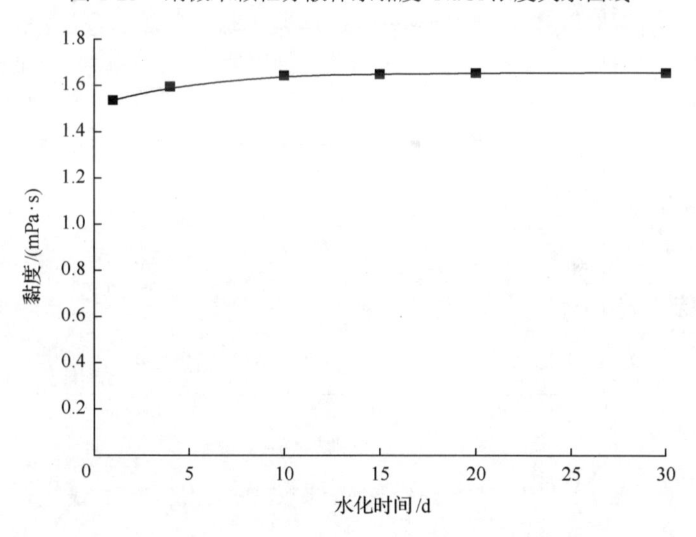

图 1-24　纳微米颗粒分散体系黏度稳定性曲线

1.2.3　纳微米颗粒分散体系流变特征

1. 实验方法

本次实验所用的材料：AM/AA/MMA 颗粒、氯化钠、去离子水、恒温水浴振荡箱、分析电子天平、HAAKE RS600 型流变仪(德国 ThermoHaake 公司生产，扭矩为 1.0×10^{-4}～200mN·m，频率为 1.0×10^{-4}～100Hz)。

利用 HAAKE RS600 型流变仪测定不同条件下纳微米颗粒分散体系的表观黏度随剪切速率的变化关系，考察颗粒浓度、温度、NaCl 浓度和水化时间对分散体系流变特征的影响。

2. 实验结果与讨论

1) 纳微米颗粒浓度对流变特征的影响

在温度为 60℃，NaCl 浓度为 5g/L，纳微米颗粒水化 5 天时，不同颗粒浓度的纳微米颗粒分散体系流变曲线如图 1-25 所示，可知随着纳微米颗粒浓度的增加，纳微米颗粒分散体系的表观黏度逐渐增大。在较低剪切速率下，纳微米颗粒分散体系的表观黏度均随剪切速率的增大而减小，表现出剪切变稀的假塑性流体特性。在较高剪切速率下，纳微米颗粒分散体系的表观黏度基本保持不变，表现出牛顿流体的特性。

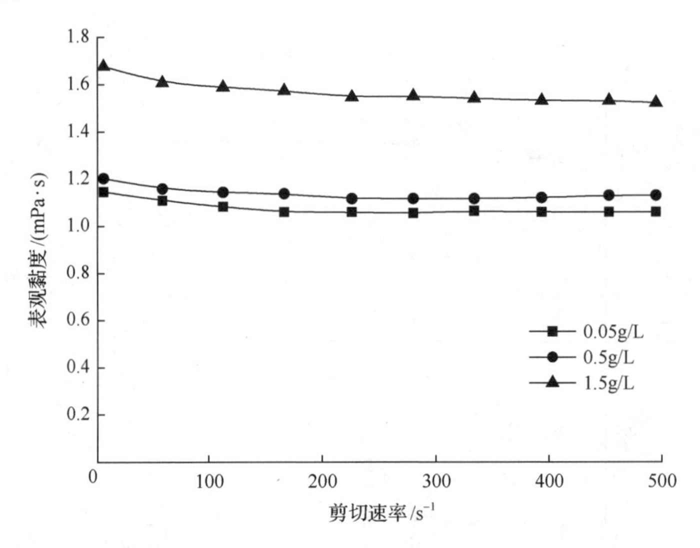

图 1-25　不同颗粒浓度下纳微米颗粒分散体系流变曲线

2) 温度对流变特征的影响

在 NaCl 浓度为 5g/L，颗粒浓度为 1.5g/L 的纳微米颗粒分散体系水化 5 天时，不同温度下纳微米颗粒分散体系流变曲线如图 1-26 所示，可知随着温度的增加，微纳米颗粒分散体系的表观黏度逐渐降低。在较低剪切速率下，不同温度下微纳米颗粒分散体系的表观黏度均随剪切速率的增大而减小，表现出剪切变稀的假塑性流体特性。在较高及更高的剪切速率下，纳微米颗粒分散体系的表观黏度基本保持不变，表现出牛顿流体的特性。

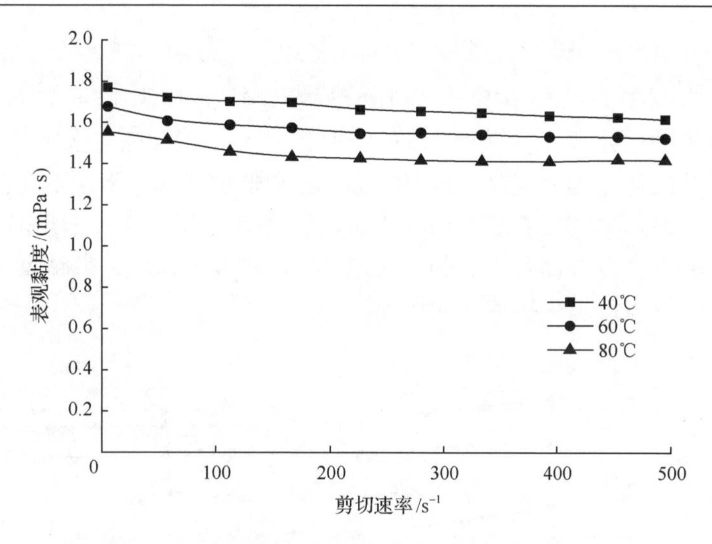

图1-26 不同温度下纳微米颗粒分散体系流变曲线

3)NaCl浓度对流变特征的影响

在温度为60℃，颗粒浓度为1.5g/L的纳微米颗粒分散体系水化5天时，不同NaCl浓度下纳微米颗粒分散体系流变曲线如图1-27所示，可知随着NaCl浓度的增大，纳微米颗粒分散体系的表观黏度逐渐降低。在较低剪切速率下，不同NaCl浓度下纳微米颗粒分散体系的表观黏度均随剪切速率的增大而减小，表现出剪切变稀的假塑性流体特性。在较高及更高的剪切速率下，纳微米颗粒分散体系的表观黏度基本保持不变，表现出牛顿流体的特性。

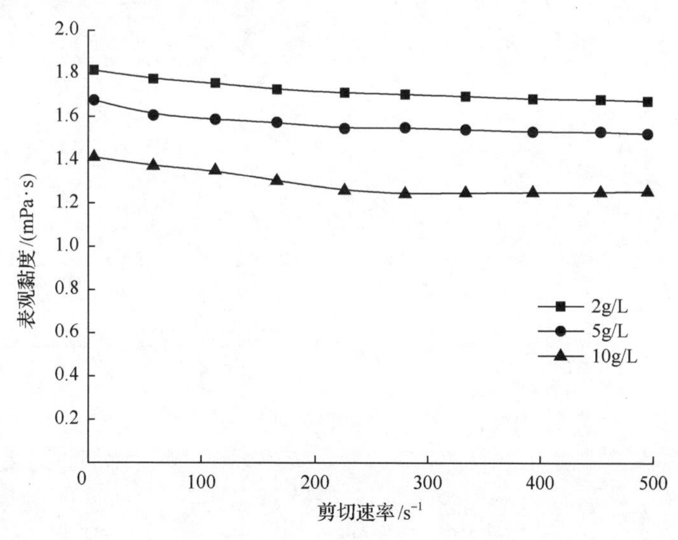

图1-27 不同NaCl浓度下纳微米颗粒分散体系流变曲线

4) 水化时间对流变特征的影响

在温度为60℃，NaCl浓度为5g/L，纳微米颗粒浓度为1.5g/L时，不同水化时间下纳微米颗粒分散体系流变曲线如图1-28所示，可知随着水化时间的增加，纳微米颗粒分散体系的表观黏度逐渐增加。在较低剪切速率下，不同水化时间下纳微米颗粒分散体系的表观黏度均随剪切速率的增大而减小，表现出剪切变稀的假塑性流体特性。在较高及更高的剪切速率下，纳微米颗粒分散体系的表观黏度基本保持不变，表现出牛顿流体的特性。

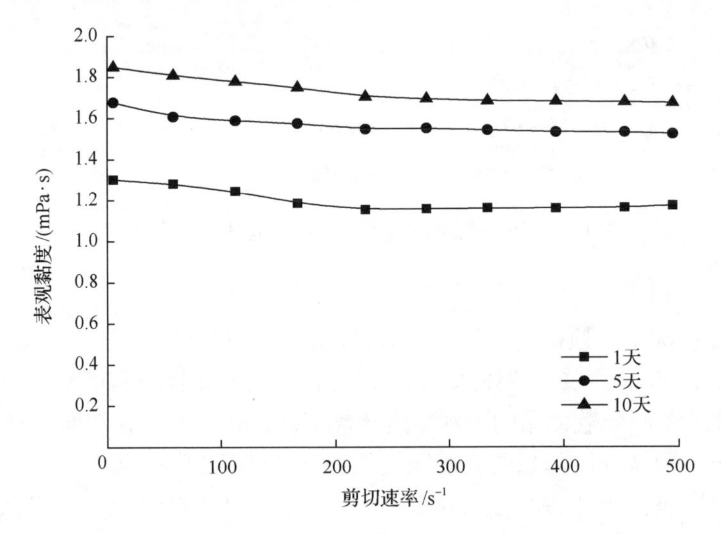

图1-28 不同水化时间下纳微米颗粒分散体系流变曲线

第2章　纳微米颗粒分散体系微观驱油机理

纳微米颗粒分散体系的流动能力与流动特性直接影响着该体系在油气田开发中的应用效果。本章基于自行研制的纳微米颗粒分散体系，分别使用微圆管、二维可视化驱油模型、填砂管模型等多种类型、多个尺度的物理模型，研究了纳微米颗粒分散体系的微圆管流动规律、多孔孔道驱油机理及非均质油层宏观调控机理。在此基础上，采用真实岩心，研究了纳微米分散体系在多孔介质中的单相、两相渗流机理及其驱油过程中的影响因素。

2.1　纳微米颗粒分散体系驱油机理

2.1.1　纳微米颗粒分散体系的微圆管流动规律

1. 实验装置

实验装置主要由供压系统和测量系统两部分组成，微流动实验流程简图如图2-1所示。供压系统以高压N_2瓶作为压力源。实验开始时，先打开N_2瓶的减压阀，让N_2充满精密减压阀之间的管路，再打开储液罐和实验段之间的转向阀，然后调节精密减压阀，N_2从高压N_2瓶中流出，经三级过滤器、减压阀和低压缓冲罐后进入储液罐中，储液罐中的工作介质在高压N_2的压力作用下被平稳地输送到石英微管中，通过在微管末端连接的光电计量器玻璃毛细管来测量流量[10]。光电计量器内位移法测流量如图2-2所示，计量管穿过光电式微流量测量仪的光

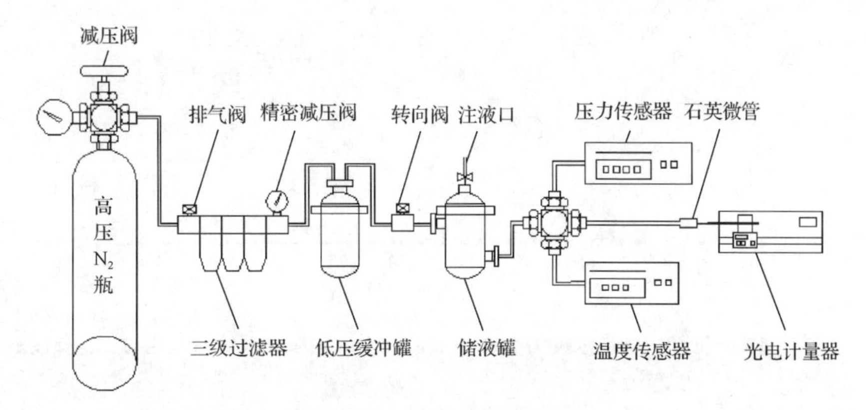

图2-1　微流动实验流程简图

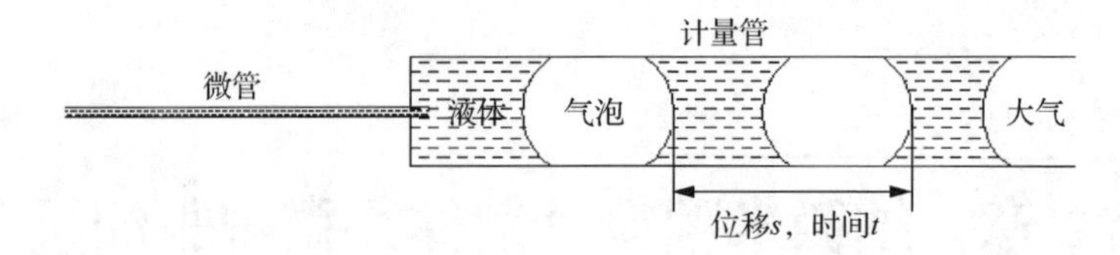

图 2-2　计量管内位移法测流量示意图

电二极管，通过在计量管中的某一位置处注入一个气泡，形成气液界面，当感应到界面时，光电二极管被触发，仪器上秒表开始自动计时。当气液界面达到预先设定好的位移量时，光电二极管触发信号终止计时。根据实验测得流体流动位移 s 与时间 t 计算出微管中的流体流速。

2. 实验结果与讨论

1) 实验流速与压力梯度的关系

图 2-3～图 2-5 为在不同微管管径中颗粒浓度分别为 200mg/L、500mg/L、1000mg/L 时纳微米颗粒分散体系流速与压力梯度的关系，图中仅给出微管管径为 20μm、15μm 和 10μm 3 个尺寸下的流速与压力梯度的关系。这是因为微管管径为 5μm 时的纳微米颗粒分散体系测量不稳定，实验数据重复率较低，实验数据不可取。从图中曲线可以看出，随着微管管径的逐渐减小，纳微米颗粒分散体系的流速迅速降低，降低幅度较大。但随着纳微米颗粒分散体系浓度的变化，不同微管管径之间的流速变化幅度没有显著的规律性。

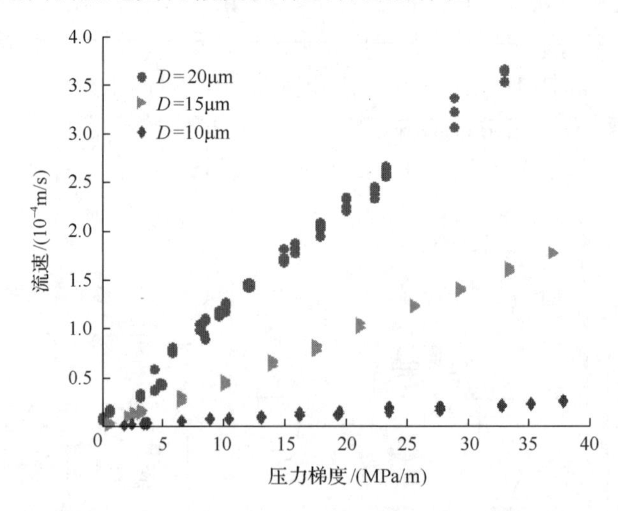

图 2-3　在不同微管管径中颗粒浓度为 200mg/L 时纳微米颗粒分散体系流速与压力梯度的关系

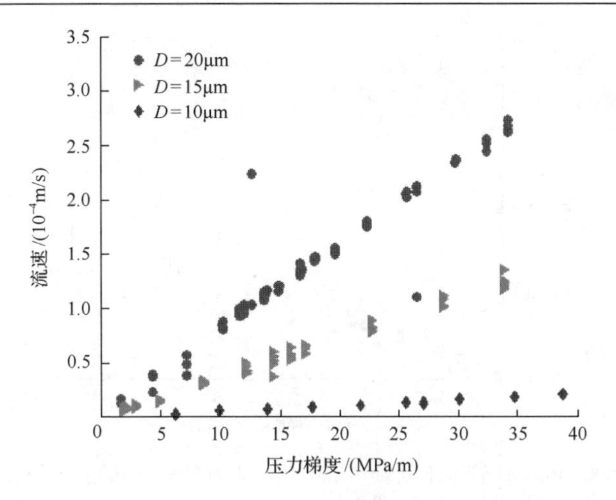

图 2-4　在不同微管管径中颗粒浓度为 500mg/L 时纳微米颗粒分散体系流速与压力梯度的关系

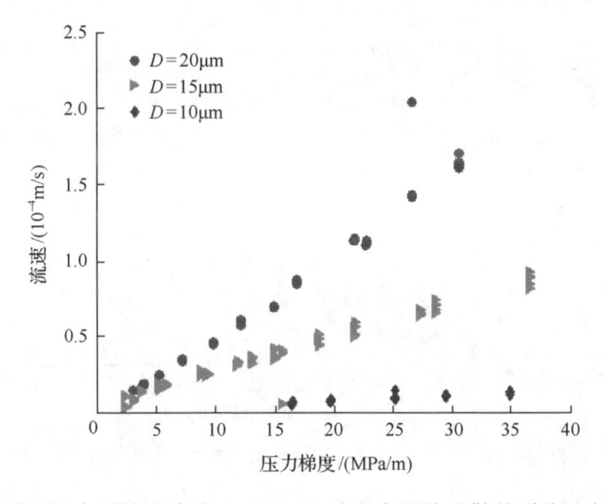

图 2-5　在不同微管管径中颗粒浓度为 1000mg/L 纳微米颗粒分散体系流速与压力梯度的关系

2) 纳微米颗粒浓度对微流动规律影响研究

图2-6～图2-8给出了在不同微管管径中不同颗粒浓度纳微米颗粒分散体系流速与压力梯度的关系，从图中可以看出，随着纳微米颗粒分散体系浓度的增加，流体流速逐渐降低，流体流动的最小驱动压力梯度不断增大。去离子水的实验流速并非最高，而是接近于浓度为 1000mg/L 的纳微米颗粒分散体系的流速，这是因为纳微米颗粒的制作过程用到多种表面活性剂，表面活性剂可以降低流体流动的阻力，所以在低浓度范围内，纳微米颗粒分散体系的流速要高于去离子水。当浓度达到一定值后，由于颗粒之间的扰动，随着纳微米颗粒分散体系浓度的增加，纳微米颗粒分散体系的流速低于去离子水的流速。从图 2-8 可以看出，管径为 10μm 微管中能够测得的纳微米颗粒分散体系的最大浓度仅为 1000mg/L，可见尺寸效应对流体流动有着显著影响。

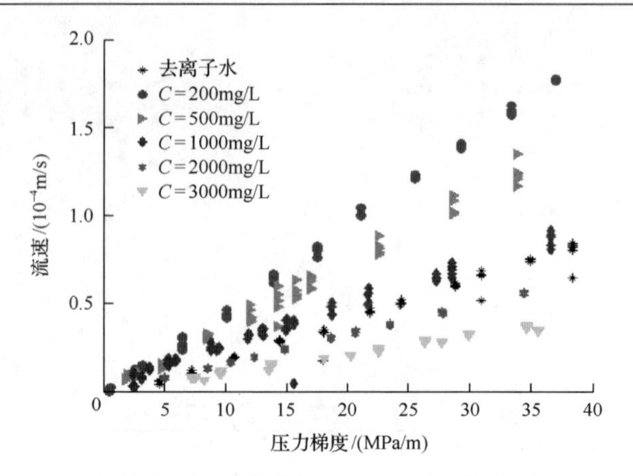

图 2-6　在管径为 20μm 微管中不同颗粒浓度纳微米颗粒分散体系流速与压力梯度的关系

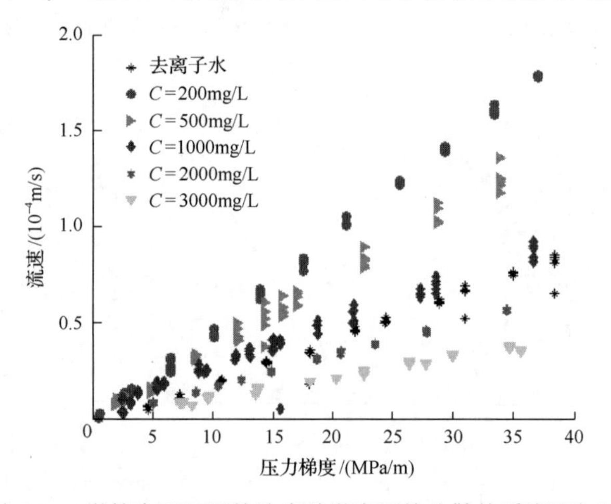

图 2-7　在管径为 15μm 微管中不同颗粒浓度纳微米颗粒分散体系流速与压力梯度的关系

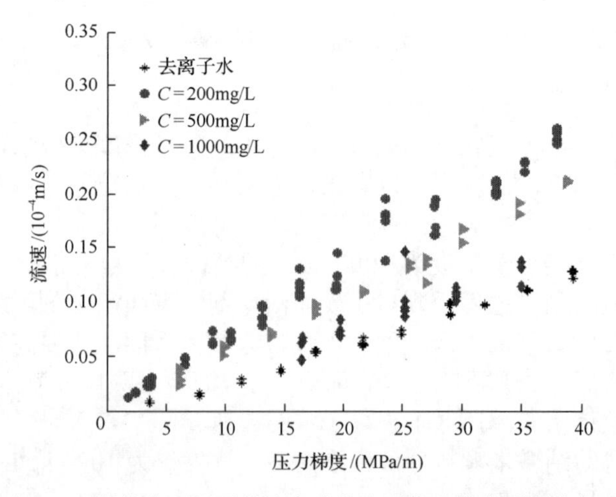

图 2-8　在管径为 10μm 微管中不同颗粒浓度纳微米颗粒分散体系流速与压力梯度的关系

3) 纳微米颗粒尺寸对微流动规律影响研究

图 2-9 给出了管径为 20μm 微管中不同粒径尺寸纳微米颗粒分散体系流速与压力梯度的关系，可以看出随着纳微米颗粒粒径的增加，介质流速显著降低，且对最小驱动压力梯度的影响较显著。当颗粒粒径较大时，表现出显著的非达西流动特征。

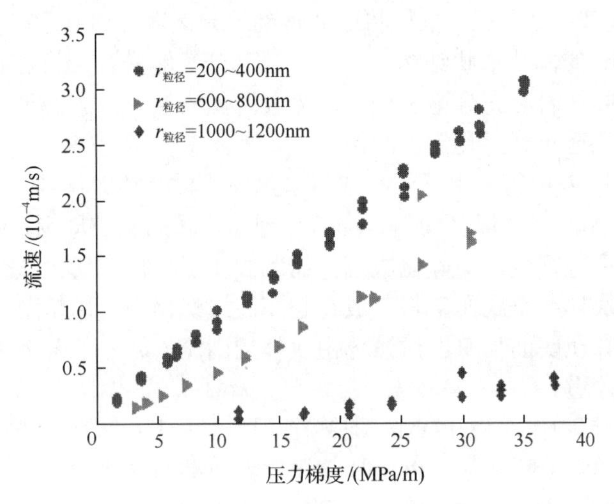

图 2-9　在管径为 20μm 微管中不同粒径的纳微米颗粒分散体系流速与压力梯度的关系

2.1.2　纳微米颗粒分散体系微观驱油机理

1. 二维可视化多孔介质物理模型制备

实验中使用的试剂：翻模硅胶(选用美国 Dow Corning 公司生产的聚二甲基硅氧烷(PDMS)，透光性能好、电绝缘性能好、翻模精度高，能够保证天然岩心孔喉结构的完整性与真实性，可用于制作弹性印章)、热固化树脂(选用北京普林大业化工有限公司生产的环氧树脂 618，经济适用性较高，用于制作模型基体)、固化剂(选用国药集团化学试剂有限公司生产的三乙醇胺，用于固化环氧树脂 618)、润滑剂(选用国药集团化学试剂有限公司生产的二甲基硅油，用于润滑模具表面)、胶黏剂(选用江西省宜春市有机化工厂生产的 HJ-101 型胶黏剂，用于密封可视化多孔介质物理模型四周，防止模型使用过程中因注入压力过高引起模型开裂)、松香(用于饱和岩心孔道)、松节油(用于溶解岩心孔道中的松香)。

实验中用到的仪器：DZF-6020 真空干燥箱和 2XZ(s)-2 型旋片式真空泵(上海德英真空照明设备有限公司生产，用于真空脱气与恒温固化)、BSA124s 型精密电子天平[赛多利斯(上海)贸易有限公司生产，用于实验用品称量]、JJ-1 精密定时电动搅拌器(江苏省金坛市荣华仪器制造有限公司生产，用于充分混合环氧树脂与固化剂)、KW-4A型匀胶机(中国科学院微电子研究所生产，用于均匀涂胶)、CB型轻便岩石切割机(姜堰市亿邦机械设备制造厂生产，用于把岩心切割成片)、KH3200DB 超声波清洗器(北京金科利达电子科技有限公司生产，用于清洗岩心)[11-13]。

实验步骤如下所述。

(1)岩心处理：用岩石切割机将取心得到的天然岩心切割至厚度约为1cm、底面为4cm×4cm的薄片形状结构。用松节油充分溶解松香，将岩心浸泡到松香溶液中，升温加热使岩心充分饱和松香，静置降温后松香以固态形式饱和在岩心孔道中，对岩心孔道起到封装保护的作用。

(2)母版制作：用精密电子天平取适量热固化树脂和固化剂，二者的质量比为10∶1；通过搅拌器将其混合均匀后浇铸在饱和松香的岩心周围，然后将其整体置于真空干燥箱中进行脱气与固化成型；树脂固化后，横向切割整个块体，取含有主要岩心面的块体磨平底面，将其放在超声波清洗器中，用松节油溶解出岩心孔隙中的松香，并在底面加工出供液体由块体周围流入岩心部分的沟槽作为流体流入孔道和流出孔道。

(3)弹性模具制作：将PDMS浇铸在母版上，放入真空干燥箱中进行抽真空脱气，消除PDMS自身气泡和PDMS与母版界面上的气泡，脱气后使其固化成型。成型冷却后将PDMS与母版剥离，得到母版上的岩心截面孔隙通道、流体流入孔道及流出孔道的互补镜像结构，即弹性模具，如图2-10所示。

图2-10　具有孔隙网络结构的弹性模具

(4)底板制作：取适量热固化树脂和固化剂搅拌均匀后浇铸到弹性模具上，放入真空干燥箱中进行抽真空脱气与固化成型。成型后将弹性模具剥离，得到与母版截面上的孔隙网络通道及母版上的流体流入和流出孔道相同的结构，即底板，如图 2-11 所示。

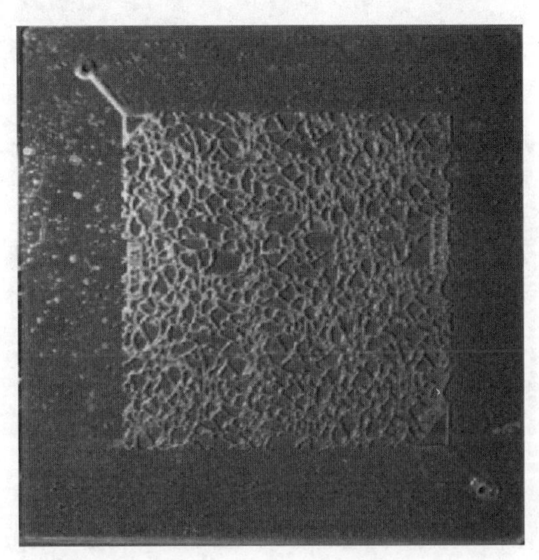

图 2-11　二维可视化多孔介质物理模型底板

(5) 盖板制作：选取一块表面光滑、形状和厚度与底板相匹配的硬质材料作为盖板的母版，以相同的方法用 PDMS 翻模制作成盖板模具。将热固化树脂和固化剂搅拌均匀后浇铸在盖板模具上，放入真空干燥箱中进行抽真空脱气与固化成型。成型后将盖板模具剥离，得到与底板匹配的盖板。

(6) 模型黏结：在盖板滴上由热固化树脂和固化剂混合配制而成的黏结剂，放置在匀胶机上旋转，通过控制匀胶机转速，将黏结剂厚度控制在 10μm 以下。将底板上有孔隙结构的一面与盖板黏结，放入恒温箱中，在模型上施加约 $100g/cm^2$ 的压力以辅助黏结，黏结剂固化后使用 HJ-101 型胶黏剂密封模型四周，即得到低渗透储层可视化微观渗流模型。

(7) 模拟井黏结：将针头分别对应低渗透储层可视化微观渗流模型的流体流入口和流出口，模拟低渗透油藏的注入井和采出井，如图 2-12 所示。

2. 多孔介质物理模型微观驱替实验

实验中使用的试剂与仪器：AM/AA/MMA(配制浓度为 1.5g/L，平均粒径为 1.68μm)，氯化钠、氯化钾、硫酸钠、碳酸钠、碳酸氢钠、氯化镁、氯化钙、氢氧化钠、盐酸(均为分析纯试剂)，地层水(矿化度为 0.5g/L)，模拟油(室温下黏度为 9.52mPa·s)、微观仿真玻璃模型(大小为 40mm×40mm，平均孔径为 100μm)，XTZ-CT 型体视显微镜(上海光学仪器六厂生产，最大放大倍数为 300 倍)，平流泵(北京卫星制造厂生产)。

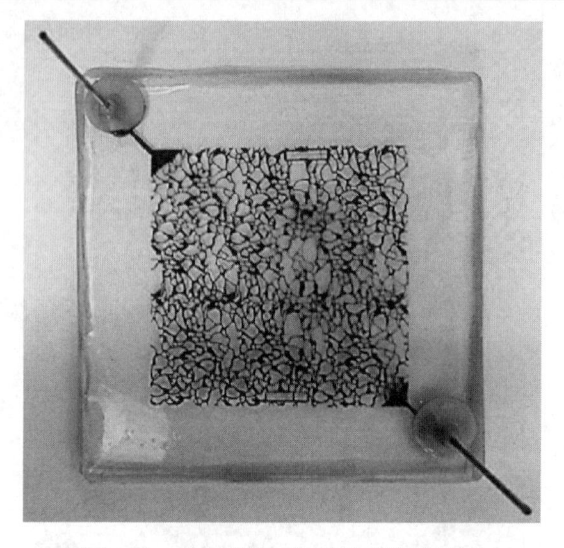

图 2-12　饱和油的可视化微观渗流模型

利用微观可视化物理模拟装置进行纳微米颗粒分散体系微观驱油实验，先安装玻璃微观模型，开启图像采集系统。将可视化多孔介质物理模型抽真空后饱和水，对多孔介质物理模型注油至饱和后进行水驱油试验，用高倍电子显微镜观察驱替现象及低渗透储层微尺度孔道内流体的流动状况。接着进行纳微米颗粒溶液微观驱油实验，然后对多孔介质物理模型进行后续水驱，实验流程如图 2-13 所示。

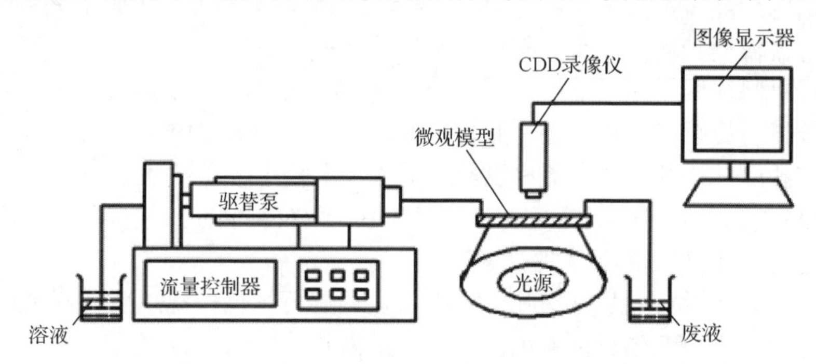

图 2-13　多孔介质物理模型驱替实验装置

3. 实验结果与讨论

1) 水驱剩余油分布特征

微观剩余油分布形态是指剩余油在微观条件下的存在方式，它的形成与许多因素有关。实验中所用模型为亲油玻璃模型，模型饱和油特征如图 2-14 所示，水驱后剩余油分布特征如图 2-15 所示，可知在注入水波及范围内，剩余油主要以膜状、柱状、簇状、孤岛状形式被束缚于孔隙网络中，还有少部分以盲端状分布。

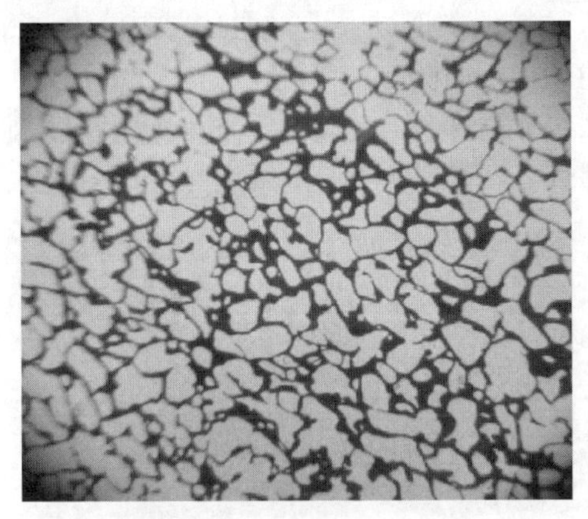
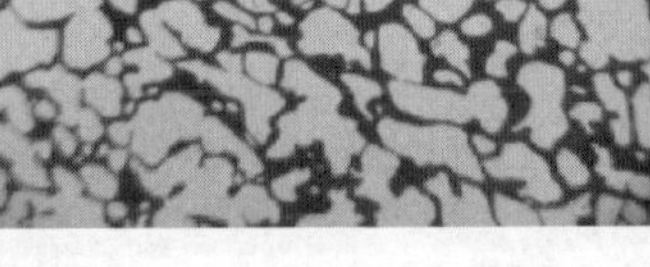

图 2-14　模型饱和油特征

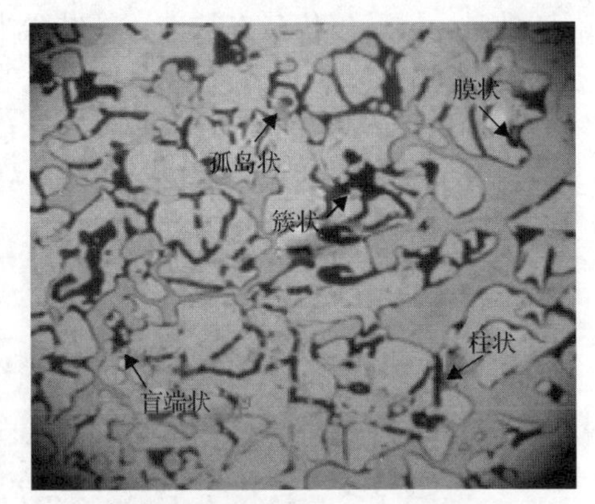

图 2-15　水驱后剩余油分布特征

剩余油以膜状、柱状、簇状等为主，膜状剩余油主要存在多孔介质壁面，呈连续性分布；簇状剩余油主要存在于连通性不好的大、小孔隙中，常常不连续；柱状剩余油主要存在于并联孔道中的细喉道内和H形孔道内；孤岛状剩余油主要存在于孔喉相差较大的大孔道内；盲端状剩余油相主要分布于孔道不连通的部位。

2) 纳微米颗粒分散体系流动特征

纳微米颗粒分散体系驱替过程中，由于纳微米颗粒与孔道和喉道的匹配关系，纳微米颗粒在运移过程表现出不同的流动特征。纳微米颗粒在模型入口处的运移特征如图2-16所示，可知在纳微米颗粒正式进入多孔介质之前，呈疏松网状聚集状态，随着后续颗粒的注入，颗粒的聚集状态被破坏，纳微米颗粒随之开始运移，通过喉道进入孔道。

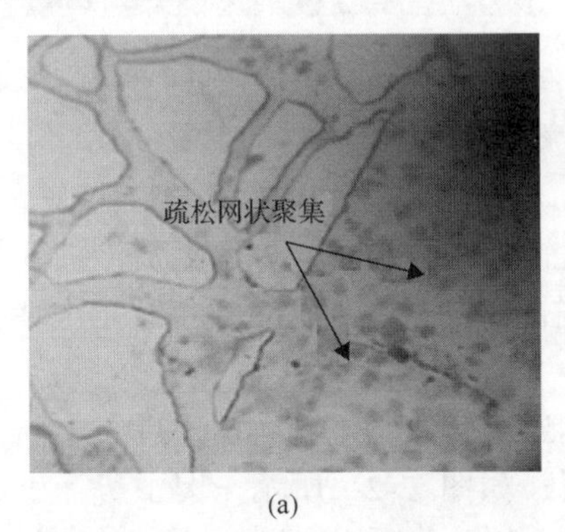

(a)

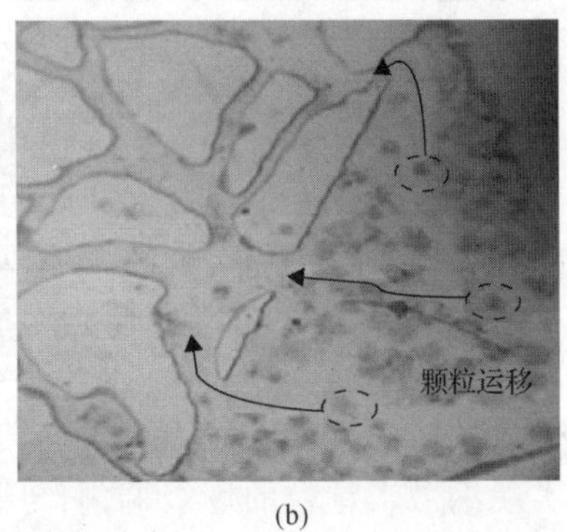

(b)

图 2-16　纳微米颗粒在模型入口处的运移特征

随着纳微米颗粒进入多孔介质的深处，纳微米颗粒在不同的孔道和喉道处呈现不同的流动特征。纳微米颗粒以疏松网状聚集在大孔道中缓慢流动，当运移到喉道处时，网状聚集状态被破坏，纳微米颗粒依次通过喉道。纳微米颗粒的这种流动可以对后续注入流体起到降低流度的作用，如图 2-17 所示。随着较多数量的纳微米颗粒进入多孔介质，在较大的孔道处纳微米颗粒形成牢固的网状滞留，难以通过喉道，使后续注入流体发生液流转向，扩大波及体积，如图 2-18 所示。

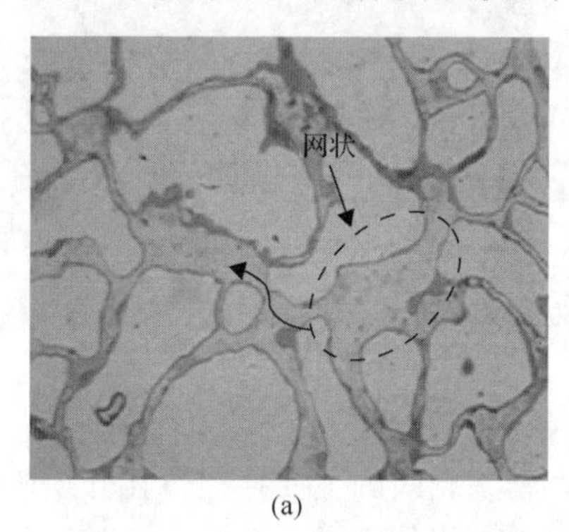

(a)

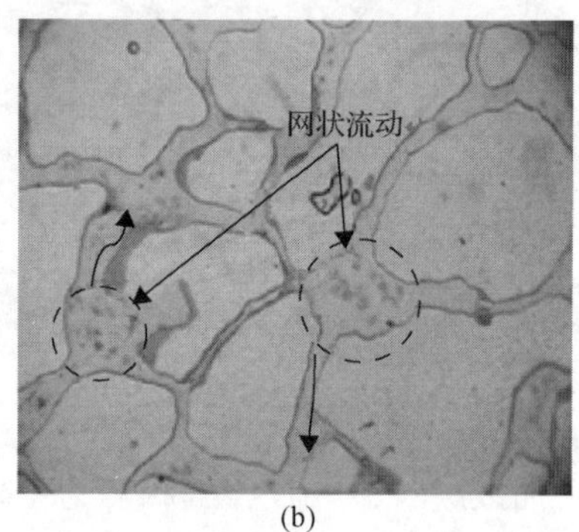

(b)

图 2-17 纳微米颗粒在大孔道中呈网状缓慢流动

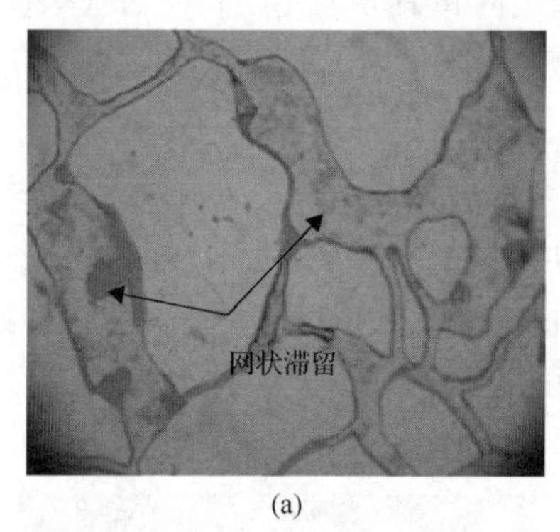

(a)

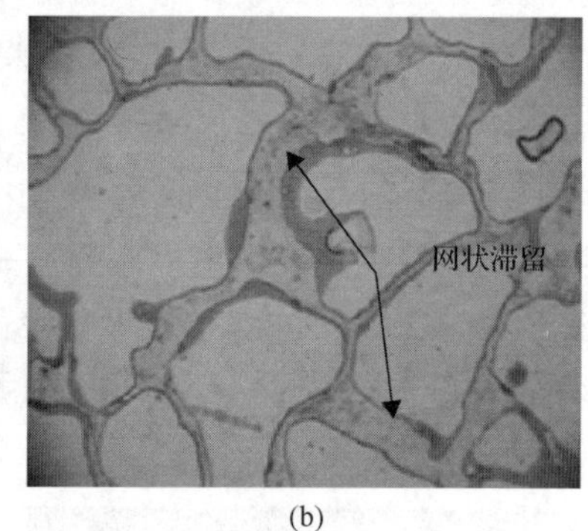

(b)

图 2-18 纳微米颗粒在大孔道中呈网状滞留

由于纳微米颗粒具有弹性变形能力，纳微米颗粒可以凭借此种变形能力在一定的压力作用下，以较快的速度通过较小的孔道，起到降低流度的作用，如图 2-19 所示。当压力不足以克服小孔道的阻力时，纳微米颗粒会形成堵塞，如图 2-20 所示。

纳微米颗粒依靠变形能力可以连续通过较小的喉道，逐次进入不同大小的孔道，实现纳微米颗粒的逐级调剖作用，如图 2-21 所示，图中所标出的纳微米颗粒先后依次通过了 4 个喉道，进入了多孔介质的深处，能够实现深部调剖。

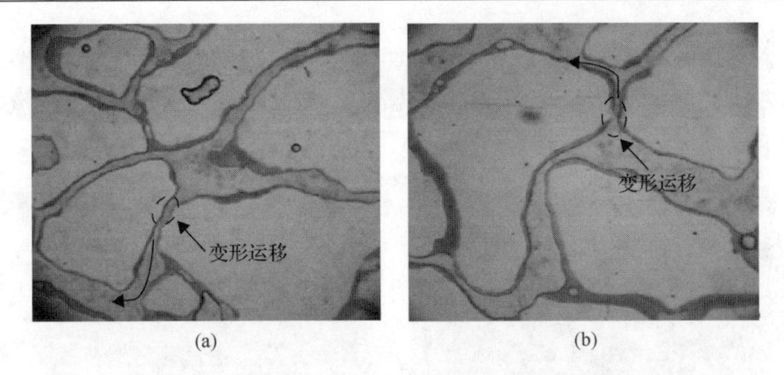

图 2-19 纳微米颗粒在小孔道中凭借变形快速运移

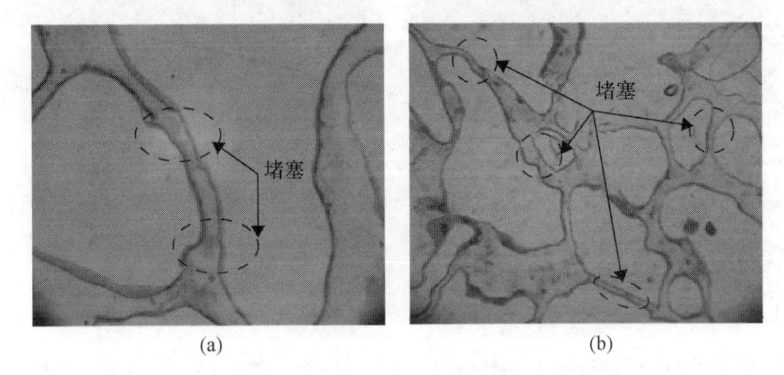

图 2-20 纳微米颗粒在小孔道中堵塞

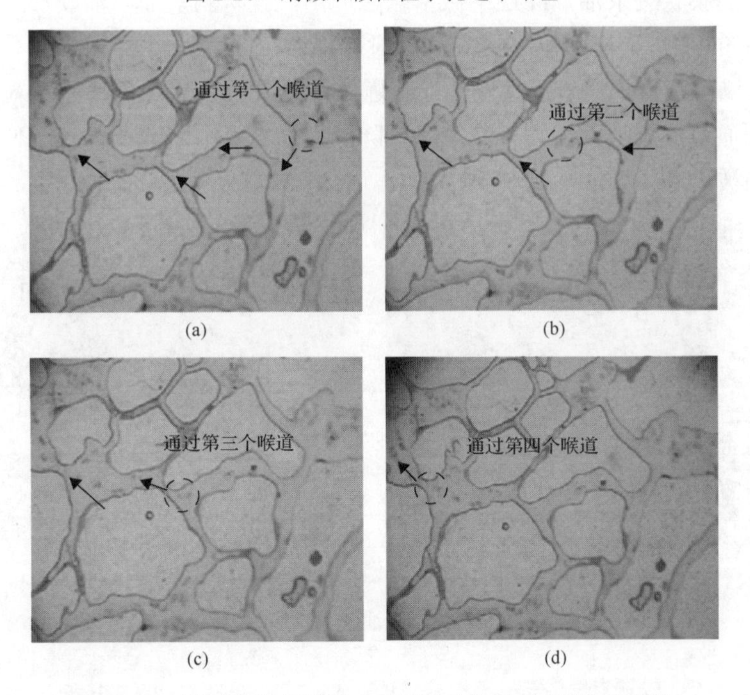

图 2-21 纳微米颗粒逐次进入不同大小的孔道实现逐级调剖

纳微米颗粒经过喉道时，当颗粒粒径较大且变形能力较差时，注入压力不足以克服阻力，在喉道处发生封堵，形成堵塞，促使后续注入流体实现液流转向，如图 2-22 所示。

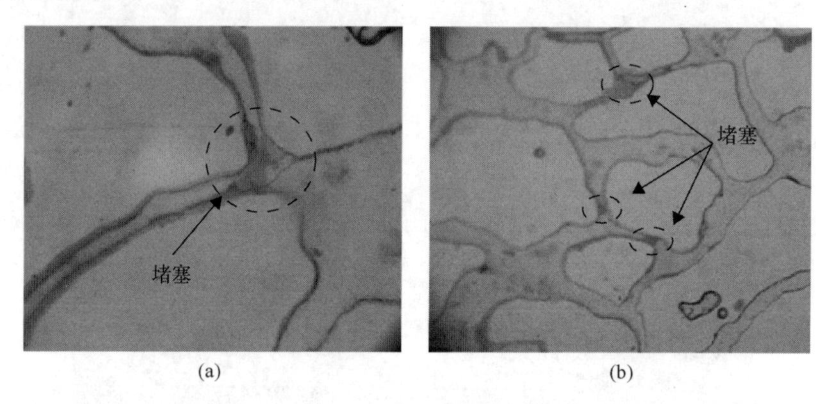

图 2-22　纳微米颗粒在喉道处堵塞

3) 后续水驱剩余油流动特征

经过纳微米颗粒在多孔介质中的封堵调剖作用后，后续水驱过程中不同区域的剩余油大量启动，剩余油在流动过程中呈现出不同的流动特征。水驱剩余油中存在大量的膜状剩余油，经过纳微米颗粒调剖，膜状剩余油以油膜形式沿着壁面运移，如图 2-23 所示。剩余油沿壁面运移，在大孔道聚集数量较多时，剩余油发生变形，以丝状形式通过后续较小的孔道，如图 2-24 所示。纳微米颗粒的调剖使主要流动通道渗流阻力增大，液流速度降低，提高了水驱波及体积，使模型边缘的剩余油被启动，如图 2-25 所示。

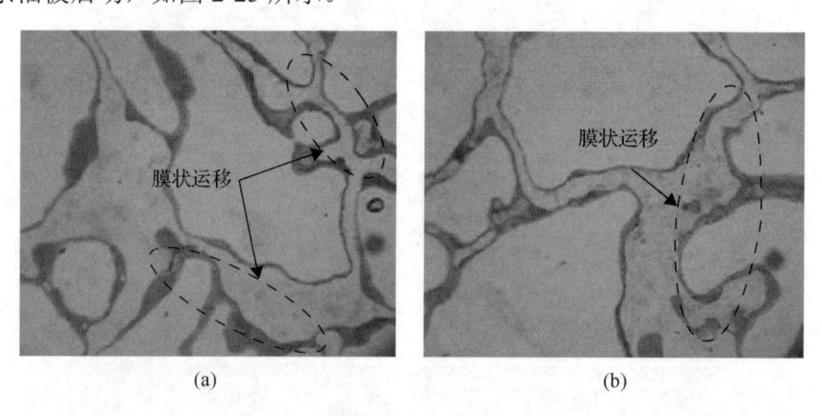

图 2-23　以油膜形式运移

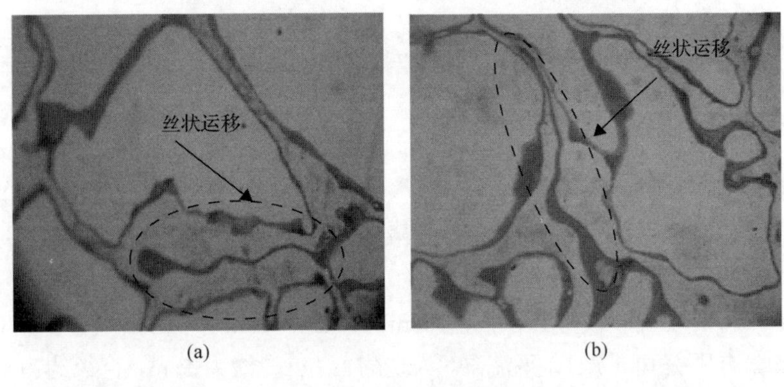

图 2-24　以丝状形式运移

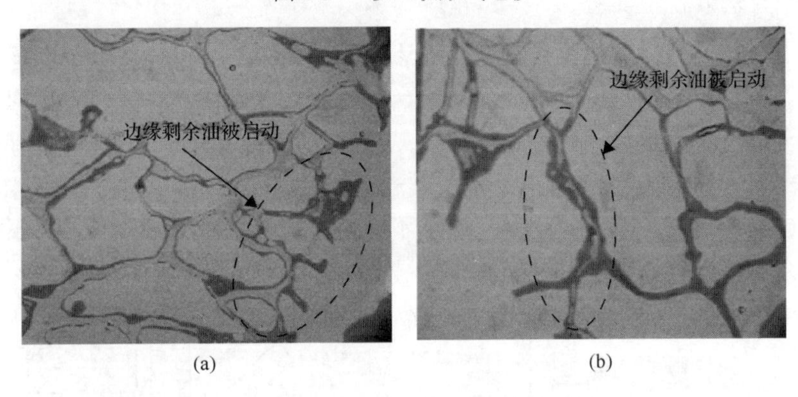

图 2-25　模型边缘的剩余油被启动

4) 纳微米颗粒驱油机理

纳微米颗粒的驱油机理归纳如下。

(1) 流度控制机理：纳微米颗粒进入储层，先进入高渗透层的大孔道，随着纳微米颗粒水化时间的增长，纳微米颗粒尺寸逐渐增大，在一部分大孔道中，纳微米颗粒呈疏松的网状聚集，产生滞流，随着液流方向缓慢移动，使得该孔道内的流体流度降低，促使后续液流转向，扩大波及体积，提高驱油效果。

(2) 液流转向机理：纳微米颗粒进入主要流通通道后，在一部分中、小孔道及喉道中，纳微米颗粒之间会形成牢固的网状聚集，不再运移，发生滞留，堵塞孔道和喉道，迫使后续液流发生转向，扩大波及体积，提高驱油效果。

(3) 压力波动机理：纳微米颗粒进入储层深部后，在一部分较小的孔道和喉道中，依靠弹性变形能力沿液流方向对喉道或者孔道进行封堵、突破、再封堵、再突破，此时压力呈波动式变化，储层的压力场和流线场的分布发生改变，压力的突然增大可以使注入流体克服较大的阻力进入更小的喉道或孔道中，扩大波及体积，提高驱油效果。

2.1.3 非均质油层纳微米颗粒分散体系宏观调控机理

1. 实验方法

实验用到的试剂与仪器：AM/AA/MMA(配制浓度为 1.5g/L，平均粒径为 1.68μm)，氯化钠、氯化钾、硫酸钠、碳酸钠、碳酸氢钠、氯化镁、氯化钙、氢氧化钠、盐酸(均为分析纯试剂)，地层水(矿化度为 0.5g/L)，模拟油(室温下黏度为 9.52mPa·s)，平板填砂模型(尺寸为 20cm×15cm×1cm)，XZ-1 型真空泵(北京中兴伟业仪器有限公司生产)，平流泵、人造岩心(长度约为 5cm，直径约为 2.5cm)。

1) 平板填砂模型实验

利用平板填砂模型进行可视非均质渗流调控实验，实验步骤如下：①平板填砂模型称干重；②抽真空并饱和地层水，称重计算孔隙体积；③注入模拟油直至模型完全不出水，计算原始含油饱和度；④以 0.3mL/min 的注入速度进行水驱，直至采出端含水率达到 98%，计算水驱采收率；⑤以相同的速度注入 0.45PV 纳微米颗粒分散体系；⑥后续水驱，直至不出油，计算纳微米颗粒分散体系提高的采收率，实验流程如图 2-26 所示[14]。

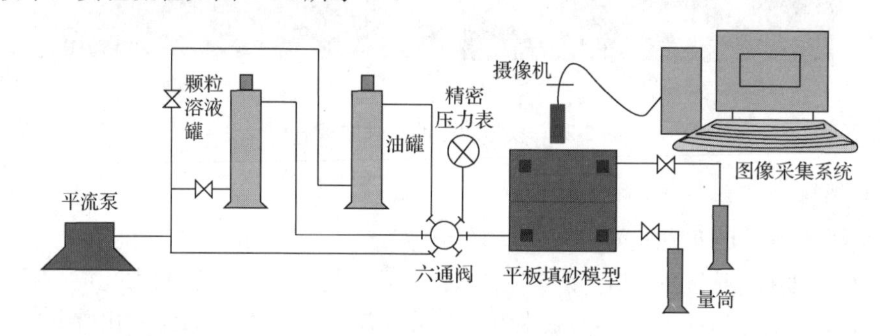

图 2-26 平板填砂模型实验流程图

2) 串并联调驱实验

为了深入反映储层非均质对纳微米颗粒分散体系调驱的影响，采用岩心串联、并联组合的实验技术，将岩心放入岩心夹持器构成线性模型进行非均质调驱实验。将岩心抽真空 8h 并饱和地层水，计算孔隙度；用模拟油驱替岩心直到出口无水产出为止，计算原始含油饱和度；进行水驱，当含水率达到 98%时计算水驱采收率；改注 0.45PV[①]纳微米颗粒分散体系，再进行后续水驱直到出口无油产出为止，计算采收率。串联调驱实验流程如图 2-27 所示，并联调驱实验流程如图 2-28 所示，

① PV 表示孔隙体积。

实验过程中水罐、油罐、颗粒溶液罐和夹持器放置在 60℃恒温箱中，驱替速度为 0.3mL/min。

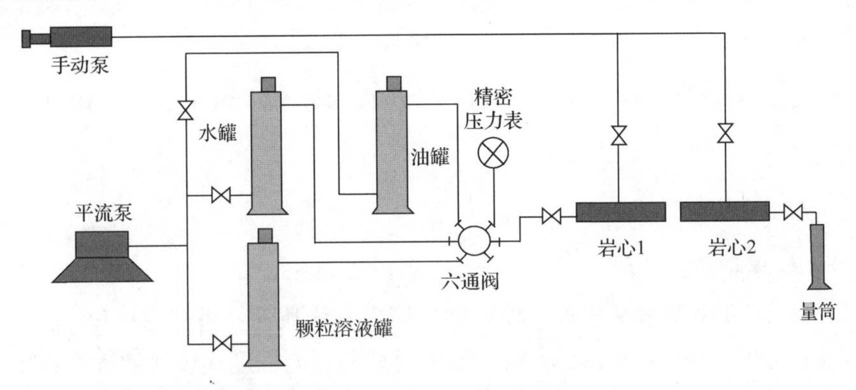

图 2-27　串联调驱实验流程图

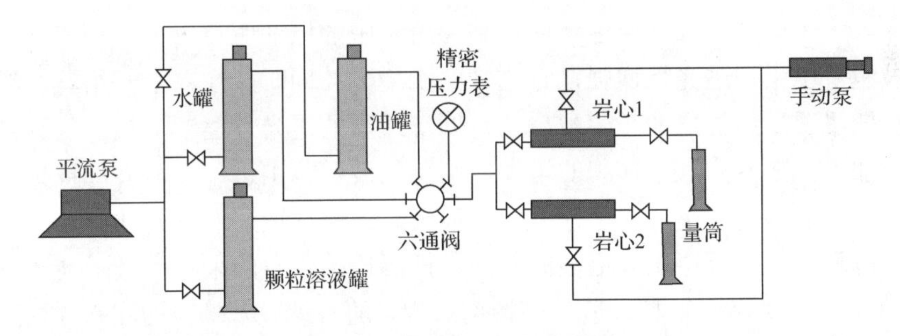

图 2-28　并联调驱实验流程图

串联岩心等效渗透率为

$$\overline{K}=\frac{\sum_{i=1}^{n}L_i}{\sum_{i=1}^{n}\frac{L_i}{K_i}},\qquad i=1,2,3,\cdots,n \tag{2-1}$$

式中，$\overline{K}$ 为平面非均质模型等效渗透率，mD[①]；K_i 为第 i 块岩心的渗透率，mD；L_i 为第 i 块岩心的长度，cm。

并联岩心等效渗透率为

$$\overline{K}=\prod_{i=1}^{n}K_i^{\frac{1}{n}},\qquad i=1,2,3,\cdots,n \tag{2-2}$$

① $1\text{D}=0.986923\times10^{-12}\text{m}^2$。

渗透率级差为最大渗透率与最小渗透率之比，即

$$K_{ai} = \frac{K_{max}}{K_{min}} \tag{2-3}$$

式中，K_{ai} 为渗透率级差；K_{max} 为岩心的最大渗透率，mD；K_{min} 为岩心的最小渗透率，mD。

2. 实验结果与讨论

1) 平板填砂模型实验

将平板填砂模型水平放置，模拟储层横向非均质性，进行可视化驱油实验，实验现象如图 2-29～图 2-34 所示，图中模型的透光程度代表含油程度。图 2-29 为饱和油状态的图像，图 2-30～图 2-32 为水驱过程。由图可知，刚开始进行水驱时，注入水先沿着高渗透层运移，把高渗透层中的原油驱替出来，高渗透层随着原油被驱替出来，透光性增强，且透光面积增大；同时，注入水开始向低渗透层波及，低渗透层中的原油开始被启动，低渗透层的透光性逐渐增强，且透光面积也逐渐加大。随着注入水体积的增加，水驱的波及范围进一步增大，直到水驱结束，低渗透层和高渗透层各个地方均被波及，但高渗透层的透光性明显高于低渗透层，可见，低渗透层剩余更多的原油，低渗透层水驱的采收率低于高渗透层。图 2-33 为注入纳微米颗粒分散体系调剖过程，随着纳微米颗粒的注入，高渗透层和低渗透层模型的亮度明显增大，说明纳微米颗粒在高渗透层起封堵调剖的作用，使液流转向低渗透层，进而使低渗透层的剩余油被驱走。图 2-34 为后续水驱结束时的模型状况。由图 2-34 可知，纳微米颗粒的调剖作用使高渗透层和低渗透层中的剩余油大幅度减少，尤其是低渗透层中的剩余油减少幅度更大，纳微米颗粒不仅对层间起到了很好的扩大波及体积的作用，而且对层内水驱波及不到的位置也起到了很好的调剖作用。

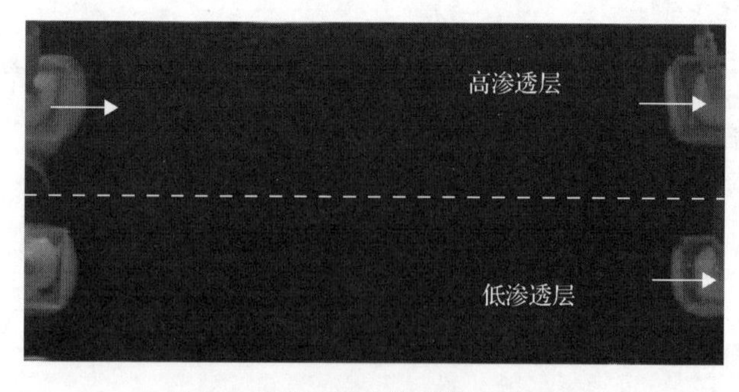

图 2-29　横向填砂模型饱和油状态

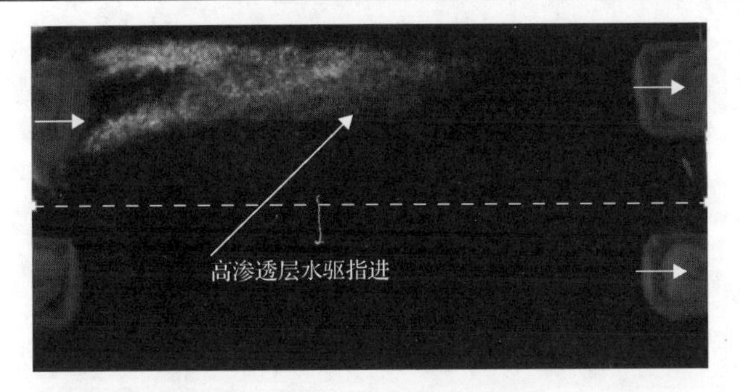

图 2-30　横向填砂模型水驱过程一

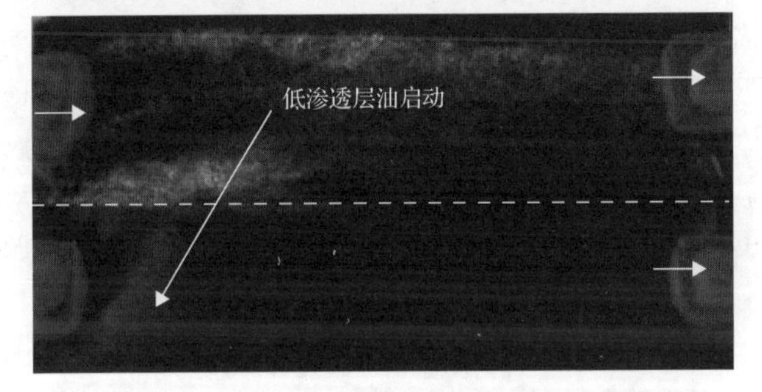

图 2-31　横向填砂模型水驱过程二

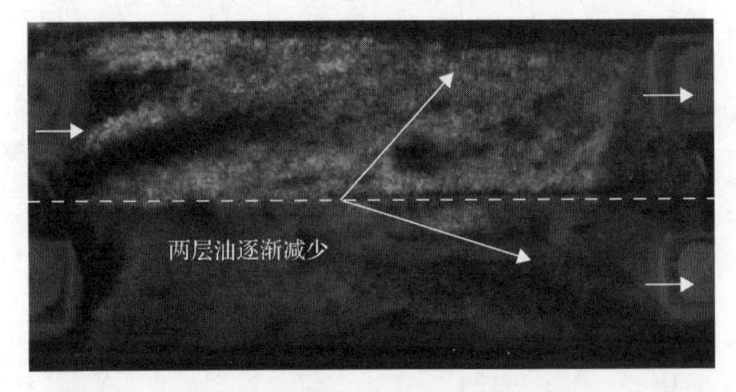

图 2-32　横向填砂模型水驱结束

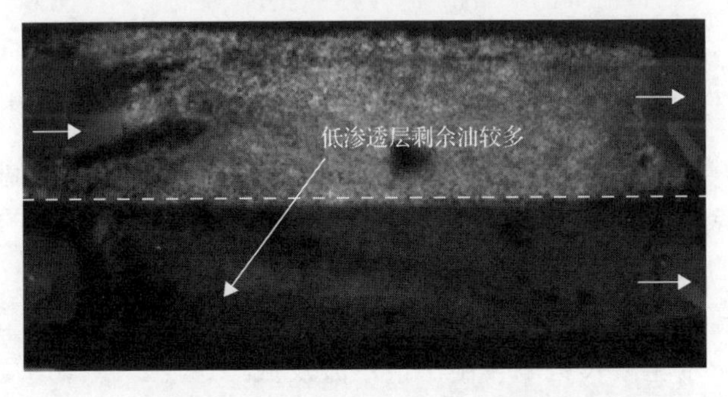

图 2-33　横向填砂模型纳微米颗粒分散体系调剖过程

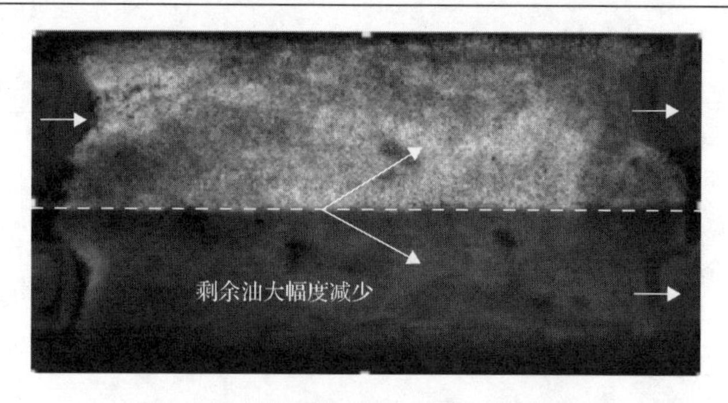

图 2-34　横向填砂模型后续水驱结束

图2-35为横向填砂模型出口端高渗透层和低渗透层含水率与采出程度变化曲线，可知在水驱过程中，高渗透层含水率上升速度明显高于低渗透层。在注入纳微米颗粒分散体系及后续水驱过程中，低渗透层含水率下降幅度大于高渗透层，高渗透层含水率由 98.28%降低到了 90.33%，下降了 7.95%；低渗透层含水率由 88.81%降低到了 71.22%，下降了 17.59%。采出程度由 59.04%增加到了 72.35%，提高了 13.31%。

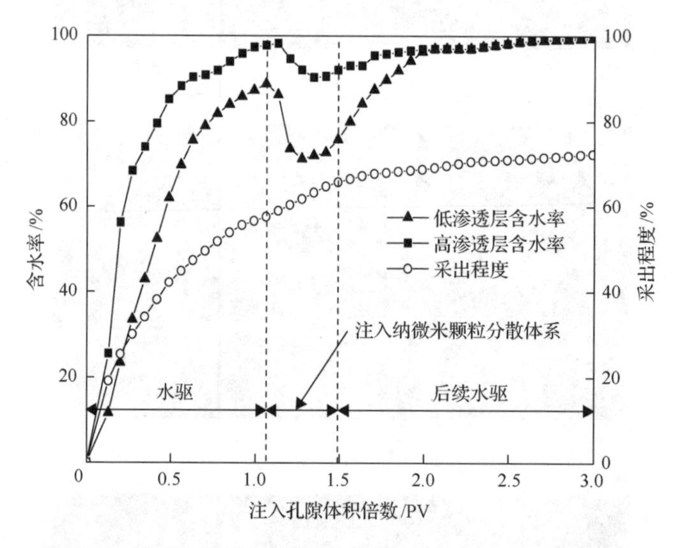

图 2-35　横向填砂模型出口端高渗透层和低渗透层含水率与采出程度变化曲线

将平板填砂模型垂直放置，模拟储层纵向正韵律非均质性，进行可视化驱油实验，实验现象如图 2-36～图 2-39 所示。图 2-36 为饱和油状态的图像，图 2-37 为水驱结束时的状况。由图 2-36 和图 2-37 可知，与横向模型相比，纵向模型低渗透层存在大量的剩余油，这是由于在纵向正韵律模型中，水受重力影响主要在高渗透层流动，水驱波及范围较小，很难波及低渗透层，低渗透层有较多的剩余油存在。图 2-38 为纳微米颗粒分散体系调剖过程中的状况。由图 2-38 可知，随着注入模型中的纳微米颗粒发挥的封堵调剖作用，水的波及面积增大，水流开始向低渗透层波及，低渗透层中的剩余油大幅度减少，高渗透层中底部难以驱出的剩余油也在纳微米颗粒的调剖作用下大幅度减少。图 2-39 为后续水驱结束后的状

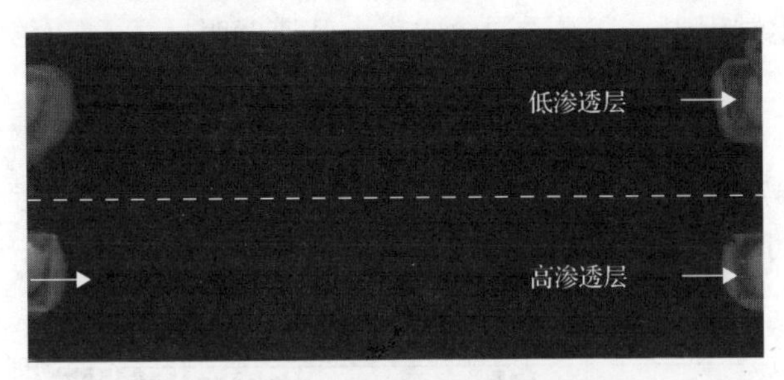

图 2-36　纵向填砂模型饱和油状态

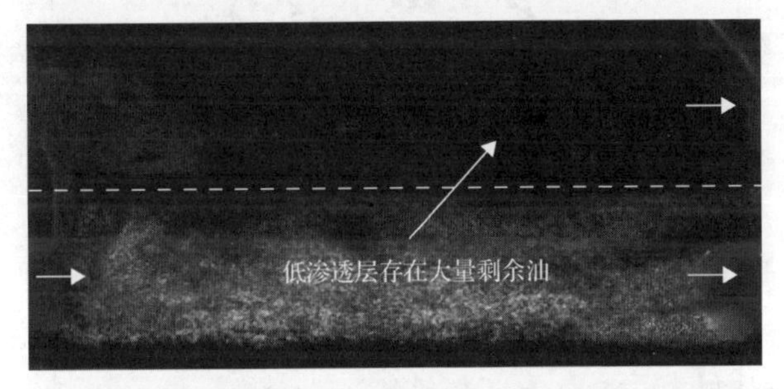

图 2-37　纵向填砂模型水驱结束

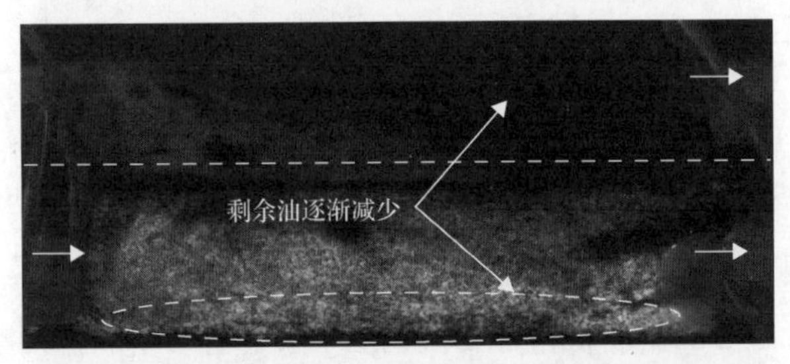

图 2-38　纵向填砂模型纳微米颗粒分散体系调剖过程

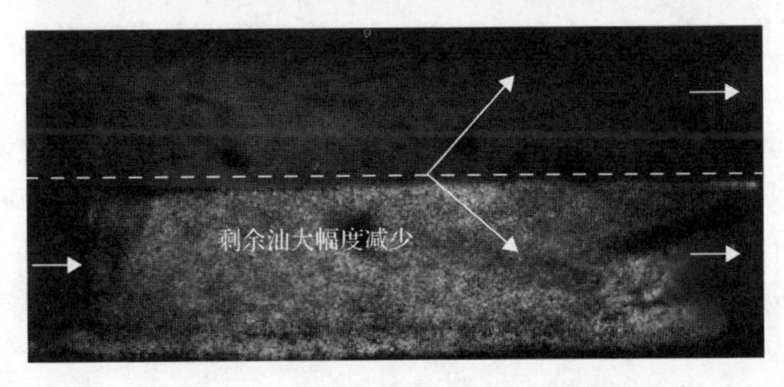

图 2-39　纵向填砂模型后续水驱结束

况。由图 2-39 可知，经过纳微米颗粒分散体系的调剖作用，后续水驱波及面积及范围增大，低渗透层剩余油大幅度减少，纳微米颗粒分散体系增油效果明显。

图 2-40 为纵向填砂模型出口端高渗透层和低渗透层含水率与采出程度变化曲线，可知在水驱过程中，高渗透层含水率上升速度明显高于低渗透层。在注入纳微米颗粒分散体系及后续水驱过程中，低渗透层含水率下降幅度大于高渗透层，高渗透层含水率由 98.22%降低到了 87.97%，下降了 10.25%；低渗透层含水率由 89.56%降低到 67.37%，下降了 22.19%。采出程度由 48.12%增加到了 71.26%，提高了 23.14%。可见，纳微米颗粒分散体系对纵向非均质储层的调剖作用好于横向非均质储层。

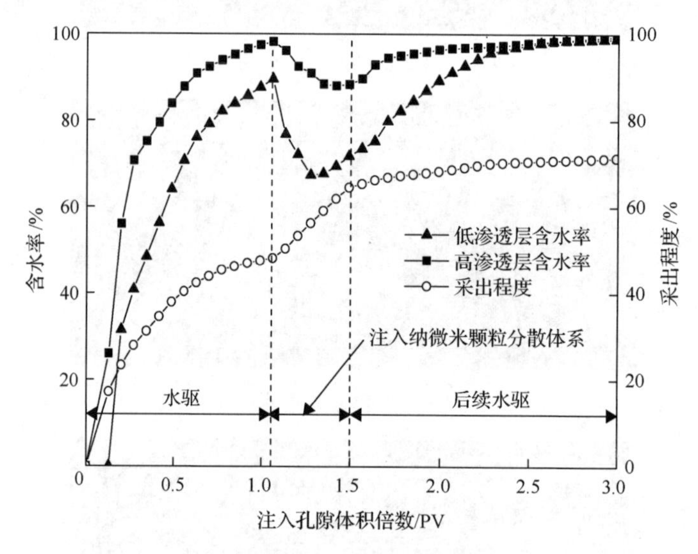

图 2-40 纵向填砂模型出口端高渗透层和低渗透层含水率与采出程度变化曲线

2) 串并联调驱实验

首先，进行岩心的串联组合非均质调驱实验，岩心串联排列顺序按照高低组合，调驱实验结果见表 2-1 及图 2-41。

由表 2-1 及图 2-41 可知，随着渗透率级差的增加，串联岩心组合模型的水驱采收率逐渐降低，纳微米颗粒分散体系提高的采收率逐渐增大。说明随着储层的横向非均质性的增强，水驱效果变差，而纳微米颗粒分散体系的调剖效果变强。当串联组合模型的渗透率级差由 1.52 升高到了 16.39 时，串联岩心组合模型的水驱采收率由 52.16%下降到了 40.36%；纳微米颗粒分散体系提高的采收率由 5.28%增大到了 11.93%。

表 2-1　串联组合模型实验参数及驱油效果对比

方案	储层	K/mD	ϕ /%	S_{oi}/%	K_{ai}	η_w /%	η_p /%	η_a /%
1	高渗透层	25.64	21.52	65.38	1.52	52.16	5.28	57.44
	低渗透层	16.87	20.91	62.56				
2	高渗透层	80.28	23.18	70.92	4.39	45.34	8.09	53.43
	低渗透层	18.29	21.03	63.09				
3	高渗透层	72.15	23.02	69.06	8.26	42.25	9.67	51.92
	低渗透层	8.73	19.95	61.45				
4	高渗透层	93.27	23.40	71.15	16.39	40.36	11.93	52.29
	低渗透层	5.69	19.33	60.97				

注：K 表示渗透率；ϕ 表示孔隙度；S_{oi} 表示原始含油饱和度；η_w 表示串联岩心组合模型的水驱采收率；η_p 表示纳微米颗粒分散体系提高的采收率；η_a 表示最终采收率。

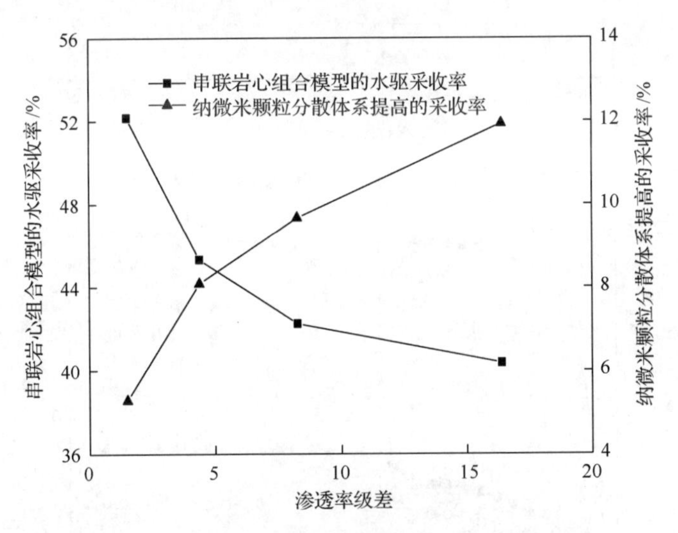

图 2-41　串联组合模型渗透率级差与采收率关系曲线

每组串联组合模型的注采关系曲线如图 2-42～图 2-45 所示。由图 2-42～图 2-45 可知，随着组合模型渗透率级差的增大，模型的注入压力逐渐增大，且驱替过程中出现的最大注入压力也逐渐增大，当串联组合模型的渗透率级差由 1.52 升高到 16.39 时，最大注入压力由 0.61MPa 增大到了 1.09MPa。随着组合模型渗透率级差的增大，纳微米颗粒分散体系降水效果逐渐变强，驱替过程中出现的最低含水率逐渐变小。当渗透率级差由 1.52 升高到 16.39 时，最低含水率由 86.30%

降低到了 68.13%。可见纳微米颗粒分散体系对于调节横向非均质储层具有较好的降水增油效果，同时也保持了良好的注入性。

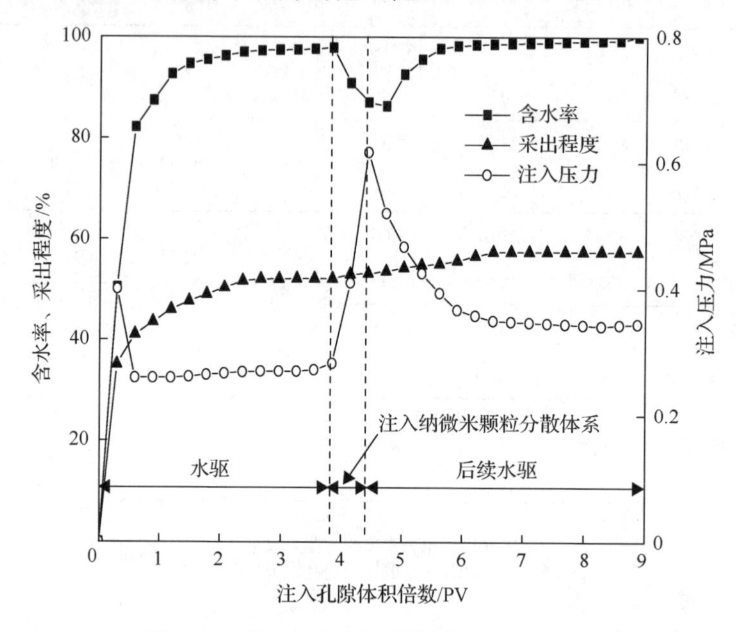

图 2-42　第一组串联组合模型注采关系曲线

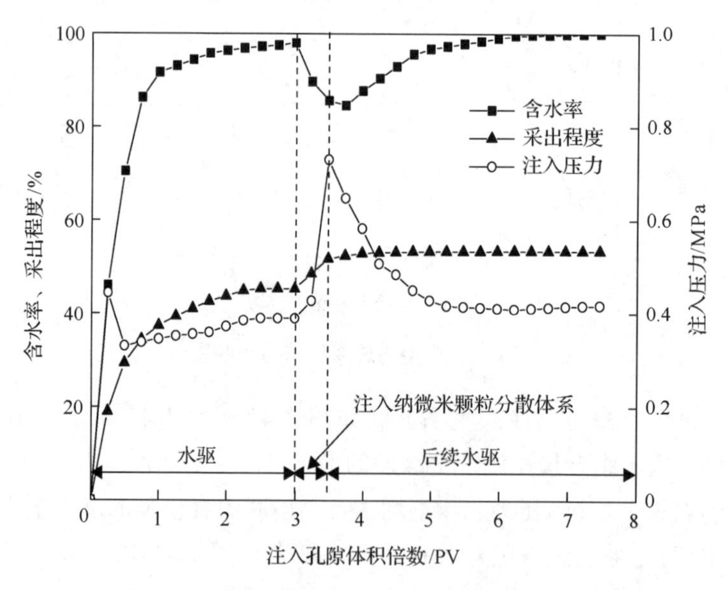

图 2-43　第二组串联组合模型注采关系曲线

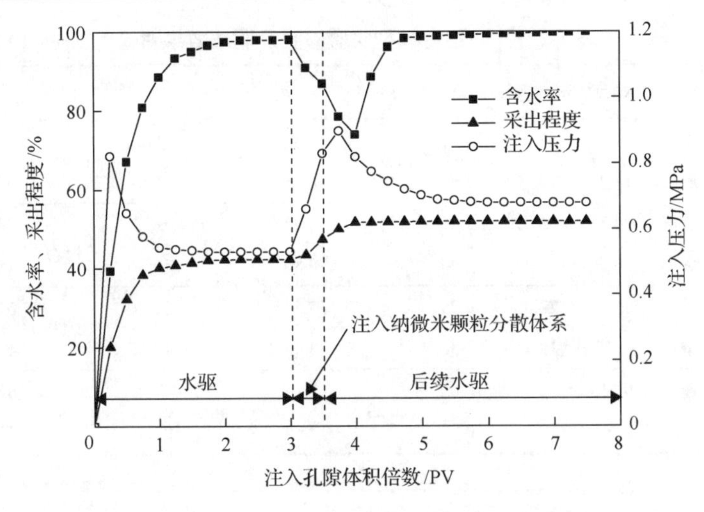

图 2-44　第三组串联组合模型注采关系曲线

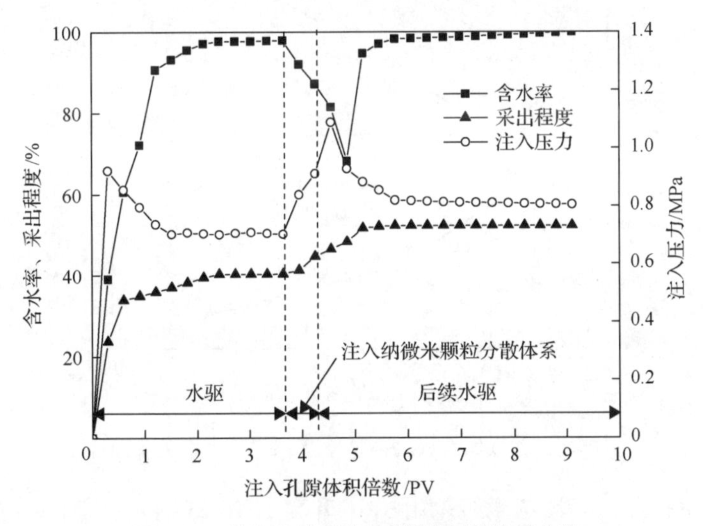

图 2-45　第四组串联组合模型注采关系曲线

其次，进行岩心的并联组合非均质调驱实验，调驱实验结果见表 2-2 及图 2-46。由表 2-2 及图 2-46 可知，随着渗透率级差的增加，并联岩心组合模型的水驱采收率逐渐降低，纳微米颗粒分散体系提高的采收率逐渐增大，说明随着储层纵向非均质性的增强，水驱效果变差，而纳微米颗粒分散体系的调剖效果变强。当并联组合模型的渗透率级差由 1.61 升高到 16.23 时，并联岩心组合模型的水驱采收率由 49.53%下降到了 37.30%；纳微米颗粒分散体系提高的采收率由 6.17%增大到了 15.65%。在并联组合模型中，低渗透率岩心经过纳微米颗粒分散体系的调剖作用，增油效果明显，远远高于高渗透率岩心，且渗透率级差越大，纳微米颗粒分散体系

表 2-2　并联组合模型实验参数及驱油效果对比

方案	储层	K/mD	ϕ /%	S_{oi}/%	K_{ai}	η_w /%		η_p /%		η_a /%	
1	高渗透层	21.33	21.25	64.12	1.61	52.39	49.54	4.62	6.19	57.01	55.72
	低渗透层	13.25	20.56	61.89		46.68		7.75		54.43	
2	高渗透层	74.35	23.07	71.30	4.49	53.74	41.80	5.22	10.29	58.96	52.09
	低渗透层	16.56	20.24	62.44		29.86		15.36		45.22	
3	高渗透层	65.39	22.88	70.29	8.47	55.52	39.28	6.29	12.43	61.81	51.71
	低渗透层	7.72	19.77	61.32		23.03		18.57		41.60	
4	高渗透层	63.13	22.83	70.01	16.23	57.16	37.40	7.85	15.66	65.01	53.05
	低渗透层	3.89	18.13	60.08		17.63		23.46		41.09	

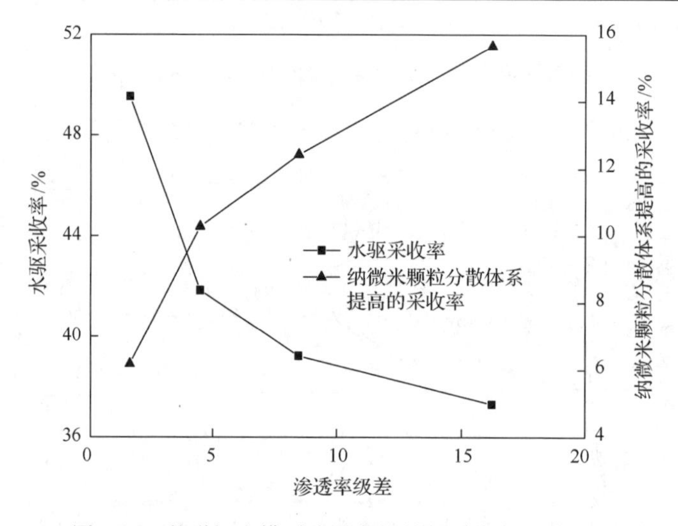

图 2-46　并联组合模型渗透率级差与采收率关系曲线

提高的采收率越高。当渗透率级差由 1.61 升高到 16.23 时，在低渗透岩心上提高的采收率由 7.75%增加到了 23.46%，而在高渗透率岩心上提高的采收率仅由 4.62%增加到了 7.85%。此外，当渗透率级差相差不大时，纳微米颗粒分散体系在并联组合模型中提高的采收率高于串联组合模型，说明纳微米颗粒分散体系对于改善储层纵向非均质性具有更好的调剖效果。

每组并联组合模型注采关系曲线如图 2-47～图 2-50 所示，可知随着组合模型渗透率级差的增大，模型的注入压力逐渐增大，且驱替过程中出现的最大注入压力也逐渐增大。当并联组合模型的渗透率级差由 1.61 升高到 16.23 时，最大注入压力由 0.17MPa 增大到了 0.61MPa。经过纳微米颗粒分散体系的调剖作用，并联组合模型中高、低渗透率岩心的含水率均下降，低渗透率岩心的含水率下降幅度更大。随着渗透率级差的增大，含水率下降幅度逐渐变大。当渗透率级差由 1.61

升高到 16.23 时，高渗透率岩心的最低含水率由 84.56%降低到了 77.26%，低渗透率岩心的最低含水率由 64.32%降低到了 52.59%。

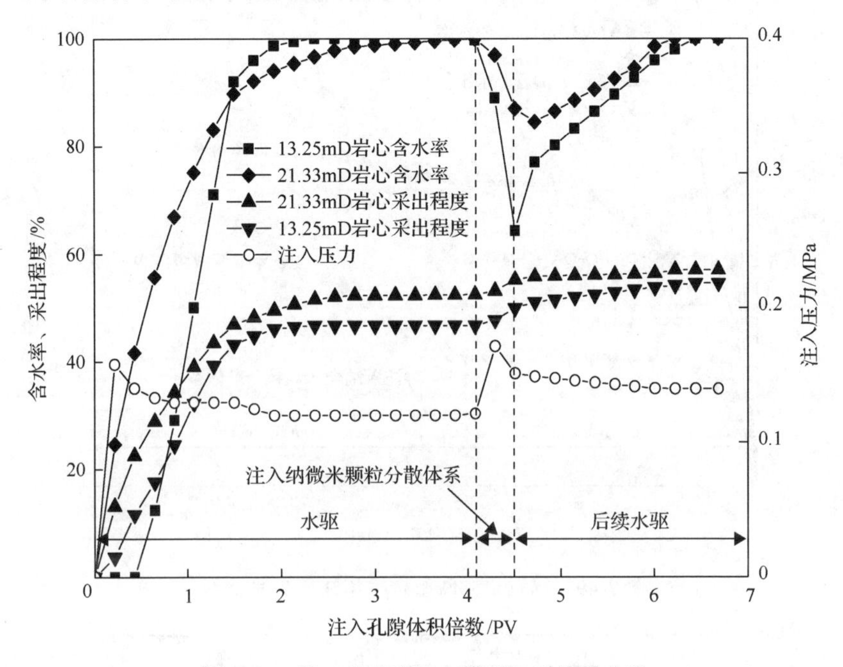

图 2-47　第一组并联组合模型注采关系曲线

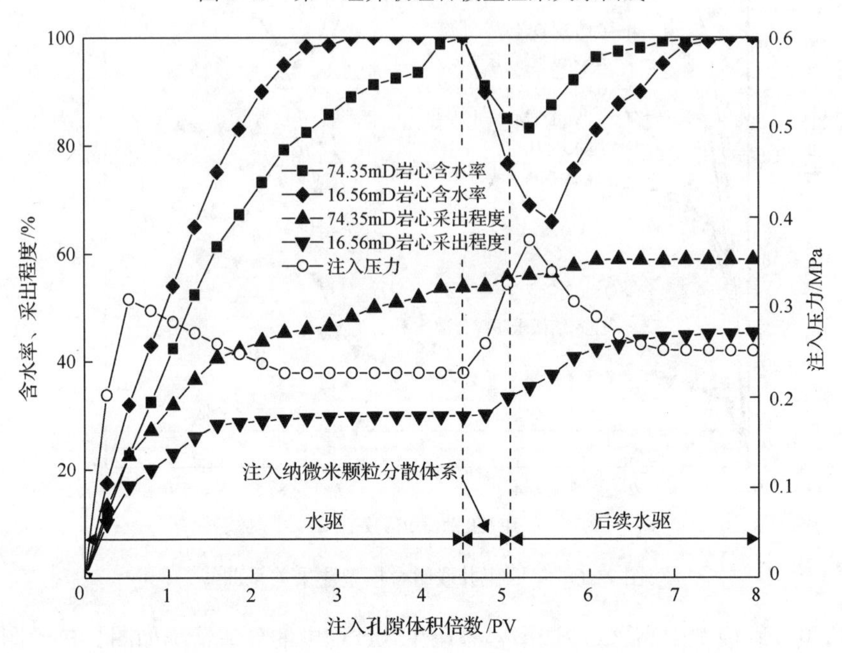

图 2-48　第二组并联组合模型注采关系曲线

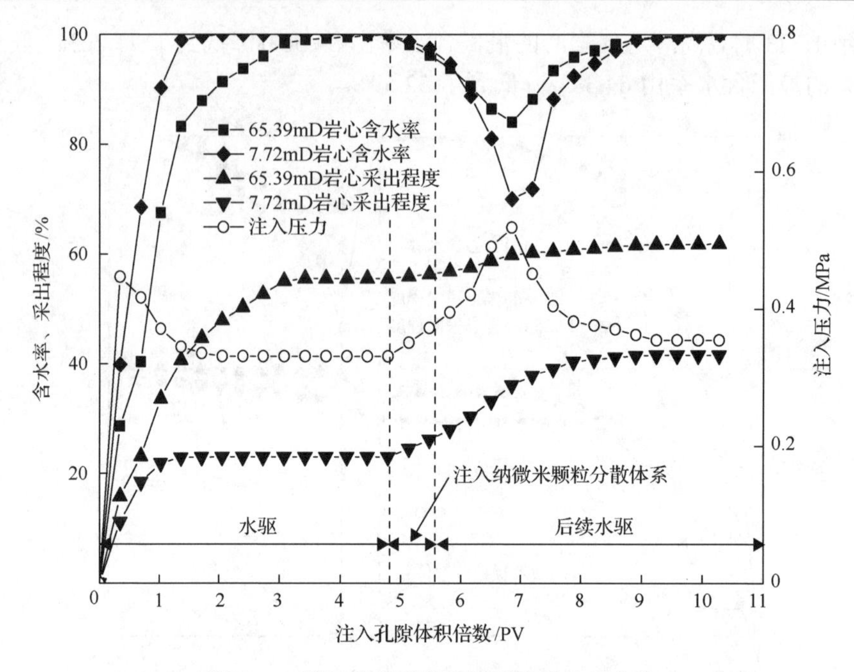

图 2-49　第三组并联组合模型注采关系曲线

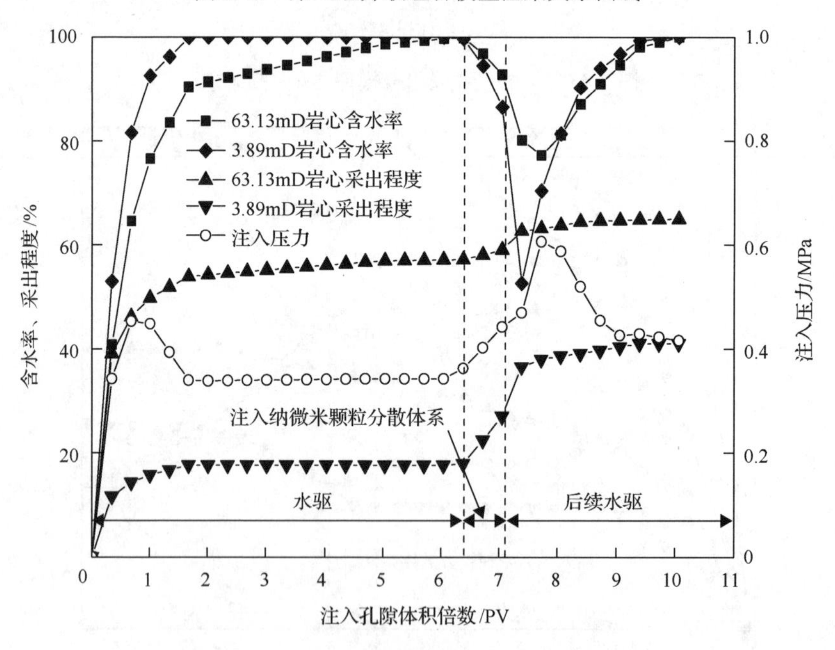

图 2-50　第四组并联组合模型注采关系曲线

每组并联模型中高、低渗透率岩心在注入过程中的分流情况如图 2-51～图 2-54 所示，可知在同一组并联模型中，随着水驱注入孔隙体积倍数的增大，高渗透率岩心的分流率逐渐增大，低渗透率岩心的分流率逐渐减小。注入纳微米颗粒分散体系后，高渗透率岩心的分流率降低，低渗透率岩心的分流率增大。转后续水驱后，随着注入孔隙体积倍数的增大，高渗透率岩心的分流率降低到最小值后又开始逐渐增大，低渗透率岩心的分流率增大到最大值后又开始逐渐减小。并联组合模型渗透率级差越大，高、低渗透率岩心的分流率相差越大，纳微米颗粒分散体系调剖引起的分流率变化越大。

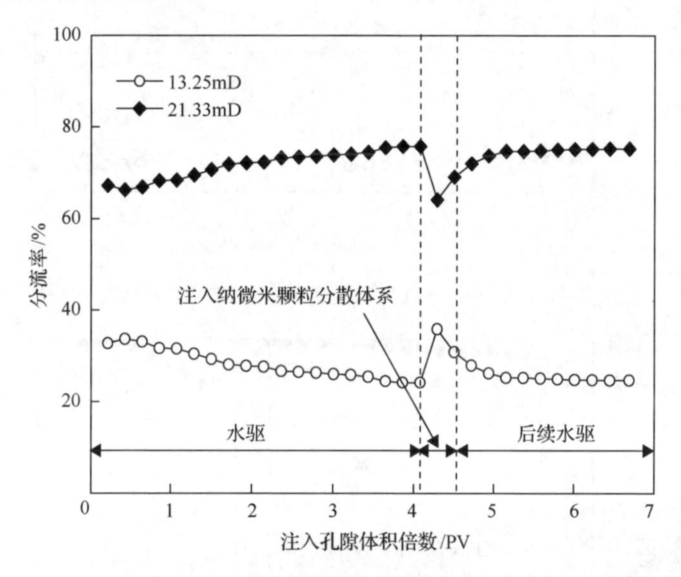

图 2-51　第一组并联组合模型分流关系曲线

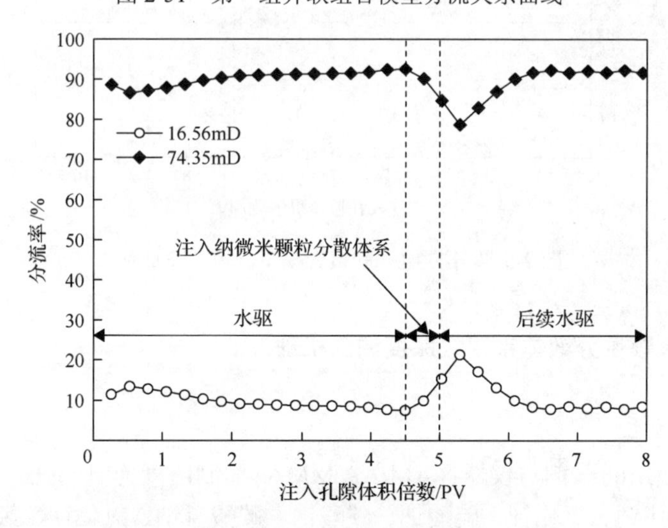

图 2-52　第二组并联组合模型分流关系曲线

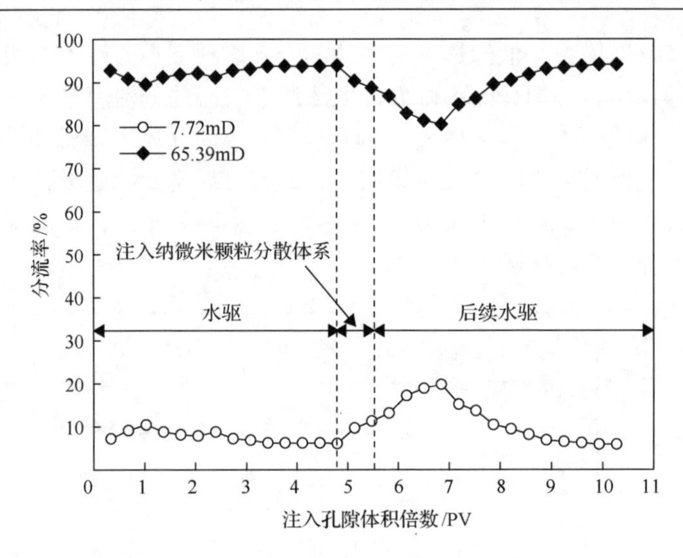

图 2-53　第三组并联组合模型分流关系曲线

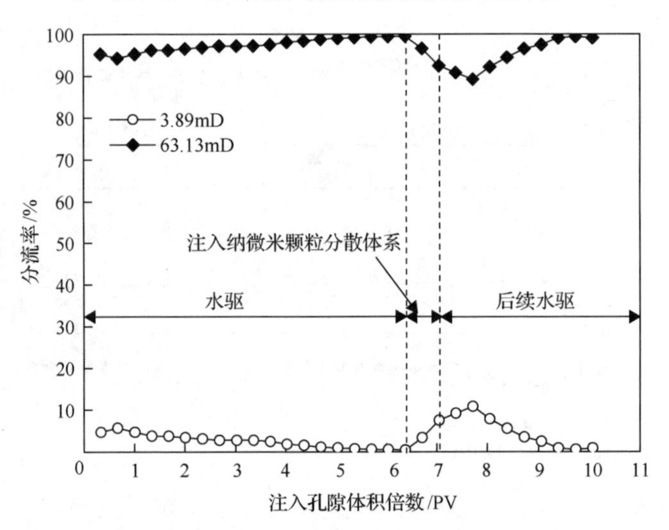

图 2-54　第四组并联组合模型分流关系曲线

2.1.4　纳微米颗粒分散体系逐级深度调剖机理

1. *实验方法*

实验中使用的试剂与仪器：AM/AA/MMA(配制浓度为 1.5g/L，平均粒径为 1.68μm)，氯化钠、氯化钾、硫酸钠、碳酸钠、碳酸氢钠、氯化镁、氯化钙、氢氧化钠、盐酸(均为分析纯试剂)，地层水(矿化度为 0.5g/L)；XZ-1 型真空泵、平流泵、长管填砂管(横截面积为 5.31cm^2，长度为 1m，在注入端和填砂管每隔 25cm

安装一个测压点，填砂管示意图如图 2-55 所示）。

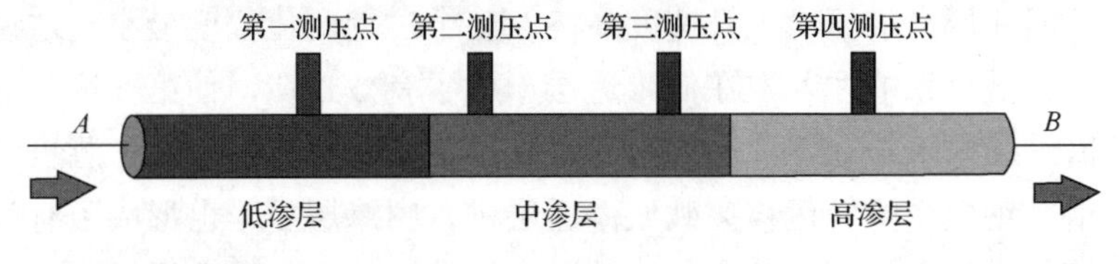

图 2-55　填砂管模型示意图

利用长管填砂模型进行纳微米颗粒分散体系逐级调剖实验，实验步骤如下：①填砂，测定渗透率、孔隙度；②仪器连接；③以恒定注水速度，向填砂管中注入水，定时记录压力，直到注水压力达到平稳；④将配制好的纳微米颗粒分散体系由 A 端注入 0.45PV，分别经过 4 个测压点，最后由 B 端流出，观察各测压点压力变化情况；⑤进行后续水驱，直到压力基本稳定，记录压力。驱替速度为 0.3mL/min。

2. 实验结果与讨论

在填砂管中，当注水压力稳定后，注入颗粒浓度为 1.5g/L 的纳微米颗粒分散体系 0.45PV，注入过程中压力随注入时间的变化如图 2-56 所示，可知在注入纳微米颗粒分散体系过程中，第一测压点的压力逐渐上升，到 1500min 时，纳微米颗粒分散体系注入完毕，第一测压点的压力与注入前相比增大了 0.32MPa，而第二、第三和第四测压点的压力与注入前相比变化不大。转为后续水驱后，第一测压点的压力上升速度加快，出现最大压力之后开始逐渐降低；第二测压点的压

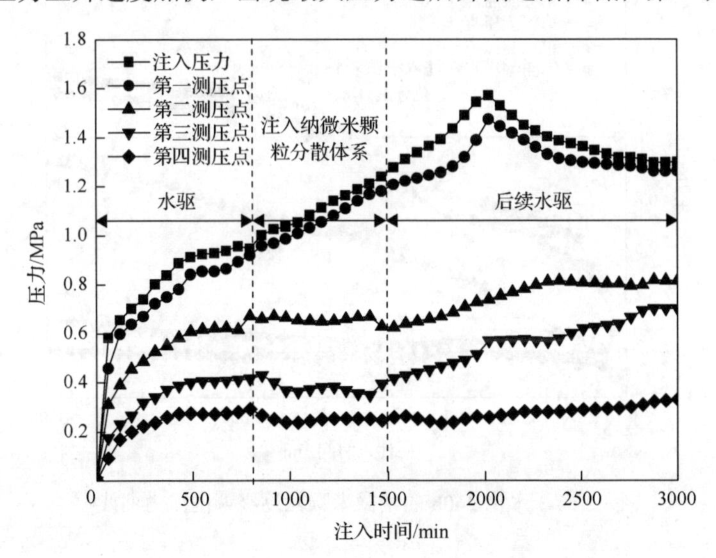

图 2-56　水化 24h 的纳微米颗粒逐级调剖压力曲线

力缓慢上升，整个过程变化幅度不大；第三测压点的压力上升速度较快，变化幅度较大；第四测压点的压力上升速度最慢，整个过程变化幅度最小。这说明随着纳微米颗粒分散体系的注入，在低渗透层形成了有效封堵，使第一测压点的压力增大，随着纳微米颗粒在低渗透层中的运移，封堵效果增强，第一测压点的压力达到最大值。纳微米颗粒运移突破低渗透层进入中渗层后，也形成了有效封堵，使第二、第三测压点的压力升高；当纳微米颗粒运移到高渗透层后，在高渗透层中封堵效果变差，第四测压点的压力增加幅度很小。

采用相同的实验方法，在填砂管中注入颗粒浓度为 1.5g/L 的纳微米颗粒分散体系 0.45PV，注入过程中压力随注入时间的变化如图 2-57 所示，可知在注入纳微米颗粒分散体系过程中，第一测压点的压力逐渐上升，第二测压点的压力快速增加，第三、第四测压点的压力基本不变。转为后续水驱后，第一测压点的压力上升速度开始变慢，并没有出现最大压力值，说明纳微米颗粒在低渗透层形成了封堵，但依靠较强的变形能力，纳微米颗粒很快突破了低渗透层，进入了中渗层，在中渗层形成了较强封堵，使第二测压点的压力一直在快速增大；随着注入时间的增加，纳微米颗粒继续向前运移，突破中渗透层进入高渗透层，使第三测压点的压力缓慢升高，说明水化时间长的纳微米颗粒，在经过中、低渗透层的剪切后，仍然能够对高渗透层形成一定的封堵；但随着纳微米颗粒的进一步运移，第四测压点的压力增幅很小，调剖效果变差，这可能跟纳微米颗粒与储层的匹配性有关。

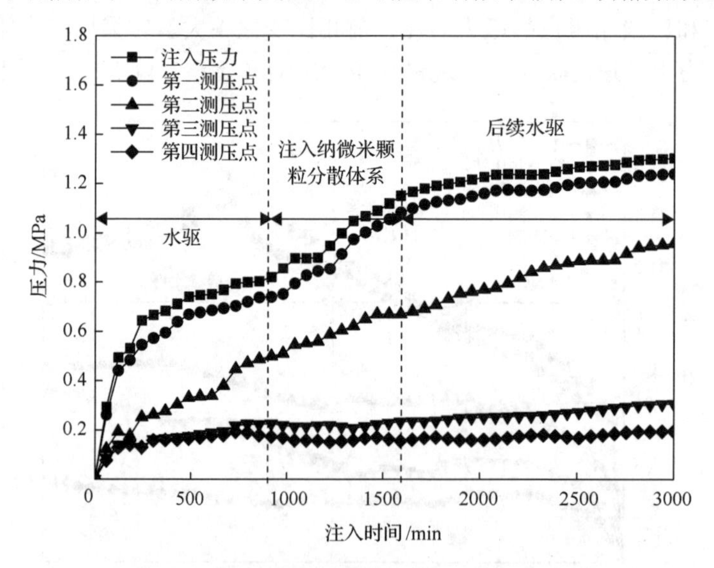

图 2-57　水化 240h 的纳微米颗粒逐级调剖压力曲线

2.2　纳微米颗粒分散体系提高采收率影响因素研究

2.2.1　纳微米颗粒分散体系渗流规律

1. 实验原理

在多孔介质中，单相流体一维流动时，其压力梯度与流速之间的关系曲线一般有如下非达西渗流特征[15,16]。

(1) 在压力梯度低于某一界限时，流体不能克服流动阻力，不发生流动，也就是说存在启动压力梯度。

(2) 在压力梯度大于启动压力梯度后，压力梯度与流量之间的关系是非线性渗流。

(3) 只有当压力梯度继续增大到某一数值后，压力梯度与流速之间的关系才呈线性关系，其延长线的截距被称为拟启动压力梯度。

图 2-58 中 *A*、*B*、*C*、*D*、*E* 5 个点的含义分别为：*A* 点是最大半径毛细管对应的启动压力梯度，*C* 点是平均半径毛细管对应的启动压力梯度，*B* 点是最小半径毛细管对应的启动压力梯度。*A*、*C* 两点对应的压力梯度分别被称为真实启动压力梯度和拟启动压力梯度。*D* 点是渗流由非线性渗流到拟线性渗流的过渡点，直线 *DE* 对应的渗流过程称为拟线性渗流，曲线 *AD* 对应的渗流过程称为非线性渗流。原点 *O* 与 *A* 点可能一致，也可能不一致。从测量和实用的角度看，拟启动压力的测量简单方便，且基本能够描述清楚低渗透储层的特征。因此，低渗透

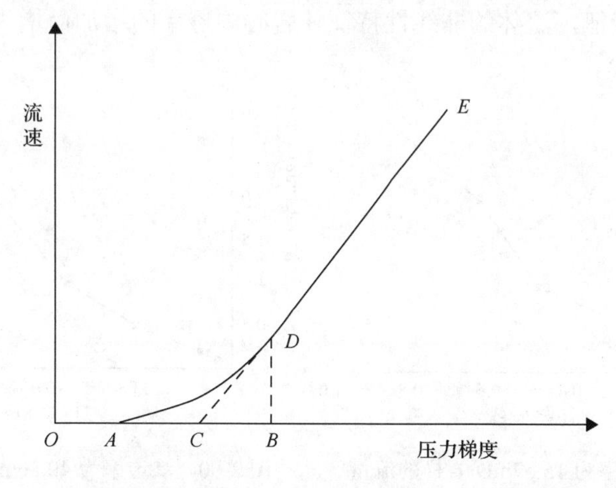

图 2-58　低渗多孔介质单相渗流动态曲线

储层启动压力测试的研究一般多集中在 C 点对应的拟启动压力。可以看出渗流曲线从 A 点到 D 点的过程就是流体在多孔介质中呈非线性流动的过程。

2. 实验方法

实验中使用的试剂为 AM/AA/MMA(浓度为 1.5g/L)。实验装置主要由以下几部分组成：驱替系统使用平流泵(日本岛津工程技术有限公司生产的 YZ-15 型平流泵，最小流速为 0.001mL/min)和 XZ-1 型真空泵；采集记录系统包括压力传感器、电子天平和计算机。

实验过程为：①岩心抽真空，饱和地层水；②装岩心，连接实验装置，水驱排空连接残余气体；③以 0.1mL/min 的速度注入纳微米颗粒分散体系，压力传感器 1 与压力传感器 2 的压差 ΔP 即为岩心驱替压力，待压力稳定后，此压力就是 0.1mL/min 速度下的注入压力；④分别以 0.2mL/min、0.5mL/min、1.0mL/min、2.0mL/min、3.0mL/min 的速度注入纳微米颗粒分散体系，压差稳定后记录压差 ΔP；⑤作压差与对应速度的关系曲线，分析纳微米颗粒分散体系的启动压力梯度。

3. 实验结果与分析

纳微米颗粒分散体系在不同渗透率岩心上的渗流规律如图 2-59～图 2-62 所示。从图中可以看出，4 条曲线的反相延长线都不经过零点，说明纳微米颗粒分散体系具有启动压力梯度，且具有非达西渗流特征，当渗流速度较低时，渗流曲线呈明显的非线性特征，流体的非线性特征随岩心渗透率的增加而增大。

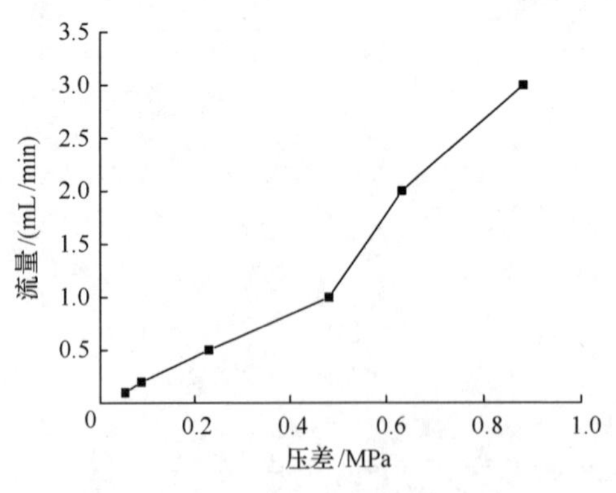

图 2-59　渗透率为 15.57mD 岩样的流量与压差关系曲线

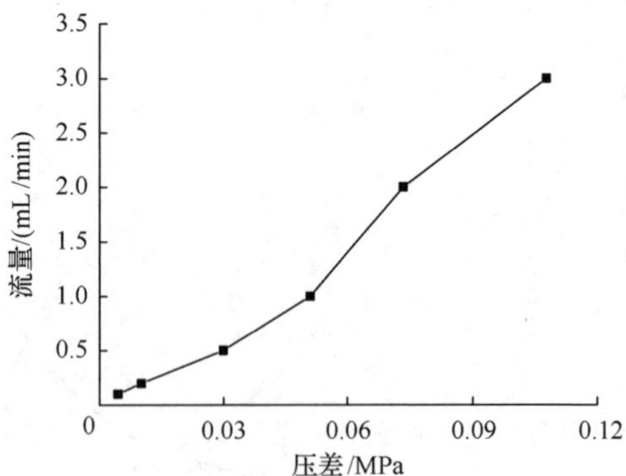

图 2-60　渗透率为 40.26mD 岩样的流量与压差关系曲线

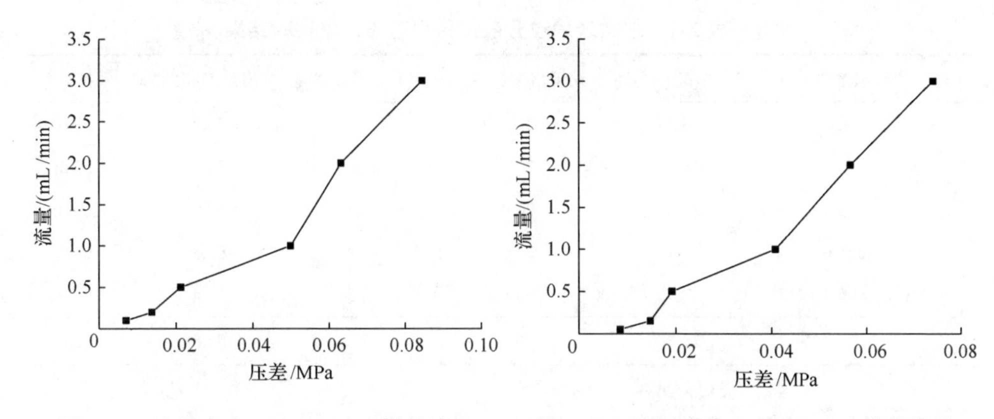

图 2-61 渗透率为 102.15mD 岩样的流量与压差关系曲线

图 2-62 渗透率为 150.07mD 岩样的流量与压差关系曲线

2.2.2 纳微米颗粒分散体系油水两相渗流特征

1. 实验方法

实验中使用的试剂为：AM/AA/MMA，配制浓度为 1.5g/L；模拟油室温下黏度为 9.52mPa·s。实验装置主要由以下部分组成：驱替系统为 YZ-15 型平流泵；采集记录系统包括压力传感器、电子天平、油水分离管和计算机。

实验步骤为：①测量岩心长度及直径，称取干重 W_1；②岩心抽真空后饱和地层水，称取湿重 W_2，计算岩心孔隙体积 V；③以 0.1mL/min 的速度向岩心中注入模拟油，直至出口端不出水为止，为岩心建立束缚水，自动记录岩心的束缚水饱和度，并测定束缚水下的油相渗透率；④以 0.1mL/min 的速度向岩心中注入纳微米颗粒分散体系直至出口端不出油为止，记录岩心的残余油饱和度，并测定残余油下的水相渗透率。

2. 实验结果与分析

纳微米颗粒分散体系相对渗透率实验结果见表 2-3 及图 2-63～图 2-67。由表 2-2 可知，岩心空气渗透率低时，残余油饱和度高，采收率低。随渗透率的增大，共渗区范围变宽。渗透率小于 71.5mD 的岩心，其等渗点饱和度在 52.5%左右。渗透率大于 71.5mD 的岩心，其等渗点饱和度在 61%左右，驱油效率平均为 65.6%。总的来看，纳微米颗粒分散体系相对渗透率与水驱的水相相对渗透率相比发生了明显改变。

表 2-3　纳微米颗粒分散体系相对渗透率实验结果

序号	空气渗透率/mD	残余油饱和度/%	束缚水饱和度/%	共渗区跨度/%	等渗点饱和度/%	采收率/%
1	35.8	39.2	27.5	33.3	50.2	46.0
2	71.5	25.3	27.1	47.6	54.8	65.3
3	105.9	26.6	26.0	47.4	58.8	64.0
4	225.6	27.4	26.4	46.2	62.8	62.7
5	300.2	22.9	23.6	53.5	61.4	70.0
平均		28.3	26.1	45.6	57.6	61.6

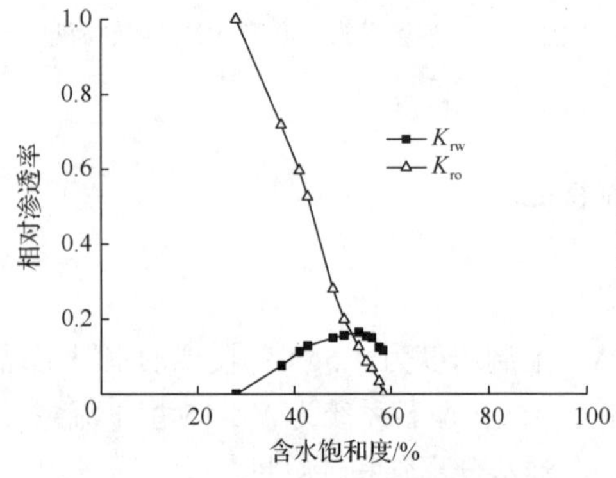

图 2-63　渗透率为 35.8mD 岩样纳微米颗粒分散体系-油两相相对渗透率曲线

图 2-64　渗透率为 71.5mD 岩样纳微米颗粒分散体系-油两相相对渗透率曲线

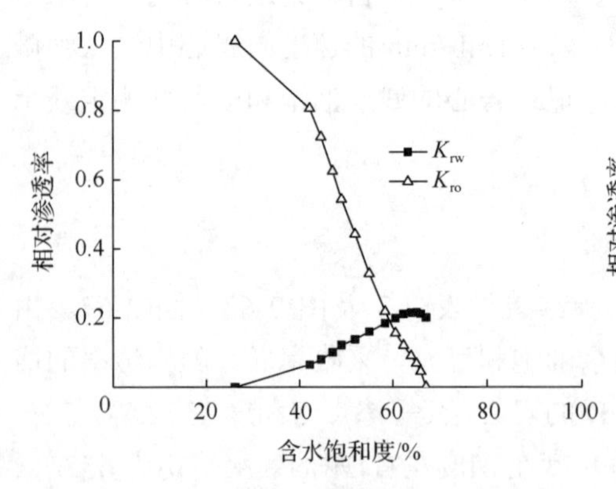

图 2-65　渗透率为 105.9mD 岩样纳微米颗粒分散体系-油两相相对渗透率曲线

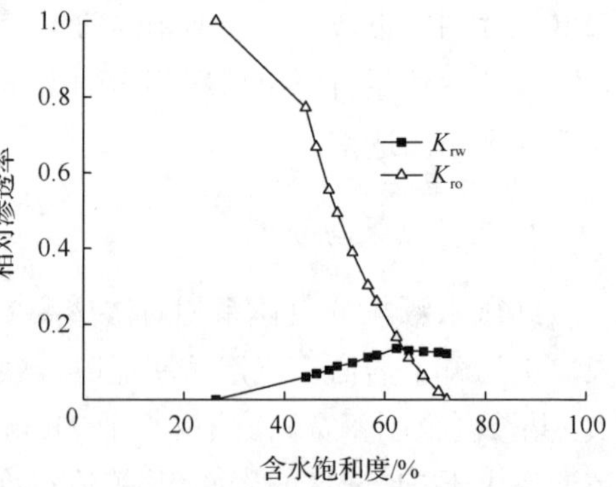

图 2-66　渗透率为 225.6mD 岩样纳微米颗粒分散体系-油两相相对渗透率曲线

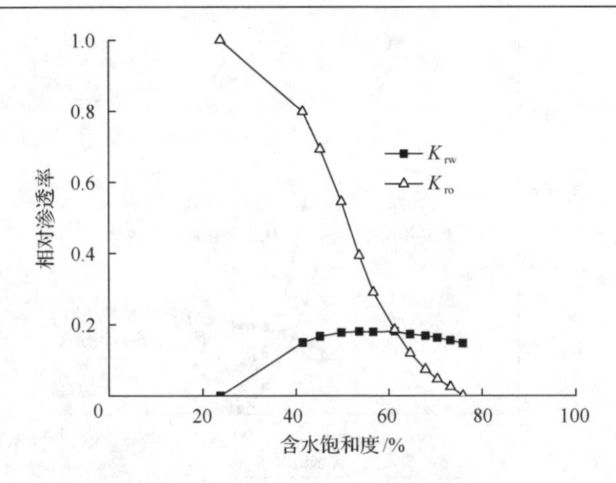

图 2-67　渗透率为 300.2mD 岩样纳微米颗粒分散体系-油两相相对渗透率曲线

纳微米颗粒分散体系-油两相相对渗透率曲线中，水溶液相对渗透率曲线 K_{rw} 呈现凸形增长，这是因为在纳微米颗粒分散体系-油两相对渗透率曲线中，水溶液占据的流动孔道中会有纳微米颗粒进入，导致水溶液占据的孔道体积减小，水溶液相对渗透的增长速度变慢。

纳微米颗粒分散体系-油相对渗透率与水-油相对渗透率曲线对比如图 2-68～图 2-70 所示。油水两相相对渗透率曲线的形态反映流体的渗流特征，水相相对渗透率曲线在等渗点之前，相对渗透率随含水饱和度增加缓慢，当含水饱和度达到等渗点以后则水相相对渗透率增加迅速。直线型的相渗曲线反映随着含水饱和度的增加，其油相相对渗透率下降很快，水相相对渗透率上升缓慢，此表现在低渗

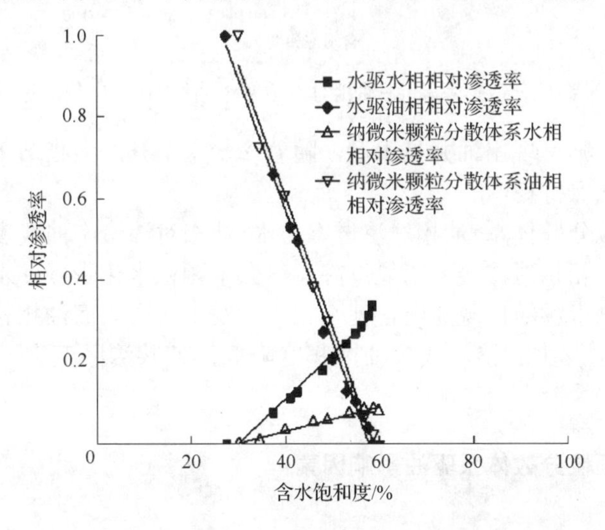

图 2-68　纳微米颗粒分散体系与水驱相对渗透率对比

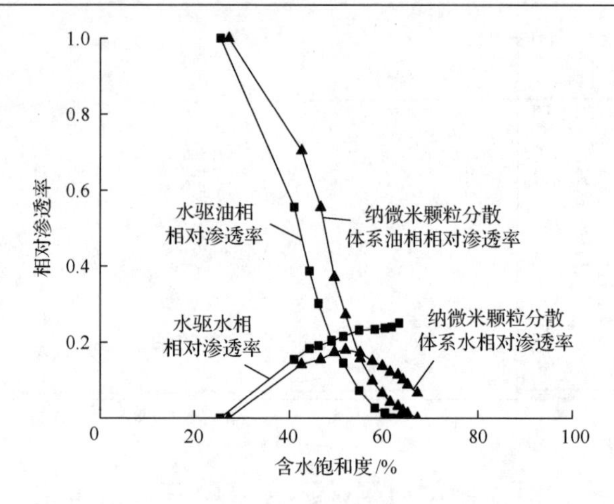

图 2-69　纳微米颗粒分散体系、水-油相对渗透率渗曲线对比(空气渗透率为 71.5mD)

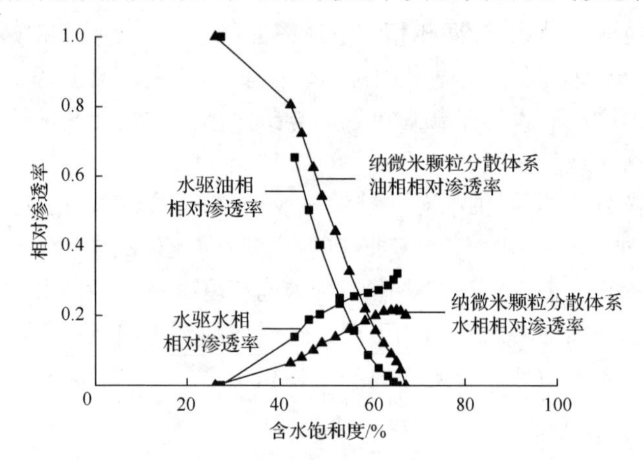

图 2-70　纳微米颗粒分散体系、水-油相对渗透率渗曲线对比(空气渗透率为 105.9mD)

透油层生产中，则呈现出油井见水后，随着含水率上升产液指数下降，难以用提高排液量的方法保持稳产。

纳微米颗粒分散体系-油相对渗透率与水-油相对渗透率曲线表明：纳微米颗粒分散体系使水相相对渗透率明显下降。纳微米颗粒水化膨胀使水相流动速度减慢，孔道中纳微米颗粒出现滞留，使水相流动发生转变。而油相相对渗透率发生右移，等渗点也发生右移，残余油饱和度降低，使共渗区变宽，从而提高了采收率[17]。

2.2.3　纳微米颗粒分散体系驱油影响因素

1. *实验方法*

实验中使用的试剂为：AM/AA/MMA(配制浓度为 1.5g/L)、模拟油(室温下黏度为 9.52mPa·s）、去离子水。实验装置主要由以下几个部分组成：驱替系统为 YZ-15 型平流泵、XZ-1 型真空泵，采集记录系统包括压力传感器、量筒和计算机。

实验步骤如下。

(1) 测量岩心长度、直径，称干重 W_1。

(2) 岩心抽真空，饱和地层水，称湿重 W_2，计算岩心孔隙体积 $V_{孔}$。

(3) 装岩心，在计算机采集系统中输入岩心数据，水驱排空连实验装置时的残余气体。

(4) 以 0.1mL/min 的速度向岩心注入模拟油，直至岩心出口端不出水为止，为岩心建立束缚水，并记录岩心的束缚水饱和度。

(5) 以 0.1mL/min 的速度向岩心中注入模拟水，进行水驱油，并连续记录注入的 PV 数与当前出油量、出水量，直至不出油为止，计算岩心的水驱采收率。

(6) 在分析浓度对采收率影响的实验中，分别注入颗粒浓度为 1.0g/L、2.0g/L、3.0g/L、4.0g/L、5.0g/L 的纳微米颗粒分散体系 1PV，在分析注入 PV 数对采收率影响的实验中，注入上一次实验所得的最佳注入浓度纳微米颗粒分散体系，分别注入 0.5PV、1PV、1.5PV、2PV，注入速度为 0.1mL/min。

(7) 以 0.1mL/min 的速度进行后续水驱，直至不出油，得到最终的产油量，并计算最终采收率。

2. 实验结果与讨论

1) 纳微米颗粒浓度对采收率的影响

表 2-4 为纳微米颗粒浓度对采收率影响实验结果。注入纳微米颗粒分散体系提高采收率的最大值为 8.87%，对应的注入纳微米颗粒浓度为 5.0g/L；提高采收率的最低值为 4.02%，对应的注入纳微米颗粒浓度为 1.0g/L，并且随着注入的纳微米颗粒浓度的不断升高，对应的提高采收率整体上也不断增加。

表 2-4　纳微米颗粒浓度对采收率的影响实验结果

岩心编号	岩心渗透率/mD	纳微米颗粒浓度/(g/L)	水驱采收率/%	总采收率/%	提高采收率/%
1	98.6	1.0	56.42	60.44	4.02
2	99.4	2.0	55.91	62.10	6.19
3	101.7	3.0	56.85	65.50	8.65
4	105.2	4.0	56.28	64.82	8.54
5	107.5	5.0	58.33	67.20	8.87

由图 2-71 可知，当纳微米颗粒浓度达到 3.0g/L 时，再增加浓度对提高采收率的贡献不大，而浓度小于 3.0g/L 的时候，增加浓度对提高采收率的程度相对较大。

这是由于当纳微米颗粒浓度过小时，单位时间通过岩心孔隙的纳微米颗粒少，不容易对岩心形成封堵；当纳微米颗粒浓度较大时，单位时间内通过岩心孔隙的纳微米颗粒多，但是如果岩心孔喉中已经形成了封堵，再多的纳微米颗粒也是多余的，反而造成浪费。综上所述，从对应的提高采收率的增幅、经济效益等多方面考虑，注入纳微米颗粒的浓度为 3.0g/L 时，效果最佳。

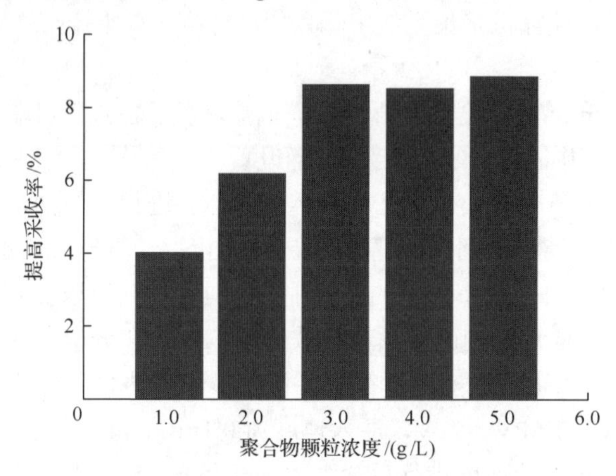

图 2-71　纳微米颗粒浓度对提高采收率的影响

2) 注入颗粒段塞尺寸对采收率影响

表 2-5 为纳微米颗粒分散体系注入段塞尺寸对采收率的影响的实验结果。由表 2-5 可知，纳微米颗粒分散体系提高采收率的最大值为 8.71%，对应注入纳微米颗粒分散体系的体积为 2.0PV；提高采收率的最低值为 7.02%，对应注入纳微米颗粒分散体系的体积为 0.5PV，并且随着纳微米颗粒分散体系注入段塞尺寸的不断增加，对应的提高采收率整体上也逐渐增加。

表 2-5　注段塞尺寸对采收率的影响的实验结果

岩心编号	岩心渗透率/mD	注入体积/PV	水驱采收率/%	总采收率/%	提高采收率/%
6	101.5	0.5	58.94	65.96	7.02
7	101.7	1.0	56.85	65.50	8.65
8	99.6	1.5	54.23	62.70	8.47
9	102.1	2.0	53.71	62.42	8.71

由图 2-72 可知，当纳微米颗粒分散体系的注入段塞尺寸达到 1.0PV 时，再增加纳微米颗粒分散体系的注入段塞尺寸对提高采收率的贡献不大；而当纳微米颗粒分散体系注入段塞体积为 0.5PV 时，提高采收率的降幅接近 1.5%。这是由于当纳微米颗粒分散体系注入体积过小时，通过岩心孔隙的纳微米颗粒的时间短，不

容易对整个岩心中合适的孔喉都形成封堵；当注入纳微米颗粒分散体系体积较大时，通过岩心孔隙的纳微米颗粒的时间长，但是如果岩心孔喉中已经形成了封堵，注入再多的纳微米颗粒也是多余的，反而造成浪费。综上所述，从对应的提高采收率的增幅、经济效益等多方面考虑，认为注入段塞尺寸为 1.0PV 时，效果最佳。

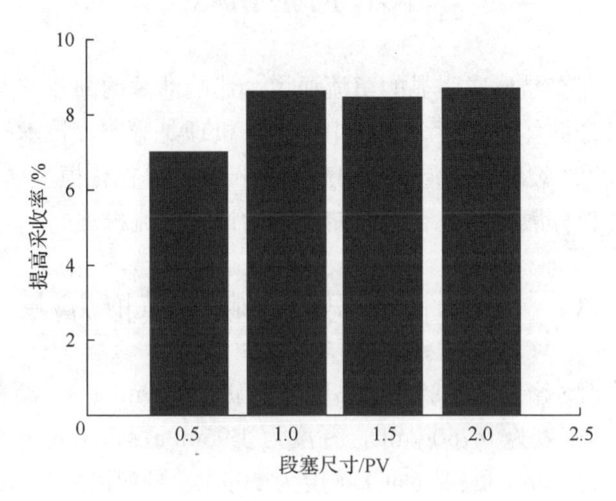

图 2-72　注入段塞尺寸对提高采收率的影响

第3章　裂缝性储层纳微米颗粒分散体系调驱机理

储层裂缝的存在易形成明显的窜流通道，影响油藏的高效开发和采收率的提高，纳微米颗粒分散体系在裂缝储层中的调驱机理是影响该技术扩大应用领域的关键[18,19]。本章针对裂缝性储层，使用高温高压微观可视化模型模拟含裂缝岩心，揭示了纳微米颗粒分散体系在裂缝性储层中的调驱渗流机理。

3.1　裂缝性储层微观物理模拟方法

实验用原油相对密度为0.8569，黏度(50℃)为7.69mPa·s，沥青质平均含量为2.69%。地层原油密度为0.760g/mL，黏度为1.95mPa·s。实验用纳微米颗粒未水化时的中值半径为5μm，配置NaCl浓度为50g/L，颗粒浓度为5g/L的纳微米颗粒分散体系。

图3-1为高温高压微观驱替装置示意图。该装置可以利用微观玻璃模型进行0～20MPa、150℃以下的各种驱油实验，实验装置包括以下几部分。

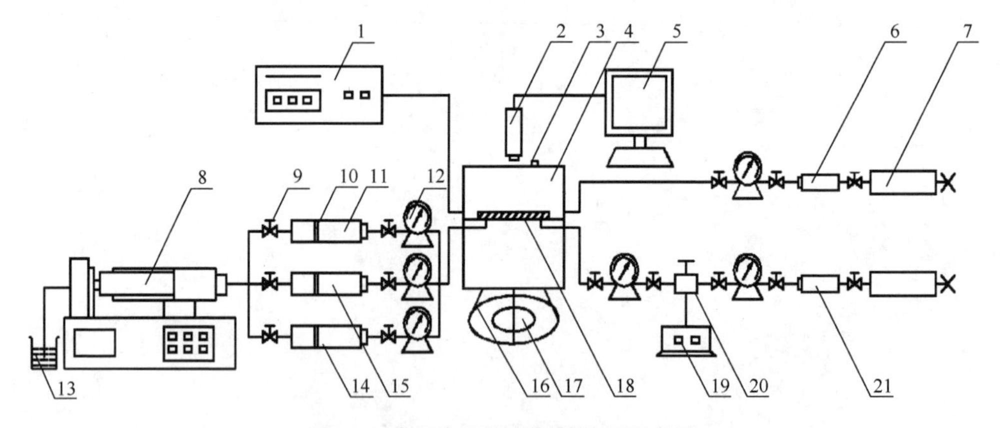

图3-1　高温高压微观驱替装置示意图

1-温度控制器；2-CDD录像仪；3-放空阀；4-模型夹持器；5-图像显示器；6-第一储液罐(内含水)；7-手动泵；8-驱替泵；9-调节阀；10-活塞；11-第一中间容器(内含模拟油)；12-精密压力表；13-烧杯(内含水)；14-第二中间容器(内含水)；15-第三中间容器(内含注入液)；16-支架；17-平面光源；18-微观可视模型；19-微量计量器；20-回压阀；21-第二储液罐(内含水)

(1) 模型夹持器：为了使玻璃模型能够承受住地层条件下的压力和温度，必须有相应的夹持器固定温控系统来保持压力和温度。

(2) 驱替系统：主要包括一台恒速驱替泵和 3 个中间容器，分别装有注入水、原油和微生物发酵液或激活剂。

(3) 回压系统：主要包括一台手动泵和一个中间容器。中间容器中充满液体，利用手动泵将液体直接打入模型回压阀，增压到比出口压力高出 0.5MPa 左右，起回压作用。

(4) 环压系统：主要由一台手动泵和一个中间容器构成。中间容器中充满透明的蒸馏水(不能灌入蒸馏水)，手动泵使水通过中间容器，打进模型夹持器内玻璃模型的上下部位，起到高压作用，但模型的环压与模型出入压力值相差不宜超过 0.5MPa 以上，以免模型破裂或压碎。

(5) 监测系统：包括压力表和传感器。包括出入口压力表、环压表、回压表和温度传感器。

(6) 图像采集系统：点光源、摄像头、监视器、录像仪和计算机。

3.2　纳微米颗粒分散体系调驱机理

1. 一次水驱

水驱油过程以注入水驱动原油时出现的“指进”和绕流现象为主，一次水驱过程中，水优先流入模型的主通道，即裂缝区域，其次是过渡区，少量的水流入边界区。并且一旦水驱到达出口井，流经整个主通道后，模型剩余的原油几乎不会再被水驱出，如图 3-2 所示，3 条裂缝通道几乎没有剩余油存在。

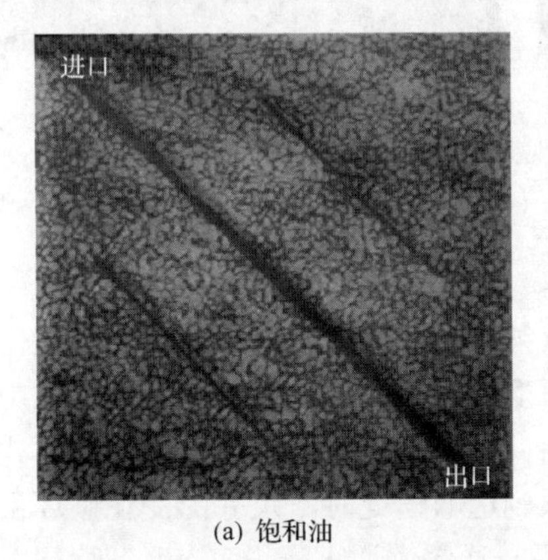

(a) 饱和油

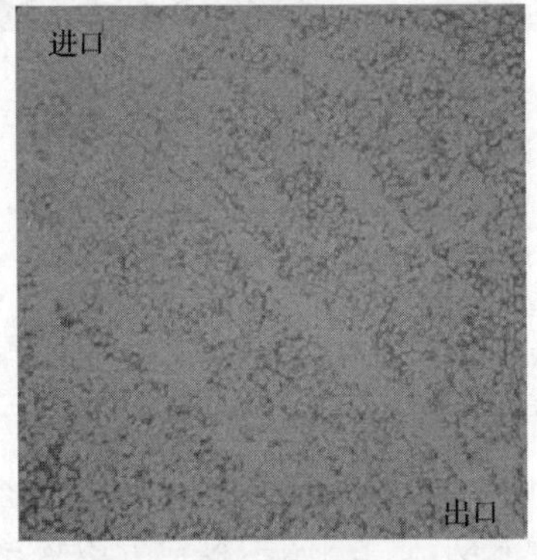

(b) 一次水驱

图 3-2　饱和油与一次水驱后对比

从一次水驱后微观模型内剩余油的分布形态可以看出(图 3-3)模型中剩余油以柱状、膜状、簇状和盲端等形式存在，其中膜状剩余油主要分布在大孔道内，而小孔道内的剩余油以柱状和簇状为主，同时存在少量盲端剩余油。簇状剩余油较连续地分布在较小孔道中，是一次水驱后剩余油存在的主要类型。膜状剩余油的形成是在水沿大孔道推进过程中，未把孔道内的原油全部驱走，水占孔道大部分位置，而剩余油被挤压到孔隙壁表面形成的。

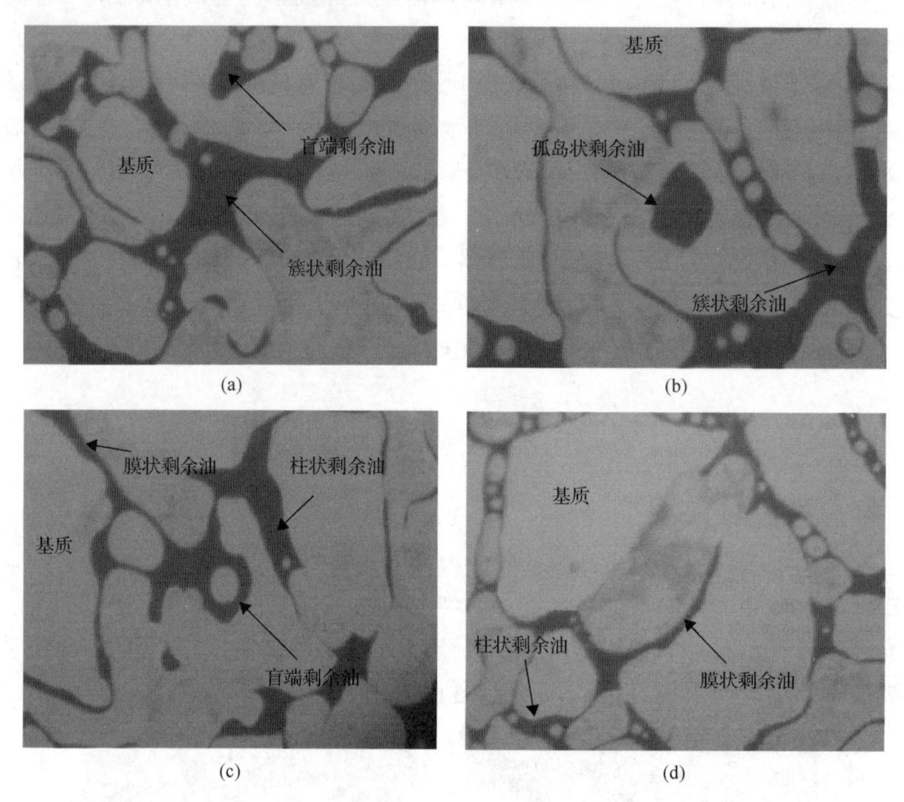

图 3-3 一次水驱后微观模型内剩余油的分布形态

2. 纳微米颗粒分散体系驱替

纳微米颗粒分散体系驱替开始时，纳微米颗粒呈疏松状聚集在可视化模型进口，随着后续不断注入，纳微米颗粒所受的压力增加，开始向多孔介质中运移，通过进口处的喉道进入多孔介质，逐渐向介质深处运移，以疏松网状形式在大孔道内缓慢流动，当纳微米颗粒分散体系到达喉道处时，尺寸的变化破坏了疏松网状结构(图 3-4)，使纳微米颗粒分散体系一次缓慢通过喉道。该流动特征对后续水驱起到了降低流度的作用。随着较多的纳微米颗粒进入多孔介质，其在较大的孔道处聚集形成牢固的网络结构(图 3-5)。

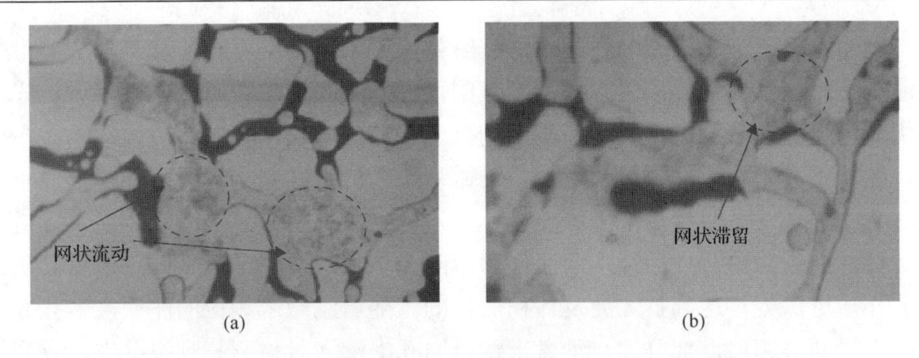

(a)　(b)

图 3-4　纳微米颗粒在大孔道中呈网状流动和网状滞留

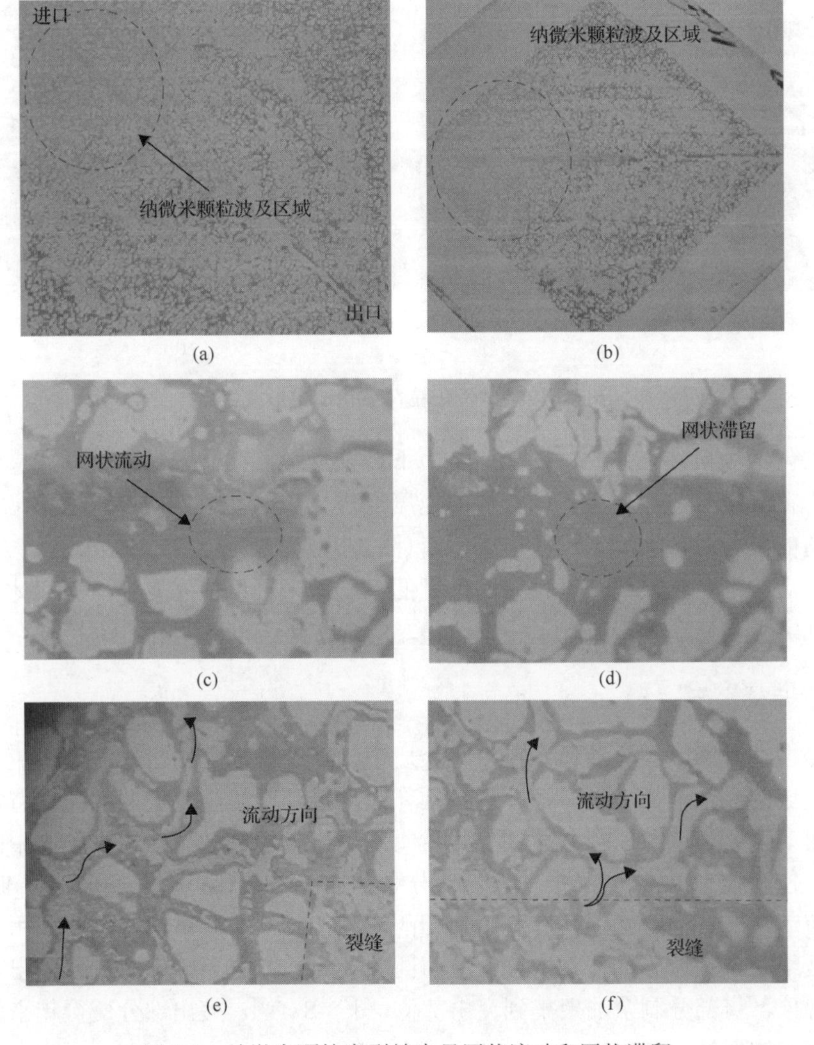

(a)　(b)
(c)　(d)
(e)　(f)

图 3-5　纳微米颗粒在裂缝中呈网状流动和网状滞留

一次水驱过程中，裂缝中的原油被驱替出来，继续水驱时，注入水主要沿裂缝流动，形成水窜，提高采收率幅度有限，注入纳微米颗粒时，纳微米颗粒先进入优势通道，即裂缝中，处于前端的纳微米颗粒呈疏松网状，随后续注入缓慢流动，随着纳微米颗粒注入量的增加，纳微米颗粒的网状结构越发紧密，形成牢固的网状结构，发生网状滞留，如图 3-6 所示。网状滞留导致纳微米颗粒难以进一步运移，形成封堵，使后续注入流体渗流阻力增大，发生液流转向，迫使其进入多孔介质更深处，达到扩大波及体积的目的。随着纳微米颗粒的注入，多孔介质中的少量油被驱出，部分油在纳微米颗粒向孔喉深入时被驱赶到裂缝中，有利于后续水驱驱替。

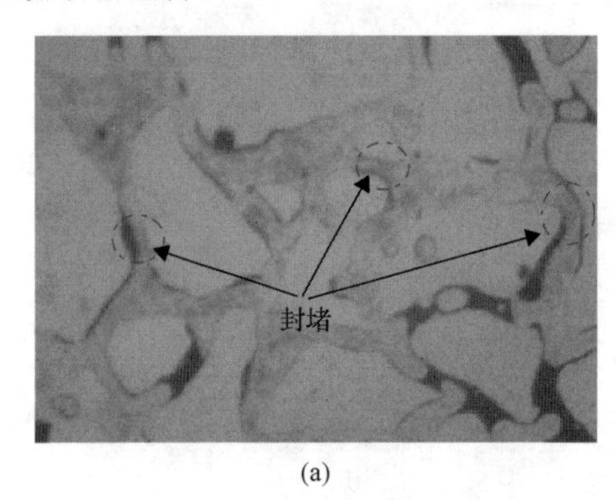

(a)

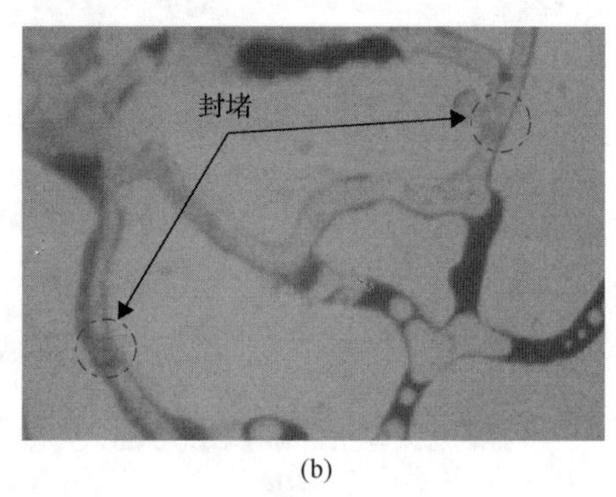

(b)

图 3-6　纳微米颗粒在小孔道中形成封堵

纳微米颗粒具有弹性，在一定压力下可以变形，纳微米颗粒可以凭借此种变形能力在一定压力作用下，以较快的速度通过较小的孔道，但当压力不足以克服小孔道的阻力时，纳微米颗粒形成封堵(图 3-6)。

在后续不断注入纳微米颗粒的过程的，纳微米颗粒依靠变形能力和体系压力的增加突破封堵，逐级进入下一个孔道，实现逐级调剖作用(图 3-7)。

3. 后续水驱

经过纳微米颗粒分散体系在多孔介质中的封堵调剖作用后，后续水驱过程中不同区域的剩余油被大量启动，剩余油在流动过程中呈现出不同的流动特征。剩余油启动主要表现在 3 个方面(图 3-8)：①纳微米颗粒分散体系在大孔道中的网状滞留，使后续水驱转向，“推动”一部分剩余油[图 3-8(b)]，使剩余油逐渐聚集，形成流动通道，油路畅通，有利于油相的流动；②部分剩余油在水相作用力的推动下被纳微米颗粒分散体系携带而流动[图 3-8(d)]；③后续水驱过程中出现“拉丝”现象，将部分剩余油聚集到突出部位[图 3-8(f)]，突出部分变得越来越大直至分离，进而被驱替出来。

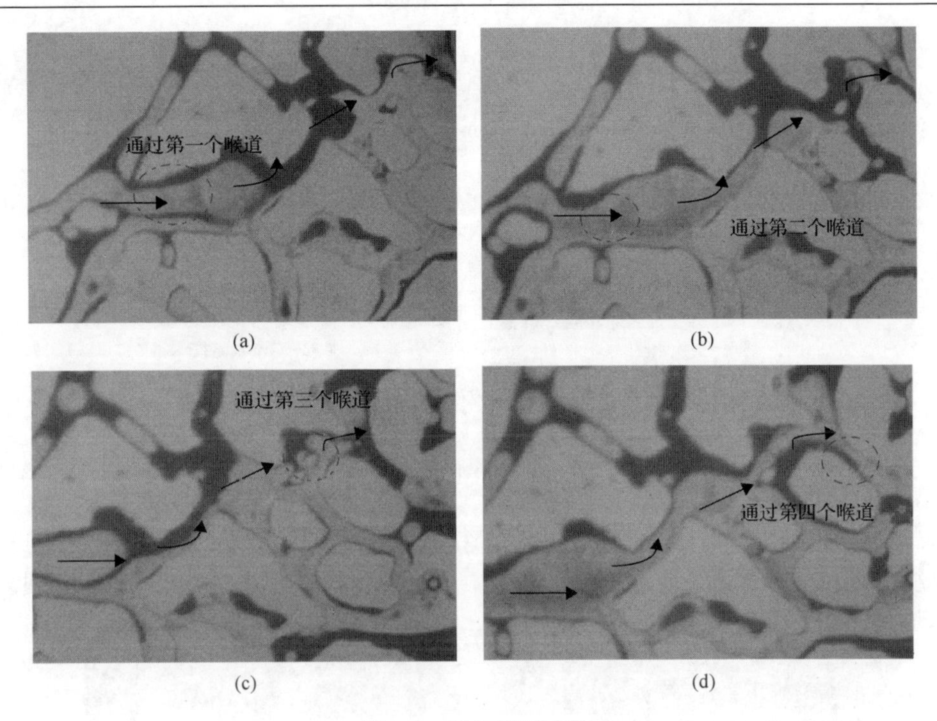

(a) (b) (c) (d)

图 3-7 逐级调剖过程

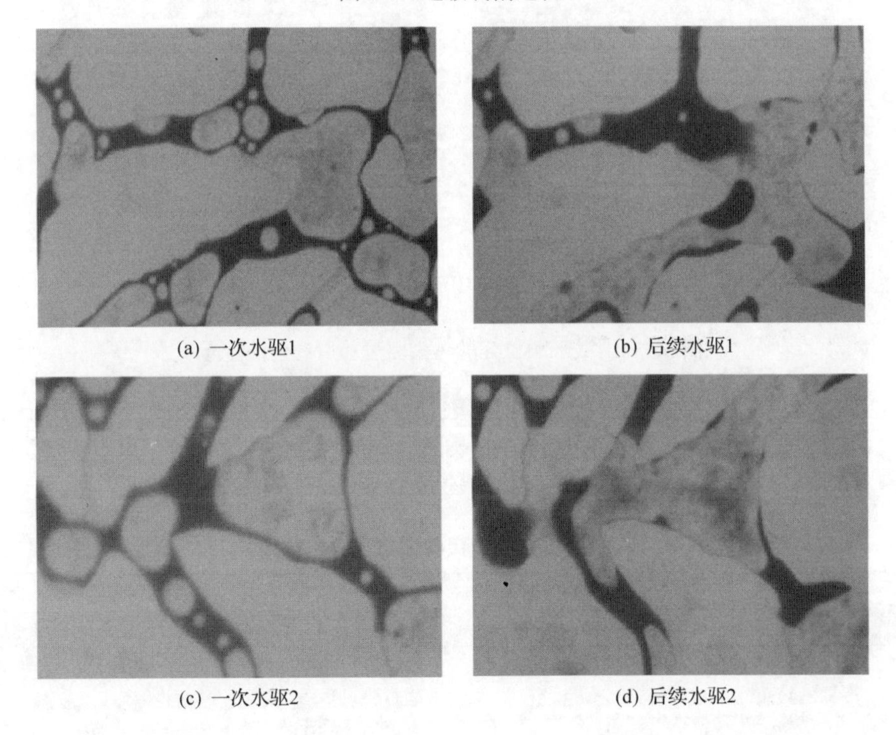

(a) 一次水驱1 (b) 后续水驱1

(c) 一次水驱2 (d) 后续水驱2

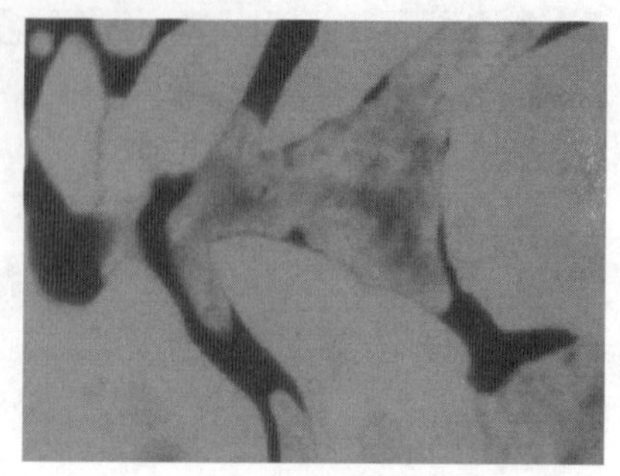
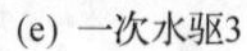
(e) 一次水驱3

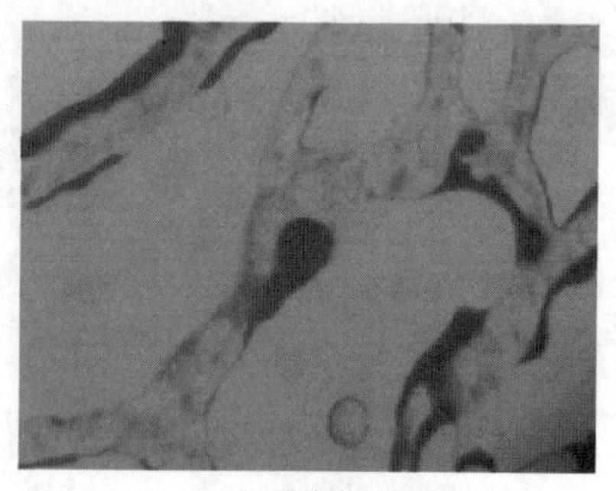
(f) 后续水驱3

图 3-8　水驱与纳微米颗粒分散体系驱油过程中的驱替现象对比

4. 纳微米颗粒分散体系驱油效果

纳微米颗粒分散体系的调驱效果如图 3-9 所示，相比一次水驱后[图 3-9(a)]，纳微米颗粒分散体系调驱后[图 3-9(b)]，剩余油含量明显减少，一次水驱后裂缝通道外的孔道内剩余油被大量驱替。

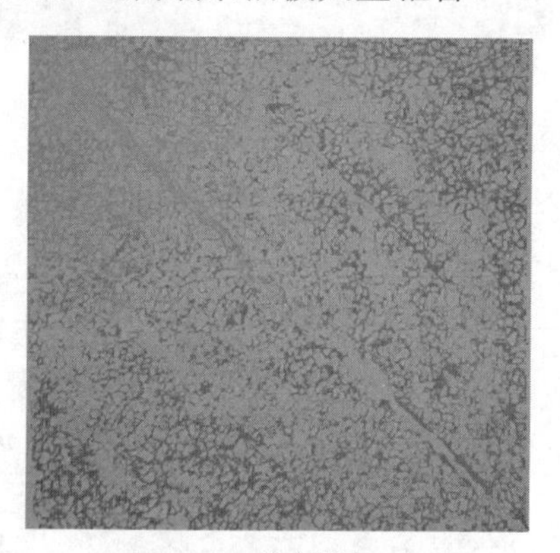
(a) 一次水驱后

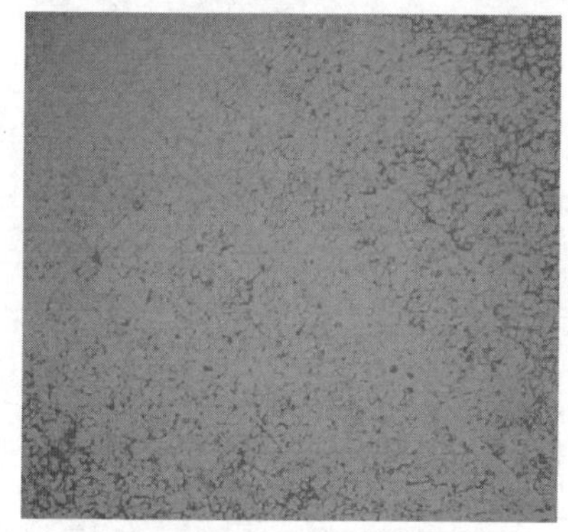
(b) 纳微米颗粒分散体系调驱后

图 3-9　纳微米颗粒分散体系驱替前后剩余油分布

剩余油及采收率的定量分析结果见表 3-1，水驱后模型内仍有 50%左右的原油未被驱替出来，留在多孔介质中形成剩余油。对主通道、过渡区和边界区 3 个区域分别进行剩余油饱和度和提高采收率计算。

表 3-1　剩余油及采收率定量分析结果

模型区域	渗透率/mD	剩余油饱和度/%			提高采收率/%
		水驱	纳微米颗粒分散体系驱	后续水驱	0.3PV 纳微米颗粒分散体系驱+后续水驱
主通道	5505	40.32	35.43	21.87	18.45
过渡区	1250	49.83	38.51	28.97	20.86
边界区	574	59.24	49.64	36.44	22.80

通过表 3-1 可以看出，水驱后剩余油所占比例从大到小依次为边界区、过渡区和主通道区，符合水驱优先走主通道形成进出口水的连通，导致边界区原油很少被驱出的理论。注入纳微米颗粒分散体系后，纳微米颗粒分散体系在主通道裂缝中的运移最困难，在后续水驱作用下，水驱动部分纳微米颗粒分散体系向过渡区和边界区流动，使流体流度降低，并使后续流体液流转向，扩大了波及体积，使边界区和过渡区提高的原油采收率大于主通道。在后续水驱过程中，纳微米颗粒的存在使模型中主要流动通道渗流阻力增大，液流速度降低，提高了水驱波及体积，使模型中更多的剩余油被驱替出去。

综上可知，纳微米颗粒分散体系注入储层后，在近井储层，压差较大，纳微米颗粒的突破能力较强，在驱动压力作用下，依靠变形能力依次通过喉道和孔道，进入储层深部。在储层深部，纳微米颗粒的驱动压力降低，在孔道和喉道处一部分纳微米颗粒发生封堵、突破、再封堵、再突破，进入储层更深的地方，实现逐级调剖作用；另一部分纳微米颗粒在孔道和喉道处发生滞留，堵塞了主要流通通道，降低了流体流度，导致液流转向，提高了波及体积。

第 4 章　纳微米颗粒分散体系调驱基质-裂缝非线性渗流数学模型

纳微米颗粒分散体系调驱技术在油田开发中的应用需要适合的模拟预测方法，其数学模型的建立是方法的基础，本章充分考虑纳微米颗粒的渗流特性[20-23]，建立了反映纳微米颗粒水化膨胀、堵塞压力、相对渗透率、沉淀破碎、残余阻力系数和分散体系黏度等特性的渗流特性方程，从而综合得到了反映纳微米颗粒分散体系调驱过程中水、油和纳微米颗粒分散体系之间相互作用与传输，质量相互转换作用等特点的调驱渗流方程，为纳微米颗粒在油田的现场应用提供了理论指导。

4.1　纳微米颗粒分散体系渗流特性数学模型

1. 水化膨胀方程

纳微米颗粒水化后粒径分布范围分别为 0.25～1.8μm、0.9～5.0μm，水化后颗粒粒径分布均满足正态分布，表示为

$$r = r_0\left(1.0 + \frac{at}{b+ct}\right) \tag{4-1}$$

式中，r 为聚合物颗粒水化后半径；r_0 为聚合物颗粒初始半径；t 为水化时间；a、b、c 为方程中的系数，由实验确定。

2. 分散体系黏度方程

纳微米颗粒分散体系黏度受外界条件影响变化程度不大，其黏度方程可表示为

$$\mu_{\mathrm{p}} = \mu_{\mathrm{w}}(1 + a_{\mathrm{v}}C_{\mathrm{p}}) \tag{4-2}$$

式中，μ_{p} 为聚合物颗粒黏度；C_{p} 为纳微米颗粒浓度；μ_{w} 为水黏度；a_{v} 为方程中的系数，由实验确定。

3. 纳微米颗粒与基质储层匹配关系

基质喉道半径与基质渗透率关系方程为[24]

$$r_h = 0.9232K^{0.3816} \tag{4-3}$$

式中，r_h 为基质喉道半径；K 为基质渗透率。通过实验观测，纳微米颗粒共有 4 种运移模式：①当 $r/r_h < 0.157$ 时，纳米级颗粒顺利通过喉道；②当 $1.5 \geqslant r/r_h > 1$ 时，纳微米颗粒的渗流表现为变形弹性通过，存在阻力；③当 $3 \geqslant r/r_h > 1.5$ 时，纳微米颗粒破碎后重新分布，并通过多孔介质，存在渗流阻力；④当 $r/r_h > 3$ 或 $0.157 < r/r_h \leqslant 1$ 时，纳微米颗粒通过多孔介质过程中存在较大的渗流阻力，渗透率下降幅度较大。

4. 堵塞压力方程

当 $1 < r/r_h < 3$ 或 $r/r_h \leqslant 0.157$ 时，堵塞压力为0；当 $r/r_h \geqslant 3$ 或 $0.157 < r/r_h \leqslant 1$ 时，产生堵塞压力（P_r），表达式为

$$P_r = 0.01X^2 + 1.10X - 1.46 \tag{4-4}$$

式中，$X = r/r_h$。

当注入压力增大到一定程度时，聚合物颗粒在喉道处形成突破，突破压力（P_t）表达式为

$$P_t = 0.1X^2 + 1.28X - 1.83 \tag{4-5}$$

5. 纳微米微球水化膨胀和堵塞引起基质渗透率下降

$$R_k = \left[1.0 + \frac{(R_{k,max} - 1.0)b_k C_p}{1.0 + c_k C_p}\right] \tag{4-6}$$

式中，R_k 为阻力系数；$R_{k,max}$ 为最大渗透率下降系数；b_k、c_k 为方程中的系数，由实验确定。

6. 残余阻力系数方程

残余阻力系数为注纳微米颗粒分散体系前后水的流度的比值。水的流度除了受基质的渗透率、孔隙结构及孔隙表面性质的影响外还受基质中共存的油水两相的影响。驱油是在具有流动油饱和度的油藏中进行，含油饱和度的大小对岩心阻

力系数和残余阻力系数产生影响。残余阻力系数受岩心渗透率和含油饱和度的影响，根据实验和分析可表示为

$$R_{\mathrm{rf}} = \left(1 + \frac{a_{\mathrm{k}}}{K}\right)\left(1 + a_{\mathrm{s1}} S_{\mathrm{w}} + a_{\mathrm{s2}} S_{\mathrm{w}}^2\right) \tag{4-7}$$

式中，R_{rf} 为残余阻力系数；S_{w} 为水相饱和度；a_{k}、a_{s1}、a_{s2} 为方程中的系数。

7. 相对渗透率方程

$$K_{\mathrm{ro}} = K_{\mathrm{ro}}^0 S_{\mathrm{w}}^{1+\beta C_{\mathrm{p}}} \tag{4-8}$$

$$K_{\mathrm{rw}} = K_{\mathrm{rw}}^0 (1 - S_{\mathrm{w}})^{1+\alpha C_{\mathrm{p}}} \tag{4-9}$$

式中，K_{ro} 为油相相对渗透率；K_{ro}^0 为油相初始相对渗透率；K_{rw} 为聚合物颗粒水溶液相相对渗透率；K_{rw}^0 为聚合物颗粒水溶液相初始相对渗透率；α、β 为方程中的系数，由实验确定。

8. 沉淀破碎方程

当 $3 \geqslant r / r_{\mathrm{h}} \geqslant 1.5$ 时，聚合物颗粒形成沉淀破碎，沉淀破碎后的浓度方程为

$$\hat{C}_{\mathrm{p}} = 0.1 \times \frac{a_{\mathrm{d}} C_{\mathrm{p}}}{1 + b_{\mathrm{d}} C_{\mathrm{p}}} \tag{4-10}$$

式中，$\hat{C}_{\mathrm{p}}$ 为聚合物颗粒沉淀破碎后的浓度；a_{d}、b_{d} 为方程中的系数，由实验确定。

4.2　纳微米颗粒分散体系基质-裂缝渗流数学模型

1. 基本假设

考虑纳微米颗粒分散体系驱油过程中水、油、纳微米颗粒等的相互作用与质量传输，以及水、油、纳微米颗粒流动、流体性质改变等特点，并作如下基本假设：①地下流体分为两相，即水相与油相；②流体组分为三组分，即水、油、纳微米颗粒；③水、油组分分配在各自的相态中；④纳微米颗粒组分分配在水相中；⑤油藏中岩石和流体均可压缩；⑥油藏中岩石具有各向异性；⑦考虑对流、扩散的影响；⑧考虑毛细管力的影响；⑨考虑重力的影响。

2. 质量守恒方程

根据问题的描述和渗流实验机理研究结果，建立基质-裂缝双重介质渗流数学模型方程组。

裂缝中流体的质量守恒方程为

$$\frac{\partial W_{\mathrm{f}i}}{\partial t}+\nabla\cdot(\vec{F}_{\mathrm{f}i}+\vec{D}_{\mathrm{f}i})=Q_{\mathrm{f}i}+q_{\mathrm{m}ji}S_jC_i \tag{4-11}$$

式中，S_j 为 j 相饱和度；C_i 为 i 组分的质量分数。

基质中流体的质量守恒方程为

$$\frac{\partial W_{\mathrm{m}i}}{\partial t}+\nabla\cdot(\vec{F}_{\mathrm{m}i}+\vec{D}_{\mathrm{m}i})=Q_{\mathrm{m}i}-q_{\mathrm{m}ji}S_jC_i \tag{4-12}$$

式(4-11)～式(4-12)中，下标 m、f 分别表示基质和裂缝；$i=1,2,3,\cdots,N_{\mathrm{c}}$，$N_{\mathrm{c}}$ 为组分数；W_i 为 i 组分质量项；$\vec{F}_i$ 为 i 组分对流项；$\vec{D}_i$ 为 i 组分扩散项；Q_i 为 i 组分源汇项；t 为时间；$q_{\mathrm{m}ji}$ 为单位时间内由单位体积基质块流向裂缝介质中的 j 相 i 组分的流体质量，称为窜流强度。

裂缝 i 组分质量项为

$$W_{\mathrm{f}i}=\phi_{\mathrm{f}}\tilde{C}_{\mathrm{f}ji}=\phi_{\mathrm{f}}\sum_{j=1}^{N_{\mathrm{p}}}\rho_jS_{\mathrm{f}j}C_{\mathrm{f}ji}+(1-\phi_{\mathrm{f}})\rho_{\mathrm{s}}C_{\mathrm{fs}i} \tag{4-13}$$

基质 i 组分质量项为

$$W_{\mathrm{m}i}=\phi_{\mathrm{m}}\tilde{C}_{\mathrm{m}ji}=\phi_{\mathrm{m}}\sum_{j=1}^{N_{\mathrm{p}}}\rho_jS_{\mathrm{m}j}C_{\mathrm{m}ji}+(1-\phi_{\mathrm{m}})\rho_{\mathrm{s}}C_{\mathrm{ms}i} \tag{4-14}$$

式(4-13)～式(4-14)中，N_{p} 为相数；ϕ 为孔隙度；$\tilde{C}_{ji}$ 为 j 相中 i 组分的总质量分数；C_{ji} 为 j 相中 i 组分的质量分数；$C_{\mathrm{s}i}$ 为固体吸附相中 i 组分的质量分数；S_j 为 j 相饱和度(小数)；ρ_{s} 为固相密度；ρ_j 为 j 相密度。

裂缝对流项 $\vec{F}_{\mathrm{f}i}$ 为

$$\vec{F}_{\mathrm{f}i}=\sum_{j=1}^{N_{\mathrm{p}}}\rho_j\vec{u}_{\mathrm{f}j}C_{\mathrm{f}ji} \tag{4-15}$$

基质对流项 $\vec{F}_{\mathrm{m}i}$ 为

$$\vec{F}_{\mathrm{m}i}=\sum_{j=1}^{N_{\mathrm{p}}}\rho_j\vec{u}_{\mathrm{m}j}C_{\mathrm{m}ji} \tag{4-16}$$

式中，$\vec{u}_j$ 为 j 相渗流速度。

裂缝扩散项 $\vec{D}_{\mathrm{f}i}$ 为

$$\vec{D}_{\mathrm{f}i}=-\sum_{j=1}^{N_{\mathrm{p}}}\rho_j\phi_{\mathrm{f}}S_{\mathrm{f}j}\left(\sum_{k=1}^{N_{\mathrm{c}}}D_{k\mathrm{f}j}^{i}\nabla C_{\mathrm{f}i}\right) \tag{4-17}$$

基质扩散项 $\vec{D}_{\mathrm{m}i}$ 为

$$\vec{D}_{\mathrm{m}i}=-\sum_{j=1}^{N_{\mathrm{p}}}\rho_j\phi_{\mathrm{m}}S_{\mathrm{m}j}\left(\sum_{k=1}^{N_{\mathrm{c}}}D_{k\mathrm{m}j}^{i}\nabla C_{\mathrm{m}i}\right) \tag{4-18}$$

式中，D_{kj}^{i} 为 j 相中 i 组分与 k 组分间的扩散系数。

裂缝源汇项 $Q_{\mathrm{f}i}$ 为

$$Q_{\mathrm{f}i}=\phi_{\mathrm{f}}\sum_{j=1}^{N_{\mathrm{p}}}\rho_j S_{\mathrm{f}j}r_{\mathrm{f}ji}+(1-\phi_{\mathrm{f}})r_{\mathrm{fs}i} \tag{4-19}$$

基质源汇项 $Q_{\mathrm{m}i}$ 为

$$Q_{\mathrm{m}i}=\phi_{\mathrm{m}}\sum_{j=1}^{N_{\mathrm{p}}}\rho_j S_{\mathrm{m}j}r_{\mathrm{m}ji}+(1-\phi_{\mathrm{m}})r_{\mathrm{ms}i} \tag{4-20}$$

式中，r_{ji} 为 i 组分在 j 相的生成和聚并项；$r_{\mathrm{s}i}$ 为固相捕集 i 组分项。

基质裂缝间的窜流强度 $q_{\mathrm{m}ji}$ 为

$$q_{\mathrm{m}ji}=\alpha_{\mathrm{D}}\frac{\rho_{0ji}}{\mu_j}(p_{\mathrm{m}}-p_{\mathrm{f}}) \tag{4-21}$$

式中，α_{D} 为无量纲窜流系数；ρ_{0ji} 为 j 相中 i 组分的参考密度；μ_j 为 j 相黏度；p_{m} 为基质压力；p_{f} 为裂缝压力。

3. 运动方程

由于黏度、基质渗透率下降系数随流动和时间发生变化，为非达西流动，各相运动方程表达式如下。

裂缝中流体运动方程为

$$\vec{u}_{\mathrm{f}j} = -K_{\mathrm{f}} \frac{K_{\mathrm{fr}j}}{\mu_j} (\nabla p_{\mathrm{f}j} - \rho_j g \nabla Z) \tag{4-22}$$

基质中流体运动方程为

$$\vec{u}_{\mathrm{m}j} = -K_{\mathrm{m}} \frac{K_{\mathrm{mr}j}}{\mu_j R_{\mathrm{m}j}} (\nabla p_{\mathrm{m}j} - \rho_j g \nabla Z) \tag{4-23}$$

式(4-22)～式(4-23)中，u_j 分别为裂缝和基质中流体的 j 相渗流速度；K 为绝对渗透率；K_{rj} 为 j 相的相对渗透率；R_j 为 j 相基质渗透率下降系数；P_j 为 j 相压力；g 为重力加速度；Z 为油藏深度。

4. 辅助方程

1) 浓度方程

液相浓度

$$\sum_{i=1}^{N_{\mathrm{c}}} C_i = 1 \text{，} \quad i = 1,2,3,\cdots,N_{\mathrm{c}} \tag{4-24}$$

$$\sum_{j=1}^{N_{\mathrm{p}}} S_{\mathrm{m}j} C_{ij} + \sum_{j=1}^{N_{\mathrm{p}}} S_{\mathrm{f}j} C_{ij} = C_i \text{，} \quad i = 1,2,3,\cdots,N_{\mathrm{c}} \tag{4-25}$$

全组分浓度

$$\tilde{C}_i = C_i + \overline{C}_i \text{，} \quad i = 1,2,3,\cdots,N_{\mathrm{c}} \tag{4-26}$$

式中，$\tilde{C}_i$ 为 i 组分的总质量分数；C_i 为流体相组分质量分数；$\overline{C}_i$ 为固体吸附项质量分数。

2) 饱和度方程

$$\sum_{j=1}^{N_{\mathrm{p}}} S_{\mathrm{m}j} + \sum_{j=1}^{N_{\mathrm{p}}} S_{\mathrm{f}j} = 1 \text{，} \quad i = 1,2,3,\cdots,N_{\mathrm{c}} \tag{4-27}$$

3) 吸附方程

$$\hat{C}_3 = \frac{aC_3}{1 + bC_3} \tag{4-28}$$

4）毛细管压力方程

$$p_c(S_w)=C_{pc}\sqrt{\frac{\phi}{K}}(1-S_n)^{N_{pc}} \tag{4-29}$$

$$S_n=\frac{S_w-S_{wr}}{1-S_{wr}-S_{or}} \tag{4-30}$$

式中，C_{pc}、N_{pc}为毛细管压力参数；$\hat{C}_3$为吸附量；p_c为毛细管力；S_n为归一化饱和度；S_{wr}为剩余油水相饱和度；S_{or}为剩余油油相饱和度。

第5章　纳微米颗粒分散体系调驱基质-裂缝非线性渗流数值模拟方法

基于纳微米颗粒分散体系调驱基质-裂缝非线性渗流数学模型，本书在三维组分差分方程、压力差分方程、井制度和饱和度方程的基础上，自主研制了 gnmpoly 逐级深度调驱功能模块模拟器，它由两个按功能划分的大模块构成：参数场初始化模块(gnmpolyi.f)和模拟器模块(gnmpolyr.f)。通过该模型，可以对一般性油藏在不同开发方式(注水、注可动凝胶聚合物、注聚合物、注交联聚合物、纳微米聚合物)下进行历史拟合和动态预测。

5.1　纳微米颗粒分散体系调驱功能模块模拟器研制

使用程序语言 FORTRAN77 编制程序进行数值计算，其基本结构说明如下。

5.1.1　软件结构

自主研制的 gnmpoly 软件由两个按功能划分的大模块构成：参数场初始化模块和模拟器模块。这两个模块既彼此独立，又紧密衔接，模拟器 gnmpolyr.f 是软件的核心，参数场初始化模块 gnmpolyi.f 为模拟器提供参数和静态地质模型，这个模块将运行后的数据文件传给主模块，得出模拟结果。

5.1.2　模块设计说明

根据软件结构框架将数值模型进行编程，按组分模型和物化反应模型特点编制各个程序，如吸附模型子程序 adsod、黏度子程序 visoos、组分子程序 phcomp、离子反应子程序 ioncng、传输子程序 trans、浓度计算子程序 consol 等。

具体模块和功能如下所述。

(1) 参数场初始化模块。①油藏模型：包括一维流动情况、二维多层剖面流动、二维多层平面流动、三维流动，油藏可为均质或非均质，油藏厚度可以变化。②流体特性参数模块：包括可动凝胶体系溶液特性参数和纳微米聚合物颗粒特性参数，后者包括非牛顿特性参数、盐敏效应、吸附、降解、毛细管压力、渗透率降低、相黏度、不可及孔隙体积、重力、压缩性：③网格划分模块。根据油藏类型划分分布网格数据：④相对渗透率计算模块。根据饱和度计算网格点和渗透率值。

(2)模拟器主模型模块。①井性质模块：定义井的性质，布置井位。②压力计算模块：根据流体传输性质、井性质，求解压力分布。③浓度计算模块：纳微米聚合物体系吸附模型，纳微米聚合物吸附模型，相浓度计算，离子交换模型，对流、扩散计算。④饱和度计算模块：根据浓度分配计算。⑤数值计算：时间步长为定值或自动选取。

(3)输入要求：油藏几何形状及特征、注采条件、段塞组分浓度、网格数、网格间距、时间步长、纳微米聚合物特性、稳定剂等参数、相对渗透率、毛细管压力表、水、油相特性参数。

输出结果：各浓度在时间和空间上的分布、采出程度、生产含水、产出液中各组分浓度、任意时间输出、给出输入执行过程中的错误信息、重新启动功能。

5.1.3　数据结构设计

数据以公共块的形式进行传递。参数场初始化计算过程简图和模拟器计算过程简图如图 5-1 和图 5-2 所示。

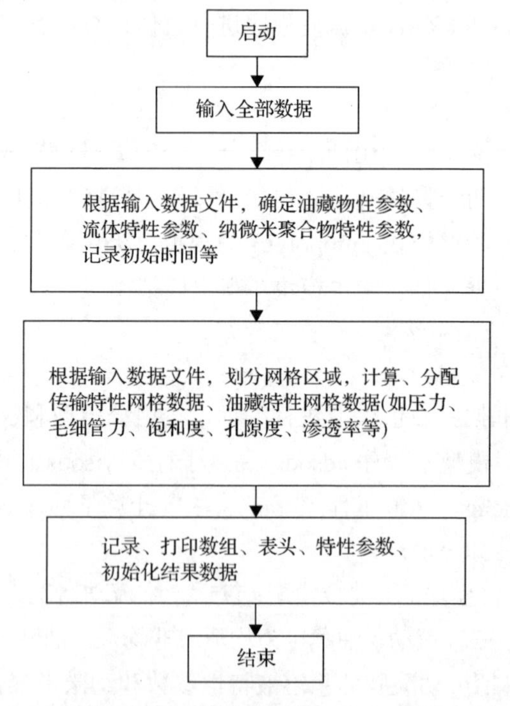

图 5-1　参数场初始化计算过程简图(gnmpoly i. f 框图)

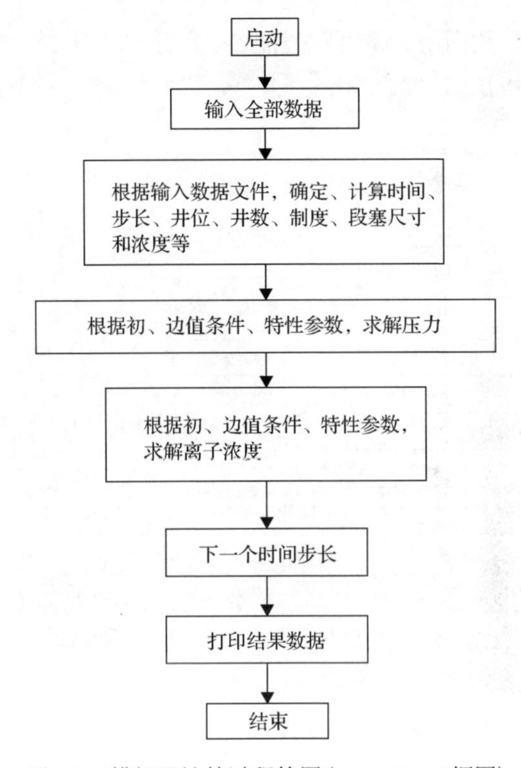

图 5-2　模拟器计算过程简图(gnmpoly r.f 框图)

初始化参数调用关系框图如图 5-3 所示。

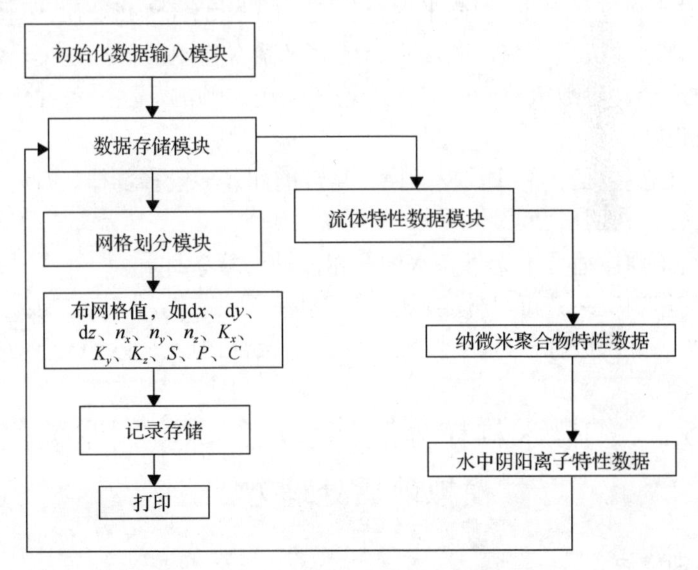

图 5-3　初始化参数调用关系框图

模拟器模块化参数调用关系框图如图 5-4 所示。

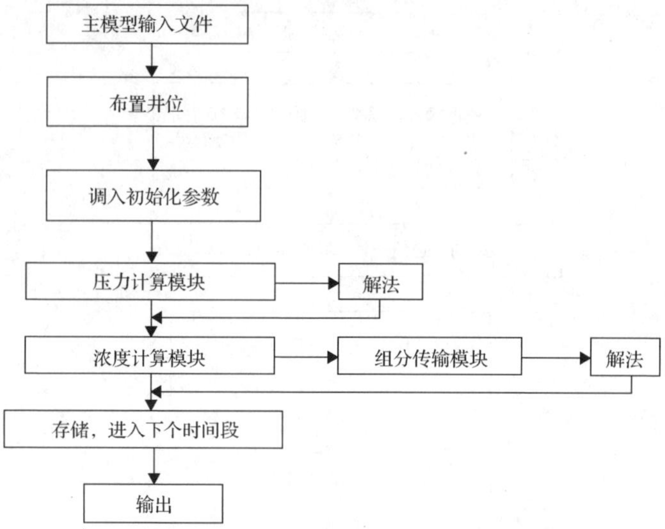

主模型输入文件 → 布置井位 → 调入初始化参数 → 压力计算模块（→ 解法）→ 浓度计算模块（→ 组分传输模块 → 解法）→ 存储，进入下个时间段 → 输出

图 5-4　模拟器模块化参数调用关系框图

5.1.4　模拟器使用范围

该模拟器能够对一般性油藏在不同开发方式(注水、注可动凝胶聚合物、注聚合物、注交联聚合物、纳微米聚合物)下进行历史拟合和动态预测。

(1)模拟范围包括水驱，纳微米聚合物驱，纳微米聚合物驱岩心驱替过程模拟，纳微米聚合物驱油机理研究，矿场水、纳微米聚合物驱油模拟过程，水、纳微米聚合物历史拟合，参数敏感性研究，矿场试验动态预测，注采条件优选，方案可行性研究及设计。

(2)地质模型包括正韵律、反韵律、复合韵律、多段多韵律、有隔层、平面任意、有尖灭、任意网格。

(3)初始条件：适合于无气、水油两相流动油藏条件。

(4)井工作制度：井可以分定压、定流量注入生产两种工作制度。

(5)段塞：可以进行任意驱替(水、纳微米聚合物)的段塞组合。

5.2　纳微米颗粒分散体系逐级深度调驱数值模拟前后处理方法

5.2.1　前处理模块

在前处理模块上，用户所给出的数据都是离散数据，这就需要进行数据分类和分析，然后对分类的离散数据进行网格化处理，以便进行下一步分析。

数据网格化的方法有很多种：三角平面插值、按距离平方反比加权插值、按方位取点加权插值和趋势面拟合等方法。经过对这些方法的相互比较，认为采用按方位取点加权插值方法最佳。该方法的基本原理是：欲求某个网格点(i,j)的函数时，则以点(i,j)为原点将平面分成 4 个基本象限，再把每个象限分成n_0份，这样就把全平面分成$4n_0$等份。然后在每个等分角内寻找一个距点(i,j)最近的数据点，其值为Z_{il}，它到点(i,j)的距离为r_{il}，则网格(i,j)上的值为

$$Z(i,j)=\sum_{il=1}^{4n_0}C_{il}Z_{il} \tag{5-1}$$

式中，

$$C_{il}=\frac{\prod\limits_{j=1,j\neq il}^{4n_0} r_j^2}{\sum\limits_{k=1}^{4n_0}\prod\limits_{l=1,l\neq k}^{4n_0} r_l^2} \tag{5-2}$$

其中，r_j是指其他网格到计算网格的距离。

由式(5-1)和式(5-2)可以看出，$4n_0$个C_{il}之和为

$$\sum_{il=1}^{4n_0}C_{il}=\frac{\sum\limits_{il=1}^{4n_0}\prod\limits_{j=1,j\neq il}^{4n_0} r_j^2}{\sum\limits_{k=1}^{4n_0}\prod\limits_{l=1,l\neq k}^{4nl} r_l^2} \tag{5-3}$$

因此，C_{il}是符合权重系数定义的。

当$r_{il}=0$时，即Z_{il}就在网格(i,j)上时，由于$\prod\limits_{l=1,l\neq k}^{4n_0} r_l^2$中$k\neq i_l$，$\prod\limits_{l=1,l\neq k}^{4n_0} r_l^2=0$，有

$$C_{il}=\frac{\prod\limits_{j=1,j\neq il}^{4n_0} r_j^2}{\prod\limits_{l=1,l\neq il}^{4n_0} r_l^2}=1 \tag{5-4}$$

且其他的$C_{il}(j\neq il)$都为零，因此网格(i,j)上的值就是数据点的值Z_{il}。

5.2.2　后处理模块

在获得模拟器数据的基础上，绘制等值线及光滑处理的方法有很多种：样条

插值、多项式拟合插值、最小二乘拟合等插值方法。经过对这些方法的相互比较，认为本书采用样条插值方法最佳。采用样条插值方法绘制等值线，边界采用光滑处理，然后在网格上布井，标出井号。

1)满足上述要求的样条插值函数的数学描述

设平面上给定 n 个点(x_i,y_i) $(i=0,1,2,3,\cdots,n)$而且 $a=x_1<x_2<\cdots<x_n=b$，假设通过这 n 个点，曲线 $y=f(x)$ 在(a,b)区间上有二阶连续导数存在，在区间(a,b)上做 $f(x)$ 的样条插值函数 $S(x)$，使它满足如下条件。

(1) $S(x_i)=y_i\,(i=0,1,2,3,\cdots,n)$。

(2)在区间(a,b)上存在一阶及二阶连续导数，以保证连接处曲线是光滑的。

(3)在每一个子区间(x_i,x_{i+1})，$(i=0,1,2,3,\cdots,n-1)$上 $S(x)$都是三次多项式，其常用的表达式为

$$S(x)=\left[\frac{3}{h_i^2}(x_{i+1}-x)^2-\frac{2}{h_i^3}(x_{i+1}-x)^3\right]y_i+\left[\frac{3}{h_i^2}(x-x_i)^2-\frac{2}{h_i^3}(x-x_i)^3\right]y_{i+1}$$
$$+h_i\left[\frac{1}{h_i^2}(x_{i+1}-x)^2-\frac{2}{h_i^3}(x_{i+1}-x)^3\right]m_i-h_i\left[\frac{1}{h_i^2}(x-x_i)^2-\frac{2}{h_i^3}(x-x_i)^3\right]m_{i+1} \tag{5-5}$$

式中，$h_i=x_{i+1}-x_i$；$m_i=S'(x_i)$ ($x=x_i$ 处的一阶导数值)。

根据手工绘制颗分曲线的经验，将所有的点连接成曲线后还要作适当的延长，而且是顺势延长，延长部分近似于直线，所以在进行插值计算前，应该在曲线的前端和末端各增加一个点。具体的方法是在原有样点的基础上，在两端先作线性插值，插值的位置是在两端延长一个数量级粒径单位，当然，超出坐标范围的点应该剔除。因此，我们可以假设曲线中的 x_0 及 x_n 处的斜率是已知的，即

$$S'(x_0)=\frac{y_1-y_0}{x_1-x_0} \tag{5-6}$$

$$S'(x_n)=\frac{y_n-y_{n-1}}{x_n-x_{n-1}} \tag{5-7}$$

式(5-6)和式(5-7)就是利用数据建立样条插值时的边界条件。边界条件确定得恰当与否，可以从曲线效果的计算对比中判断。

正确绘制曲线是计算的前提，而绘制曲线则先要建立相应的坐标系。在绘制曲线的坐标系中，横纵坐标与计算机显示的逻辑坐标之间是线性对应关系，计算机图形显示采用既定的逻辑坐标系(在本书中采用 MM_TWIP 的图形影射模式，

即在显示界面中，1/1440in①作为一个逻辑单位)，所以必须找出两者的对应关系。从而将绘制曲线的坐标转换为相应的计算机图形坐标系统中的逻辑坐标后，才能进行样条函数插值等计算。

2) 样条函数的建立

建立三次样条插值函数有多种办法，本章介绍的是参照建立拉格朗日插值公式方法的推导过程建立三次样条插值函数，从式(5-5)中可以看出，函数建立的过程实质上是求解 m_i 的过程，具体可分为以下 3 个步骤。

(1) 由 $a_1=\alpha_1/2$，$b_1=\beta_1/2$ 出发，按式(5-8)计算 α_i、β_i：

令 $\alpha_i=\dfrac{h_{i-1}}{h_{i-1}+h_i}$

$$\beta_i=3\times\left[\frac{1-\alpha_i}{h_{i-1}}(y_i-y_{i-1})+\frac{\alpha_i}{h_i}(y_{i+1}-y_i)\right],\quad i=2,\cdots,n-1 \tag{5-8}$$

式中，α_i、β_i 为计算的过程变量，无实际意义，以下 a_i、b_i 类同；y_i 为第 i 个数据转换后的纵坐标值；$h_i=x_{i+1}-x_i$；x_i 为第 i 点数据转换后的横坐标值。

(2) 利用式(5-9)和式(5-10)计算 a_i、b_i

$$a_i=\frac{\alpha_i}{2-(1-\alpha_i)\alpha_{i-1}} \tag{5-9}$$

$$b_i=\frac{\beta_i-(1-\alpha_i)b_{i-1}}{2-(1-\alpha_i)\alpha_{i-1}},\quad i=2,3,4,\cdots,n \tag{5-10}$$

(3) 按式(5-11)计算 m_i

$$m_i=b_i-a_i m_{i+1},\quad i=n-1,m-2,\cdots,1 \tag{5-11}$$

将求得的 m_i 代入式(5-5)，即可得出各个子区间的样条插值函数 $S(x)$。

3) 计算步长的确定

由于三次样条函数是分段函数，即在不同的自变量区间有不同的表达式，在实际应用中要注意判断自变量所在的子区间。

使用三次样条插值函数求解曲线上非样点的坐标值时，插值的步长通过试算法确定，即确定一个步长后，看其绘制曲线的效果，若光滑度不够，则逐步减小步长的值，直到曲线光滑度达到要求为止。本书使用 25 个图形逻辑单位(相当于 0.068in)作为样条插值的步长，其曲线精度及光滑度已完全满足要求。已知一个方

① 1in=2.54cm。

向的坐标值，在曲线上查取对应的另一个方向的坐标值时，步长要取得足够小，以保证搜索结果值的精度。

4)遍历法的使用

函数建立后，有 3 处需要使用到该函数，一是对原有的数据进行插值计算；二是针对由于原始数据的不确定值，需要利用该函数进行计算；三是计算数据时，得出的数据点。因此，在实际编程过程中，由于三次样条函数为分段函数，需要计算的值的落点区间不确定，需要采用遍历法，即从第一个点开始，横坐标逐次递增一个步长，然后判断坐标点所属区间，并采用相应的分段函数进行计算，直至遍历整条曲线为止。

5.2.3　用户操作流程图

(1)用户前处理操作流程图如图 5-5 所示。

(2)用户后处理操作流程图如图 5-6 所示。

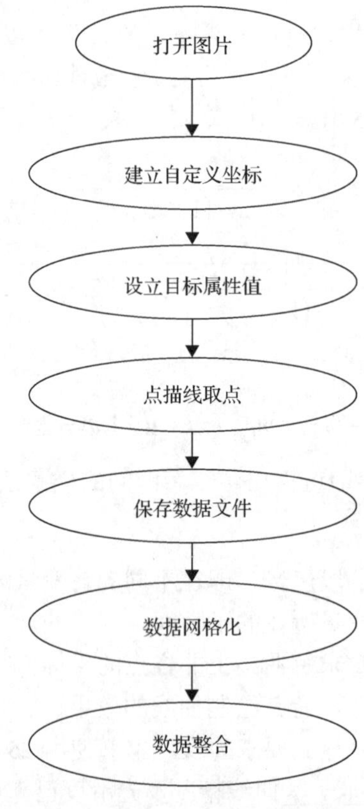

图 5-5　用户前处理操作流程图

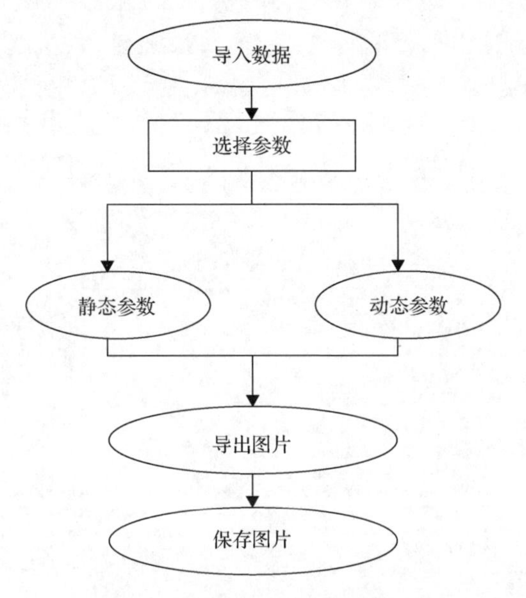

图 5-6　用户后处理操作流程图

第二部分　低渗透油藏微生物驱油非线性渗流理论

第 6 章　低渗透油藏微生物驱油机理

微生物由于其生长代谢能力强，在改善原油物性、改变油水界面性质、调整岩石界面性质以提高原油采收率方面相比其他驱替方式具有明显的优势。低渗透油藏由于其地质构造的特殊性，大量剩余油无法采出，为微生物驱油的使用提供了更广阔的空间[28-30]。本章利用高温高压微观可视化驱油模型，对油藏孔隙内各阶段的剩余油进行了定性及定量分析。在此基础上，分别研究了不同温度、压力条件下内源微生物、乳化功能菌及产气内源功能微生物的生长代谢特征，微观驱油机理及对不同类型剩余油的作用机理。

6.1　高温高压微观可视化驱油模型及实验方法

1. 实验系统

为了研究孔隙介质中微生物对水驱后剩余油的作用机理，设计了微观可视化实验装置。由于微生物对压力与温度非常敏感，实验必须在地层条件下完成。为此，笔者研制了相应的高温高压微观实验系统，实验流程如图 6-1 所示其装置包括以下几部分。

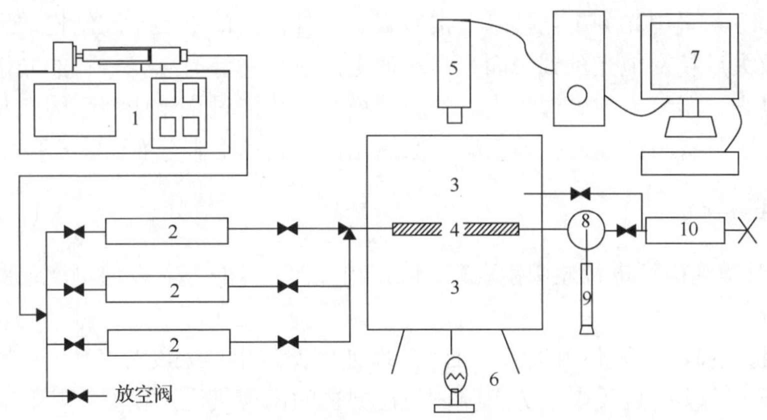

图 6-1　高温高压微生物驱油机理实验装置及工艺流程图

1-微量泵；2-中间容器；3-微观模型夹持器；4-光刻蚀可视化微观模型；5-显微镜；6-光源；7-图像分析系统；8-回压阀；9-量筒；10-手动泵

(1) 模型夹持器。目前国内的微观实验系统中，由于光刻蚀可视化模型及接口不能承受太高压力，不能进行微观高温高压实验。为此，设计了微观模型夹持器，提供高压外部环境及合适的恒温条件。该装置主要由上、下观察窗和腔体 3 个部分构成，上、下观察窗由耐温耐压玻璃和固定架组成。腔体为模型安装的空间，上部有恒压孔、泄压孔、测温孔及油浴管线，同时具有玻璃模型的固定接口，以及连接模型的外部管线接口。

(2) 驱替系统：主要包括微量泵和中间容器。

(3) 回压系统：主要包括手动泵和中间容器。其中一个中间容器内充满 N_2，在整个实验过程中，使系统能长时间处于一种比较平稳的压力下，起恒压作用；另外一个中间容器中充满液体，手动泵将液体直接打入模型，将出口增压到预定压力，起回压作用。

(4) 环压系统：主要由手动泵和中间容器构成。

(5) 压力监视系统：由压力表和传感器组成，用于监测环压压力、回压压力、中间容器中的压力及实验中模型进出口的压力等。

(6) 图像采集系统：由光源、摄像头、监视器、录像机和采集用计算机组成。用来采集实验过程中的图像数据。

该系统可以利用普通玻璃微观实验模型进行压力在 25MPa 以下、压差在 8MPa 以下、温度在 150℃以下的各种微观实验，实验模型的大小为 4.0cm×4.0cm，可以完成高温高压条件下微生物对水驱后剩余油作用机理的研究工作。

2. 微观可视化模型

实验中所使用的孔隙结构仿真地层模型是一种透明的二维平面模型。它的制作流程如下：采用光刻工艺技术，按照岩心铸体薄片的真实孔隙结构，经过适当的显微放大后精密地光刻到平面光学玻璃上，然后对涂有感光材料的光学玻璃模板进行曝光，用氢氟酸处理曝光后的玻璃模板，再通过烧结成型。因此其在孔隙结构特征上具有与储油岩孔隙系统相似的几何形状和形态分布。

3. 实验步骤

(1) 对微观模型进行显微镜观察，确定出几个重点区域，以便每次录像时进行对比分析。

(2) 将夹持器下腔体内加满蒸馏水，保证模型进出口处没有气体，将模型安装到夹持器内，实验过程中避免下腔体与模型之间出现气泡；模型安装好后，再将上腔体内添加蒸馏水至一定高度，在放空状态下缓慢拧紧夹持器，保证气泡完全排除后，关闭放空阀。

(3) 保证夹持器环压出口关闭的情况下，对模型进行 40℃定温加热，温度稳定后，关闭环压放空阀；给模型注入蒸馏水，注意观察入口压力值，当入口压力升高时，缓慢摇动手动泵向夹持器内注入水，保证环压值与入口压力值相差不超过 0.5MPa。

(4) 向微观模型中注入地层原油，直到出口处无水流出，此时注意观察入口压力值，当入口压力升高时，缓慢摇动手动泵向夹持器内注入水，保证环压压力值与入口压力值相差不超过 0.5MPa。

(5) 对微观玻璃模型进行拍照，记录原始模型内原油饱和情况。

(6) 一次水驱：以 0.10mL/min 的速度向模型内注入水，在水驱原油过程中观察原油流动状态并录像、拍照。水驱至约 1.5PV 后停止注入水，拍摄下一次水驱后剩余油分布状态。

(7) 常压培养：以 0.1mL/min 的速度注入菌液和有机激活剂至 1PV，并录像记录注入过程。注入液驱油约 0.8PV 后，对其剩余油分布、剩余油形态及标注的重点区域进行拍照。在微观模型内培养 20 天，观察剩余油变化。

(8) 高压培养：以 0.1mL/min 的速度注入菌液和有机激活剂至 1PV，并录像记录注入过程。缓慢增加回压，此时入口压力也随之升高，此过程保证围压与入口压力值相差不大，且保证回压压力比入口压力高 0.8MPa 左右，直到回压压力升高到 10MPa 时，出入口压力、环压压力和回压压力值达到一致。对其剩余油分布、剩余油形态及标注的重点区域进行拍照。在微观模型内培养 20 天，观察剩余油变化。

(9) 后续水驱：驱替方法和驱替速度与微生物注入时保持一致，注入量约为 1.5PV，录像记录后续水驱过程，水驱结束后，对剩余油分布、剩余油形态及标注的重点区域进行拍照。

(10) 实验结束后，关闭恒温控制器，待模型夹持器温度降至室温后，适当调整进出口压力，缓慢降压，保证环压压力、进出口压力同时降低。

4. 孔隙介质内各阶段剩余油变化定量分析

为得到剩余油变化的定量数据，采用图像处理技术对其进行分析。图像处理技术主要是利用计算机对图像取样、量化以产生数字图像，对数字图像进行预处理操作得到清晰有效的图像，根据像素灰度值对图像进行分割，得到油相所占像素与所有图像像素的比例值，在此基础上进行相关渗流参数的计算。

6.2　内源微生物驱油机理

6.2.1　内源微生物生长代谢特性

1. 实验方法与分析方法

1) 实验材料

实验用原油取自胜利油田沾 3 区块，20℃条件下，原油黏度为 1422mPa·s。油藏埋深为 1240～1360m，温度为 54～63℃，孔隙度为 30%左右，渗透率为 800×10^{-3}～

$1000\times10^{-3}\mu m^2$，地层水矿化度为 8900mg/L，地层水 pH 为 6.8，适合本源微生物的生长与繁殖。

微生物菌种来自胜利油田沾 3 区块地层水中的本源微生物，其群落结构比较丰富，且具有可激活性，激活后微生物群落总数达到 10^8cells/mL。

2）菌种的保存及扩大培养

将含有菌种的地层水置于 4℃的冰箱中保存，实验过程中加入营养物质直接用于实验。菌种扩大的营养物质中糖类为 0.4%，蛋白粉为 0.2%。

3）高温高压条件下微生物生长曲线分析

利用比浊法测定细菌生长曲线，实验步骤为：①将含有微生物的地层水加入定量的营养物质(0.2%的蛋白胨，0.4%的葡萄糖)，注入中间容器中，升压至 10MPa，将此中间容器封闭，在 60℃环境下培养。②每隔 12h 取 3mL 培养的菌液，于分光光度计上测其 OD_{600}(样品在 600nm 波长处的吸光值)，以蒸馏水作对照。注意接种后零时刻也取样测 OD_{600}。开始测量时先不稀释，当 $OD_{600}>1.5$ 时，适当稀释菌液使 OD_{600} 在 0.5～1.5。要求固定参比杯，固定使用同一台分光光度计测定。③以培养时间为横坐标、以培养液 OD_{600} 为纵坐标在半对数坐标纸上描点绘图。

4）各阶段微生物与石油烃作用流变曲线分析

采用 RS300 流变仪进行流变特性的测定。为保证油样测试数据的重现性和可比性，先应对油样进行预处理。取 80℃作为预处理温度。将盛有油样的磨口三角瓶放入水浴锅中，静置加热到 80℃，恒温 2h，使瓶内油样借助热运动达到均匀状态，然后在室温条件下静置冷却 48h 以上，作为测试的基础油样。预处理后，实验测试温度范围为 75～95℃，温度间隔为 0.5℃。

2. 不同油藏条件下微生物生长规律

实验温度保持 60℃恒温，在不同的压力和孔隙介质中激活本源微生物，考察混合微生物的生长规律，结果如图 6-2 和图 6-3 所示。图 6-2 表明，常压条件下的微生物生长状态明显好于高压条件，压力对微生物生长的影响较为明显，说明高压培养过程中能适应环境的细菌较少，且相比常压具有滞后性；在相同压力下，孔隙介质对微生物的生长有一定的促进作用，但相比常压条件，高压、孔隙介质对微生物生长的促进作用不明显[31]。

油藏中的微生物大部分在岩石表面或油水界面生长和繁衍，小部分在油藏盐水中活动。研究表明，微生物在岩石表面聚集生长的主要原因有两种：岩石粗糙的表面为微生物生长提供了良好的吸附场所，岩石表面水流冲刷力小，有利于微生物的聚集；岩石表面吸附有机物有利于微生物的聚集，岩石种类不同，表面附着物质不同，岩石表面聚集的微生物的结构、数量也不同。

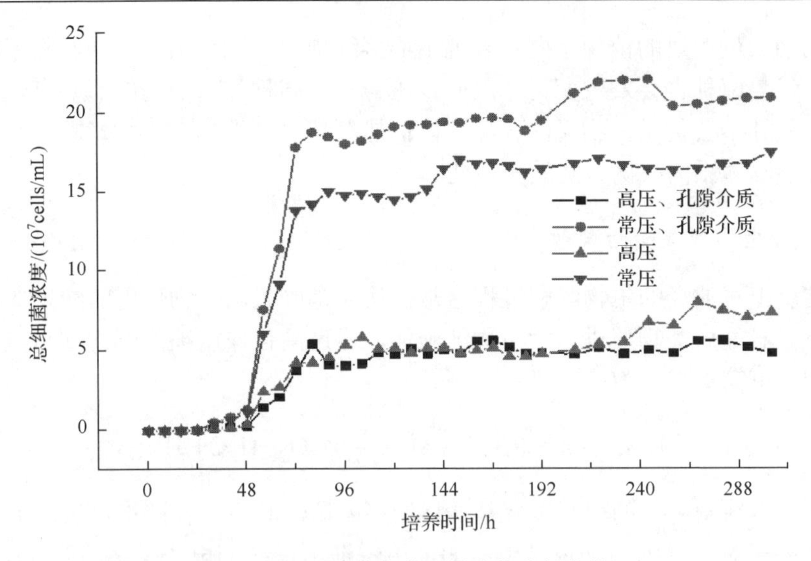

图 6-2　不同培养条件下微生物生长曲线

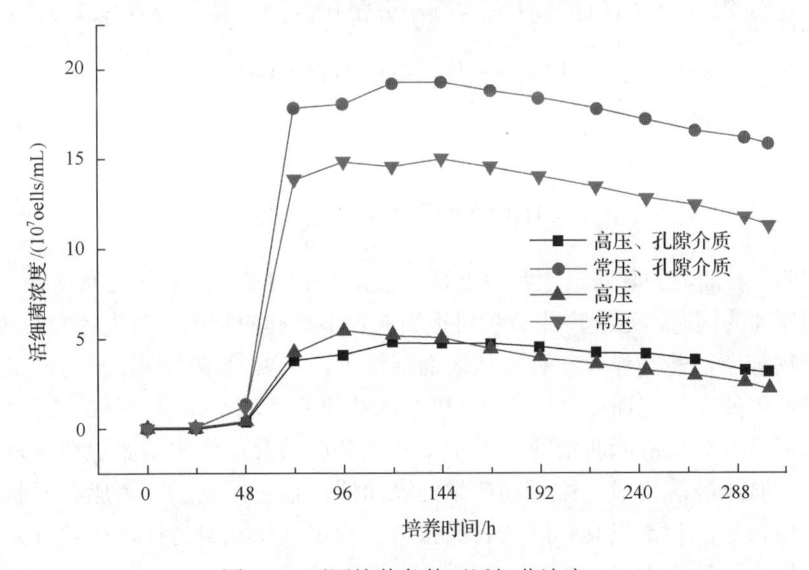

图 6-3　不同培养条件下活细菌浓度

由图 6-3 可知，激活油藏本源微生物后，混合细菌的生长先经历了 2 天的适应期、1 天的对数增长期、2～3 天的稳定期，随着稳定期过后，部分分裂增殖的微生物逐渐死亡，但死亡率远比单细菌生长规律中的死亡率低。且高压培养条件下，微生物的生长代谢滞后，因此高压培养的微生物的死亡时间同样滞后，同时，孔隙介质因为提供了微生物的附着场所，所以孔隙介质条件下，微生物的生长周期延长。

高压条件与常压条件由于培养环境不同，会对油藏本源微生物进行选择性培养。初期大量增殖的菌种不同，表现出群落结构中的优势菌种不同，随着时间的推移，优势菌种也会发生变化。因此，压力对不同种类微生物的影响有较大的差异，虽然并不会使微生物无法存活，但仍然对其群落结构有重大影响，必将导致整个微生物体系的代谢方式发生改变[32,33]。

3. 微生物产表面活性剂

储层中石油烃的生物降解过程通常被认为是好氧微生物作用的结果。在好氧条件下，石油烃类物质进入微生物细胞体，通过同化作用被降解。这是一个复杂的过程，可简单表示为

$$\text{石油烃}+\text{好氧微生物}+O_2 \longrightarrow CO_2+H_2O+\text{细胞体} \tag{6-1}$$

作为古细菌之一的甲烷细菌是严格的厌氧菌，其只有在严格厌氧环境下才能生存，氧气对甲烷细菌来说是致命的，甲烷细菌最终的电子受体不是 O_2，而是 CO_2、HCOOH 或者 CH_3COOH 等含碳小分子化合物。其反应方程式如下：

$$CO_2+4H_2 \xrightarrow{\text{甲烷细菌}} CH_4+2H_2O \tag{6-2}$$

$$4HCOOH \xrightarrow{\text{甲烷细菌}} CH_4+3CO_2+2H_2O \tag{6-3}$$

$$CH_3COOH \xrightarrow{\text{甲烷细菌}} CH_4+CO_2 \tag{6-4}$$

因此，石油烃的降解过程实质上是一系列微生物参与的氧化还原反应。微生物在利用原油的同时，还会产生一种对提高采收率有利的物质，即生物表面活性剂。

生物表面活性剂作为一种天然表面活性剂，主要是微生物在一定的培养条件下发酵产生的一类代谢产物，是一种集亲水基团和亲油基团于一身的两性化合物，亲油基团一般为长链脂肪酸或 α-烷基、β-羟基脂肪酸，亲水基团由糖、磷酸、氨基酸、环肽或醇等构成。微生物产生的表面活性剂包括糖脂、磷脂、脂肽及中性类脂衍生物等，它不仅具有降低表面张力、稳定乳化液等特性，还具有无毒性和可自然生物降解等优点。

微生物产表面活性剂定量分析由菌液表面张力大小表征。图 6-4 为不同培养条件下菌液表面张力变化情况。综合图 6-2～图 6-4 可知，菌液表面张力的大小与微生物浓度有直接关系。随着微生物浓度的增加，微生物代谢产生的表面活性剂剂量增多，其溶解在菌液中，导致菌液表面张力下降；微生物浓度越大，菌液表面张力越小。

在 4 种实验条件下，常压、孔隙介质条件下培养的菌液表面张力略低于常压无孔隙介质条件下的表面张力，同时，高压、孔隙介质条件下培养的菌液表面张

力略低于高压无孔隙介质条件下的表面张力。但常压、孔隙介质条件下，菌液的表面张力下降得最快，稳定时表面张力最低。从图 6-2 可知，微生物在 24～72h 的生长处于对数增长期，代谢旺盛，4 种条件下培养的菌液表面张力值迅速下降，96h 后微生物生长缓慢，死亡率逐渐增加，生物表面活性剂产生率下降，菌液表面张力的降低梯度逐渐减小。

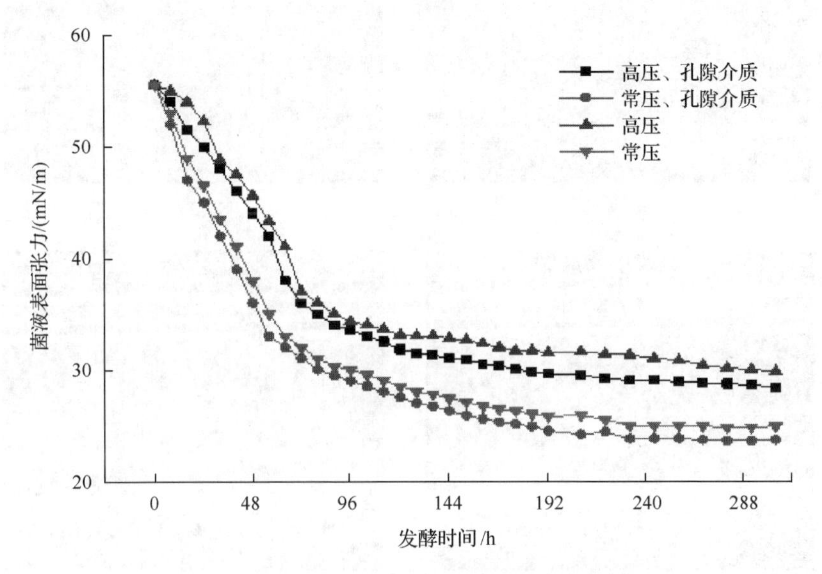

图 6-4　不同培养条件下菌液表面张力变化情况

4. 微生物作用前后原油状态

乳化是微生物驱油提高采收率的重要机理，微生物体系与原油接触后，产生的生物表面活性剂主要存在于油水界面处，生物表面活性剂的亲水基团朝向水，亲油基团朝向油，形成定向排列，并且生物表面活性剂的亲水基团和亲油基团分别发生溶剂化作用，溶剂轻松进入定向排列的表面活性剂分子之间，因此界面膜将互不相溶的两种液体分隔成微小区域而形成乳状液。生物表面活性剂浓度越大，在液滴之间形成的空间位阻和静电斥力越强，液体聚集和聚结变得越困难，乳化能力越强。

在 60℃培养条件下，微生物作用前后原油状态及流动性能的改变，可以由图 6-5 和图 6-6 表现出来[34]。随着微生物对原油作用时间的增加，原油乳化现象增强。培养 5 天后油水界面清晰，原油乳化程度不明显，没有形成中相微乳液，说明微生物产表面活性剂乳化原油需要一定的时间；培养 10 天后，生物表面活性剂浓度增加，油水界面处微生物对原油的乳化能力增强，水相颜色变黄，部分原油进入水相，形成了近混相的乳状液；培养 15 天后，产生强的乳化作用，进入水相的原油增多，形成混相稳定的乳状液。

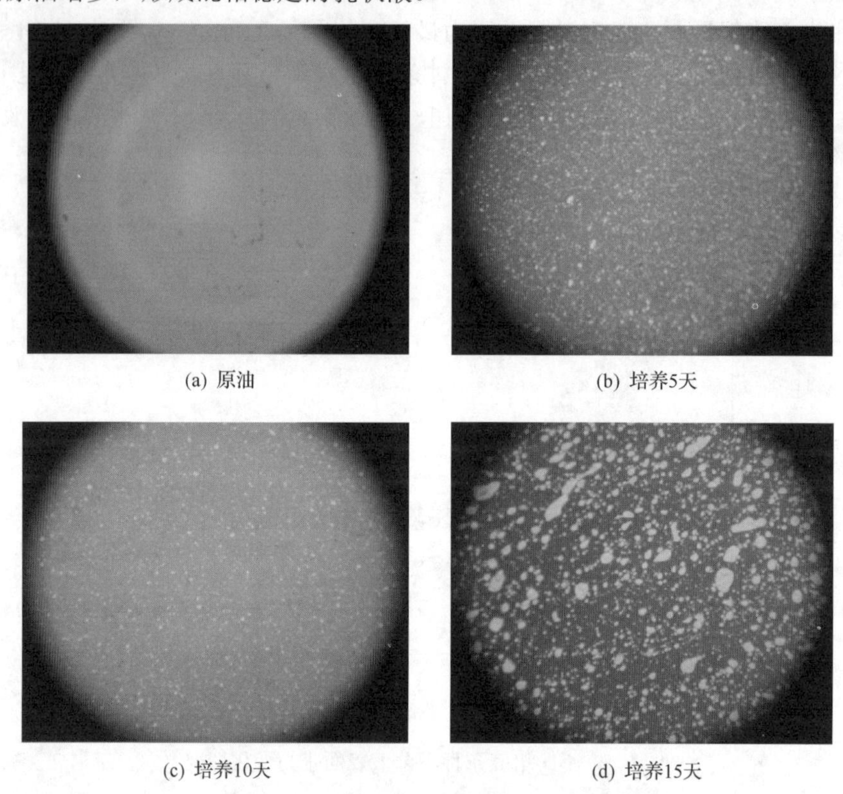

(a) 原油　(b) 培养5天　(c) 培养10天　(d) 培养15天

图 6-5　内源微生物作用前后原油微观变化

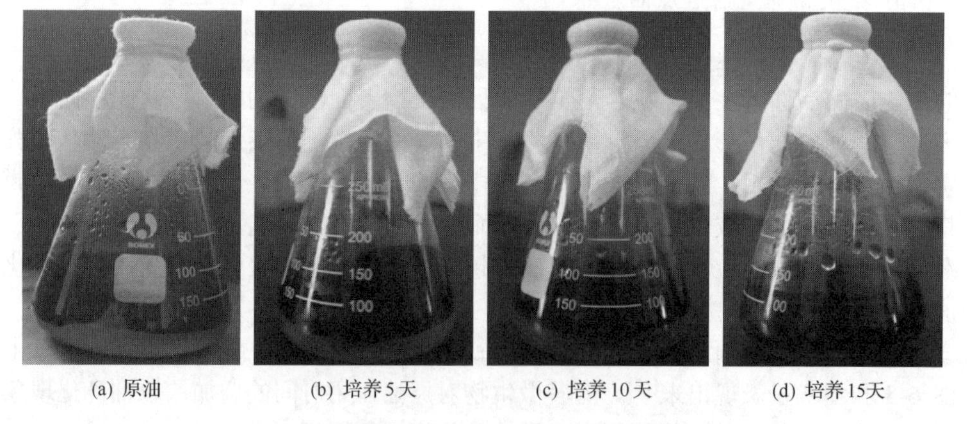

(a) 原油　(b) 培养5天　(c) 培养10天　(d) 培养15天

图 6-6　内源微生物作用前后原油宏观变化

如图 6-7 所示，实验原油随着剪切速率的增加，黏度几乎不变，属于牛顿流体。随着培养时间的增加，原油的乳化现象明显，初始黏度增加。随着剪切速率的增加，原油黏度逐渐降低，表现出剪切变稀的性质，原油由牛顿流体逐渐变成非牛顿流体中的假塑性流体，同时原油剪切稳定时的黏度逐渐降低，表明微生物作用后，原油的性质和流动性均发生了改变。

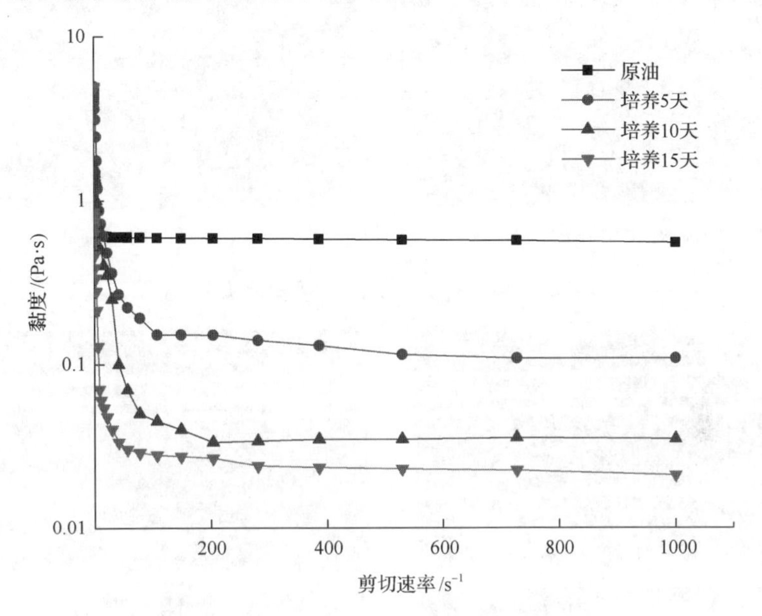

图 6-7　内源微生物作用不同时间原油的流变曲线

5. 原油对微生物分布的影响

原油对微生物分布影响的实验结果如图 6-8 和图 6-9 所示。由图 6-8 可以看出：原油作为碳源，微生物的化学趋向性使微生物逐渐向原油表面富集；微小油水区域水力冲刷作用小，有利于微生物的富集；气水表面富集大量微生物，说明培养初期微生物为好氧类型。

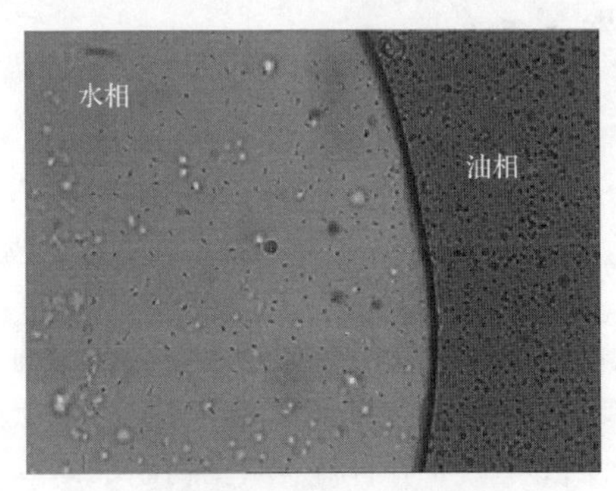

(a) 微生物在水相中均匀分布

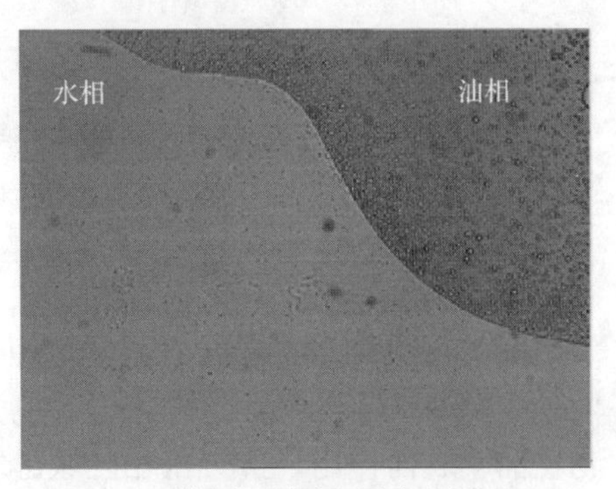

(b) 微生物逐渐向原油表面富集

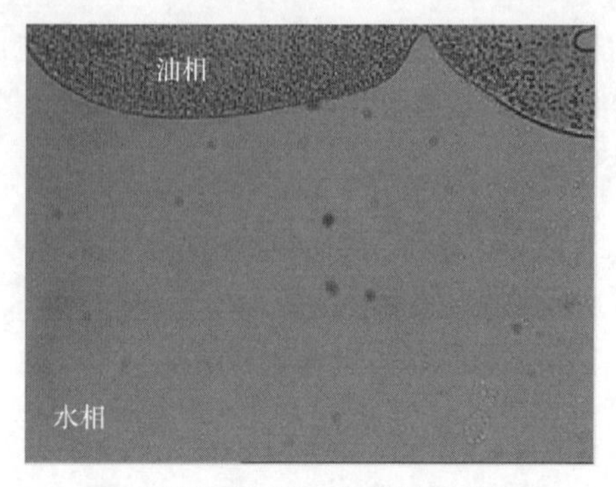

(c) 微小油水区域有利于微生物富集

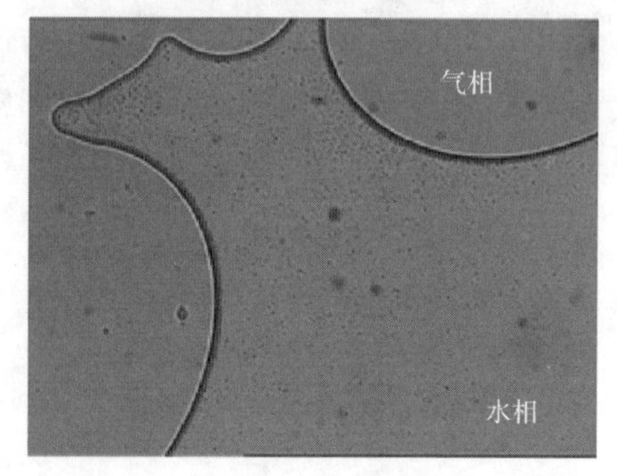

(d) 微生物在水气界面富集

图 6-8　原油对微生物分布的影响(第一天)

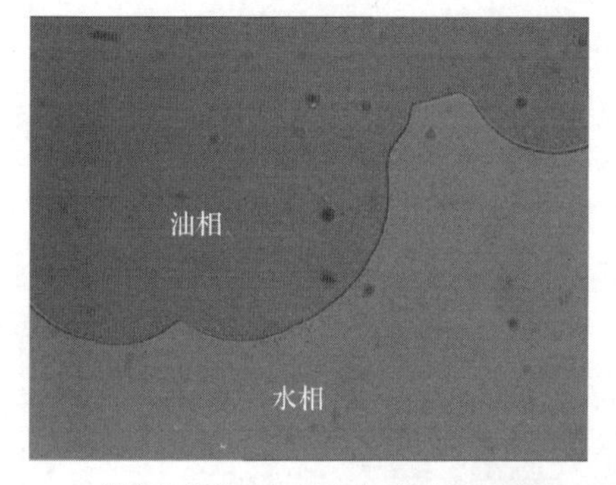

(a) 微生物富集在油水界面，部分进入油相

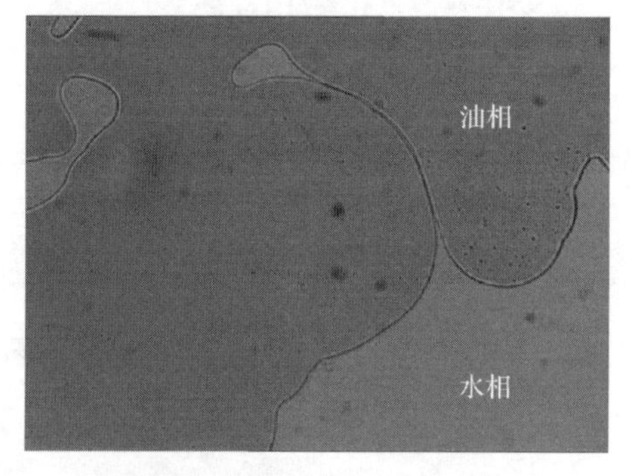

(b) 微小油水区域微生物大量富集

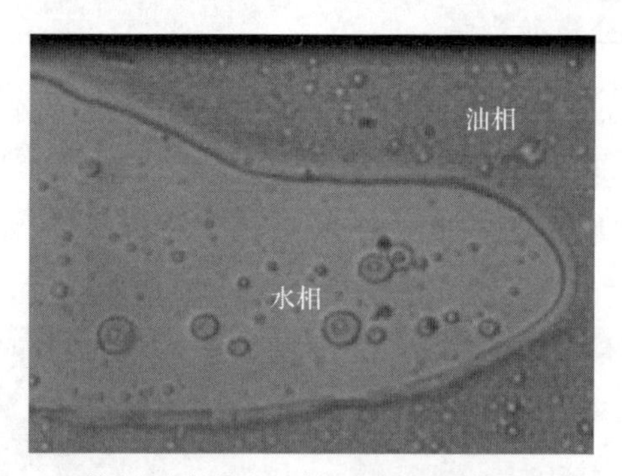

(c) 微生物个体长大，并出现大量可动微小油滴

图 6-9　原油对微生物分布的影响(第二天)

由图 6-9 可知：培养第二天，水相碳源逐渐被消耗，微生物主要存在于油水界面处；微小油水区域，由于水力冲刷力小，是微生物的主要富集区域；由于微生物在油膜表面作用，部分水相区域出现大量可动微小油滴及微生物团聚体。

6.2.2　油藏条件下内源微生物微观驱油机理

1. 60℃、10MPa 条件下的微观模型水驱油实验

1) 水驱

对饱和油模型进行水驱后剩余油的情况如图 6-10 所示。模型大小孔道内分布着大量的剩余油，由于模型孔道绝大部分为亲油型，模型中尤其是小孔道内存在大量的膜状剩余油，大孔道中同时存在着大量未被驱动的剩余油；由于模型喉道的挤压、切断作用，在部分大孔道中，存在着较大的孤岛状剩余油；同时，在整块模型中存在着“指进”现象，一部分孔道未被波及，整块柱状剩余油残留在孔道内。

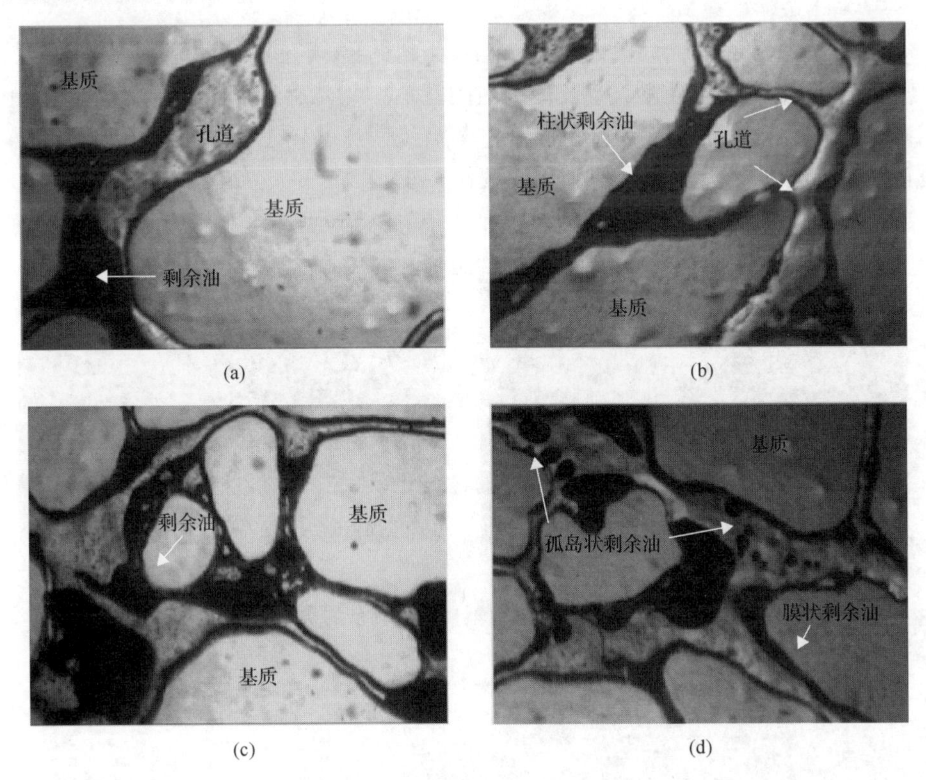

图 6-10　水驱后模型中剩余油状态

2) 静止观察

60℃、10MPa 条件下，封闭模型观察 7 天，剩余油状态如图 6-11 所示。模型中剩余油较水驱后的剩余油没有明显变化，仍然存在大量的膜状、柱状及盲端状剩余油。

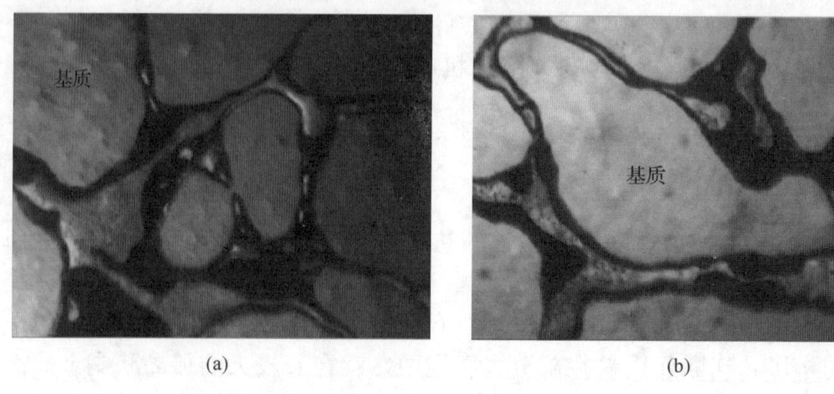

(a)　　(b)

图 6-11　培养观察 7 天后孔隙中剩余油状态

3) 后续水驱

由于水驱存在“指进”现象，未波及到的区域在后续水驱时依旧被保留[图 6-12(a)]。后续水驱后，波及范围内的孔道中仍然存在大量的膜状剩余油和簇状剩余油，驱替过程中，会产生油滴，其被吸附在孔壁上残留在孔道中。相比水驱，后续水驱结束后，模型中剩余油变化很小。

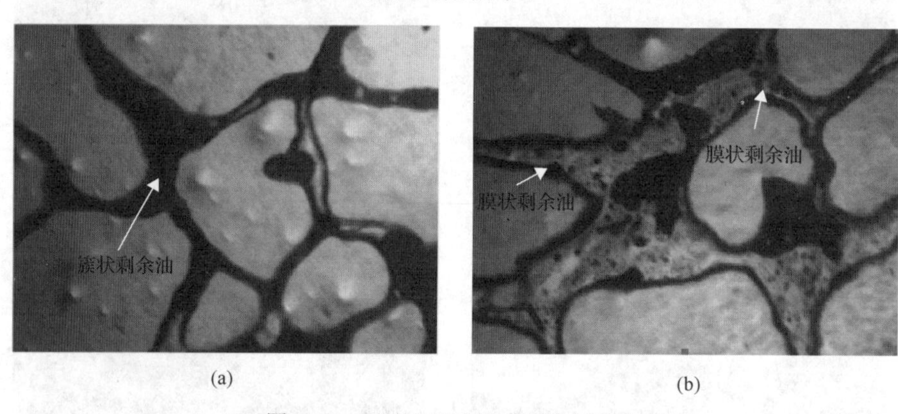

(a)　　(b)

图 6-12　后续水驱孔隙中剩余油状态

2. 60℃、10MPa 条件下微生物对微观模型剩余油的作用机理

1) 注入微生物

注入微生物后剩余油状态如图 6-13 所示，主要存在形式有：①孤岛状剩余油。孔隙介质中存在大量复杂的喉道，使通过的原油受到挤压、剪切等作用力，将原油截断，形成大量的孤岛状剩余油[图 6-13(a) 和 (b)]，是水驱后剩余油的主要形式之一。②柱状剩余油。在孔隙介质中存在亲油性小孔道，原油以柱状残留在孔道中[图 6-13(c)]。③膜状剩余油。在亲油性大孔道中水沿着孔道推进过程中，未能把孔道中的原油全部驱替走，孔道基质表面残留一层膜状剩余油[图 6-13(d)]，

这部分剩余油比例较小。

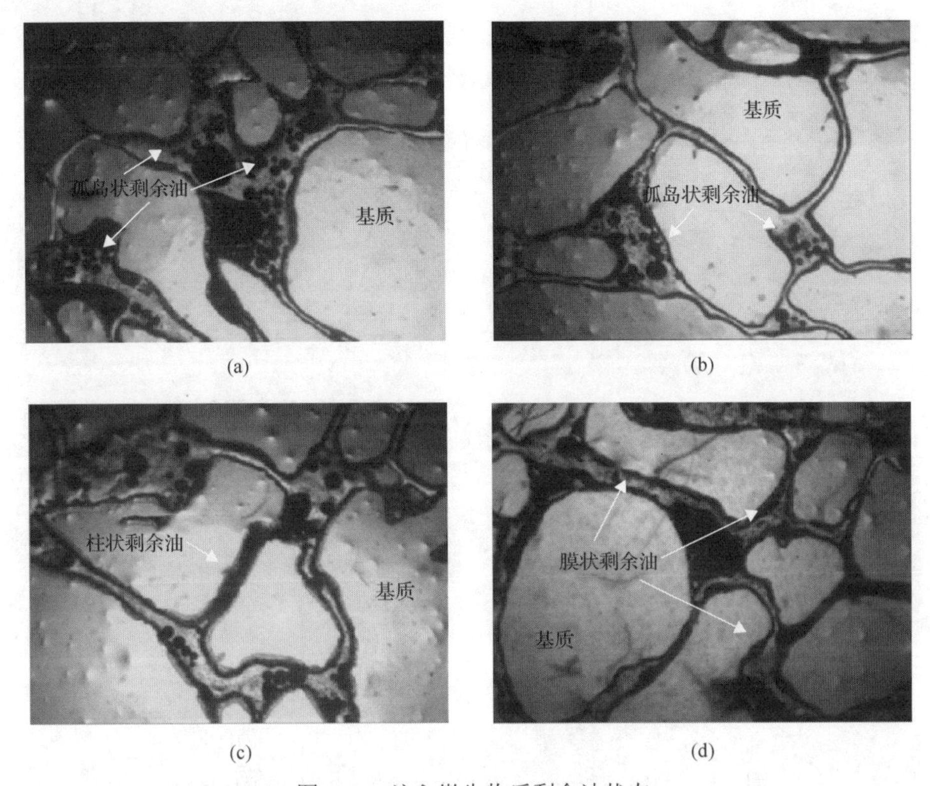

(a)　(b)　(c)　(d)

图 6-13　注入微生物后剩余油状态

2) 常压培养观察微生物产气

在高温常压条件下，孔隙介质中的微生物进行增殖。由于注入水中存在溶解氧，微生物进行好氧呼吸作用生成 CO_2，在常压条件下培养 3 天后，在油水界面处出现大量气泡，微孔道中形成了油、气、水三相。大多数微生物在油水界面上生长、繁殖，代谢产生的 CO_2 依附于原油表面。微生物产气后，模型孔道中剩余油的分布形态如图 6-14 所示。

(1) 微生物产生的生物气依附于原油，在孔隙内聚集，占据孔道中心部位，挤压剩余油，使孤岛状和柱状剩余油合并、拉伸，以油膜的形式附着在生物气表面，如图 6-14(a) 所示。

(2) 气泡逐渐膨胀，在小孔道两端，两个气泡不断向中间运移，形成柱状剩余油，如图 6-14(b) 所示。

(3) 气泡继续膨胀，附着在周围的油膜与相邻的剩余油接触，形成大面积的可动剩余油，如图 6-14(c) 所示。

(4) 小气泡分散在簇状剩余油中，扩大了剩余油的体积，同时降低了剩余油与孔道表面的附着力，流动性增强，如图 6-14(d)所示。

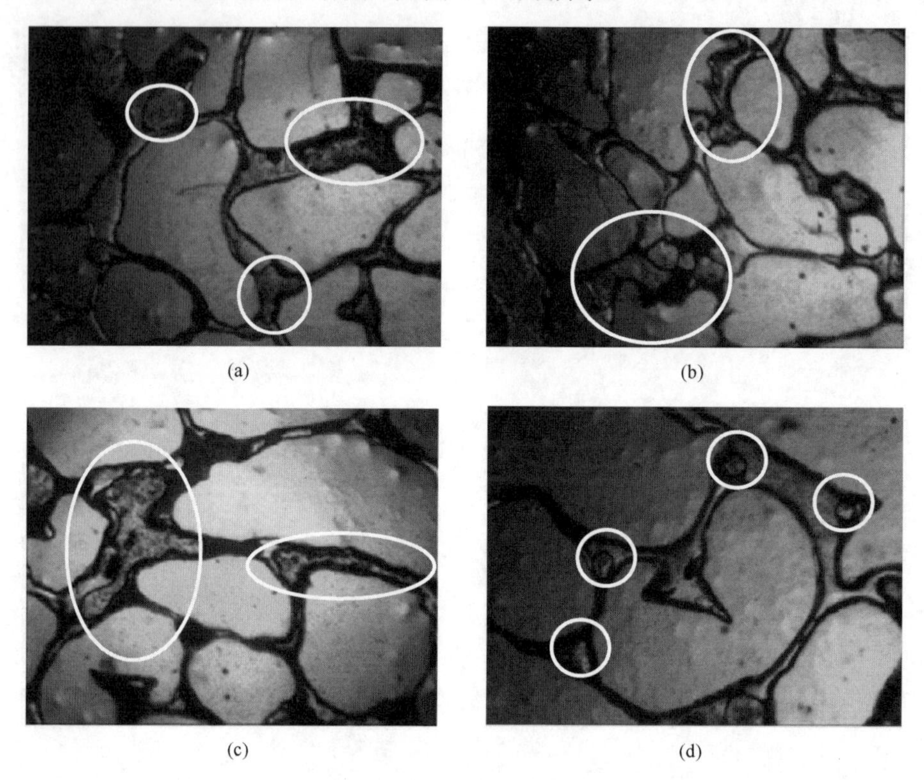

(a) (b) (c) (d)

图 6-14 微生物在 60℃、常压下培养 3 天后产生大量气泡

3)加压气泡消失

由图 6-2 可知，微生物培养第 3 天时达到对数增长旺盛时期，随着气泡的增长，达到加压培养的最佳时期。如图 6-15 所示，随着压力的升高，油水界面处的气泡逐渐减小，在 60℃环境下，当压力增加到 7MPa 左右时，CO_2达到超临界状态(图 6-16)。由于形成油包气现象，且根据相似相容原理，CO_2在油中的溶解度高于在水中的溶解度，气泡溶解在原油中。气泡溶于原油后，可以显著地改变原油的黏度、密度等物理性质，提高微生物驱油的效果。

加压的同时，由于模型内流体扰动，原油被截断，模型内部大量剩余油以油滴的形式存在，如图 6-17 所示。

4)60℃、10MPa 条件下培养观察

在 60℃、10MPa 条件下对微生物进行培养观察，结果如图 6-18 所示。由于常压时生物气的挤压作用及加压时的扰动，孔隙中剩余油状态发生变化，并重新分布。不同的孔隙中均出现不同程度的乳化油滴现象，但随着微生物的“啃噬”作用和生物表面活性剂的剥离作用，大油滴变化不明显，小油滴有增加的趋势，气泡溶解现象消失。在实验条件下，微生物产生的气体处于超临界状态，观察不到生物气。

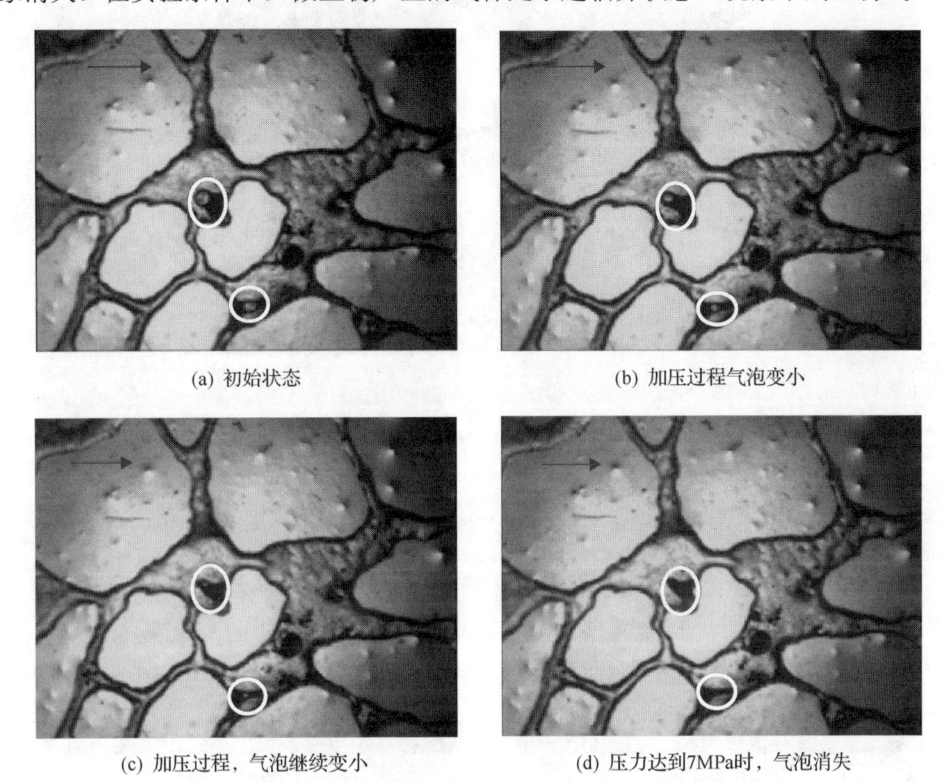

(a) 初始状态　(b) 加压过程气泡变小

(c) 加压过程，气泡继续变小　(d) 压力达到7MPa时，气泡消失

图 6-15　60℃时增加压力生物气溶解于油相中

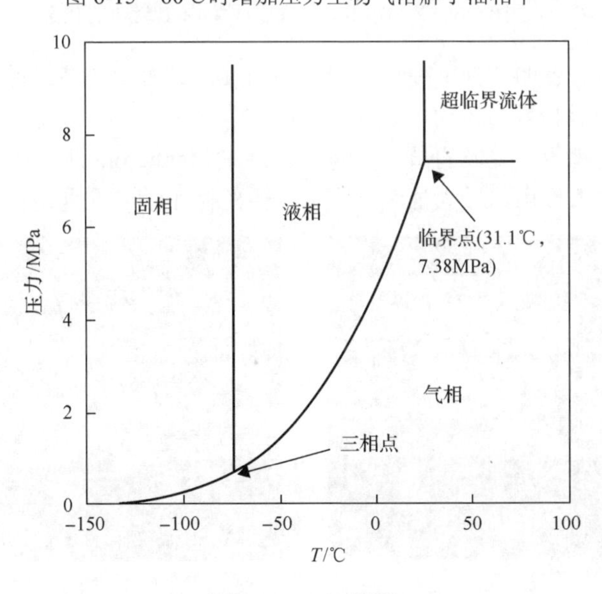

图 6-16　CO_2 相图

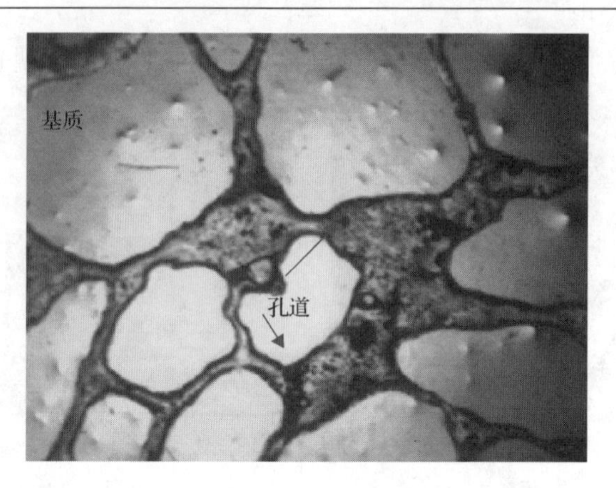

图 6-17　加压小油滴增加

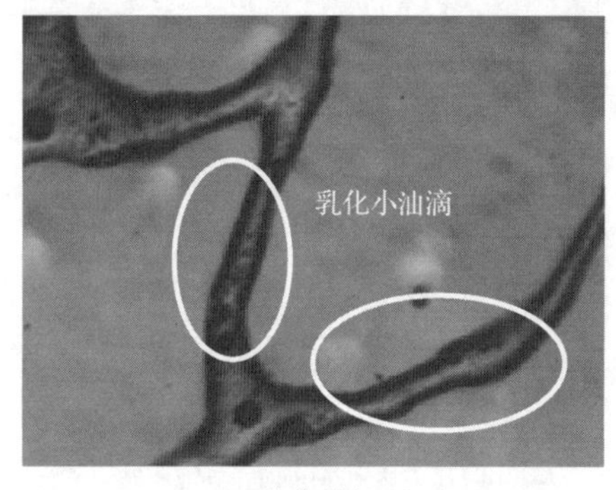

(a) 培养观察3天

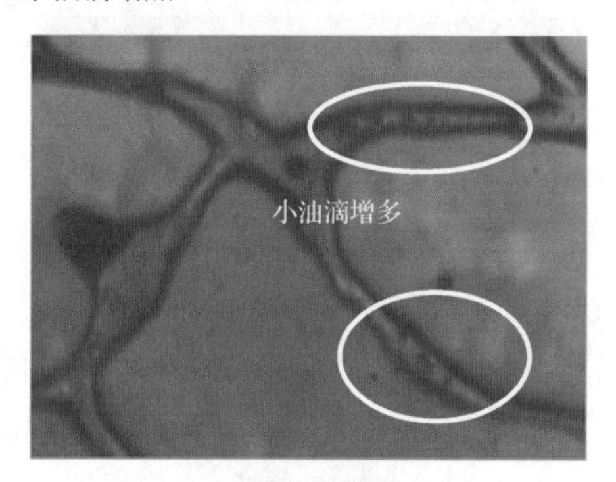

(b) 培养观察7天

图 6-18　60℃、10MPa 条件下模型内剩余油的状态

微生物产生的表面活性剂存在于油水界面处，引起一个表面张力梯度，可能导致自发的界面变形和界面运动，这种现象被称作 Marangoni 对流。如图 6-19 所示，在高温高压培养阶段，生成的微小油滴由于存在 Marangoni 对流作用，加上微生物的搬运动力、热力作用，较大油滴和剥离产生的微小油滴在孔道内处于运动状态。

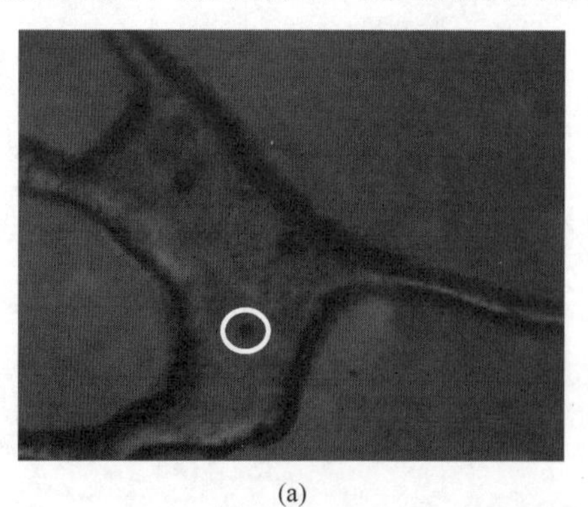

(a)

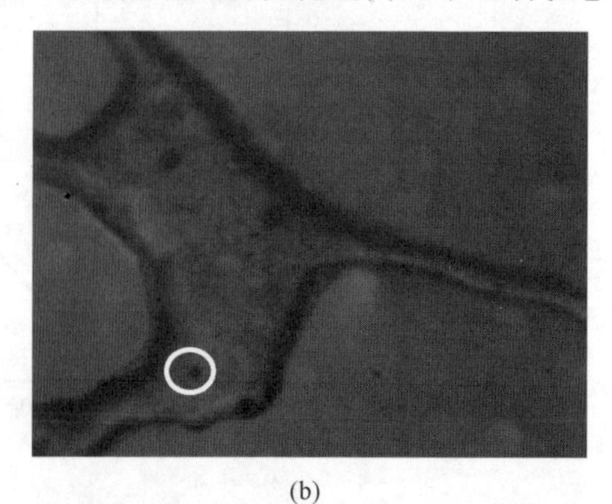

(b)

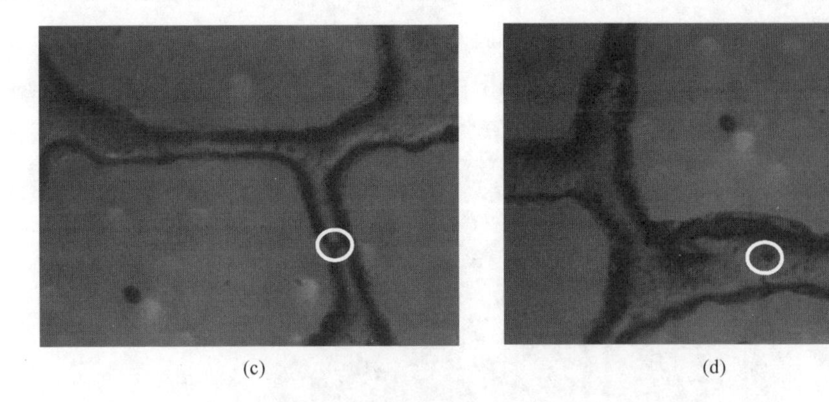

(c)　　(d)

图 6-19　60℃、10MPa 培养观察过程中小油滴的动态变化

随着培养时间的增加，孔道中剩余油表面变得不光滑，有小油斑出现，如图 6-20 所示。作为有机碳源，微生物附着于油水界面处生长，经过“啃噬”作用，分解原油，为自身提供原料与能量，剩余油表面出现了不光滑的油斑；同时，代谢产生的表面活性剂使水与油形成了超低界面张力，逐渐破坏了剩余油表面坚固的水膜，将小油斑慢慢剥离成自由的小油滴，分散在水相中，并反复进行这个过程。

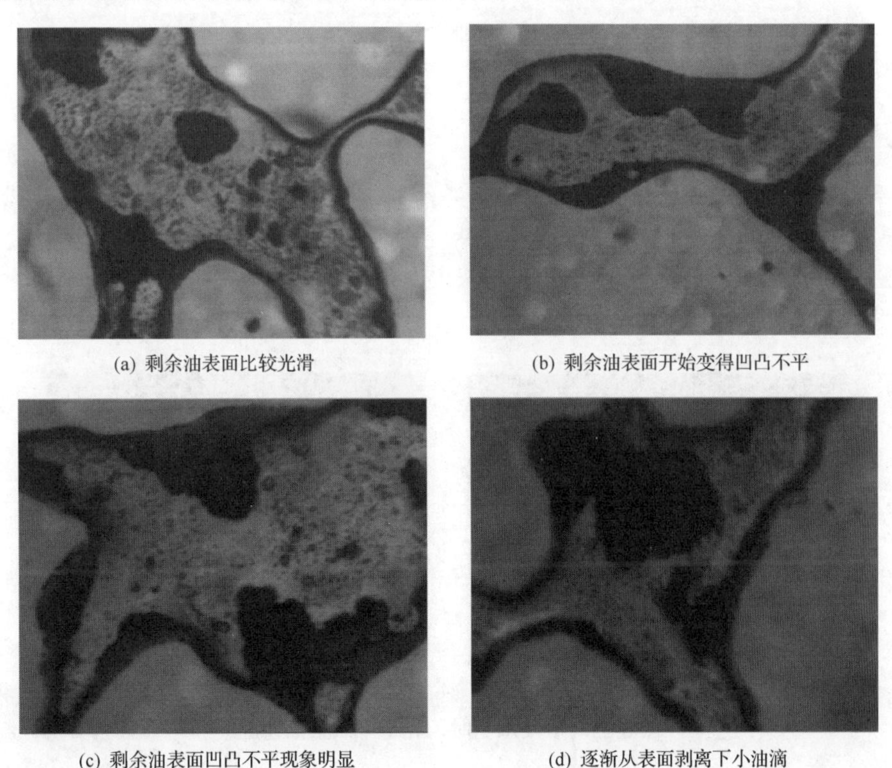

(a) 剩余油表面比较光滑　　(b) 剩余油表面开始变得凹凸不平

(c) 剩余油表面凹凸不平现象明显　　(d) 逐渐从表面剥离下小油滴

图 6-20　培养过程中剩余油表面的变化情况

随着微生物在孔道中的增殖，其对原油的作用明显增强，在培养 3 天时，孔道内出现大量的细小油滴，分散于水相中，在孔道内运移，如图 6-21 所示。

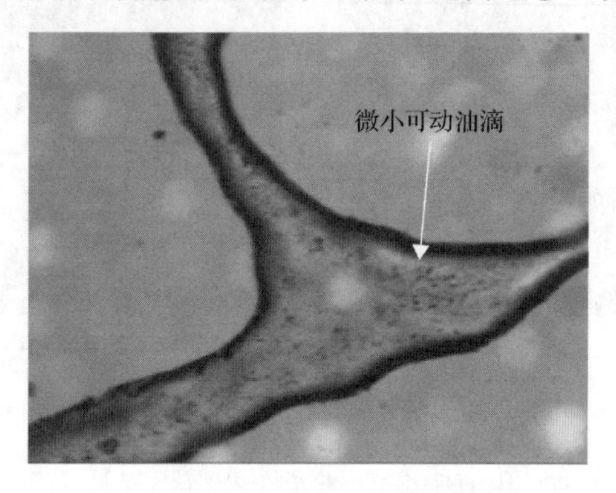

图 6-21　封闭观察期模型内大量可动的小油滴

5) 后续水驱

如图 6-22 所示，与注入微生物后对比，后续水驱时孔道中剩余油分布的明显特征是：①剩余油流动性增强，油量显著减少；②大量剩余油以油滴的形式

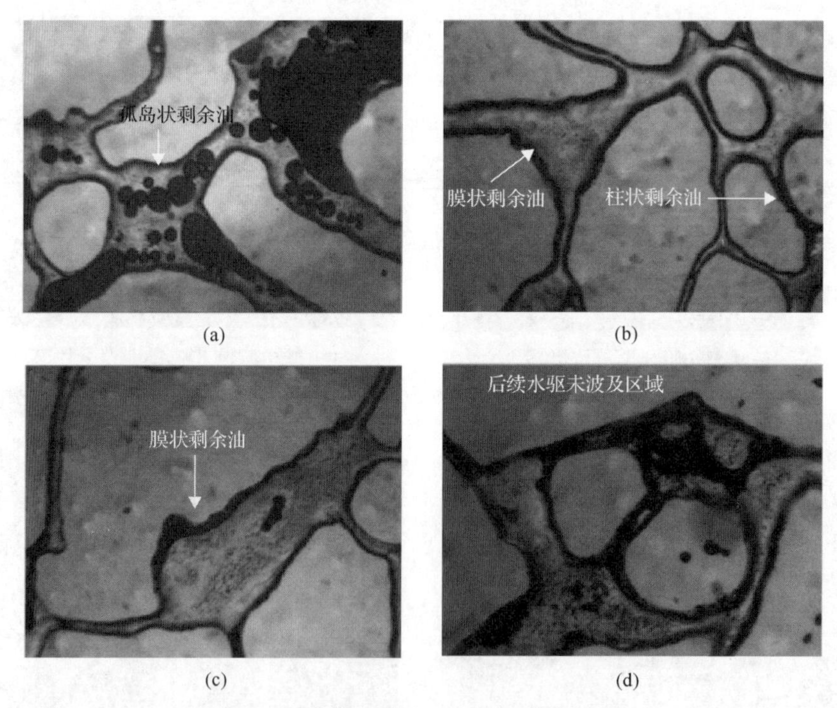

图 6-22　后续水驱时，孔道中剩余油情况

稳定存在；③膜状剩余油减少并变薄；④水的波及系数增大，但仍存在少量未波及的孔道。

3. 80℃、15MPa 条件下的微观模型水驱油实验

1) 水驱

80℃、15MPa 条件下，微观模型水驱后剩余油状态如图 6-23 所示。模型大小孔道内有大量剩余油，剩余油的状态主要为孤岛状剩余油，如图 6-23(a)和(c)所示；同时模型表面亲油，存在大量的膜状剩余油，如图 6-23(b)所示；由于毛细管力的作用，在细小孔道内，水动力无法波及，剩余油以柱状和盲端状形态残留在孔道中，如图 6-23(c)和(d)所示。

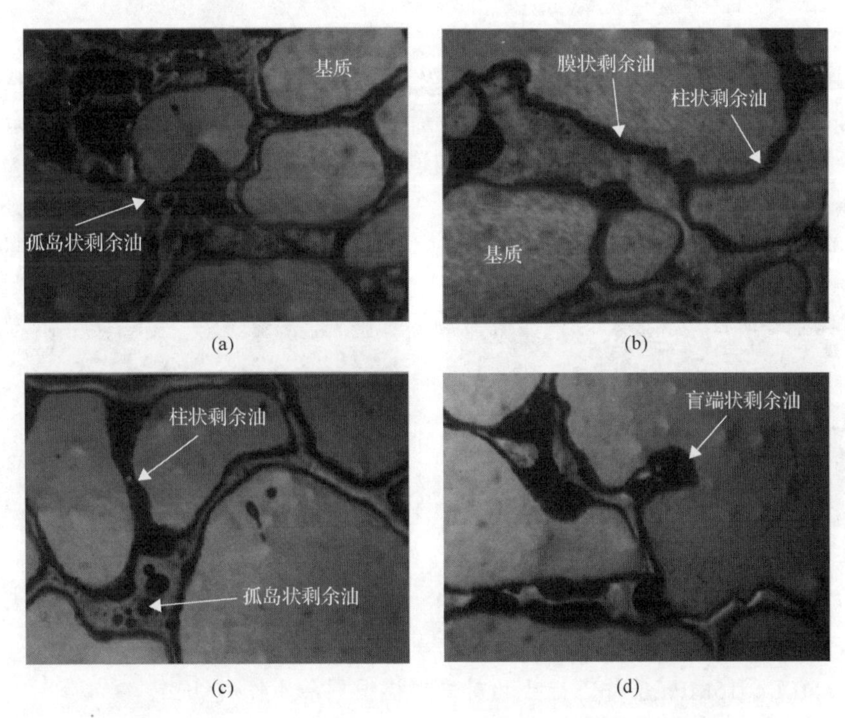

图 6-23　80℃、15MPa 条件下微观模型水驱后剩余油状态

2) 培养观察

80℃、15MPa 条件下，封闭模型观察 7 天，剩余油状态如图 6-24 所示。模型中的剩余油较水驱后的剩余油没有明显变化，仍然存在大量的膜状、柱状及簇状剩余油。

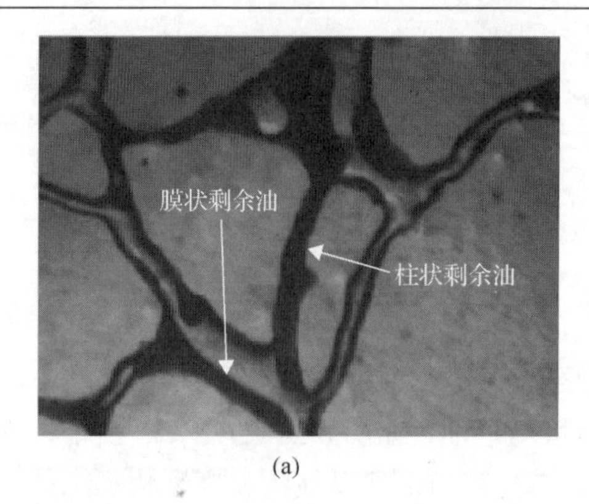

(a)

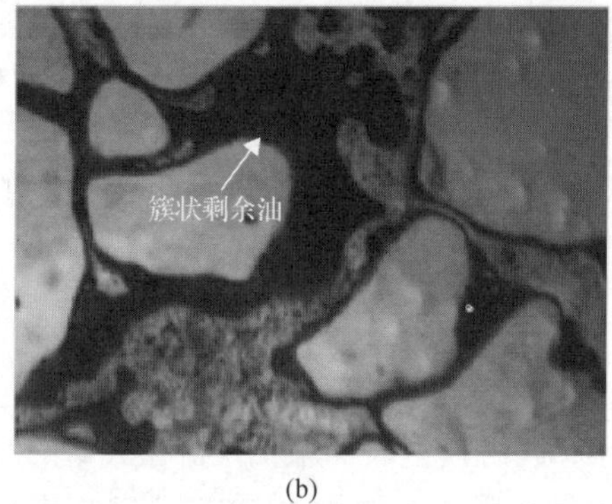

(b)

图 6-24　80℃、15MPa 条件下培养观察 7 天后孔隙中剩余油状态

3) 后续水驱

由于水驱存在"指进"现象，未波及区域在后续水驱时仍存在大量簇状剩余油[图 6-25(b)]。波及范围内的孔道中，后续水驱结束时，仍然存在膜状剩余油和柱状剩余油。相比水驱，后续水驱后，模型中剩余油变化很小。

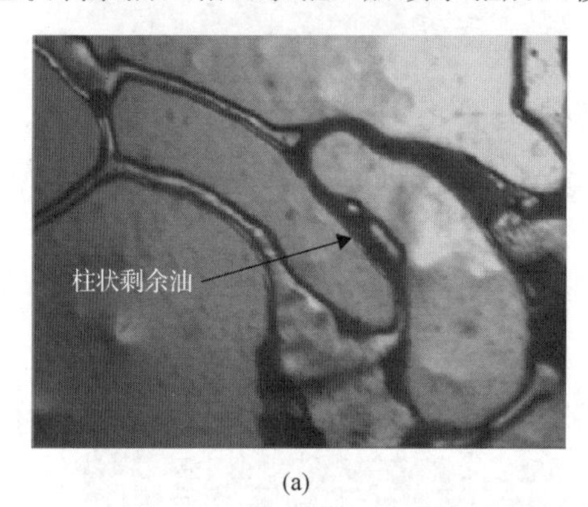

(a)

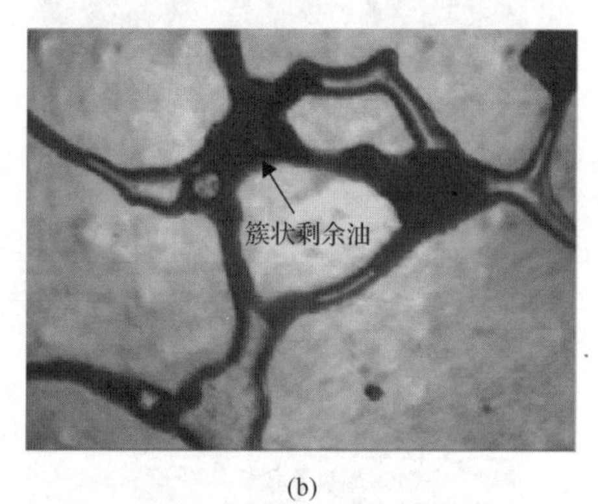

(b)

图 6-25　80℃、15MPa 条件下后续水驱后孔道中剩余油状态

4. 80℃、15MPa 条件下微生物对微观模型剩余油作用机理

1) 注入微生物

80℃、15MPa 条件下水驱后模型中剩余油状态如图 6-26 所示，具体表现为：水驱后，在大孔道中残留很多规则的大油滴[图 6-26(a)]；由于孔壁凹凸不平及表面的吸附作用，在孔道中存在表面不规则的孤岛状剩余油[图 6-26(b)]；由于模型孔壁的亲油性，注入微生物后，存在大量膜状剩余油[图 6-26(c)]；由于小孔道的毛细管力较大，加上孔道表面的亲油性，水无法波及，存在柱状剩余油[图 6-26(d)]。

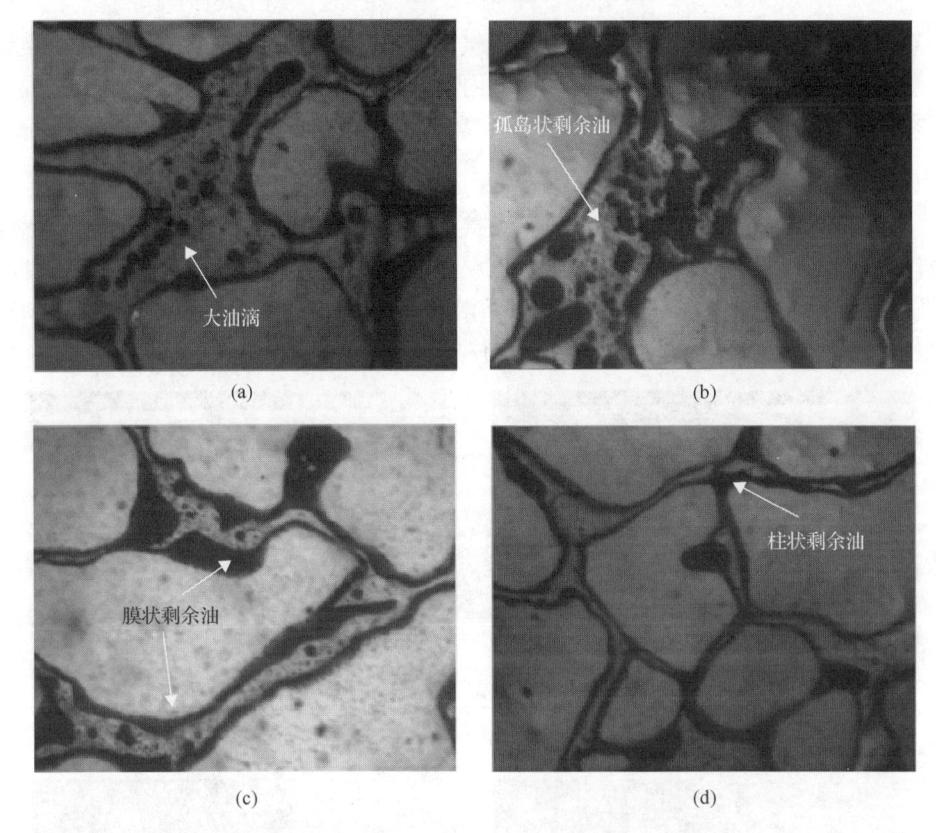

(a)　(b)　(c)　(d)

图 6-26　80℃、15MPa 条件下水驱注入微生物后剩余油状态

2) 常压培养观察微生物产气

图 6-27 为微生物在 80℃、常压条件下培养 4 天后产生气泡的情况。微生物在孔隙介质中的生命代谢在 80℃条件下比在 60℃条件下缓慢，产生 CO_2 的量小于

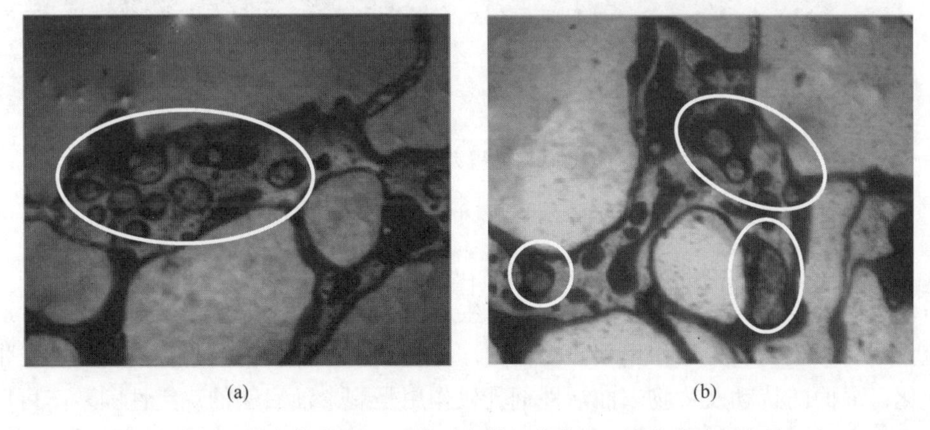

(a)　(b)

图 6-27　微生物在 80℃、常压条件下培养 4 天后产生大量气泡

60℃条件，培养第 4 天时，孔道内出现气泡。微生物代谢产生的生物气被油膜或剩余油包裹。由于生物气的产生，模型内部的压力增加，挤压剩余油发生位置及形态的变化。

3) 加压气泡消失

如图 6-28 所示，随着压力的升高，气泡逐渐减小，在 80℃环境下，由于形成油包气现象，且根据相似相溶原理，CO_2 在油中的溶解度高于在水中的溶解度，当压力加到 1.8MPa 左右时，气泡消失或溶解在原油中成为混相；当压力达到 7.29MPa 时，CO_2 达到超临界状态，无法观察到任何现象。

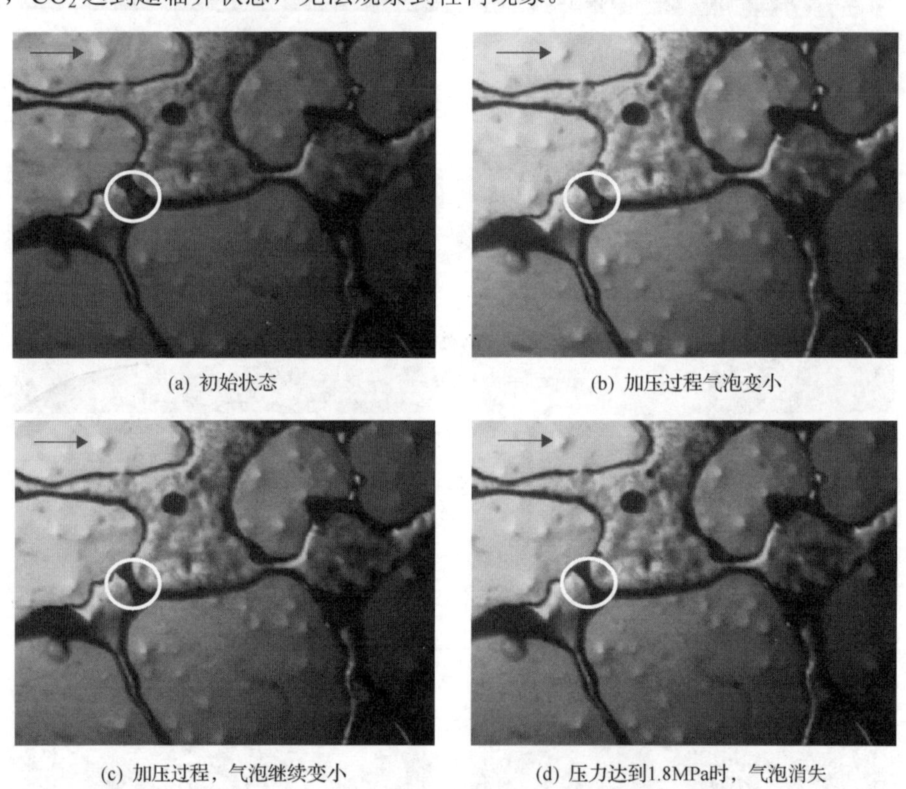

(a) 初始状态　(b) 加压过程气泡变小

(c) 加压过程，气泡继续变小　(d) 压力达到1.8MPa时，气泡消失

图 6-28　80℃时增加压力生物气溶解在油相中

4) 培养观察

图 6-29 所示的实验结果表明，随着微生物的生长代谢，不断产生表面活性物质，界面处表面活性剂浓度增加，会产生界面张力梯度，由于存在 Marangoni 对流作用、微生物的搬运作用和热力作用，存在于孔隙介质内的小油滴的位置发生变化。界面的扰动及生物表面活性剂乳化作用是剩余油启动的决定性因素，可以改变剩余油的状态，使其流动。

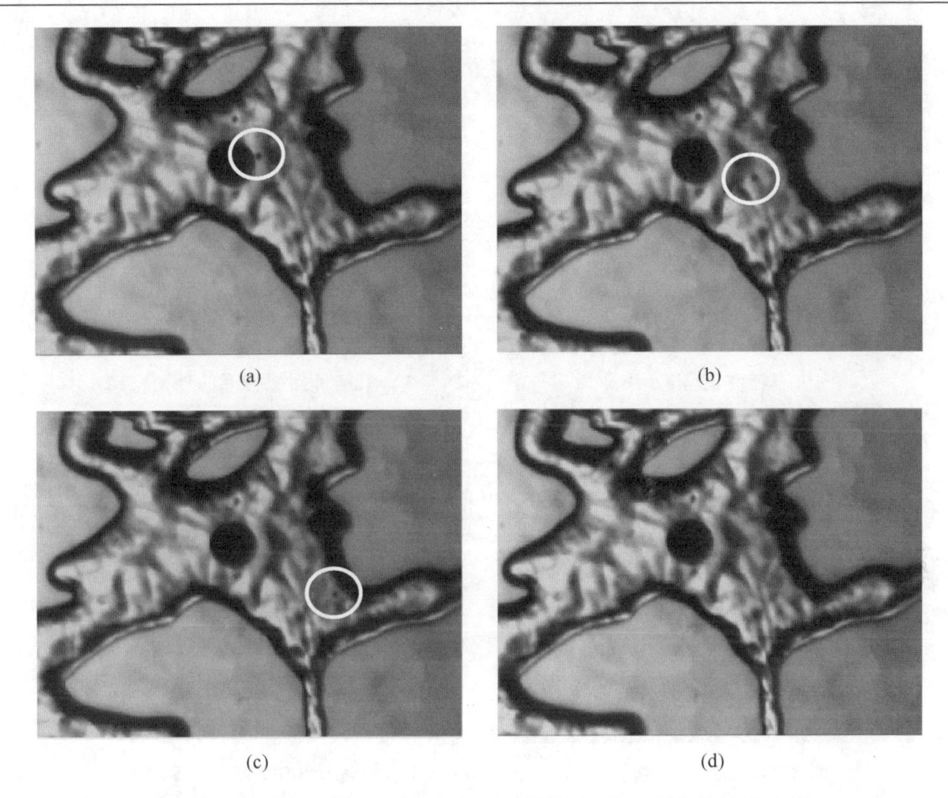

图 6-29　80℃、15MPa 条件下培养观察过程中小油滴的动态变化

模型中由于毛细管力的作用残留了大量的原油，水动力无法将剩余油启动并驱替出来。通过如图 6-30 所示的实验结果可知，模型中的剩余油状态主要为油滴、膜状、盲端状和簇状。①当微生物产生表面活性剂时，降低了油水界面张力，经过以原油为碳源的微生物对原油的“啃噬”作用，剩余油表面凹凸不平，在表面活性剂的作用下，逐渐从剩余油表面剥离出微小油滴，其游离在孔隙介质内[图 6-30(a)]；②微生物产生的表面活性剂吸附在孔隙介质表面，改变了介质表面的亲油性质，使聚集在盲端处的剩余油及由于毛细管力作用吸附在孔隙介质表面的油膜产生聚并现象，以油滴形式存在于模型内部[图 6-30(b)]；③模型的主流线以外存在大量的簇状剩余油，水动力无法启动，注入微生物后，由于微生物的趋营养性，培养期内，微生物逐渐趋向剩余油表面附着、增长、繁殖，随着微生物向原油内部扩散、增殖、代谢产生表面活性剂及“啃噬”作用，剪切拉断簇状剩余油，被拉断的剩余油以油滴的形式挤压稳定地簇拥在一起[图 6-30(c)、(d)]。

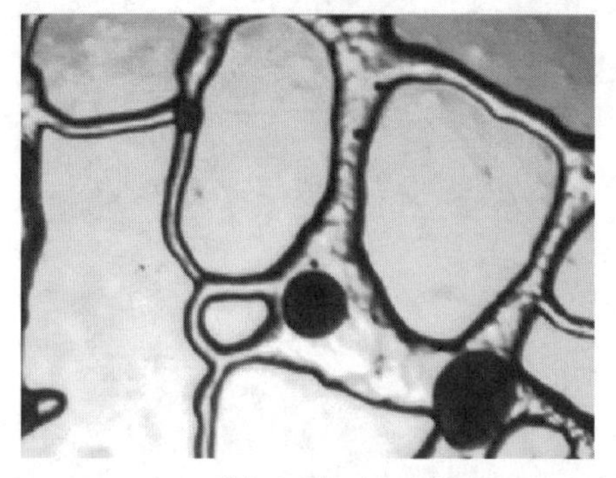
(a) 剩余油剥离下小油滴

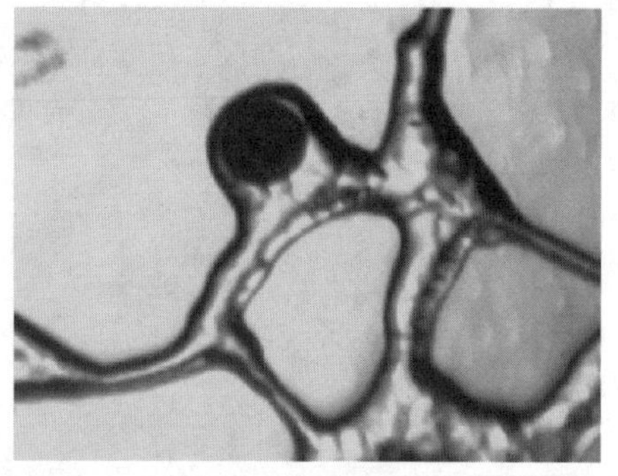
(b) 孔壁润湿性改变后的剩余油状态

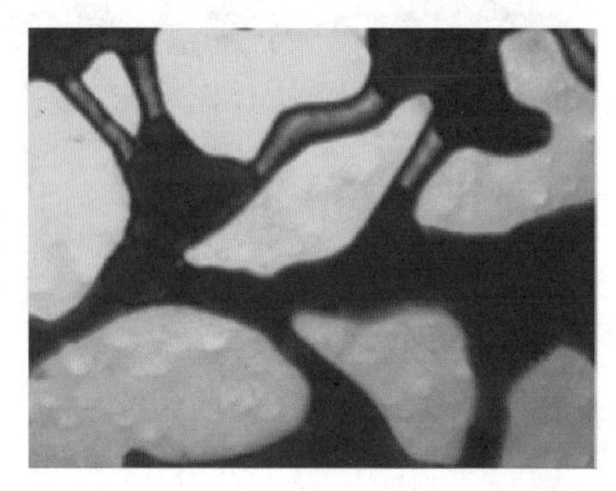
(c) 油水界面张力降低，剩余油断裂

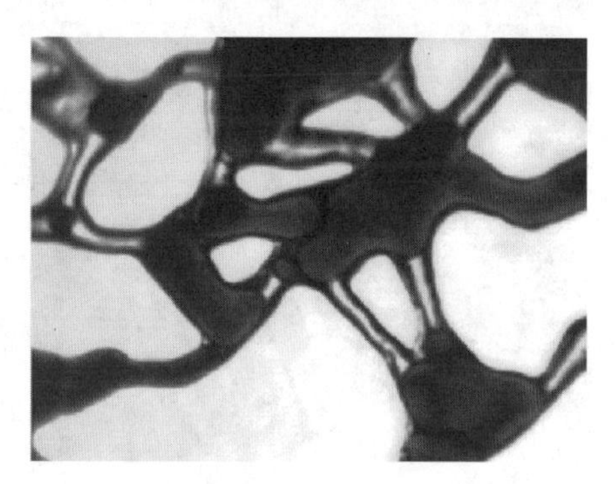
(d) 表面张力降低，剩余油断裂

图 6-30 80℃、15MPa 条件下微观模型内剩余油状态

5) 后续水驱

如图 6-31 所示，与注入微生物后相比，后续水驱后剩余油分布特征为：①由于微生物作用 15 天后，油水界面张力显著降低，后续水驱时，在水动力携带作用下，较多剩余油被拉丝、截断，形成小油滴，随着水的驱动被携带出孔隙介质，

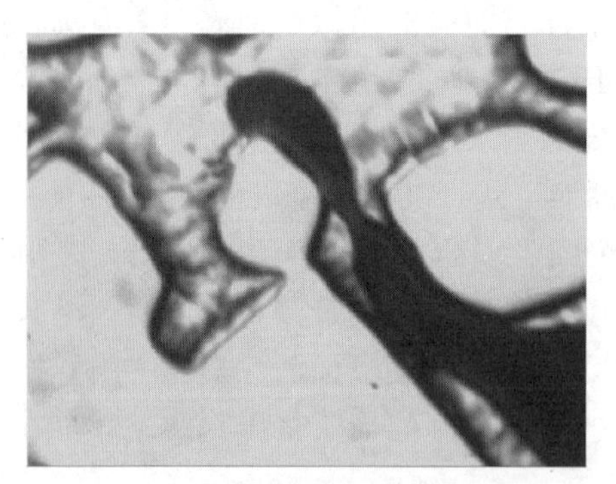
(a) 剩余油被拉丝、截断

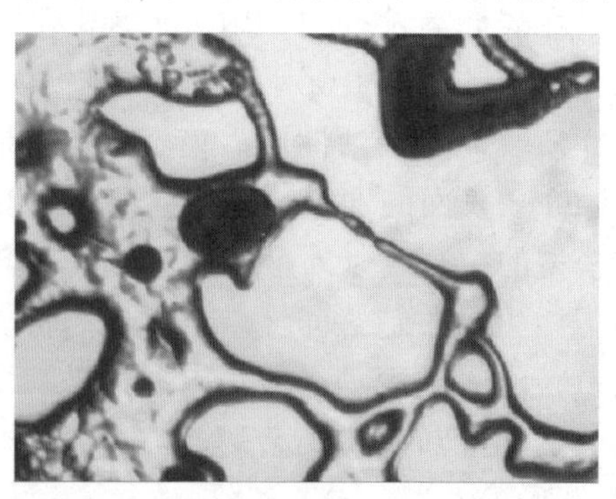
(b) 乳化油滴

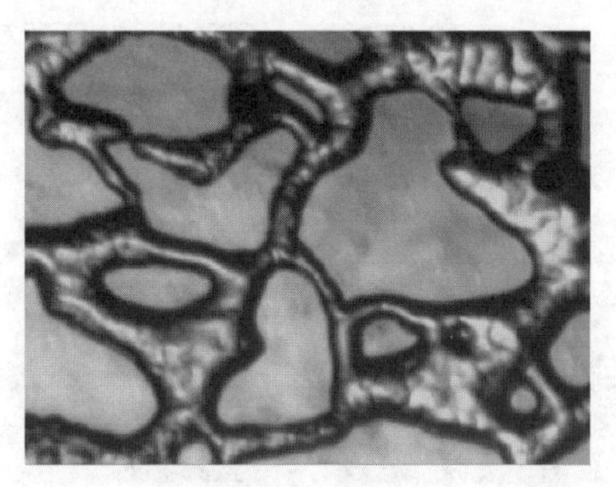

(c) 剩余油几乎全被驱出

图 6-31　80℃、15MPa 条件下后续水驱后孔道中剩余油情况

如图 6-31(a)所示；②模型中由于微生物的作用，存在大量的乳化油滴，形成了胶束或微乳液，改善了孔隙中油水两相的流度比，扩大了波及体积，启动了注入微生物后孔道内大量的簇状剩余油，提高了采收率，如图 6-31(b)所示；③模型中主流线孔道内几乎不存在剩余油，如图 6-31(c)和(d)所示；④与 60℃、10MPa 的培养环境相比，80℃、15Mpa 条件下微生物的作用缓慢，作用效果出现滞后性。

5. 微生物作用各阶段模型中剩余油情况分析

微生物与原油的作用机理主要有 3 个方面：一是微生物产生表面活性剂，可以降低油水界面张力，增加毛细管数；同时生物表面活性剂可以改变孔隙介质表面的润湿性，使吸附在介质表面的原油脱落，增加原油流动性，提高采收率。二是微生物的“啃噬”作用。微生物在生长代谢过程中，一方面以原油为生长所必需的碳源，改变原油中碳链的组成；另一方面微生物代谢产生胞外酶，切断原油碳链，使长链原油变成短链原油，同时生成次级产物溶解原油，降低原油黏度。三是微生物呼吸作用及代谢过程中产生的 CO_2、CH_4 溶解于原油，增加孔隙介质的压力，降低原油的黏度，提高原油流动能力。

1) 各阶段剩余油变化情况

图 6-32 为 60℃、10MPa 条件下微生物作用各阶段模型中剩余油情况。实验结果表明，注入微生物后，模型中小孔道内剩余油以柱状和簇状为主[图 6-32(b)]；大孔道内以膜状剩余油为主，同时还存在很多盲端状剩余油[图 6-32(c)]；培养 15 天、后续水驱后，观察到介质内几乎不存在簇状剩余油，有少量的柱状剩余油，膜状剩余油最终以油滴的形式被驱出，盲端状剩余油减少[图 6-32(d)]。

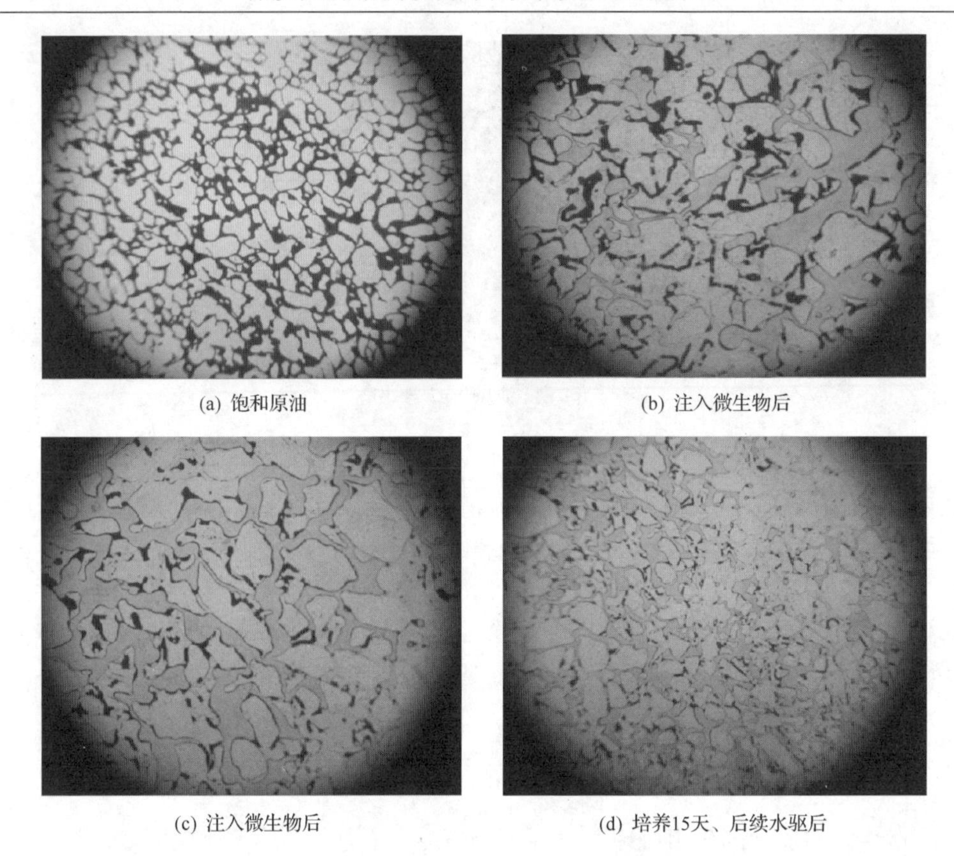

(a) 饱和原油　(b) 注入微生物后

(c) 注入微生物后　(d) 培养15天、后续水驱后

图 6-32　60℃、10MPa 条件下微生物作用各阶段模型中剩余油情况

2) 动态环境下微生物发酵液与模型中剩余油作用情况

图 6-33 为本源微生物高温高压发酵 3 天后，对模型中剩余油的动态驱替作用。油水界面膜被软化、拉长、断裂成小油滴，脱离模型中的剩余油块，并持续重复这一过程，直至模型中可动剩余油被驱替干净[35,36]。

图 6-33 中的现象是由于微生物培养 3 天后，细菌浓度达到最大，微生物生长活性最好，产生大量的表面活性剂并溶解在菌液中，油水界面产生超低界面张力，油膜前缘变形，在驱替液的携带作用下油膜前缘逐渐变形、被拉长，最后脱离变成小油滴被携带出去，剩余油在内聚力的作用下又回收成油膜，持续重复这一过程。模型内剩余油受到 3 个力的作用：剪切携带力、与孔道壁面的黏附力和剩余油产生的毛细管力(内聚力)。由于油膜前缘只受本身产生的内聚力和剪切携带力作用，液体中存在的表面活性剂形成超低界面张力，降低了剩余油的内聚力，使油膜前缘逐渐断脱，油膜持续沿着“前缘断脱”的方式被驱替出去，并最终驱替干净。

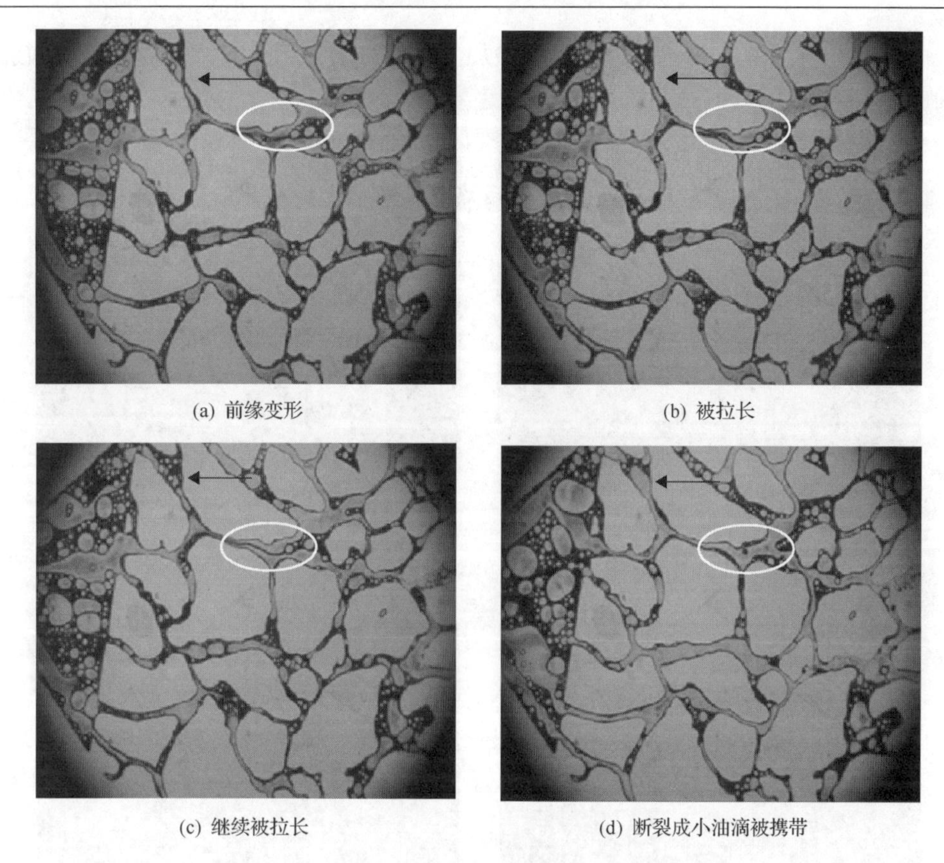

(a) 前缘变形　(b) 被拉长

(c) 继续被拉长　(d) 断裂成小油滴被携带

图 6-33　生物表面活性剂对模型中剩余油的作用

微生物-生物表面活性剂体系启动了膜状剩余油、柱状剩余油、盲端状剩余油和簇状剩余油，启动方式主要是通过将剩余油拉成油丝、断裂成小油滴，并重复这一过程。部分形成的大油滴经过狭窄的喉道时，前端被拉长变细，在超低界面张力驱替体系作用下，油滴呈现“哑铃”形状，部分被分裂成更小油滴而进行运移。由图 6-34 可以观察到，在模型的出口处，原油除吸附于模型孔道壁面以外，主要以小油滴形式被驱出[图 6-34(a)]。由于超低界面张力的作用，模型出口处出现较多的油膜包覆的小水滴，被驱动力携带出模型[图 6-34(b)]。

3) 60℃、10MPa 条件下微生物作用后模型波及体积扩大

在对模型注入微生物以考察微生物对原油的作用机理过程中，除了微生物的化学趋向性使微生物进入水动力无法波及的模型对角区域对原油进行作用外，产生的生物表面活性剂对原油的乳化作用也是扩大波及体积的重要机理。图 6-35 为微生物作用前后扩大波及体积的过程，由于菌液的黏度与水溶液黏度相似，水波及不到的区域菌液也波及不到，微生物作用前后波及体积的扩大作用主要是生物

表面活性剂对原油乳化使驱替液黏度增加，以及微生物趋营养特性对对角线剩余油的原位作用造成的。

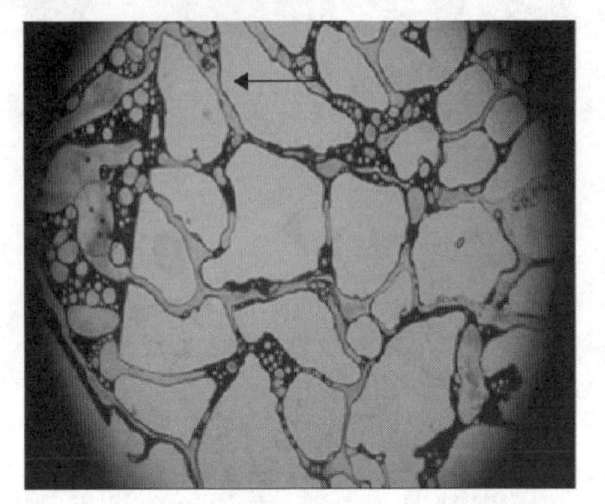

(a) 剩余油以小油滴形式被驱出模型

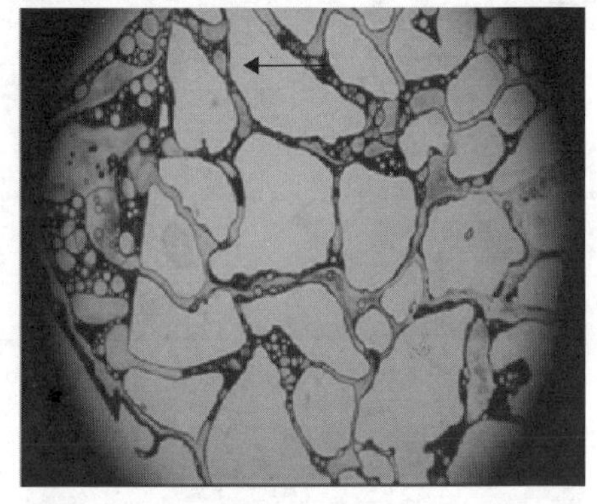

(b) 模型出口处出现大量油包水小液滴

图 6-34　驱替过程中剩余油被驱出状态

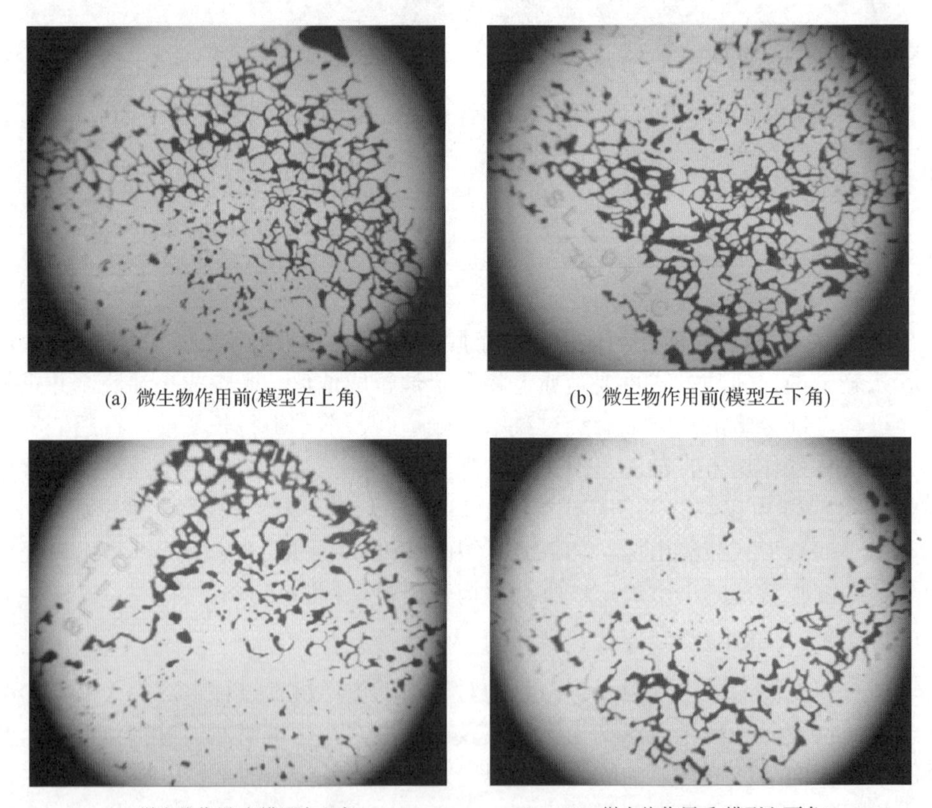

(a) 微生物作用前(模型右上角)　(b) 微生物作用前(模型左下角)

(c) 微生物作用后(模型右上角)　(d) 微生物作用后(模型左下角)

图 6-35　微生物作用前后扩大波及体积的过程

4) 60℃、10MPa 条件下微生物作用前后模型中不同类型剩余油变化

在 60℃、10MPa 条件下，微生物作用 15 天后，模型中不同类型的剩余油变化情况如图 6-36 所示，饱和原油模型经过含有营养物质的地层水驱替后，模型中大部分原油被驱出，但模型中还存在着大量的膜状剩余油，主要分布在大孔道内；小孔道内由于毛细管力和亲油表面的综合作用，剩余油以柱状形式留在模型中；在模型波及不到的区域，在垂直主流线的对角线区域，有大量的簇状原油滞留[图 6-35(a)、(b)]，正常的水驱无法波及并将其驱替出模型。注入微生物后，在 60℃、10MPa 环境中培养发酵 15 天，由于微生物的生长及代谢产物作用，模型中不同类型的剩余油发生了不同程度的变化。

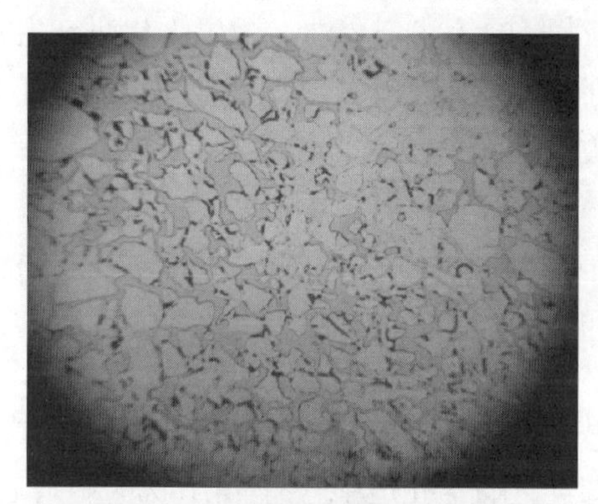

(a) 注入微生物后模型中的剩余油

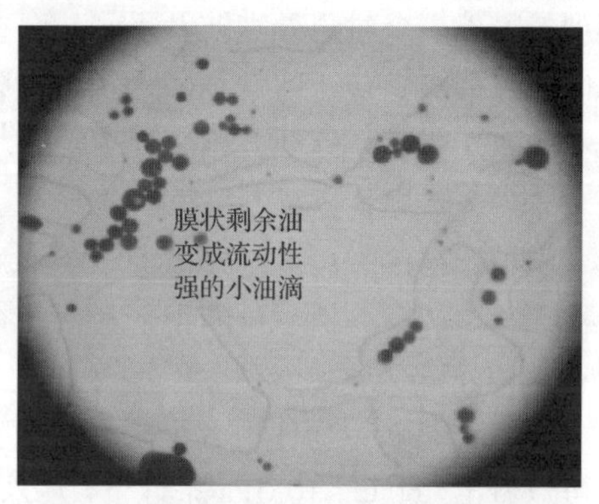

(b) 微生物作用15天后的膜状剩余油

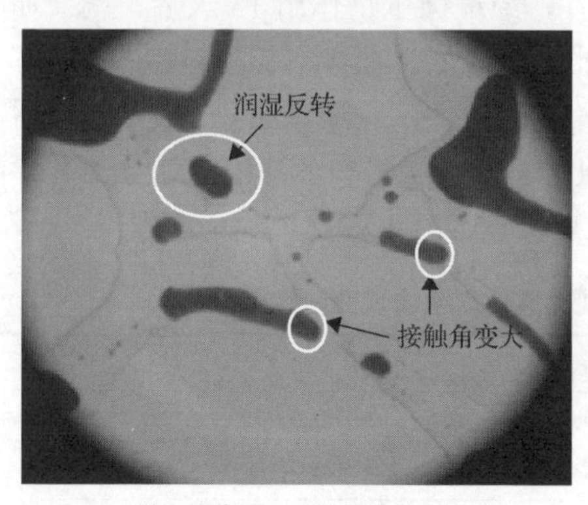

(c) 微生物作用15天后的柱状剩余油

(d) 微生物作用15天后的簇状剩余油

图 6-36　微生物作用 15 天后模型中不同类型的剩余油变化情况

(1) 模型中初始存在的大量膜状剩余油，经过微生物作用 15 天后消失。微生物代谢过程产生的生物表面活性剂是膜状剩余油消失的主要原因。生物表面活性剂的存在，使油水界面张力快速下降，较低的界面张力破坏了初始情况下的油水界面稳定系统，同时由于微生物的“啃噬”作用，膜状剩余油表面凹凸不平，扩

大了表面活性剂的接触面积，为膜状剩余油提供了断裂点，膜状剩余油逐渐聚并成小油滴，同时由于表面活性剂的两性基团作用，改变了孔道壁面的亲油性质，聚并成小油滴的剩余油逐渐从孔道壁面脱离，成为小油滴，稳定地聚集在孔道中间[图 6-36(a)]。

(2)小孔道中存在柱状剩余油，水无法对其进行有效的驱替。经生物表面活性剂作用 15 天后，柱状剩余油两端出现不同程度的润湿反转现象，柱状剩余油与壁面的接触角变大，并随着培养时间的增加，逐渐向小孔道内部作用，最终使亲油的小孔道表面润湿反转，变成亲水表面，从而被驱出[图 6-36(b)]。

(3)由于 4.0cm×4.0cm 尺寸的微观模型在对角线处模拟注水井和采油井，在模型的另外一个对角处水波及不到，存在大量的簇状剩余油。微生物代谢产生的表面活性剂由于存在两性基团，作用在簇状剩余油所在的孔道表面，发生润湿反转，从而使簇状剩余油的流动性增强[图 6-36(d)]。

5)剩余油定量分析

微生物作用前后，微观模型中剩余油变化显著，后续水驱后，剩余油量明显减少，为得到剩余油变化的定量数据，采用图像处理技术及 MATLAB 编程语句进行定量分析。

表 6-1 是微生物作用各个阶段微观孔道中剩余油量变化定量分析。由计算结果可以看出，60℃、10MPa 条件下，注入微生物前，孔道中含有 74.18%的剩余油，以膜状、柱状、簇状、油滴状及盲端状存在，经过微生物作用 15 天后，剩余油降低了 30.84%，与水驱油实验相比，剩余油显著降低。在 80℃、15MPa 条件下，由于微生物的生长代谢滞后于 60℃、10Mpa 的条件，经过微生物作用 15 天后，模型中剩余油量降低了 27.38%。比较两组水驱油实验，剩余油没有明显变化，两组实验结果也无明显差异。

表 6-1 微生物作用各个阶段微观孔道中剩余油量变化定量分析

实验条件及类型	各个阶段	孔道像素比例	剩余油量比例	剩余油/%
60℃、10MPa	注入微生物前	0.3586	0.2660	74.18
	作用 15 天后	0.3542	0.1535	43.34
水驱油实验	注入营养液前	0.3684	0.2795	75.87
	作用 15 天后	0.3674	0.2695	73.35
80℃、15MPa	注入微生物前	0.3526	0.2632	74.65
	作用 15 天后	0.3586	0.1695	47.27
水驱油实验	注入营养液前	0.3526	0.2670	75.72
	作用 15 天后	0.3635	0.2661	73.20

在 60℃、10MPa 条件下进行微生物提高采收率实验，实验结果见表 6-2。注入微生物后，模型中存在 38.92%的剩余油，经过微生物作用 15 天后，模型中还残留 29.48%的剩余油，因此微生物提高采收率为 9.44%。

表 6-2 微生物提高采收率结果分析

	饱和油像素比例	剩余油像素比例	剩余油/%
饱和油	0.6071		
注入微生物		0.2363	38.92
后续水驱后		0.1790	29.48

6.2.3 微生物对分支盲孔残余油作用机理

油藏地质环境非常复杂，无论是亲水孔隙还是亲油孔隙，盲孔和盲端都广泛存在。由于盲端一端封闭，没有流动通道，在油藏开采过程中，驱替液体流过瞬间对其波及范围很小。因此，不管是油藏水驱还是其他化学方法驱替，都将有一定量的原油残留在盲端处，把用化学方法无法驱替出的孔隙介质中的原油称为残余油。对于盲端孔隙，影响整个孔隙采出油量的主要因素有孔隙形状及其大小、驱替液与原油特性及表面膜特性等。液体流过瞬间对盲端原油启动效果较差，且盲端原油减小一定值后，正常液体流动对残余油无影响。微生物深入盲端孔隙内部，成为有效启动盲端处残余油的可行方法。

1. 60℃、10MPa 条件下微生物对分支盲端残余油作用机理

在实验之前，对模型进行了常压水驱实验，如图 6-37 所示。由实验现象可知，只用水驱替模型中的原油时，盲端口两边亲油壁面的表面油膜流动可带动盲端口

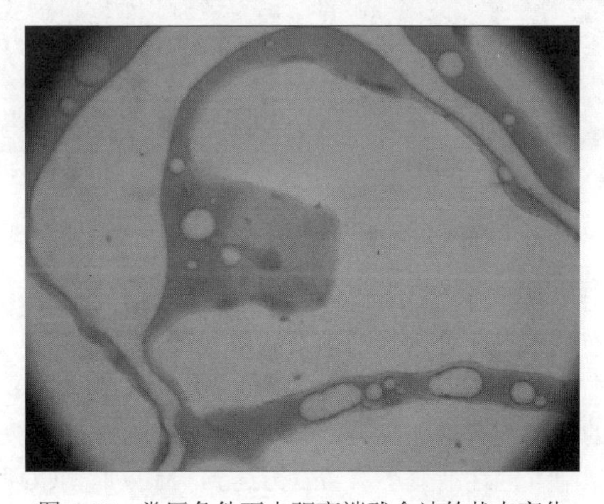

图 6-37 常压条件下水驱盲端残余油的状态变化

处的残余油流动，但无法带动盲端内部的残余油流动，且盲端总残余油量无变化。正常的驱替液流动，无法有效地驱出盲端处原油，要想驱动盲端处残余油，需研究微生物的长期作用对盲端处残余油的启动机理。

1)注入微生物后盲端处残余油的分布情况

在 60℃、10MPa 条件下注入微生物后模型盲端孔道内残余油状态如图 6-38 所示。注入微生物后，仍有 80%～90%的原油残留在模型盲端内。由于盲端模型表面亲油，注入水波及不到，且盲端处残余油一端封闭，形成了极不易流动的盲端形状的残余油，绝大部分原油滞留在盲端内。

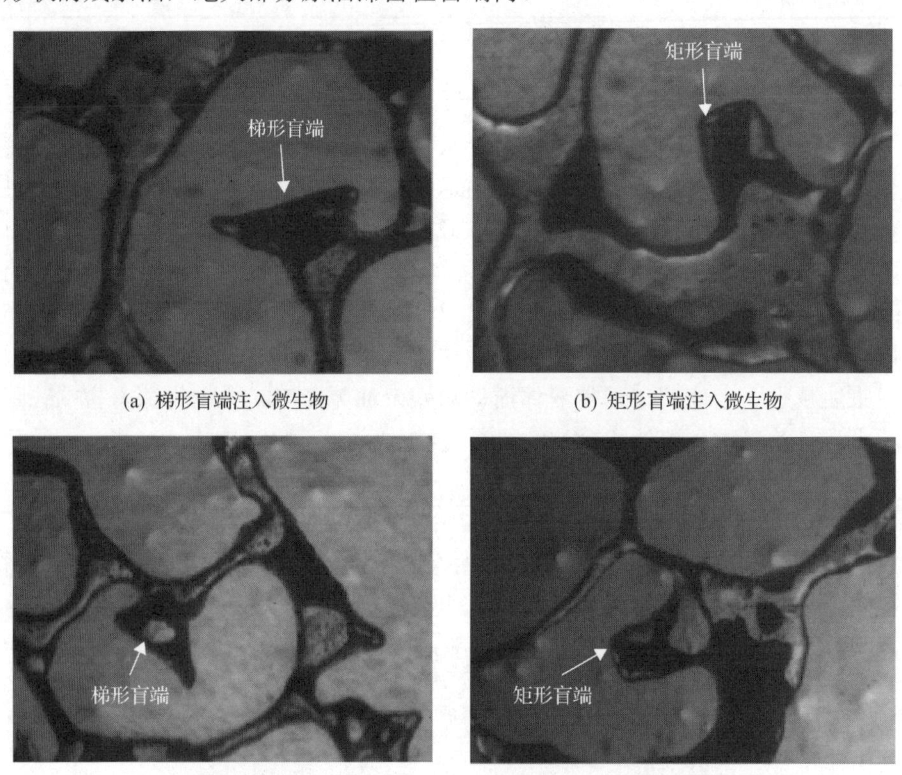

(a) 梯形盲端注入微生物　(b) 矩形盲端注入微生物

(c) 梯形盲端水驱实验　(d) 矩形盲端水驱实验

图 6-38　60℃、10MPa 条件下注入微生物后模型盲端孔道内残余油状态

如图 6-39 所示，模型中注入微生物 3 天后，原油作为碳源提供给微生物，大量的微生物附着在油水界面处进行增殖及有氧代谢，在孔隙介质中的油水界面处产生大量的 CO_2 气泡，使模型内压增大，原油受压力位置发生变化，流动性增强。

对产生气泡的模型逐渐增加压力，如图 6-40 所示，气泡被残余油包覆，随着压力的增加，模型中气泡逐渐变小，当压力达到 7MPa 时，CO_2 达到超临界状态，完全溶解于原油中，成为混相。

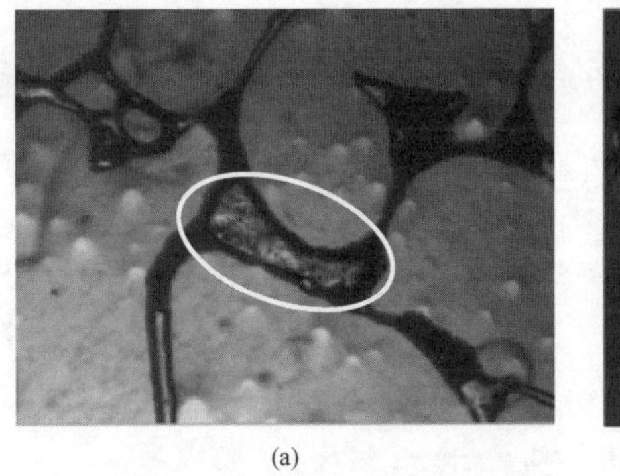
(a)

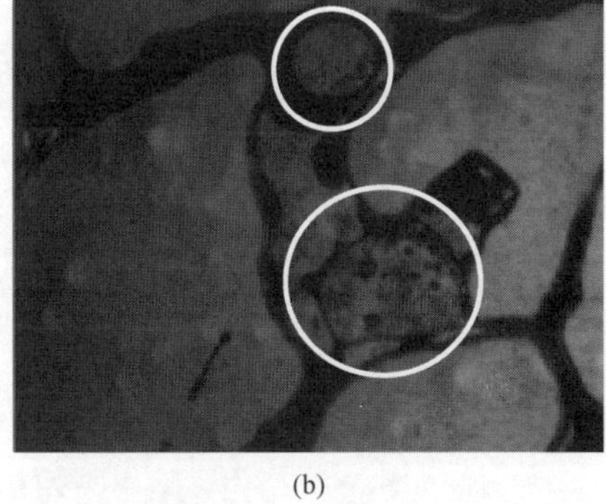
(b)

图 6-39　微生物在 60℃、常压下培养 3 天后盲端产生大量气泡

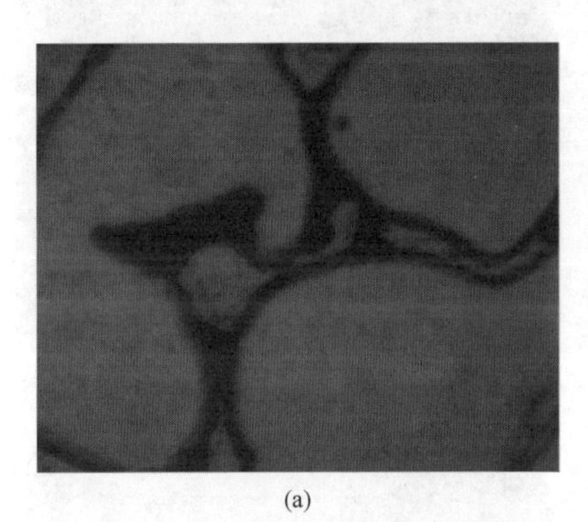
(a)

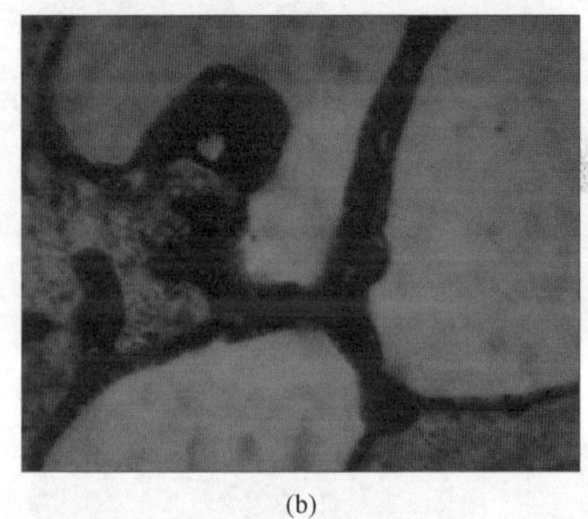
(b)

图 6-40　60℃时增加压力生物气溶解在盲端油相中

2) 微生物体系对盲端孔道中残余油的作用机理

图 6-41 为 60℃、10MPa 条件下盲端孔道中微生物作用 15 天内残余油的状态。微生物附着在油水界面处生长，逐渐降解原油；微生物产生的生物气在实验条件下，处于超临界状态，培养期间，产生的生物气直接溶于盲端残余油中，对原油有一定的稀释作用；同时代谢产生生物表面活性剂，破坏了原油的油水界面性质，界面张力降低，导致残余油内聚力下降，3 种因素同时作用于盲端残余油，逐渐从大块的残余油表面剥离出大量细小的小油滴，且因为附着在表面的微生物的运动及孔隙介质中高温条件下的 Marangoni 对流作用、热力搬运作用、高压条件下的扰动作用，细小油滴离开盲端，随机分散在孔隙介质中。而微生物继续附着在新形成的盲端中的油水界面的表面进行生长代谢。随着微生物作用时间的增加，盲端中残余油量明显减少，培养观察 7 天时，由于微生物累积作用，盲端处残余油减少幅度最明显。单纯水驱实验静止观察结果表明，对于没有加入微生物的模型，培养期内残余油状态没有任何变化。相比较水驱油实验，微生物对残余油的作用效果更显著。

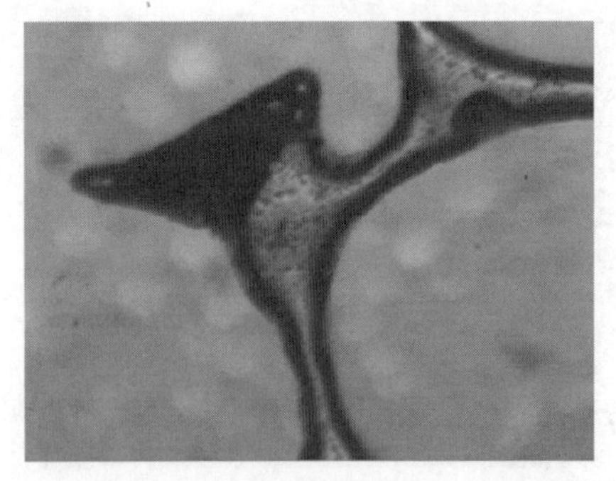
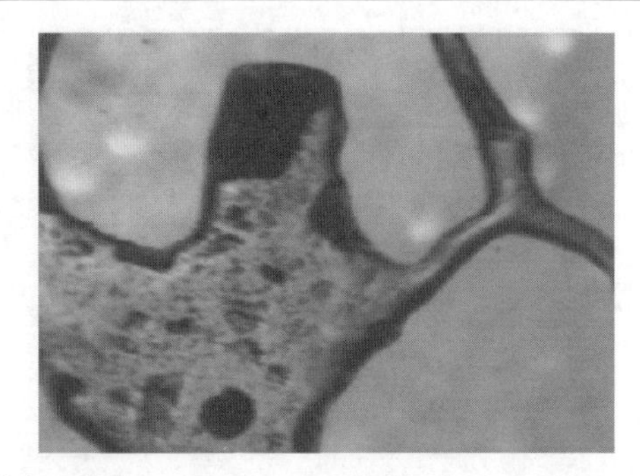

(a) 培养观察3天

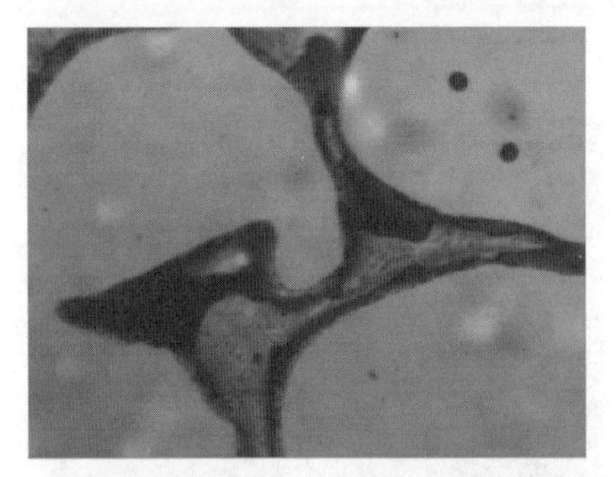
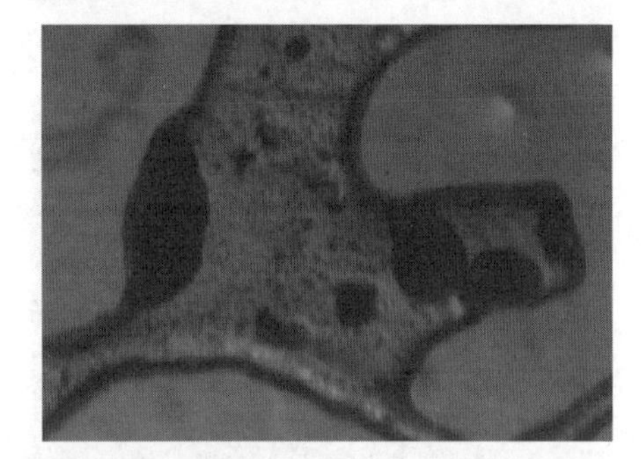

(b) 培养观察5天

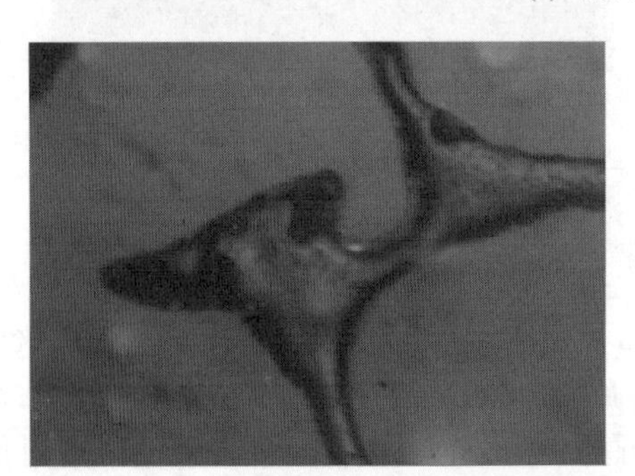
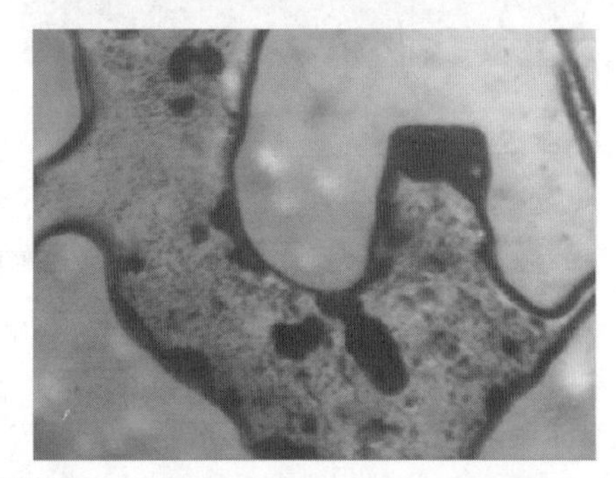

(c) 培养观察7天

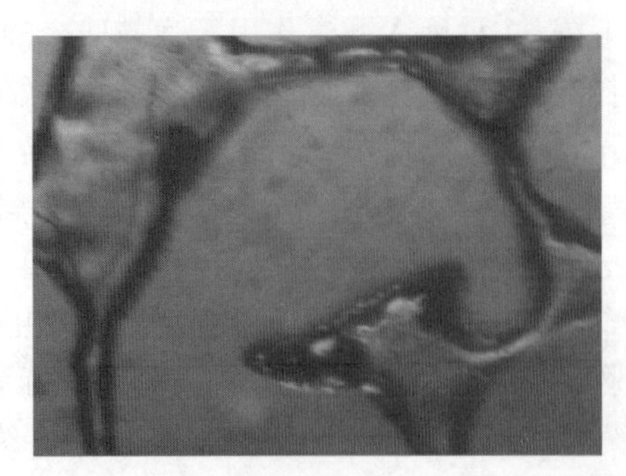
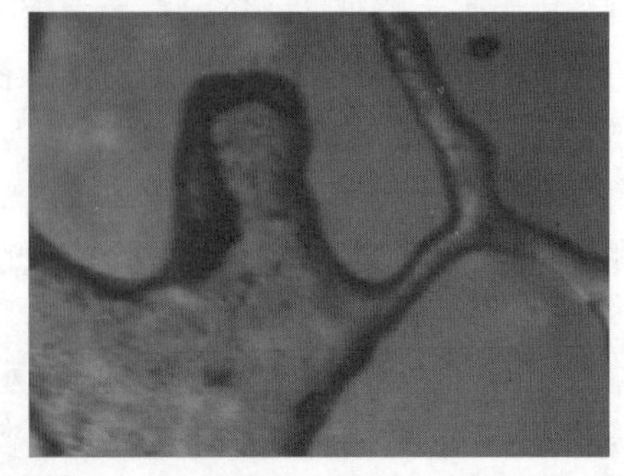

(d) 培养观察15天

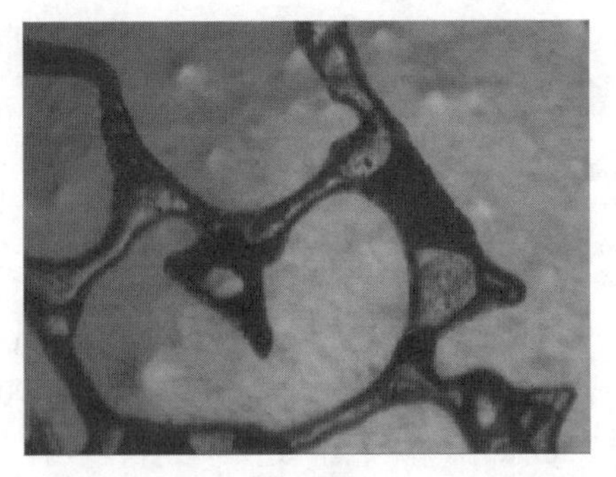
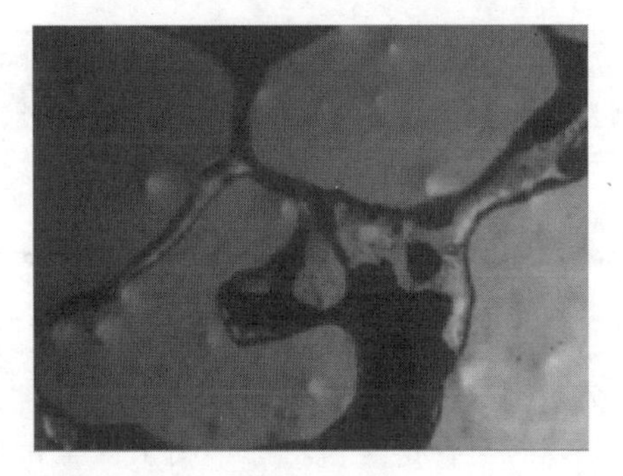

(e) 水驱油实验

图 6-41　60℃、10MPa 条件下盲端孔道中微生物作用 15 天内残余油的状态

3) 后续水驱后盲端残余油的分布情况

后续水驱后，盲端中只有少量的油被驱出，仍有 30%左右的残余油残留在盲端中[图 6-42(b)]。残余油流动性增强，被驱替出来，主要是因为静态培养时，微生物在油水界面处增殖，产生表面活性剂，反复将界面层残余油剥离，形成游离

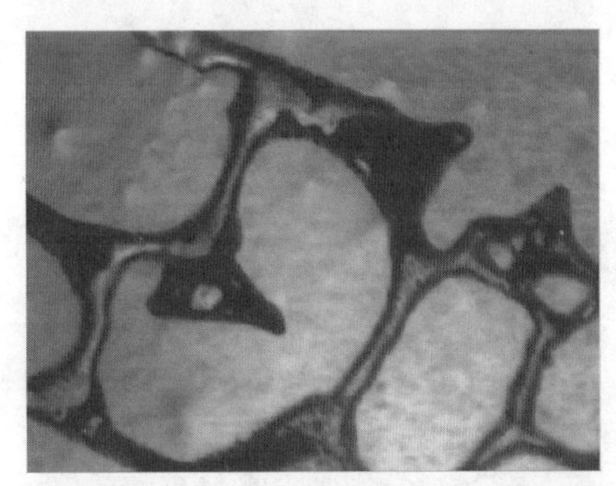
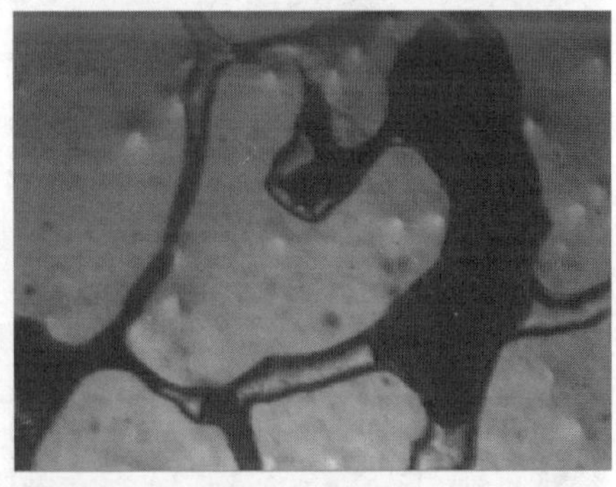

(a) 水驱油后残余油分布

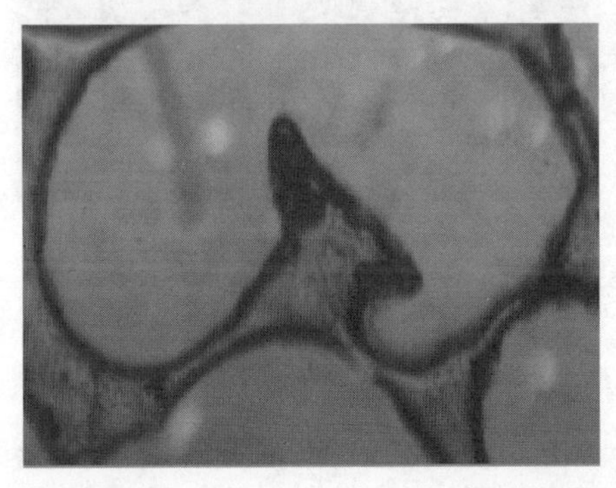
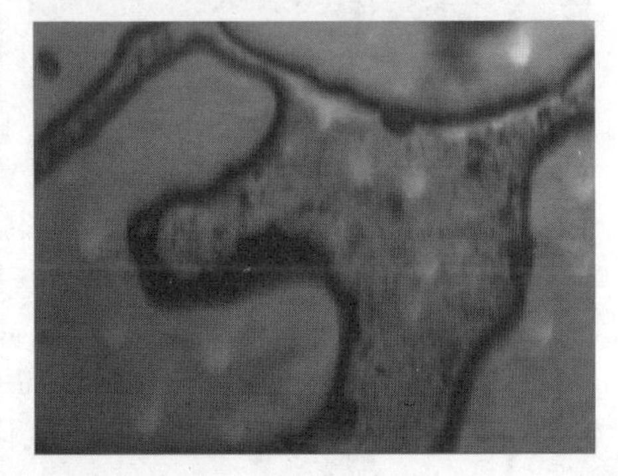

(b) 后续水驱后残余油分布

图 6-42　60℃、10MPa 条件下水驱及后续水驱后盲端孔道中残余油情况

小油滴。后续水驱时，驱替液沿着主流通道流动，几乎波及不到盲端内部，所以水驱对盲端中残余油并没有明显的效果。

2. 80℃、15MPa 条件下微生物对分支盲端残余油作用机理

1)注入微生物后残余油的分布情况

在 80℃、15MPa 条件下注入微生物后模型盲端孔道内残余油状态如图 6-43 所示。注入微生物后，与 60℃、10MPa 条件下的实验结果相同，仍有 80%～90% 的原油残留在模型盲端内。由于模型盲端表面亲油，注入水波及不到盲端内部，且盲端处残余油一端封闭，形成了极不易流动的盲端形状残余油，盲端内滞留了大量原油。

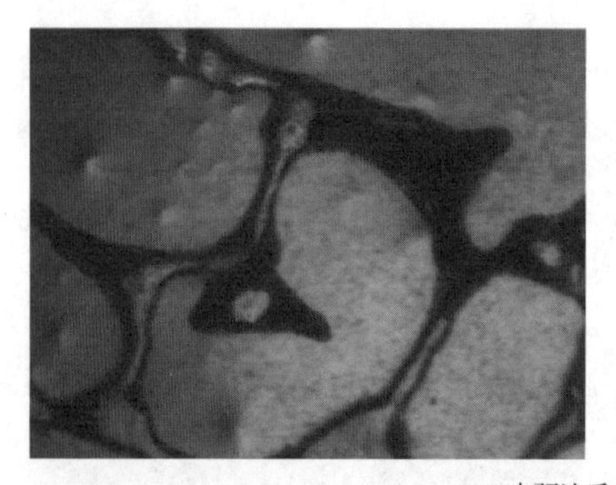
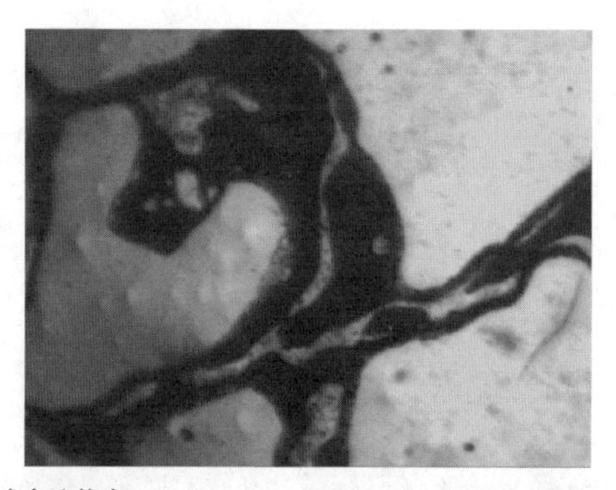

(a) 水驱油后残余油状态

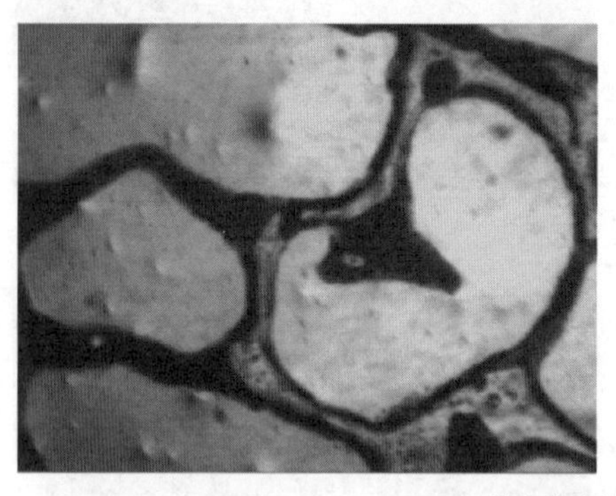
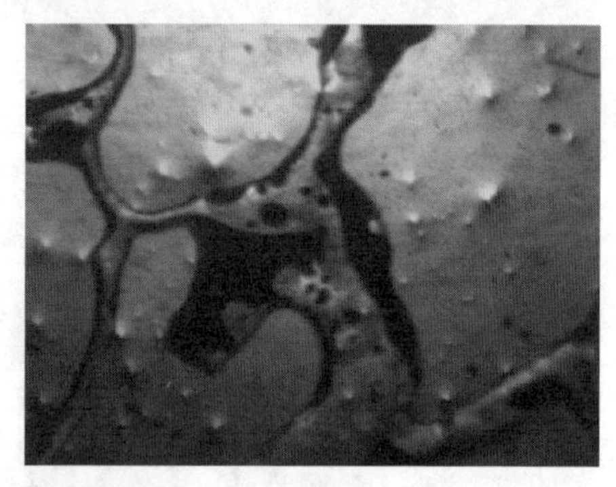

(b) 注入微生物后残余油状态

图 6-43　80℃、15MPa 条件下注入微生物后模型盲端孔道内残余油状态

如果 6-44 所示，模型中注入微生物 4 天时，原油作为碳源提供给微生物，微生物附着在油水界面处增殖并进行有氧代谢，在孔隙介质中的油水界面处产生少量的 CO_2 气泡，使模型内压增大，原油受压力作用，位置发生变化，流动性增强，梯形盲端内未发现生物气气泡的产生。

对产生气泡的模型逐渐增大压力，结果如图 6-45 所示，气泡被残余油包覆，

随着压力的增大，模型中气泡逐渐变小，最终 CO_2 达到超临界状态，完全溶解于原油中。

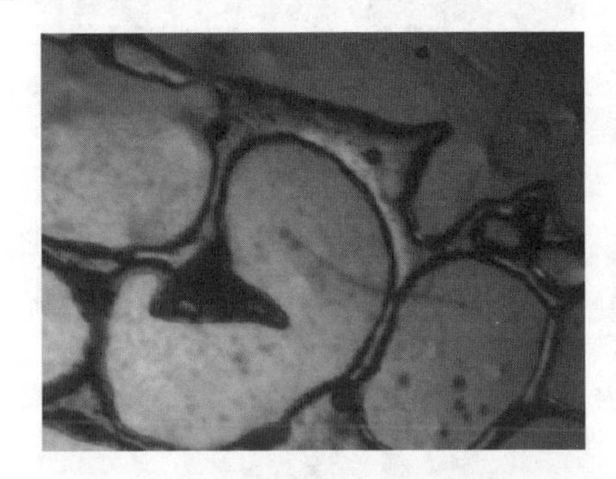
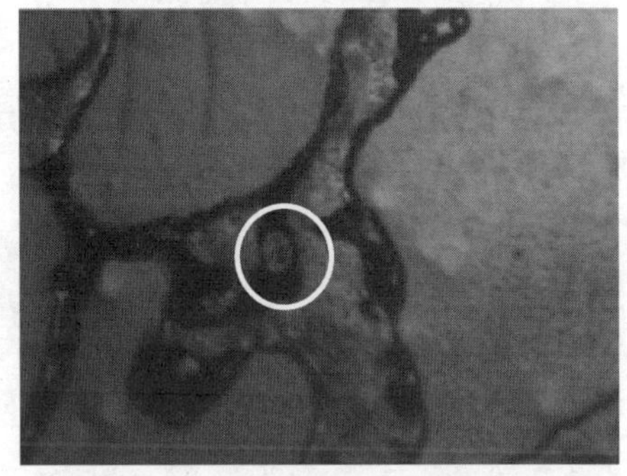

图 6-44　微生物在 80℃、常压条件下培养 4 天后盲端产生气泡

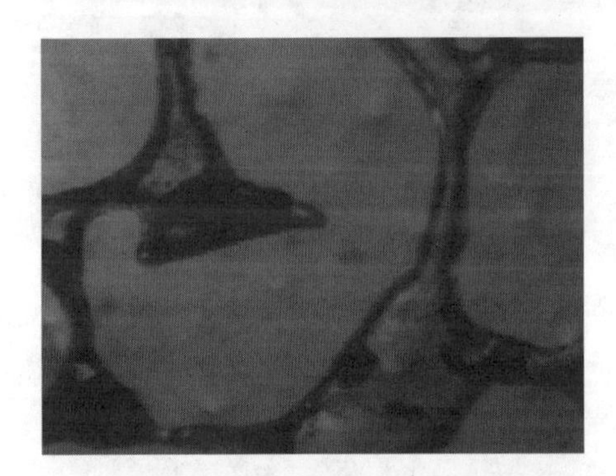
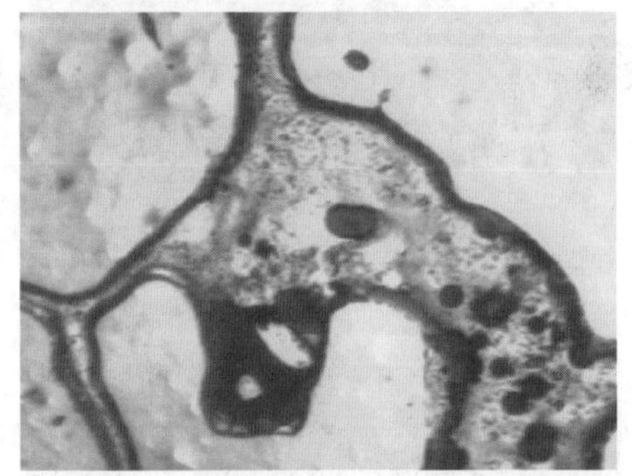

图 6-45　80℃时增加压力生物气溶解在盲端油相中

2) 微生物体系对盲端处残余油的作用机理

图 6-46 为 80℃、15MPa 条件下盲端孔道中微生物作用 15 天内残余油的状态。因为微生物产生的 CO_2 在实验条件下处于超临界状态，所以在培养观察期间内，看不到 CO_2 气泡，CO_2 溶解在盲端残余油中降低原油黏度。同时微生物代谢产生的表面活性剂及微生物对残余油表面的"啃噬"作用，逐渐剥离残余油表面的油膜，残余油表面不断形成新的油膜，盲端残余油量逐渐减小。与水驱油实验相比，微生物对残余油的作用效果更显著。

3) 后续水驱后盲端残余油的分布情况

后续水驱时，盲端孔道中残余油情况如图 6-47 所示，盲端中只有少量的油被驱出。这是由于后续水驱时，驱替液沿着主流通道流动，几乎波及不到盲端内部，所以水驱对盲端中残余油并没有明显的效果。

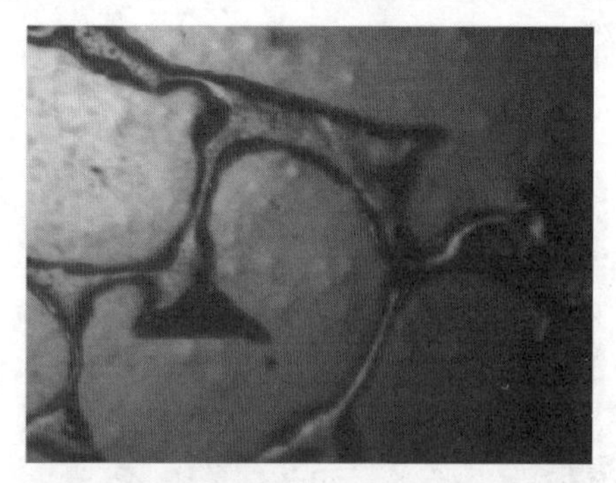
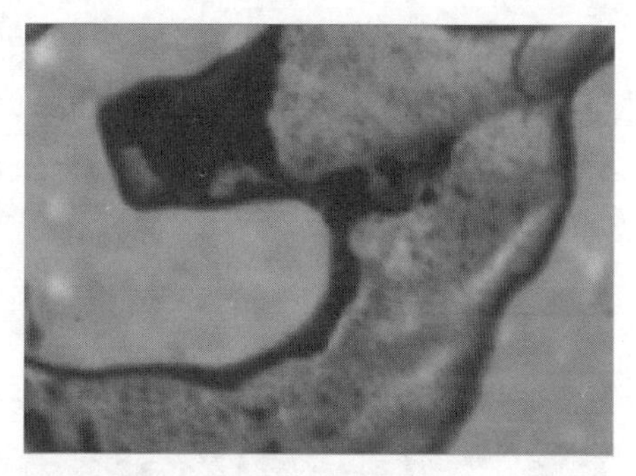

(a) 培养观察3天

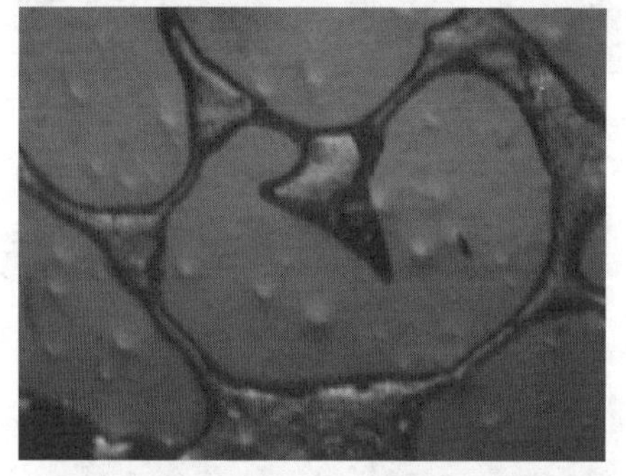
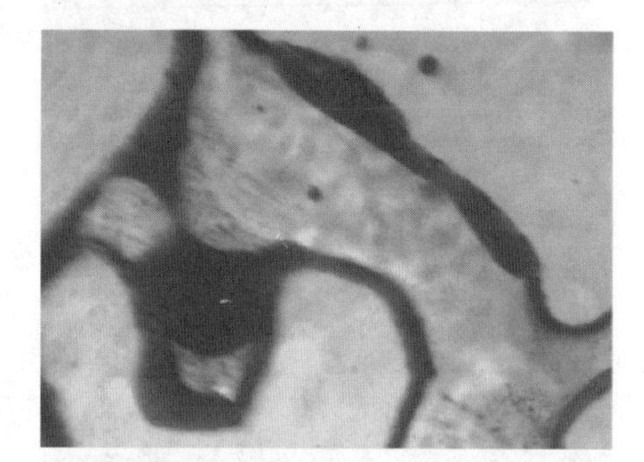

(b) 培养观察5天

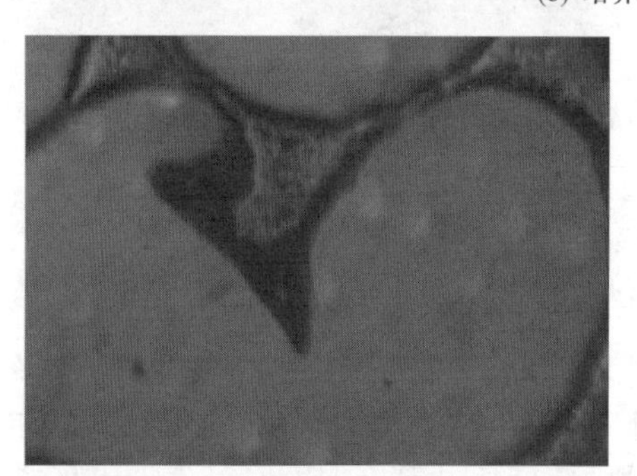
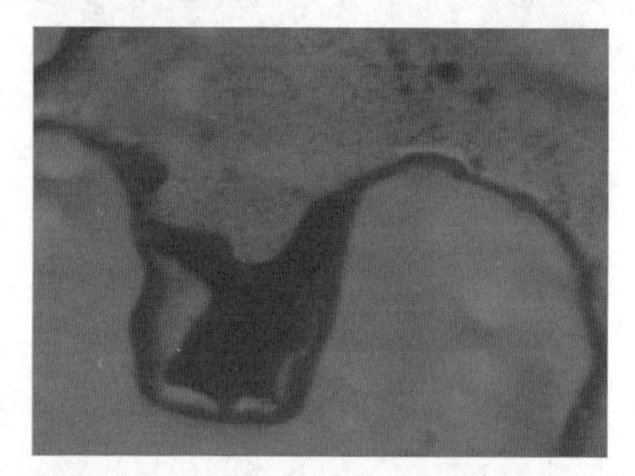

(c) 培养观察7天

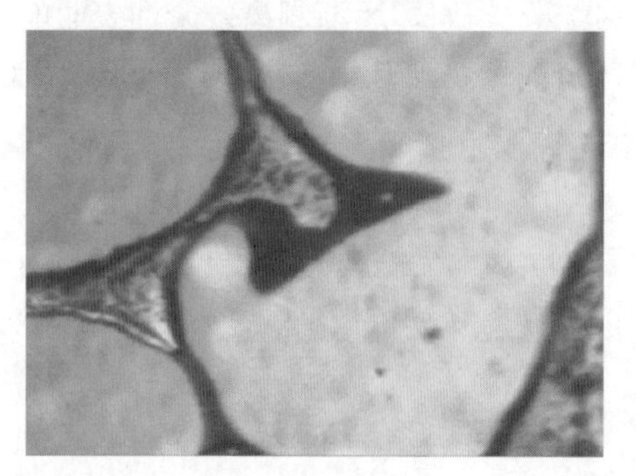
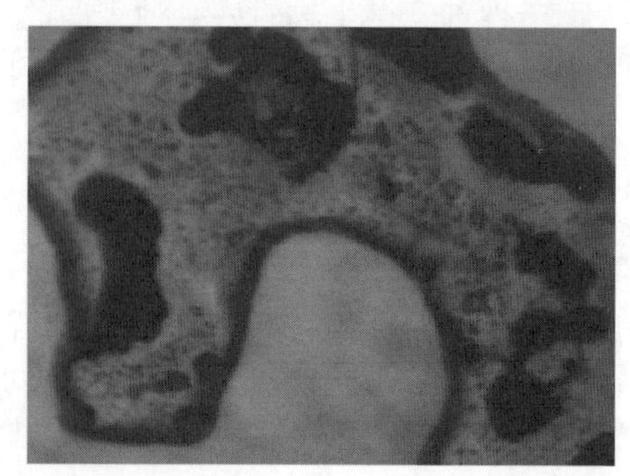

(d) 培养观察15天

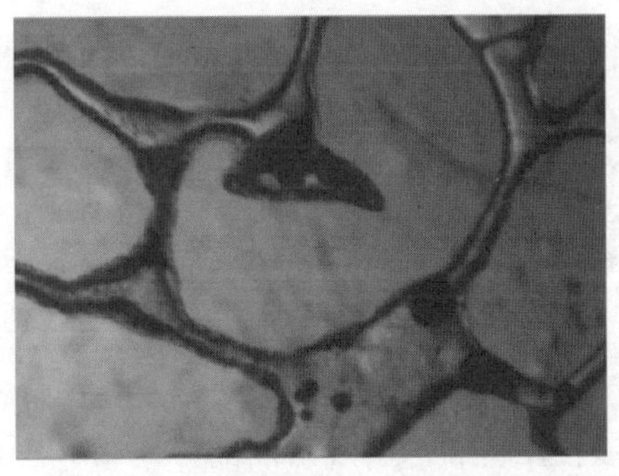
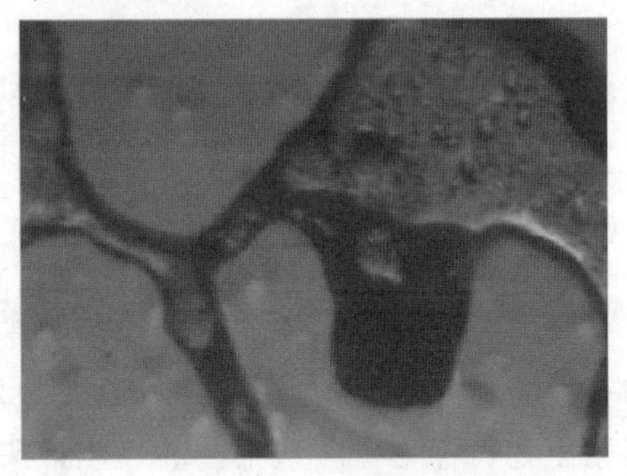

(e) 水驱油实验

图 6-46　80℃、15MPa 条件下盲端孔道中微生物作用 15 天内残余油的状态

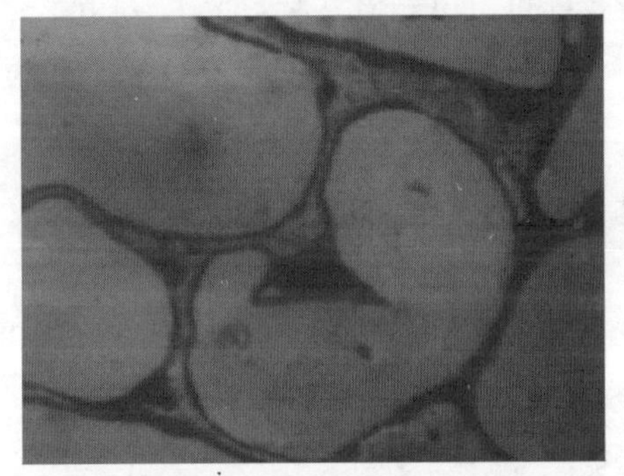
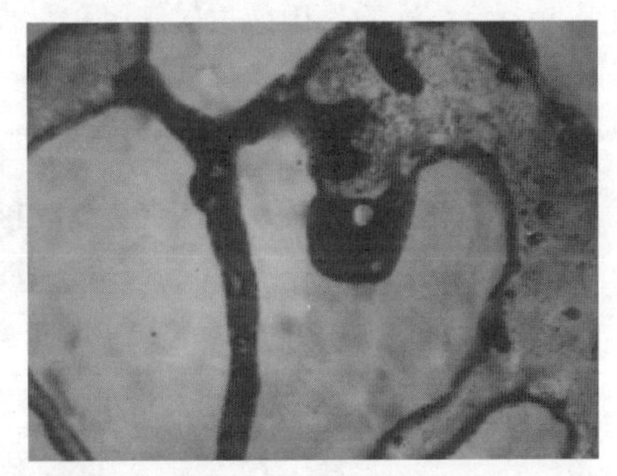

(a) 水驱后残余油

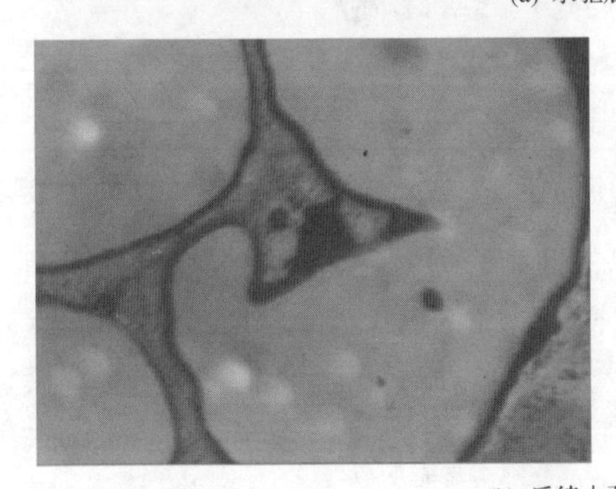
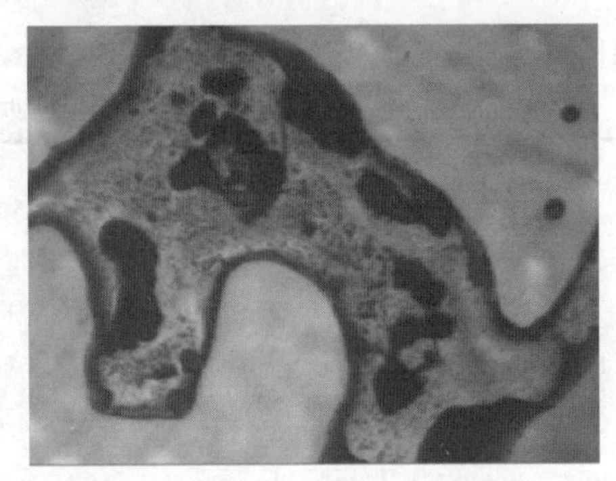

(b) 后续水驱后残余油

图 6-47　80℃、15MPa 条件下水驱及后续水驱后盲端孔道中残余油情况

3. 微生物作用各阶段盲端残余油情况分析

利用残余油量计算理论，对实验结果进行计算分析，结果见表 6-3。注入微生物前，盲端中只有 10%左右的油被水动力作用带走，注入微生物进行高压培养时，

微生物产生的表面活性剂及微生物在原油表面附着生长，破坏了原有的油水界面。在微生物的“啃噬”作用及生物表面活性剂的作用下，油水光滑界面被破坏，同时界面张力降低，导致盲端内残余油表面逐渐断裂，以小油滴形式游离出盲端，逐渐运动于孔隙介质各处，随着微生物向盲端内部运动及生物表面活性剂的扩散，残余油不断重复这一过程。注入微生物高压封闭培养前 3 天，盲端中残余油无明显变化，培养 3～7 天时微生物作用明显。在 60℃、10MPa 条件下，经过 15 天的培养，梯形盲端残余油量降低了 60.28%，矩形盲端残余油量降低了 53.61%，表明微生物对梯形盲端残余油的作用效果好于对矩形盲端残余油的作用效果；在 80℃、15MPa 条件下，经过 15 天的培养，梯形盲端残余油量降低了 38.16%，矩形盲端残余油量降低了 48.90%，表明微生物对矩形盲端残余油的作用效果好于对梯形盲端残余油的作用效果。同时根据实验结果可以知道，在 60℃、10MPa 条件下微生物生长活性及新陈代谢快于 80℃、15MPa 条件，因此对盲端处残余油的作用显著比 80℃、15MPa 条件下好。

表 6-3　微生物作用各阶段盲端残余油量

培养时间/d	60℃、10MPa 条件下盲端残余油/%		80℃、15MPa 条件下盲端残余油/%	
	梯形盲端	矩形盲端	梯形盲端	矩形盲端
0	91.35	82.76	89.17	85.53
3	79.07	71.04	78.32	79.90
5	58.42	53.14	60.09	71.28
7	40.20	32.46	53.15	61.78
15	31.07	29.15	51.01	36.63

针对 60℃、10MPa 条件进行微观驱替实验，考察微生物对各类型残余油的作用效果，结果见表 6-4。微生物注入相当于注水开发过程，模型中残余油类型共有 5 类(表 6-4)，其中各类残余油量所占总残余油量比例由大到小分别为簇状残余油＞柱状残余油＞盲端状残余油＞膜状残余油＞孤岛状残余油。由于微观模型以一条对角线为主流线区域，另外一个对角处驱替液无法波及，簇状残余油大量滞留，占总残余油量的 44.48%。其他 4 种残余油主要存在于驱替液波及范围内。在模型注入微生物后，地层水中本源微生物被激活。经过 15 天的静止培养，微生物对模型中的残余油逐渐产生作用，各类型残余油发生了明显的变化。15 天后，经过后续水驱，模型中残余油比例见表 6-4。由微生物作用前后残余油量变化的比例可以得出微生物对各类残余油的作用效果大小依次为孤岛状残余油＞膜状残余油＞柱状残余油＞盲端状残余油＞簇状残余油。

表 6-4　微生物对各种类型残余油的作用效果　（单位：%）

残余油类型	微生物作用前残余油量占总残余油量比例	微生物作用 15 天后残余油量占总残余油量比例	微生物作用前后残余油量变化的比例
膜状残余油	10.80	2.32	78.52
柱状残余油	26.41	10.37	60.73
簇状残余油	44.48	19.77	55.55
孤岛状残余油	6.33	0.24	96.21
盲端状残余油	12.01	5.05	57.95

6.3　乳化功能菌驱油机理

6.3.1　乳化功能菌生长代谢特性

1. 实验内容与方法

1) 实验材料

实验所用微生物是从胜利油田油井产出液中筛选分离得到的单一菌种。经形态观察和 16SrDNA 基因序列分析，该菌株与 *Geobacillus stearothermophilus* 相似性达 99%，属于嗜热脂肪性芽孢杆菌属，命名为 SL-1。经初步鉴定，该菌为嗜高温、兼性厌氧菌，耐高温性和耐盐性均较强。高温下该菌能以原油为唯一碳源进行生长代谢，且能有效产出生物乳化剂，其生长代谢后能产生显著的烃类乳化现象，且乳化性能稳定，有望应用于高温油藏进行微生物驱油试验。

驱替用发酵液为菌株 SL-1 接种到有机激活剂，在 65℃、150r/min 水浴摇床内震荡培养两周得到。驱替用上清液为菌株 SL-1 发酵液经 3000r/min 离心分离 5min 得到的微生物发酵产物。驱替用液态菌为菌株 SL-1 发酵液经 3000r/min 离心分离 5min 得到的菌体加入等量无菌水。原油来源于胜利油田沾 3 区块，该区油藏埋深 1240～1360m，原始油藏温度 63℃，地层水总矿化度为 7000～10000mg/L，适宜微生物的生长，具体信息详见表 6-5。

表 6-5　沾 3 区块油藏参数表

	参数值		参数值
含油面积/km^2	1.5	油层埋深/m	1240～1360
地质储量/10^4t	282	油层温度/℃	63
空气渗透率/($10^{-3}\mu m^2$)	682	原始油层压力/MPa	13.18
孔隙度/%	30	地面原油平均密度/(g/cm^3)	0.987
原始含油饱和度/%	62	地面原油平均黏度/(mPa·s)	1885
储层岩性	砂泥岩、细砂岩	平均凝固点/℃	7.9

2) 菌株 SL-1 营养配方优化

在 250mL 装有不同营养成分培养基的锥形瓶中分别接入等量菌株 SL-1(接种量均为 8%)，pH 调节至 7.0～7.2，每隔 24h 取定量样品测定在 600nm 波长处的吸光值，并测定菌液的表面张力，根据 OD_{600} 和发酵液的表面张力值选出较适合的营养配方。培养微生物所用激活剂组成见表 6-6。

表 6-6　激活剂激活配方设计

	葡萄糖 3.0g/L	淀粉 3.0g/L	蔗糖 3.0g/L	酵母粉 3.0g/L	蛋白胨 3.0g/L	K_2HPO_4 2.7g/L	KH_2PO_4 2.7g/L	NaCl 5.0g/L	pH
碳源	+	–	–	–	+	+	–	+	7.20
	–	+	–	–	+	+	–	+	7.18
	–	–	+	–	+	+	–	+	7.15
氮源	+	–	–	+	–	+	–	+	7.09
	+	–	–	–	+	+	–	+	7.12
	+	–	–	+	+	+	–	+	7.16
磷源	–	–	–	+	+	–	+	+	7.18
	+	–	–	+	+	+	–	+	7.16

注：“+”表示添加该组分营养；“–”表示不添加该组分营养。

3) 菌株 SL-1 最佳培养环境优化

(1) 温度对菌株 SL-1 生长代谢的影响。

将菌株 SL-1 接种到 100mL 的液体培养基中，调节 pH 至 7.0～7.2，分别采用高温油藏温度(50℃、55℃、60℃、65℃、70℃、75℃)作为微生物的培养温度，于 150r/min 震荡环境下培养 5 天，考察不同温度下菌株 SL-1 的生长情况，平行 3 次测定其 OD_{600} 和表面张力后取平均值，最终确定菌株 SL-1 的最佳培养温度和微观驱油实验中模型的外围温度。

(2) 酸碱度对菌株 SL-1 的影响。

将菌株 SL-1 分别接入等量的液体培养基中，分别调节 pH 至 3.0、5.0、7.0、9.0 和 11.0，在 65℃、150r/min 震荡环境下培养 5 天，平行 3 次测定其 OD_{600} 和表面张力后取平均值，考察酸碱度对微生物生命活动的影响。

(3) 矿化度(盐度)对菌株 SL-1 的影响。

了解菌株的适宜培养温度和酸碱度后，考察液体培养基中不同矿化度(改变 NaCl 量)的菌株 SL-1，初始盐度分别为 0.5%、1%、3%、8%、10%，在 65℃、150r/min 震荡环境下培养 5 天，平行 3 次测定其 OD_{600} 和表面张力后取平均值，确定培养基的最适盐度。

4) 菌株 SL-1 作用后乳液和原油组分变化

激活剂成分：葡萄糖 3.0g/L、酵母粉 3.0g/L、蛋白胨 3.0g/L、NaCl 5.0g/L、

K_2HPO_4 2.7g/L，pH 约为 7.20；原油初始黏度为 59.4mPa·s。

(1) 乳液宏观/微观状态。

将原油与有机激活剂(已接种菌体)的培养液按 1∶1 置于锥形瓶内，在 65℃、150r/min 震荡环境下培养 7 天，观察培养期内原油的宏观变化，取出一小滴油置于载玻片上，在显微镜下观察原油的微观变化。

(2) 不同油水比下的乳液黏度。

原油与微生物发酵液按照不同的油水体积比(2∶1、1.5∶1、1.0∶1、0.5∶1)混合，在 65℃、150r/min 条件下震荡 5min，静置 10min 后观察、拍照记录，并测定乳液脱水率和黏度。

(3) 微生物作用后石油烃组分变化。

将菌株 SL-1 接种到 100mL 含少量原油的培养基中，以未接种菌体的培养基作为空白对照，在 65℃、150r/min 条件下震荡培养 14 天，萃取分离得到油相，进行气相色谱分析。

(4) 菌株 SL-1 发酵产物的乳化性能。

发酵液以 5000r/min 离心 10min，去菌体取上清液 10mL 于玻璃试管内，加入等体积的液状石蜡，充分震荡并静止。分别测定不同时间的乳化指数 Ei，乳化指数为乳化层高度与混合液高度比值的百分数。

2. 乳化功能菌 SL-1 生长代谢影响因素分析

营养物质和环境条件会影响微生物的生长，进而对其代谢产物生物表面活剂性的产量和活性有较大的影响。本章以发酵液在波长 600nm 下的吸光度和发酵液的表面张力为评价指标，主要从不同碳、氮、磷源等营养因素及温度、酸碱性和盐度等培养环境对菌株 SL-1 的培养条件进行优化，研究其生长特性，希望能够更好地发挥菌株 SL-1 的代谢作用，从而提高生物表面活性剂的乳化功能。

1) 激活剂成分对菌株 SL-1 的生长代谢的影响

(1) 碳源的影响。

碳源是微生物生长代谢过程中不可缺少的一种营养物质，可为微生物提供碳元素和能量，而且会影响微生物代谢产物的种类和产量。不同微生物利用碳源的能力不同，对碳源具有选择性，所以需要对培养基的碳源进行筛选优化，从而提高微生物的生长代谢速率。本章实验一般选择常用的碳源，如用淀粉、葡萄糖和蔗糖作为碳源，在 65℃、150r/min 的震荡条件下于恒温培养箱中培养两周，测得细菌浓度和菌液表面张力，以筛选适合的激活剂碳源。

图 6-48 为不同碳源条件下微生物的生长情况，表明 3 种碳源在一定程度上均能激活微生物生长。其中，淀粉作为碳源时，培养前期微生物生长良好，但微生物浓度不高，培养后期菌液表面张力逐渐降低；葡萄糖或蔗糖作为碳源时，第 2 天

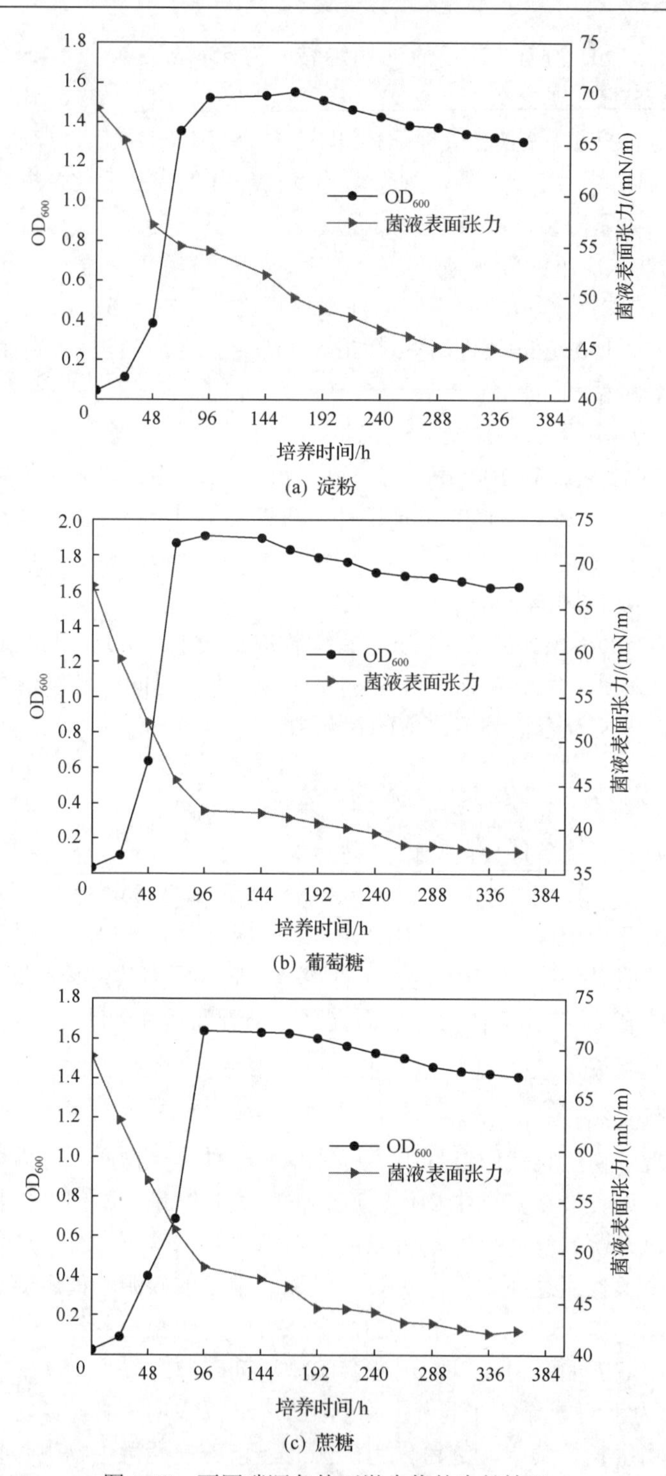

(a) 淀粉

(b) 葡萄糖

(c) 蔗糖

图 6-48　不同碳源条件下微生物的生长情况

开始微生物迅速进入对数增长期，葡萄糖作为碳源培养一周以后菌液表面张力降至 40mN/m 以下，且菌液表面张力基本维持在稳定范围内，蔗糖作为碳源时菌液表面张力略低于葡萄糖的情况。最终选定葡萄糖作为激活剂中的碳源。

(2) 氮源的影响。

氮源是微生物合成细胞中含氮物质的主要来源，亦可作为能源物质，为微生物合成原生质及细胞内其他结构提供基本原料，对微生物的稳定生长、繁殖、代谢起重要作用。

图 6-49 为 65℃、150r/min 震荡条件下的恒温水浴培养箱中微生物在不同氮源配方下生长代谢情况，结果显示，蛋白胨细菌生长良好，但菌液表面张力相对略高；酵母粉作为氮源时，细菌生长速度快，但持续时间短，表面张力有所下降；同时添加两种氮源时，可提高激活效果，菌液表面张力降至 40mN/m 左右。

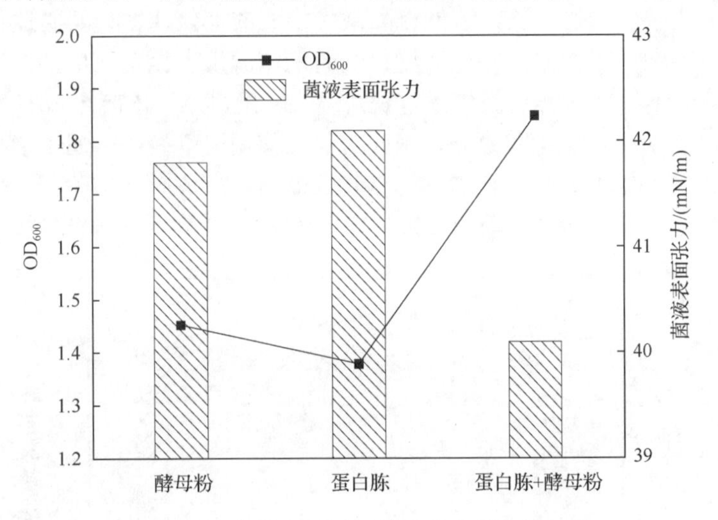

图 6-49　不同氮源配方下微生物生长代谢情况

(3) 磷源的影响。

磷酸盐是菌体细胞合成细胞膜磷脂双分子层的重要营养元素，同时可以作为磷酸基团参与构成 ATP、NADPH 等一系列重要的化合物。通常，在培养基中添加 K_2HPO_4 或 Na_2HPO_4，不仅可以作为磷酸盐为菌体提供生长所必需的磷元素，同时可作为缓冲剂维持菌体发酵过程中 pH 的稳定性，并且有助于细胞渗透压的调节。本实验考察 K_2HPO_4 和 KH_2PO_4 对微生物生长的影响。表 6-7 的结果显示，培养基内添加 K_2HPO_4 时微生物生长代谢情况良好，培养 3 天后发现，添加 K_2HPO_4 的培养基内微生物生长旺盛，菌液表面张力降至 50mN/m 以下，而添加 KH_2PO_4 后微生物的生命活动受到抑制，培养 5 天后菌浓度依然很低，菌液表面张力在 51mN/m 以上。

表 6-7　两种磷源对微生物生长代谢作用情况

磷源	OD_{600}		菌液表面张力/(mN/m)	
	培养 3 天	培养 5 天	培养 3 天	培养 5 天
K_2HPO_4	1.512	1.767	45.6	41.8
KH_2PO_4	0.381	0.841	52.4	51.3

2)培养环境对菌株 SL-1 的生长代谢的影响

(1)温度的影响。

温度是影响微生物生长代谢的一个非常重要的因素，细胞进行的一系列酶促反应都需要一定的温度范围，温度过低则生物酶的活性受到抑制而不能充分发挥作用，而温度过高则会引起蛋白质凝固、变形，最终导致微生物死亡。合适的温度不但能加快微生物的生长，还能提高微生物酶的催化速率使其快速代谢其他产物。为模拟胜利油田油藏的高温环境，实验所用温度范围为 50～75℃。图 6-50 为不同同温度下培养 5 天后微生物生长情况。结果显示，该菌在 60～70℃时生长良好，在 65℃时，该菌生长显著。由此可见该菌耐温性较强，属于嗜热菌。当温度继续上升至 75℃时，该菌依然能够生长，但菌液浓度骤然下降，因为过高的温度影响酶促反应，影响微生物的正常代谢，因此选择 65℃作为菌株培养温度。

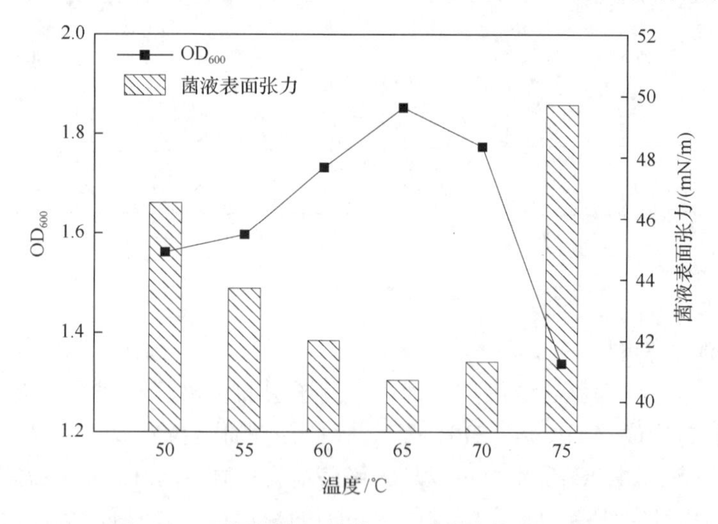

图 6-50　不同温度下培养 5 天后微生物生长情况

(2)酸碱度的影响。

营养液的酸碱性对微生物的生命活动有很大的影响，微生物机体内发生的生化反应一般都是酶促反应，在适宜的 pH 范围内微生物的生长较旺盛。因为环境 pH 可影响细胞膜上的电荷，继而影响微生物对发酵液中营养物质的吸收；此外，pH 可改变营养液中有机化合物的离子化程度，间接影响微生物的生长代谢。图 6-51 为不同酸碱度环境下培养 5 天得到的微生物浓度和菌液表面张力。该菌在中性环境下生长相对较旺盛，5 天后微生物生长旺盛，菌液表面张力最小，为 43.4mN/m，pH 过小或过大，对微生物生命活动都有抑制作用，对微生物吸收营养不利。

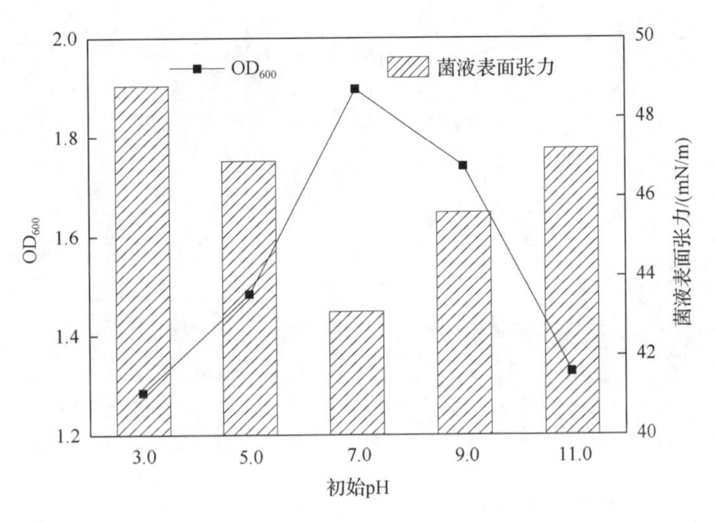

图 6-51　pH 对微生物生长代谢的影响

(3) 矿化度的影响。

油藏是一个高矿化度的环境，采油微生物的最适生长矿化度范围是判断其能否在油藏中生长的重要参数。环境矿化度不同，微生物的活性差别很大，矿化度过高，微生物细胞会因失水而死亡，而培养液盐度过低，细胞则吸收水分至膨胀甚至破裂。通常，微生物生长所需的矿化度范围是指在其他因素为最佳的情况下，微生物达到最大生长量的 50%所对应的 NaCl 浓度的上下限区间。图 6-52 为不同矿化度下培养 5 天后微生物生长代谢情况。从图 6-52 中发现，该菌生长的最适盐度为 0.5%，微生物生长盐度范围为 0.5%～3%，符合胜利油田地层水的矿化度范围。

3. 菌株 SL-1 对原油的作用效果

1) 菌株 SL-1 代谢产物乳化稳定性效果评价

菌株 SL-1 代谢产物的乳化能力测试结果如图 6-53 所示。从图中可以看出，该菌代谢生成的乳化剂对柴油的乳化能力可达到 55%左右，以后每隔 6h 测试一次，发现乳化能力有所下降，但降低幅度较缓。最终乳化能力仍可以保持在 35%左右，可见菌株 SL-1 代谢的乳化剂有很好的乳化稳定性。

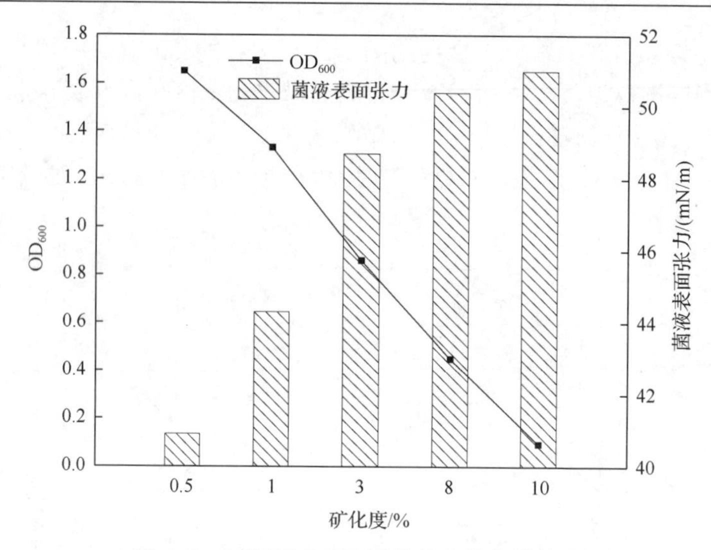

图 6-52 不同矿化度下微生物生长代谢情况

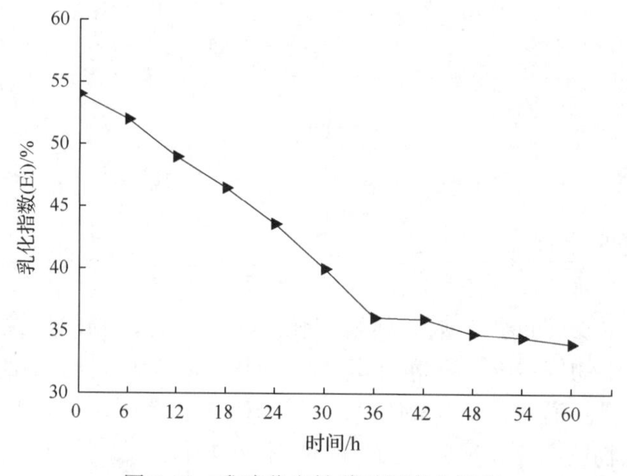

图 6-53 乳液稳定性随时间变化情况

2)菌株 SL-1 作用后乳状液宏观/微观状态变化

(1)宏观变化。

乳化是微生物提高采收率中的重要机理之一，微生物及代谢产物与原油接触后，在油水界面处，生物表面活性剂的亲水基团朝向水、亲油基团朝向油，呈定向排列。亲水基团和亲油基团分别发生溶剂化作用，界面膜将互不相溶的油水两相分隔成许多微小区域而形成乳状液。生物表面活性剂浓度越大，在液滴之间形成的空间位阻和静电斥力越强，液体聚集和聚结变得越困难，乳化能力越强。

如图 6-54 所示，初始状态时能肉眼看到油-水界面，界面平整，摇瓶后可观察到部分油在油-菌液界面处以油团形式分散，水相浑浊程度不明显，静止后又出现油水界面。在 65℃条件下水浴振荡 3 天后发现水相浑浊，能观察到油-水界面处部分原油乳化的现象；培养一周后，油水两相分散得较均匀，形成稳定的乳状油，摇瓶时油水混相一起摇动，菌液与原油形成混相，说明菌体趋向油水界面且在该处代谢旺盛，并且能进入油中，利用原油进行代谢。

(a) 初始状态　(b) 第3天　(c) 第5天　(d) 第7天

图 6-54　乳化功能菌作用前后原油宏观状态变化

(2) 微观变化。

图 6-55 为乳化功能菌作用前后原油微观状态变化。结果表明，随着作用时间的延长，原油中生长的菌体有增多的趋势，说明菌体能利用原油为碳源进行生长代谢；菌液中的生物表面活性剂起到了乳化原油的作用，第 3 天乳化程度较轻，只产生了

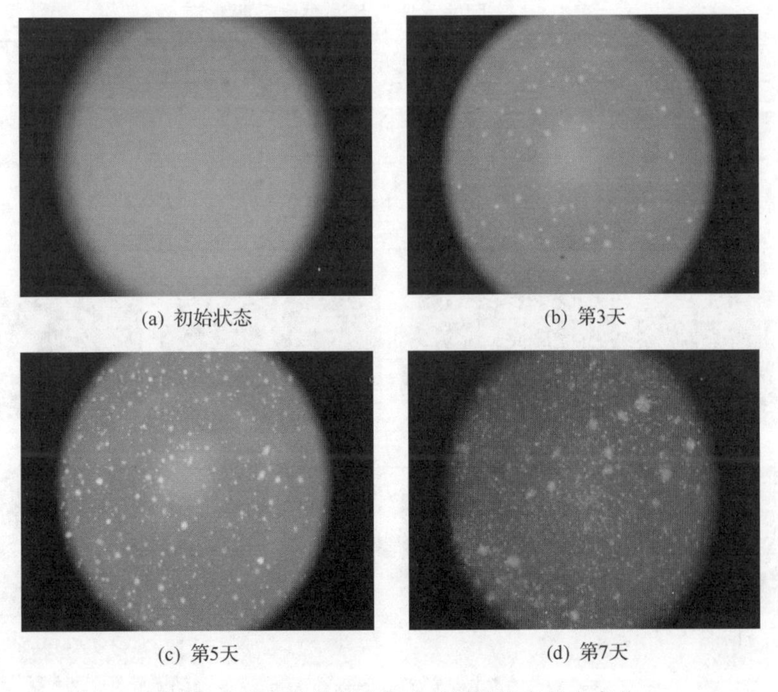
(a) 初始状态　(b) 第3天　(c) 第5天　(d) 第7天

图 6-55　乳化功能菌作用前后原油微观状态变化

少量乳状原油；从第 5 天开始，油水两相间生物表面活性剂的浓度逐渐增加，菌体对原油的乳化能力增强，油相与水相互溶形成油水混相，能够形成稳定的乳状油。

3) 菌株 SL-1 作用后乳液状态及黏度变化

通常所说的乳状液有两种，一种是以油为分散相、水为分散介质的水包油(O/W)型乳状液；另一种是以水为分散相、油为分散介质的油包水(W/O)型乳状液。若水相或油相的体积占总体积的 30%～70%，则会引起多重乳化现象。所谓多重乳状液是分散相液滴中又包含一种更小液体的多重乳化体系，O/W 和 W/O 两种类型同时存在，即水相中可以有一个油相，而此油相中又可以包含一层水相，可用 O/W/O 表示。同样，也存在 W/O/W 型乳状液。研究表明，随着含水率的升高，原油乳状液的黏度大幅度增加。当含水率上升到 70%左右时，黏度值不再升高，此时部分水会以游离相形式存在，随着游离水的增多，乳状液的表观黏度急剧下降。

菌株 SL-1 发酵液与原油以不同比例混合后的乳化结果(表 6-8)表明，该发酵液中的乳化剂具有高效的乳化性能，产生的乳化剂能够迅速将原油分散，形成水包油型乳状液(图 6-56)，油滴直径约 10μm。不同油水比下形成的乳状液黏度较高，可达原油初始黏度的 2～70 倍，其中油水比为 1.5∶1(体积比)时形成的乳状液黏度最大，脱水率最小，这一特征在驱油过程中有助于增大高渗透率通道的渗流阻力、扩大整体的波及体积，对渗流有显著影响，这一结果在本章微观实验中得到了证实。

表 6-8　不同油水比乳状液黏度及脱水率

油水比	乳状液黏度/(mPa·s)	脱水率/%
2.0∶1	1111	53.3
1.5∶1	4265	0
1.0∶1	514	43.3
0.5∶1	130	91.6

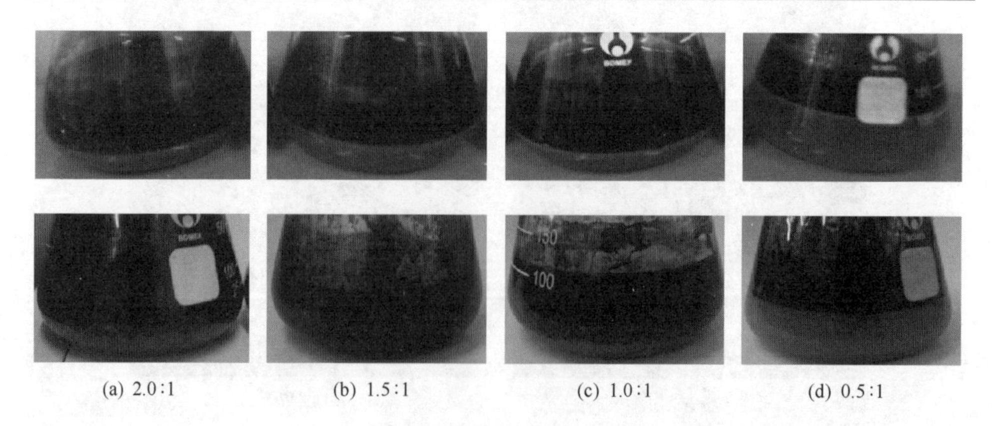

(a) 2.0∶1　(b) 1.5∶1　(c) 1.0∶1　(d) 0.5∶1

图 6-56　不同油水比乳状液状态及脱水情况

4) 菌株 SL-1 降解作用对原油组分的影响

用于高温油藏中的微生物必须具有耐高温、高矿化度的特性。自然环境中耐高温、耐高矿化度的菌种有很多，但在采油功能菌中，既耐高温、耐高矿化度又能降解原油且乳化效果好的菌种并不多，筛选嗜热、能降解原油且乳化效果好的菌种成为目前研究微生物采油的关键问题。微生物的降解作用能够降低原油凝固点、通过降低高黏度组分来增加原油流动性，从而提高采收率，是一项重要的机理。

用气相色谱-质谱联用仪(GC-MS)测定后，分析微生物降解前后原油中正构烷烃 C_{11}～C_{33} 与藿烷比值的影响。由图 6-57 可见，菌株 SL-1 对原油中不同碳链烷烃有不同程度的降解作用。菌株 SL-1 作用后，中长碳链烷烃(C_{19}～C_{25})和长链烷烃(C_{26}～C_{33})相对空包样品中的组分降解明显，而相对短碳链烷烃(C_{11}～C_{18})略有增多的趋势。这是因为微生物的分解作用，使一些长碳链烷烃降解形成短碳链烷烃，原油中重组分被降解，原油的流动阻力也随之减小。

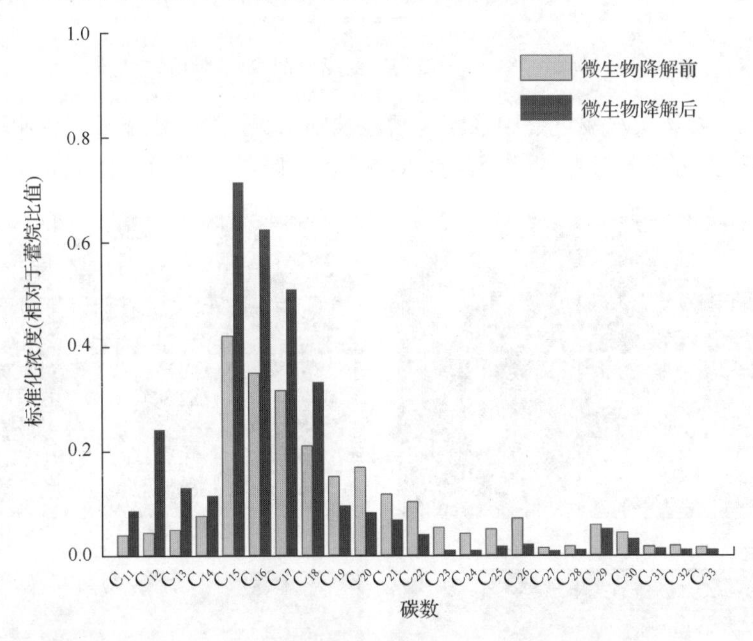

图 6-57　乳化功能菌微生物作用前后原油碳组分变化

6.3.2　油藏条件下菌株 SL-1 微观驱油机理

1. 水驱油作用机理

水驱过程中前缘原油流动状态如图 6-58 所示。水驱油过程中出现的现象以“指进”和绕流现象为主。所谓“指进”现象即指黏性指进，是由两相的黏度存在差异，加上模型孔隙结构复杂多变，油水两相在不同内径的孔隙中流动时所受到的阻力互不相同造成的。此外，孔隙亲水/亲油性的差异，导致油水两相受到的毛细管力也不尽相同，因此注入水最先沿着低阻力通道突进。绕流现象是孔喉分布的非均质性造成的，注入水最先沿一条或几条阻力小的含油孔隙前进，绕过渗流阻力较大的含油孔喉。

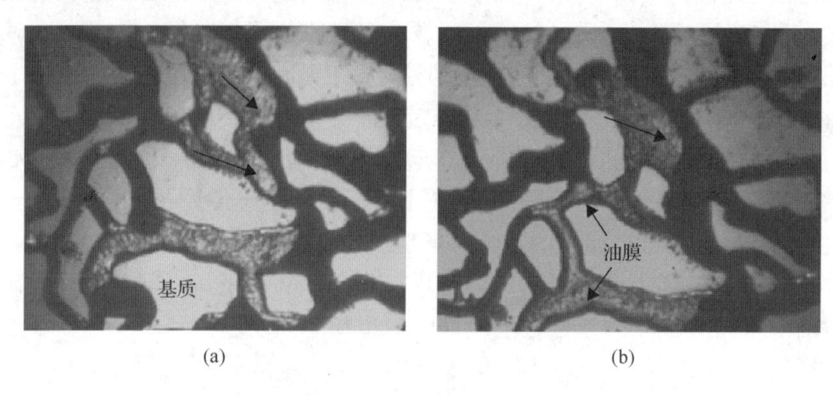

(a) (b)

图 6-58 水驱过程中前缘原油流动状态

图 6-59 为一次水驱过程中水流驱动原油的常见现象。水驱动原油至下游过程中，孔隙壁上分布着较厚的油膜，且水流遇到孔隙的分叉口后，流向压力相对小

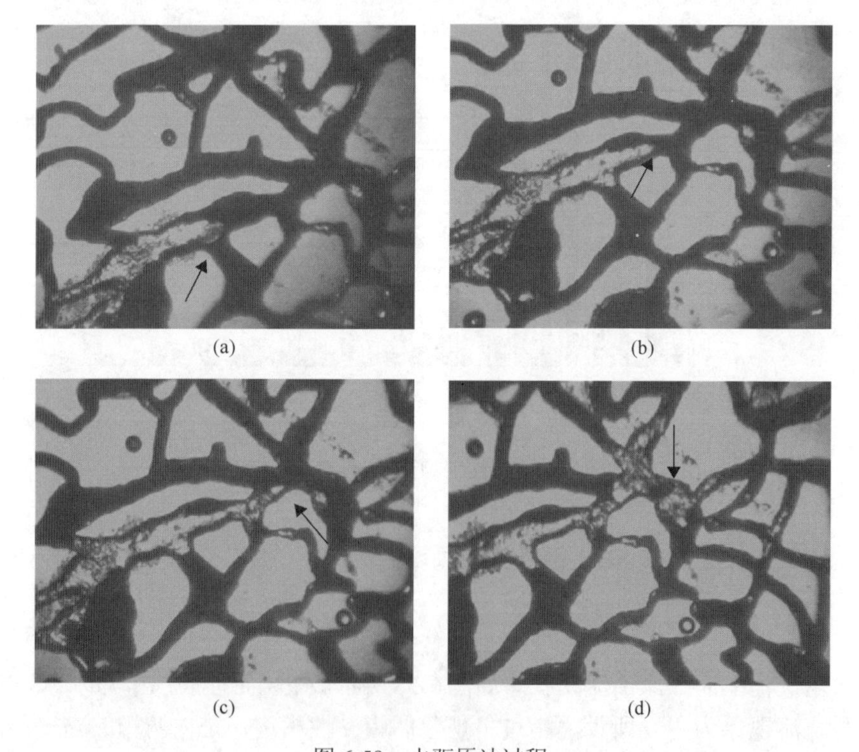

(a) (b) (c) (d)

图 6-59 水驱原油过程

的孔隙内，与水流垂直的孔隙及狭窄的喉道内的原油未启动。从图 6-59 中可以看出，水流具有沿着大孔隙流动的趋势，而非沿着水平方向(模型出入口方向)流出。

水驱油速度十分缓慢，再加上模型的毛细管阻力，孔隙内滞留大片剩余油。水驱过程的剪切力不足以使黏附于孔隙壁上的原油脱落，原油受到孔隙壁的黏滞力而形成膜状剩余油；同时原油受到模型孔隙的卡断、阻碍及原油间的挤压作用，在模型内出现不同粒径、不同形状的孤岛状剩余油。

图 6-60 为一次水驱后孔隙内剩余油状态。一次水驱注水约 1.3PV 后，约 50%的原油被驱动，但模型内依然滞留大量的剩余油，以膜状剩余油和簇状剩余油为主，垂直于水流方向上的喉道内滞留较多柱状剩余油。

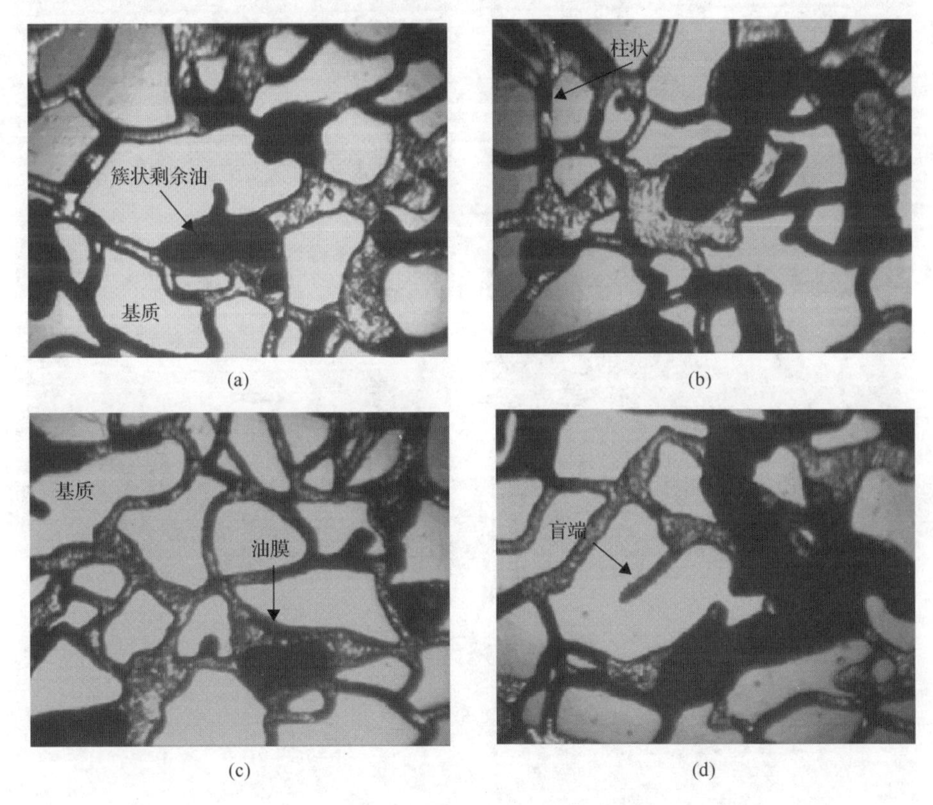

图 6-60　一次水驱后孔隙内剩余油状态

随着注入水量的增多，孔隙内含油量逐渐减少，驱油过程中，连续油带往往发生卡断现象而产生油珠。当孔隙介质中含油饱和度降低时，大部分孔隙内水驱油过程并非是连续流，贾敏效应成为孔隙中不可忽略的渗流阻力，从而增大了水驱油的驱动压力，导致采收率变化不大。水流绕过分散的油块沿着最优通道流动，剩余油块要向前移动需要克服很大的毛细管阻力，最终成为无法驱动的残余油。

结果表明，一次水驱模型主通道和主通道两边的过渡区内原油被大量驱出，但仍有许多孔喉未受到水流波及，如各种形状的盲端、细小喉道及模型边界等。

图 6-61 为后续水驱注入 1.6PV 水后剩余油状态。水流波及区域残留的柱状、簇状剩余油相比一次水驱减少很多，但仍有部分区域水流无法波及，该区域内仍滞留许多簇状剩余油，盲端剩余油变化也较少。

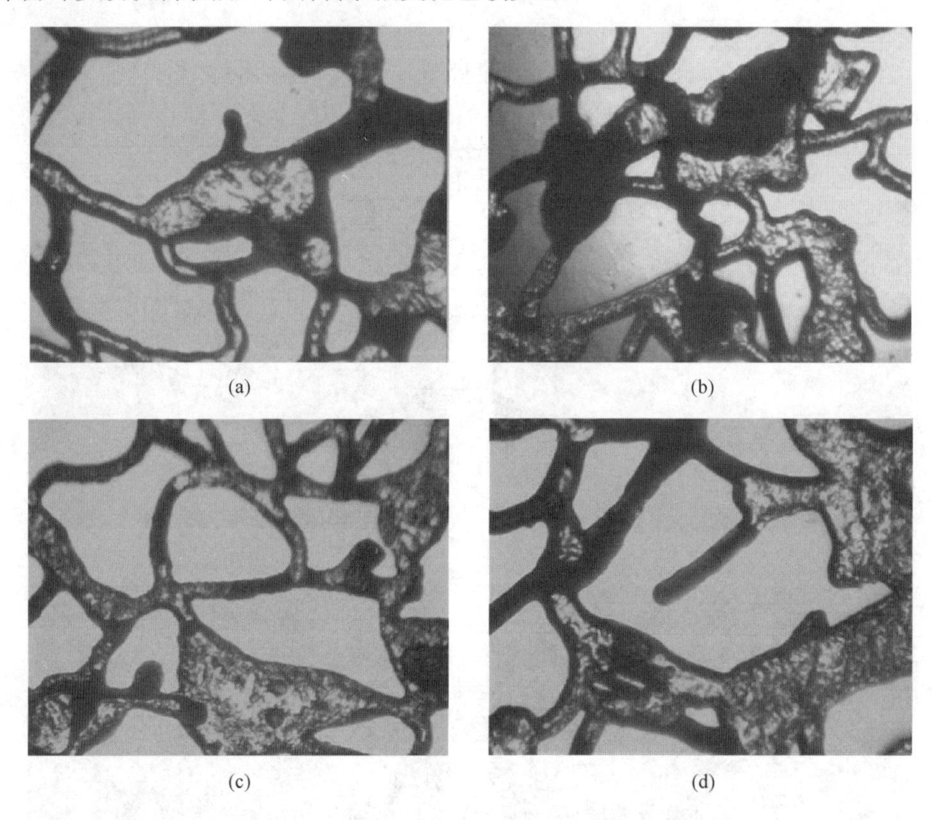

图 6-61　后续水驱注入 1.6PV 水后剩余油状态

2. 菌株 SL-1 和有机激活剂原位培养驱油机理

1) 一次水驱

图 6-62 为一次水驱后孔隙内剩余油状态，其基本现象与空白实验相同。

2) 注入菌株 SL-1 和有机激活剂

菌体和有机激活剂未经培养直接注入时，原油流动情况类似于水驱油过程中的流动现象，原油流动过程中出现“指进”和绕流现象，有少部分原油发生乳化，可能是菌体细胞膜上附着的代谢产物起到了乳化作用。图 6-63 为直接注入菌株 SL-1 和有机激活剂后模型孔道内的剩余油分布情况，剩余油分布特征为：①原油的不规则形状取决于孔隙壁的粗糙程度，原油主要受到孔隙的吸附、截留和阻碍作用；②亲水模型反复使用导致部分孔喉呈现亲油性，驱油体系未能较好地改变其润湿性，孔隙内滞留较多油膜；③不同形状的盲端内原油采出程度不同，部分梯形和圆形盲端内剩余油可被驱油体系带走，细长的柱形盲端内剩余油较难启动，几乎处于饱和原油状态。

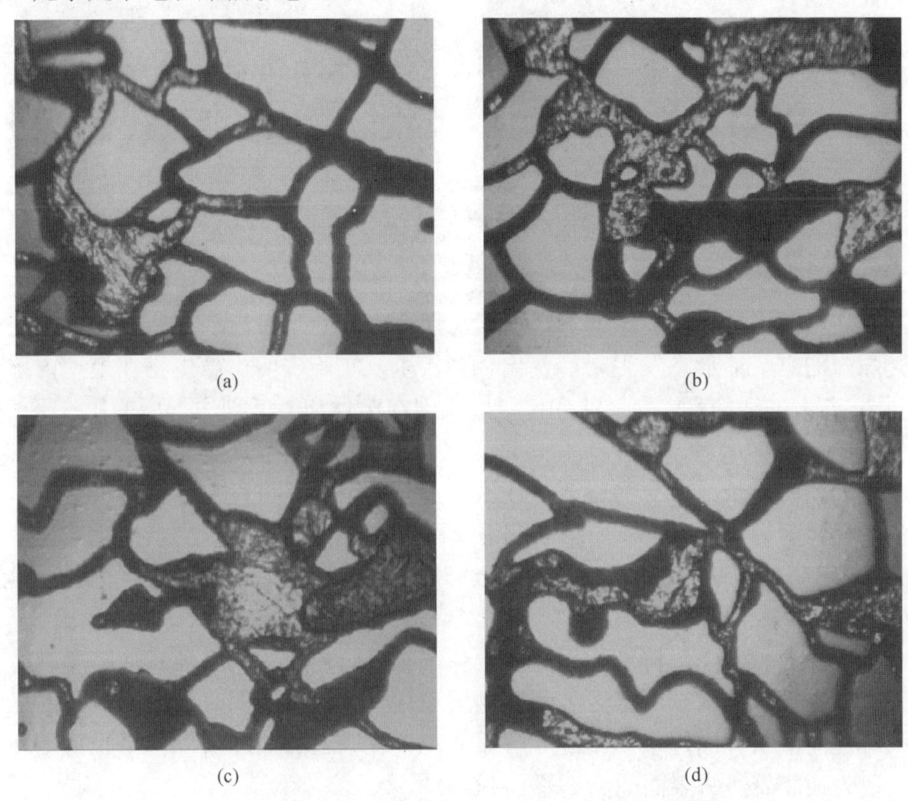

(a)　(b)

(c)　(d)

图 6-62　注入菌株 SL-1 和有机激活剂一次水驱后孔隙内剩余油状态

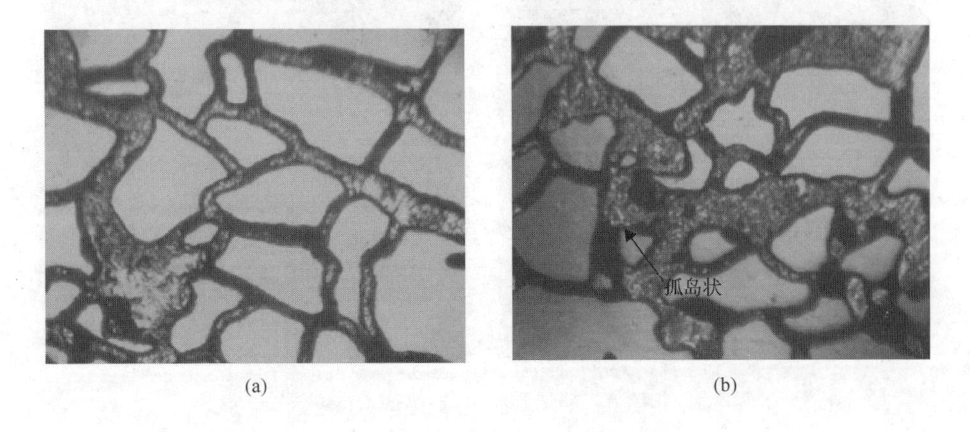

(a)　(b)

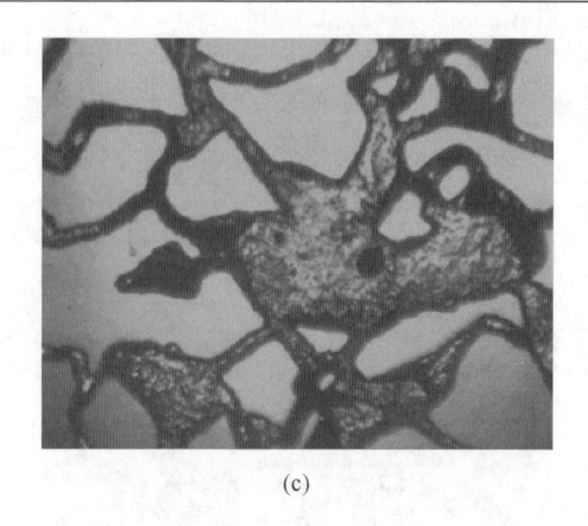

(c)

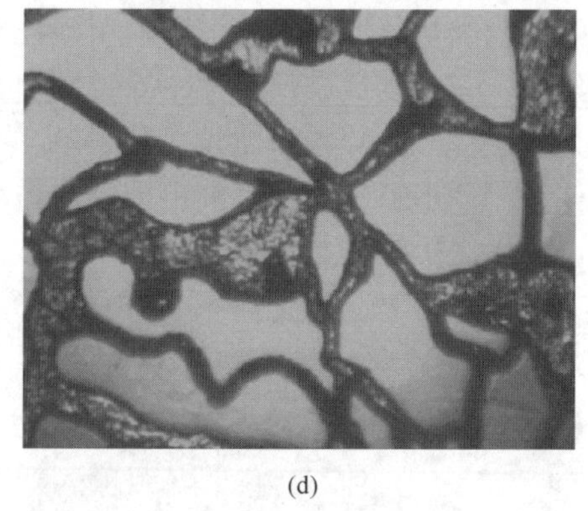

(d)

图 6-63　直接注入菌株 SL-1+有机激活剂后模型孔道内的剩余油分布情况

3)培养观察

在高温高压且封闭的环境下，培养初期微生物的生命活动并不旺盛，未观察到孔隙内的剩余油形态发生明显变化。多次重复实验表明，微生物在模型内培养需要 3～5 天的适应期，剩余油变化一般出现在菌体和激活剂注入后的第 5 天，第 14 天后孔道内剩余油一般不再有显著变化，因而静置实验观察时间均定为 14 天。随着培养期的延长，微生物逐渐消耗激活剂和剩余油，进行生长代谢，孔隙内微生物的代谢产物逐渐积累。如图 6-64 所示，培养第 5 天开始，剩余油逐渐被微生物分解，微生物代谢产生的表面活性剂逐渐积累在孔隙内，微生物的降解、“啃噬”作用明显，剩余油逐渐被消耗。

微生物的“啃噬”、降解作用直观地体现在孔隙内簇状剩余油和油膜厚度的变化上。微生物在利用碳、氮源等营养物质进行生长代谢的同时，依靠自身的界面趋向特性向油水界面运移并慢慢分解原油，使孔壁上的油膜减少甚至脱落，外观上表现为油膜变薄、表面凹凸不平(图 6-65)。

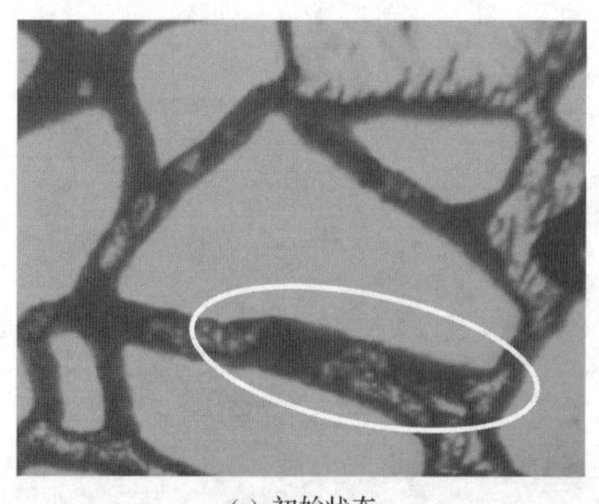

(a) 初始状态

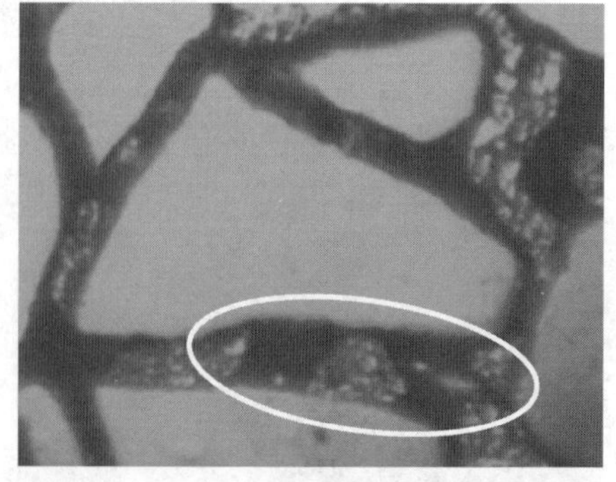

(b) 第5天

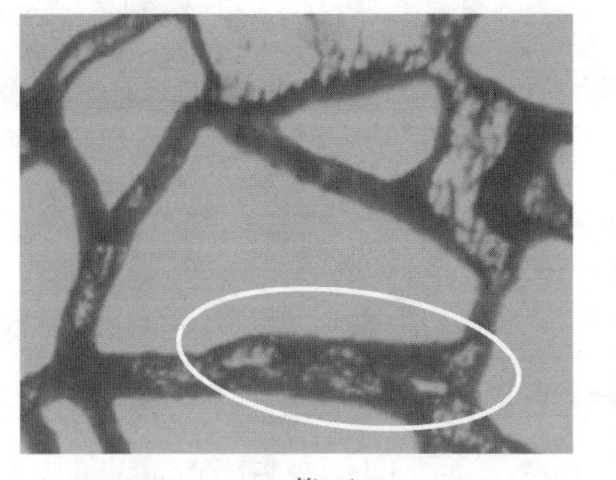

(c) 第9天

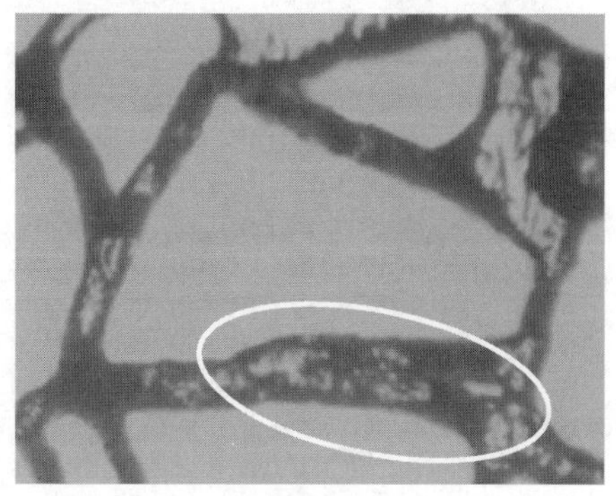

(d) 第13天

图 6-64　培养期微生物“啃噬”剩余油过程

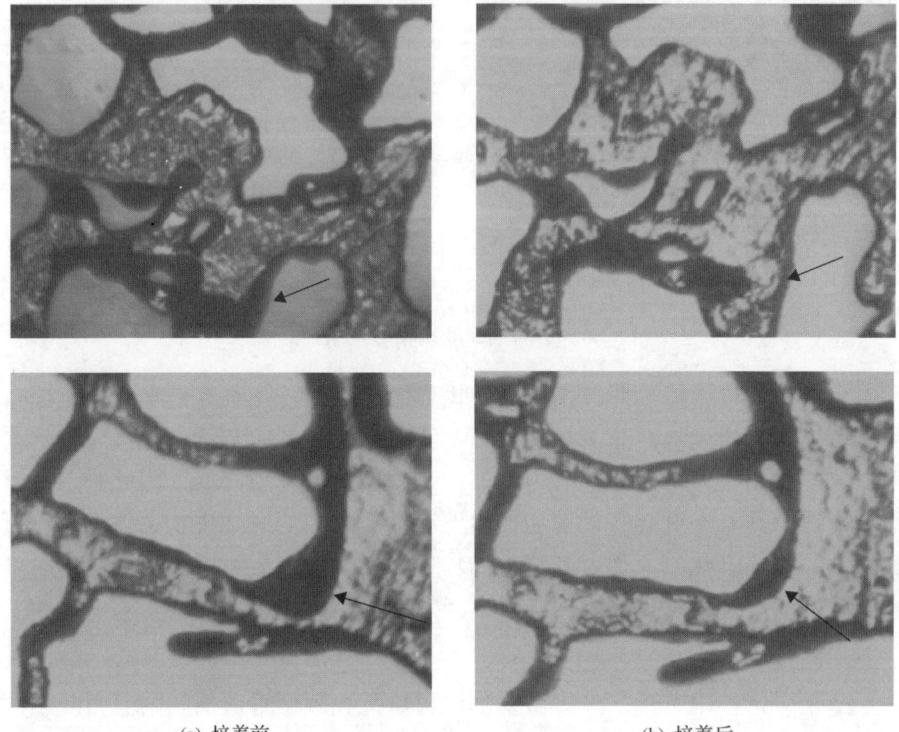

(a) 培养前　　(b) 培养后

图 6-65　剩余油脱落、膜状油减少

如图 6-66 所示，培养第 7 天开始，观察到细喉道内的剩余油被剥离出来，膜状和簇状剩余油表面产生较多的乳化小油滴，原油发生不同程度的收缩现象，盲端内的剩余油也被剥离出来。

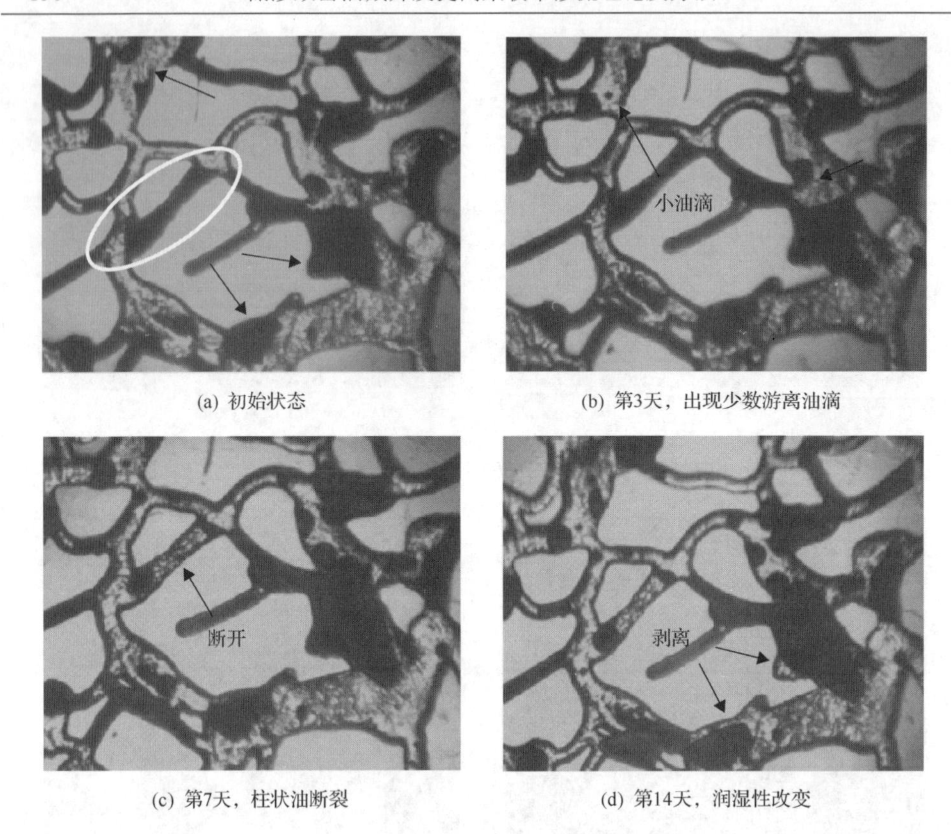

(a) 初始状态

(b) 第3天，出现少数游离油滴

(c) 第7天，柱状油断裂

(d) 第14天，润湿性改变

图 6-66　培养期间油膜收缩及原油断裂

微生物生长进入后期时，由于微生物代谢产生的乳化剂在油水界面上分布较多，破坏了原有的油水界面，并逐渐形成了新的油/乳化剂界面。在微生物活动和代谢产物的作用下，油水界面张力降低，剩余油的内聚力降低，因此剩余油容易被拉长变形，并且在孔隙壁的剪切作用下逐渐断裂。同时微生物菌体本身也可以乳化原油、稳定乳化油，通过其特有的物理化学特性在岩石壁面形成生物膜来改变孔隙壁的润湿性，以提高原油采收率。

4) 后续水驱

后续水驱过程中发现，经过微生物作用后，孔隙壁对原油的附着力减小，流动过程中截留的油膜相对较少。部分孔隙中存在较多油和菌液的界面，在水流的剪切作用下这种界面很快被打破，同时膜状和簇状剩余油被菌液稀释扩散成透明的油(图 6-67)。在微生物及其代谢产物的作用下，油水界面张力降低，剩余油流动过程中需克服的毛细管阻力变小，在喉道中的流动阻力减小，易于被驱出。

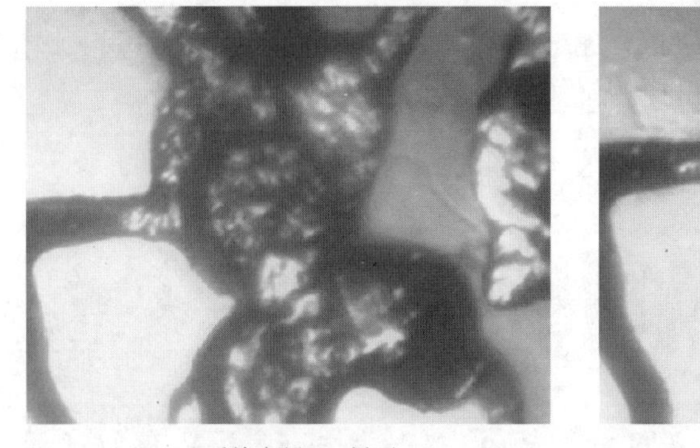

(a) 后续水驱W/O界面

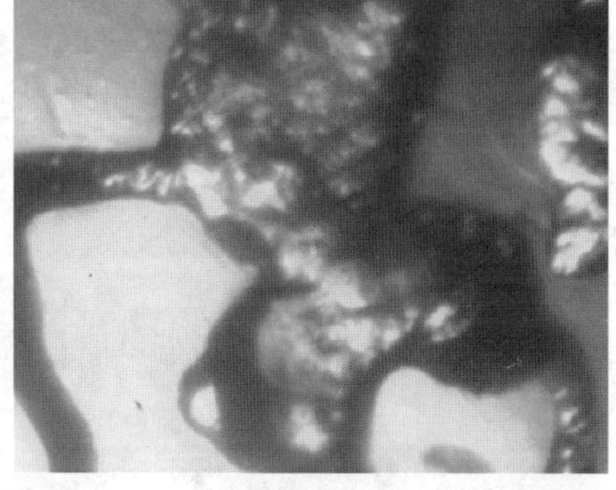

(b) 部分原油被稀释

图 6-67　后续水驱过程

如图 6-68 所示，微生物在多孔介质内作用两周后，后续水驱剩余油主要分布在细小的喉道、柱形或三角形盲端及水流未能连续波及的边界区域。在微生物对剩余油的“啃噬”、降解作用下，膜状剩余油减少、变薄，大部分剩余油流动性得以改善；在微生物及其代谢产物的共同作用下，多数簇状剩余油被乳化、驱出；

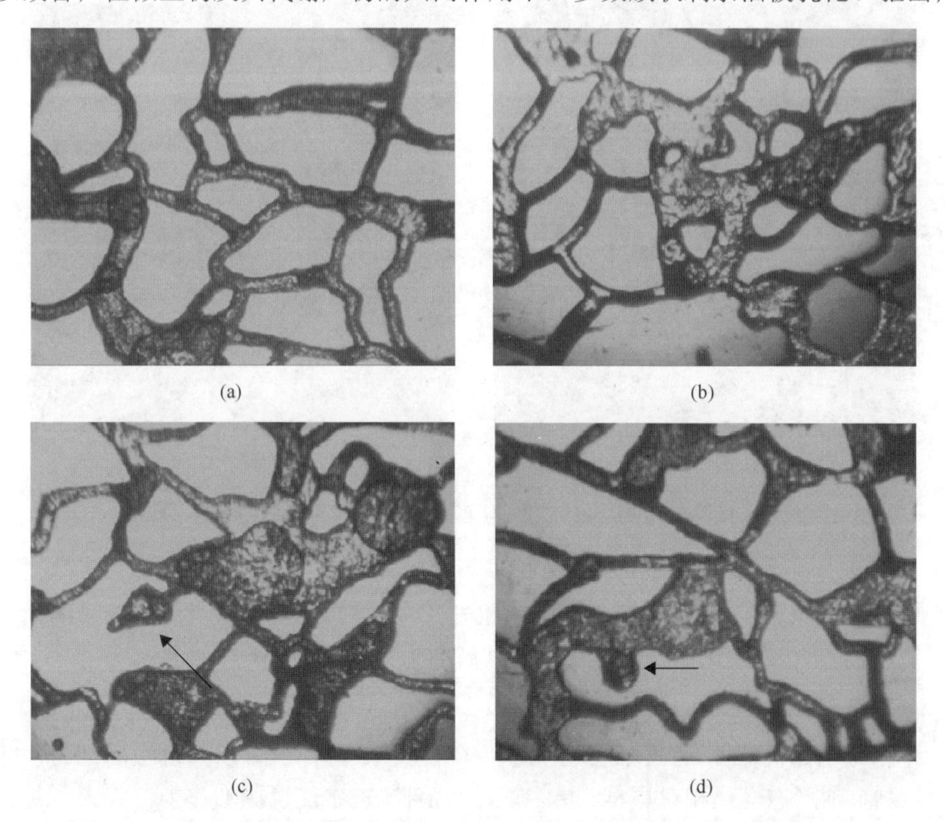

图 6-68　注入菌株 SL-1 和有机激活剂后续水驱后剩余油情况

水的波及范围变大，过渡区和边界区孔喉内剩余油明显减少；在微生物和乳化剂的乳化、润湿作用下，较难驱动的盲端(如三角形)剩余油被剥离出来。

3. 菌株 SL-1 和无机激活剂原位培养驱油机理

1) 一次水驱

图 6-69 为一次水驱结束后孔隙内剩余油状态。其出现的基本现象与空白实验相同。

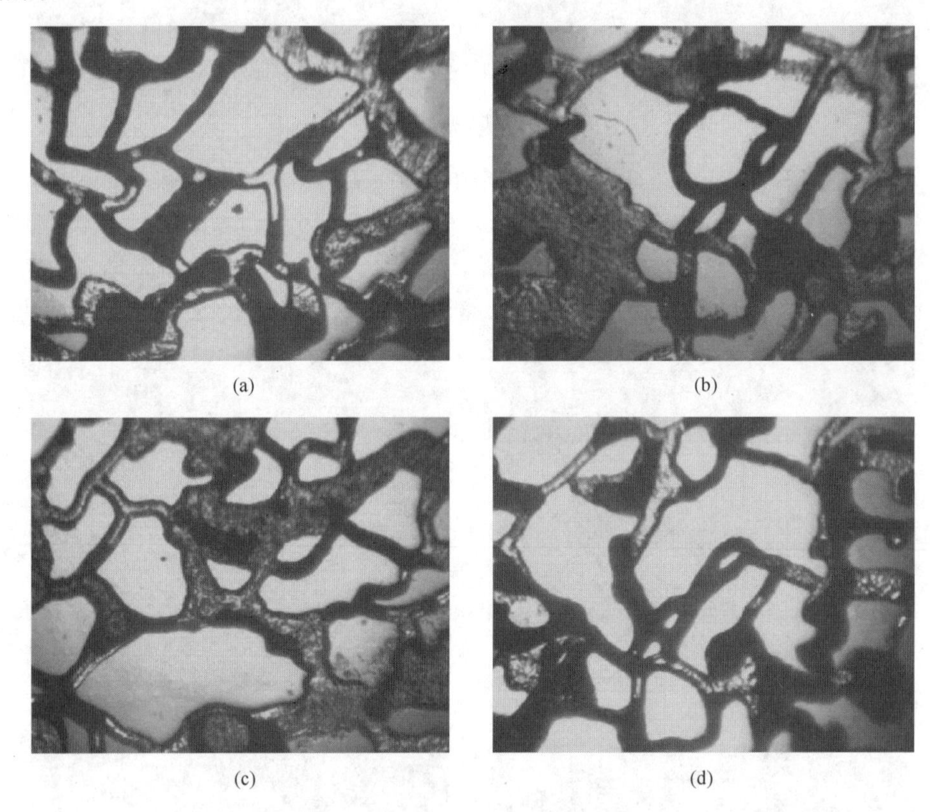

(a)　(b)　(c)　(d)

图 6-69　注入菌株 SL-1 和无机激活剂前一次水驱后孔隙内剩余油状态

2) 注入菌株 SL-1 和无机激活剂

注入菌株 SL-1 和无机激活剂的效果与注入菌株 SL-1 和有机激活剂时的效果类似。图 6-70 为注入菌株 SL-1 和无机激活剂后的剩余油分布。

3) 培养观察

相比于无机营养，微生物最先利用有机营养成分，所以以无机激活剂为营养时，剩余油形态变化相对更早、更多，说明菌株 SL-1 能以原油作为营养来源进行生长繁殖，为自身提供能量。

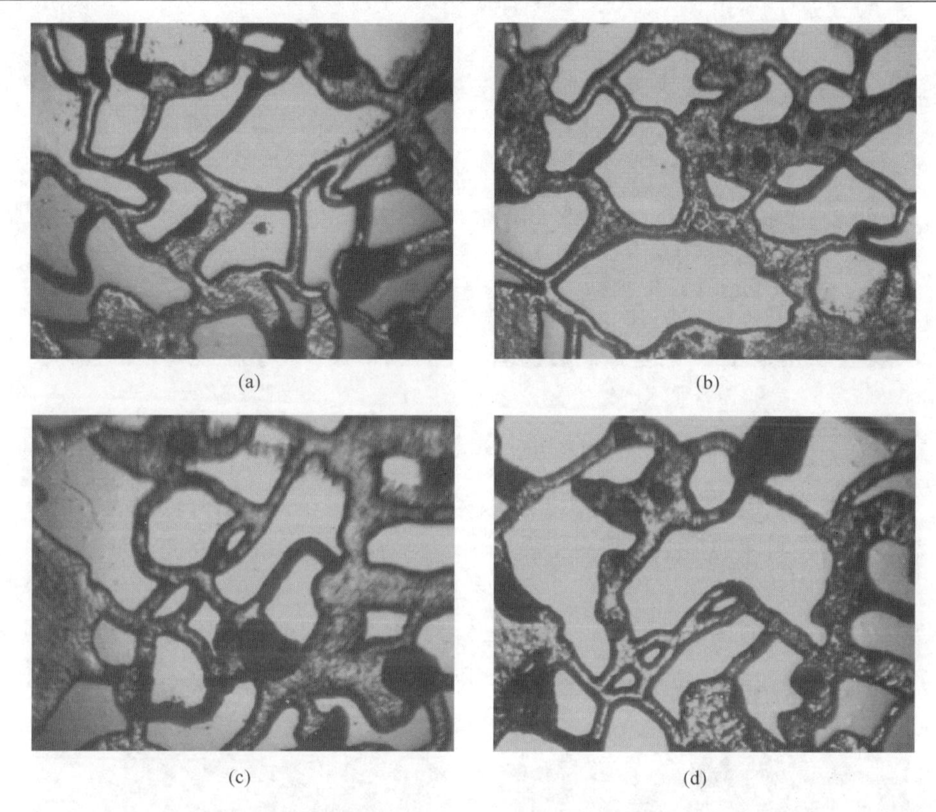

(a)　(b)

(c)　(d)

图 6-70　注入菌株 SL-1+无机激活剂驱油体系后剩余油分布

培养期间，剩余油被分解现象较明显，部分剩余油被截断、分解，孔隙中有较多小油滴出现，同时，微生物代谢产物在油水界面上积累，液体表面产生表面张力梯度，表面张力梯度超过孔隙壁的黏滞力，导致孔隙内产生的油滴进行毛细管对流，分散在孔隙中[图 6-71(a)]。微生物生长进入稳定期后孔隙润湿性开始逐渐改变，油膜收缩，与孔壁的接触角增大[图 6-71(c)、(d)]。

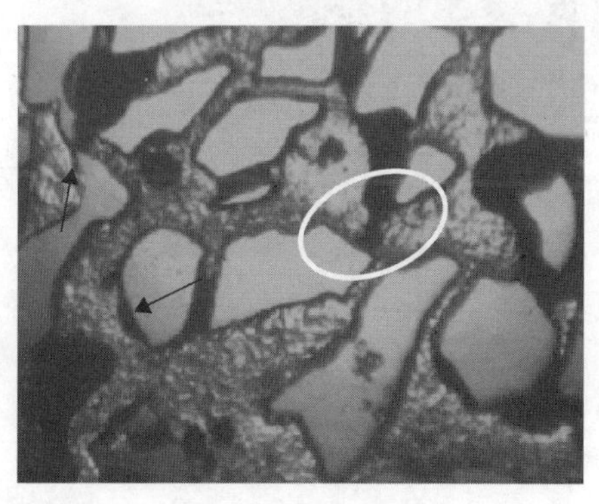

(a) 初始状态

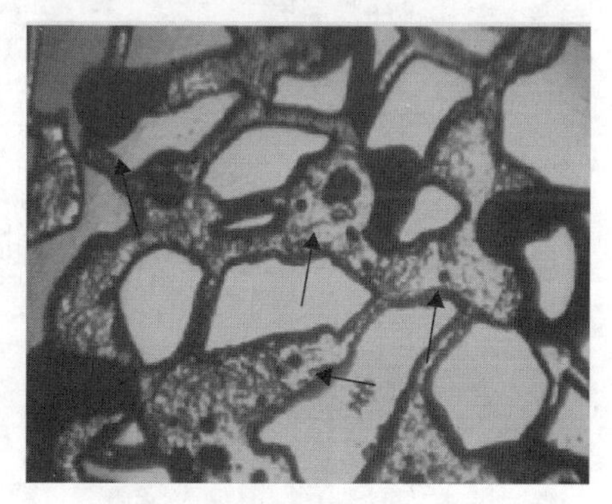

(b) 观察第5天

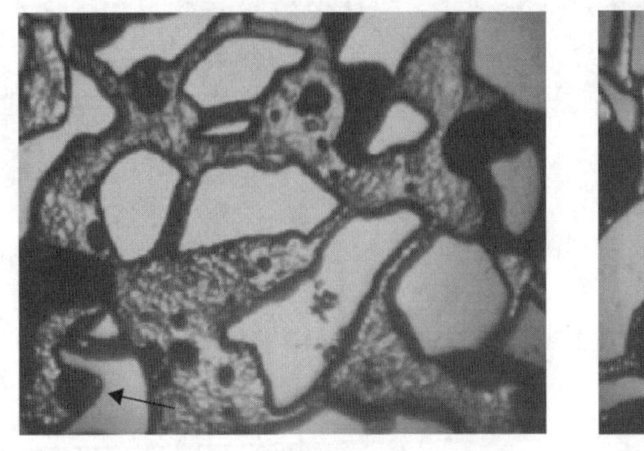
(c) 观察第9天

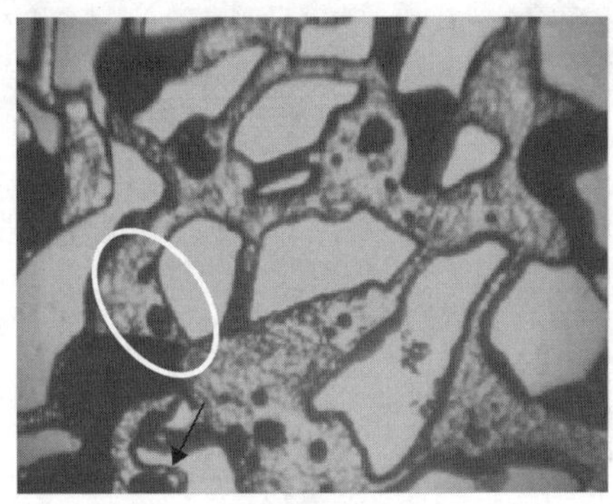
(d) 观察第12天

图 6-71　培养期间乳化油滴增多、油膜收缩

图 6-72 的结果显示，微生物培养阶段对油膜和盲端剩余油有较明显的剥离效果。微生物在封闭的模型孔隙内依靠趋向性运动，聚集在油水界面，逐渐向原油内部扩散、增殖，在微生物和代谢产物的共同作用下，孔隙壁润湿反转，培养期观察到贴在盲端的剩余油剥离，黏滞在孔隙介质表面的油膜产生卷起现象，剩余

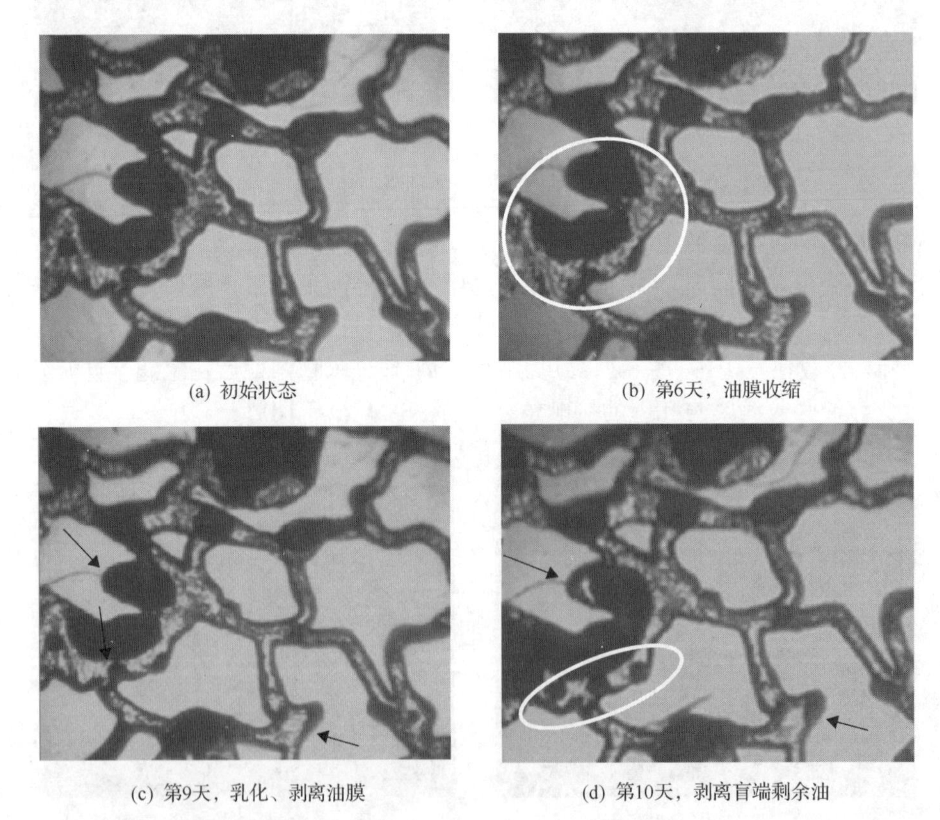
(a) 初始状态　(b) 第6天，油膜收缩

(c) 第9天，乳化、剥离油膜　(d) 第10天，剥离盲端剩余油

图 6-72　培养期间孔隙壁润湿性改变

油逐渐从盲端孔隙中剥离。培养后期，油膜卷起现象明显，与孔隙壁的接触角变大，圆形盲端内剩余油剥离。

微生物在油水界面聚集，降低油水界面张力，且孔隙壁上吸附的微生物数量越多，生物膜改变润湿性效果越明显。如图 6-73(a)、(b)所示，在高温高压下培养的第 3 天开始，油膜逐渐收缩，到培养后期油珠内径继续变小，聚成圆形油滴；细小喉道内的柱状剩余油自发地流出喉道外，油膜与孔隙壁的接触角变大，卷起变成油珠。

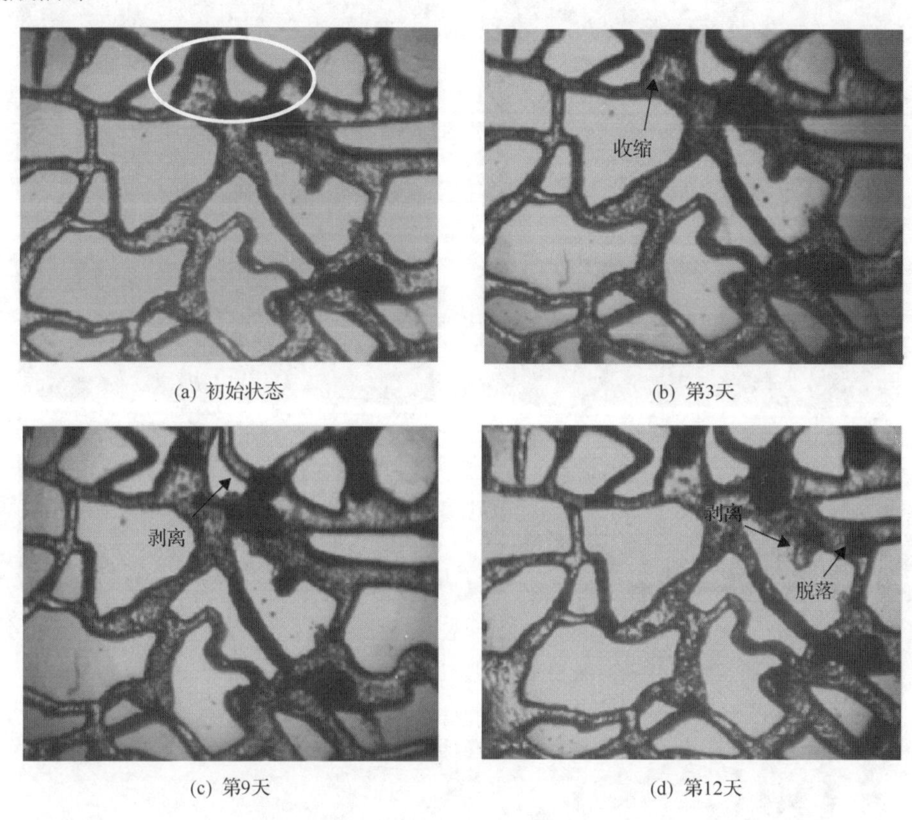

(a) 初始状态　(b) 第3天

(c) 第9天　(d) 第12天

图 6-73　培养期间剩余油自发流动现象

微生物产生的生物乳化剂存在于油水界面处，引起一个表面张力梯度，可能导致自发的界面变形和界面运动，从而引起 Marangoni 对流。如图 6-73(c)、(d)所示，部分圆形盲端剩余油从孔隙内剥离出来，以游离的油珠形式在孔隙内分散开。由于存在 Marangoni 对流，加上微生物的运移动力、模型外围热力作用，乳化油滴和剥离产生的微小油滴在孔隙内的位置相对偏移。

4) 后续水驱

后续水驱时水流的波及范围扩大，在水流的扰动作用下大部分簇状剩余油开始乳化、剪切变形并迅速流向出口，孔隙壁润湿反转使许多油膜和喉道内的剩余油被有效驱动。当孔隙内含油量较少时，水流绕流现象较明显，此后采油量没有较大变化，剩余油滞留于细小喉道、孔隙壁、盲端等处(图 6-74)。

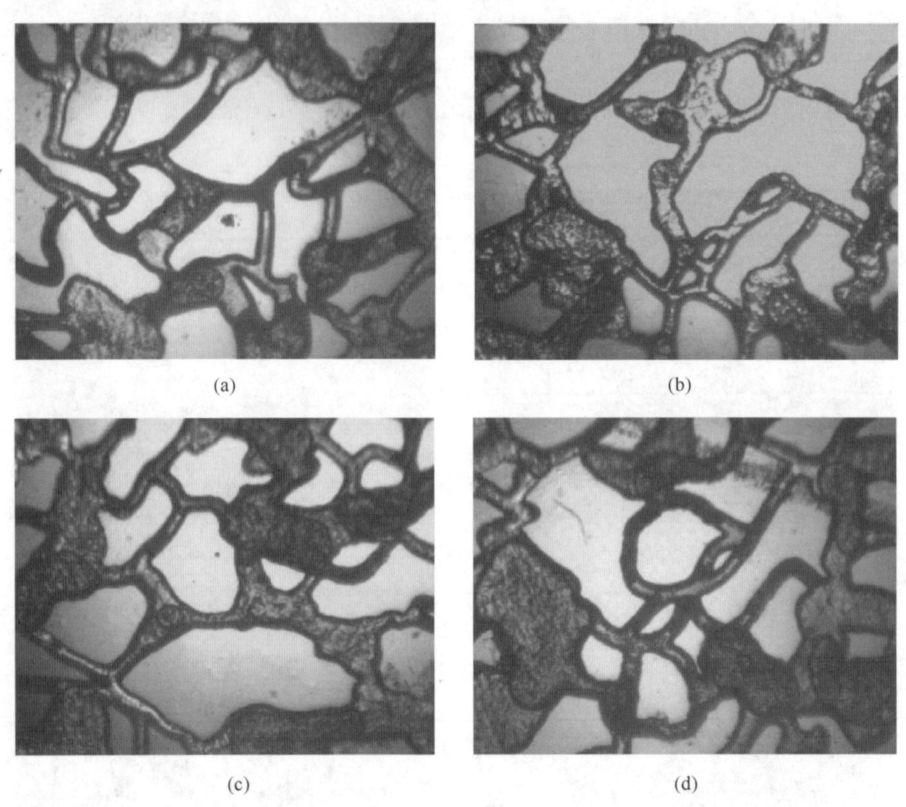

图 6-74　注入菌株 SL-1+无机激活剂后续水驱后剩余油分布

4. 菌株 SL-1 及发酵液外源注入驱油机理

1) 一次水驱

图 6-75 为一次水驱后孔隙内剩余油状态，基本现象与空白实验相同。

2) 注入菌株 SL-1 发酵液

菌株 SL-1 及其代谢产生的乳化剂(发酵液)使原油更易从大块剩余油上逐步剥离分散成较小的油滴，便于通过喉道，增强整体剩余油的运移能力。图 6-76 为模型主通道附近剩余油较集中的孔隙内剩余油乳化过程。菌液作用于剩余油后即可看到孔隙内产生较多乳化的小油滴，油滴的直径相对较小。产生的油滴又迅速与其他形式的剩余油聚并形成连续的油带，继而又在菌液的水力剪切作用下形成乳状液，反复循环此过程并将剩余油驱至模型出口。

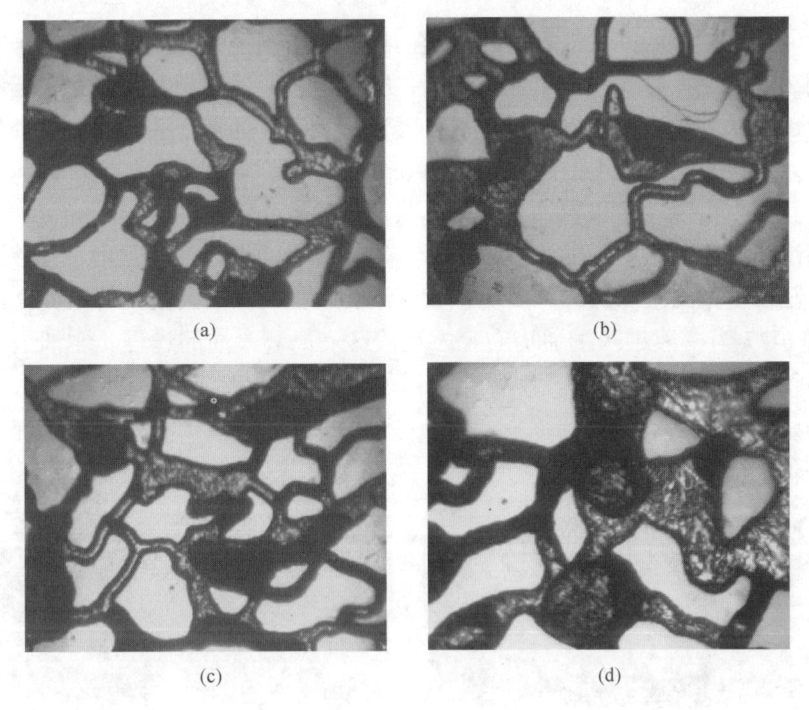

图 6-75　注入菌株 SL-1 及发酵液前一次水驱后孔隙内剩余油状态

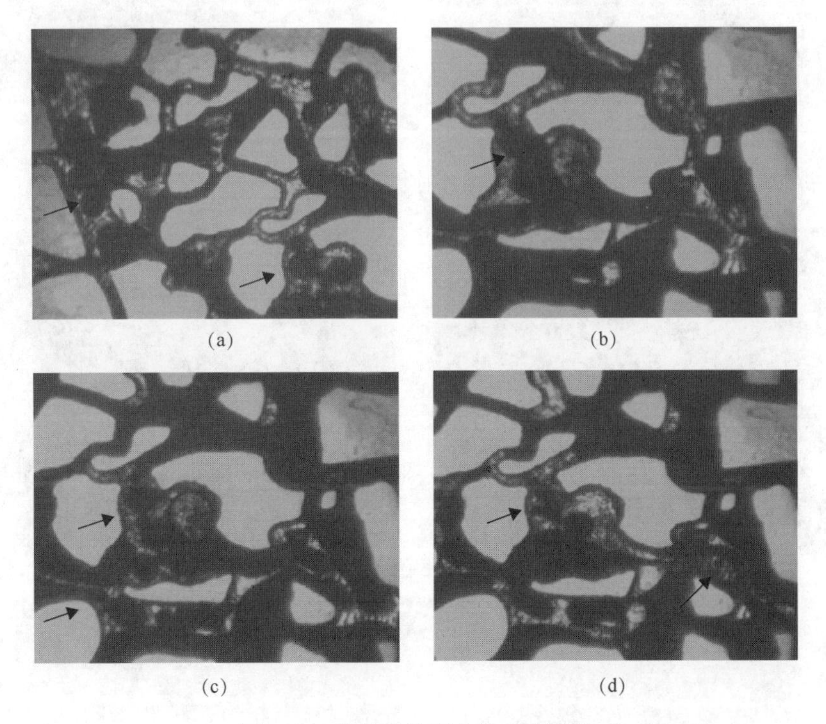

图 6-76　菌液乳化剩余油动态过程

菌液进入模型后，先沿着一次水驱的途径驱出剩余油，途中伴随着推动、乳化、剥离等现象；注入一定量的菌液后，孔隙内乳化油滴的数量增多，后续进入的菌液逐渐从主通道过渡到模型边界，慢慢扩大波及体积。孔隙内剩余油较多的时候，以油包水状态为主，注入菌液约 0.5PV 开始，随着乳化、剥离的剩余油的增加，孔隙内出现较多水包油型混相乳状液，导致孔隙内油水混相黏度增大，减缓了高渗通道内油水两相的流速，主通道附近剩余油不能连续驱出，菌液逐渐改变流向至模型过渡区和边界，从而扩大了波及面积，原油采收率得以提高。

图 6-77 为菌液进入主通道右上方过渡区剥离剩余油的过程。驱油过程中出现较多油包水型的乳状液，水驱和微生物驱过程中孔隙内油包水型乳状液推动剩余油或带动周围的油向前流动。图 6-78 为油包水型乳状液在流动过程中剥离盲端剩余油的过程。

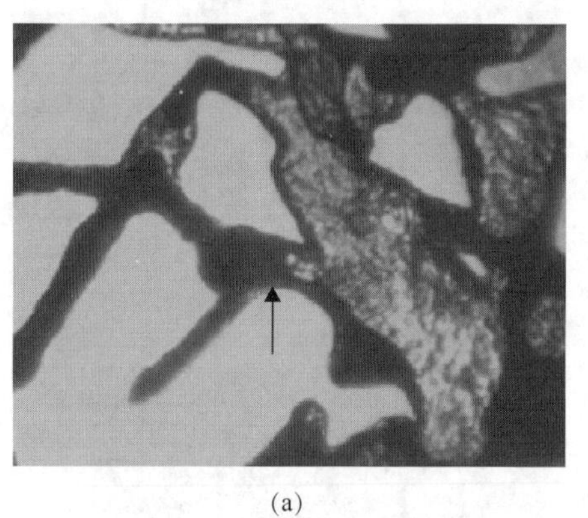
(a)

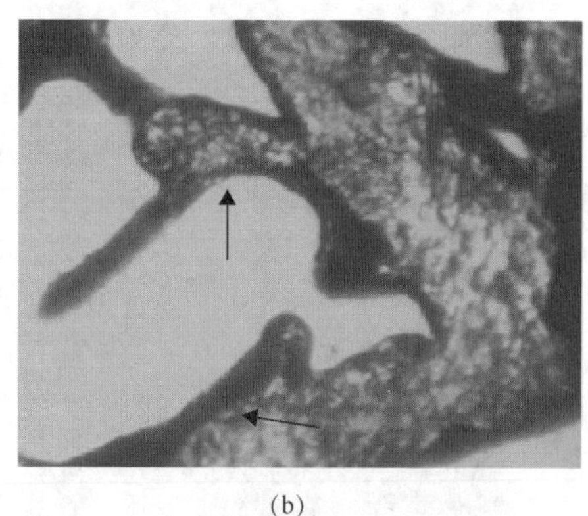
(b)

图 6-77 注入菌液时剩余油剥离动态过程

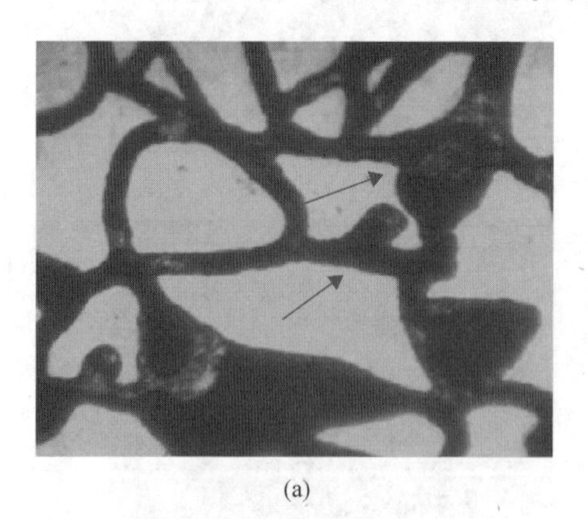
(a)

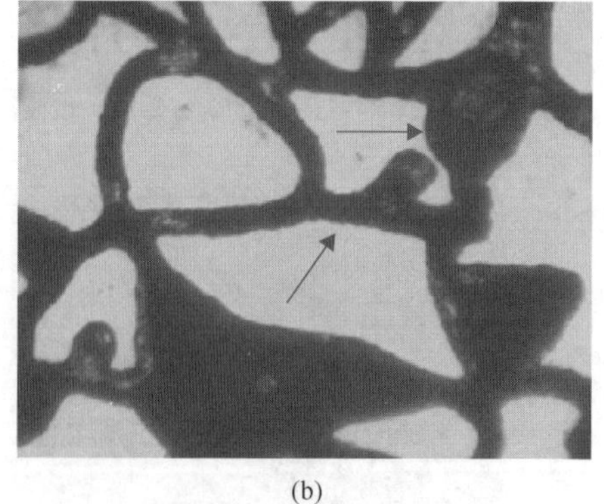
(b)

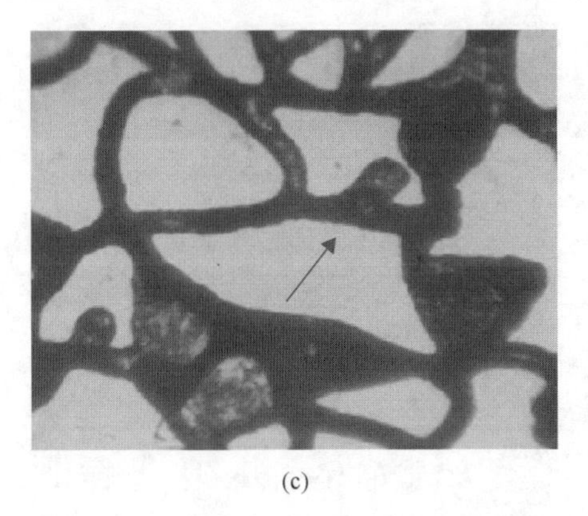
(c)

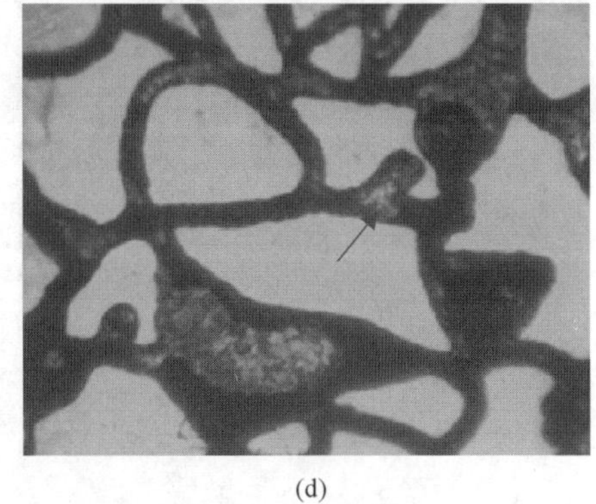
(d)

图 6-78　油包水型乳状液剥离盲端剩余油的过程

随着菌液注入量的增大，模型主流通道附近出现较多不同大小的水包油型乳状液，孔隙内大片簇状剩余油逐渐减少。由于模型孔喉半径变化大，分散的液滴经过细小喉道时，需要改变流动形状，这就需要消耗部分能量，后续进入的菌液不能连续地沿着原来的方向流动，原油改变流向至周围的孔隙(图 6-79)，逐渐扩大波及面积，有助于提高模型边界处的采收率。

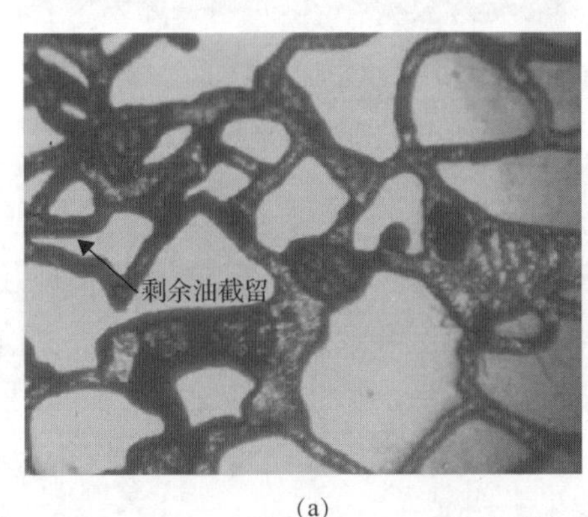

(a)

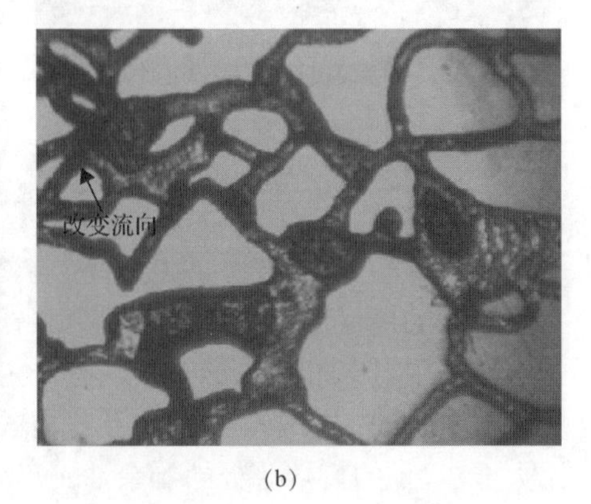

(b)

图 6-79　菌液扩大波及范围

图 6-80 为一次水驱时未波及的模型边缘处经注入菌液后原油减少情况示意图。随着菌液注入量的增大，模型主流通道附近出现较多水包油型乳状液，由于模型孔喉半径差异大，分散液珠经过细小喉道时必须消耗能量改变形状，剩余油不会继续沿原来的方向流动，而是转向流至其他喉道，进而扩大后续发酵液和水驱的波及范围。反复实验均观察到发酵液进入一次水驱完全未波及的模型边缘，出现与主流通道一致的原油乳化、剥离现象。这一现象验证了该菌产生的乳化剂使油水乳状液黏度显著增大的特征，因而改善了油水流度比和整体波及效率。

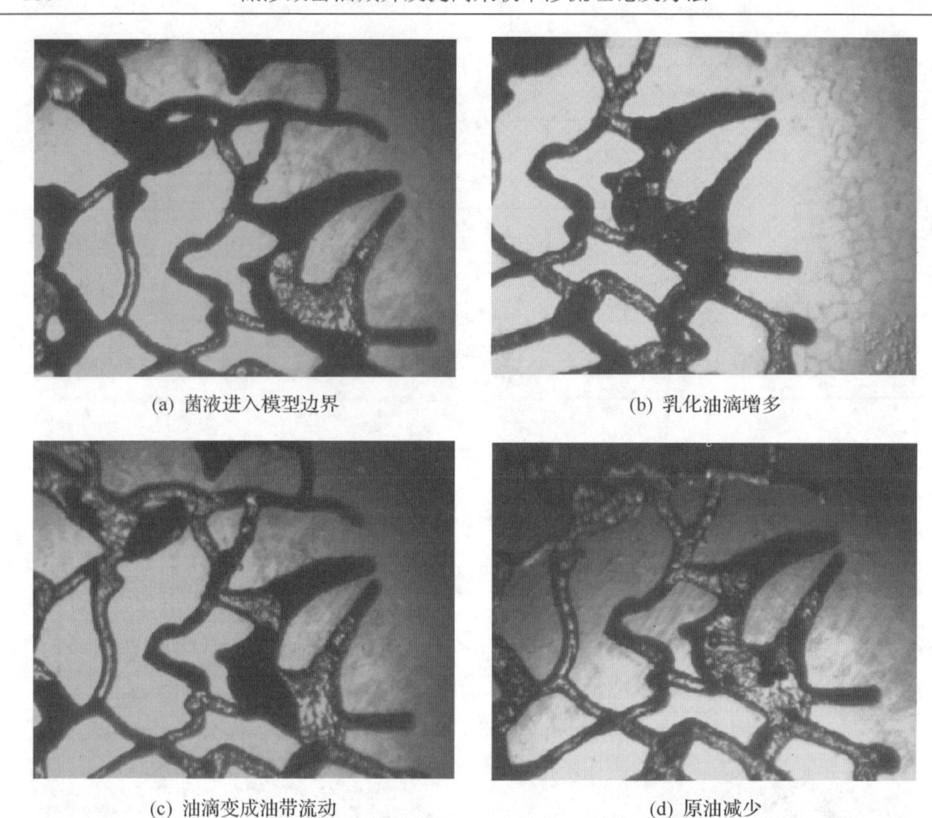

(a) 菌液进入模型边界　(b) 乳化油滴增多

(c) 油滴变成油带流动　(d) 原油减少

图 6-80　水驱未波及孔隙内原油采出情况

图 6-81 为注入菌液约 0.8PV 后孔隙内剩余油状态，可以看出：①孔隙内簇状、柱状剩余油的比例下降很多，主要分布在模型过渡区和边界处；②驱替时，乳化剂的润湿作用对亲油孔壁的剩余油有一定的卷扫作用，微生物本身对孔壁的润湿性变化贡献不大；③驱替过程对孔喉内的原油洗油效果较好，对模型的死角、高径比大于 3∶1 的盲端等处的剩余油剥离效果不明显。

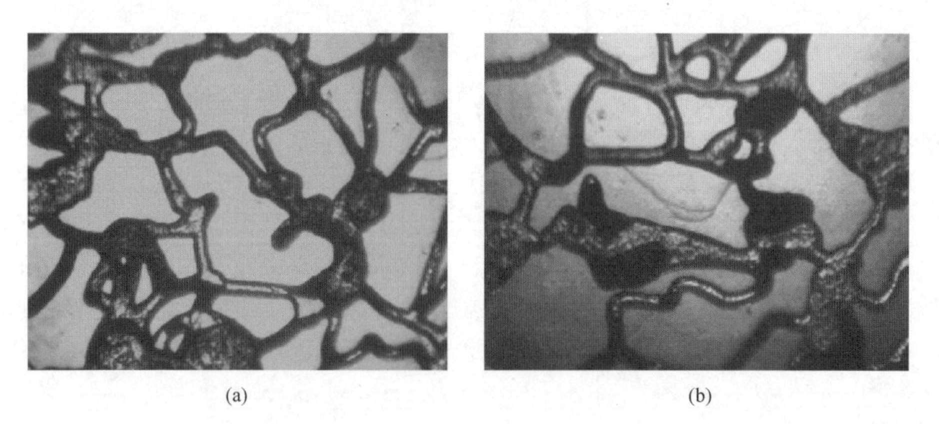

(a)　(b)

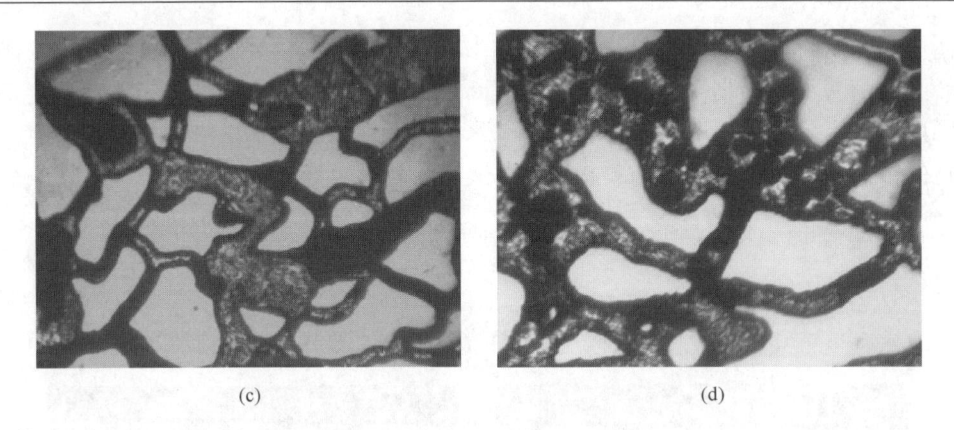

(c)　(d)

图6-81　注入菌液约0.8PV后孔隙内剩余油情况

3) 后续水驱

图6-82为后续水驱后模型内剩余油情况，其主要特点为：①模型的主流通道内的许多乳化状油滴被驱出，孔隙壁面分布着较薄的膜状剩余油。②微生物作用后，水驱能驱动圆形盲端内的油滴，但柱状盲端内的油没有明显变化。微生物代

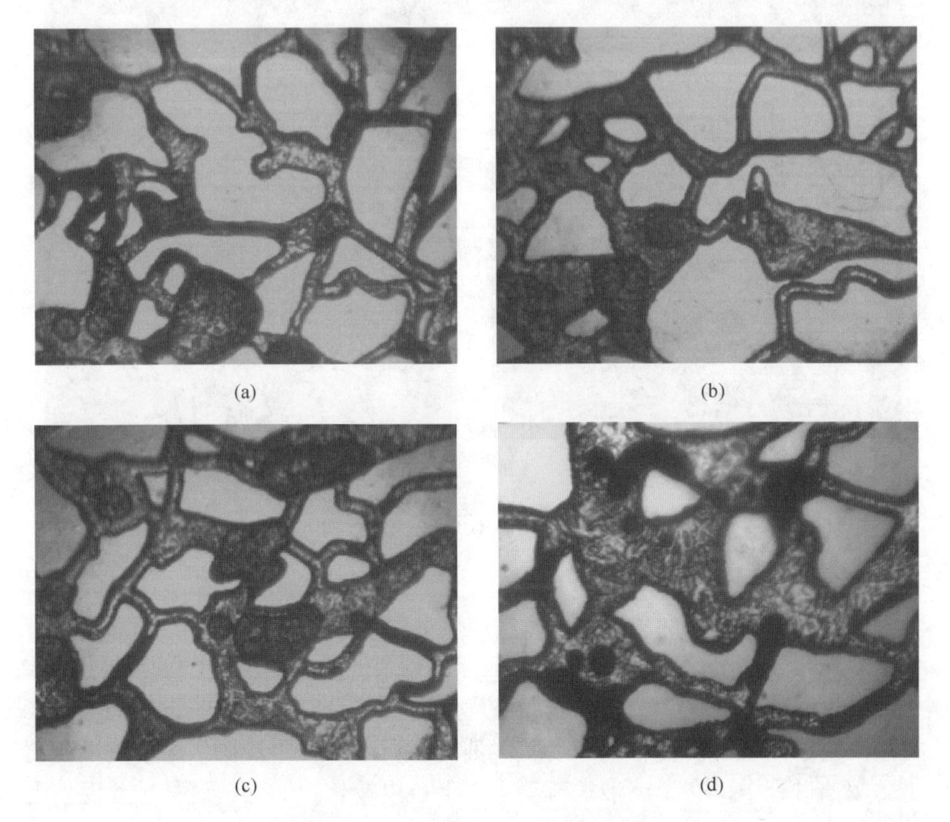

(a)　(b)

(c)　(d)

图6-82　后续水驱后模型内剩余油情况

谢产生的生物乳化剂分布于盲端内的油水界面处，降低了表面张力，使盲端内的剩余油随着水流层剥离，形成油丝至其断裂成大小不同的小油珠，被水流驱走，因此盲端内剩余油逐渐减少、变薄。③水驱未能连续波及的区域，只残留少量乳化的油滴和孔隙壁面黏附的膜状油，菌液驱油效果较好。

5. 菌株 SL-1 上清液外源注入驱油机理

1) 一次水驱

水驱至 1.3PV 后孔隙内剩余 50%左右的原油，其分布状态如图 6-83 所示。

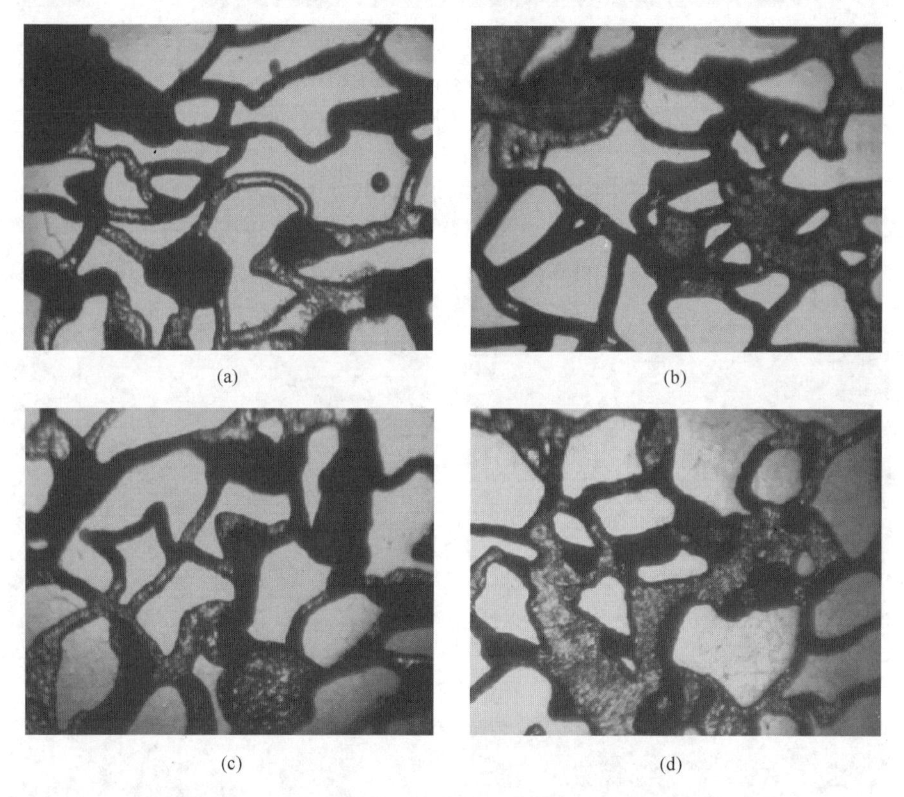

(a)　(b)

(c)　(d)

图 6-83　注入菌株 SL-1 上清液前一次水驱后剩余油状态

2) 注入菌株 SL-1 上清液

(1) 形成油桥。

图 6-84 为开始注入上清液过程中孔隙内剩余油的流动情况，可以看出孔隙内剩余油向下游移动，在上清液的携带下，上游的油会“搭连”在下游的油上产生“桥接”现象。上游的油带或孤岛状大油滴会通过这种“油桥”运移到下游而被驱走。驱油过程中，在上清液的流动方向上拉出较长的油丝，这种油丝随着上清液的流动一起摆动，当剪切应力达到一定程度时，油丝会被拉断成油滴，形成水

包油型乳状液，并随着上清液沿着孔隙流向下游。

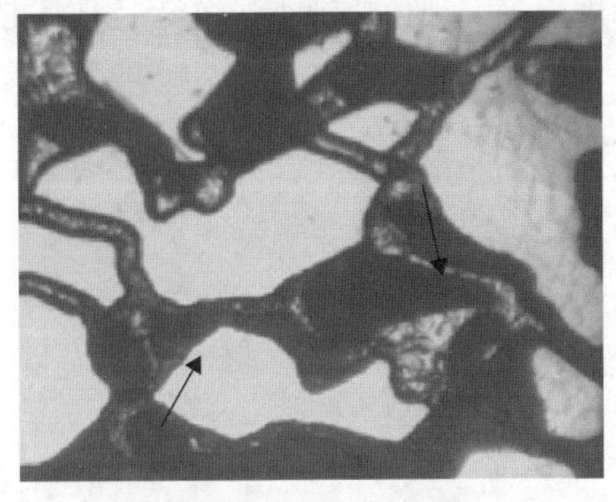

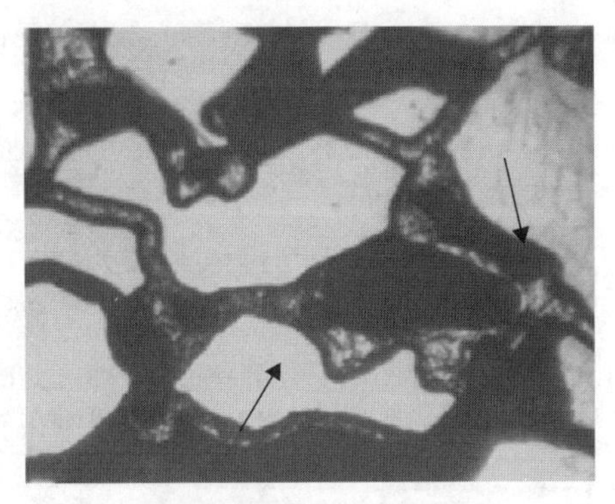

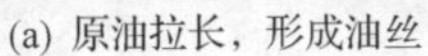

(a) 原油拉长，形成油丝　　(b) 原油断开，形成油珠

图 6-84　注入上清液过程中孔隙内原油的流动情况

(2)乳化、剥离原油。

图 6-85 为注入菌株 SL-1 上清液过程中原油发生乳化的过程。在注入上清液过程中，上清液主要沿着对角线主通道驱油，并沿着孔隙内壁形成油流通道向出

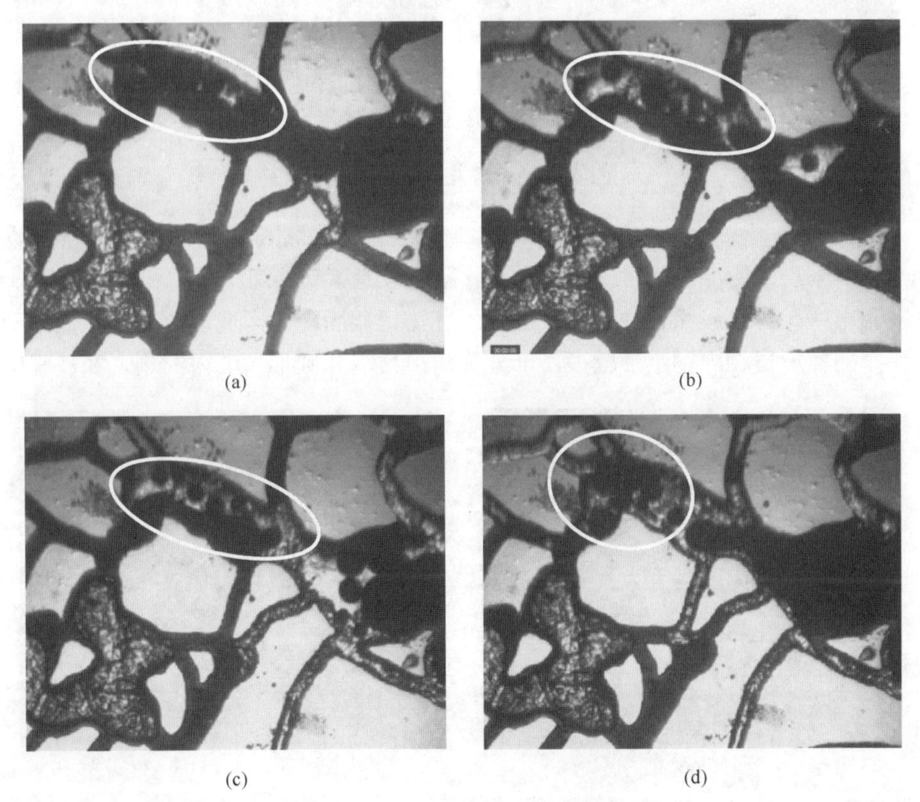

(a)　(b)　(c)　(d)

图 6-85　上清液乳化原油过程

口端流动，驱油过程中部分原油产生剥离和乳化等现象。上清液驱油过程中，原油经过细小喉道进入大孔隙时，有明显的乳化剥离现象。细小喉道交汇于大孔隙时，原油本身的流动方向较分散，加之乳化剂对原油的乳化作用，使其表面张力降低，有利于原油形成分散、稳定的乳状油滴。

(3)携带原油。

上清液驱油效果与菌液驱油类似，注入过程中降低油水界面张力，增加毛细管数，从而提高洗油效率。随着上清液驱油范围的扩大，主通道两侧过渡区内原油陆续被剥离驱出。如图 6-86 所示，上清液驱油时，有助于使孔壁上的油膜脱落，携带孔喉内的剩余油，但不能有效驱出部分盲端内的剩余油。

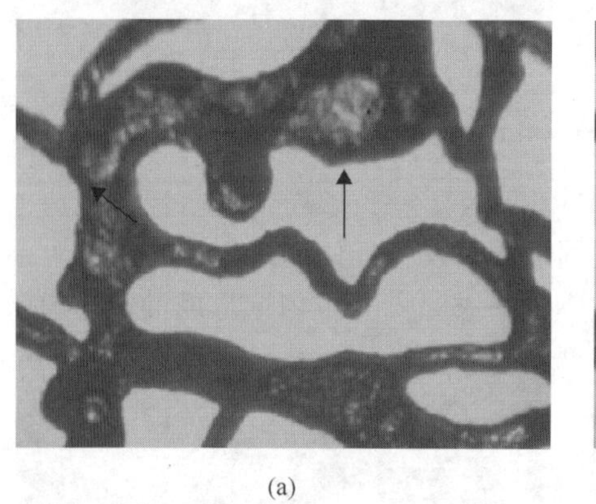

(a)

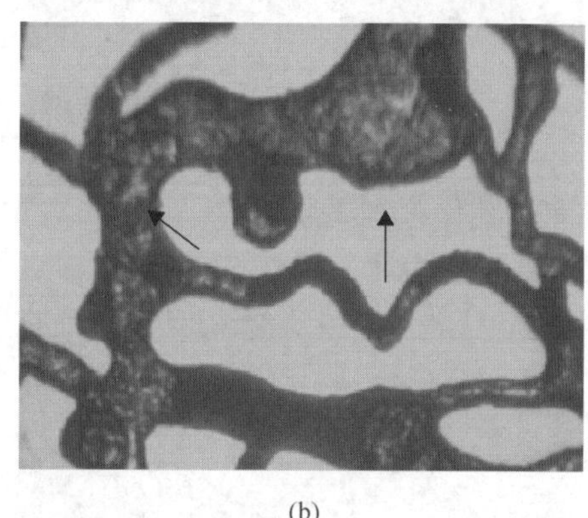

(b)

图 6-86　上清液剥离原油过程

菌株 SL-1 上清液注入约 0.8PV 后，剩余油状态如图 6-87 所示：①孔隙内的剩余油相对一次水驱减少很多，一次水驱过程中未能驱动的细小喉道和盲端内的剩余油被驱出；②许多簇状、柱状剩余油发生乳化、截断现象，变成分散的乳化油滴；③狭窄的梯形盲端内剩余油较多，部分三角形盲端和圆形盲端内的剩余油被驱出。

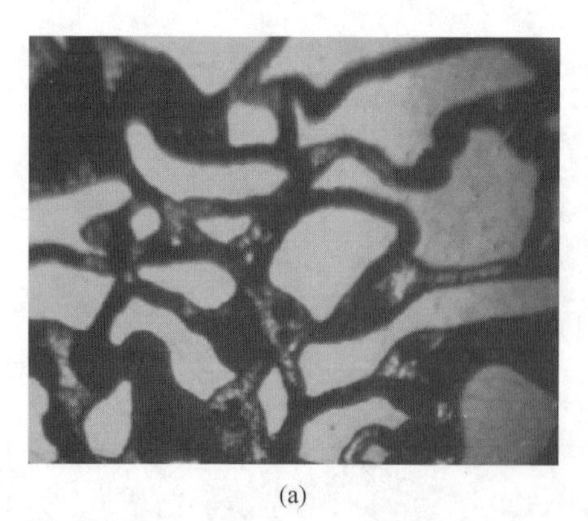

(a)

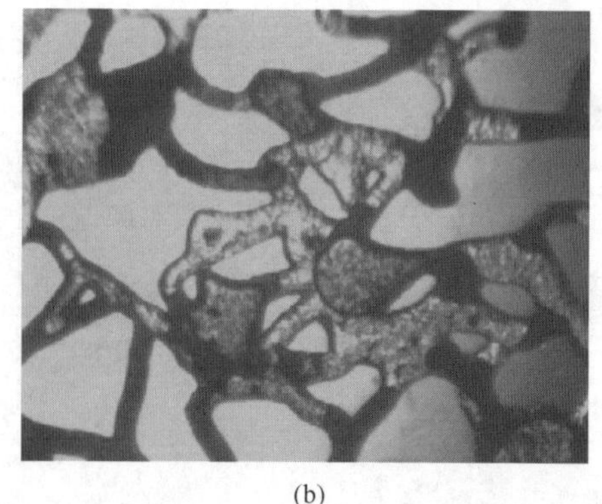

(b)

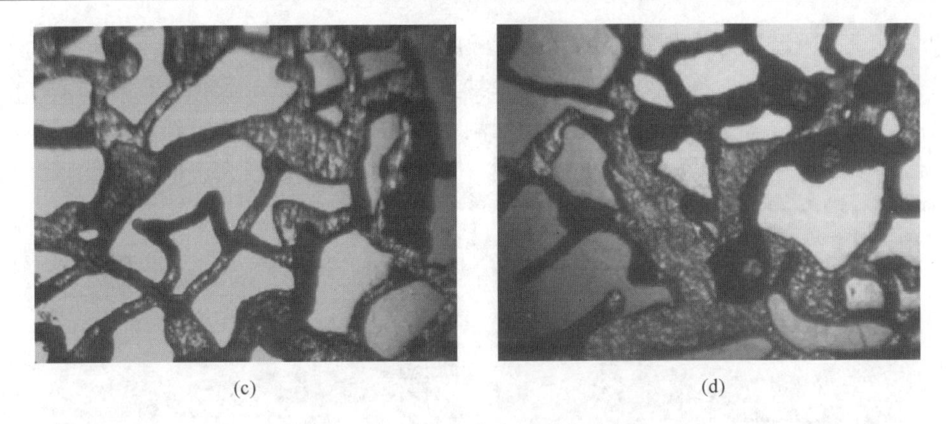

图 6-87　注入上清液后剩余油状态

3) 后续水驱

上清液作用后孔隙壁对油的黏附力变小，水驱过程中贴在孔隙壁上的膜状油能较轻易地从岩石壁剥离开，以小油滴的形式流向下游。如图 6-88 所示，上清液洗下来的油滴与其他形式的油珠碰撞，聚并成油带，油带又和新的油带合并成连续的油带，逐渐流向模型外。

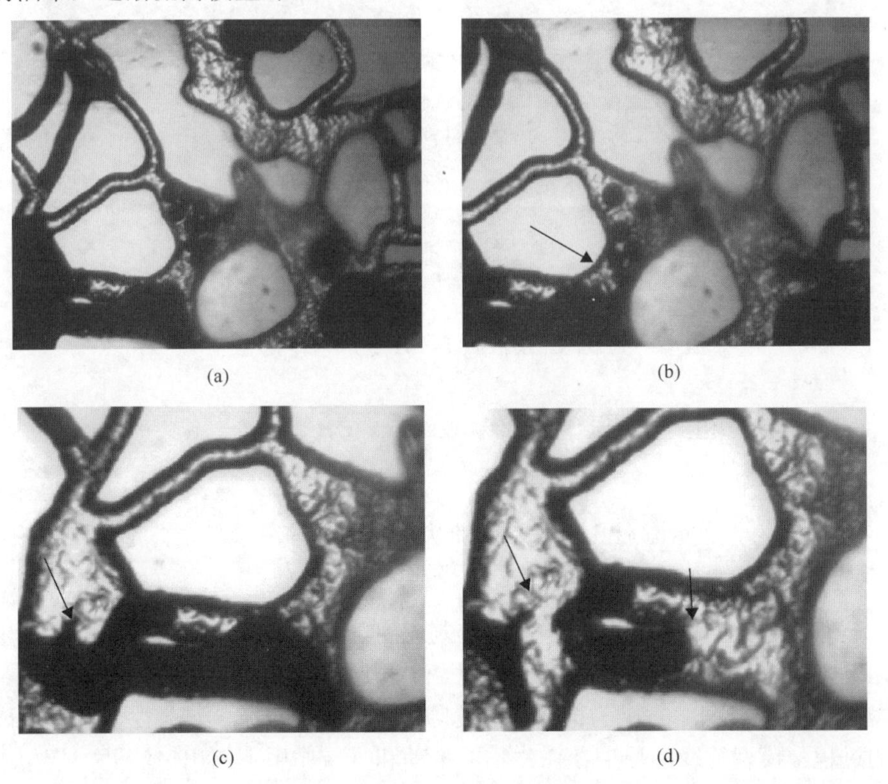

图 6-88　后续水驱过程原油驱替现象

后续水驱过程中出现很多油包上清液的大小液滴。从图 6-89 中可看出，后续水驱注水 0.8PV 后：①一次水驱时剩余油分布较多的区域，簇状、柱状剩余油的比例显著下降；②大部分生成的乳化油滴都能驱出模型外；③膜状剩余油减少，柱状剩余油存留于垂直于流向的孔隙中；④水的波及系数增大，但仍未能较好地驱出部分剩余油，如柱形盲端、模型边界、垂直流向上细小喉道等处的剩余油。

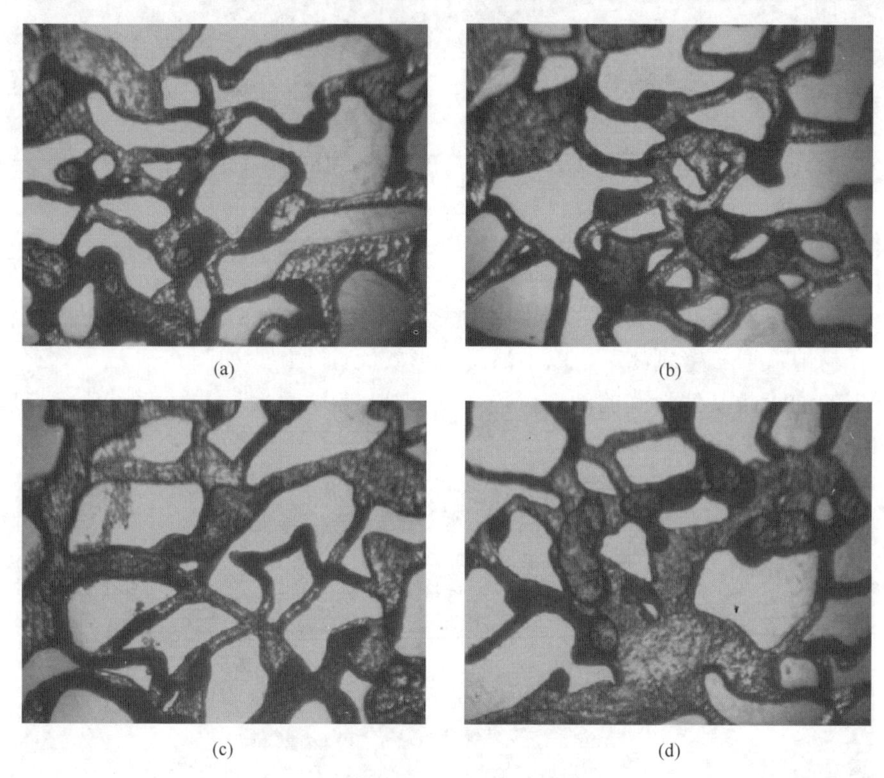

(a)　(b)

(c)　(d)

图 6-89　注入上清液后续水驱后模型内剩余油情况

6. 液态菌株 SL-1 外源注入驱油机理

1) 一次水驱

图 6-90 为一次水驱后孔隙内剩余油状态，其基本现象与空白水驱实验相同。

2) 注入液态菌株 SL-1

液态菌是微生物菌体与无菌水混合制成的驱油剂，理论上溶液中不存在生物乳化剂，即使存在，其浓度也很低，但是实验过程中发现，液态菌驱油过程中同样发生乳化现象。图 6-91 为菌体进入孔隙后，模型中下游区域发生乳化、剥离原油的过程。模型前缘的原油在微生物的推动和携带作用下向出口流动，模型中下游区域集中较多原油，孔隙内出现较多油包水型的液体，原油与注入液之间的接触面积增大，继而发生乳化剥离等现象。

乳化现象的出现主要是因为菌体细胞膜上附着的代谢产物，即吸附的乳化剂起主导作用，乳化剂或是溶于无菌水中或是直接以吸附态在驱油过程中与原油接触继而乳化、剥离原油。虽然微生物本身也有部分乳化作用，但考虑到菌体与原油接触时间短，菌体本身对原油的作用应该是比较微弱的。

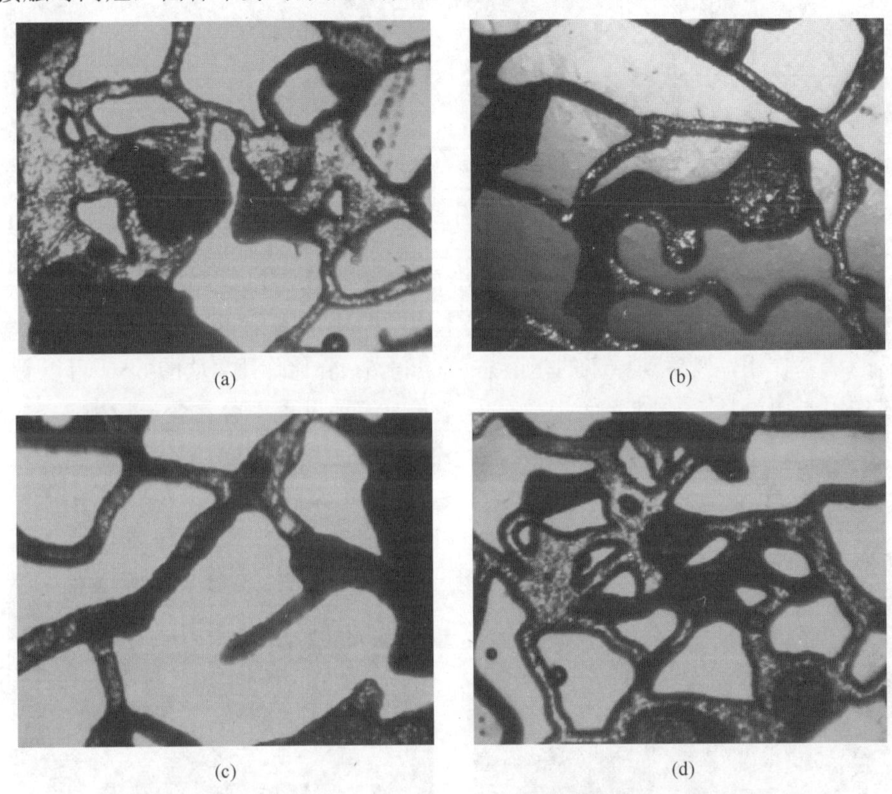

图 6-90　注入液态菌株 SL-1 前一次水驱后孔隙内剩余油状态

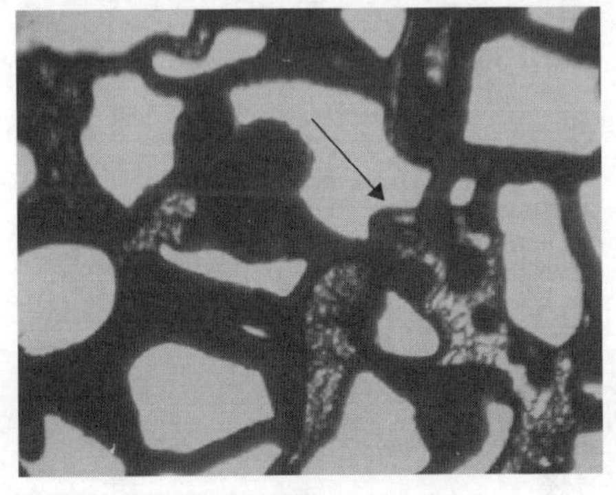

(a) 主通道原油开始乳化

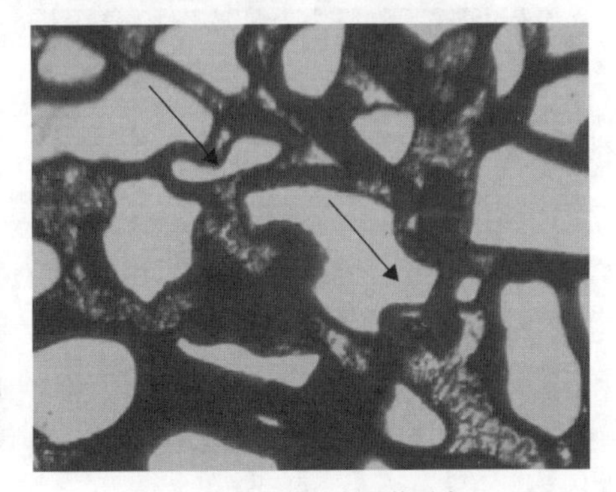

(b) 逐渐过渡至主通道两边

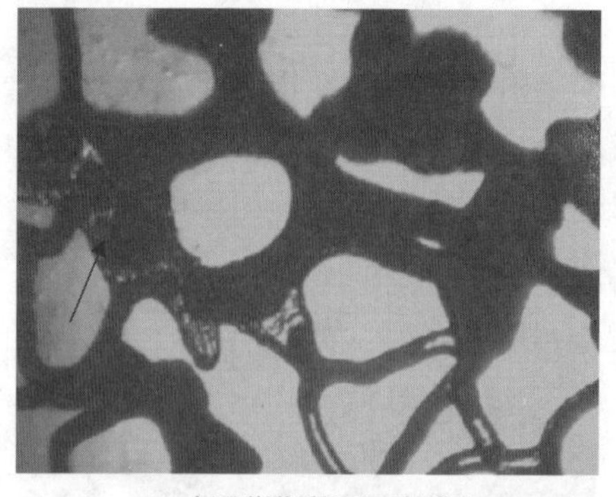

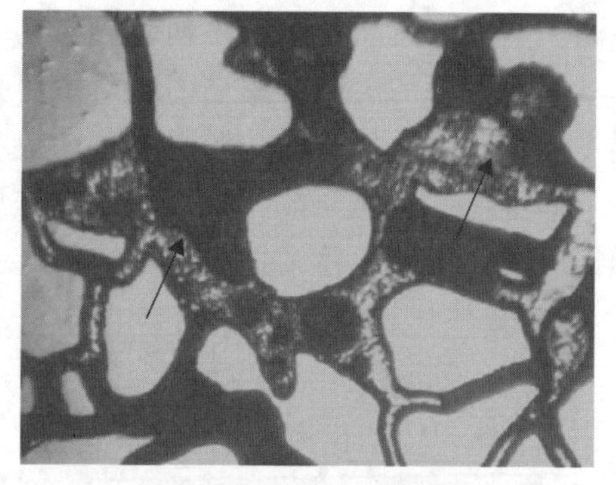

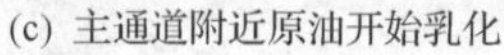
(c) 主通道附近原油开始乳化　　(d) 主通道附近原油连续驱出

图 6-91　注入菌体时原油被乳化的过程

另外，菌体生长一段时间后，菌体和生物聚合物可以堵塞高渗地带，增大驱油剂的扫油范围，改善油水流度比。但本次实验中液态菌驱油时间短，未观察到明显的堵塞作用，观察到更多的是液态菌的润滑、乳化作用。从图 6-92 可以看出，菌体作用于原油后，原油表面张力有所降低，流动过程中容易变形拉断。

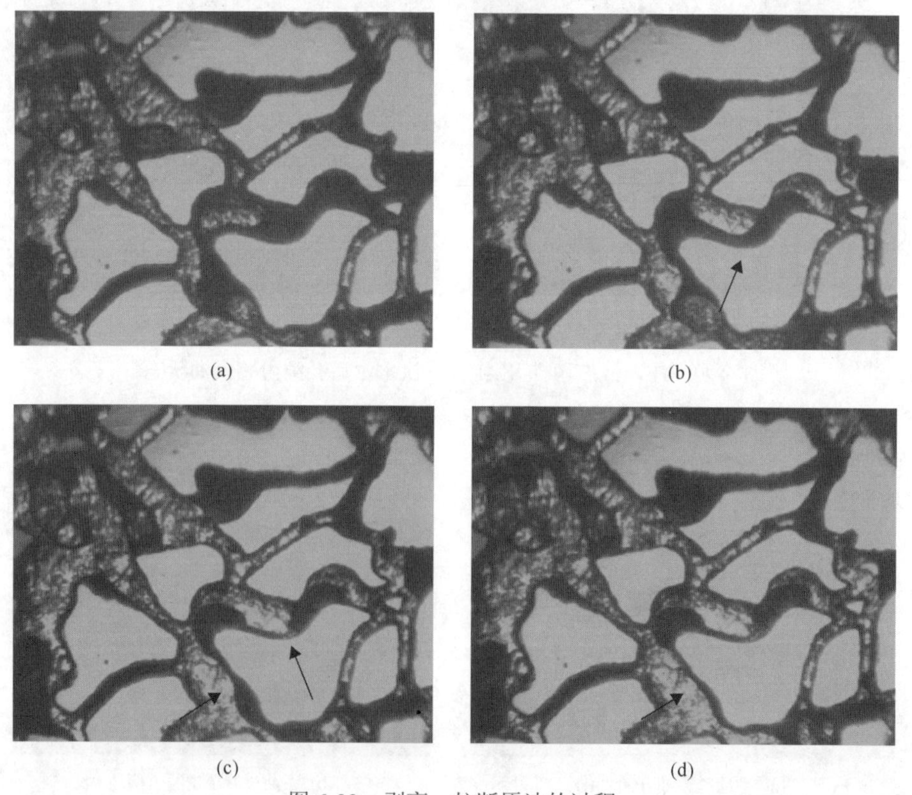

图 6-92　剥离、拉断原油的过程

菌体在一定程度上具备上清液和菌液的驱油特点，但注入过程中微生物代谢产物的生成量不多，相比于其他组实验，注入菌体后原油的采收率有所下降，孔隙内油膜较多(图 6-93)。

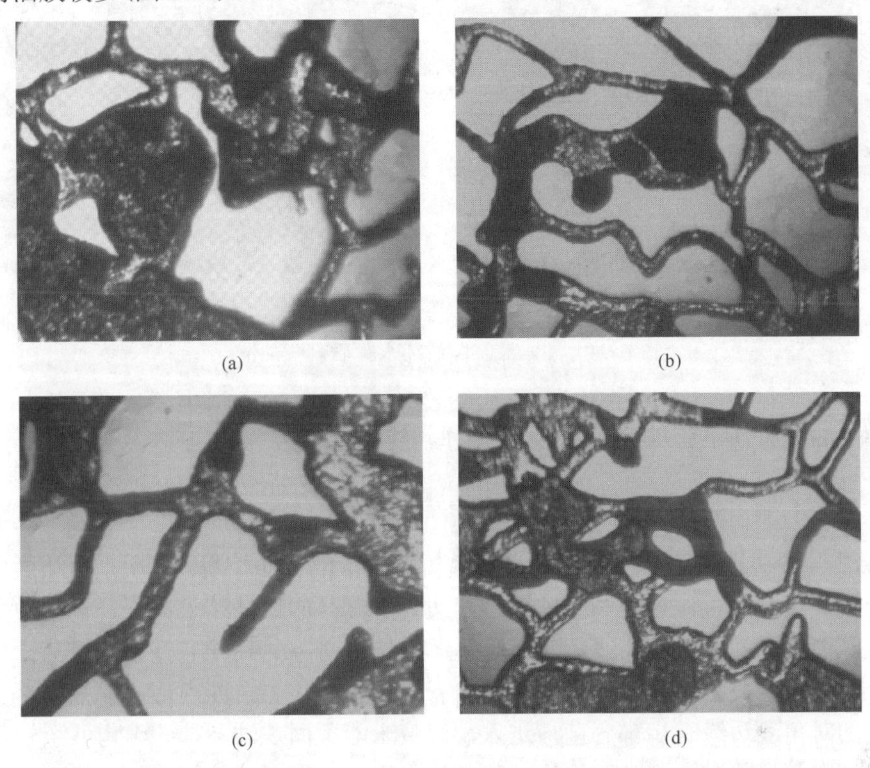

(a)　(b)　(c)　(d)

图 6-93　注入菌体油后剩余油分布状态

3) 后续水驱

后续水驱过程中，乳化油滴的流动性较好，孔隙内残余的孤岛状油滴较少，且簇状和柱状剩余油的采收率有所提高，盲端内的剩余油和油膜驱出程度相对较小(图 6-94)。

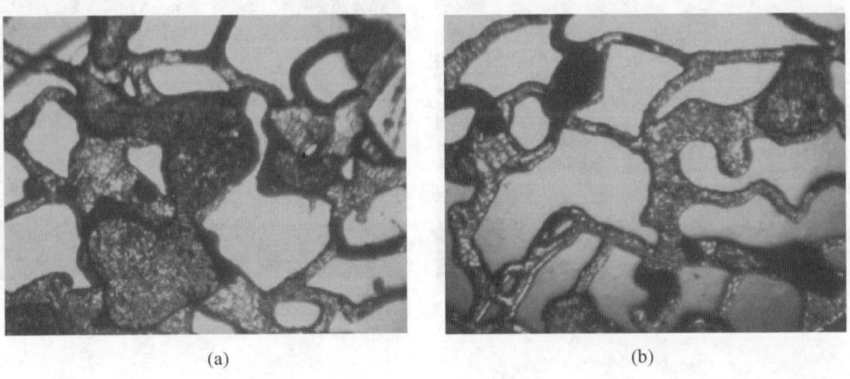

(a)　(b)

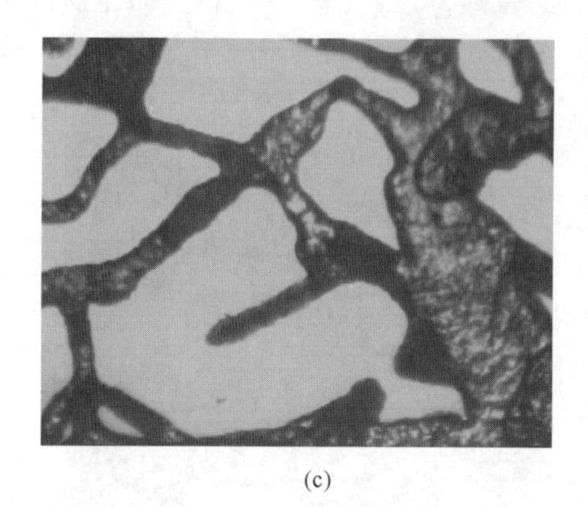

(c)

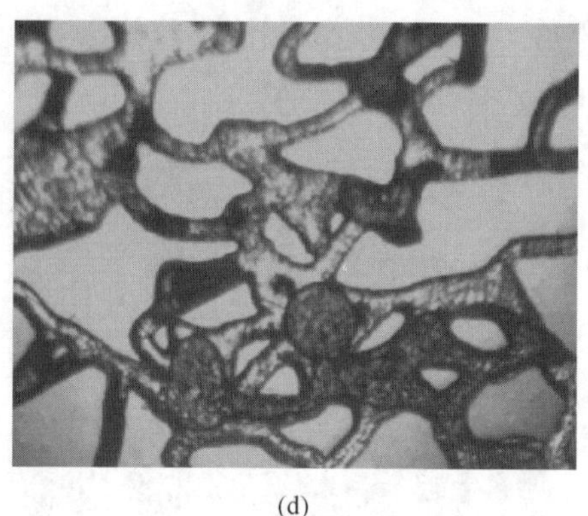

(d)

图 6-94 注入液态菌后续水驱后剩余油情况

6.3.3 油藏条件下菌株 SL-1 对剩余油作用机理

1. 不同驱替阶段微观模型内剩余油变化

图 6-95 为驱油过程中不同阶段模型内剩余油的分布情况。一次水驱和微生物驱阶段，模型的主流通道和主流通道两边的过渡区的原油明显减少，模型边界区域孔隙内原油间歇流动，波及效果较差。图 6-95 显示，微生物注入结束后，模型的主流通道内剩余油相对较少，孔隙内有较多由乳化、卡断而形成的油滴；主流通道的对角线边缘有少部分菌液进入，菌液未能大面积波及，孔隙内残余较多膜状、柱状及簇状剩余油；微生物及其产物作用后，注入液的扫油范围扩大，后续水驱时，模型内的残余油较少，簇状剩余油减少明显，部分膜状剩余油未能驱出，垂直于流动方向上的小孔隙内有少量柱状剩余油，且注入过程对个别盲端剩余油的剥离效果较差。

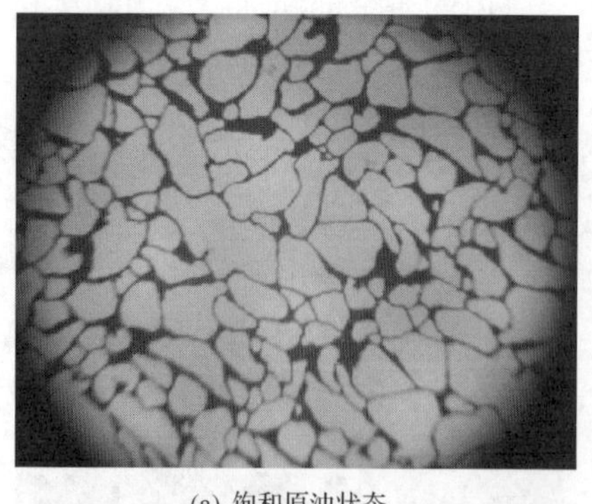

(a) 饱和原油状态

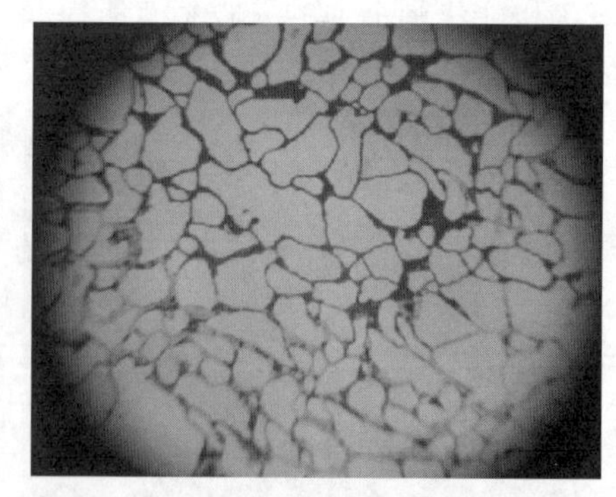

(b) 一次水驱后的剩余油

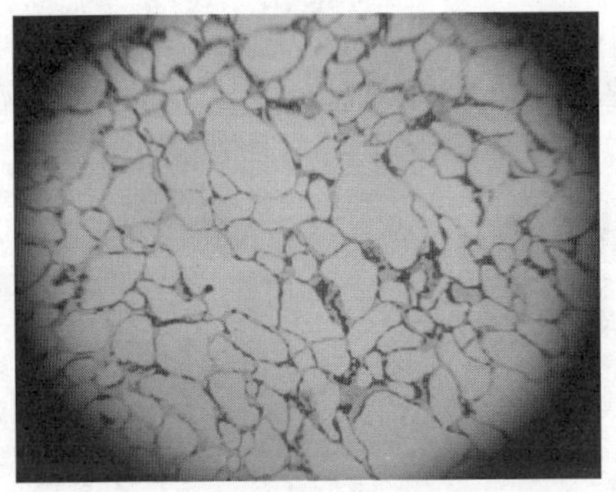

(c) 注入微生物后的剩余油

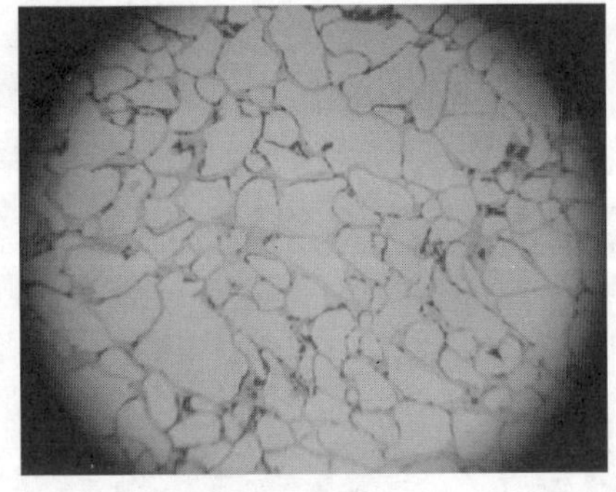

(d) 后续水驱后的剩余油

图 6-95　不同阶段模型内的剩余油的分布情况

图 6-96 为注入菌液时微观模型内原油流动过程。刚注入时，在驱油剂的乳化、水力剪切作用下，原油分散成许多小油滴，不断重复着驱油剂乳化和携带原油的过程；菌液注入至一定程度后，模型内存在较多因乳化和黏滞作用产生的孤岛状油滴。如图 6-96(b)、(c)所示，原油被拉长变形，随后断裂成若干油珠，断裂的油珠在流动过程中受到自身内聚力的作用，与其他原油碰撞并聚集成油带，流动过程持续出现这一过程。

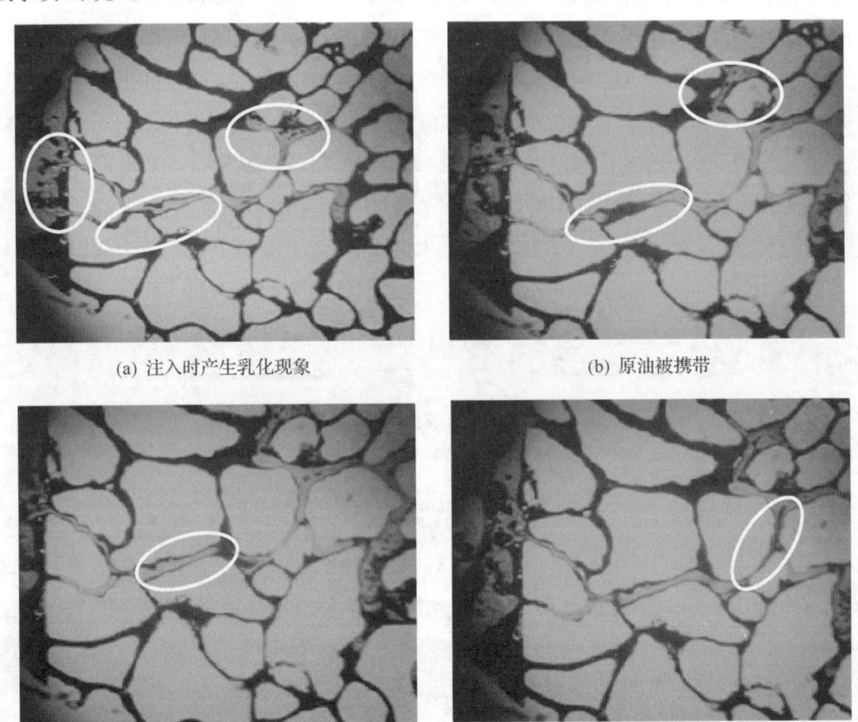

(a) 注入时产生乳化现象　　(b) 原油被携带

(c) 柱状油被拉长　　(d) 继续被拉长

图 6-96　注入菌液时微观模型内原油流动过程

注入过程中出现较多油包水型的大小油滴(图 6-97)，有利于增大原油与菌液中生物表面活性剂的接触面积，能够有效降低油水界面张力，改善原油的流动性。

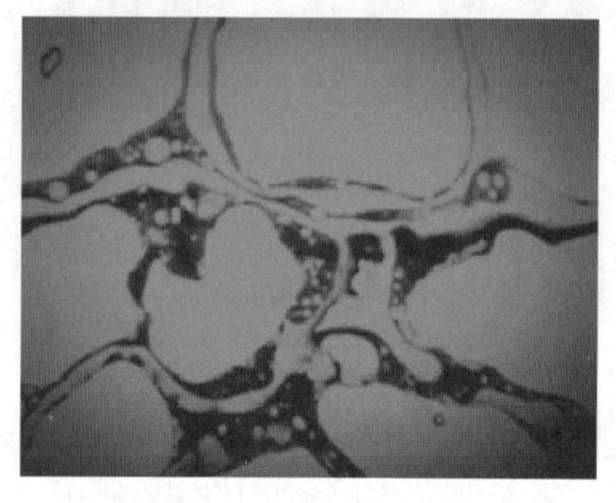

(a) 出现大量油包水型的小液滴

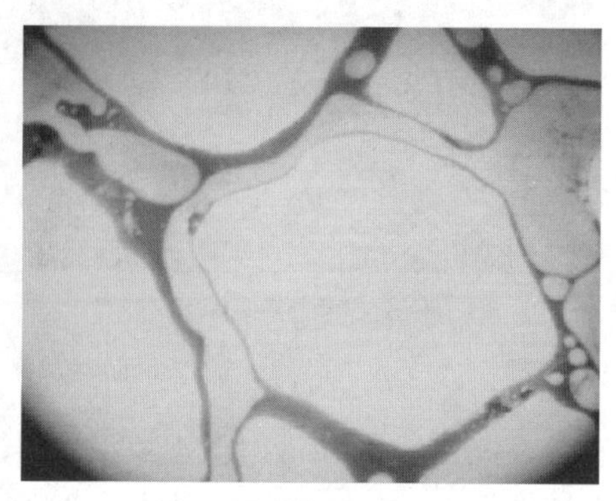

(b) 出现大量油包水现象

图 6-97　模型内出现的油包水现象

总结乳化功能菌株 SL-1 对原油的作用机理主要有以下几方面：①菌株 SL-1 以原油和有机、无机激活剂为营养进行生长代谢，原油逐渐被降解、降黏，流动性也随之改变，随着乳化剂的积累，孔隙表面与油滴的接触角增大，原油逐渐被剥离(图 6-98)。②菌株 SL-1 及其代谢产生的乳化剂有较高的洗油效率，可以剥离模型孔隙壁面上的油膜，且生物乳化剂的乳化和润湿作用使岩石表面的原油分散成乳状液，部分岩石表面由油湿性向水湿性转变。③菌株 SL-1 代谢产生的乳化剂有一定的降低油水界面张力的能力，有效增加了毛细管准数。乳化油珠的产生降低了原油的剪切应力，扩大了驱油剂的波及体积，从而提高了采收率。

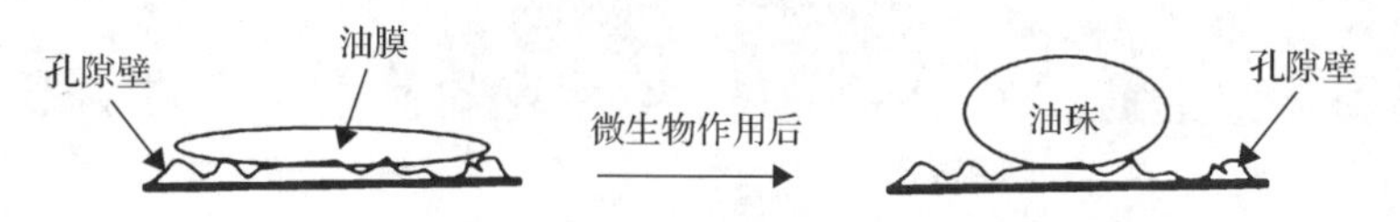

图 6-98　油滴与孔隙表面接触角变化示意图

2. 不同驱替方式对微观模型内剩余油的作用效果

为比较水驱、微生物及其代谢产物对剩余油的采出效率，采用图像预处理和软件编程对模型内的剩余油进行定量分析，分析结果见表 6-9：一次水驱注入水 1.3PV 后，模型内剩余 50%左右的原油，以簇状、柱状、膜状及不规则孤岛状剩余油为主，部分盲端内原油未能驱动。注入驱油剂后，菌株 SL-1 发酵液对原油的采收率相对较高，菌株 SL-1 上清液注入后剩余油量为 34.31%。注入菌株 SL-1 和两种激活剂时的采收率并不高，驱油过程中观察到两种方式的驱油效果与空白水驱油现象类似，但伴随着部分原油的乳化现象，原油采收率相对其他驱油剂的采收率低，但经过两周的封闭培养后，采收率提高幅度明显，模型的孔隙壁润湿性较好，大部分油膜均有收缩并乳化成微小油滴的现象，分别提高采收率 27.17%和 28.39%。

表 6-9　不同驱油方式下模型内剩余油定量变化分析　（单位：体积分数，%）

驱油方式	一次水驱后剩余油量	注入驱油剂后剩余油量	后续水驱后剩余油量	采收率提高比例	微生物驱比水驱提高采收率
水驱油	51.54		35.99	15.55	
菌株 SL-1 和有机激活剂	52.89	40.52	25.72	27.17	11.62
菌株 SL-1 和无机激活剂	52.07	38.17	23.68	28.39	12.84
菌株 SL-1 发酵液	51.42	32.21	22.51	28.91	13.36
菌株 SL-1 上清液	50.85	34.31	24.53	26.32	10.77
液态菌株 SL-1	51.61	38.47	28.38	23.23	7.68

3. 菌株 SL-1 及其产物对 5 种形状剩余油的作用效果

水驱后剩余油的形式多种多样，取决于模型孔隙的结构、物理特性及驱油剂的波及效果，根据其所占孔隙空间的大小和分布状态，将剩余油分为簇状剩余油、柱状剩余油、膜状剩余油、孤岛状剩余油及盲端剩余油。而盲端剩余油依据盲端类型又有多种形式，该模型内盲端类型主要有梯形盲端、三角形盲端、柱形盲端和圆形盲端，驱油方式不同，对不同形状剩余油的采收率的影响略有差异，以下说明每种剩余油的变化情况。

1) 菌株 SL-1 对簇状剩余油的作用模式

簇状剩余油是指与几个小喉道相连的大孔隙中的剩余油，这部分剩余油主要是由注入水或是驱替液在孔隙内绕流形成的[图 6-99(a)]。在水驱油过程中，注入水通常会呈现微观“指进”，即倾向于沿着阻力相对小的孔隙前进。当两条突进的水流汇聚于大孔隙时，两条水流之间的油块便会残留而成为簇状剩余油，这时由于水流前进形成阻力最小的孔隙，后续的水流阻力就会大大降低，这些簇状剩余油更难流动。在外源驱油过程中，菌株 SL-1 及其产物降低油水界面张力，润湿孔隙壁面，使这些油块形态易于发生变化，有的簇状剩余油被乳化剂乳化分散成小油滴流向下游，有的在水力剪切作用下反复出现变形、拉长变成油丝直至断开等过程，最终剩余油块大大减小甚至被完全驱走[图 6-99(b)]。

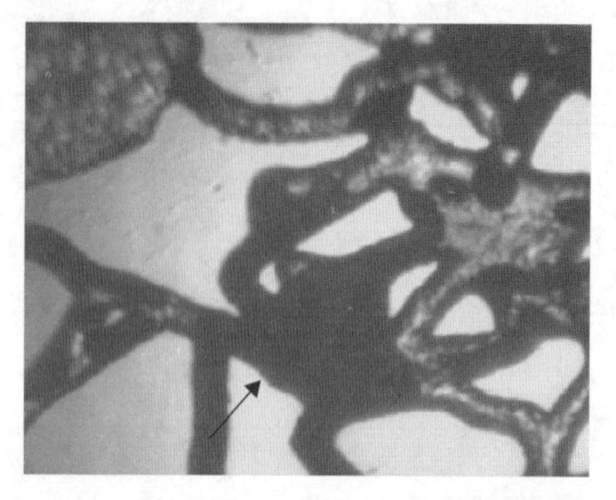
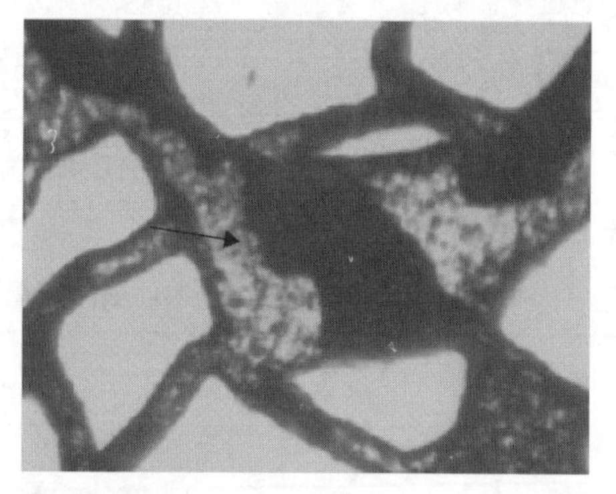

(a) 水驱后形成大片簇状剩余油

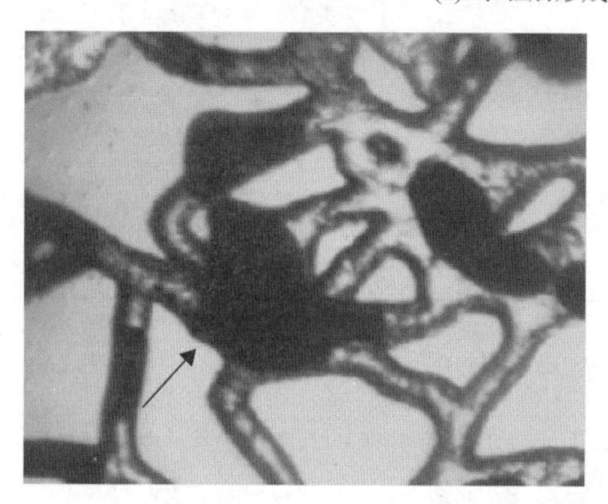
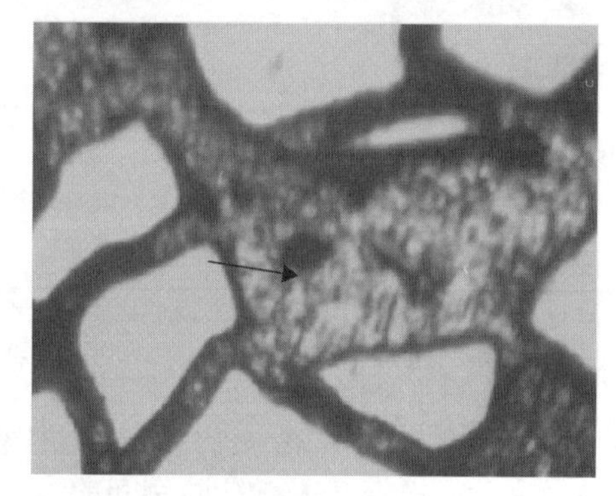

(b) 微生物驱刮走部分剩余油

图 6-99 微生物作用后簇状油状态

2) 菌株 SL-1 对柱状剩余油的作用模式

柱状剩余油主要存在于连通孔隙的喉道处，特别是在细长的喉道中滞留现象明显[图 6-100(a)、(c)]。柱状剩余油主要有两种形式，一种是存在于并联孔隙的细喉道内，当注入水进入两条喉道的聚集处时，水沿着阻力较小的粗喉道前进，细喉道中的油不流动或流动较慢；当水到达另一端的孔隙后，细喉道中的油被卡断而成为剩余油。另一种形式的柱状剩余油存在于 H 形孔隙内，水流沿着细喉道两端相对较大的孔隙流动，无法进入阻力较大的细喉道内，油在喉道两端的孔隙处被卡断而成为剩余油。生物乳化剂的润湿作用使孔隙壁面的亲水性增强，降低了油水界面张力，从而减小了孔隙的毛细管力，有利于微生物驱动细小喉道内的剩余油。如图 6-100(b)、(d)所示，微生物作用后，并联喉道润湿反转，柱状剩余油减少很多。

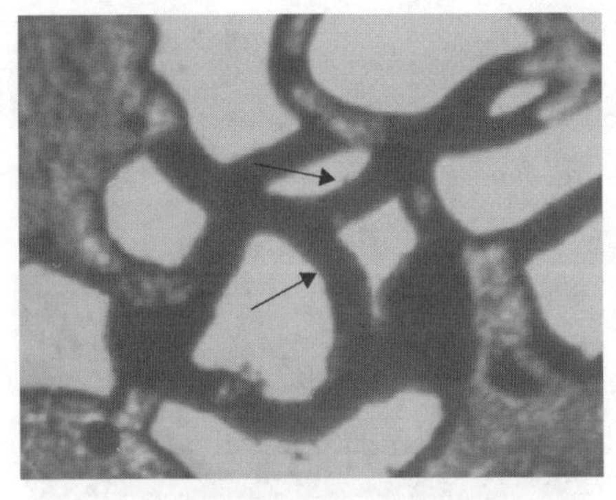
(a) 被水流截断形成的柱状剩余油

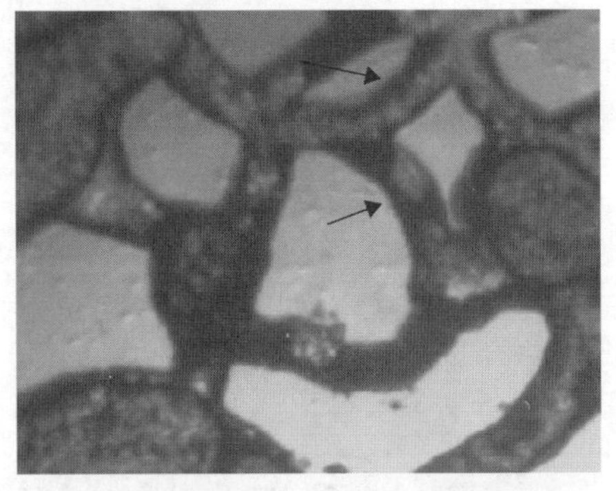
(b) 微生物驱后的柱状剩余剩余油

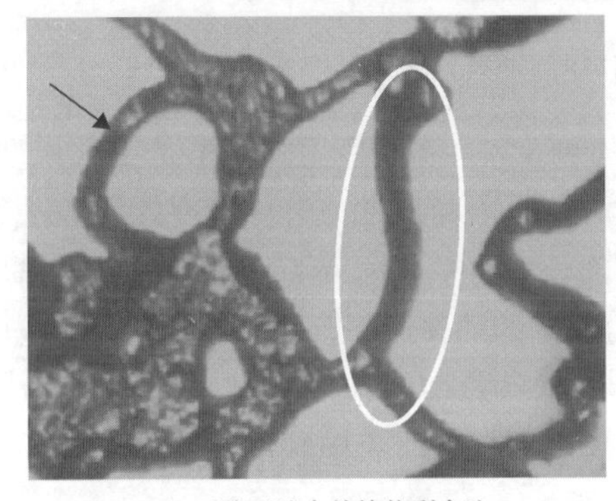
(c) 垂直于流向的柱状剩余油

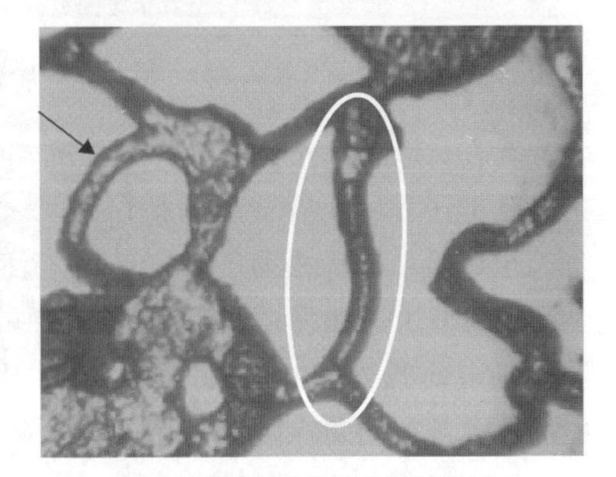
(d) 微生物作用后柱状剩余油被驱走

图 6-100　微生物作用后柱状油状态

3) 菌株 SL-1 对膜状剩余油的作用模式

一般而言，如果模型是亲油性质的，那么形成膜状剩余油的概率较大。亲油模型中，孔隙壁对油的附着力大于水流的剪切力，注入水在孔隙中间通过，使黏附于孔隙表面的油剩下，形成油膜或油环[图 6-101(a)]。膜状剩余油在油湿孔隙

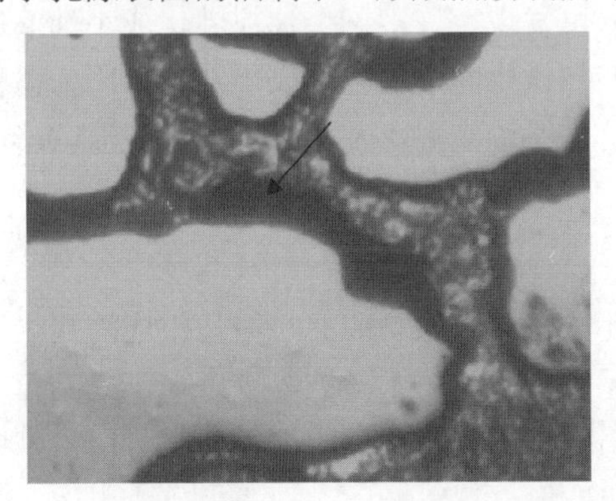

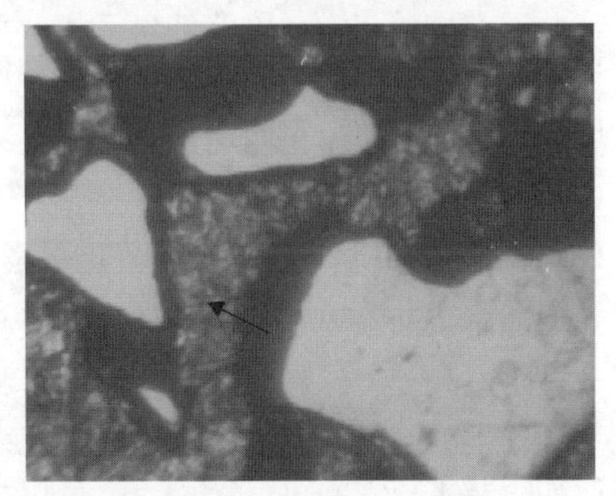
(a) 黏附于孔隙壁上的油膜

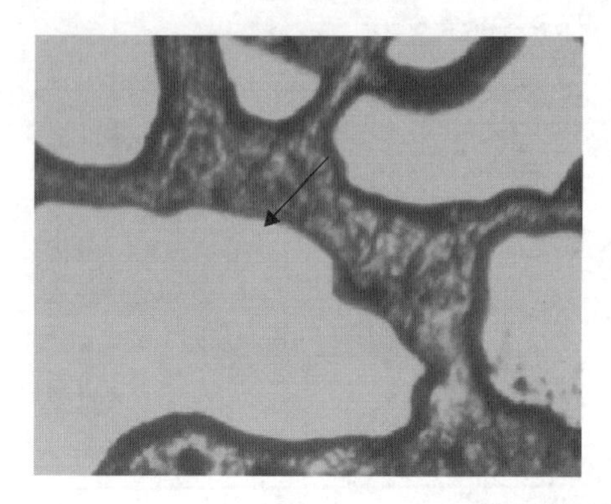
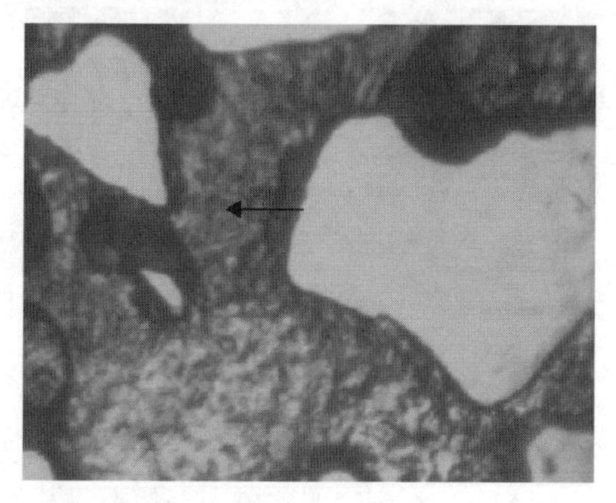

(b) 微生物作用后油膜被驱走

图 6-101　乳化微生物作用后油膜变化情况

内普遍存在，是油湿孔隙内一种主要形式的剩余油。实验所用的模型是亲水模型，但是在驱油过程中仍有较多油膜存在，这可能是因为原油成分中含有蜡、胶质等组分，也可能是因为模型的反复使用，使部分孔隙壁表面变为亲油性。原位培养期间，孔隙壁上的油膜在菌株 SL-1 代谢的乳化剂的作用下，表面被软化、乳化成小油滴，继而脱离壁面，成为游离的油相，后续水驱时被驱替干净。菌株 SL-1 作用后，孔隙壁对剩余油的截留能力下降，原油与壁面的接触角增大。

4) 菌株 SL-1 对孤岛状剩余油的作用模式

孤岛状剩余油是亲水模型中较常见的一类剩余油，与簇状剩余油的形成机理类似。注水过程中，水流沿着亲水孔隙壁面前进，由于孔隙亲水、亲油程度不同，油水的渗流速度不同，原油被完全驱走之前，水占据了前方喉道，油流被卡断，油便以油滴的形式留在大孔隙内，成为孤岛状剩余油[图 6-102(a)]。孔喉内径变化越大，孤岛状剩余油形成的概率越高，且孔隙介质亲水性越强，形成的可能性越大。另外，微生物发酵液注进模型后，可发现有许多剩余油被乳化成小油滴的现象，上述簇状、柱状和膜状剩余油都能被微生物产物乳化成小油滴，因为微生物的注入量控制在一定的 PV 范围内，这些小油滴来不及驱出模型外而滞留形成孤岛状剩余油[图 6-102(b)、(c)]。

5) 菌株 SL-1 对盲端剩余油的作用模式

盲端剩余油主要是指密封于死角或孔隙盲端内的剩余油，与其相连的孔喉大部分被水取代。盲端越深，其残余油量越大，也就越不易被驱替出来，提高盲端剩余油的采收率是研究微生物提高采收率技术中非常关键的内容。实验用模型中主要的盲端类型有圆形、梯形、三角形和柱形。

(1)圆形盲端：与其他类型的盲端剩余油相比，圆形盲端剩余油是较易于驱出的。一次水驱后，有许多剩余油滞留于该类盲端内。当外源注入菌株 SL-1 及其产物时，圆形盲端内剩余油逐渐被剥离、拉断并驱出(图 6-103)。

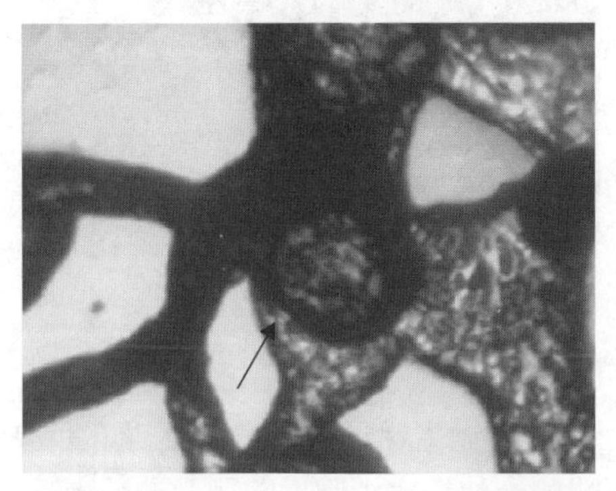
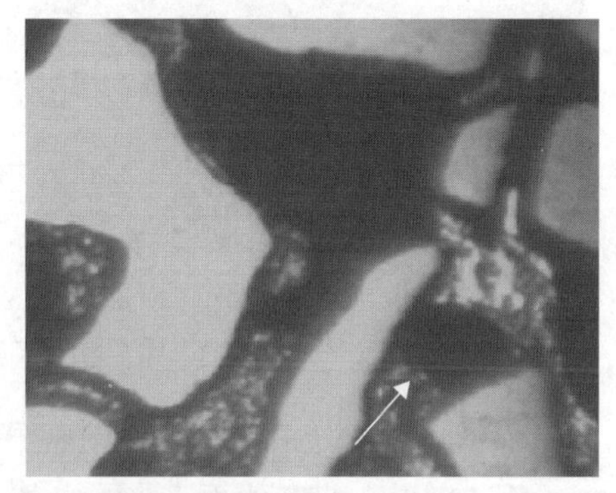

(a) 水驱后形成的孤岛状剩余油

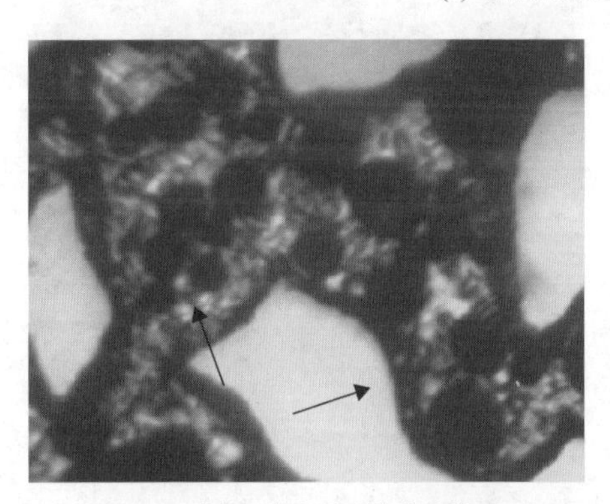

(b) 乳化、滞留形成的小油滴

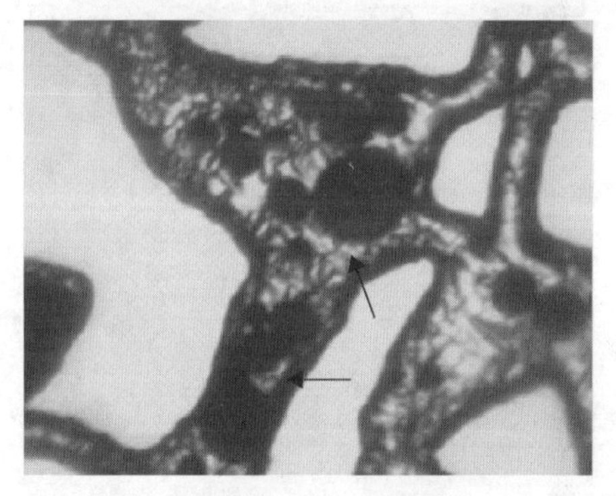

(c) 簇状油乳化成小油滴

图 6-102　微生物将剩余油乳化成孤岛状剩余油

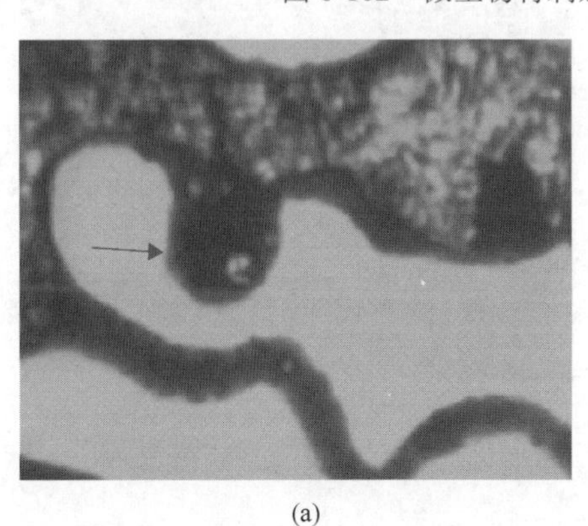

(a)

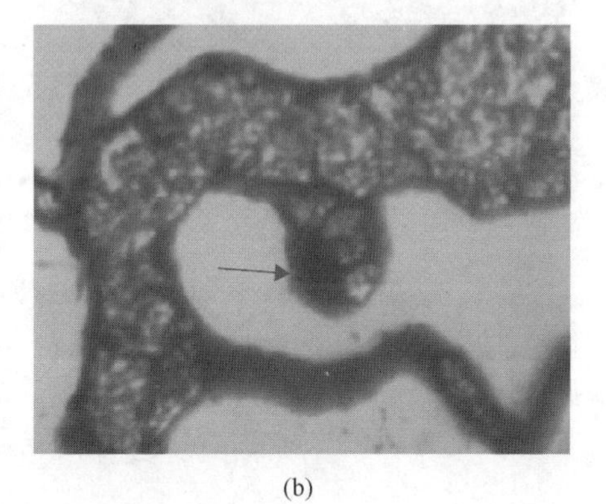

(b)

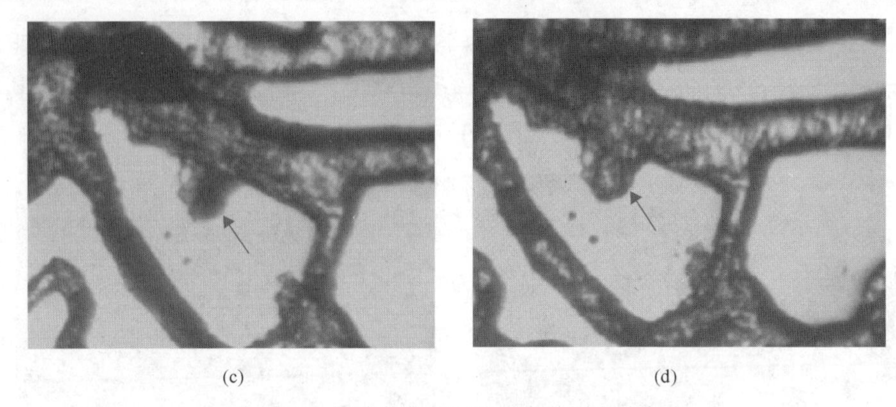

(c)　　(d)

图 6-103　微生物作用后圆形盲端剩余油变化

(2)梯形盲端：微生物的乳化、剥离作用能有效剥离梯形盲端剩余油。如图 6-104 所示，微生物作用后两种不同大小的梯形盲端剩余油均比水驱后的剩余油减少很多。

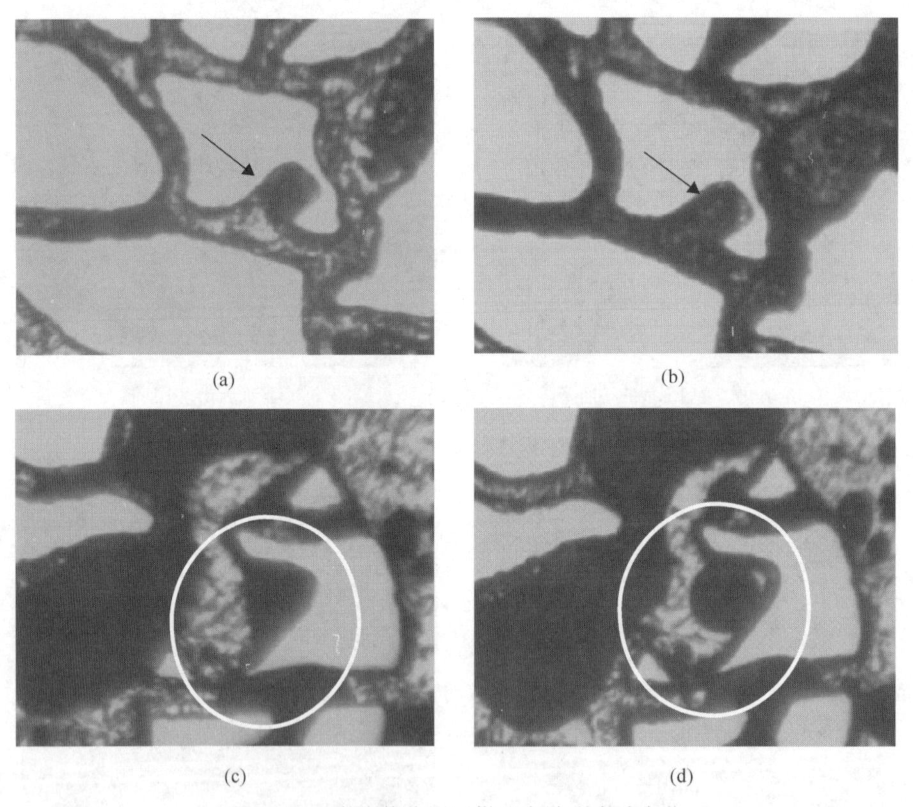

(a)　　(b)

(c)　　(d)

图 6-104　微生物作用后梯形盲端剩余油变化

(3)三角形盲端：三角形盲端剩余油根据盲端类型的差异驱油效果也不一样。图 6-105(a)、(c)为一次水驱后的剩余油状态，水驱几乎不能动用半封闭型的三角盲端剩余油，但能动用少量全开型的三角盲端剩余油。实验结果发现，菌株 SL-1 原位培养期间，微生物通过生命活动作用有效驱动半封闭型的三角盲端剩余油，而外源注入过程对这部分剩余油的作用较小，外源注入方式只能驱替出全开型的三角盲端剩余油。

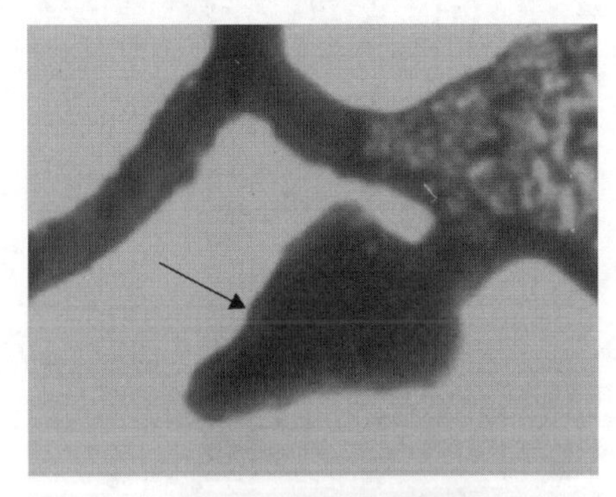

(a) 半封闭型的三角盲端剩余油

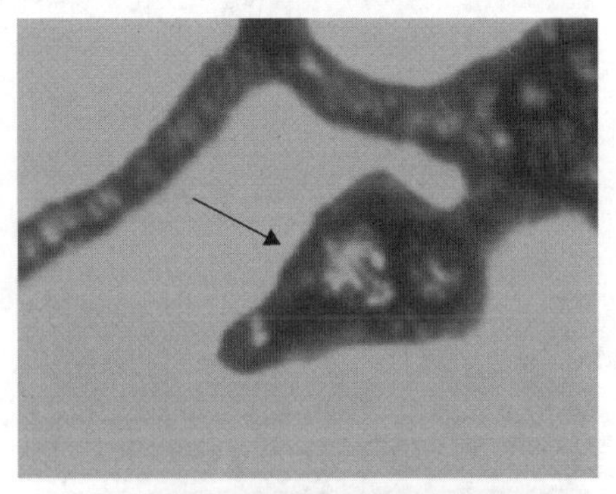

(b) 微生物作用后剩余油状态

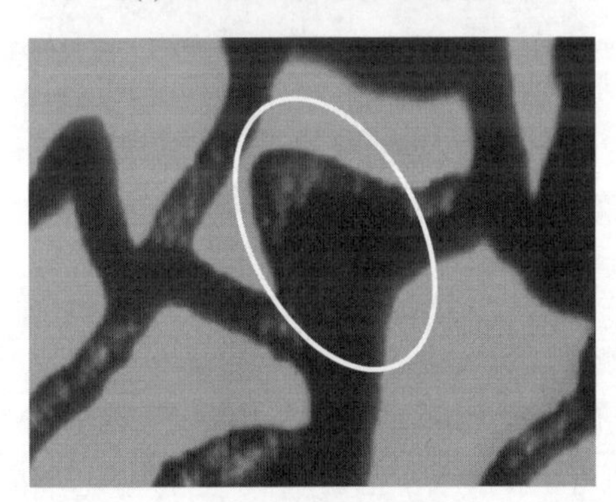

(c) 全开型的三角盲端剩余油

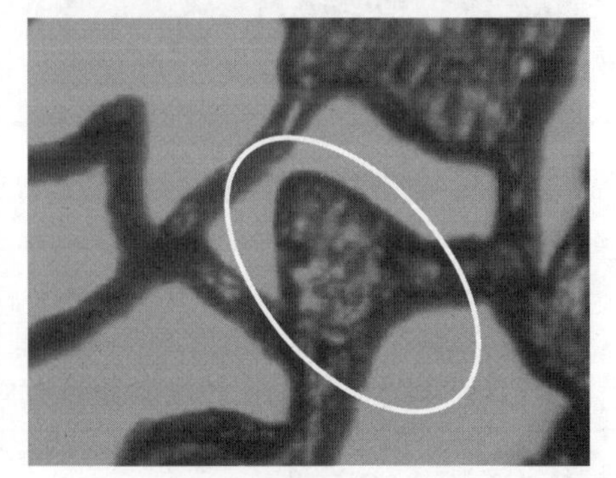

(d) 微生物作用后剩余油状态

图 6-105　微生物作用后三角盲端剩余油变化

(4) 柱形盲端：该模型中柱形盲端剩余油是相对最难驱替出的一种剩余油。一次水驱结束后，柱形盲端内几乎呈饱和油的状态。只能通过原位培养过程中微生物的界面趋向性等特性剥离、降解柱形盲端剩余油(图 6-106)。

表 6-10 和表 6-11 给出了不同方法功能菌处理液对不同形状剩余油的作用情况和微生物提高采收率部分占初始剩余油量的比例。纵向上看，不同功能菌对簇状、柱状剩余油提高的采收率明显高于水驱油的情况，微生物及其产物对剩余油的作用效果依次为簇状剩余油＞柱状剩余油＞膜状剩余油＞盲端状剩余油＞孤岛状剩余油。

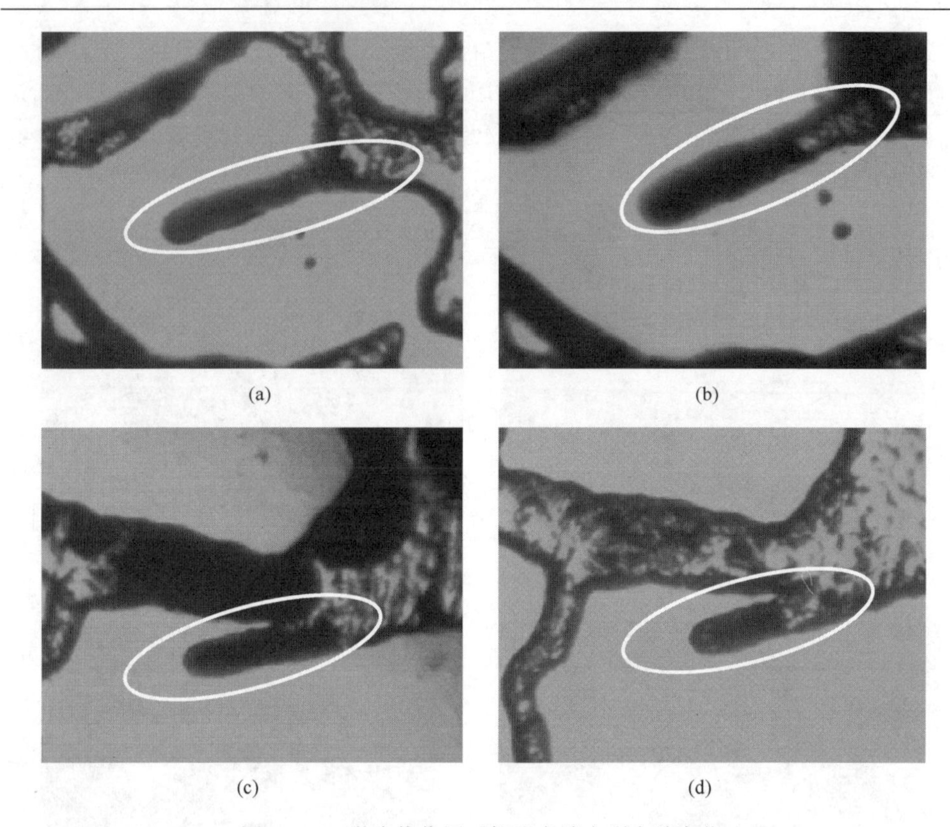

图 6-106　微生物作用后柱形盲端内剩余油变化

表 6-10　不同驱油方式下不同形状剩余油采收率　　(单位：%)

剩余油类型	空白水驱	菌株 SL-1 和有机激活剂	菌株 SL-1 和无机激活剂	菌株 SL-1 发酵液	菌株 SL-1 上清液	液态菌株 SL-1
簇状剩余油	5.33	9.78	9.73	10.74	9.85	8.03
柱状剩余油	3.74	7.28	7.45	8.34	7.12	6.69
膜状剩余油	2.85	3.93	4.94	4.52	3.99	3.82
孤岛状剩余油	1.51	1.99	2.95	2.59	2.21	2.21
圆形盲端剩余油	0.91	1.04	1.01	1.07	1.22	1.05
梯形盲端剩余油	0.87	1.02	1.02	1.01	1.12	0.79
三角盲端剩余油	0.64	0.85	0.83	0.52	0.67	0.48
柱形盲端剩余油	0.08	0.79	0.77	0.49	0.44	0.45

表 6-11　不同驱油方式下不同形状剩余油减少比例　（单位：%）

剩余油类型	空白水驱	菌株 SL-1 和有机激活剂	菌株 SL-1 和无机激活剂	菌株 SL-1 发酵液	菌株 SL-1 上清液	液态菌株 SL-1
簇状剩余油	30.97	57.50	55.89	64.08	60.39	47.46
柱状剩余油	29.57	59.14	60.32	68.36	58.79	53.31
膜状剩余油	34.42	44.56	59.16	51.60	46.13	43.81
孤岛状剩余油	24.24	30.43	46.46	40.22	34.86	35.42
圆形盲端剩余油	42.92	45.61	45.50	48.42	55.96	47.95
梯形盲端剩余油	42.03	51.78	51.78	54.01	63.28	46.20
三角盲端剩余油	20.48	48.30	50.92	33.33	44.37	30.97
柱形盲端剩余油	21.97	47.88	43.75	30.25	26.67	27.27

横向分析数据表可以直观地得出以下几点：①菌株 SL-1 在模型内培养和代谢产物通过乳化、剥离和改变润湿性等方式提高油膜的采收率。②后续水驱时，微生物代谢产物驱油过程中产生的大部分分散油滴能有效驱替出模型，菌株 SL-1 上清液驱替实验中，对梯形盲端剩余油的采收率高于其他组。③菌株 SL-1 在模型内培养时对盲端剩余油的剥离作用比代谢产物直接驱替时的剥离作用略好些，菌株 SL-1 和有机激活剂对三角形盲端和柱形盲端剩余油提高采收率分别达 0.85%和 0.79%，相对于各自的初始剩余油，有 48.30%、47.88%原油被采出。菌株 SL-1 发酵液的驱替作用主要对圆形盲端和梯形盲端剩余油有较好的剥离作用，提高采收率达 1.01%～1.07%，相对于各自的初始剩余油，有 48.42%、54.01%的原油被采出。微生物及其产物对 4 种盲端剩余油的作用效果依次为圆形盲端剩余油＞梯形盲端剩余油＞三角形盲端剩余油＞柱形盲端剩余油。

6.4　产气内源功能微生物驱油机理

6.4.1　产气内源功能微生物生长代谢特性

1. 实验方法

1) 实验材料及制备

实验用菌株分离自油田产出液，为产 CO_2、CH_4 等气体的混合菌种，厌氧，最适宜生长温度 40～45℃。

原油来自胜利油田沾 3 区块，含硫 2.80%，含氮 0.44%，含脂肪烃 19.66%，含芳香烃 39.09%，含沥青质 13.89%。原油黏度和原油密度分别为 1077mPa·s、0.987g/cm^3。

微观模型驱替水为除氧模拟地层水。其中，NaCl 浓度为 3.2g/L，$CaCl_2$ 浓度为 0.2g/L，$MgCl_2$ 浓度为 0.1g/L，pH 为 7.0。

驱替用微生物注剂准备过程为：①菌液微生物接种于无菌激活剂中（接种量为 10%），置于恒温培养箱（40℃、180r/min）震荡培养 20 天；②激活剂包括 K_2HPO_4（0.348g/L）、KH_2PO_4（0.227g/L）、NH_4Cl（0.5g/L）、$MgCl_2$（0.5g/L）、$CaCl_2$（0.25g/L）、NaCl（2.25g/L）、$NaHCO_3$（0.85g/L）、酵母浸粉（3g/L）、酪蛋白胨（3g/L）、甲酸钠（3g/L）、乙酸钠（3g/L）、*L*-半胱氨酸盐酸盐（0.5g/L），pH 为 7.2，煮沸除氧；③未培养产气菌菌液接种于无菌激活剂中（接种量为 10%），不进行培养。

含有菌种的地层水于 4℃温度下保存；称取 0.025g 刃天青溶解在 50mL 水中；按激活剂配方称取药品，逐一溶解后，滴 3～4 滴配好的刃天青溶液，溶液呈蓝色，加热煮沸 3min 后溶液呈粉色。加入 0.5g/L 的 *L*-半胱氨酸盐后继续煮沸至溶液无色，通 N_2 冷却至 40℃。将配好的溶液分装至厌氧瓶中高温高压灭菌，灭菌后取出冷却到 40℃后，按 10%的接种量接种于培养基中，最后放入 40℃恒温箱开始培养。

2）内源产气微生物群落结构分析

在微生物采油技术研究中，对选定区块地层水中的微生物群落状况进行分析，从内源微生物驱油技术的角度考虑，是选择性激活地下有益内源微生物群落，抑制有害内源微生物群落的基础工作[37-39]。因此要研究内源微生物驱油技术先要分析油藏中的微生物群落，确定功能微生物及其影响因素。

利用 AxyPrep 细菌基因组 DNA 小量试剂盒提取菌体中的 DNA。DNA 样品被接收后对样品进行检测，检测合格的样品构建文库，用合格的文库进行聚类（cluster）制备和测序。

3）产气内源微生物代谢产物及性能分析

（1）代谢产物检测。

用气相色谱法分析挥发性有机酸。将 1μL 样品注入配备了氢火焰离子化（FID）检测器和毛细管柱（DB-FFAP 色谱柱）的 Agilent 4890 气相色谱仪系统。载气为 N_2，进样温度为 250℃，检测器的温度为 300℃。柱温最初在 100℃保持 5min，然后增加至 240°保持 10min。

40℃时使用 BZY-1 全自动表面张力仪测定培养与未培养的菌液，发现培养后的发酵液比未培养的菌液表面张力低，说明菌株产生了表面活性物质。为保证实验的可靠性，每个样品测量 4 次。

取待测液 10mL 于玻璃试管内，加入等体积的液状石蜡，充分震荡、静置。测定其不同时间的乳化指数 Ei。

振荡超声处理后用阳离子交换树脂技术得出多糖溶液，用苯酚硫酸法测胞外多糖含量。

(2)产气性能分析。

一般微生物产生的气体有增加地层压力、降低原油黏度、溶蚀碳酸盐、提高渗透率等提高原油采收率的重要作用。所以对微生物的生长代谢产气，尤其是其产气性能的分析显得十分重要。

微生物所产生的气体用 500mL 集气袋收集，测量每天的气体产量，并将其立即送去进行气相色谱检测以检测其气体组分，其中进样器温度为 120℃，检测器温度为 250℃。各气体组分所用气相色谱检测器及载气见表 6-12。

表 6-12　各气体组分所用气相色谱检测器及载气

检测气体	检测器	载气
H_2、He	TCD	N_2
O_2、N_2、CO_2、H_2S	TCD	He
CH_4	FID	He

注：TCD 为热导检测器。

为了说明原油对甲烷成分的诱导效应，设计平行实验。取 3 个厌氧瓶，第一个厌氧瓶为空白，只有液体培养基。第二个厌氧瓶中，向培养基中接种菌液并培养，没有原油。第三个厌氧瓶中，向培养基中接种菌液并加入原油培养。用气相色谱检测器检测 3 个厌氧瓶上方气体组分。

2. 内源产气功能微生物群落分析及产气特性

1) 油藏内源产气功能微生物群落结构分析结果

经过对培育样品的数据统计、序列拼接及物种分类分析，以及将其与数据库进行比对，对操作分类单元(OTU)进行物种分类并将分别在门、纲、目、科、属、种几个分类等级的各个样品作物种面积柱状图。图 6-107 展示了各样品在不同分类等级上的物种，从图中可以直观看出不同物种在每个样品中所占的比例。门水平画所有物种的柱状图。从纲水平开始，将物种丰度在所有样品中均低于 0.5%的全部合并成 Others。图中显示，复合产气功能菌主要属于 4 个门，拟杆菌门(Bacteroidetes)、厚壁菌门(Firmicutes)、互养菌门(Synergistetes)、变形菌门(Proteobacteria)为主要优势菌群，占复合菌系统的 99%以上。此外，热袍菌门(Thermotogae)也少量存在(0.58%)。

(1)拟杆菌门。

拟杆菌门占总复合菌群的 39.5%，且绝大多数属于拟杆菌纲中的紫单胞菌科(Porphyromonadaceae)。紫单胞菌科是专性厌氧杆菌，可代谢碳水化合物、蛋白胨或中间产物，产生可检测的有机酸。

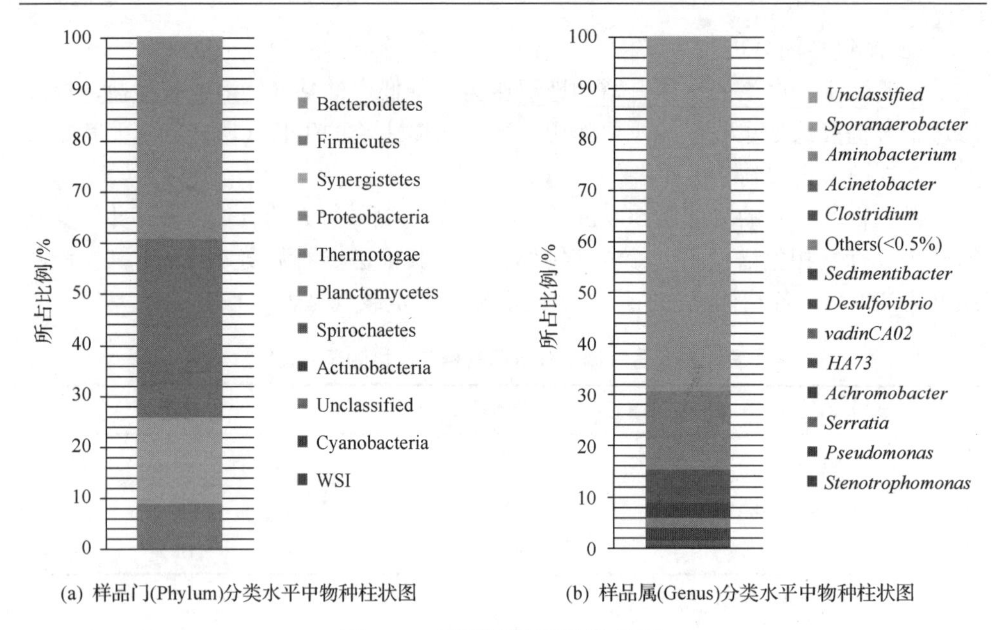

(a) 样品门(Phylum)分类水平中物种柱状图　　(b) 样品属(Genus)分类水平中物种柱状图

图 6-107　样品物种面积柱状图

(2) 厚壁菌门。

厚壁菌门占复合菌群的 34.99%，几乎所有都属于梭菌纲(Clostridia)，它们是严格厌氧的革兰氏阳性杆菌，产孢子，借周生鞭毛运动。这些菌可以氧化脂肪酸，产生 CO_2 和 H_2，有的还产生乙酸、丙酸、丁酸、己酸等有机酸类，常与产甲烷菌共生，在整个产甲烷的过程中起到相当重要的桥梁作用，使反应进行下去。其中属于 *Sporanaerobacter* 属的占 23.72%，属于梭菌属(*Clostridium*)的占 2.75%，属于 *Sedimentibacter* 属的占 1.49%。

(3) 互养菌门。

互养菌门占复合菌群的 16.67%，互养菌属中仅有少部分革兰阴性、专性厌氧的杆菌、弧菌和能动菌菌种可通过特殊培养基分离纯化，大部分可培养菌种适宜在常温中性环境中生长，另有一些菌种能够耐受盐环境或者高温条件(最适温度 55～65℃)。该菌是中温严格厌氧氨基酸及丙酮酸降解菌，可以在厌氧降解中间产物方面发挥作用。互养菌门中大多数属于 *Aminocterium* 属(占总复合菌群的 15.21%)，严格厌氧降解氨基酸。

(4) 变形菌门。

所有的变形菌门细菌为革兰氏阴性菌，其外膜主要由脂多糖组成，占所有菌群的 8.32%。变形菌门主要包括 γ-变形菌纲脱硫弧菌属(1.27%)，和 δ-变形菌纲不动杆菌属(6.67%)，绝大多数 δ-变形菌纲属于严格中温厌氧菌，这与 40℃的实验条件相符。不动杆菌属为烃氧化菌，是一类能够利用烃类作为碳源和能源物质生长的微生物，在有氧条件下，以 O_2 作为电子受体进行好氧呼吸，通过氧化烃类物质获得能量；在兼性厌氧条件下，此类微生物中的某些具有硝酸盐还原作用的种类可以以硝酸盐作为电子受体。

(5) 热袍菌门。

在样品中检测出少量热袍菌门(0.58%)，全部属于热袍菌属。热袍菌门是一类嗜热或超嗜热细菌，细胞外面有层“袍”一样的膜包裹，可以利用碳水化合物。

古菌群落结构相对简单，全部属于广古菌门(Euryarchaeota)。其中，甲烷八叠球菌属(*Methanosarcina*)占 64%，为优势菌属。甲烷八叠球菌属细胞为不规则球状，不运动，不产芽孢，极端严格厌氧，可以利用 H_2、CO_2 和乙酸等产甲烷。甲烷热杆菌属(*Methanosarcina*)占 28%，严格厌氧，属于氢营养产甲烷菌。还检测出甲烷杆菌属(*Methanobacterium*)，为极端严格厌氧菌，可以将 CO_2 还原为甲烷，也属于氢营养型产甲烷菌，占了总古菌群落的 7%。

2) 产气功能微生物生长代谢及产气性能

(1) 产气功能菌代谢产物分析。

对于可能产生的微生物代谢产物——生物表面活性剂、生物乳化剂和胞外多糖分别进行了分析。表 6-13 显示该微生物发酵后菌液的表面张力略高于初始菌液，这表明该微生物没有明显地产生生物表面活性剂，即没有表面活性。无论是初始菌液还是发酵后菌液的乳化指数均低于 3%，这表明该微生物在培养过程中没有显著的乳化性。胞外多糖的测试结果表明，产物中含有低分子量的碳水化合物，几乎不影响溶液的黏度。

表 6-13　微生物代谢产物检测

菌液	表面张力/(mN/m)	乳化指数/%	黏度/(mPa·s)	胞外多糖		
				碳水化合物/(mg/L)	蛋白质/(mg/L)	分子量(平均数)
初始菌液	53.3±0.3	1.3±0.2	0.8±0.3			
发酵后菌液	55.9±0.8	2.3±0.4	0.7±0.4	186.5	0.031	4552

为了改善目前微生物驱油机理研究中所存在的代谢产物繁多、机理混杂、每类功能菌贡献不清的现状，需要对每一种功能菌分开进行研究。代谢产物的分析表明，本次实验所用微生物产生的生物表面活性剂、生物乳化剂和胞外多糖均不明显，对于提高原油采收率的贡献可忽略，主要考虑微生物产气这一种功能，可以将其作为产气功能菌进行研究。

挥发性脂肪酸是指 C_1～C_5 极易挥发的短链脂肪酸，它是石油烃降解过程中最重要的中间产物，特别是乙酸，为产甲烷过程中的前体之一。图 6-108 考察了内源菌降解石油烃产生乙酸的过程。实验开始阶段，产乙酸菌为优势菌种，主要代谢产物为乙酸。乙酸的产生激活了内源菌中乙酸营养型菌种，此时随着乙酸含量的增加，乙酸营养型菌代谢逐渐增强。到微生物代谢的第 4 天，乙酸含量达到最高值 400mg/L，此后随着溶解氧及培养基中营养物质的耗尽，溶液中电子受体及微生物代谢类型发生改变，产酸代谢逐渐减弱，乙酸参与微生物代谢产甲烷过程被消耗分解，导致乙酸含量急剧下降。

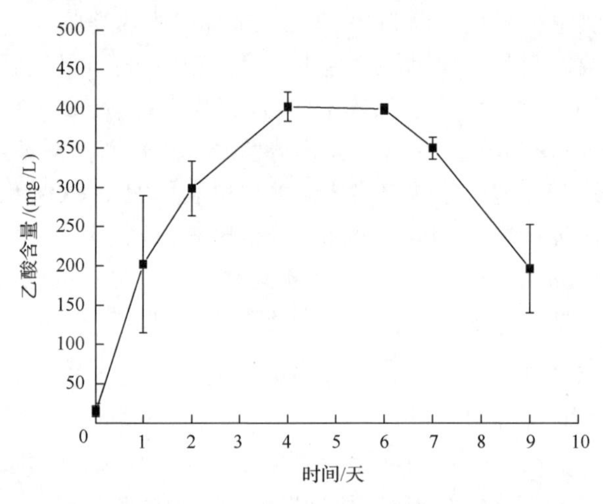

图 6-108　挥发性脂肪酸乙酸含量

(2)产气功能菌生长与产气性能分析。

由于产气功能菌经过几次扩大培养，活性较强。图 6-109 表明接种后第 1 天生物量大大增加，在 5 天以后维持较高水平(OD_{600}，0.45～0.47)。新接种的产气功能菌在第 1 天就有较大的产气量，约 13mL。之后的几天产气量逐渐增大，最终在第 5～第 7 天基本无气体产生，最终产气量达到 63.3mL。

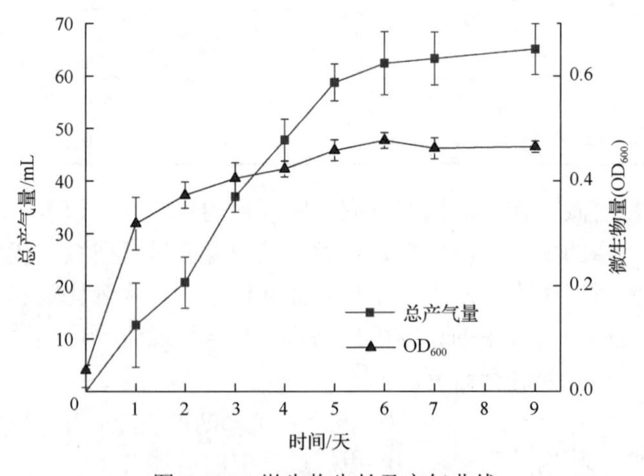

图 6-109　微生物生长及产气曲线

根据细菌消耗培养基产生气体量的关系，评价细菌产气能力的公式为

$$产气率=\frac{产气体积}{培养基体积}\times 100\%$$

根据此公式计算本实验中产气功能菌的产气率为 42.2%，说明原油中筛选出的内源微生物产气量较大，内源微生物产气性能良好，值得单独研究其对微生物提高原油采收率的贡献程度。

(3)产气功能菌生物气组分及原油对其诱导效应分析。

为了了解产气功能微生物所产生气体的组分，收集厌氧瓶中的气体进行气相色谱分析，实验结果见表 6-14。其中测得 N_2 组分为厌氧瓶创造厌氧环境注入 N_2，非微生物代谢产生。测得的 H_2S 组分是为了维持初始条件的厌氧环境，而加入了过量 *L*-半胱氨酸盐酸盐产生，并非微生物代谢产生。表 6-14 中显示，H_2、CO_2 和 CH_4 是该产气功能微生物产生的主要气体，其中 CO_2 和 CH_4 占总产生气体的 90%以上，其比例分别占气体总量的 19.7%和 8%(图 6-110)。从图 6-110 中可以看出第 1～4 天 CH_4 增长缓慢，CO_2 曲线斜率较大，产生迅速。4 天后，CH_4 产生速率略有增加，而 CO_2 则产生较少。这说明，由于初始培养基中不可避免地会有很小一部分溶解氧的存在，微生物前 4 天会进行有氧代谢，产甲烷细菌是严格厌氧的，受到抑制，体系中 CH_4 生成较 CO_2 要缓慢些。当溶解氧逐渐被耗尽，4 天后本源微生物古细菌中存活的有效甲烷菌被更多地激活，厌氧呼吸作用逐渐增强，代谢消耗溶液中的乙酸(图 6-108)，产生的 CH_4 累积含量逐渐增高。

表 6-14　培养 15 天后厌氧瓶中气体组分　　(单位：%)

培养方式	H_2	O_2	N_2	CO_2	H_2S	CH_4	其他烷烃
液体培养基+菌体+原油	2.27	0.00	70.14	9.98	0.89	15.76	0.96
液体培养基+菌体	0.62	0.00	70.31	15.47	1.48	12.06	0.05
液体培养基	0.00	0.00	98.19	0.00	1.80	0.00	0.00

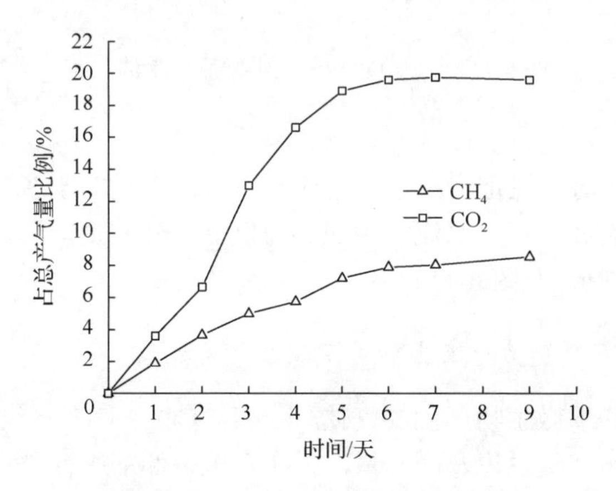

图 6-110　CO_2、CH_4 产生量曲线

为了了解原油是否会对微生物代谢产气造成影响，分别检测不加原油培养和加原油培养的厌氧瓶上方气体组分。表 6-14 表明，加原油后的微生物会产生更多的 CH_4 和 H_2，这说明原油可能会诱导微生物产 CH_4，微生物利用原油作为碳源，而这个碳源能够使微生物产生更多的 H_2 和 CH_4。

6.4.2 油藏条件下产气内源功能微生物微观驱油机理

本章使用微观仿真光刻蚀可视模型，分别在 40℃常压和 40℃高压(10MPa)条件下的孔隙介质中，利用激活的本源混合微生物，对剩余油的状态及流动机理进行详细研究，进一步揭示微生物在油藏条件下的驱油特征。

1. 微观模型空白实验

1) 一次水驱

水驱油过程中以注入水驱动原油时出现的“指进”和绕流现象为主。一次水驱时，水优先在模型的主通道内流动，其次是过渡区，流到边界的很少。一旦水驱到出口，流经整个主通道后，模型中剩余的原油几乎不会再被水驱出来(图 6-111)。

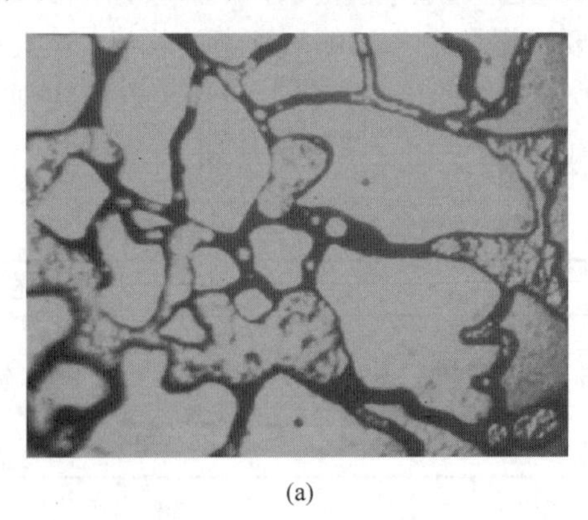

(a)

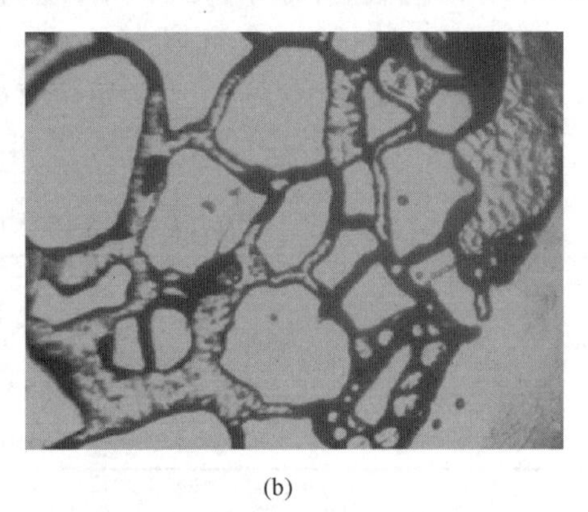

(b)

图 6-111 空白实验一次水驱后剩余油状态

2) 后续水驱

由于一次水驱时主通道已形成，二次水驱进入模型的水多数会沿着主通道继续流动，未能增大波及度。水流产生的压力仅能突破剩余油形成新的通道，而未能驱动或携带出剩余油(图 6-112)。

2. 40℃常压下产气功能微生物对石油烃作用机理

由于高压条件下微生物产生的气体(主要为 CO_2、CH_4)会溶于油相，为了更好地观察到微生物产气过程及产气量，先在常压条件下进行微观模型驱替实验。

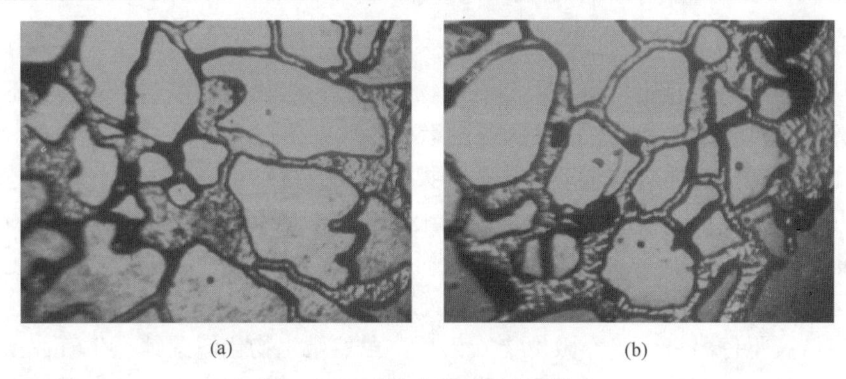

(a)　(b)

图 6-112　后续水驱后剩余油状态

1）一次水驱

水驱注水约 1.5PV 后孔隙内剩余约 50%的原油，剩余油分布状况如图 6-113 所示。

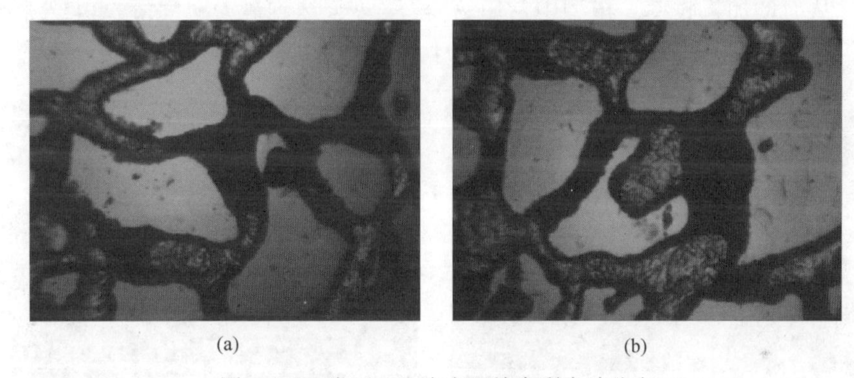

(a)　(b)

图 6-113　常压下一次水驱结束剩余油分布

2）注入微生物

注入产气微生物时，并未出现原油表面张力降低和乳化形成小油滴的现象，相对于一次水驱，剩余油有所减少，产气微生物菌液具有一定的表面活性剂驱的效果，但效果不明显。常压下注入微生物结束剩余油分布如图 6-114 所示。

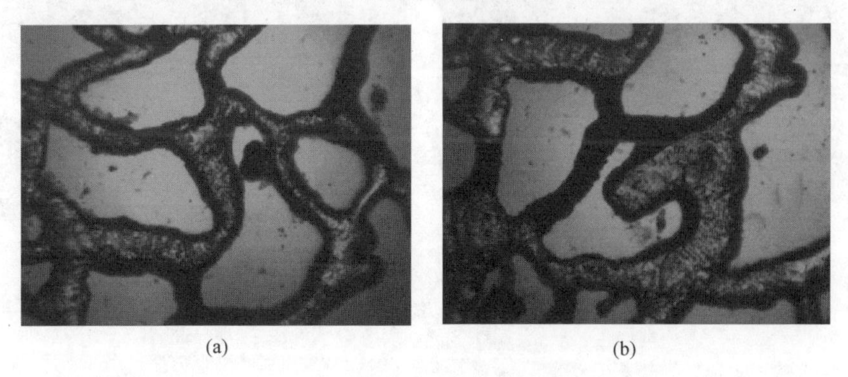

(a)　(b)

图 6-114　常压下注入微生物结束剩余油分布

3) 常压培养 15 天

从培养第一天开始，模型中即有生物气产生，生物气在模型中运移并不断变换位置，直到培养 4 天后有原油大范围运移的现象(图 6-115)，主通道较明显。可以说微生物产生气体对整个系统扰动较大，前两天扰动最为明显。经过观察，培养前几天产生大量气体，气体多形成于菌液与油的边界处(图 6-116)，优先占据大的孔道。在主通道中的气体逐渐连通，而边界处则没有连通现象。这种大范围的原油运移现象，可以使原来只依靠水驱难以移动的剩余油变换位置，在后续水驱时更容易被驱替出来。培养微生物 6 天后，虽然微生物代谢继续产生气体，但新产生的气体量逐渐减小，对模型的扰动也逐渐减小。能观察到气体在模型中不发生位置移动，体积逐渐增大的现象。由于气体体积逐渐增大占据模型孔道、盲端，孔道油膜、盲端原油被气体驱替，在后续水驱时被驱替的剩余油更易被水携带出模型，从而增加采收率。模型中常压培养至 14 天达到最大产气量，14 天后模型中不再产生气体，模型中剩余油状态趋于稳定。

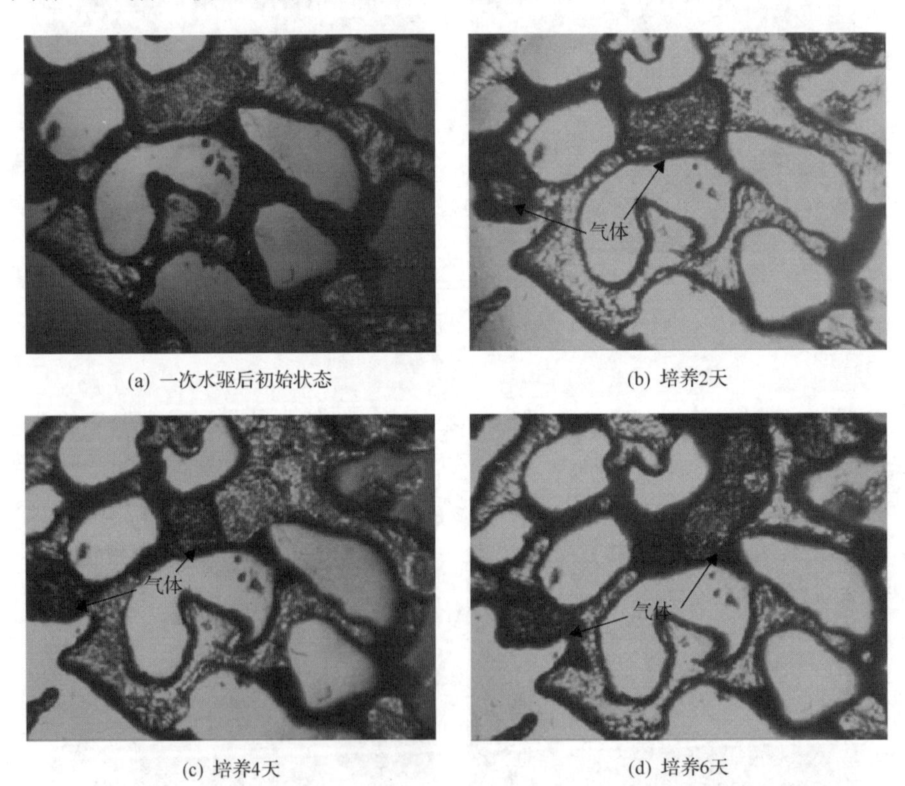

(a) 一次水驱后初始状态　(b) 培养2天

(c) 培养4天　(d) 培养6天

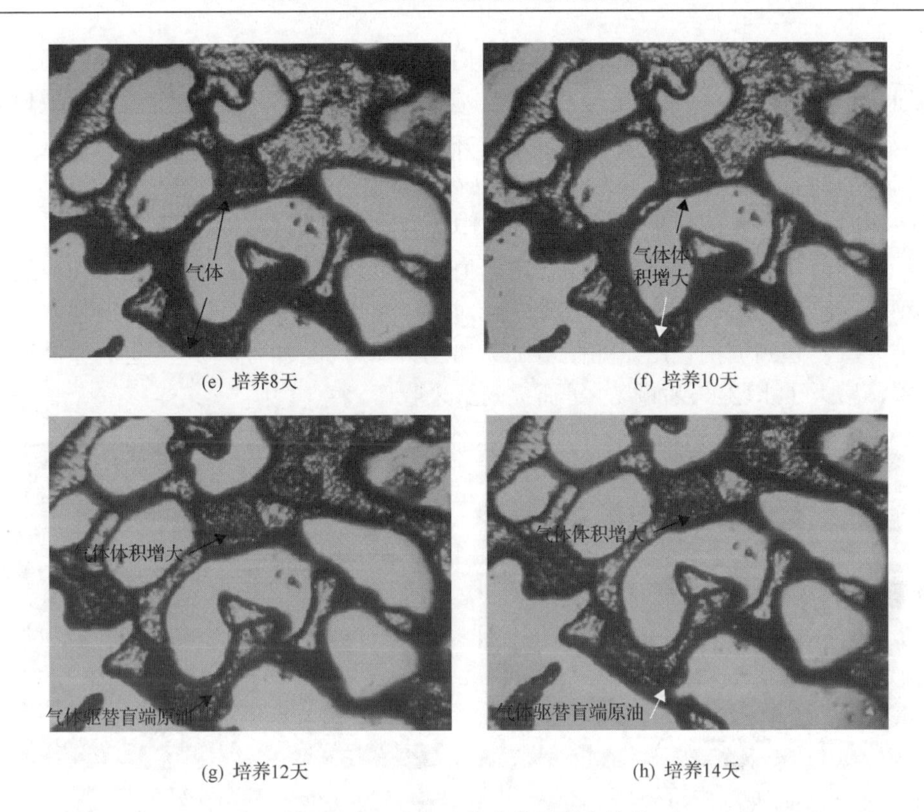

(e) 培养8天　(f) 培养10天

(g) 培养12天　(h) 培养14天

图 6-115　产气功能菌常压观察培养

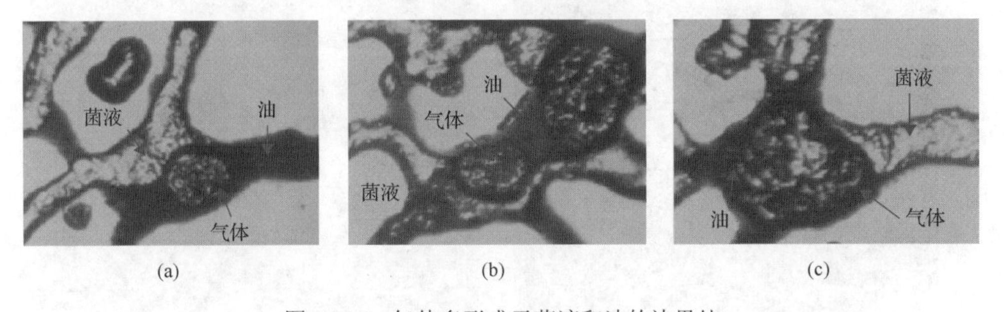

(a)　(b)　(c)

图 6-116　气体多形成于菌液和油的边界处

景贵成等[40]曾研究过以原油为碳源的微生物的化学趋向性，其观察到培养一开始微生物在原地做翻滚运动，一段时间后向碳源(油水界面)处运移。当到达界面附近时，微生物沿界面向孔隙壁和油、水三相交界处运移，并聚集在三相交界处。文章说明了微生物有向原油运移的趋势，而孔隙壁、油、水三相交界处对它的吸引力最强，因此微生物优先进入三相交界处并聚集。文中虽然不涉及产气，但在一定程度也解释了生物气存在于油水界面的现象。产气实验表明原油能诱导体系产生更多 CH_4 气体，结合生物气存在于油水界面的现象，表明微生物以原油作为碳源，从而表明其对原油的化学趋向性，以及其存在于油水界面处。另外，George 等[41]做的溶解气驱实验发现：气泡多在微观模型表面的裂缝或其他缺口处形成，气泡长到足够大时会被驱替走，并在原地又出现新的气泡，所以称气泡经常出现的地方为“成核位置”。由此可以看出，无论是内源微生物产生的气体，还是气驱时外来注入的气体，在油水环境中的存在位置都有一定的规律性。

培养前几天产生大量气体，在主通道中的气体逐渐连通，挤压剩余油向边界移动。生物气因贾敏效应在大孔隙中会对后续水驱的渗流产生阻力，迫使水向小孔隙分流，起到调剖作用。如图 6-117 所示，难以波及的模型边界也有原油移动现象，增大了水驱波及面积，进而提高了采收率。

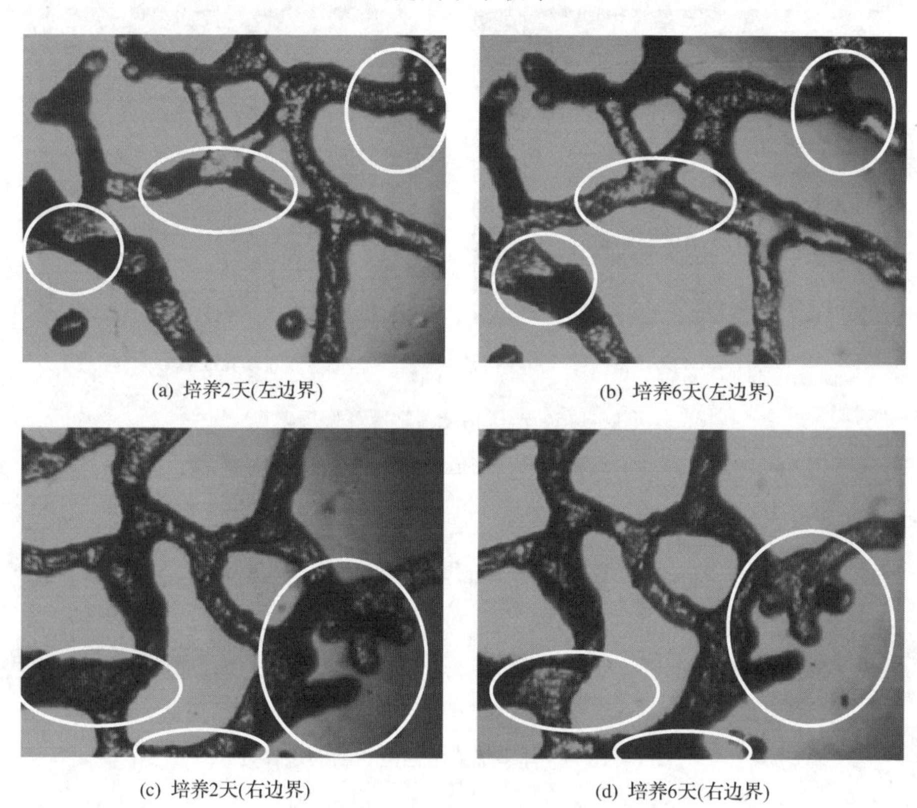

(a) 培养2天(左边界)　(b) 培养6天(左边界)

(c) 培养2天(右边界)　(d) 培养6天(右边界)

图 6-117　增大波及面积

如图 6-118 所示，产生的生物气对于膜状和盲端剩余油作用较明显。由于气体的产生占据孔道，油膜被推着剥离了孔道壁，并以油膜的形式附着在生物气表面，这种附着在生物气周围的油膜又与相邻的剩余油接触，形成大面积的可动剩余油。图 6-118 中培养第 14 天时，气体完全占据整个盲端，盲端原油被气体驱替出来，在后续水驱时更容易被水携带并驱出模型，以此提高采收率。

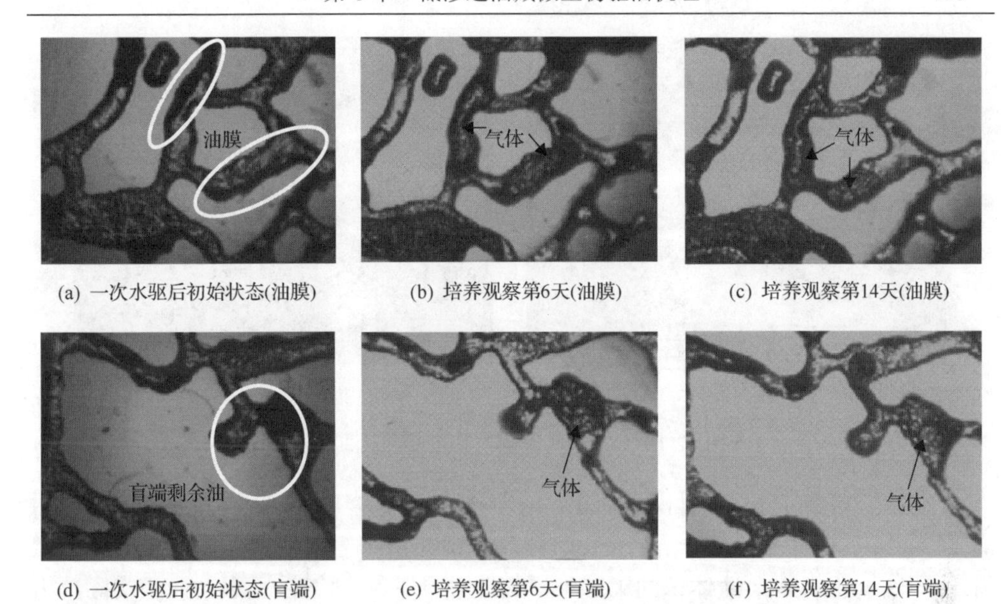

(a) 一次水驱后初始状态(油膜) (b) 培养观察第6天(油膜) (c) 培养观察第14天(油膜)

(d) 一次水驱后初始状态(盲端) (e) 培养观察第6天(盲端) (f) 培养观察第14天(盲端)

图 6-118 生物气对膜状、盲端剩余油作用

培养 15 天至模型中不再发生变化后，计算多孔介质中气体、原油、注入菌液所占的比例。气体、注入菌液比例为 1.27∶1，即微观模型中微生物产气量为菌液的 1.27 倍，产气率达到 127%，这远大于厌氧瓶中培养的产气率 42.2%，这是由于多孔介质有较高的比表面积，加上原油诱导效应的结果。气体、原油比例为 1.29∶1，即微观模型中微生物产气量约为剩余油体积的 1.29 倍。

4) 常压培养后续水驱

后续水驱时，气泡的贾敏效应(油中气泡或者水中的油滴由于界面张力而力图保持成球形。当这些气泡或油滴通过细小的孔隙喉道时，由于孔道和喉道的半径差，气泡或油滴两端的弧面毛细管力表现为阻力，若要通过半径较小的喉道必须拉长并改变形状，这种变形将消耗一部分能量，从而减缓气泡或油滴的运动，增加其运动的额外阻力，这种现象称为贾敏效应)对水流通道产生阻力，迫使注入水进入小孔隙中驱替其中的剩余油，起到了一定的调剖作用(图 6-119)。气泡在水流作用力下变形，迫使水绕流，达到扩大波及体积的效果。

3. 40℃常压培养 15 天后加压及降压实验

在高压条件下进行实验之前，还有诸多问题需要解决。例如，产生的生物气会如何溶解到原油中；其是否会在油藏达到 10MPa 压力前全部溶解到原油中；溶解到原油中的生物气会呈现出什么状态；以及如果压力逐渐降低，溶解到原油中的生物气是否会恢复气态。为了解决这些疑问，有必要在模型培养后对模型先加压、后降压。

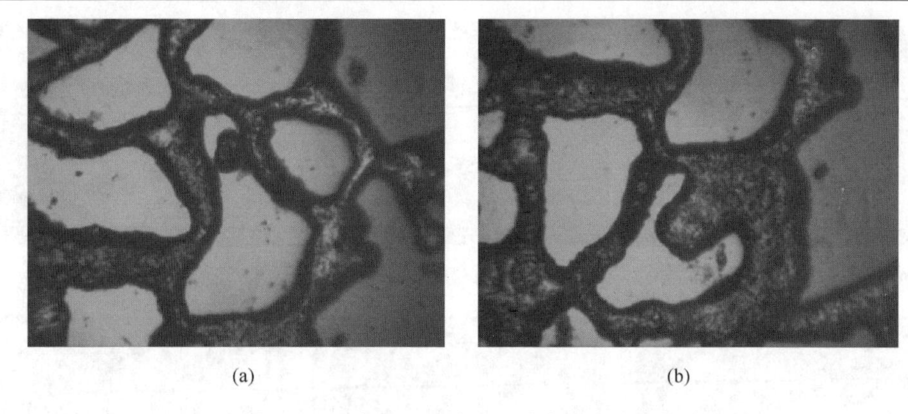

(a)　　(b)

图 6-119　常压下后续水驱结束剩余油分布

在常压培养 15 天时对模型加压，随着压力增加，气体体积逐渐减小，当压力达到 0.6MPa 时生物气完全溶于原油(图 6-120)。根据之前的实验，微观模型中微生物产气量约为剩余油体积的 1.29 倍，微生物所产生物气在远不到油藏实际压力 10MPa 时，就全部溶于油相。将压力降为常压后，产生气体与原油混合变为混相，生物气溶于原油处原油颜色变浅(图 6-121)，并没有气态的生物气出现。

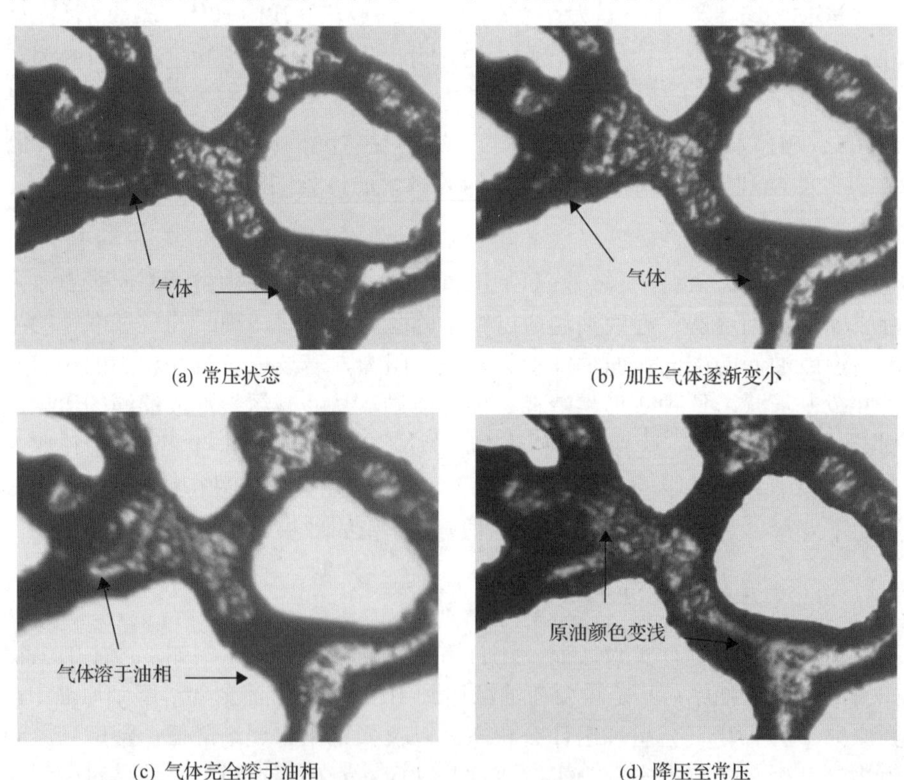

(a) 常压状态　　(b) 加压气体逐渐变小

(c) 气体完全溶于油相　　(d) 降压至常压

图 6-120　加压、降压后生物气对剩余油作用

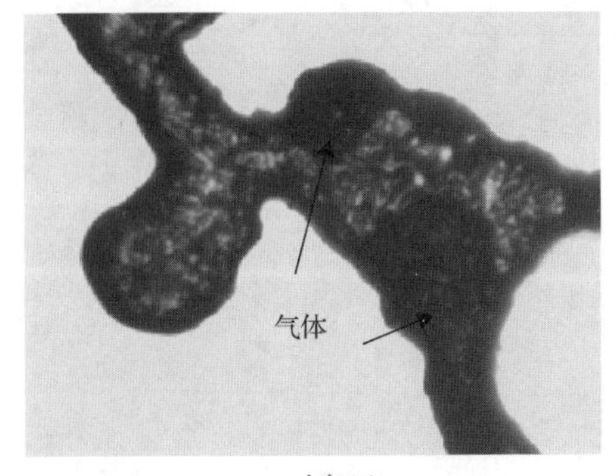

(a) 未加压

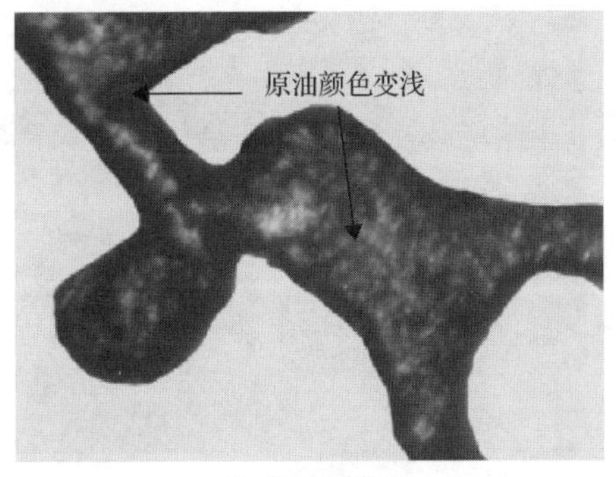

(b) 加压又降压

图 6-121　加压又降压原油颜色变浅，没有明显气相

溶解气驱增油原理为：将饱和气体(一般为 CO_2、N_2 等)注入油井，随着采油过程的进行，一部分原油被采出，地层压力下降，但此时因高压而溶解到油相的气体会因压力降低而逐渐析出变成气态，恢复了地层压力，从而有利于增加采收率。一般溶解气驱方式采油的注入气量(体积)约为原油体积的 16～35 倍，这远远大于微生物在油藏中可能产生的生物气量。实验表明，实际油藏环境中，本源微生物产生的气量相对较少，会全部溶解到剩余油中，压力降低后出现油气混相，直至压力变回常压也没有出现气态生物气，不能恢复油藏压力。

4. 40℃、高压(10MPa)下产气功能微生物对石油烃作用机理

1) 一次水驱

高压(10MPa)条件下的一次水驱过程和常压条件下的一次水驱过程类似。一次水驱后约有 50%的剩余油，图 6-122 为高压下一次水驱结束后孔隙内剩余油状态。

2) 注入微生物

高压下注入微生物与常压效果类似，比一次水驱多驱出了少量剩余油。高压下注入微生物结束后剩余油分布如图 6-123 所示。

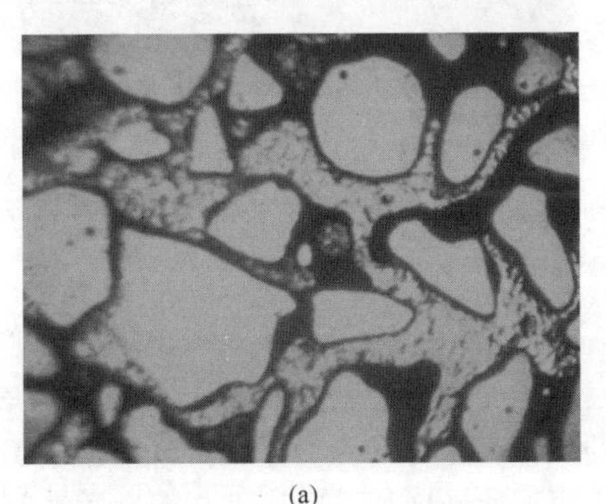

(a)

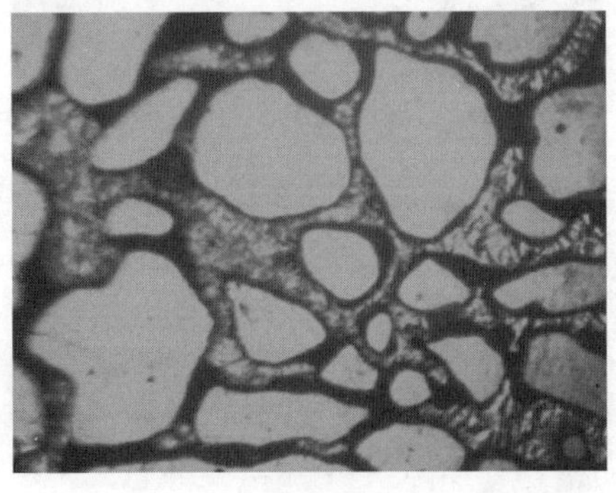

(b)

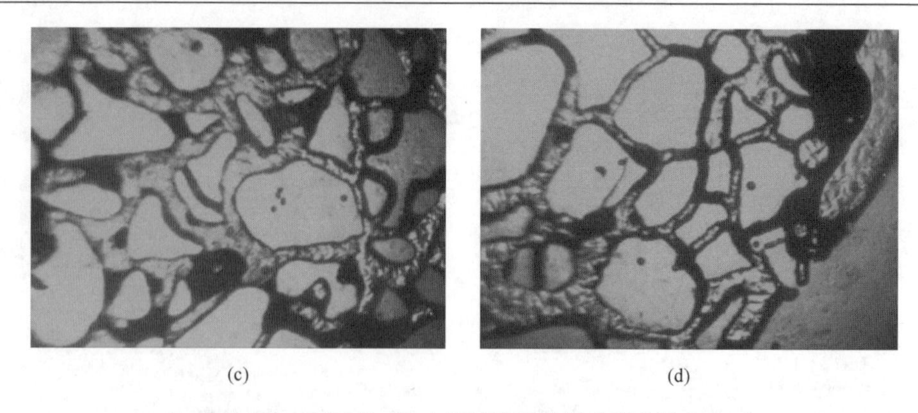

(c)　(d)

图 6-122　高压下一次水驱结束后孔隙内剩余油分布

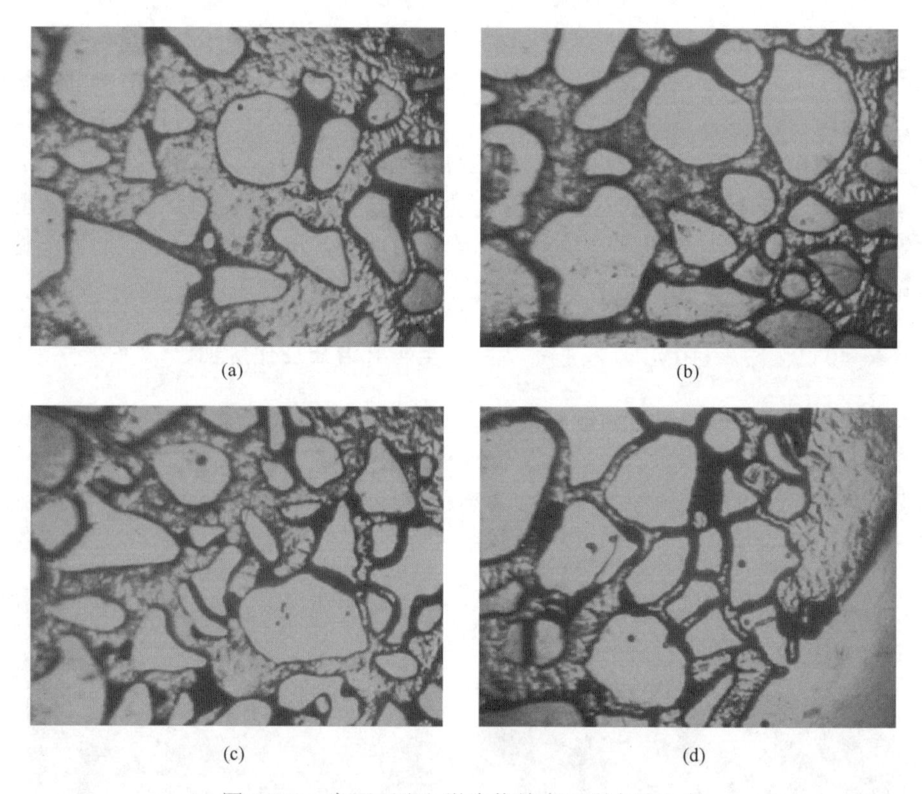

(a)　(b)

(c)　(d)

图 6-123　高压下注入微生物结束后剩余油分布

3) 高压培养 15 天

如图 6-124 所示，对比刚注入培养基后的照片，培养第 1 天即出现原油颜色变浅并且呈现深浅不一的状态。经观察发现，原油颜色变浅和常压实验培养完成后加压气体溶解处的颜色相似，所以原油颜色变浅处即为微生物产气后溶解原油处。由于产气量随天数增加，原油变浅的面积逐渐增加，直至第 8 天后原油颜色

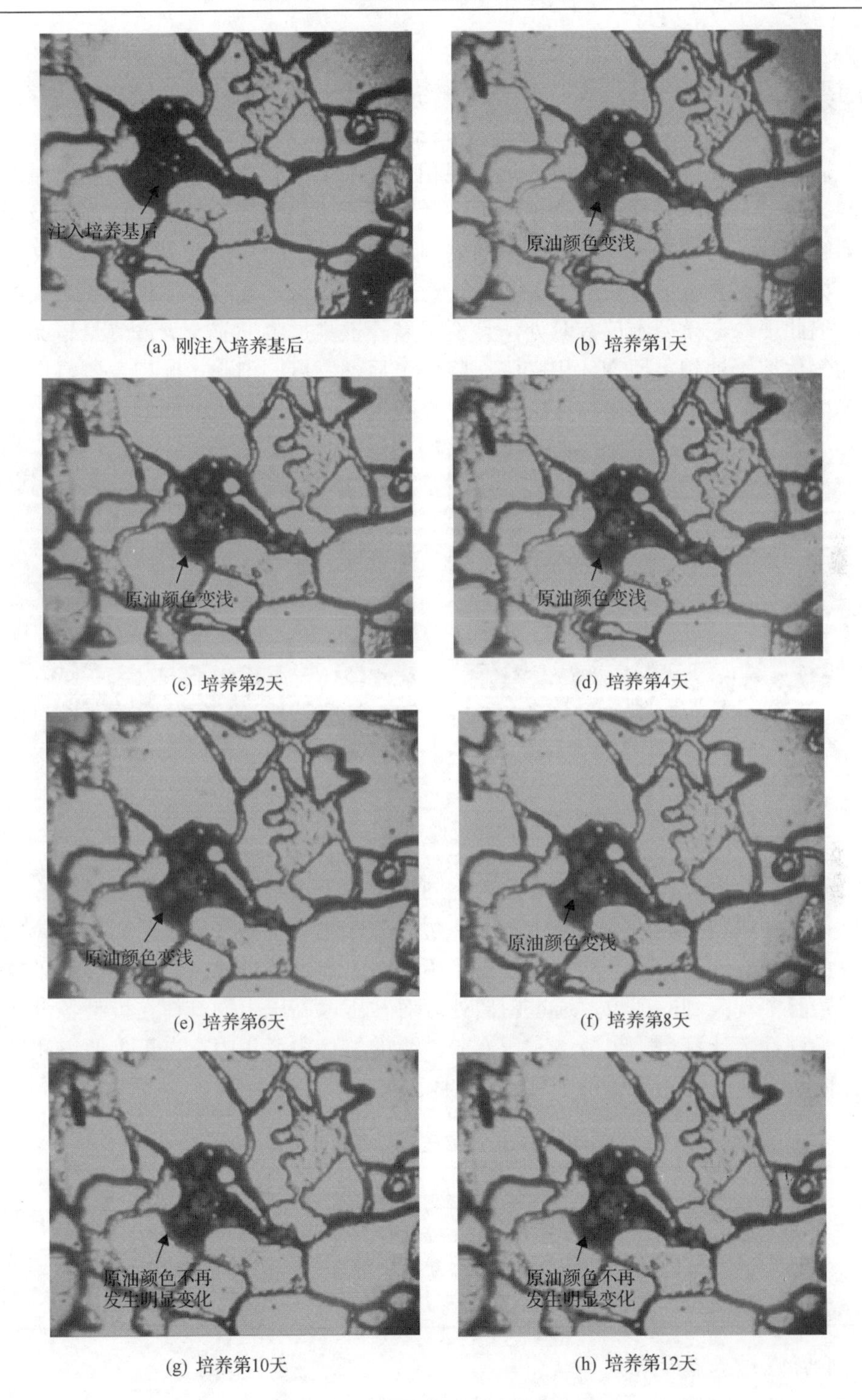

图 6-124　气体溶于原油颜色变浅

不再发生明显变化，即微生物不再产气。对比常压实验，高压实验同样在第 1 天就有明显的产气现象，这说明产气微生物在高压条件下仍能保持较高的活性。相对于常压实验下一共产气 14 天来说，高压条件下微生物产气时间较短。

微生物产生气体溶解于原油形成混相使原油颜色变浅，加上微生物以原油为碳源，降解一部分剩余油也会使原油颜色变浅。生物气溶于原油形成混相及微生物降解原油这两种机理均可降低原油黏度，从而在后续二次水驱时增加采收率。

如图 6-125 所示，加压 10MPa 后培养第 2～4 天，发现有原油体积增大的现象，但此现象在模型中仅有两处，且不明显。推测是由于前 5 天产气量较大，产生的气体溶于油相，原油体积膨胀，降低了原油黏度。但由于此现象没有广泛存在于模型中，并不能作为高压条件下产气微生物的主导驱油机理。

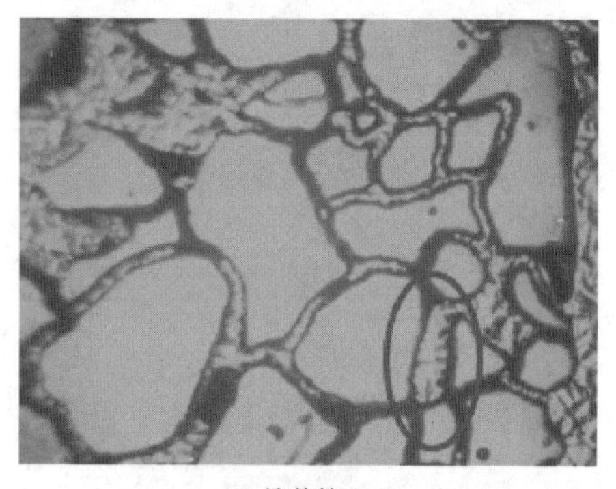

(a) 培养第 2 天

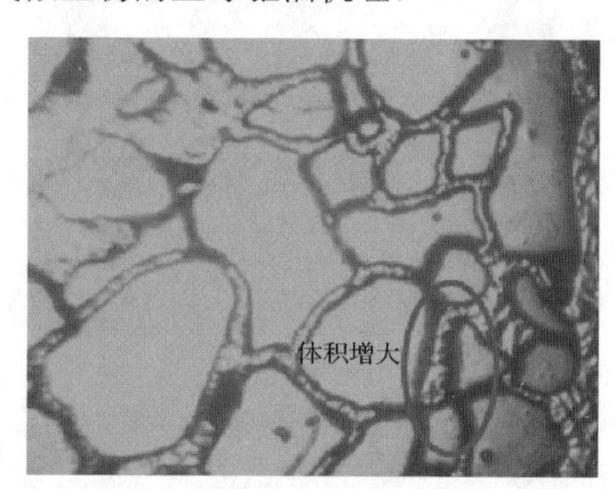

(b) 培养第 4 天

图 6-125　原油体积膨胀

高压实验过程和常压实验过程的不同之处在于，常压实验微生物产生的气体主要集中在模型主通道及部分过渡区，边界处产生的生物气量少；高压实验生物气溶于原油变浅的位置，均匀地分布于模型的主通道、过渡区和边界。为了定量说明实验中观察到的现象，通过图像处理对常压、高压生物气体在模型各分区的产气量进行了计算(表 6-15)。常压实验产生的气体主要集中存在于主通道和过渡区，而边界仅有占孔隙体积 15.1%的气体。

表 6-15　常压、高压实验分区产气量对比　　(单位：%)

模型分区	气体与孔隙体积比例(常压)	浅色油占剩余油比例(高压)
主通道	53.9	23.6
过渡区	42.9	27.1
边界	15.1	28.7

4) 高压培养后续水驱

由于微生物产生气体全部溶于油相，在后续水驱时不存在贾敏效应。不过由于形成混相降低了原油黏度，水驱时有些地方的原油流动性增强，易于被水驱出，从而也能提高采收率(图 6-126)。

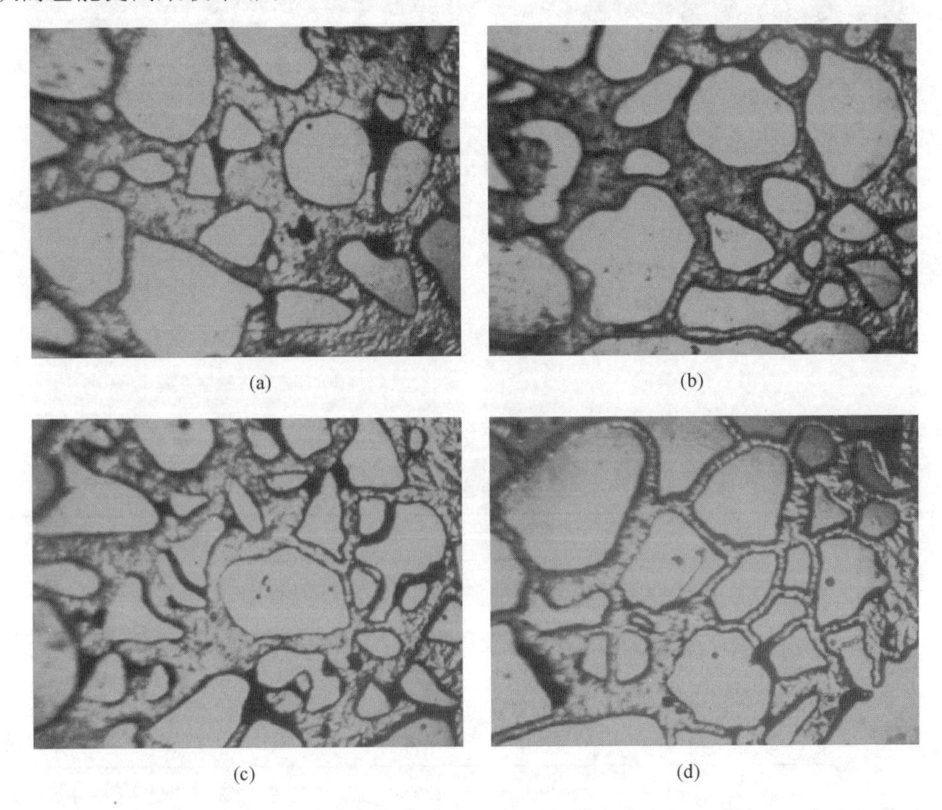

图 6-126　高压后续水驱结束剩余油分布

5. 微生物驱油效果及波及程度

1) 产气功能菌驱油效果

注菌前后模型剩余油变化情况如图 6-127 所示，剩余油及采收率的定量分析结果见表 6-16。一次水驱注水 1.5PV 后，模型内剩余 50%左右的原油，部分盲端内原油未能驱动。注入未培养产气菌的菌液 1.0PV 后，常压组、高压组剩余油分别为 36.7%、40.8%，分别提高了采收率 13.2%、13.4%，说明未培养菌液本身具有驱油效果，经过 15 天的封闭培养后，采收率提高明显。常压实验表明：由于气体占据模型孔隙，有些盲端、膜状剩余油被气体驱替出来，采收率提高 9.6%。加压培养后显示：气体溶于油相形成混相，使采收率提高 14.6%。高压提高采收率效果显著，相比较空白二次水驱提高采收率 5.5%，产气微生物提高采收率效果可观。

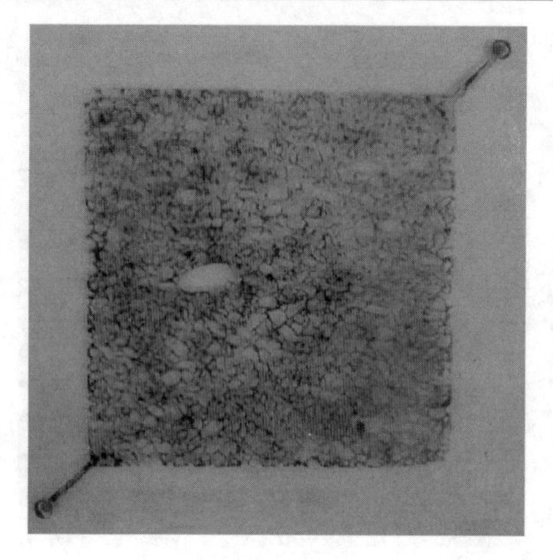

(a) 注入微生物前

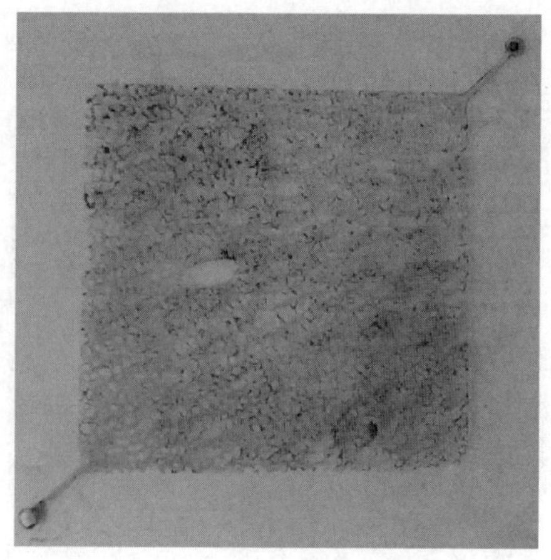

(b) 注入微生物培养后

图 6-127　注菌前后模型剩余油变化情况

表 6-16　微生物驱剩余油及采收率定量分析　（单位：%）

实验类型	模型区域	剩余油饱和度			提高采收率		
		一次水驱	注入菌液	(培养后)二次水驱	注菌后	培养后	总计
常压实验	主通道	43.2	35.2	24.3	8.0	10.9	18.9
	过渡区	52.9	38.0	27.6	15.0	10.4	25.4
	边界	57.2	37.1	32.0	20.1	5.1	25.2
	整个模型	49.9	36.7	27.1	13.2	9.6	22.8
高压实验	主通道	47.8	34.1	22.2	13.7	11.9	25.6
	过渡区	57.7	45.2	33.7	12.5	11.6	24.1
	边界	59.9	45.2	19.1	14.7	26.1	40.8
	整个模型	54.2	40.8	26.3	13.4	14.6	28.0
空白二次水驱	主通道	43.8	—	41.9	—	—	2.0
	过渡区	58.6	—	50.2	—	—	8.3
	边界	61.6	—	54.8	—	—	6.8
	整个模型	53.3	—	47.8	—	—	5.5

2) 产气功能菌驱油波及程度

为了更深层地剖析产气功能微生物的驱油机理，本书把模型分为主通道、过渡区和边界 3 个区域并分别计算了提高采收率的贡献率(表 6-16)。一次水驱后，剩余油饱和度为主通道<过渡区<边界，这符合一次水驱优先走主通道、边界油

很少被驱走的实验现象。注入菌液后，边界和过渡区提高的原油采收率大于主通道，这是由于一次水驱时主通道内容易驱替的原油已经被驱走，而菌液注入后会增大波及率，一部分过渡区和边界油将被驱替出来。

常压实验与高压实验相比，几乎所有驱替阶段的 3 个分区都呈现出相同的规律，除了高压培养后边界提高采收率 26.1%，显示出了高压实验明显的特征。边界提高采收率为三类分区之间贡献最大的。换言之，在高压条件下，生物气的产生大大提高了波及效率。与常压实验相比，微生物在高压实验下总采收率总计提高了 28.0%，比常压提高采收率高 5.2%。多出的 5.2%几乎所有的贡献都来自边界所提高的原油采收率。

6.4.3　产气内源功能微生物对剩余油作用机理

水驱后剩余油的形式多种多样，取决于模型孔隙的结构、物理特性及驱油剂的波及效果。根据剩余油所占孔隙空间的大小和分布状态，将其分为簇状剩余油、柱状剩余油、膜状剩余油及盲端剩余油。由于不同类型剩余油的形状、大小和孔隙分布各异，各类剩余油在提高采收率过程中表现出不同的性质。为了更细致地分析产气微生物驱油机理，在 40℃常压和 40℃、高压(10MPa)条件下，对水驱后各种形式的剩余油进行了分析，并计算它们各自在各采油阶段所提高的采收率，研究微生物对各种形式剩余油的作用机理。

1) 簇状剩余油

簇状剩余油是指被通畅的大孔道所包围的小喉道控制群中的剩余油，实际上是一种水淹区内更小范围的剩余油块，主要是由注入水在孔隙空间内的绕流形成的。

常压实验中，微生物产生的气体会使簇状剩余油的位置发生较大范围的移动，一次水驱后形成簇状剩余油的地方往往被产生的气体取代。这种簇状剩余油大范围地运移，会使其在后续水驱时更容易被水携带出去，从而提高采收率。不过这种驱油方式只在模型的主通道效果较明显，边界由于存在的生物气很少，簇状剩余油运移不明显。

高压实验中，微生物产生的气体溶于簇状剩余油，形成混相，颜色变浅，从而黏度降低。相对常压实验只在主通道有明显变化而言，高压实验中的簇状剩余油颜色变浅，均匀地分布于模型的主通道、过渡区及边界处，波及范围较广。在后续水驱时，这种降黏簇状剩余油大大减少甚至完全被驱走。由于高压实验的波及范围增大，生物气对边界也能产生驱油效果。总的来说对于，簇状剩余油，高压比低压驱油效果显著(图 6-128)。

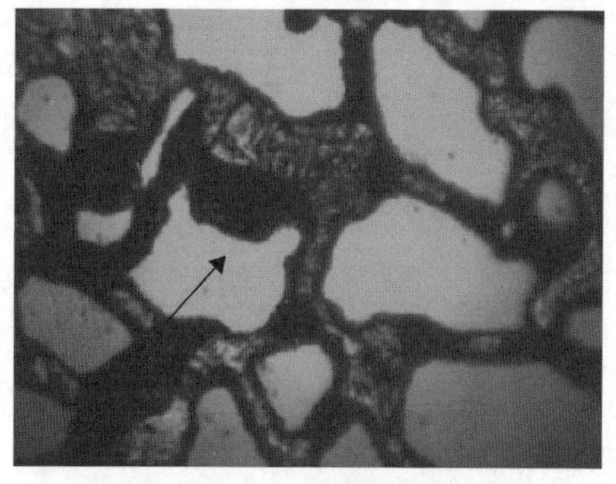

(a) 水驱后形成大片簇状剩余油(常压)

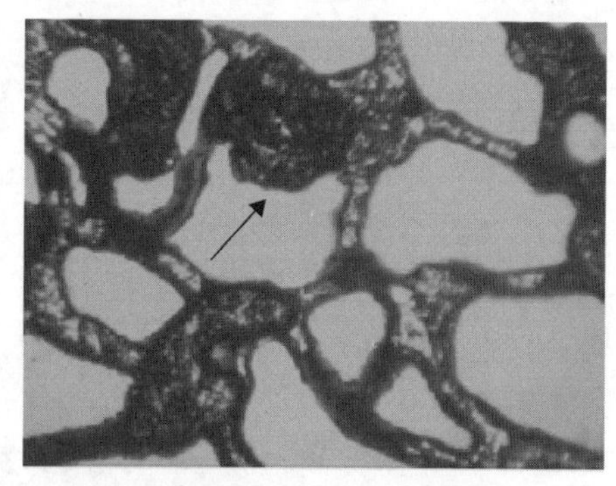

(b) 微生物驱走部分剩余油(常压)

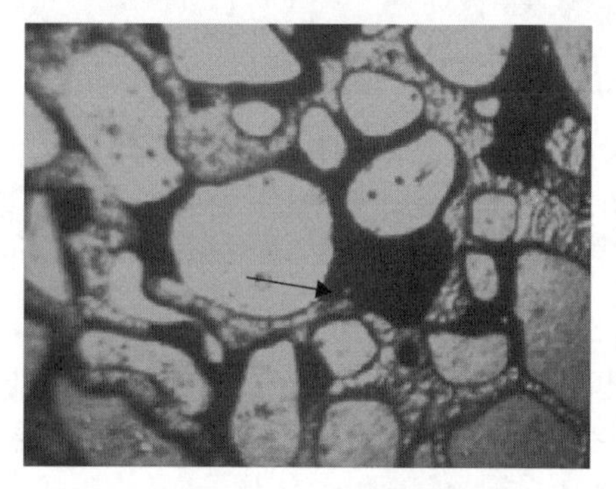

(c) 水驱后形成大片簇状剩余油(高压)

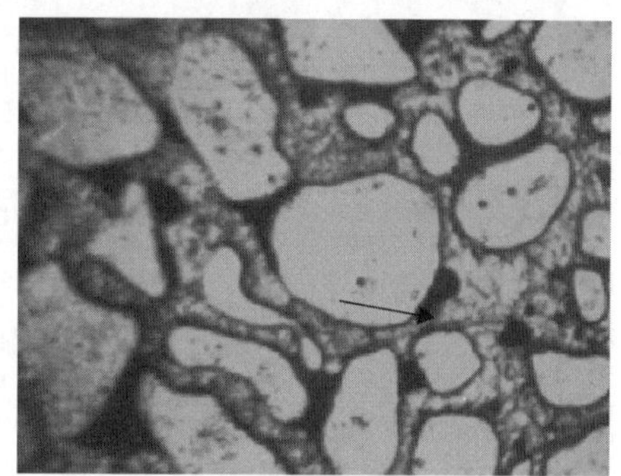

(d) 微生物驱走部分剩余油(高压)

图 6-128　微生物作用后簇状剩余油状态

2) 柱状剩余油

柱状剩余油主要存在于连通孔隙的喉道处，特别是在细长的喉道中更加明显，如图 6-129(a)、(c)所示。柱状剩余油主要有两种形式，一种是存在于并联孔隙中的细喉道内，当注入水进入到喉道的一端后，水沿着阻力较小的粗喉道前进，细喉道中的油不流动或流动较慢，当水到达另一端的孔隙后，细喉道中的油被截断而成为剩余油[图 6-129(a)]。另一种是存在于 H 形孔隙内[图 6-129(c)]，注入水沿着细喉道两端的孔喉流动，细喉道内阻力较大而使水无法进入，油流在喉道两端的孔隙处被截断而成为剩余油。

常压实验中，产生的气体多存在于较粗的孔隙中，增大体积也很难进入柱状油存在的细孔道内，使柱状剩余油难以被驱出[图 6-129(b)]。在后续水驱时，由于气体的贾敏效应产生阻力，后续水驱的水更难以流到被气体夹在中间的细孔道内，增油效率很低。

在高压实验中，同簇状剩余油类似，产生的气体溶于剩余油中可以更好地进入细孔道，使柱状剩余油黏度降低，流动性增强，从而在后续水驱时驱替出更多的柱状剩余油[图 6-129(d)]。对于柱状剩余油来说，高压比低压提高采收率显著。

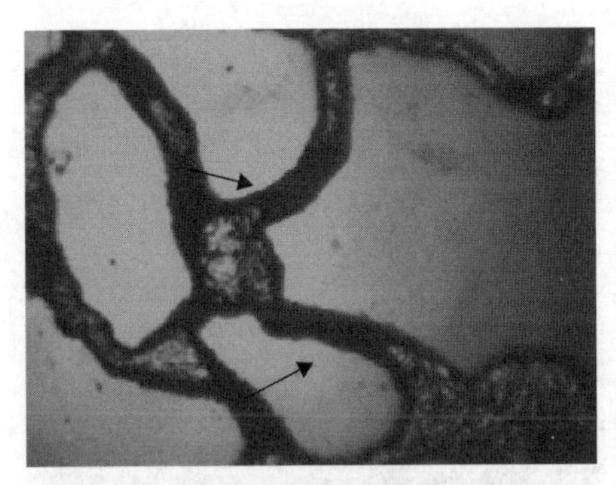

(a) 被水流截断形成的柱状剩余油(常压)

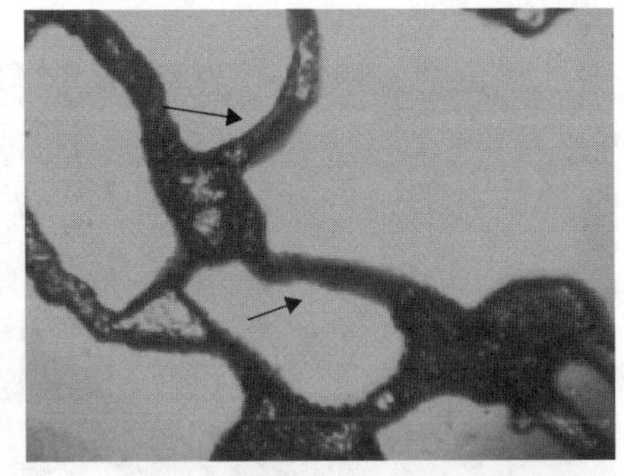

(b) 微生物培养后的柱状剩余油(常压)

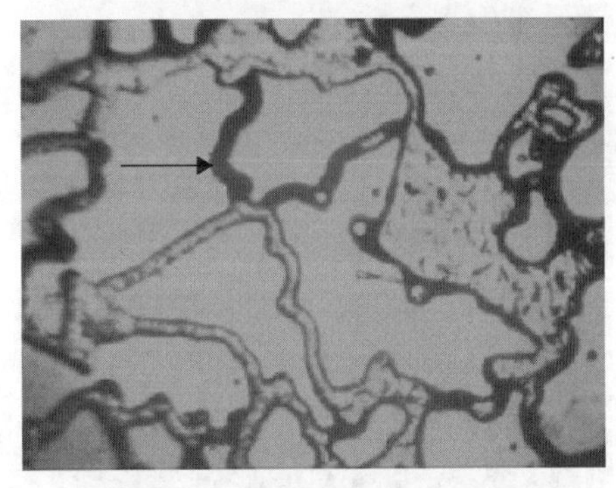

(c) 垂直于流向的柱状剩余油(常压)

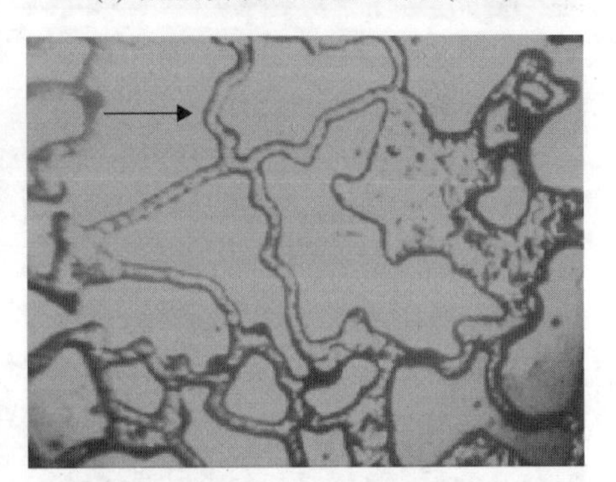

(d) 微生物作用后柱状剩余油被驱走(常压)

图 6-129　微生物作用后柱状剩余油状态

3) 膜状剩余油

膜状剩余油主要存在于亲油的孔隙中，由于油在孔隙壁面的附着力大于水驱过程中的剪切力，注入水在孔隙中间通过，使黏附在孔隙表面的油剩下，形成油膜或油环。膜状剩余油普遍存在于油湿的多孔介质内，是油湿多孔介质内一种主要形式的剩余油。本实验所用模型为亲水模型，但一次水驱过程之后仍存在较多的膜状剩余油，推测可能是原油中含有蜡、胶质等组分，黏到多孔介质壁难以流动，也可能是模型的反复使用，使部分孔隙壁表面变为亲油性。

常压实验中，产生的气体占据孔道，挤压膜状剩余油离开孔隙壁，并使其存在于大的孔隙中[图 6-130(a)、(b)]，这种形态的剩余油在后续水驱时更易被水携带出去。

高压实验中，由于气体溶于油相，没有常压时挤压膜状原油这一过程，只有形成混相降黏过程，这种状态使膜状剩余油在后续水驱时，会有残留在孔隙壁上的油膜[图 6-130(c)、(d)]。对比常压和高压实验，膜状剩余油在常压下产生的气体挤压油膜，增油效果较明显，高压实验中微生物对膜状剩余油的作用和簇状、柱状剩余油类似。

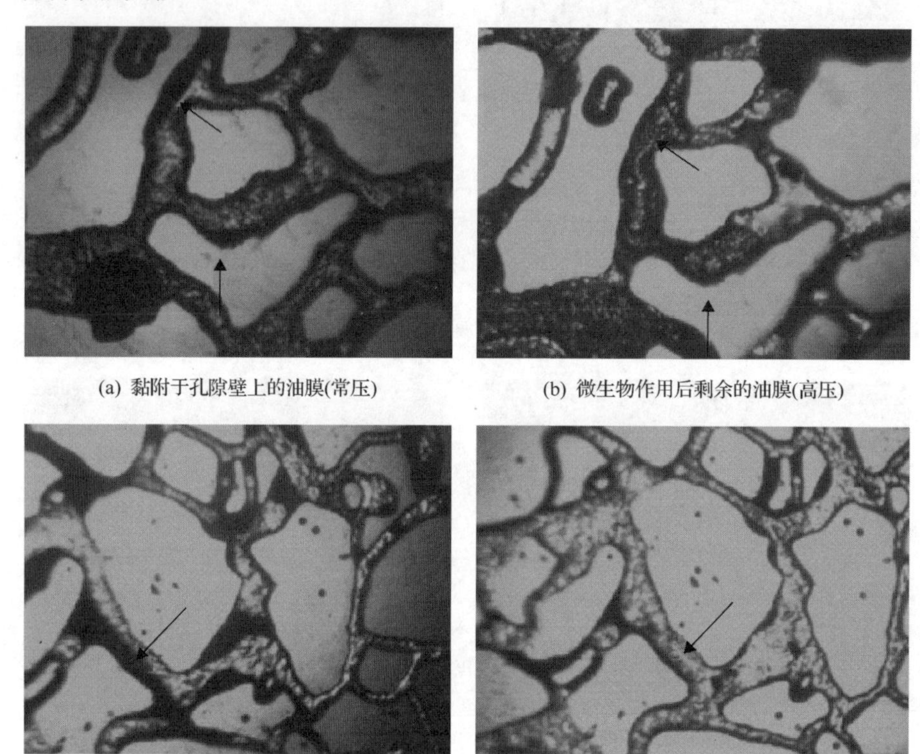

(a) 黏附于孔隙壁上的油膜(常压)　(b) 微生物作用后剩余的油膜(高压)

(c) 黏附于孔隙壁上的油膜(高压)　(d) 微生物作用后油膜被部分驱走(高压)

图 6-130　产气微生物作用后油膜变化情况

4) 盲端剩余油

盲端剩余油主要是指被水扫过后密封于死角或孔隙盲端的剩余油，而与其相连的孔喉则大部分被水取代。盲端剩余油存在于大量的孔隙盲端中，且盲端越深，剩余油量越大，剩余油也就越不易被驱替出来。

常压实验中可以观察到，当气体在盲端附近产生且体积逐渐增大时，会逐渐进入并占据盲端，驱替盲端剩余油甚至挤压出盲端内全部的剩余油[图 6-131(a)、(b)]，这样被驱替出的剩余油很容易在后续水驱时被驱走，增油效果明显。

高压实验中，溶解生物气使原油降黏，也会有增油效果。后续水驱时，存在于较浅盲端内的原油容易被驱出，而较深盲端内的原油则较难被驱出[图 6-131(c)、(d)]。对于盲端剩余油，与高压实验相比，常压气体驱替剩余油效果更明显。

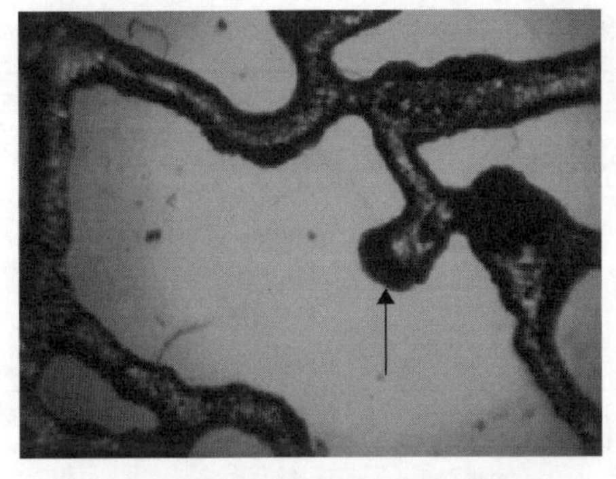

(a) 水驱未驱出的盲端剩余油(常压)

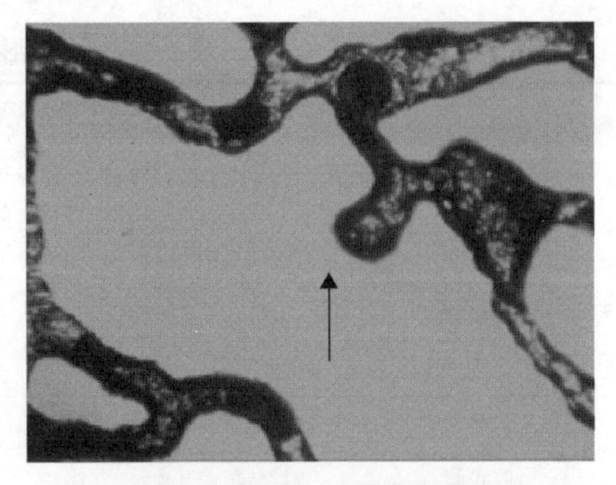

(b) 微生物培养后驱出盲端剩余油(常压)

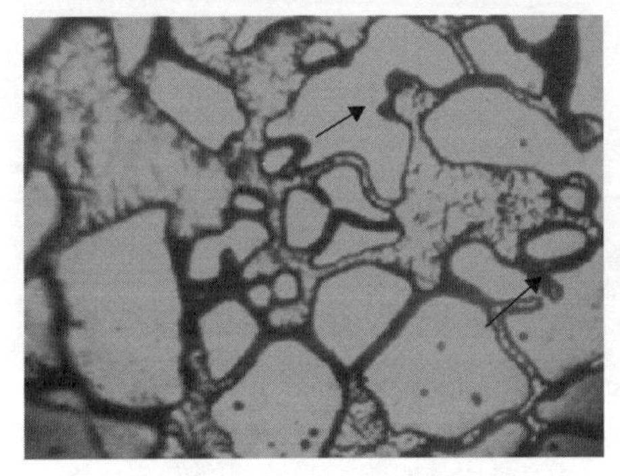

(c) 水驱未驱出的盲端剩余油(高压)

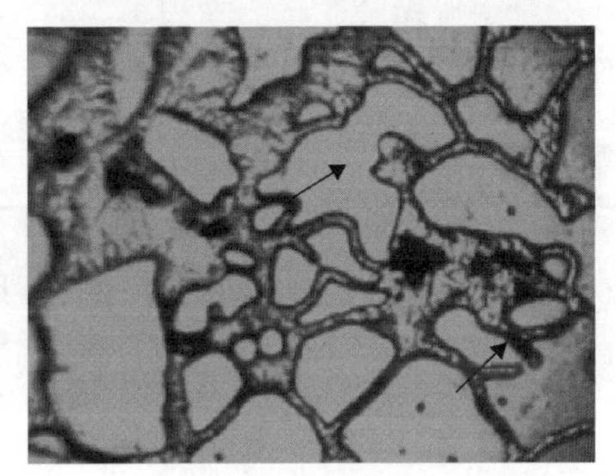

(d) 微生物培养后驱出盲端剩余油(高压)

图 6-131　产气微生物作用后盲端剩余油变化

5) 不同形态剩余油驱油效果定量分析

从不同形态剩余油的变化来看(表 6-17)，与微观模型实验中观察到的现象基本相符。簇状剩余油在整个模型中所占比例最大，约 40%，为提高采收率做出的贡献也是最大的，常压、高压分别提高采收率 9.2%、13.0%。簇状剩余油在高压下的驱油效果显著，驱替比例达 60.0%，常压驱替比例为 44.0%。柱状剩余油和膜状剩余油在整个模型中所占比例相当，分别约占所有剩余油的约 26%。柱状剩余油常压下驱替效果不明显，驱替比例为各类剩余油中最低的，为 38.8%。但高压对于柱状剩余油提高采收率有较好效果，驱替比例为 57.2%。膜状剩余油常压下驱替比例为 53.8%，大于高压下的 35.1%。盲端剩余油占所有剩余油比例最少，只有 3%～6%。常压条件下提高采收率 1.5%，大于高压下的 0.5%。从驱替比例来看，盲端剩余油在常压下的驱替比例 51.2%大于高压下的驱替比例 31.3%。

常压条件对膜状剩余油和盲端剩余油的驱替有利，而高压条件下簇状剩余油和柱状剩余油驱替效果明显。由于整个模型中簇状和柱状剩余油占较大比例，最终高压实验原油总采收率大于常压实验。

表 6-17　不同形态剩余油的变化　（单位：%）

压力	剩余油类型	一次水驱后剩余油	注发酵液后剩余油	二次水驱后剩余油	提高采收率	各类剩余油驱替比例
常压	簇状	20.9	14.1	11.7	9.2	44.0
	柱状	12.9	10.9	7.9	5.0	38.8
	膜状	13.2	9.7	6.1	7.1	53.8
	盲端	2.9	2.0	1.4	1.5	51.2
	合计	49.9	36.7	27.1	22.8	
高压	簇状	21.7	16.2	8.7	13.0	60.0
	柱状	16.1	12.3	6.9	9.2	57.2
	膜状	14.8	11.0	9.6	5.2	35.1
	盲端	1.6	1.25	1.1	0.5	31.3
	合计	54.2	40.8	26.3	27.9	

第 7 章　减阻增注-微生物联注室内模拟实验

在低渗透储层注入微生物进行驱油，存在着工作液注入难度大的问题[42-44]。为了使微生物顺利进入油藏，增加微生物的波及面积，本书提出了减阻增注-微生物联注工艺体系，本章主要分析表面活性剂与微生物协同驱油微观机理，通过室内实验验证了该工艺在低渗透储层中应用的可行性。

7.1　低渗透储层减阻增注表面活性剂作用机理

7.1.1　表面活性剂驱油机理

表面活性剂是一类即使在很低浓度时也能显著降低界面张力的物质。无论何种表面活性剂，其分子结构均由亲水基和亲油基组成，因此表面活性剂具有亲水、亲油的双重性质。当表面活性剂溶解于水后，根据其是否生成离子及其电性，可以将其分为离子型表面活性剂和非离子型表面活性剂[45]。根据解离的极性基团，离子型表面活性剂还可以进一步分为阴离子表面活性剂、阳离子表面活性剂和两性离子表面活性剂，见表 7-1。

表 7-1　不同类型表面活性剂对比

表面活性剂类型	代表	优点	缺点
非离子型表面活性剂	聚氧乙烯型、多元醇型、烷基醇酰胺型等	抗盐能力强，耐多价阳离子，临界胶束浓度低，稳定性好，浊点低	不耐高温，吸附量高于阴离子表面活性剂，价格高
阴离子表面活性剂	羧酸盐、磺酸盐、硫酸酯盐、磷酸酯盐等	浊点很高，在砂岩表面吸附量少，耐温性能好	抗盐能力差，与二价阳离子会产生沉淀，临界胶束浓度较高
阳离子表面活性剂	季铵盐型、吡啶盐型、咪唑啉型	在酸性介质中具有好的乳化分散润湿性能，可以通过润湿反转机理进行驱油	易被地层吸附或产生沉淀，地层水相容性差，毒性大
两性离子表面活性剂	甜菜碱型、氨基酸型	耐阳离子、具有抗盐能力、耐高温、生物降解性好，具有超低的油水界面张力	种类较少，价格偏高

针对低渗透油藏使用的表面活性剂种类较多，表面活性剂可以降低油水界面张力、改变岩石的润湿性，并具有乳化、防膨和阻垢等作用，进而改善油水渗流特性，增大水相渗透率，从而降低注入压力。其中以如何降低表面活性剂界面张力为主，界面张力可达到 10^{-3}mN/m，而受微观非均质性的影响，高的界面活性会使水驱窜流更加严重，目前针对表面活性剂的乳化特性及界面活性与乳化特性的主次关系的报道较少。均质油藏水驱后残余油的形式决定了驱替体系、技术和注

入方式，对于残余油滴而言降低油水界面张力能有效降低驱替阻力，更易驱动残余油滴，而降低油水界面张力可能会导致形成的微观通道窜流现象更为严重，因此如何在降低界面张力的同时提高采收率是低渗透油藏需解决的问题。

表面活性剂驱油效果除了与表面活性剂本身的特性有关外，还与原油性质、岩石矿物、地层水离子含量及注入工艺等有关。在三次采油中，表面活性剂驱油根据表面活性剂浓度还可以分为活性水驱、胶束驱和微乳液驱。对于特低渗透油藏降压增注井，为了减少储层伤害或提高驱油效率，往往不只使用一种表面活性剂，而是使用由表面活性剂、聚合物或助剂、添加剂等组成的复配体系。

7.1.2 表面活性剂降压机理

表面活性剂降压技术主要通过降低油水界面张力、降低残余油饱和度，黏附功变小，亲油油层的毛细管阻力减小，改善井眼附近水的相对渗透率，从而提高注入能力。注入表面活性剂体系后，增溶、乳化作用可使残余油膜、油珠变形，易于被水驱走，从而使残余油饱和度下降，水相相对渗透率上升，注入压力下降，注入能力提高。表面活性剂增注是伴随注水进行的，处理半径较大，可以有效降低注入压力和残余油饱和度。表面活性剂降压增注的机理如下所述。

1. 降低油水界面张力，解除水锁

表面活性剂原油界面张力越低，油层孔隙中的残余油滴越容易被驱动，注水压力就越低。其主要理论依据有以下几个方面。

1) 可降低黏附功，增强洗油能力

$$w_{黏附}=\sigma_{wo}(1+\cos\theta) \tag{7-1}$$

式中，$w_{黏附}$为黏附功；σ_{wo}为油水界面张力；θ为岩石表面的润湿角。

从式(7-1)中可以看出，降低油水界面张力，油滴从岩石表面拉开所需的黏附功将大大减小。

2) 增加毛细管数

毛细管数代表了残余油驱动力与阻力的比值，通过提高毛细管数提高驱油效率，是表面活性剂的一个主要机理。毛细管数和注入流体的驱替速度、注入流体的黏度及流体间的界面张力有关，毛细管数计算公式为

$$N_c=\frac{\mu_w v_w}{\phi\sigma_{wo}} \tag{7-2}$$

式中，N_c为毛细管数；μ_w为水相黏度；v_w为单位截面积水相流速；ϕ为岩石孔

隙度。从式(7-2)中可以看出，毛细管数和水相黏度、油层孔隙度及单位截面积水相流度成正比，与油水界面张力成反比。水相黏度和岩石孔隙度在自然条件下一般为定量，实际工作中通过减小油水界面张力来提高毛细管数，而表面活性剂恰好能大幅度降低油水界面面张力，从而提高驱油效率。

3) 减小毛细管阻力

由于低渗透油层表现为低孔、低渗透，毛细管作用力比较明显，毛细管阻力为

$$p_c = \frac{2\sigma\cos\theta}{r} \tag{7-3}$$

式中，p_c 为毛细管阻力；r 为毛细管半径；σ 为界面张力。

由式(7-3)可以看到，油水界面张力越小，毛细管阻力越小，当岩石表面由亲油转变成亲水，即接触角由大于 90°转变成小于 90°时，毛细管作用力由驱油阻力变成了驱油动力，降低注水压力。

2. 改变储层岩石表面润湿性

在亲油性岩石中，表面活性剂在岩石表面吸附后可使岩石的润湿性从亲油变为亲水，能够改变毛细管力方向，增加渗析能力，增强水相渗流能力。

3. 降低启动压力和注入压力的理论依据

注入压力的理论计算公式为

$$\Delta p = Q\mu \frac{\ln(r_r/r_w)}{2\pi K_w h} \tag{7-4}$$

式中，Δp 为生产压差，10^{-1}MPa；Q 为流量，m^3/d；μ 为黏度，mPa·s；K_w 为地层对注入水的有效渗透率，μm^2；h 为油层厚度，m；r_r 为供液半径，m；r_w 为井筒半径，m。

可见，在其他参数不变的条件下，注水压力和注入水的有效渗透率成反比。提高注入水的有效渗透率，就能降低注水压差。由相对渗透率曲线可知，在加入表面活性剂后，与水驱相渗曲线相比，油水界面张力下降，油、水相对渗透率均有一定程度的提高；岩石向亲水方向转变，水相渗透率提高，降低注水压力。

7.2　减阻增注-微生物协同作用微观机理

7.2.1　实验方法

实验用原油来源于胜利油田沾 3 区块，20℃条件下，原油黏度为 1422mPa·s；

实验用表面活性剂为浓度为 200ppm[①]的阴离子表面活性剂；激活剂配方为葡萄糖 3.0g/L、酵母粉 3.0g/L、蛋白胨 3.0g/L、NaCl 15.0g/L、K_2HPO_4 2.7g/L，pH 约为 7.2。

实验中所使用的微观玻璃仿真地层模型如第 6 章所述。实验步骤如下所述。

(1) 对微观模型进行显微镜观察前，先确定好几个重点区域，以便每次录像时对其进行对比分析。

(2) 模型安装完后，将夹持器下腔体内加满去离子水，在保证模型进出口处没有气体的情况下，将模型小心安装到夹持器内，避免下腔体与模型之间出现气泡；模型安装好后，再将上腔体内添加去离子水至一定高度，在放空状态下缓慢拧紧夹持器，保证模型上下腔体内没有气泡进入，关闭夹持器上方的放空阀门。

(3) 对模型进行 65℃定温加热，温度稳定后，打开油管线通道上缠绕的加热带开关，保证管道中的原油流动畅通；对模型注入蒸馏水，注意观察入口压力值，当入口压力值升高时，缓慢摇动手动泵向夹持器内注入水，保证环压值与入口压力值相差不超过 0.5MPa。

(4) 向微观模型中注入地层原油，直到模型饱和完原油，注意观察入口压力值，当入口压力值升高时，缓慢摇动手动泵向夹持器内注入水，保证环压值与入口压力值相差不超过 0.5MPa。

(5) 对微观玻璃模型进行拍照，记录原始模型内的原油饱和情况。

(6) 一次水驱：以 0.08mL/min 的速度，向模型内注入水，在水驱原油过程中观察原油流动状态并录像、拍照。水驱注水至约 1.0PV 后停止注入水，拍下一次水驱后剩余油分布状态。

(7) 注入化学剂：以 0.08mL/min 的速度注入表面活性剂与微生物(体积比 1∶1)，并录像记录注入过程。缓慢增加回压，此时入口压力值也随之升高，此过程保证围压与入口压力值相差不大，且保证回压值比入口压力值高 0.8MPa 左右，直到压力升高到 10MPa 时，出入口压力、环压和回压的压力值达到一致。注入液驱油约 0.3PV 后，对剩余油分布、剩余油形态及标注的重点区域进行拍照，在注剂注入过程需要实时进行拍照。

(8) 标注为培养实验，需要在培养第 1 天、第 3 天、第 5 天、第 7 天、第 10 天、第 14 天，对其剩余油分布、剩余油形态及标注的重点区域拍照。

(9) 后续水驱：驱替方法和驱替速度与微生物注入时保持一致，并录像记录后续水驱过程，水驱结束后，对剩余油分布、剩余油形态及标注的重点区域拍照。

(10) 实验结束后，先缓慢降温，并适当调整进出口压力值，降到室温后观察容器压力，然后缓慢降压，保证环压、进出口压力值同时降低。

---

① 1ppm=10^{-6}。

7.2.2　微观机理分析

65℃、10MPa 条件下，对表面活性剂和激活剂共同注入组(培养 14 天)的微观驱油实验进行培养观察：培养至第 3 天，乳化效果明显，大块剩余油变为油滴；培养至第 5 天油滴变为更小油滴，大块剩余油中心颜色变淡；培养至第 7～14 天，剩余油中心淡色区域逐渐扩大，部分区域变为透明状态。激活剂和表面活性剂 A 共同注入，减弱表面活性剂 A 的乳化效果，猜测表面活性剂 A 可以增强本源微生物的运移能力，微生物作用后启动大块剩余油，降低黏度，增加流动性，提高采收率。

1. 降低界面张力

如图 7-1 所示，表面活性剂与内源菌复配体系培养过程中，微观模型内残余油形态发生了明显变化，培养至第 3 天时便有明显的乳化现象，大块剩余油被乳化成小油滴；此外，复配体系可改变残余油与孔隙壁面的界面张力，丝状剩余油逐渐被拉扯断裂。

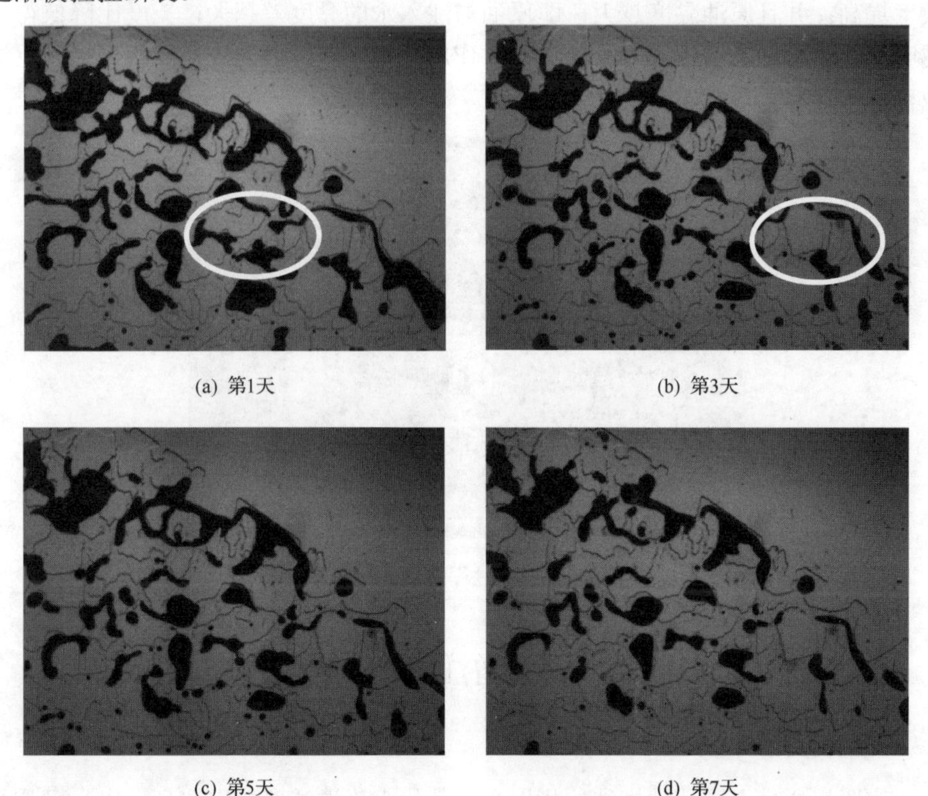

(a) 第1天　(b) 第3天

(c) 第5天　(d) 第7天

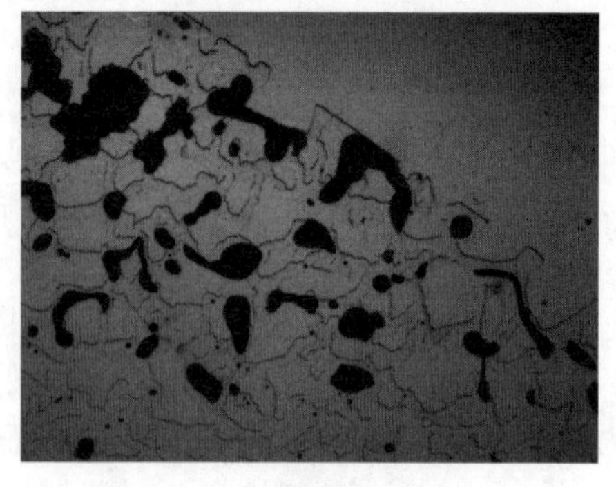

(e) 第10天

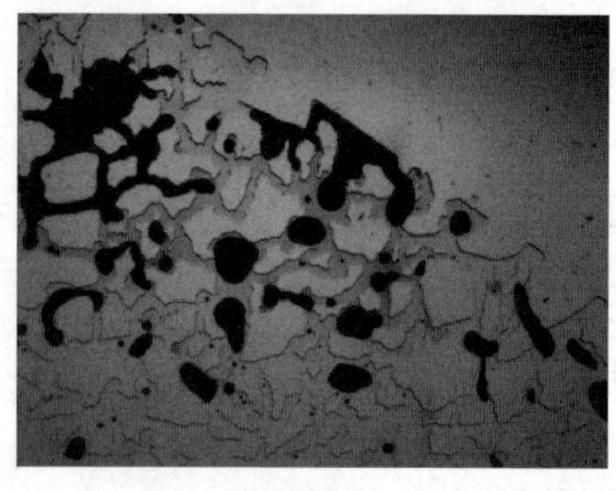

(f) 第14天

图 7-1　表面活性剂与内源菌复配体系培养微观图

2. 油膜变薄

如图 7-2 所示，表面活性剂与微生物共同培养后，剩余油的油膜变薄，油相的整体黏度减小，从而改善了驱替液与原油的流度比，吸水指数明显下降，驱油效率提高；并且原油黏度越大，即原油与注入水的黏度差越大，流度比降低得就越明显，从而增加活性剂对原油的分散作用，扩大驱替液的波及体积，提高驱油效率，改善开发效果。

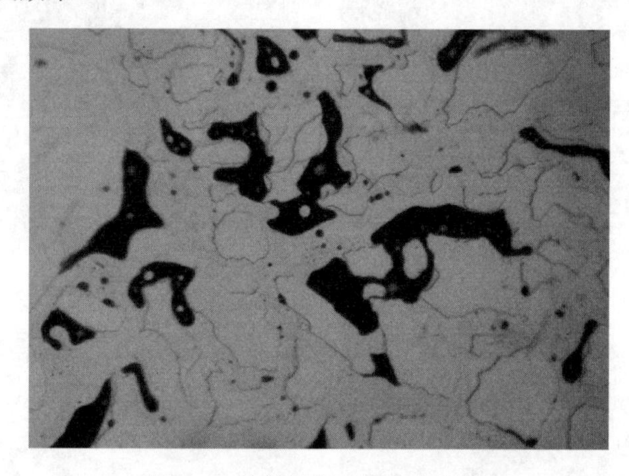

图 7-2　培养过程中的乳化现象

7.3　低渗透储层减阻增注-微生物联注室内模拟

7.3.1　实验方法

实验岩心为人工填砂烧结柱状岩心，其优点为渗透率稳定性高，岩心可重复使用，且岩心间的性质相差不大。岩心长度为 5.384cm，直径为 2.5cm，孔隙度约为 13%，渗透率约为 40mD。岩心基础数据见表 7-2。

表 7-2　岩心基础数据表

岩心号	孔隙体积/cm^3	孔隙度/%	气测渗透率/mD
A-1	3.83	13.39	39.21
A-2	3.77	13.15	41.03
A-3	3.84	13.40	54.04
A-4	3.73	13.04	41.84

室内实验模拟试验区块油藏温度为 65℃，模拟试验区块油藏压力为 10MPa。实验装置如图 7-3 所示。实验步骤如下所述。

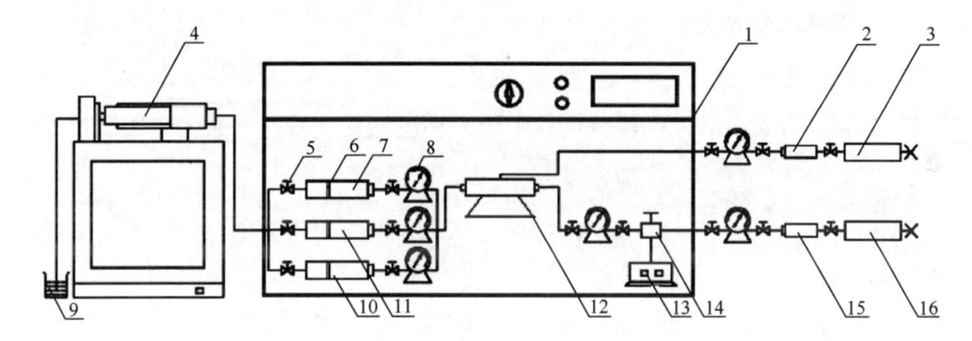

图 7-3　物理模拟驱替实验仪器装置图

1-温度控制器(即温度控制系统)；2-第一储液罐(内含水)；3-手动泵；4-驱替泵；5-调节阀；6-活塞；7-第一中间容器(内含模拟油)；8-精密压力表；9-烧杯(内含水)；10-第二中间容器(内含水)；11-第三中间容器(内含注入液)；12-夹持器；13-微量计量器；14-回压阀；15-第二储液罐(内含水)；16-手动泵

(1) 在地层温度 65℃条件下用两台真空泵在岩心两端将其岩心抽空，使其真空度达 0.01mmHg 后再抽空 24h。

(2) 在实验温度为 65℃、压力为 200psi①条件下确定饱和地层水量，用计量泵计量饱和地层水体积，这一体积就是岩心中的平衡水所占实际体积。

(3) 在实验温度 65℃、速度约为 10cm^3/h 条件下用原油驱替岩心并提压至 10MPa，使岩心中的原始平衡水均匀分布，使其岩心中的水呈束缚状态，计量驱出水量，计算束缚水饱和度。

(4) 在岩心入口端以恒压方式注入地层水进行驱替(驱替流速维持在 0.125m^L/min)，每 0.1HPV②检测记录注入压差和流速，并在出口处记录产油量和产水量。当含水率达到 98%以上时停止驱替。在注水过程中，观察注入压力、岩心末端压力、岩心始端压力、环压、产出油及水量，每注入 0.1HPV，详细记录以

① 1psi=6.89476×10^3Pa。

② HPV 表示烃类孔隙体积。

上数据。同时测试采出端采出程度和油水比、含水率变化规律，评价水驱特征。

(5)化学驱：打开入口阀门，在10MPa下，恒压下向岩心内注入表面活性剂，直至不再产油，停止驱替。在注水过程中，观察注入压力，岩心末端压力，岩心始端压力、环压、产出油及水量，每注入0.1HPV，详细记录以上数据。同时测试采出端采出程度和油水比、含水率变化规律，评价水驱特征。

(6)二次水驱：操作过程同一次水驱；当不再产油时，关闭出口阀门，停止驱替，本组实验结束。

7.3.2 实验结果与分析

1. 不同注入体系分析

1)表面活性剂驱

图7-4(a)为表面活性剂驱替过程中压力梯度变化曲线，本实验采用阴离子表

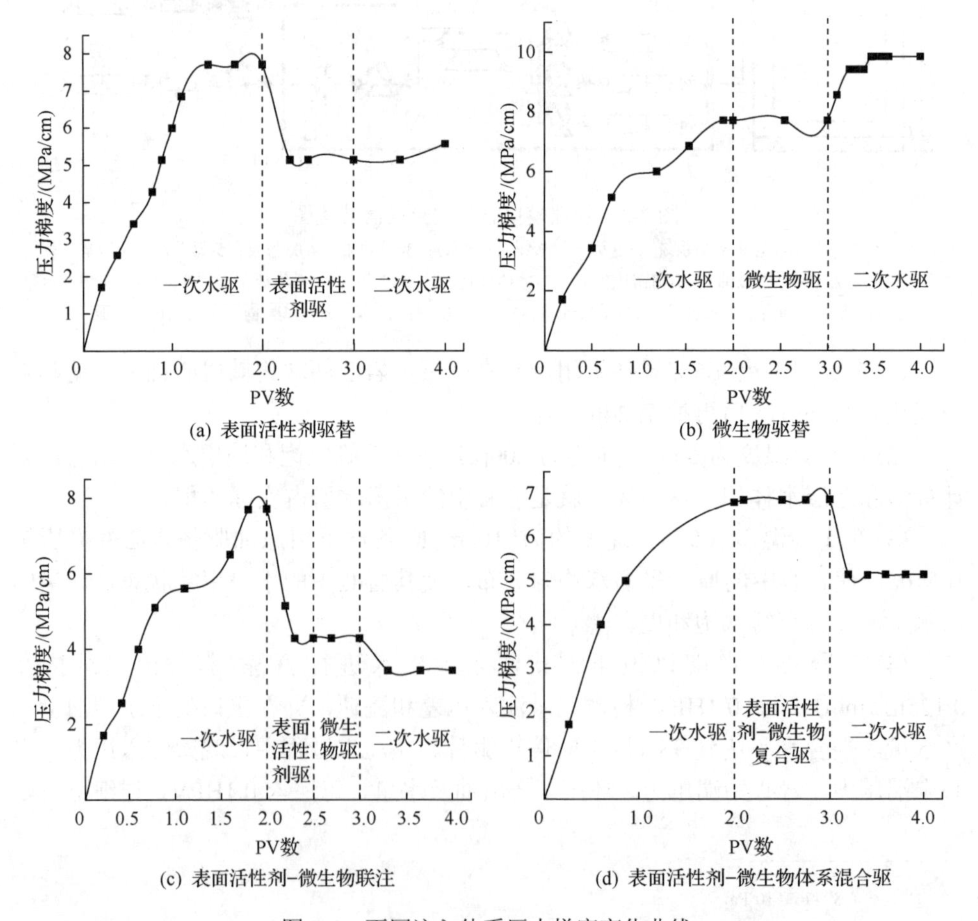

图7-4 不同注入体系压力梯度变化曲线

面活性剂，浓度为 200ppm。可以看出，一次水驱压力梯度逐渐升高至 7.5MPa/cm 左右并稳定，接着转注表面活性剂后注入压力梯度急剧下降至 5MPa/cm 左右，并且随着表面活性剂的注入，压力梯度变化幅度不大。二次水驱过程中，压力梯度升高幅度不明显，直到驱替结束时压力梯度稳定在 5.45MPa/cm 左右。

2) 微生物驱

图 7-4(b) 为微生物驱替过程中压力梯度变化曲线，所用菌种为胜利油田采出水复壮后菌群，注入时菌浓度(OD_{600})为 1.678。

由图 7-4(b) 可以看出，一次水驱压力梯度逐渐上升到 7.5MPa/cm 左右稳定，随着微生物的注入，注入压力基本保持不变。在 65℃恒温箱中培养 7 天后进行二次水驱，在二次水驱过程中，压力逐渐升高并最终稳定在 9.2MPa/cm 左右，说明在微生物培养 7 天的生长过程中，微生物增殖且体积增大，堵塞了孔喉，使注入压力升高。

3) 表面活性剂-微生物联注驱

表面活性剂-微生物联注逐级驱替过程中压力梯度变化曲线如图 7-4(c) 所示。本实验所用表面活性剂浓度为 200ppm、菌浓度(OD_{600})为 1.997。

从图 7-4(c) 中可以明显看出，注入表面活性剂段塞后压力梯度下降，接着注入微生物段塞后压力基本保持不变，在微生物培养 7 天后进行二次水驱，与单独注入微生物不同，二次水驱的压力梯度没有上涨且有小幅度下降，说明注入的微生物段塞在 7 天培养过程中，没有堵塞孔喉且其自身代谢产物使驱替过程更加顺利。表明表面活性剂-微生物联注技术有减阻增注作用、提高采收率的效果。

4) 表面活性剂-微生物体系混合驱

将 200ppm 表面活性剂与微生物混合后作为一个段塞进行驱替实验，其注入过程压力梯度曲线如图 7-4(d) 所示。由图 7-4(d) 可以看出，表面活性剂-微生物体系混合注入过程中压力梯度约为 7.0MPa/cm 且基本保持不变，培养 7 天后进行二次水驱，压力梯度先大幅下降至 5.2MPa/cm 左右，随着驱替水的注入，压力梯度基本未出现波动。

通过 4 组实验可以看出：①微生物驱替的段塞压力梯度和二次水驱压力梯度均较高(分别为 7.9MPa/cm 和 9.8MPa/cm)，注入较困难，驱替效果较差。②表面活性剂驱替的段塞压力梯度和二次水驱压力梯度(分别为 5.2MPa/cm 和 5.5MPa/cm)，与微生物驱替相比大幅降低，驱替效果较好。③表活剂-微生物复合驱替的段塞压力梯度(6.8MPa/cm)介于微生物驱替和表面活性剂驱替之间，但二次水驱压力(5.3MPa/cm)比两者更低，驱替效果较好。④表面活性剂-微生物联注驱替的段塞注入压力梯度和二次水驱压力(分别为 4.3MPa/cm 和 3.3MPa/cm)相比其他注入体系，均为最低值，较易注入，驱替效果最好。这是由于表面活性剂能够有效降低油水界面张力，同时还能增强微生物的酶活性，提高微生物的利用率，增强其流动性，因而两者联注可以取得最好的效果；而表面活性剂-微生物混合驱替过程中，由于微生物率先在油水界面处聚集，表面活性剂不能直接作用于原油，整体驱替效果不如联注技术。具体情况如图 7-4 和图 7-5 所示。

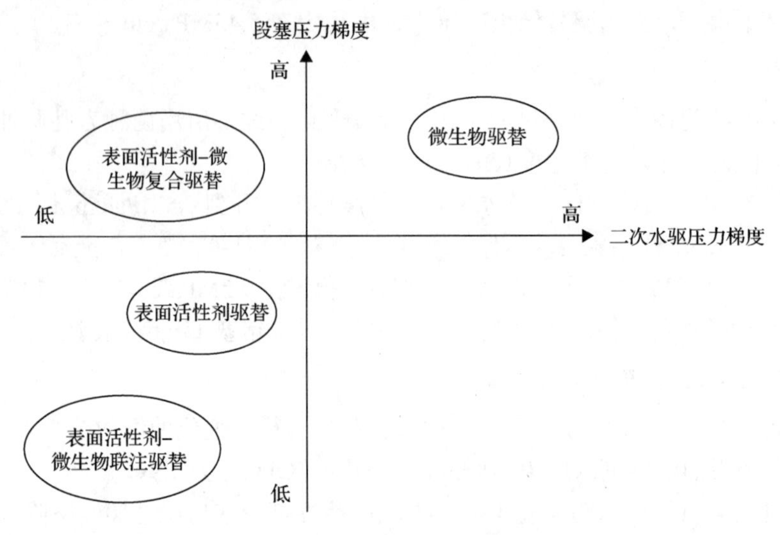

图 7-5　不同注入体系驱替压力结果示意图

2. 不同注入方式分析

不同注入方式提高采收率结果见表 7-3。相比较而言，表面活性剂-微生物联注体系提高采收率幅度最高，为 18.01%，其次为表面活性剂-微生物复合注入体系(16.82%)和内源微生物注入体系(15.68%)，而表面活性剂注入体系提高采收率效果最差。这说明，低渗透油藏微生物提高采收率技术具有明显的驱油效果，微生物乳化分散原油、使原油剥离孔隙壁面作用是低渗透油藏提高采收率的主要机理。

表 7-3　不同注入方式提高采收率结果

岩心编号	渗透率/mD	段塞前采收率/%	段塞后采收率/%	后续水驱采收率/%	采收率提高幅度/%	备注
1	39.21	46.94	55.00	59.44	12.50	注入 1PV 表面活性剂
2	41.03	45.67	54.05	61.35	15.68	注入 1PV 内源菌
3	40.04	45.88	58.06	63.89	18.01	注入 0.5PV 表面活性剂+0.5PV 内源菌
4	41.84	44.05	57.50	60.87	16.82	注入 1PV 表面活性剂+内源菌混合液

第8章　低渗透油藏功能菌与内源菌驱油非线性渗流理论

通过对乳化功能菌在油藏多孔介质中的运移规律及反应动力学研究，本书建立了一个能够综合反映乳化功能菌与内源微生物竞争机制的三维三相七组分微生物驱油数学模型，模型涉及的组分有油、气、水、微生物 1(乳化功能菌)、微生物 2(内源微生物)、营养物、生物表面活性剂。该模型详细阐述了微生物在多孔介质中的对流、弥散、趋化性、吸附、竞争机制及协同作用，通过引入微生物交互因子，修正了微生物反应动力学方程，完善了乳化功能菌及油藏内源微生物的相互作用关系。

8.1　数学模型理论基础

油藏环境经过长期水驱后，内源微生物资源丰富，形成了稳定的微生物群落，无论是内源微生物驱油还是外源微生物驱油，油藏固有微生物均会起到非常重要的作用。随着外源微生物和营养物的注入，原有的油藏微生物群落组成及结构可能会被打破，外源微生物和内源微生物可能存在偏利共生、互惠共生或群体感应等相关关系。目前对微生物群落间相互作用研究较多的是硝酸盐还原菌对油藏中硫酸盐还原菌的竞争性抑制作用，而广泛应用的铜绿假单胞菌、芽孢杆菌与油藏其他菌株的相互作用的研究较少，并且外源微生物油藏适应性研究也主要考察温度、压力、矿化度的影响，忽略了内源微生物对注入菌的作用，导致注入功能菌与内源微生物配伍性研究缺乏、驱油贡献不明确。

微生物采油技术的关键是通过在油藏内补充功能菌或营养剂来构建功能菌群。随着现代分子生物学技术在微生物采油领域的应用，用注入功能菌来构建油藏功能菌群逐步得到了重视。注入微生物与油藏内源微生物间存在相互作用，且其与微生物驱油效果密切相关。功能菌协同内源微生物驱油主要起到两方面的作用：第一，提升功能菌菌浓度。高温、高盐或持续注入杀菌剂的油藏内源微生物浓度低，几乎不具备直接进行内源微生物驱的油藏筛选条件，需要补充注入功能菌，形成新的功能菌群，为内源微生物驱油技术的应用提供物质基础。第二，提高降解、乳化等驱油性能。因此，在功能菌协同内源微生物驱油过程中除了考虑注入微生物的作用，还需要研究注入营养物对油藏内源微生物的激活作用及注入微生物与内源微生物的相互作用。

8.2 模型构建

8.2.1 基本假设

考虑到微生物在驱油过程中的生物行为(生长、死亡、趋化性、吸附、解吸附、营养消耗、产物生成)及增产原理，本模型做出如下假设：①流体为油、气、水三相；②油、水是微可压缩流体，混合无体积变化；③热力学平衡瞬间建立，推广的达西定律适用于多相系统；④主要考虑菌体及其代谢产物表面活性剂对提高采收率的贡献；⑤油藏等温。

8.2.2 微生物驱数学模型

油气水渗流符合达西定律和质量守恒定律，三维三相渗流模型控制方程详见文献[27]。

1. 微生物物质平衡方程

注入微生物可能是从油藏中分离得到的，也可能是从土壤、污水等油藏以外的环境中分离筛选出的高效功能菌种。驱油过程中功能菌经过地面扩大培养后注入油藏中，而内源菌是一个庞大的微生物生态系统，不会因为功能菌的注入而消失，内源菌还会有显著增长。这就要求注入的功能菌必须具备较好的油藏适应性。因此，微生物驱油过程中必然涉及多个微生物组分。为体现注入功能菌与内源菌的相互作用并且能够简化模型，在微生物场模型方程中包括了注入菌和内源菌两个微生物组分，定量化描述了微生物在多孔介质中的对流、弥散、吸附、生长、死亡等行为的方程：

$$\begin{aligned}&\nabla\cdot D_{wi}\nabla\left(\frac{\phi S_w C_i}{B_w}\right)-\nabla\cdot\left(\frac{u_w C_i}{B_w}\right)+\frac{\phi S_w(u_{gi}-u_{di})C_i}{B_w}+\frac{QC_i}{V_b}\\&=\frac{\partial}{\partial t}\left(\frac{\phi S_w C_i}{B_w}\right)+\frac{\phi S_w k_{ci} C_i}{B_w}-k_{yi}\rho_{bi}\varphi_i\left(\frac{\varphi_i}{\phi}\right)^{h_i}\end{aligned}\quad,\ i=1,2 \tag{8-1}$$

$$u_i=u_w+u_{ci}\ ,\quad i=1,2 \tag{8-2}$$

$$\frac{\partial\varphi_i}{\partial t}=(u_{gi}-u_{di})\varphi_i+k_{ci}\frac{\phi S_w C_i}{B_w\rho_{bi}}-k_{yi}\varphi_i\left(\frac{\varphi_i}{\phi}\right)^{h_i}\ ,\quad i=1,2 \tag{8-3}$$

$$u_{ci}=k_{mi}\nabla\ln(C_3)\ ,\quad i=1,2 \tag{8-4}$$

式(8-1)～式(8-4)中，t 为时间；i=1 为功能菌，i=2 为内源菌；D_{wi} 为 i 组分的对流扩散系数，m^2/d；ϕ 为孔隙度；S_w 为含水饱和度；C_i 为水相中 i 组分浓度，mg/mL；

B_{w} 为地层水体积系数；u_{w} 为水相渗流速度，m/d；$u_{\mathrm{g}i}$ 为微生物比生长速率，d^{-1}；$u_{\mathrm{d}i}$ 为微生物比死亡速率，d^{-1}；Q 为源汇项，$(\mathrm{kg/m^3})/\mathrm{d}$；$V_{\mathrm{b}}$ 为井组控制体积，m^3；$k_{\mathrm{c}i}$ 为微生物吸附常数，d^{-1}；$k_{\mathrm{y}i}$ 为微生物解吸附常数，d^{-1}；$\rho_{\mathrm{b}i}$ 为细菌的密度，$\mathrm{kg/m^{-3}}$；φ_i 为吸附微生物所占孔隙体积分数；h_i 为解吸附参数；$u_{\mathrm{c}i}$ 为趋向性速率，m/d；$k_{\mathrm{m}i}$ 为化学趋向性系数；C_3 为营养物质浓度。

2. 营养物和产物物质平衡方程

$$\nabla\cdot D_{\mathrm{w}i}\cdot\nabla\left(\frac{\phi S_{\mathrm{w}}C_i}{B_{\mathrm{w}}}\right)-\nabla\cdot\left(\frac{u_{\mathrm{g}i}C_i}{B_{\mathrm{w}}}\right)+\frac{\phi S_{\mathrm{w}}}{B_{\mathrm{w}}}R_i+\frac{QC_i}{V_{\mathrm{b}}}=\frac{\partial}{\partial t}\left(\frac{\phi S_{\mathrm{w}}C_i}{B_{\mathrm{w}}}+\phi C_i'\right),\ i=3,4 \tag{8-5}$$

$$C_i'=\min\left(C_{i,\max}',\frac{a_iC_i}{1+b_iC_i}\right),\quad i=3,4 \tag{8-6}$$

式中，i=3 为营养物质，i=4 为代谢产物；R_i 为反应速率；a_i、b_i 为组分 i 的吸附常数，mL/mg；C_i' 为吸附浓度，mg/mL，$C_{i,\max}'$ 为最大吸附浓度，mg/mL。

3. 反应动力学方程

1) 微生物生长速率方程

微生物驱反应动力学方程中常用的生长速率方程为 Monod 模型。由于油藏中缺乏微生物生长所需的全部营养物质，内源微生物通常处于休眠状态，当功能菌和营养物质一起注入油藏后，内源微生物和功能菌同时竞争营养。在竞争营养过程中，一种菌株的相关中间产物或副产物会促进(或抑制)另一种菌株的生长，而 Monod 模型并不能体现这些过程。因此，通过引入无量纲交互因子定量化表征乳化功能菌与内源微生物间的竞争机制，修正的微生物生长动力学方程为

$$u_{\mathrm{g}1}=\frac{\alpha_{12}u_{\mathrm{m}1}C_3}{\beta_{12}k_{\mathrm{s}1}+C_3} \tag{8-7}$$

$$u_{\mathrm{g}2}=\frac{\alpha_{21}u_{\mathrm{m}2}C_3}{\beta_{21}k_{\mathrm{s}2}+C_3} \tag{8-8}$$

式中，$k_{\mathrm{s}1}$、$k_{\mathrm{s}2}$ 为半饱和常数，g/L；$u_{\mathrm{m}1}$、$u_{\mathrm{m}2}$ 为微生物的最大比生长速率，d^{-1}；α_{12}、α_{21}、β_{12}、β_{21} 为微生物交互因子。当两菌生长处于共生关系时，$\alpha_{12}>1$、$\alpha_{21}>1$、$\beta_{12}<1$、$\beta_{21}<1$；当两菌生长处于抑制关系时，$\alpha_{12}<1$、$\alpha_{21}<1$、$\beta_{12}>1$、$\beta_{21}>1$；当两菌生长处于互不干涉时，即常用的 Monod 模型，$\alpha_{12}=\alpha_{21}=\beta_{12}=\beta_{21}=1$。

2) 营养物消耗速率方程

营养物质消耗速率方程如下：

$$R_3 = \sum_{i=1}^{2} \frac{1}{Y_i} u_{gi} + \sum_{i=1}^{2} m_{si} \tag{8-9}$$

式中，R_3 为营养物消耗速率；Y_i 为菌体得率，mg/mg；m_{si} 为维持因子，mg/(mg·d)。

3）产物生成速率方程

产物生成速率方程如下：

$$R_i = \sum_{j=1}^{2} \lambda_{ij} C_j + \sum_{j=1}^{2} \eta_{ij} \frac{\mathrm{d}C_j}{\mathrm{d}t}, \quad i = 4,5 \tag{8-10}$$

式中，λ_{ij} 为菌体维持生命时代谢产物的生成速率，mg/(mg/d)；η_{ij} 为代谢产物得率，mg/mg。

因此，方程(8-5)中的反应速率方程为

$$R_i = r_i (C_{i1} + \sigma \rho_{\mathrm{b}}), \quad i = 1,2,3 \tag{8-11}$$

式中，σ 为吸附微生物所占孔隙体积分数；ρ_{b} 为微生物密度；C 为水相中各组分的浓度。

4. 初始条件和边界条件

数学模型包含两个微生物组分，对于模型的初始条件，内源微生物具有一个初始浓度且后续并不注入该组分微生物。模型的内边界条件和外边界条件详见文献[46]。

8.2.3　微生物驱增产原理

微生物采油主要作用机理是微生物对岩石、流体及其渗流规律的改变，针对这些作用机理，综合考虑菌体本身及其代谢产物的作用，见表 8-1。

表 8-1　微生物及主要代谢产物作用机理模型

产物类型	模型中考虑
生物体	作为单独组分 微生物浓度-原油黏度(降解) 微生物浓度-绝对渗透率(阻力系数)
生物表面活性剂	作为单独组分 表面活性剂-界面张力 界面张力-毛细管力 毛细管力、协同因子-残余油饱和度 残余油饱和度-相对渗透率

1. 绝对渗透率变化

由于实际油藏的非均质性，微生物菌体在岩石表面的吸附滞留会造成多孔介质的局部渗透率下降。当多孔介质的孔喉被堵塞时，孔隙度的变化可能不显著，但渗透率会大大降低。Knapp 等[47]提出的渗透率下降与孔隙度下降的三次方成正比，并引入流动效率系数 F 进行修正，它主要由孔喉直径分布双峰函数决定：

$$\phi' = \phi - \sum_{k=1}^{2} \varphi_i \text{，} \quad i = 1, 2 \tag{8-12}$$

$$\frac{K'}{K} = F\left(\frac{\phi}{\phi'}\right)^3 \tag{8-13}$$

式中，ϕ' 为微生物作用后的孔隙度；K' 为微生物作用后的绝对渗透率；K 为绝对渗透率。

2. 黏度变化

在微生物采油过程中，微生物及其代谢产物都会对原油黏度产生影响，对原油黏度产生影响的主要有微生物自身代谢降解、表面活性剂对原油的乳化降黏，水相黏度主要受注入营养体系的影响，这些变化规律可以通过微生物与原油的发酵实验确定。黏度变化关系式如下：

$$\mu_o' = \mu_o(C_1,\ C_2) \tag{8-14}$$

$$\mu_w' = \mu_w(C_3) \tag{8-15}$$

式中，μ_o 为原油黏度，mPa·s；μ_o' 为微生物作用后的原油黏度，mPa·s；μ_w 为水相黏度，mPa·s；μ_w' 为微生物作用后的水相黏度，mPa·s。

3. 相对渗透率变化

微生物培养过程中，除了能使润湿性、界面张力等物性参数发生改变外，在低速搅拌情况下能发生强于化学表面活性剂的乳化作用，降低残余油饱和度，最终导致相对渗透率发生变化。为了综合体现界面张力、润湿性及乳化的协同作用，按照协同作用降低残余油考虑，引用协同因子对残余油饱和度方程进行修正。

$$N_c = \frac{|\mu_w u_o|}{\sigma_{wo}} \tag{8-16}$$

$$f(N_c)=\left(\frac{N_{base}}{k_b N_c}\right)^{\frac{1}{n}} \tag{8-17}$$

$$S'_{or}=f(N_c)S_{or} \tag{8-18}$$

$$K_{rw}=f(N_c)K_{rw(low)}+[1-f(N_c)]K_{rw(high)} \tag{8-19}$$

$$K_{ro}=f(N_c)K_{ro(low)}+[1-f(N_c)]K_{ro(high)} \tag{8-20}$$

式中，N_c为毛细管数，无因次；μ_w为水相黏度；σ_{wo}为油水界面张力；$f(N_c)$为插值函数，其取值范围为0(高毛细管数)～1(低毛细管数)；k_b为协同因子，无因次；n为插值函数的指数值；S_{or}为初始残余油饱和度；S'_{or}为在毛细管数N_c下的残余油饱和度；$K_{rw(low)}$、$K_{ro(low)}$为低毛细管数下的水相、油相相对渗透率；$K_{rw(high)}$、$K_{ro(high)}$为高毛细管数下的水相、油相相对渗透率；K_{rw}、K_{ro}分别为水相、油相相对渗透率；N_{base}为微生物作用前的毛细管数。

8.3 影响因素分析

根据上述模型方程，编制了相应的数值模拟程序，采用IMPES方法求解渗流场压力、饱和度分布，利用Crank-Nicolson格式差分离散生物场模型方程求解微生物、营养物及代谢产物浓度分布。为研究乳化功能菌与内源微生物竞争机制下的驱油机理及模型中某些参数的重要性，本书模拟分析了竞争机制、协同作用对微生物浓度、代谢产物浓度及驱油效率的影响。算例中涉及的地质模型参数和物性参数见表8-2。

表8-2　物性参数

	参数值		参数值
油藏尺寸(N*X*×N*Y*×N*Z*)	10×1×1	抑制模型乳化功能菌的交互因子	0.25，2.75
网格块大小(d*x*×d*y*×d*z*)/m	20×200×10	内源微生物最大比生长速率/d^{-1}	6.25
渗透率/mD	100	乳化功能菌最大比生长速率/d^{-1}	8.25
孔隙度/%	20	内源微生物半饱和常数/(mg/mL)	0.6
油相密度/(kg/m^3)	849	乳化功能菌半饱和常数/(mg/mL)	0.4
水相密度/(kg/m^3)	1×10^3	内源微生物比死亡速率/d^{-1}	0.01
内源微生物密度/(kg/m^3)	1×10^3	乳化功能菌比死亡速率/d^{-1}	0.01
乳化功能菌密度/(kg/m^3)	1×10^3	内源微生物的菌体得率/(mg/mg)	1.8
油相黏度/(mPa·s)	20	乳化功能菌的菌体得率/(mg/mg)	3.8

续表

	参数值		参数值
水相黏度/(mPa·s)	0.9	内源微生物的维持因子/(mg/(mg·d))	0.2
原始含油饱和度/%	75	乳化功能菌的维持因子/[mg/(mg·d)]	0.2
原始含水饱和度/%	25	内源微生物的产物得率/(mg/mg)	0.697
注水井注入量/(m^3/d)	48	乳化功能菌的产物得率/(mg/mg)	0.977
注入营养物浓度/(mg/mL)	2.495	内源微生物的产物维持因子/[mg/(mg·d)]	8×10^{-2}
注入乳化功能菌浓度/(mg/mL)	1.25	乳化功能菌的产物维持因子/[mg/(mg·d)]	8×10^{-2}
初始内源微生物浓度/(mg/mL)	0.1	内源微生物吸附系数/d^{-1}	3.0
内源微生物扩散系数/(m^2/d)	5.1×10^{-4}	乳化功能菌吸附系数/d^{-1}	2.5
乳化功能菌扩散系数/(m^2/d)	5.1×10^{-4}	内源微生物解吸附系数/d^{-1}	30
营养物扩散系数/(m^2/d)	7.7×10^{-4}	乳化功能菌解吸附系数/d^{-1}	25
代谢产物扩散系数/(m^2/d)	7.7×10^{-4}	营养物吸附常数	2.35×10^{-4}，2.62×10^{-4}
内源微生物趋化性系数/(m^2/d)	3.6×10^{-4}	代谢产物吸附常数	6.57×10^{-3}，9.8×10^{-3}
乳化功能菌趋化性系数/(m^2/d)	3.6×10^{-4}	流动效率系数	1
共生模型内源微生物的交互因子	1.75，0.1	协同因子	10
共生模型乳化功能菌的交互因子	2.75，0.05	插值指数	8
抑制模型内源微生物的交互因子	0.01，8.75		

8.3.1　竞争机制对微生物浓度分布的影响

该模型包含两个微生物组分，其中内源微生物初始浓度为 0.1mg/mL，乳化功能菌初始浓度为 0mg/mL。一次水驱注水至 1.55PV(含水率 95%)，后续以连续注入的方式注入 0.25PV 乳化功能菌与营养物的混合溶液(乳化功能菌的浓度则为 1.25mg/mL，营养物的浓度为 5mg/mL)，最终水驱至含水率 98%。

向油藏中注入乳化功能菌与营养物的混合溶液，一方面会激活油藏中存在的内源微生物，另一方面乳化功能菌也会消耗营养物，二者产生相互作用。该算例分析了两组微生物生长模型处于共生关系(New 模型)、抑制关系及互不干涉关系(Monod 模型)时的内源微生物和乳化功能菌的浓度分布。当注入水体积(pore volume of water injection，PVWI)为 1.60 时，内源微生物和乳化功能菌的浓度分布如图 8-1 和图 8-2 所示。

从图 8-1 可以发现，向油藏中注入营养液可以激活内源微生物。由于注入营养液时间较短，营养物只运移至油藏前端，内源微生物浓度在前两个网格出现较为明显的变化，而在油藏末端内源微生物浓度无明显变化。从图 8-2 也可发现，乳化功能菌在前两个网格有明显的变化，而后续网格变化基本趋于零。

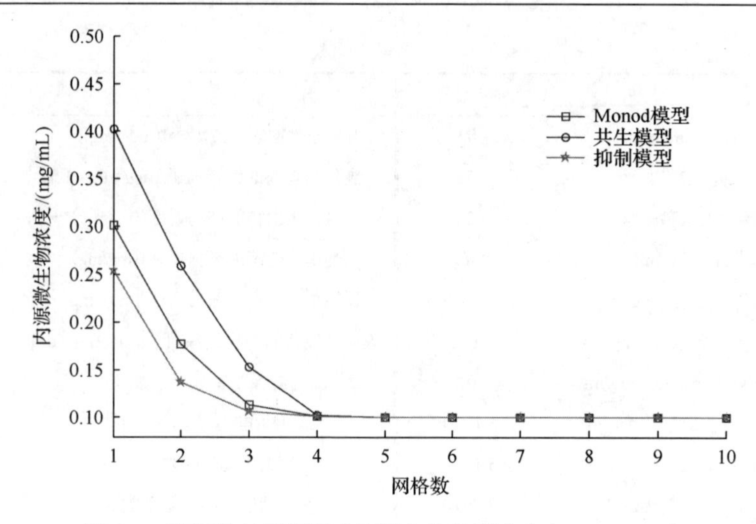

图 8-1　不同生长模型下内源微生物浓度分布(PVWI=1.60)

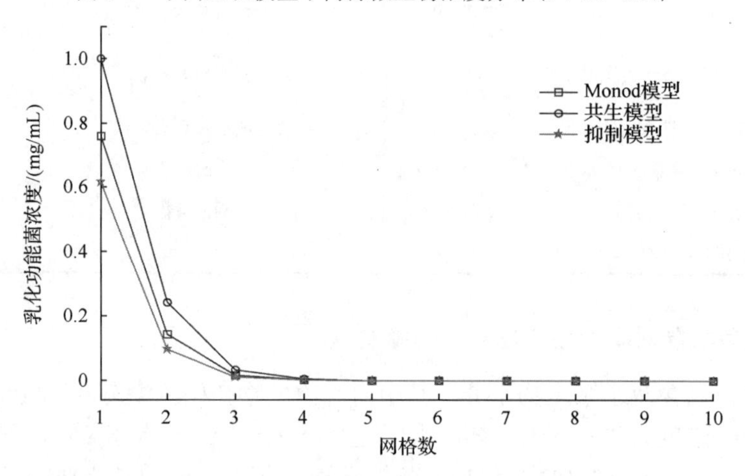

图 8-2　不同生长模型下乳化功能菌浓度分布(PVWI=1.60)

对比生长模型处于共生模型、抑制模型及互不干涉模型(Monod 模型)时的内源微生物和乳化功能菌的浓度分布，3 种模型下内源微生物浓度和乳化功能菌浓度在注入体系波及的前两个网格有较大差异，共生模型下两种微生物浓度最高，抑制模型下两种微生物浓度最低。常用的 Monod 模型无法模拟油藏中微生物间的相互作用，本章建立的微生物生长动力学方程具有较好的适应性。

8.3.2　竞争机制对代谢产物浓度的影响

在应用微生物驱油技术时，通常要求注入的乳化功能菌和油藏内源微生物具有良好的配伍性，从而筛选的乳化功能菌和内源微生物需为共生关系。本算例分析了 New 模型和 Monod 模型下产物浓度差异及两种模型对驱油效率的影响，如

图 8-3 所示。算例参数见表 8-2。

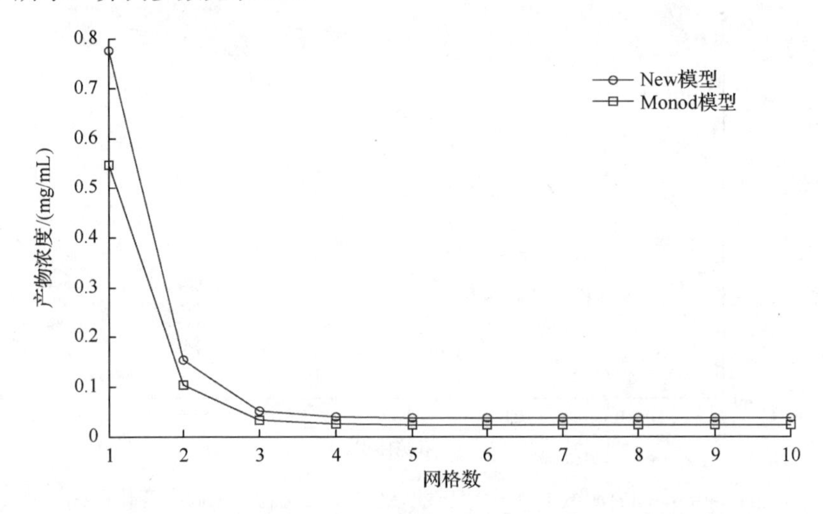

图 8-3　New 模型和 Monod 模型下产物浓度分布(PVWI=1.60)

从图 8-3 可以看出，当注入量为 1.60PV 时，New 模型下产物浓度峰值为 0.78mg/mL，而 Monod 模型下产物浓度峰值只有 0.55mg/mL。结果表明，New 模型产物生成量要比 Monod 模型多。当停止注入营养物时产物浓度会出现峰值，若继续增大注入量，产物浓度峰值会不断右移，但由于吸附作用峰值会不断降低。总体而言，New 模型下产物浓度峰值比 Monod 模型高，说明 New 模型中的生长速率方程能够更好地体现乳化微生物与内源微生物的共生作用。

8.3.3　竞争机制对驱油效果的影响

内源微生物和乳化功能菌同时消耗营养形成共生关系，内源微生物增多，消耗的营养液会增多，最终导致乳化功能菌消耗的营养减少。该算例分析了乳化功能菌在最大比生长速率不变的情况下，不同内源微生物最大比生长速率对驱油效果的影响，并对比了 New 模型和 Monod 模型驱油效果的差异，如图 8-4 和图 8-5 所示。注入时间和注入量及其他油藏参数与表 8-2 一致。

图 8-4 对比了内源微生物最大比生长速率分别为 0.0625、0.625、6.25 时的 3 条采收率变化曲线，最大比生长速率越大，提高采收率越小，而单一微生物组分驱油计算结果表明最大比生长速率越大，提高采收率也越大。这是由于内源微生物最大比生长速率越小，内源微生物浓度越低，消耗营养液较少，乳化功能菌消耗的营养增多(通常筛选的乳化功能菌具有较好的性质，本模型中乳化功能菌的产物得率比内源微生物要高)，产物浓度也越多，从而提高采收率也越高。若增大注入混合溶液的浓度及注入时间，提高采收率差异将增大。

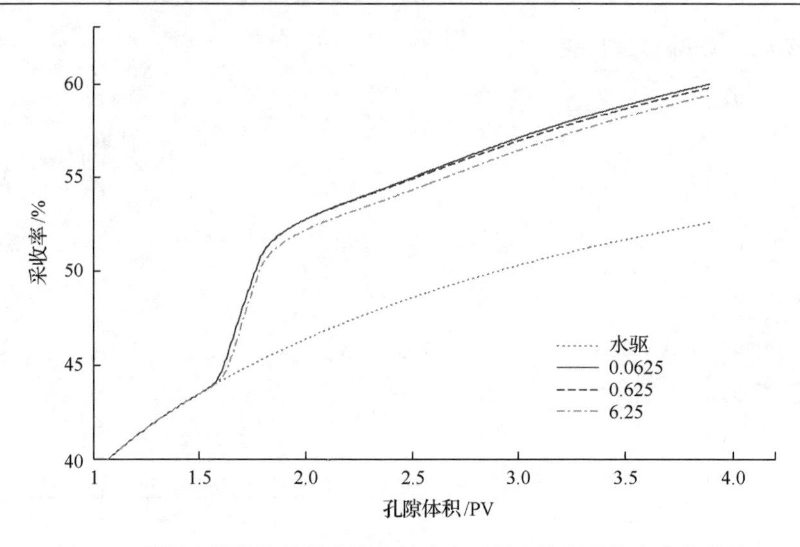

图 8-4 不同内源微生物最大比生长速率下微生物驱采收率变化曲线

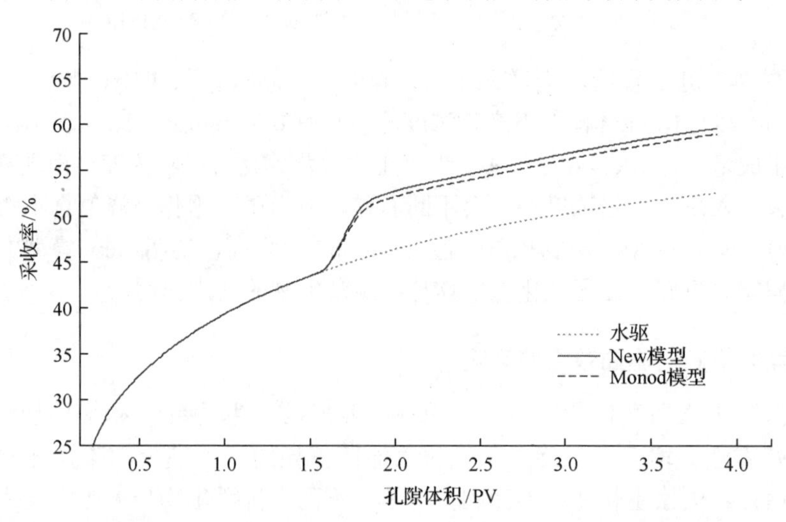

图 8-5 New 模型和 Monod 模型微生物驱采收率变化曲线

从图 8-5 可以看出，水驱采收率为 52.59%，Monod 模型下微生物驱采收率为 59.02%，比水驱提高采收率 6.43%；New 模型下微生物驱采收率为 59.63%，比水驱提高采收率 7.04%。计算结果表明，New 模型提高采收率幅度高，这是由于共生条件下两个微生物组分生长速度和代谢产物浓度均有所增加，微生物驱驱油效率增强。若增加注入混合溶液的浓度及注入时间，微生物浓度差异、产物浓度差异及提高采收率差异将增大。

8.3.4　协同作用对驱油效率的影响

实验发现单纯应用微生物代谢产物无法使油水界面张力降至超低状态，达不到启动残余油的毛细管数的数量级，但微生物驱替比单纯的微生物代谢产物驱替增油幅度高，是微生物及其代谢产物共同作用的结果。本模型引用了协同因子来修正插值函数中的毛细管数，体现了微生物驱油综合作用效果。该算例分析了协同因子分别为 1、10、100 时微生物驱采收率变化曲线(协同因子为 1 时，即没有微生物强化作用)，如图 8-6 所示。

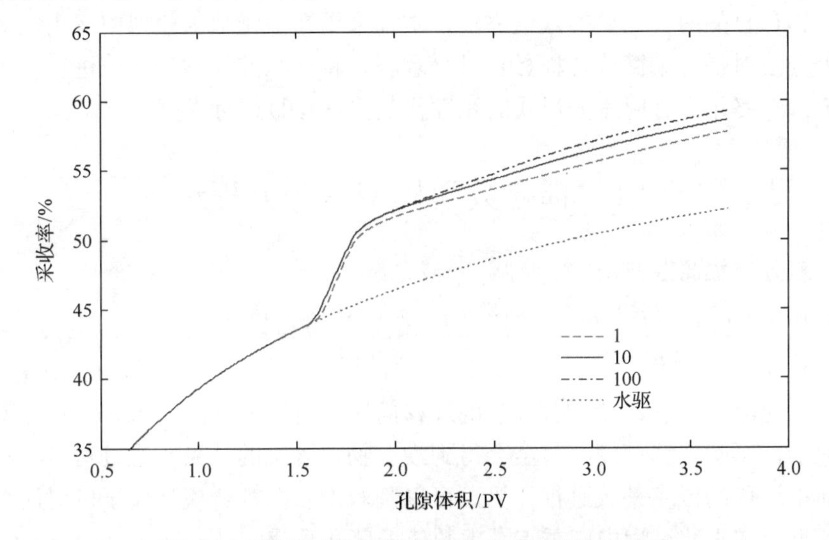

图 8-6　不同协同因子下微生物驱采收率变化曲线

从图 8-6 可以看出，相对水驱，微生物驱提高采收率 5.6%～7.1%。对比协同因子分别为 1、10、100 时的曲线，协同因子越大，提高采收率越大。这是由于协同因子越大，插值函数越小，高毛细管数下的相对渗透率权重越大，提高采收率越大。

第9章　低渗透油藏微生物驱油数值模拟方法及技术

三维三相渗流场-生物场耦合数学模型描述了油藏多孔介质中微生物、营养物、代谢产物、压力、饱和度和渗流速度等参数的变化。直接通过解析解来求解该模型是不现实的，需要用数值方法进行求解。有限差分法和有限元法是求解偏微分方程(组)的两种主要的数值方法，本章采用在油藏数值模拟中运用很成熟的有限差分法对耦合偏微分方程(组)进行求解，将连续的问题和区域进行各种形式的离散，最终化为有限差分形式的线性代数方程(组)进行求解。

9.1　耦合数学模型差分方程组

9.1.1　差分方程离散方法

利用有限差分法可以求解渗流场模型方程和以弥散作用为主[佩克莱数(Peclet number，记作 Pe)小于 2 的情况]的模型，并且能够得到较好的计算结果。但对于以对流为主($Pe \geqslant 2$ 的情况)的迁移问题，有限差分法的求解会存在不同程度的振动，影响计算精度，甚至会得到没有物理含义的结果。通过对微生物在多孔介质中运移的佩克莱数进行计算，可以判断本章的耦合模型属于以对流为主的迁移模型，在求解过程中应重点考虑数值振荡和数值弥散。

可以将求解对流-弥散方程的数值方法归纳为欧拉法、拉格朗日法及混合欧拉-拉格朗日法。微生物驱油数学模型中同时存在渗流场和微生物场，有固定模拟网格，常采用欧拉法中的有限差分法，但是利用这种方法求解易引起数值弥散和数值振荡。

1. 基本差分格式研究

对流项是数值弥散和解的振动的主要原因。一般认为，为克服数值解的振动并减少数值弥散，最简单、最有效的途径就是在离散对流-扩散方程的对流项中采用高阶差分。

进行对流-扩散方程的数值求解的关键是解决对流项的离散格式问题。有些对流项的离散格式是绝对稳定的，即不论网格佩克莱数(记作 Pe_{Δ})有多大，均不会产生振荡和发散的解；而另一些对流项的离散格式是条件稳定的，即存在一个临界网格佩克莱数(记作 Pe_{cr})，当 $Pe > Pe_{cr}$ 时，解就会发生振荡或发散；还有一些对流项的离散格式是稳定性可控的，即 Pe_{cr} 与某一参变量有关，通过对参变量的调节可以实现对数值的稳定性控制。

当对流项采用 Leonard 迎风差分格式，同时采用第三顺序上游加权时，对流项所传递的扰动为 0，这时离散格式是绝对稳定的。因此，本书对流项采用 Leonard 第三顺序上游加权差分格式，水动力弥散项采用中心差分格式，时间变量采用向后差分格式。

2. 空间域的离散

建立模拟模型的一个很重要的步骤就是采用数值方法将连续的研究域离散化。这在很大程度上决定了模拟的工作量、计算精度、计算时间和内存需求量。空间域离散实际上就是建立网格系统，本章的耦合模型是在黑油模型的基础上发展来的，网格选择方法及原则与一般地质模型的网格确立方法一致，同时也需兼顾模型组分增多带来的模拟工作量增加的问题。

3. 时间域的离散

为了提高数值法的计算精度，时间步长应尽可能划分得很小。在计算中，每个时间步都要输入与时间相关的参数，如边界条件、源汇强度等，而它们很可能在多个时间步长内都是不变的。为了简化参数输入过程，减少不必要的工作量，可以把多个时间步合并为一个时间段，在这个时间段内，边界条件、源汇强度等均不发生变化，只需要输入一次即可。一个时间段可以通过多个时间步来完成。该方法对于耦合数学模型的应用尤为重要，如果渗流场在某一个时间段内，生产方式和源汇强度都不发生变化，那么渗流场求得的参数就可以仅给生物场传递一次，相反，在该时间段内生物场也可以将求得的参数只给渗流场传递一次。

1) 时间段的设定

在进行时间段设定时需考虑以下 3 方面因素：第一，随时间发生变化的变量，如开采强度、射孔、补孔、封堵等，如果其值发生了不可忽略的变化，那么应从变化点划分时段；第二，希望输出中间计算结果时可以划分时间段；第三，时间段的个数不宜过多，以免计算时间过长。在数值模拟计算过程中，一般时间步长为 1 个月或 3 个月(在目前的商业化软件 VIP、ECLIPSE、CMG 中，对循环数据处理时均有相应设置)，意味着一个时间步长内没有随时间变化的变量，即渗流场传递给生物场的耦合参数不会发生变化。因此，在耦合模型中时间段同样可以设置为 1 个月或 3 个月。

2）时间步的设定

时间步的设定影响模型计算的精度，对于以对流为主的生物场模型方程及离散方法，还可能出现解的振动。通常，较小的时间步长可以得到较高的计算精度，但是，在减小时间步长的同时也将延长模拟所需的计算时间。因此，在实际模拟中，需要在精度和效率之间取得平衡。在油藏数值模拟过程中，一般通过约束压力变化量、饱和度变化量及浓度变化量来建立自适应的时间步长。

通过对时间段和时间步的分析，在耦合数学模型中，渗流场和生物场的时间段相同，而在每个时间段内的时间步长要根据渗流场和生物场模型方程的精度和效率设定，其可以不完全相同。

4. 耦合数学模型求解方法

在微生物驱油数学模型中，微生物场模型方程是一个多组分耦合的过程，其求解方法主要有 3 类：第一类是顺序非迭代法（SNIA），将包含对流弥散和源汇的微分方程与化学反应方程分开求解，但不在两者之间进行迭代。顺序非迭代法运用了算子分裂技术，先求解对流弥散步的微分方程，然后以得到的结果为起始条件，再求解化学反应方程。第二类是顺序迭代法（SIA），与顺序非迭代法类似，也将多组分产物的迁移转化问题分裂成对流弥散步和化学反应步两部分，但同时还在两部分之间进行迭代，以便获得更高精度的解。第三类是全隐式法，要同时求解耦合模型的各个方程，由于耦合方程都具有很强的非线性，求解过程要占用大量计算机内存，通常还要使用 Newton-Raphson 迭代求解非线性微分方程组。

根据模型特点及求解难易情况，采用顺序非迭代法。具体求解步骤如下所述。

（1）利用算子分裂技术，将包含对流弥散和源汇的微分方程与化学反应方程分开。

（2）求解对流弥散的微分方程：

$$\frac{C_m^{*\,k+1} - C_m^k}{\Delta t} = L\left(C_m^{*\,k+1}\right), \quad m = 1, 2, \cdots, N \tag{9-1}$$

式中，$C_m^{*\,k+1}$ 为 m 组分 k+1 时刻反应前初始浓度；C_m^{k+1} 为 m 组分 k+1 时刻反应后浓度。

（3）以求得的结果为起始条件，再求解化学反应方程：

$$\frac{C_m^{k+1} - C_m^{*\,k+1}}{\Delta t} = R_m^{k+1}, \quad m = 1, 2, \cdots, N \tag{9-2}$$

式中，R_m^{k+1} 为与 m 组分有关的各反应相；C_m 为 m 组分浓度。

9.1.2　黑油模型差分方程组

1. 质量守恒方程

$$\nabla\cdot\left[\frac{KK_{\rm ro}}{\mu_{\rm o}B_{\rm o}}(\nabla p_{\rm o}-\rho_{\rm o}g\nabla D)\right]+q_{\rm o}=\frac{\partial}{\partial t}\left(\frac{\phi S_{\rm o}}{B_{\rm o}}\right) \tag{9-3}$$

$$\nabla\cdot\left[\frac{KK_{\rm rw}}{\mu_{\rm w}B_{\rm w}}(\nabla p_{\rm w}-\rho_{\rm w}g\nabla D)\right]+q_{\rm w}=\frac{\partial}{\partial t}\left(\frac{\phi S_{\rm w}}{B_{\rm w}}\right) \tag{9-4}$$

$$\begin{aligned}&\nabla\cdot\left[\frac{KK_{\rm rg}}{\mu_{\rm g}B_{\rm g}}(\nabla p_{\rm g}-\rho_{\rm g}g\nabla D)\right]+\nabla\cdot\left[R_{\rm so}\frac{KK_{\rm ro}}{\mu_{\rm o}B_{\rm o}}(\nabla p_{\rm o}-\rho_{\rm o}g\nabla D)\right]\\&+\nabla\cdot\left[R_{\rm sw}\frac{KK_{\rm rw}}{\mu_{\rm w}B_{\rm w}}(\nabla p_{\rm w}-\rho_{\rm w}g\nabla D)\right]+q_{\rm g}=\frac{\partial}{\partial t}\left[\phi\left(\frac{S_{\rm g}}{B_{\rm g}}+R_{\rm so}\frac{S_{\rm o}}{B_{\rm o}}+R_{\rm sw}\frac{S_{\rm w}}{B_{\rm w}}\right)\right]\end{aligned} \tag{9-5}$$

式中，$R_{\rm so}$ 为气油比；$R_{\rm sw}$ 为气水比；下角标 w 为水相，o 为油相；q 为源汇项。

式(9-3)～式(9-5)的右端项：

$$\frac{\partial}{\partial t}\left(\frac{\phi S_{\rm o}}{B_{\rm o}}\right)=\frac{\phi}{B_{\rm o}}\frac{\partial S_{\rm o}}{\partial t}+\left(\frac{S_{\rm o}}{B_{\rm o}}\frac{\partial\phi}{\partial p_{\rm o}}-\frac{\phi S_{\rm o}}{B_{\rm o}^2}\frac{\partial B_{\rm o}}{\partial p_{\rm o}}\right)\frac{\partial p_{\rm o}}{\partial t} \tag{9-6}$$

$$\frac{\partial}{\partial t}\left(\frac{\phi S_{\rm w}}{B_{\rm w}}\right)=\frac{\phi}{B_{\rm w}}\frac{\partial S_{\rm w}}{\partial t}+\left(\frac{S_{\rm w}}{B_{\rm w}}\frac{\partial\phi}{\partial p_{\rm o}}-\frac{\phi S_{\rm w}}{B_{\rm w}^2}\frac{\partial B_{\rm w}}{\partial p_{\rm o}}\right)\frac{\partial p_{\rm o}}{\partial t} \tag{9-7}$$

$$\begin{aligned}\frac{\partial}{\partial t}\left[\phi\left(\frac{S_{\rm g}}{B_{\rm g}}+R_{\rm so}\frac{S_{\rm o}}{B_{\rm o}}+R_{\rm sw}\frac{S_{\rm w}}{B_{\rm w}}\right)\right]=&\frac{\phi}{B_{\rm g}}\frac{\partial S_{\rm g}}{\partial t}+\left(\frac{S_{\rm g}}{B_{\rm g}}\frac{\partial\phi}{\partial p_{\rm o}}-\frac{\phi S_{\rm g}}{B_{\rm g}^2}\frac{\partial B_{\rm g}}{\partial p_{\rm o}}\right)\frac{\partial p_{\rm o}}{\partial t}+\frac{\phi R_{\rm so}}{B_{\rm o}}\frac{\partial S_{\rm o}}{\partial t}\\&+\left(\frac{S_{\rm o}R_{\rm so}}{B_{\rm o}}\frac{\partial\phi}{\partial p_{\rm o}}+\frac{\phi S_{\rm o}}{B_{\rm o}}\frac{\partial R_{\rm so}}{\partial p_{\rm o}}-\frac{\phi S_{\rm o}R_{\rm so}}{B_{\rm o}^2}\frac{\partial B_{\rm o}}{\partial p_{\rm o}}\right)\frac{\partial p_{\rm o}}{\partial t}\\&+\frac{\phi R_{\rm sw}}{B_{\rm w}}\frac{\partial S_{\rm w}}{\partial t}+\left(\frac{S_{\rm w}R_{\rm sw}}{B_{\rm w}}\frac{\partial\phi}{\partial p_{\rm o}}+\frac{\phi S_{\rm w}}{B_{\rm w}}\frac{\partial R_{\rm sw}}{\partial p_{\rm o}}\right.\\&\left.-\frac{\phi S_{\rm w}R_{\rm sw}}{B_{\rm w}^2}\frac{\partial B_{\rm w}}{\partial p_{\rm o}}\right)\frac{\partial p_{\rm o}}{\partial t}\end{aligned} \tag{9-8}$$

饱和度辅助方程：

$$\frac{\partial S_{\rm g}}{\partial t}=-\frac{\partial S_{\rm o}}{\partial t}-\frac{\partial S_{\rm w}}{\partial t} \tag{9-9}$$

将式(9-9)代入式(9-8)式得到只含有 S_o、S_w、p_o 的方程为

$$\frac{\partial}{\partial t}\left[\phi\left(\frac{S_g}{B_g}+R_{so}\frac{S_o}{B_o}+R_{sw}\frac{S_w}{B_w}\right)\right]=\left(\frac{\phi R_{so}}{B_o}-\frac{\phi}{B_g}\right)\frac{\partial S_o}{\partial t}+\left(\frac{\phi R_{sw}}{B_w}-\frac{\phi}{B_g}\right)\frac{\partial S_w}{\partial t}$$
$$+(\frac{S_g}{B_g}\frac{\partial\phi}{\partial p_o}-\frac{\phi S_g}{B_g^2}\frac{\partial B_g}{\partial p_o}+\frac{S_oR_{so}}{B_o}\frac{\partial\phi}{\partial p_o}+\frac{\phi S_o}{B_o}\frac{\partial R_{so}}{\partial p_o}$$
$$-\frac{\phi S_oR_{so}}{B_o^2}\frac{\partial B_o}{\partial p_o}\frac{S_wR_{sw}}{B_w}\frac{\partial\phi}{\partial p_o}+\frac{\phi S_w}{B_w}\frac{\partial R_{sw}}{\partial p_o}$$
$$-\frac{\phi S_wR_{sw}}{B_w^2}\frac{\partial B_w}{\partial p_o})\frac{\partial p_o}{\partial t} \tag{9-10}$$

将毛细管力方程和式(9-9)代入式(9-6)、式(9-7)和式(9-10)的右端项得

$$\nabla\cdot\left[\frac{KK_{ro}}{B_o\mu_o}(\nabla p_o-\rho_o g\nabla D)\right]+q_o=\frac{\phi}{B_o}\frac{\partial S_o}{\partial t}+\left(\frac{S_o}{B_o}\frac{\partial\phi}{\partial p_o}-\frac{\phi S_o}{B_o^2}\frac{\partial B_o}{\partial p_o}\right)\frac{\partial p_o}{\partial t} \tag{9-11}$$

$$\nabla\cdot\left[\frac{KK_{rw}}{B_w\mu_w}(\nabla p_w-\rho_w g\nabla D)\right]+q_w=\frac{\phi}{B_w}\frac{\partial S_w}{\partial t}+\left(\frac{S_w}{B_w}\frac{\partial\phi}{\partial p_o}-\frac{\phi S_w}{B_w^2}\frac{\partial B_w}{\partial p_o}\right)\frac{\partial p_o}{\partial t} \tag{9-12}$$

$$\nabla\cdot\left[\frac{KK_{rg}}{B_g\mu_g}(\nabla p_g-\rho_g g\nabla D)\right]+\nabla\cdot\left[R_{so}\frac{KK_{ro}}{B_o\mu_o}(\nabla p_o-\rho_o g\nabla D)\right]$$
$$+\nabla\cdot\left[R_{sw}\frac{KK_{rw}}{B_w\mu_w}(\nabla p_w-\rho_w g\nabla D)\right]+q_g=\left(\frac{\phi R_{so}}{B_o}-\frac{\phi}{B_g}\right)\frac{\partial S_o}{\partial t}+\left(\frac{\phi R_{sw}}{B_w}-\frac{\phi}{B_g}\right)\frac{\partial S_w}{\partial t}$$
$$+\left(\frac{S_g}{B_g}\frac{\partial\phi}{\partial p_o}-\frac{\phi S_g}{B_g^2}\frac{\partial B_g}{\partial p_o}+\frac{S_oR_{so}}{B_o}\frac{\partial\phi}{\partial p_o}\right.$$
$$+\frac{\phi S_o}{B_o}\frac{\partial R_{so}}{\partial p_o}-\frac{\phi S_oR_{so}}{B_o^2}\frac{\partial B_o}{\partial p_o}+\frac{S_wR_{sw}}{B_w}\frac{\partial\phi}{\partial p_o}$$
$$\left.+\frac{\phi S_w}{B_w}\frac{\partial R_{sw}}{\partial p_o}-\frac{\phi S_wR_{sw}}{B_w^2}\frac{\partial B_w}{\partial p_o}\right)\frac{\partial p_o}{\partial t} \tag{9-13}$$

2. 具体算法

1)压力方程

根据式(9-11)～式(9-13)，消除 S_w、S_o，得到只含变量 p_o、p_w、p_g 的压力方程：

$$
\begin{aligned}
&(B_{\mathrm{o}}-R_{\mathrm{so}}B_{\mathrm{g}})\left\{\nabla\cdot\left[\frac{KK_{\mathrm{ro}}}{B_{\mathrm{o}}\mu_{\mathrm{o}}}(\nabla p_{\mathrm{o}}-\rho_{\mathrm{o}}g\nabla D)\right]+q_{\mathrm{ov}}\right\}\\
&+(B_{\mathrm{w}}-R_{\mathrm{sw}}B_{\mathrm{g}})\left\{\nabla\cdot\left[\frac{KK_{\mathrm{rw}}}{B_{\mathrm{w}}\mu_{\mathrm{w}}}(\nabla p_{\mathrm{w}}-\rho_{\mathrm{w}}g\nabla D)\right]+q_{\mathrm{wv}}\right\}\\
&+B_{\mathrm{g}}\left\{\nabla\cdot\left[\frac{KK_{\mathrm{rg}}}{B_{\mathrm{g}}\mu_{\mathrm{g}}}(\nabla p_{\mathrm{g}}-\rho_{\mathrm{g}}g\nabla D)\right]+\nabla\cdot\left[R_{\mathrm{so}}\frac{KK_{\mathrm{ro}}}{B_{\mathrm{o}}\mu_{\mathrm{o}}}(\nabla p_{\mathrm{o}}-\rho_{\mathrm{o}}g\nabla D)\right]\right\}\\
&+B_{\mathrm{g}}\left\{\nabla\cdot\left[R_{\mathrm{sw}}\frac{KK_{\mathrm{rw}}}{B_{\mathrm{w}}\mu_{\mathrm{w}}}(\nabla p_{\mathrm{w}}-\rho_{\mathrm{w}}g\nabla D)\right]+q_{\mathrm{gv}}\right\}=\phi C_{\mathrm{t}}\frac{\partial p_{\mathrm{o}}}{\partial t}
\end{aligned}
\tag{9-14}
$$

式中，

$$C_t=C_{\phi}+C_{\mathrm{o}}S_{\mathrm{o}}+C_{\mathrm{w}}S_{\mathrm{w}}+C_{\mathrm{g}}S_{\mathrm{g}}$$

$$C_{\phi}=\frac{1}{\phi}\frac{\partial\phi}{\partial p_{\mathrm{o}}}$$

$$C_{\mathrm{o}}=-\frac{1}{B_{\mathrm{o}}}\frac{\partial B_{\mathrm{o}}}{\partial p_{\mathrm{o}}}+\frac{B_{\mathrm{g}}}{B_{\mathrm{o}}}\frac{\partial R_{\mathrm{so}}}{\partial p_{\mathrm{o}}}$$

$$C_{\mathrm{w}}=-\frac{1}{B_{\mathrm{w}}}\frac{\partial B_{\mathrm{w}}}{\partial p_{\mathrm{w}}}+\frac{B_{\mathrm{g}}}{B_{\mathrm{w}}}\frac{\partial R_{\mathrm{sw}}}{\partial p_{\mathrm{w}}}$$

$$C_{\mathrm{g}}=-\frac{1}{B_{\mathrm{g}}}\frac{\partial B_{\mathrm{g}}}{\partial p_{\mathrm{o}}}$$

2) 隐式压力差分方程组的建立

将式(9-14)写成差分方程时，可用简化形式：

$$\Delta A\Delta p=\Delta_x A_x\Delta p_x+\Delta_y A_y\Delta p_y+\Delta_z A_z\Delta p_z \tag{9-15}$$

式中，A 为传导系数。

$$\Delta_x A_x\Delta p_x=A_{i-\frac{1}{2},j,k}(p_{i-1,j,k}-p_{i,j,k})+A_{i+\frac{1}{2},j,k}(p_{i+1,j,k}-p_{i,j,k})$$

$$\Delta_y A_y\Delta p_y=A_{i-\frac{1}{2},j,k}(p_{i-1,j,k}-p_{i,j,k})+A_{i+\frac{1}{2},j,k}(p_{i+1,j,k}-p_{i,j,k})$$

$$\Delta_z A_z\Delta p_z=A_{i-\frac{1}{2},j,k}(p_{i-1,j,k}-p_{i,j,k})+A_{i+\frac{1}{2},j,k}(p_{i+1,j,k}-p_{i,j,k})$$

对压力方程(9-14)进行隐式差分后，两端乘以 $\Delta x_i \Delta y_j \Delta z_k$ 后，令 $V_{\mathrm{B}} = \Delta x_i \Delta y_j \Delta z_k$，$Q_l = V_{\mathrm{B}} q_{lv}$，$l = \mathrm{o,w,g}$，则可得到以下隐式压力差分方程组：

$$
\begin{aligned}
&(B_{\mathrm{o}} - R_{\mathrm{so}} B_{\mathrm{g}})_{i,j,k}^{n} (\Delta A_{\mathrm{o}}^{n} \Delta p^{n+1} + \mathrm{GOW}t + Q_{\mathrm{o}})_{i,j,k} + (B_{\mathrm{w}} - R_{\mathrm{sw}} B_{\mathrm{g}})_{i,j,k}^{n} (\Delta A_{\mathrm{w}}^{n} \Delta p^{n+1} \\
&+ \mathrm{GWW}t + Q_{\mathrm{w}})_{i,j,k} + (B)_{i,j,k}^{n} (\Delta A_{\mathrm{g}}^{n} \Delta p^{n+1} + \Delta R_{\mathrm{so}} \Delta A_{\mathrm{o}}^{n} \Delta p^{n+1} + \Delta R_{\mathrm{sw}} \Delta A_{\mathrm{w}}^{n} \Delta p^{n+1} \\
&+ \mathrm{GGW}t + Q_{\mathrm{g}}) = \left(\frac{\phi V_{\mathrm{B}} C_t}{\Delta t} \right)_{i,j.k}^{n} (p^{n+1} - p^n)
\end{aligned}
\tag{9-16}
$$

式中，

$$
\mathrm{GOW}t = -\Delta A_{\mathrm{o}}^{n} (\rho_{\mathrm{o}} g D)^n
$$

$$
\mathrm{GWW}t = -\Delta A_{\mathrm{w}}^{n} (\rho_{\mathrm{w}} g D + p_{\mathrm{cow}})^n
$$

$$
\mathrm{GGW}t = \Delta \left[A_{\mathrm{g}}^{n} \Delta (p_{\mathrm{cgo}} - \rho_{\mathrm{o}} g D)^n - R_{\mathrm{so}} A_{\mathrm{o}}^{n} \Delta (\rho_{\mathrm{w}} g D)^n - R_{\mathrm{sw}} A_{\mathrm{w}}^{n} \Delta (\rho_{\mathrm{w}} g D + p_{\mathrm{cow}})^n \right]
$$

对于第(i, j, k)网格，可写成如下一般形式：

$$
AT_k p_{k-1}^{n+1} + AS_j p_{j-1}^{n+1} + AW_i p_{i-1}^{n+1} + AB_k p_{k+1}^{n+1} + AN_j p_{j+1}^{n+1} + AE_i p_{i+1}^{n+1} + Ep^{n+1} = B \tag{9-17}
$$

式中，

$$
\begin{aligned}
AT_k = &\left[B_{\mathrm{o}}^{n} + \frac{1}{2} B_{\mathrm{g}}^{n} (R_{\mathrm{so}k-1} - R_{\mathrm{so}k}) \right] A_{\mathrm{o}k-1/2}^{n} + \left[B_{\mathrm{w}}^{n} + \frac{1}{2} B_{\mathrm{g}}^{n} (R_{\mathrm{sw}k-1} - R_{\mathrm{sw}k}) \right] A_{\mathrm{w}k-1/2}^{n} \\
&+ B_{\mathrm{g}}^{n} A_{\mathrm{g}k-1/2}
\end{aligned}
$$

$$
\begin{aligned}
AS_j = &\left[B_{\mathrm{o}}^{n} + \frac{1}{2} B_{\mathrm{g}}^{n} (R_{\mathrm{so}j-1} - R_{\mathrm{so}j}) \right] A_{\mathrm{o}j-1/2}^{n} + \left[B_{\mathrm{w}}^{n} + \frac{1}{2} B_{\mathrm{g}}^{n} (R_{\mathrm{sw}j-1} - R_{\mathrm{sw}j}) \right] A_{\mathrm{w}j-1/2}^{n} \\
&+ B_{\mathrm{g}}^{n} A_{\mathrm{g}j-1/2}
\end{aligned}
$$

$$
\begin{aligned}
AW_i = &\left[B_{\mathrm{o}}^{n} + \frac{1}{2} B_{\mathrm{g}}^{n} (R_{\mathrm{so}i-1} - R_{\mathrm{so}i}) \right] A_{\mathrm{o}i-1/2}^{n} + \left[B_{\mathrm{w}}^{n} + \frac{1}{2} B_{\mathrm{g}}^{n} (R_{\mathrm{sw}i-1} - R_{\mathrm{sw}i}) \right] A_{\mathrm{w}i-1/2}^{n} \\
&+ B_{\mathrm{g}}^{n} A_{\mathrm{g}i-1/2}
\end{aligned}
$$

$$
\begin{aligned}
AB_k = &\left[B_{\mathrm{o}}^{n} + \frac{1}{2} B_{\mathrm{g}}^{n} (R_{\mathrm{so}k} - R_{\mathrm{so}k+1}) \right] A_{\mathrm{o}k+1/2}^{n} + \left[B_{\mathrm{w}}^{n} + \frac{1}{2} B_{\mathrm{g}}^{n} (R_{\mathrm{sw}k} - R_{\mathrm{sw}k+1}) \right] A_{\mathrm{w}k+1/2}^{n} \\
&+ B_{\mathrm{g}}^{n} A_{\mathrm{g}k+1/2}
\end{aligned}
$$

$$AN_j = \left[B_o^n + \frac{1}{2} B_g^n (R_{soj} - R_{soj+1}) \right] A_{oj+1/2}^n + \left[B_w^n + \frac{1}{2} B_g^n (R_{swj} - R_{swj+1}) \right] A_{wj+1/2}^n + B_g^n A_{gj+1/2}$$

$$AE_i = \left[B_o^n + \frac{1}{2} B_g^n (R_{soi} - R_{soi+1}) \right] A_{oi+1/2}^n + \left[B_w^n + \frac{1}{2} B_g^n (R_{swi} - R_{swi+1}) \right] A_{wi+1/2}^n + B_g^n A_{gi+1/2}$$

$$E = -\left[AT_k + AS_j + AW_i + AB_k + AN_j + AE_i + \frac{(\phi V_B C_t)^n}{\Delta t} \right]$$

$$B = -\left[Q_{OWG} + \frac{(\phi V_B C_t)^n}{\Delta t} p^n \right]$$

$$Q_{OWG} = (B_o^n - B_g^n R_{so}^n)(Q_o - \mathrm{GOW}t) + (B_w^n - B_g^n R_{sw}^n)(Q_w - \mathrm{GWW}t) + B_g^n (Q_g - \mathrm{GGW}t)$$

3. 显式饱和度方程

利用式(9-11)，经差分后，可得油饱和度方程：

$$\Delta A_o^n \Delta p^{n+1} + \mathrm{GOW}t + Q_o = \frac{1}{\Delta t} \left[\left(\frac{\phi V_B S_o}{B_o} \right)^{n+1} - \left(\frac{\phi V_B S_o}{B_o} \right)^n \right] \tag{9-18}$$

利用式(9-12)，经差分后，可得水饱和度方程：

$$\Delta A_w^n \Delta p^{n+1} + \mathrm{GWW}t + Q_w = \frac{1}{\Delta t} \left[\left(\frac{\phi V_B S_w}{B_w} \right)^{n+1} - \left(\frac{\phi V_B S_w}{B_w} \right)^n \right] \tag{9-19}$$

式(9-16)和式(9-17)中的 p^{n+1} 可用隐式压力饱和度方程组求得。

9.1.3　营养物、代谢产物运移方程差分方程组

营养物及产物运移方程由 4 部分组成，写成统一的形式分别为迁移项、水动力弥散项、生化反应项和源汇项。

1. 营养物、代谢产物运移方程变换

$$\frac{\partial}{\partial t}\left(\frac{\varphi S_w}{B_w} C_k + \varphi C_{ks} \right) = -\nabla \left(\frac{\overline{u}_t}{B_w} C_k \right) + \nabla \left(\frac{\varphi S_w}{B_w} \overline{\overline{D}}_{kw} \nabla C_k \right) - \frac{q_w}{V_b} C_k + \frac{\varphi S_w}{B_w} R_k \tag{9-20}$$

因为产物和基质的吸附浓度是用 Langmuir 等温吸附来描述的，所以吸附速度可以表述为

$$\frac{\partial C_{ks}}{\partial t}=\frac{\alpha_k}{(1+b_k C_k)^2}\frac{\partial C_k}{\partial t} \tag{9-21}$$

式中，C_{ks} 为 k 组分的吸附浓度，C_k 为 k 组分浓度，α_k 和 b_k 为系数。

可以假设，与组分浓度随时间的变化相比，孔隙度、相饱和度和流体的地层体积系数随时间的变化较小，那么组分 k 的传输方程可以重新表述为

$$D_s\frac{\partial C_k}{\partial t}=-\nabla\left(\frac{\overline{u}_w}{B_w}C_k\right)+\nabla\left(\frac{\phi S_w}{B_w}\overline{\overline{D}}_{kw}\nabla C_k\right)-\frac{q_w}{V_b}C_k+\frac{\phi S_w}{B_w}R_k \tag{9-22}$$

式中，$D_s=\dfrac{\phi S_w}{B_w}+\dfrac{\phi\alpha_k}{(1+b_k C_k)^2}$；$\overline{\overline{D}}_{kw}$ 为水动弥散张量。

运移方程也由 4 部分组成，即迁移项、水动力弥散项、生化反应项和源汇项。

2. 具体算法

1）迁移项差分格式

$$\nabla\left(\frac{\overline{u}_w}{B_w}C_k\right)=\frac{\partial}{\partial x}\left(\frac{\overline{u}_{wx}}{B_w}C_k\right)+\frac{\partial}{\partial y}\left(\frac{\overline{u}_{wy}}{B_w}C_k\right)+\frac{\partial}{\partial z}\left(\frac{\overline{u}_{wz}}{B_w}C_k\right) \tag{9-23}$$

式中，

$$\frac{\partial}{\partial x}\left(\frac{\overline{u}_{wx}}{B_w}C_k\right)=\frac{1}{\Delta X_x}\left[\left(\frac{\overline{u}_{wx}}{B_w}\right)_{x+1/2}C_{k,x+1/2}-\left(\frac{\overline{u}_{wx}}{B_w}\right)_{x-1/2}C_{k,x-1/2}\right]$$

$$\frac{\partial}{\partial y}\left(\frac{\overline{u}_{wy}}{B_w}C_k\right)=\frac{1}{\Delta Y_y}\left[\left(\frac{\overline{u}_{wy}}{B_w}\right)_{y+1/2}C_{k,y+1/2}-\left(\frac{\overline{u}_{wy}}{B_w}\right)_{y-1/2}C_{k,y-1/2}\right]$$

$$\frac{\partial}{\partial z}\left(\frac{\overline{u}_{wz}}{B_w}C_k\right)=\frac{1}{\Delta Z_z}\left[\left(\frac{\overline{u}_{wz}}{B_w}\right)_{z+1/2}C_{k,z+1/2}-\left(\frac{\overline{u}_{wz}}{B_w}\right)_{z-1/2}C_{k,z-1/2}\right]$$

运用 Leonard 三阶上游公式对可变网格尺寸的改进式，可以近似计算方程中组分 k 的浓度：

当 $\Phi_{w,x-1}>\Phi_{w,x}$ 时，$C_{k,x-1/2}=C_{k,x-1}+A_{x-1}(C_{k,x-1}-C_{k,x-2})+2B_{x-1}(C_{k,x}-C_{k,x-1})$；

当$\Phi_{w,x} > \Phi_{w,x+1}$时，$C_{k,x+1/2} = C_{k,x} + A_x(C_{k,x} - C_{k,x-1}) + 2B_x(C_{k,x+1} - C_{k,x})$；

当$\Phi_{w,x-1} < \Phi_{w,x}$时，$C_{k,x-1/2} = C_{k,x} + 2A_x(C_{k,x-1} - C_{k,x}) + 2B_x(C_{k,x} - C_{k,x+1})$；

当$C_{w,x} > C_{w,x+1}$时，$C_{k,x+1/2} = C_{k,x+1} + A_{x+1}(C_{k,x} - C_{k,x+1}) + 2B_{x+1}(C_{k,x+1} - C_{k,x+2})$；

式中，$\Phi_{w,x}$是X方向水相的势。

$$A_x = \frac{\Delta x_x}{3(\Delta x_x + \Delta x_{x-1})}$$

$$B_x = \frac{\Delta x_x}{3(\Delta x_{x+1} + \Delta x_x)}$$

也可以用类似的方法近似计算Y方向和Z方向上的水流携带项。在使用高阶方法时，可以利用单点上游公式处理网格块位于油藏边界之外时的情况。

2) 水动力弥散项差分格式

水动力弥散包括机械弥散和分子扩散。机械弥散相中的交叉项不同于水流模拟中的渗透系数张量交叉项，不能消除，除非水流为均匀流，因此，弥散系数张量的所有分量必须保留。

因为使用了全张量来描述组分传输过程中的物理弥散，将空间导数用有限中心差分来代替，所以方程中 3 个方向的弥散项可以展开如下：

$$\begin{aligned}\left(\frac{\phi S_w}{B_w}\overline{\overline{D}}_{kw}\nabla C_{kl}\right)_x &= \frac{\partial}{\partial x}\left(\frac{\phi S_w}{B_w}\overline{\overline{D}}_{xx}\frac{\partial C_k}{\partial x}\right) + \frac{\partial}{\partial x}\left(\frac{\phi S_w}{B_w}\overline{\overline{D}}_{xy}\frac{\partial C_k}{\partial y}\right) + \frac{\partial}{\partial x}\left(\frac{\phi S_w}{B_w}\overline{\overline{D}}_{xz}\frac{\partial C_k}{\partial z}\right)\\ &= \frac{1}{\Delta X_x}\left\{\left[\left(\frac{\phi S_w D_{kw,xx}}{B_w}\right)_{x+1/2}\frac{C_{k,x+1} - C_{k,x}}{\Delta X_{x+1/2}} - \left(\frac{\phi S_w D_{kw,xx}}{B_w}\right)_{x-1/2}\right.\right.\\ &\quad \left.\times\frac{C_{k,x+1} - C_{k,x}}{\Delta X_{x-1/2}}\right] + \left[\left(\frac{\phi S_w D_{kw,xy}}{B_w}\right)_{x+1/2}\frac{(C_{k,y+1} - C_{k,y-1})_{x+1/2}}{\Delta Y_{y+1/2} + \Delta Y_{y-1/2}}\right.\\ &\quad \left.-\left(\frac{\phi S_w D_{kw,xy}}{B_w}\right)_{x-1/2}\frac{(C_{k,y+1} - C_{k,y-1})_{x-1/2}}{\Delta Y_{y+1/2} + \Delta Y_{y-1/2}}\right] + \left[\left(\frac{\phi S_w D_{kw,xz}}{B_w}\right)_{x+1/2}\right.\\ &\quad \left.\left.\times\frac{(C_{k,z+1} - C_{k,z-1})_{x+1/2}}{\Delta Y_{z+1/2} + \Delta Y_{z-1/2}} - \left(\frac{\phi S_w D_{kw,xz}}{B_w}\right)_{x-1/2}\frac{(C_{k,z+1} - C_{k,z-1})_{x-1/2}}{\Delta Y_{z+1/2} + \Delta Y_{z-1/2}}\right]\right\}\end{aligned} \tag{9-24}$$

$$\left(\frac{\phi S_{\mathrm{w}}}{B_{\mathrm{w}}}\overline{\overline{D}}_{k\mathrm{w}}\nabla C_{kl}\right)_y=\frac{\partial}{\partial y}\left(\frac{\phi S_{\mathrm{w}}}{B_{\mathrm{w}}}\overline{\overline{D}}_{yx}\frac{\partial C_k}{\partial x}\right)+\frac{\partial}{\partial y}\left(\frac{\phi S_{\mathrm{w}}}{B_{\mathrm{w}}}\overline{\overline{D}}_{yy}\frac{\partial C_k}{\partial y}\right)+\frac{\partial}{\partial y}\left(\frac{\phi S_{\mathrm{w}}}{B_{\mathrm{w}}}\overline{\overline{D}}_{yz}\frac{\partial C_k}{\partial z}\right)$$
$$=\frac{1}{\Delta Y_y}\left\{\left[\left(\frac{\phi S_{\mathrm{w}}D_{k\mathrm{w},yx}}{B_{\mathrm{w}}}\right)_{y+1/2}\frac{(C_{k,x+1}-C_{k,x-1})_{y+1/2}}{\Delta X_{y+1/2}+\Delta X_{y-1/2}}-\left(\frac{\phi S_{\mathrm{w}}D_{k\mathrm{w},xx}}{B_{\mathrm{w}}}\right)_{x-1/2}\right.\right.$$
$$\left.\times\frac{(C_{k,x+1}-C_{k,x-1})_{y-1/2}}{\Delta X_{y+1/2}+\Delta X_{y-1/2}}\right]+\left[\left(\frac{\phi S_{\mathrm{w}}D_{k\mathrm{w},xy}}{B_{\mathrm{w}}}\right)_{y+1/2}\frac{C_{k,y+1}-C_{k,y}}{\Delta Y_{y+1/2}}\right.$$
$$\left.-\left(\frac{\phi S_{\mathrm{w}}D_{k\mathrm{w},yy}}{B_{\mathrm{w}}}\right)_{y-1/2}\frac{C_{k,y}-C_{k,y-1}}{\Delta Y_{y-1/2}}\right]+\left[\left(\frac{\phi S_{\mathrm{w}}D_{k\mathrm{w},yz}}{B_{\mathrm{w}}}\right)_{y+1/2}\right.$$
$$\left.\left.\times\frac{(C_{k,z+1}-C_{k,z-1})_{y+1/2}}{\Delta Y_{z+1/2}+\Delta Y_{z-1/2}}-\left(\frac{\phi S_{\mathrm{w}}D_{k\mathrm{w},xz}}{B_{\mathrm{w}}}\right)_{y-1/2}\frac{(C_{k,z+1}-C_{k,z-1})_{y-1/2}}{\Delta Y_{z+1/2}+\Delta Y_{z-1/2}}\right]\right\}\tag{9-25}$$

$$\left(\frac{\phi S_{\mathrm{w}}}{B_{\mathrm{w}}}\overline{\overline{D}}_{k\mathrm{w}}\nabla C_{kl}\right)_z=\frac{\partial}{\partial z}\left(\frac{\phi S_{\mathrm{w}}}{B_{\mathrm{w}}}\overline{\overline{D}}_{zx}\frac{\partial C_k}{\partial x}\right)+\frac{\partial}{\partial z}\left(\frac{\phi S_{\mathrm{w}}}{B_{\mathrm{w}}}\overline{\overline{D}}_{zy}\frac{\partial C_k}{\partial y}\right)+\frac{\partial}{\partial z}\left(\frac{\phi S_{\mathrm{w}}}{B_{\mathrm{w}}}\overline{\overline{D}}_{zz}\frac{\partial C_k}{\partial z}\right)$$
$$=\frac{1}{\Delta Z_z}\left\{\left[\left(\frac{\phi S_{\mathrm{w}}D_{k\mathrm{w},zx}}{B_{\mathrm{w}}}\right)_{z+1/2}\frac{(C_{k,x+1}-C_{k,x-1})_{z+1/2}}{\Delta X_{x+1/2}+\Delta X_{x-1/2}}-\left(\frac{\phi S_{\mathrm{w}}D_{k\mathrm{w},zx}}{B_{\mathrm{w}}}\right)_{z-1/2}\right.\right.$$
$$\left.\times\frac{(C_{k,x+1}-C_{k,x-1})_{z-1/2}}{\Delta X_{x+1/2}+\Delta X_{x-1/2}}\right]+\left[\left(\frac{\phi S_{\mathrm{w}}D_{k\mathrm{w},zy}}{B_{\mathrm{w}}}\right)_{z+1/2}\frac{(C_{k,y+1}-C_{k,y-1})_{z+1/2}}{\Delta Y_{y+1/2}+\Delta Y_{y-1/2}}\right.$$
$$\left.-\left(\frac{\phi S_{\mathrm{w}}D_{k\mathrm{w},zy}}{B_{\mathrm{w}}}\right)_{z-1/2}\frac{(C_{k,y+1}-C_{k,y-1})_{z-1/2}}{\Delta Y_{x+1/2}+\Delta Y_{y-1/2}}\right]\left[\left(\frac{\phi S_{\mathrm{w}}D_{k\mathrm{w},zz}}{B_{\mathrm{w}}}\right)_{z+1/2}\right.$$
$$\left.\left.\times\frac{C_{k,z+1}-C_{k,z}}{\Delta Z_{z+1/2}}-\left(\frac{\phi S_{\mathrm{w}}D_{k\mathrm{w},zz}}{B_{\mathrm{w}}}\right)_{z-1/2}\frac{C_{k,z}-C_{k,z-1}}{\Delta Y_{z-1/2}}\right]\right\}\tag{9-26}$$

方程中含下标±1/2 的浓度项用一阶上游公式来近似表示如下。

当$\Phi_{\mathrm{w},x\pm1}>\Phi_{\mathrm{w},x}$时，$(C_{k,y\pm1})_{x\pm1/2}=(C_{k,y\pm1})_{x\pm1}$，$(C_{k,z\pm1})_{x\pm1/2}=(C_{k,z\pm1})_{z\pm1}$。

当$\Phi_{\mathrm{w},x\pm1}<\Phi_{\mathrm{w},x}$时，$(C_{k,y\pm1})_{x\pm1/2}=(C_{k,y\pm1})_{x}$，$(C_{k,z\pm1})_{x\pm1/2}=(C_{k,z\pm1})_{x}$。

当$\Phi_{\mathrm{w},y\pm1}>\Phi_{\mathrm{w},x}$时，$(C_{k,x\pm1})_{y\pm1/2}=(C_{k,x\pm1})_{y\pm1}$，$(C_{k,z\pm1})_{y\pm1/2}=(C_{k,z\pm1})_{y\pm1}$。

当$\Phi_{\mathrm{w},y\pm1} < \Phi_{\mathrm{w},y}$时，$(C_{k,x\pm1})_{y\pm1/2} = (C_{k,x\pm1})_{y}$，$(C_{k,z\pm1})_{y\pm1/2} = (C_{k,z\pm1})_{y}$。

当$\Phi_{\mathrm{w},z\pm1} > \Phi_{\mathrm{w},z}$时，$(C_{k,x\pm1})_{z\pm1/2} = (C_{k,x\pm1})_{z\pm1}$，$(C_{k,y\pm1})_{z\pm1/2} = (C_{k,y\pm1})_{z\pm1}$。

当$\Phi_{\mathrm{w},z\pm1} < \Phi_{\mathrm{w},z}$时，$(C_{k,x\pm1})_{z\pm1/2} = (C_{k,x\pm1})_{z}$，$(C_{k,y\pm1})_{z\pm1/2} = (C_{k,y\pm1})_{z}$。

可以根据下面的离散式来计算差分方程中的物理弥散项中的产物系数：

$$\left(\frac{\phi S_{\mathrm{w}} D_{k\mathrm{w},xy}}{B_{\mathrm{w}}}\right)_{x\pm1/2} = \frac{D_k}{\tau}\left(\frac{\phi S_{\mathrm{w}}}{B_{\mathrm{w}}}\right)_{x\pm1/2} + \frac{\left[\alpha_{l\mathrm{w}} u_{\mathrm{w}x}^2 - \alpha_{t\mathrm{w}}(u_{\mathrm{w}y}^2 + u_{\mathrm{w}z}^2)\right]_{x\pm1/2}}{B_{\mathrm{w},x\pm1/2}\left|\overline{u}_{\mathrm{w}}\right|_{x\pm1/2}}$$

$$\left(\frac{\phi S_{\mathrm{w}} D_{k\mathrm{w},yy}}{B_{\mathrm{w}}}\right)_{y\pm1/2} = \frac{D_k}{\tau}\left(\frac{\phi S_{\mathrm{w}}}{B_{\mathrm{w}}}\right)_{y\pm1/2} + \frac{\left[\alpha_{l\mathrm{w}} u_{\mathrm{w}x}^2 - \alpha_{t\mathrm{w}}(u_{\mathrm{w}x}^2 + u_{\mathrm{w}z}^2)\right]_{y\pm1/2}}{B_{\mathrm{w},y\pm1/2}\left|\overline{u}_{\mathrm{w}}\right|_{y\pm1/2}}$$

$$\left(\frac{\phi S_{\mathrm{w}} D_{k\mathrm{w},zz}}{B_{\mathrm{w}}}\right)_{z\pm1/2} = \frac{D_k}{\tau}\left(\frac{\phi S_{\mathrm{w}}}{B_{\mathrm{w}}}\right)_{z\pm1/2} + \frac{\left[\alpha_{l\mathrm{w}} u_{\mathrm{w}x}^2 - \alpha_{t\mathrm{w}}(u_{\mathrm{w}x}^2 + u_{\mathrm{w}y}^2)\right]_{z\pm1/2}}{B_{\mathrm{w},z\pm1/2}\left|\overline{u}_{\mathrm{w}}\right|_{z\pm1/2}}$$

$$\left(\frac{\phi S_{\mathrm{w}} D_{k\mathrm{w},xy}}{B_{\mathrm{w}}}\right)_{x\pm1/2} = \frac{(\alpha_{l\mathrm{w}} - \alpha_{t\mathrm{w}})}{B_{\mathrm{w},x\pm1/2}\left|\overline{u}_{\mathrm{w}}\right|_{x\pm1/2}}\left|u_{\mathrm{w}x}u_{\mathrm{w}y}\right|_{x\pm1/2}$$

$$\left(\frac{\phi S_{\mathrm{w}} D_{k\mathrm{w},xz}}{B_{\mathrm{w}}}\right)_{x\pm1/2} = \frac{(\alpha_{l\mathrm{w}} - \alpha_{t\mathrm{w}})}{B_{\mathrm{w},x\pm1/2}\left|\overline{u}_{\mathrm{w}}\right|_{x\pm1/2}}\left|u_{\mathrm{w}x}u_{\mathrm{w}z}\right|_{x\pm1/2}$$

$$\left(\frac{\phi S_{\mathrm{w}} D_{k\mathrm{w},yx}}{B_{\mathrm{w}}}\right)_{y\pm1/2} = \frac{(\alpha_{l\mathrm{w}} - \alpha_{t\mathrm{w}})}{B_{\mathrm{w,y}\pm1/2}\left|\overline{u}_{\mathrm{w}}\right|_{y\pm1/2}}\left|u_{\mathrm{w}x}u_{\mathrm{w}y}\right|_{y\pm1/2}$$

$$\left(\frac{\phi S_{\mathrm{w}} D_{k\mathrm{w},yz}}{B_{\mathrm{w}}}\right)_{y\pm1/2} = \frac{(\alpha_{l\mathrm{w}} - \alpha_{t\mathrm{w}})}{B_{\mathrm{w},y\pm1/2}\left|\overline{u}_{\mathrm{w}}\right|_{y\pm1/2}}\left|u_{\mathrm{w}y}u_{\mathrm{w}z}\right|_{y\pm1/2}$$

$$\left(\frac{\phi S_{\mathrm{w}} D_{k\mathrm{w},zx}}{B_{\mathrm{w}}}\right)_{z\pm1/2} = \frac{(\alpha_{l\mathrm{w}} - \alpha_{t\mathrm{w}})}{B_{\mathrm{w},z\pm1/2}\left|\overline{u}_{\mathrm{w}}\right|_{z\pm1/2}}\left|u_{\mathrm{w}y}u_{\mathrm{w}z}\right|_{z\pm1/2}$$

$$\left(\frac{\phi S_{\mathrm{w}} D_{k\mathrm{w},zy}}{B_{\mathrm{w}}}\right)_{z\pm1/2} = \frac{(\alpha_{l\mathrm{w}} - \alpha_{t\mathrm{w}})}{B_{\mathrm{w},z\pm1/2}\left|\overline{u}_{\mathrm{w}}\right|_{z\pm1/2}}\left|u_{\mathrm{w}y}u_{\mathrm{w}z}\right|_{z\pm1/2}$$

式中，

$$\left|\overline{u}_{\mathrm{w}}\right|_{x\pm1/2} = \sqrt{(u_{\mathrm{w}x})_{x\pm1/2}^2 + (u_{\mathrm{w}y})_{x\pm1/2}^2 + (u_{\mathrm{w}z})_{x\pm1/2}^2}$$

$$\boldsymbol{D}_{k\mathrm{w}}=\begin{bmatrix} D_{k\mathrm{w},xx} & D_{k\mathrm{w},xy} & D_{k\mathrm{w},xz} \\ D_{k\mathrm{w},yx} & D_{k\mathrm{w},yy} & D_{k\mathrm{w},yz} \\ D_{k\mathrm{w},zx} & D_{k\mathrm{w},zy} & D_{k\mathrm{w},zz} \end{bmatrix}$$

$$D_{k\mathrm{w},xx}=\frac{D_k}{\tau}+\frac{(\alpha_{l\mathrm{w}}-\alpha_{t\mathrm{w}})}{\phi S_{\mathrm{w}}}\frac{(u_{\mathrm{w}x}^2)}{|u_{\mathrm{w}}|}+\frac{\alpha_{t\mathrm{w}}}{\phi S_{\mathrm{w}}}|u_{\mathrm{w}}|$$

$$D_{k\mathrm{w},yy}=\frac{D_k}{\tau}+\frac{(\alpha_{l\mathrm{w}}-\alpha_{t\mathrm{w}})}{\phi S_{\mathrm{w}}}\frac{(u_{\mathrm{w}y}^2)}{|u_{\mathrm{w}}|}+\frac{\alpha_{t\mathrm{w}}}{\phi S_{\mathrm{w}}}|u_{\mathrm{w}}|$$

$$D_{k\mathrm{w},zz}=\frac{D_k}{\tau}+\frac{(\alpha_{l\mathrm{w}}-\alpha_{t\mathrm{w}})}{\phi S_{\mathrm{w}}}\frac{(u_{\mathrm{w}z}^2)}{|u_{\mathrm{w}}|}+\frac{\alpha_{t\mathrm{w}}}{\phi S_{\mathrm{w}}}|u_{\mathrm{w}}|$$

$$D_{k\mathrm{w},xy}=D_{k\mathrm{w},yx}=\frac{(\alpha_{l\mathrm{w}}-\alpha_{t\mathrm{w}})}{\phi S_{\mathrm{w}}}\frac{u_{\mathrm{w}x}u_{\mathrm{w}y}}{|u_{\mathrm{w}}|}$$

$$D_{k\mathrm{w},xz}=D_{k\mathrm{w},zx}=\frac{(\alpha_{l\mathrm{w}}-\alpha_{t\mathrm{w}})}{\phi S_{\mathrm{w}}}\frac{u_{\mathrm{w}x}u_{\mathrm{w}z}}{|u_{\mathrm{w}}|}$$

$$D_{k\mathrm{w},zy}=D_{k\mathrm{w},zy}=\frac{(\alpha_{l\mathrm{w}}-\alpha_{t\mathrm{w}})}{\phi S_{\mathrm{w}}}\frac{u_{\mathrm{w}y}u_{\mathrm{w}z}}{|u_{\mathrm{w}}|}$$

式中，τ 为迂曲度。

用一阶上游速度替代达西速度如下。

当 $\Phi_{\mathrm{w},x\pm1}<\Phi_{\mathrm{w},x}$ 时，

$$(u_{\mathrm{w}y})_{x\pm1/2,y,z}=(u_{\mathrm{w}y})_{x,y,z}=\frac{1}{2}\left[(u_{\mathrm{w}y})_{x,y+1/2,z}+(u_{\mathrm{w}x})_{x,y-1/2,z}\right],$$

$$(u_{\mathrm{w}z})_{x\pm1/2,y,z}=(u_{\mathrm{w}z})_{x,y,z}=\frac{1}{2}\left[(u_{\mathrm{w}z})_{x,y,z+1/2}+(u_{\mathrm{w}z})_{x,y,z-1/2}\right]。$$

当 $\Phi_{\mathrm{w},x\pm1}>\Phi_{\mathrm{w},x}$ 时，

$$(u_{\mathrm{w}y})_{x\pm1/2,y,z}=(u_{\mathrm{w}y})_{x\pm1,y,z}=\frac{1}{2}\left[(u_{\mathrm{w}y})_{x+1,y+1/2,z}+(u_{\mathrm{w}x})_{x\pm1,y-1/2,z}\right];$$

$$(u_{\mathrm{w}z})_{x\pm1/2,y,z}=(u_{\mathrm{w}z})_{x\pm1,y,z}=\frac{1}{2}\left[(u_{\mathrm{w}z})_{x\pm1,y,z+1/2}+(u_{\mathrm{w}z})_{x\pm1,y,z-1/2}\right]。$$

当 $\Phi_{\mathrm{w},y\pm1}<\Phi_{\mathrm{w},y}$ 时，

$$(u_{\mathrm{w}x})_{x,y\pm1/2,z} = (u_{\mathrm{w}x})_{x,y,z} = \frac{1}{2}\left[(u_{\mathrm{w}x})_{x+1/2,y,z} + (u_{\mathrm{w}x})_{x-1/2,y,z}\right],$$

$$(u_{\mathrm{w}z})_{x,y\pm1/2,z} = (u_{\mathrm{w}z})_{x,y,z} = \frac{1}{2}\left[(u_{\mathrm{w}z})_{x,y,z+1/2} + (u_{\mathrm{w}z})_{x,y,z-1/2}\right]。$$

当 $\varPhi_{\mathrm{w},y\pm1} > \varPhi_{\mathrm{w},y}$ 时，

$$(u_{\mathrm{w}x})_{x,y\pm1/2,z} = (u_{\mathrm{w}x})_{x,y\pm1,z} = \frac{1}{2}\left[(u_{\mathrm{w}x})_{x+1/2,y\pm1,z} + (u_{\mathrm{w}x})_{x-1/2,y\pm1,z}\right],$$

$$(u_{\mathrm{w}z})_{x,y\pm1/2,z} = (u_{\mathrm{w}z})_{x,y\pm1,z} = \frac{1}{2}\left[(u_{\mathrm{w}z})_{x,y\pm1,z+1/2} + (u_{\mathrm{w}z})_{x,y\pm1,z-1/2}\right]。$$

当 $\varPhi_{\mathrm{w},z\pm1} < \varPhi_{\mathrm{w},z}$ 时，

$$(u_{\mathrm{w}x})_{x,y,z\pm1/2} = (u_{\mathrm{w}x})_{x,y,z} = \frac{1}{2}\left[(u_{\mathrm{w}x})_{x+1/2,y,z} + (u_{\mathrm{w}x})_{x-1/2,y,z}\right],$$

$$(u_{\mathrm{w}y})_{x,y,z\pm1/2} = (u_{\mathrm{w}y})_{x,\mathrm{y},\mathrm{z}} = \frac{1}{2}\left[(u_{\mathrm{w}y})_{x,y+1/2,z} + (u_{\mathrm{w}x})_{x,y-1/2,z}\right]。$$

当 $\varPhi_{\mathrm{w},z\pm1} > \varPhi_{\mathrm{w},z}$ 时，

$$(u_{\mathrm{w}x})_{x,y,z\pm1/2} = (u_{\mathrm{w}x})_{x,y,z\pm1} = \frac{1}{2}\left[(u_{\mathrm{w}x})_{x+1/2,y,z\pm1} + (u_{\mathrm{w}x})_{x-1/2,y,z\pm1}\right],$$

$$(u_{\mathrm{w}y})_{x,y,z\pm1/2} = (u_{\mathrm{w}y})_{x,y,z\pm1} = \frac{1}{2}\left[(u_{\mathrm{w}y})_{x,y+1/2,z\pm1} + (u_{\mathrm{w}x})_{x,y-1/2,z\pm1}\right]。$$

3) 生化反应项和源汇项差分格式

在生化反应项和源汇项中，各参数只取 n 时间步的本点值。

生化反应项要根据反应动力学方程计算，各参数只取 n 时间步的本点值，与网格相关，生化反应项的差分格式为

$$(\Delta C_{i,j,k})_R = C_{i,j,k}^n \tag{9-27}$$

根据射孔和生产控制确定源汇项，各参数只取 n 时间步的本点值，与井的处理相关。源汇项的差分格式为

$$(\Delta M_{i,j,k}) = M_{i,j,k}^n \tag{9-28}$$

9.1.4 微生物运移差分方程组

微生物组分的运移方程和迁移项可以展开为与营养物及产物相同的迁移项和趋化项，变为 5 项，即迁移项、水动力弥散项、趋化项、生化反应项和源汇项。

1. 内源微生物运移方程变换

$$\frac{\partial}{\partial t}\left(\frac{\phi S_{\mathrm{w}}}{B_{\mathrm{w}}}C_k+\phi C_{k\mathrm{s}}\right)=-\nabla\left(\frac{(\overline{u}_{\mathrm{w}}+u_{\mathrm{c}})}{B_{\mathrm{w}}}C_k\right)+\nabla\left(\frac{\phi S_{\mathrm{w}}}{B_{\mathrm{w}}}\overline{\overline{D}}_{k\mathrm{w}}\nabla C_k\right)-\frac{q_{\mathrm{w}}}{V_{\mathrm{b}}}C_k+\frac{\phi S_{\mathrm{w}}}{B_{\mathrm{w}}}R_{k\mathrm{s}},\quad k=1,2,3 \tag{9-29}$$

式中，V_{b}为井组控制体积；u_{c}为化学趋向速率；$R_{k\mathrm{s}}$为微生物吸附速率。

把细胞体在岩石表面上的吸附作为一个动态过程来考虑，吸附速度表述为

$$\frac{\partial C_{k\mathrm{s}}}{\partial t}=R_{\mathrm{r}}-R_{\mathrm{d}} \tag{9-30}$$

式中，R_{r}为微生物生长速率；R_{d}为微生物死亡速率。

为简单起见，内源微生物运移方程重新写为

$$\frac{\partial C_k}{\partial t}=\frac{1}{D_{\mathrm{s}}}\left[-\nabla\left(\frac{\overline{u}_{\mathrm{w}}}{B_{\mathrm{w}}}C_k\right)+k_{\mathrm{c}}\nabla(C_k\nabla\mathrm{In}C_{\mathrm{s}})+\nabla\left(\frac{\phi S_{\mathrm{w}}}{B_{\mathrm{w}}}\overline{\overline{D}}_{k\mathrm{w}}\nabla C_k\right)-\frac{q_{\mathrm{w}}}{V_{\mathrm{b}}}C_k+\frac{\phi S_{\mathrm{w}}}{B_{\mathrm{w}}}R_{k\mathrm{s}}-\phi(R_{\mathrm{r}}-R_{\mathrm{d}})\right. \tag{9-31}$$

式中，$D_{\mathrm{s}}=\dfrac{\phi S_{\mathrm{w}}}{B_{\mathrm{w}}}$；$k_{\mathrm{c}}$为趋向性系数。

运移方程是由 5 部分组成，即对流项、水动力弥散项、趋化项、生化反应项和源汇项。除了趋化项以外，其他 4 项与前面营养物和代谢产物的差分方向类似。

2. 具体算法

1) 趋化性系数项差分格式

内源微生物运移方程在空间上的离散与营养物运移方程的离散基本上相同，不同之处在于需要特别处理微生物运移方程中的趋化项。趋化项可以进一步展开为

$$
\begin{aligned}
k_{\mathrm{c}}\nabla(C_k\nabla\ln C_l) &= \frac{\partial}{\partial x}\left(C_k\frac{\partial \ln C_l}{\partial x}\right)+\frac{\partial}{\partial y}\left(C_k\frac{\partial \ln C_l}{\partial y}\right)+\frac{\partial}{\partial z}\left(C_k\frac{\partial \ln C_l}{\partial z}\right) \\
&= k_{\mathrm{c}}\left[\frac{\partial}{\partial x}\left(\frac{1}{C_l}\frac{\partial C_l}{\partial x}C_k\right)+\frac{\partial}{\partial y}\left(\frac{1}{C_l}\frac{\partial C_l}{\partial y}C_k\right)+\frac{\partial}{\partial z}\left(\frac{1}{C_l}\frac{\partial C_l}{\partial z}C_k\right)\right]
\end{aligned}
\tag{9-32}
$$

式中，当 $k=1$，2 时，$l=4$；当 $k=3$ 时，$l=9$；

$$
\frac{\partial}{\partial x}\left(C_k\frac{\partial \ln C_l}{\partial x}\right)=\frac{1}{\Delta x_x}\left[\left(\frac{1}{C_l}\frac{\partial C_l}{\partial x}\right)_{x+1/2}C_{k,x+1/2}-\left(\frac{1}{C_l}\frac{\partial C_l}{\partial x}\right)_{x-1/2}C_{k,x-1/2}\right]
$$

$$
\frac{\partial}{\partial y}\left(C_k\frac{\partial \ln C_l}{\partial y}\right)=\frac{1}{\Delta y_x}\left[\left(\frac{1}{C_l}\frac{\partial C_l}{\partial y}\right)_{y+1/2}C_{k,y+1/2}-\left(\frac{1}{C_l}\frac{\partial C_l}{\partial y}\right)_{y-1/2}C_{k,y-1/2}\right]
$$

$$
\frac{\partial}{\partial z}\left(C_k\frac{\partial \ln C_l}{\partial z}\right)=\frac{1}{\Delta z_x}\left[\left(\frac{1}{C_l}\frac{\partial C_l}{\partial z}\right)_{z+1/2}C_{k,z+1/2}-\left(\frac{1}{C_l}\frac{\partial C_l}{\partial z}\right)_{z-1/2}C_{k,z-1/2}\right]
$$

$$
\left(\frac{1}{C_l}\frac{\partial C_l}{\partial x}\right)_{x\pm1/2}=\frac{\pm(C_{l,x\pm1}-C_{l,x})}{(C_l\Delta x)_{x\pm1/2}}=\frac{\pm4(C_{l,x\pm1}-C_{l,x})}{(C_{l,x}+C_{l,x+1})(\Delta x+\Delta x_{x\pm1})}
$$

$$
\left(\frac{1}{C_l}\frac{\partial C_l}{\partial y}\right)_{y\pm1/2}=\frac{\pm(C_{l,y\pm1}-C_{l,y})}{(C_l\Delta y)_{y\pm1/2}}=\frac{\pm4(C_{l,y\pm1}-C_{l,y})}{(C_{l,y}+C_{l,y+1})(\Delta y+\Delta y_{y\pm1})}
$$

$$
\left(\frac{1}{C_l}\frac{\partial C_l}{\partial z}\right)_{z\pm1/2}=\frac{\pm(C_{l,z\pm1}-C_{l,z})}{(C_l\Delta z)_{z\pm1/2}}=\frac{\pm4(C_{l,z\pm1}-C_{l,z})}{(C_{l,z}+C_{l,z+1})(\Delta z+\Delta z_{z\pm1})}
$$

用 Leonard 三阶上游公式可变网格尺寸的改进式来近似计算方程中组分 k 的浓度：

当 $C_{l,x-1}>C_{l,x}$ 时，$C_{k,x-1/2}=C_{k,x-1}+A_{x-1}(C_{k,x-1}-C_{k,x-2})+2B_{x-1}(C_{k,x}-C_{k,x-1})$；

当 $C_{l,x}>C_{l,x+1}$ 时，$C_{k,x+1/2}=C_{l,x}+A_{x-1}(C_{k,x}-C_{k,x-1})+2B_{x}(C_{k,x+1}-C_{k,x})$；

当 $C_{l,x-1}<C_{l,x}$ 时，$C_{k,x-1/2}=C_{k,x}+A_{x}(C_{k,x-1}-C_{k,x})+B_{x}(C_{k,x}-C_{k,x+1})$；

当 $C_{l,x}>C_{l,x+1}$ 时，$C_{k,x+1/2}=C_{k,x+1}+2A_{x+1}(C_{k,x}-C_{k,x+1})+B_{x+1}(C_{k,x+1}-C_{k,x+2})$。

2) 显式求解吸附相方程

$$
\frac{\partial(\sigma_k\rho_{k\mathrm{sc}})}{\partial t}=R_{\mathrm{r}}-R_{\mathrm{d}}+R_{k\mathrm{s}}=K_{\mathrm{r}}\left|\bar{u}_{\mathrm{w}}\right|C_k(1-\sigma_k)-K_{\mathrm{d}}(\sigma_k\rho_{k\mathrm{sc}})\left|\nabla\phi_{\mathrm{w}}\right|+R_{k\mathrm{s}}(\sigma_k\rho_{k\mathrm{sc}})
\tag{9-33}
$$

$$\begin{aligned}\frac{\partial(\sigma_k \rho_{ksc})}{\partial t} &= K_{\mathrm{r}}\left|\overline{u}_{\mathrm{w}}\right|C_k(1-\sigma_k) - K_{\mathrm{d}}(\sigma_k \rho_{ksc})\left|\nabla \phi_{\mathrm{w}}\right| + R_{ks}(\sigma_k \rho_{ksc}) \\ &= K_{\mathrm{r}}\left|\overline{u}_{\mathrm{w}}\right|C_k + (R_{ks}\rho_{ksc} - K_{\mathrm{r}}\left|\overline{u}_{\mathrm{w}}\right|C_k - K_{\mathrm{d}}\rho_{ksc}\left|\nabla \phi_{\mathrm{w}}\right|)\sigma_k\end{aligned} \tag{9-34}$$

$$\rho_{ksc}\frac{\sigma_k^{t+1} - \sigma_k^t}{\mathrm{d}t} = K_{\mathrm{r}}\left|\overline{u}_{\mathrm{w}}\right|C_k + (R_{ks}\rho_{ksc} - K_{\mathrm{r}}\left|\overline{u}_{\mathrm{w}}\right|C_k - K_{\mathrm{d}}\rho_{ksc}\left|\nabla \phi_{\mathrm{w}}\right|)\sigma_k^t \tag{9-35}$$

$$\sigma_k^{t+1} = \frac{\mathrm{d}t}{\rho_{ksc}}K_{\mathrm{r}}\left|\overline{u}_{\mathrm{w}}\right|C_k + \left[\mathrm{d}t\left(R_{ks} - \frac{1}{\rho_{ksc}}K_{\mathrm{r}}\left|\overline{u}_{\mathrm{w}}\right|C_k - K_{\mathrm{d}}\left|\nabla \phi_{\mathrm{w}}\right|\right) + 1\right]\sigma_k^t \tag{9-36}$$

式中，K_{r} 为生长系数；K_{d} 为死亡系数，ρ_{ksc} 为 k 组分吸附相浓度。

9.2 有限差分方程线性化处理

耦合方程组经差分近似后可以形成一组耦合的强非线性差分方程组，同时，方程的传导系数和滞留因子也是所求未知量的函数，因此不能直接求解差分方程组，要正确求解有限差分方程组必须对有限差分方程组进行线性化处理。目前最常用的有限差分方程线性化处理的方法主要有 4 种：显式处理法、外推法、简单迭代法和全隐式处理法。

1）压力方程的线性化处理

对于多相渗流问题，相饱和度及与饱和度相关的函数是引起差分方程强非线性的主要因素，通常采用上游加权方法，其定义为

$$K_{\mathrm{r}l_{i+1/2}} = \begin{cases} K_{\mathrm{r}l}(S_{\mathrm{w}_i}) & (\text{若流动方向从}i\text{到}i+1) \\ K_{\mathrm{r}l}(S_{\mathrm{w}_{i+1}}) & (\text{若流动方向从}i+1\text{到}i) \end{cases} \tag{9-37}$$

式中，K 为渗透率。

2）营养物和代谢产物运移方程的线性化处理

根据预先确定的 C-C_{s} 关系和滞留因子表达式，利用显式处理法将上一次迭代求得的 C_k 值代入，预先将 D_{ks} 确定出来，然后代入差分方程中进行本次迭代，直至两次迭代误差满足精度要求为止。C_k 和 C_{ks} 的关系可以是解析函数表达式，如上述的吸附等温模式，也可以是数量关系，如实验曲线等。若 C_k-C_{ks} 曲线符合等温模式，则可根据该模式对应的滞留因子表达式计算 D_{ks}，然后将其代入迭代过程中。

3）微生物运移方程的线性化处理

根据预先确定的 C-C_s 关系和吸附相平衡方程，采用简单迭代法将上一次迭代求得的 C_k 值代入，求出吸附量，然后代入差分方程中进行本次迭代，直至两次迭代误差满足精度要求为止。具体线性化过程见式(9-33)～式(9-36)。

9.3　差分方程组数值解法

差分方程组的数值解法包括直接解法和迭代求解方法两类。直接解法包括高斯消元法、LU 分解法、全主元消元法、追赶法、高斯-约当法、平方根法和 Chelosky 法等；迭代求解方法也有很多，如强隐式迭代法、超松弛迭代法、共轭梯度法和 GMRES 法等，每种方法都有其自身的优点及缺点。在选择数值解法时，需针对差分方程组的特点和要求进行。

方程组解法的优劣取决于系数矩阵 $\boldsymbol{A}$ 的结构和性质，从已建立的差分方程组可以看出，系数矩阵具有一些基本特征。

(1)系数矩阵是稀疏的，网格节点很多，但每一个节点上的方程只联系少数几个相邻节点，除与这些节点对应的未知解的系数是非零外，其余系数都是零，所以系数矩阵的元素大量为零；

(2)方程组系数矩阵都是对角占优的，若原微分算子对称正定，则相应方程组的系数矩阵也对称正定。

根据系数矩阵 $\boldsymbol{A}$ 的稀疏正定和对角占优的特征进行直接求解时主要采用稀疏矩阵技术；SOR(successive over relaxation method)迭代法对于具有“性质 $\boldsymbol{A}$”和“相容次序”的大型稀疏矩阵的线性方程组将有更高的计算效率。

9.4　微生物驱油数学模型求解过程

在求解微生物、营养物及代谢产物浓度变化时，若可以忽略该浓度引起的水密度变化，则渗流场方程和微生物场方程可以独立求解。在这种情况下，首先求解渗流场方程，再求解微生物场方程。根据渗流场方程的解可以得出研究区域及时段的速度分量，然后把速度作为输入项代入微生物场方程，这种“去耦”法计算效率高。具体求解思路为：将流体耦合渗流方程和生物场模型方程用有限差分法离散，在每一个数值计算时步处，将有限差分法计算出的具有耦合效应的参数值进行相互传递，求出包括体现耦合效应的参数在内的所有参数的数值解，并最终得出剩余油的分布及增油降水情况，如图 9-1 所示。

数值模型的求解过程是通过时间迭代和方程求解完成的。时间步 n 到 n+1 的求解过程主要通过 5 步来完成。

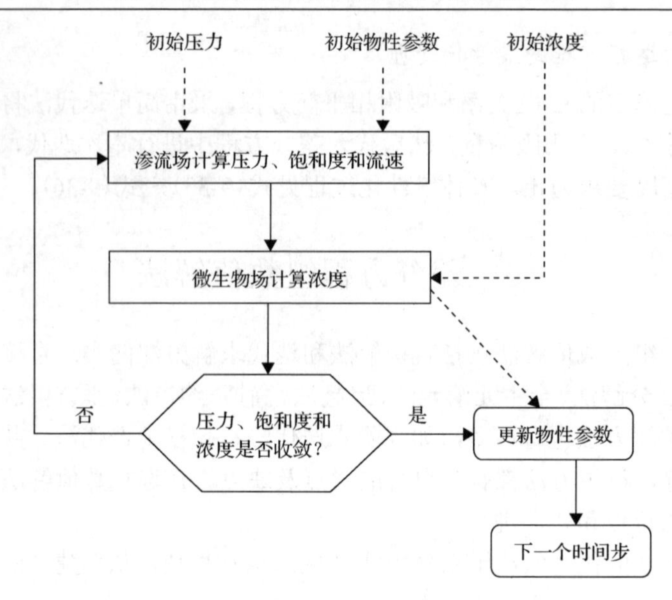

图 9-1　渗流场-生物场耦合数学模型求解流程

1) 隐式求压力

(1) 利用毛细管压力消去 p_w、p_g，则未知量减少为 p_o、S_w、S_o、S_g。

(2) 利用饱和度归一化方程，将油、气、水方程进行适当的组合和化简，最后得到一个只含有油相压力的方程，称为压力方程。

(3) 最后隐式求出压力值。

2) 显式求饱和度

(1) 将求出的油、气、水压力分别代入油、水方程，可显式求出油、水饱和度的值。

(2) 利用 $S_g=1-S_o-S_w$，求出气饱和度。

3) 隐式求营养液浓度

(1) 从渗流场中获取营养物运移方程中的耦合参数。

(2) 将初始条件和边界条件代入，得到一个只含营养物浓度的方程。

(3) 最后隐式求出浓度值。

4) 隐式求微生物浓度

微生物浓度求解过程和求解方法与营养物浓度求取基本相同，但先要通过营养物浓度求出微生物生长动力学参数。

5) 顺序非迭代法求代谢产物浓度

代谢产物求解过程与营养物和微生物组分的求解过程有较大差别，这里只是通过产物生成动力学求解产物生成速率。

第三部分　低渗透裂缝型油藏 CO_2 驱两级封堵扩大波及体积技术

第 10 章　CO_2 驱提高采收率主控因素研究

在低渗透油藏开发中，CO_2 驱具有明显的降低原油黏度、改善油气界面张力、提高原油采收率的作用，同时还可以实现温室气体的埋存，已成为国内低渗透油藏开发的热点研究技术[48-50]。CO_2 驱提高采收率的影响因素众多，包括地质条件、开发方式、流体状态等，直接影响气驱的经济效益，因此需要对影响 CO_2 驱提高采收率的主控因素进行评价。本章主要从储层非均质性、CO_2 驱注入方式、注入参数、注入时机等方面开展研究，为低渗透油田 CO_2 驱方案设计提供指导原则。

10.1　CO_2 驱与水驱驱替界限

选取不同渗透率（$0.5\times10^{-3}\mu m^2$、$2\times10^{-3}\mu m^2$、$5\times10^{-3}\mu m^2$、$20\times10^{-3}\mu m^2$、$120\times10^{-3}\mu m^2$）的天然露头岩心，分别进行水驱和 CO_2 连续气驱，对比驱油效果以确定适合 CO_2 连续气驱及水驱开发方式的渗透率范围，实验结果见表 10-1。由于 CO_2 气体的黏度低、流度大，对低渗透和特低渗透油藏具有更好的适应性。在不考虑实际油藏非均质性和裂缝的情况下，微观波及效率高是低渗油藏气体非混相驱驱油效率高于中高渗透油藏的主要原因。对于水驱而言，随着岩心渗透率的降低，岩心的孔喉半径变小，水驱的微观波及效率急剧降低，渗透率越低，微观非均质性越强，低渗通道内的原油越难驱动，水在主流通道的阻力和次低渗通道的阻力差距就越大，因此微观驱油效率越低。

表 10-1　水驱和 CO_2 连续气驱实验结果

驱替方式	岩心编号	孔隙度/%	含油饱和度/%	气测渗透率/$10^{-3}\mu m^2$	采收率/%
水驱	103	17.02	66.26	0.50	17.04
	302	15.25	62.295	1.94	21.73
	201	14.296	71.17	5.42	28.40
	202	15.45	73.86	21.67	30.12
	401	18.45	70.27	124.09	33.58
CO_2 气驱	104	17.73	68.93	0.51	41.23
	303	18.34	59.15	1.65	33.83
	204	16.75	66.26	4.45	27.41
	205	16.93	67.14	22.47	22.47
	402	17.26	56.04	120.15	15.75

图 10-1 为水驱和 CO_2 气驱采收率与渗透率关系曲线。对于低渗透和特低渗透岩心来说，渗透率越高，CO_2 气驱的原油采出程度越低，而水驱的原油采出程度随着渗透率的升高而升高。渗透率在 $8\times10^{-3}\sim12\times10^{-3}\mu m^2$ 时，水驱和 CO_2 气驱的采出程度差不多。因此，对于不同渗透率的岩心，存在一个注气和注水开发转换的渗透率范围，在此范围以下，注气开发的原油采出程度要高于水驱；而在此渗透率范围以上，注水开发的采出程度要明显高于注气开发。确定此渗透率转换范围对研究 CO_2 气驱和水驱开发效果尤为重要。

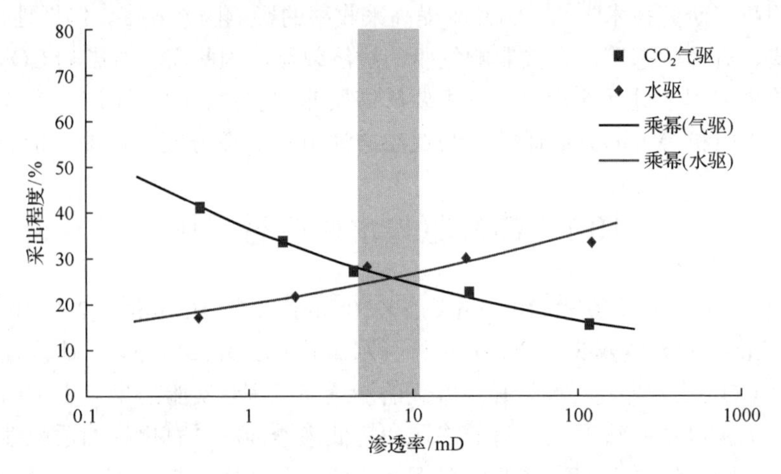

图 10-1　水驱和 CO_2 气驱采收率与渗透率关系曲线

10.2　储层非均质性对 CO_2 驱油效果的影响

储层非均质性会严重影响 CO_2 驱油效果，选取均质岩心及不同渗透率级差(10、30、100、裂缝)的人造非均质岩心(4.5cm×4.5cm×30cm)进行 CO_2 驱油实验，并与上述均质岩心做对比，研究非均质性对 CO_2 驱油效果的影响，不同渗透率级差下 CO_2 驱油实验结果见表 10-2 及图 10-2。

表 10-2　不同渗透率级差下 CO_2 驱油实验结果

岩心编号	岩心基础数据					驱替实验结果		
	孔隙体积/cm^3	孔隙度/%	含油饱和度/%	气测渗透率/$10^{-3}\mu m^2$	渗透率级差	水驱采出程度/%	提高采出程度/%	最终采出程度/%
189	112	19.86	59.91	3.46	均质	33.61	23.25	56.86
140530-6	115	18.44	60.77	5/50	10	27.47	10.13	37.60
131213-2	104	17.35	66.35	5/150	30	23.33	8.43	31.76
140531-6	130	20.84	71.54	5/500	100	18.28	5.53	25.32
213	107	18.38	65.76	4.41/-	裂缝	7.11	0.21	7.32

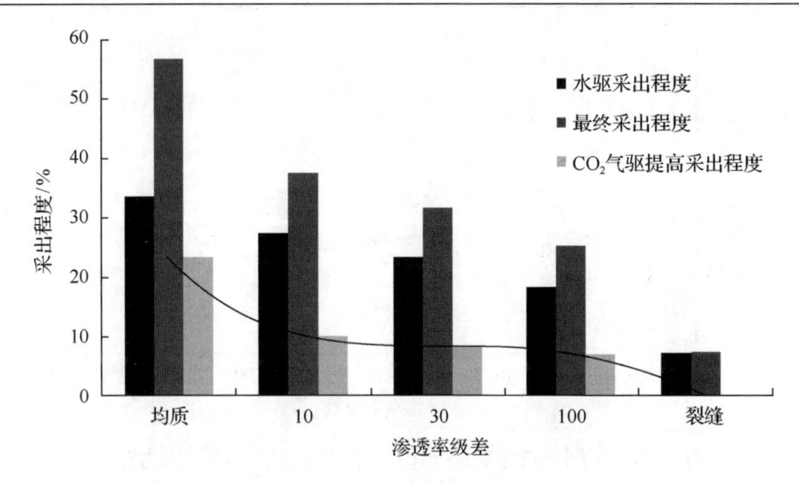

图 10-2　渗透率级差与CO_2连续气驱采出程度关系柱状图

图 10-2 为渗透率级差与CO_2连续气驱采出程度关系柱状图。均质岩心的采出程度明显高于非均质岩心，这主要是由于注入气体能够在均质岩心内部均匀推进，驱替前缘较为稳定，注入气体的波及体积较大，驱替效果较好，最终采出程度可达到 56.86%，CO_2气驱可提高采出程度 23.25%。

非均质岩心的CO_2驱油效果较差，且随着岩心非均质性的增强，水驱采出程度、CO_2气驱提高采出程度及最终采出程度均呈明显下降的趋势。由于非均质性的存在，注入气体沿高渗透层突进，波及效率较差，采出程度较低。当渗透率级差为 10 时，水驱采出程度低于 30%，CO_2气驱提高采出程度为 10.13%，仅为均质岩心的 1/2 左右，最终采出程度为 37.59%；当渗透率级差为 30 时，水驱采出程度比均质岩心的水驱采出程度低 10%左右，CO_2气驱提高采出程度仅为 8.43%，最终采出程度为 37.59%；当渗透率级差为 100 时，水驱采出程度仅为均质岩心的 1/2 左右，CO_2气驱提高采出程度仅为 5.53%，最终采出程度为 25.32%；当岩心中存在裂缝时，注入水仅能采出裂缝中的原油，注入CO_2气体后，气体沿裂缝突进，无法驱替基质中的原油，CO_2气驱提高采出程度仅为 0.21%。

图 10-3 和图 10-4 分别为不同渗透率级差下CO_2连续气驱平均注气压力和生产气油比曲线。由图 10-3 和图 10-4 可知，均质岩心CO_2的平均注气压力明显高于非均质岩心。均质岩心CO_2气驱的平均注气压力为 8MPa 左右，注采压差为 2MPa；非均质岩心的注采压差在 1MPa 之内，且随着非均质性的增强，平均注气压力随之降低。由生产气油比曲线可知，非均质性越强，气窜时间越早，气窜现象越严重，对于含有裂缝的岩心，注入气体即发生气窜，CO_2气驱采出程度小于 1%。由此可见，储层的非均质性对CO_2驱油效果的影响巨大，因此，控制流度比、改善非均质性、提高气驱波及体积，成为CO_2驱油改善特低渗透油藏驱油效果的关键。

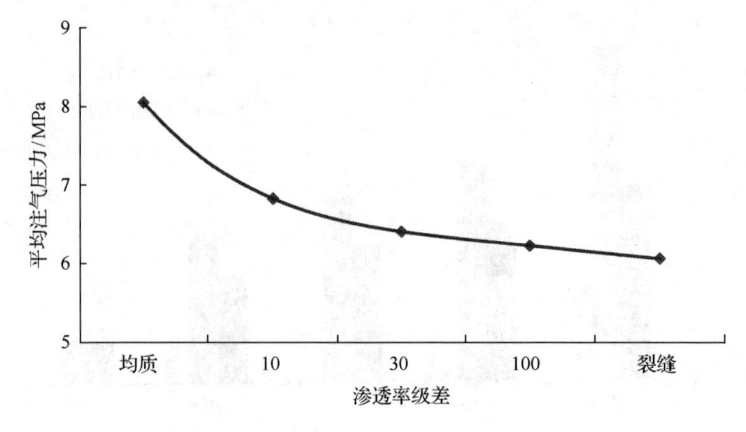

图 10-3 不同渗透率级差下 CO_2 连续气驱平均注气压力曲线

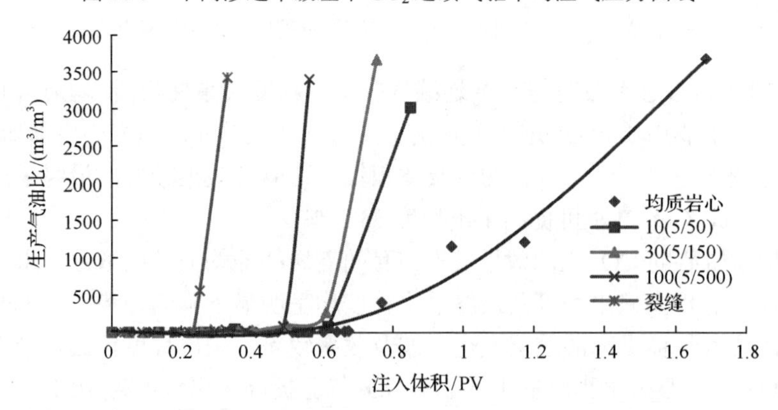

图 10-4 不同渗透率级差下 CO_2 连续气驱生产气油比曲线

10.3 注入方式对 CO_2 驱油效果的影响

表 10-3 为 CO_2 驱不同注入方式实验结果，图 10-5～图 10-7 为渗透率级差为 30 的实验组连续气驱、水驱后连续气驱与水驱后水气交替注入(water alternating gas，WAG)的驱油动态曲线，该组实验结果表明水驱后 WAG 驱的效果。连续气驱实验组的最终采收率为 21.77%，这是岩心非均质性导致连续气驱时气体发生窜逸，因此采收率相比后两组较低。后两组实验中，水驱后连续气驱提高采收率为 8.41%，最终采收率为 33.74%；水驱后 WAG 驱的最终采收率为 44.70%，采收率在水驱的基础上提高了 20.95%，比水驱后连续气驱的采收率多提高了 12.54%。从含水率曲线可以看出，水驱后无论是连续气驱还是 WAG 驱，注入气体均能有效地降低含水率，WAG 驱含水率曲线呈现波动状态，基本在 50%～90%波动，含水率最低可降至 53.33%。

表 10-3　CO_2 驱不同注入方式实验结果

岩心编号	孔隙体积/cm^3	孔隙度/%	含油饱和度/%	注入方式	采收率/%		
					水驱采收率	气驱采收率	最终采收率
121213-1	102	17.03	65.51	连续气驱	0	21.77	21.77
121213-2	104	17.35	66.35	水驱后连续气驱	23.33	8.41	33.74
131223-6	99	16.70	64.65	水驱后 WAG 驱	23.75	20.95	44.70

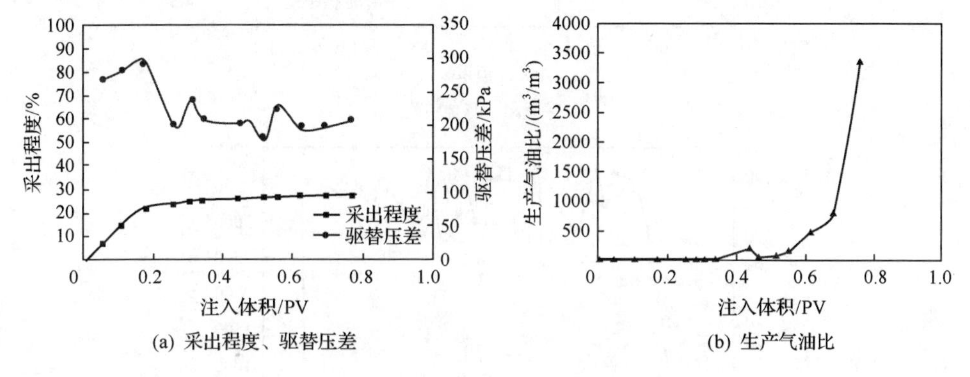

(a) 采出程度、驱替压差　(b) 生产气油比

图 10-5　连续气驱生产动态曲线

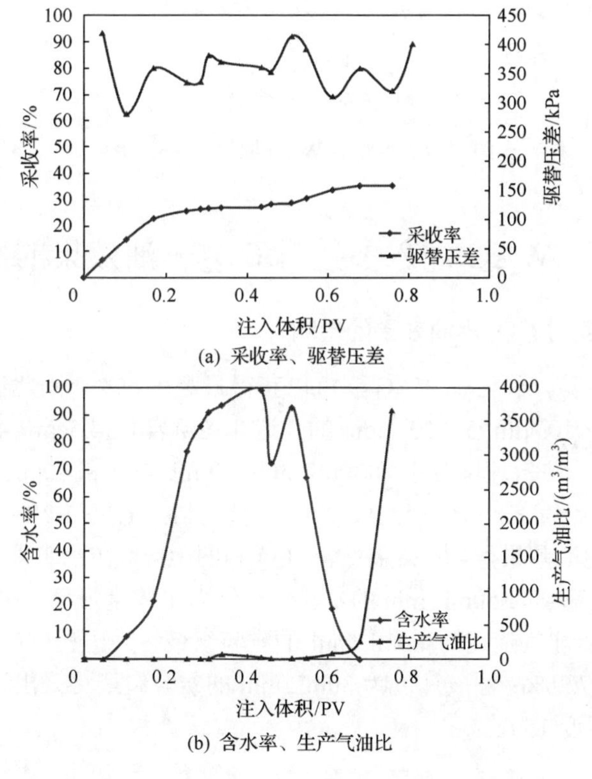

(a) 采收率、驱替压差

(b) 含水率、生产气油比

图 10-6　水驱后连续气驱生产动态曲线

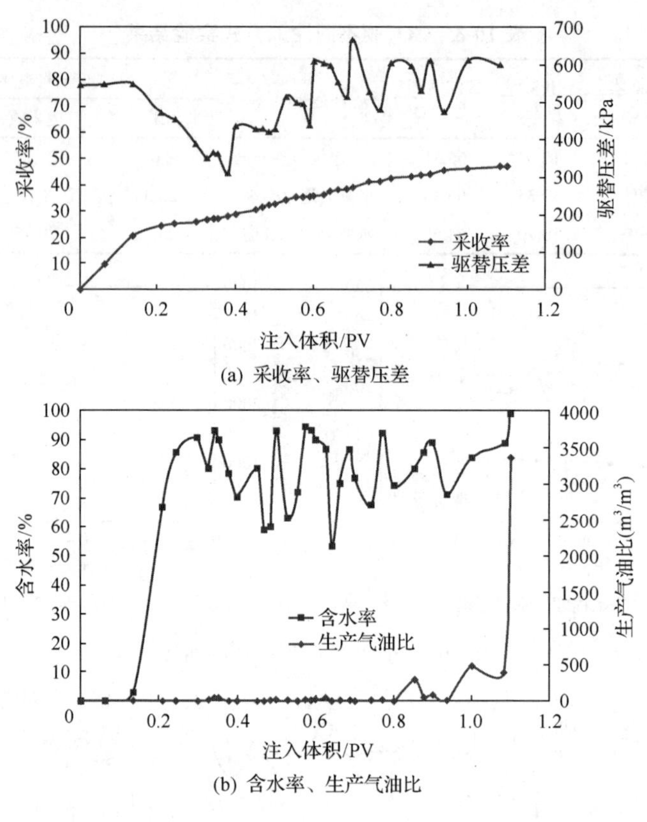

(a) 采收率、驱替压差

(b) 含水率、生产气油比

图 10-7　水驱后 WAG 驱生产动态曲线

10.4　WAG 注入参数对 CO_2 驱油效果的影响

10.4.1　注气速度对 CO_2 驱油效果的影响

根据上述实验，水驱后 WAG 驱可以获得最高采收率，因此选取 3 组渗透率级差为 30($150\times10^{-3}\mu m^2/5\times10^{-3}\mu m^2$)的人造非均质岩心(4.5cm×4.5cm×30cm)进行 WAG 驱实验，注气速度分别为 30mL/min、50mL/min 和 80 mL/min，段塞尺寸为 0.1PV，气水比为 1∶1(体积比)，总注入量控制在 1.1～1.2PV，研究不同注气速度下的 CO_2 驱油效果，实验结果见表 10-4 和图 10-8。在水驱采出程度大致接近的情况下，注气速度为 50mL/min 的实验组最终采出程度最高，WAG 驱可提高采出程度 20.95%；注气速度为 80mL/min 的实验组最终采出程度次之，WAG 驱可提高采出程度 17.25%；注气速度为 30mL/min 的实验组最终采出程度最低，WAG 驱可提高采出程度 15.69%。

表 10-4　不同注入速度下 WAG 驱油实验结果

岩心编号	岩心基础数据			驱替实验结果				
	孔隙体积/cm^3	孔隙度/%	含油饱和度/%	注气速度/(mL/min)	水驱采出程度/%	提高采出程度/%	最终采出程度/%	注气压力/MPa
131223-2	118	20.00	57.63	30	23.24	15.69	38.93	6.3
131223-6	106.5	18.34	66.23	50	23.75	20.95	44.70	6.5
131223-3	100	16.95	68.00	80	23.68	17.25	42.93	6.8

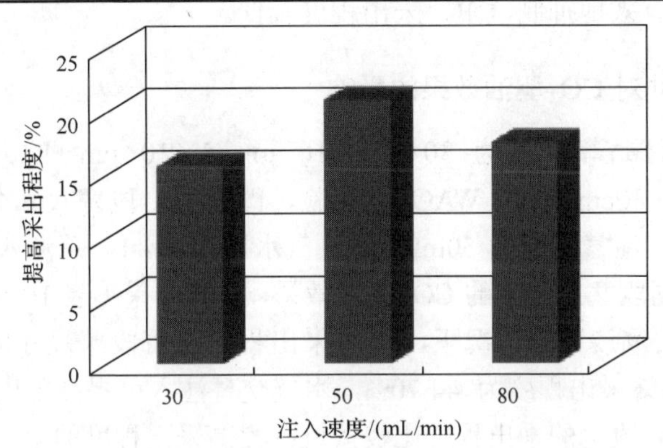

图 10-8　不同注入速度下提高采出程度

从表 10-4 还可以看出，CO_2的注气压力随着注气速度的增加而增大。30mL/min 实验组的注气压力为 6.3MPa，注采压差为 0.3MPa；50mL/min 实验组的注气压力为 6.5MPa，注采压差为 0.5MPa；80mL/min 实验组的注气压力为 6.8MPa，注采压差为 0.8MPa。

图 10-9 为不同注气速度下最终采出程度和生产气油比曲线。理论上，随着注气速度的增加，毛细管数增加，残余油饱和度降低，最终采出程度增加。然而对

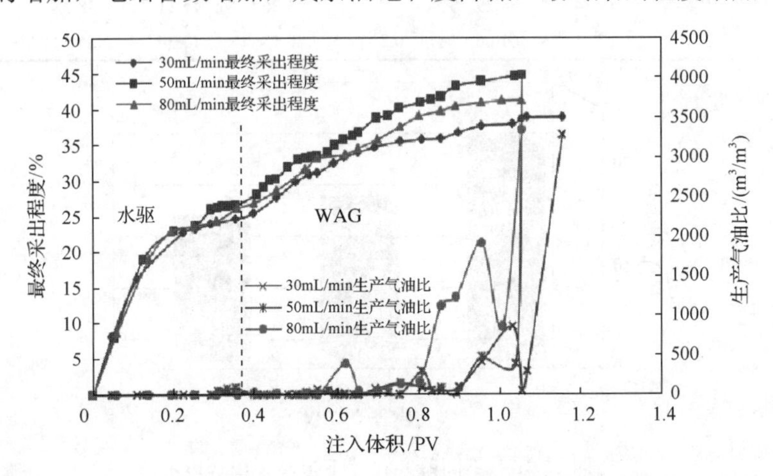

图 10-9　不同注气速度下最终采出程度和生产气油比曲线

于非均质岩心，过高的注气速度会导致气体过早地发生气窜，导致最终采出程度降低。从生产气油比曲线可以看出，随着CO_2注气速度的增加，气体气窜的时间越来越早，30mL/min实验组气窜现象发生最晚，气体直至总注入量为1.15PV左右时才发生气窜；50mL/min实验组的气窜时间为1.05PV；80mL/min实验组早在总注入量为0.8PV时就大量见气，最后一个注入周期内的采出程度仅为0.34%。从图3-9中还可以看出，当注入气体发生气窜时，最终采出程度增加的幅度甚微，WAG驱已无法有效地抑制气窜，采出程度较低。

10.4.2 段塞尺寸对CO_2驱油效果的影响

选取3组渗透率级差为30($150\times10^{-3}\mu m^2/5\times10^{-3}\mu m^2$)的人造非均质岩心(4.5cm×4.5cm×30cm)进行WAG驱实验，改变单一段塞尺寸分别为0.1PV、0.15PV、0.2PV，注气速度为50mL/min，气水比为1∶1，总注入量控制在1.1～1.2PV，研究不同段塞尺寸下的CO_2驱油效果，实验结果见表10-5和图10-10。在水驱采出程度大致接近的情况下，最终采出程度随着段塞尺寸的增加而降低。0.1PV段塞的最终采出程度为44.70%，水气交替注入可提高采出程度20.95%；0.15PV和0.2PV段塞的采出程度比较接近，提高采出程度的幅度分别为15.11%和13.39%。各组实验的注气压力大致相近，注气压力为6.5MPa左右，注采压差为0.5MPa(表10-5，图10-10)。

表10-5 不同段塞尺寸下WAG驱油实验结果

岩心编号	岩心基础数据			驱替实验结果				
	孔隙体积/cm^3	孔隙度/%	含油饱和度/%	段塞尺寸/PV	水驱采出程度/%	提高采出程度/%	最终采出程度/%	注气压力/MPa
131223-6	106.5	18.34	66.23	0.1	23.75	20.95	44.70	6.5
131223-5	105	17.84	64.29	0.15	23.26	15.11	38.37	6.6
131223-4	104	17.66	61.06	0.2	23.15	13.39	36.54	6.8

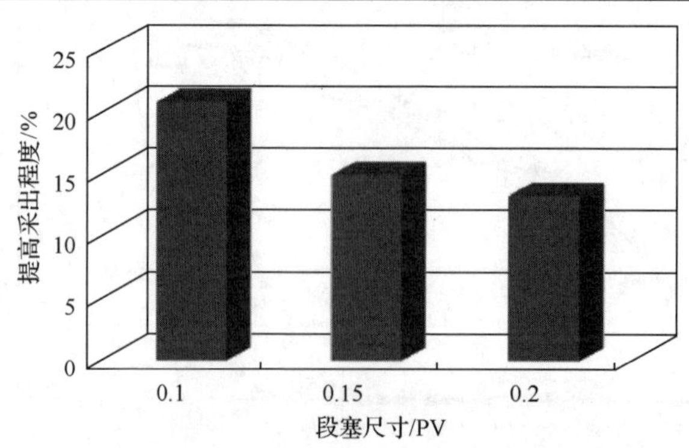

图10-10 不同段塞尺寸下提高采出程度

图 10-11 为不同段塞尺寸下最终采出程度和生产气油比曲线。0.10PV 段塞实验组的生产气油比能够长时间地维持在较低水平，直至总注入量大于 1.0PV 时才发生气窜，最终采出程度较高；0.15PV 段塞实验组在总注入量为 0.5PV 后即开始见气，最高可达 687.8m^3/m^3，总注入量为 1.02PV 时 CO_2 窜逸，生产气油比大于 3000m^3/m^3，最终采出程度较低；0.20PV 段塞实验组由于注入的段塞尺寸较大，气窜现象最为严重，最终采出程度最低，在注入第一个气段塞末段即大量见气，注入水段塞后才稍稍抑制了气窜，气油比下降。由此可见，较小的段塞尺寸不仅能够提高非均质油藏的最终采出程度，还能够有效地抑制气窜，改善 CO_2 驱油效果。

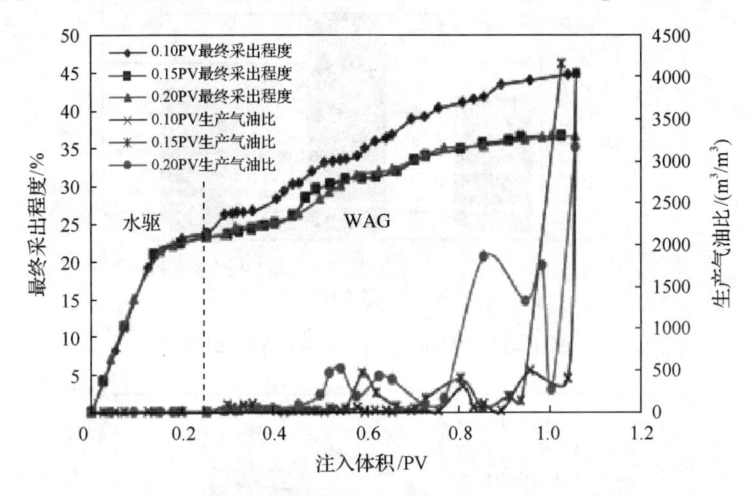

图 10-11　不同段塞尺寸下最终采出程度和生产气油比曲线

10.4.3　气水比对 CO_2 驱油效果的影响

选取 3 组渗透率级差为 30（$150\times10^{-3}\mu m^2/5\times10^{-3}\mu m^2$）的人造非均质岩心（4.5cm×4.5cm×30cm）进行 WAG 驱实验，改变气水比分别为 2∶1、1∶1、1∶2，注气速度为 50mL/min，段塞尺寸为 0.1PV，总注入量控制在 1.1～1.2PV，研究不同气水比下的 CO_2 驱油效果，实验结果见表 10-6 和图 10-12。在水驱采出程度大致接近的情况下，气水比为 1∶1 的实验组采出程度最高，最终采出程度为 44.70%，WAG 驱可提高采出程度 20.95%；气水比为 1∶2 的实验组采出程度次之，最终采出程度为 37.07%，提高采出程度幅度为 13.35%；气水比为 2∶1 的实验组采出程度最低，最终采出程度为 35.85%，提高采出程度为 12.72%。各组实验的注气压力相同，为 6.5MPa，注采压差为 0.5MPa（表 10-6，图 10-12）。

图 10-13 为不同气水比下采出程度和生产气油比曲线。各组实验均是在总注入量大于 1.0PV 的时候发生气窜。其中，气水比为 1∶1 的实验组的生产气油比能够长时间地维持在较低水平，最终采出程度较高；当气水比为 2∶1 时，由于增大了

表 10-6　不同气水比下 WAG 驱油实验结果

岩心编号	岩心基础数据			驱替实验结果				
	孔隙体积/cm^3	孔隙度/%	含油饱和度/%	气水比	水驱采出程度/%	提高采出程度/%	最终采出程度/%	注气压力/MPa
131223-1	103	17.73	62.62	2:1	23.13	12.72	35.85	6.5
131223-6	106.5	18.34	66.23	1:1	23.75	20.95	44.70	6.5
131223-7	105	18.08	63.81	1:2	23.72	13.35	37.07	6.5

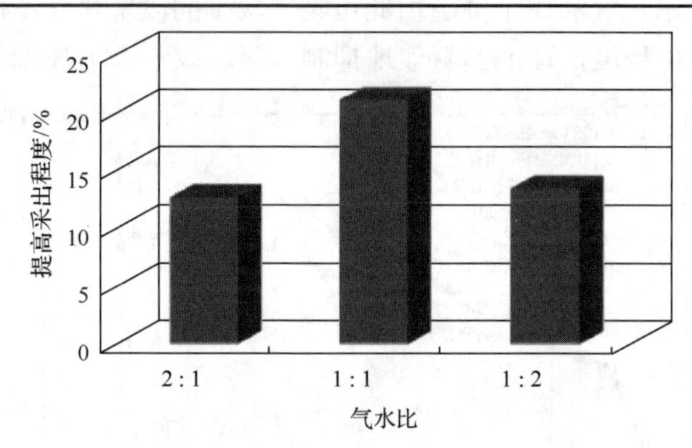

图 10-12　不同气水比下提高采出程度

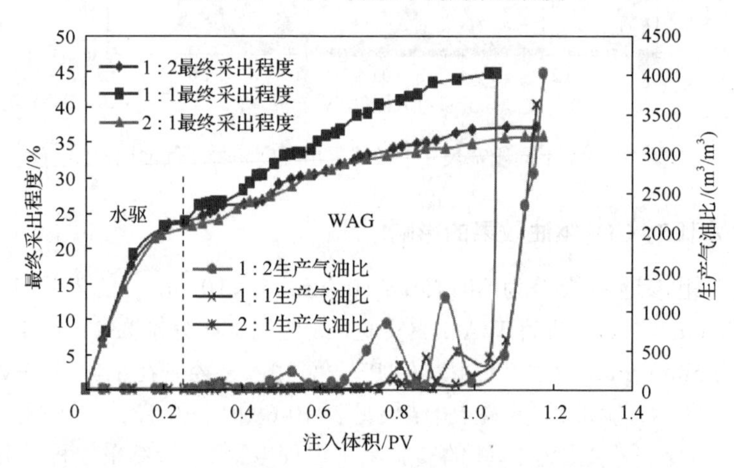

图 10-13　不同气水比下最终采出程度与生产气油比曲线

气段塞，水段塞难以有效地控制气窜，在第二个注气周期内出口端大量见气，采出程度较低。当气水比为 1∶2 时，由于水段塞过大、气段塞过小，不利的流度比会击穿气段塞，气体较多地分散在水相流体中，气段塞无法发挥驱油作用，采出程度较低。

综合以上实验结果，可以得出如下结论。

(1)对于非均质岩心，WAG 驱的注气速度会影响 CO_2 驱油效果。注气速度过小，WAG 驱的采出程度较低；而过高的注气速度会导致气体过早发生气窜，驱油效果较差。

(2) WAG 驱的段塞尺寸会影响 CO_2 驱油效果。段塞尺寸越小，CO_2 气体窜逸的时间越晚，采出程度越高。由此可见，较小的段塞尺寸能够有效地抑制气窜，改善 CO_2 驱油效果。

(3) WAG 驱的气水比也会影响 CO_2 驱油效果。气段塞过大难以有效地抑制气窜，气窜时间明显缩短；水段塞过大会导致含水率迅速上升，注入水沿着高渗透层突进，WAG 无法起到良好的流度控制作用，采出程度较低。

第 11 章　CO_2驱封堵剂筛选和评价研究

裂缝性低渗透油藏进行 CO_2 驱时，裂缝及高渗透层的存在导致储层具有明显的渗透率级差，使 CO_2 气体更容易形成窜流通道，需要解决的最关键的问题是同时有效封堵裂缝及基质中的相对高渗窜流层[51-54]。针对以上问题，分别开发出了耐 CO_2 侵蚀的高效高渗透层封堵技术及裂缝封堵技术。本章对两种封堵剂进行了筛选及评价实验，得到了适用于不同油藏类型 CO_2 驱的封堵体系。

11.1　低渗透层封堵剂筛选及封堵能力评价

11.1.1　封堵剂筛选

对于低渗透基质中的窜流通道，需要封堵剂在油藏温度及压力下，能够长期耐 CO_2 侵蚀，并可以顺利注入设计位置，实现强力封堵。

1. 封堵剂的筛选原则

封堵剂筛选原则为：①易于注入，黏度不能比水高很多；②不会导致黏土膨胀；③在注入油层后能够有选择性地发挥封窜作用；④注入深度可以适当控制；⑤封堵强度可以适当控制；⑥为降低成本，尽量考虑利用大量注入 CO_2 作为封堵剂组分之一；⑦操作工艺要简便易行，施工过程要安全，注入 CO_2 过程中若发现其窜逸，随时可以进行封窜施工，不需要长时间停产或处理；⑧原料来源充足[55]。

根据以上确定的基本筛选原则，结合低渗透油藏的特点，在较高的油藏温度下，能够选择的化学剂有限。综合考虑多方面因素，小分子胺类化合物较符合以上原则，如乙二胺(分子式为$(CH_2NH_2)_2$，低毒，半数致死量(大鼠，经口)1460mg/kg，沸点为 117℃，黏度为 1.6mPa·s，相对密度为 0.8995(20℃)，自燃温度为 385℃)。小分子胺在油藏温度下大量挥发，易于注入油层。在与 CO_2 形成的碳酸气体接触后，将生成不同结构的等当量胺盐水合物——$[(CH_2NH_2)_2]_n\cdot(CO_2)_n\cdot mH_2O$，不仅不会导致黏土膨胀，还会在低渗透层中发挥黏土防膨作用。

小分子胺类皆属于小分子胺，具有相近的化学性能，自燃温度高，安全性比较好。在矿场应用中，还可以依据具体油藏温度筛选相应结构的胺，重点是使胺的沸点略低于油藏温度。

2. 胺封堵剂的作用原理

如同所有的伯胺一样，乙二胺与 CO_2 反应会生成氨基甲酸盐[56]，但是二元胺的结构又表现出一定的特殊性，实际反应过程如下：

$$CO_2 + NH_2CH_2CH_2NH_2 \rightleftharpoons NH_3^+—CH_2CH_2NH—COO^- \tag{11-1}$$

$$nCO_2 + nNH_2CH_2CH_2NH_2 \rightleftharpoons (NH_3^+—CH_2CH_2NH—COO^-)_n \tag{11-2}$$

同时，伴随水的平衡反应：

$$2H_2O \rightleftharpoons H_3O^+ + OH^- \tag{11-3}$$

生成碳酸氢盐的反应：

$$CO_2 + OH^- \rightleftharpoons HCO_3^- \tag{11-4}$$

$$CO_2 + H_2O \rightleftharpoons HCO_3^- + H^+ \tag{11-5}$$

CO_2 与小分子胺的反应速率是以上几个反应的综合，其中式(11-4)与式(11-5)对总的反应速率影响很小，而式(11-1)和式(11-2)则是控制总反应速率的关键步骤。

经过多年研究，普遍认为 CO_2 与伯胺反应后会生成一种叫作两性离子的中间产物：

$$2CO_2 + NH_2CH_2CH_2NH_2 \rightleftharpoons {}^-OOC—NH_2^+CH_2CH_2NH_2^+—COO^- \tag{11-6}$$

而此时溶液中的其他离子会将两性离子去质子化，形成氨基甲酸盐离子：

$${}^-OOC—NH_2^+CH_2CH_2NH_2^+—COO^- + B \rightleftharpoons {}^-OOC—NHCH_2CH_2NH—COO^- + BH^+ \tag{11-7}$$

${}^-OOC—NHCH_2CH_2NH—COO^-$ 在水分不够充足的条件下，与金属离子或其他分子链上的—NH_2 基团生成带有若干结晶水的盐粒 $M(OOC—NHCH_2CH_2NH—COO)_xM \cdot mH_2O$（$x$ 为 M 的离子价数）。

如果水分比较充足，$M(OOC—NHCH_2CH_2NH—COO)_xM$ 会与 H_2O 发生充分的水合作用，形成黏稠的液体。特别是高价离子的存在，可以把多个 ${}^-OOC—NHCH_2CH_2NH—COO^-$ 离子通过“交联”的方式聚集在一起，增稠作用尤为突出。例如，在 $10s^{-1}$ 的剪切速率下，纯乙二胺的黏度为 1.6mPa·s，而与 CO_2 反应成盐后的液相黏度明显增大，在 25℃时为 14000mPa·s，在 90℃时为 232mPa·s。若忽略压力对黏度的影响，90℃条件下以相同速度推动 CO_2 胺盐黏稠段塞运移，需要的驱动压差要比水段塞提高 370 倍（图 11-1），这也正是该体系可以用于封窜的技术基础。

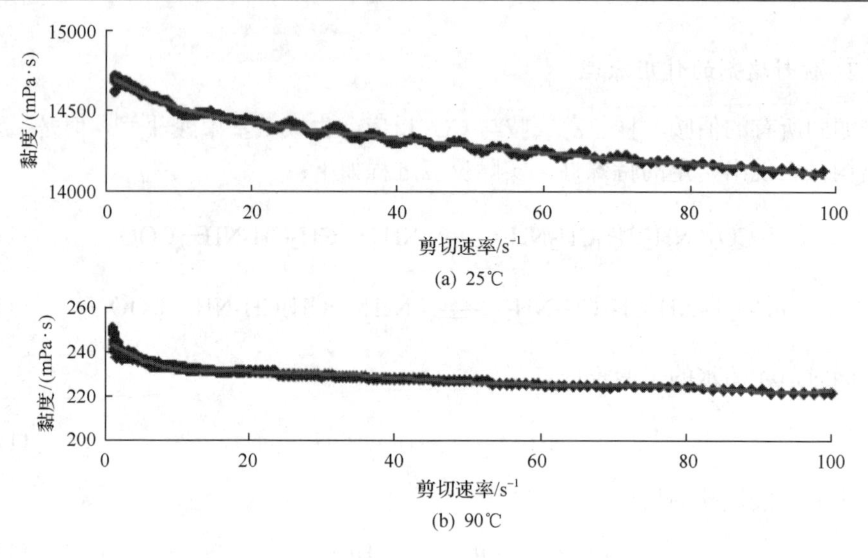

图 11-1　不同剪切速率下胺盐的水溶液黏度

3. 胺封堵剂评估

1) CO_2 气体与乙二胺挥发气体反应

在量筒中装入 10mL 乙二胺，放入容积为 1L 的密闭反应容器中，通入 CO_2 气体，与乙二胺挥发出来的气体分子结合成盐晶，并且在量筒壁面大量析出。将乙二胺盛入烧杯，放入加压容器中，初始压力为 3MPa，常温下反应不同时间后取出，可以清楚地看到大量的白色晶体生成。这些颗粒如果在渗透率很低的多孔介质中产生，则会发生物理堵塞，从而控制 CO_2 的窜逸。氨基甲酸盐晶体与不同量的地层水接触后，会生成不同黏度的液体(图 11-2，图 11-3)。

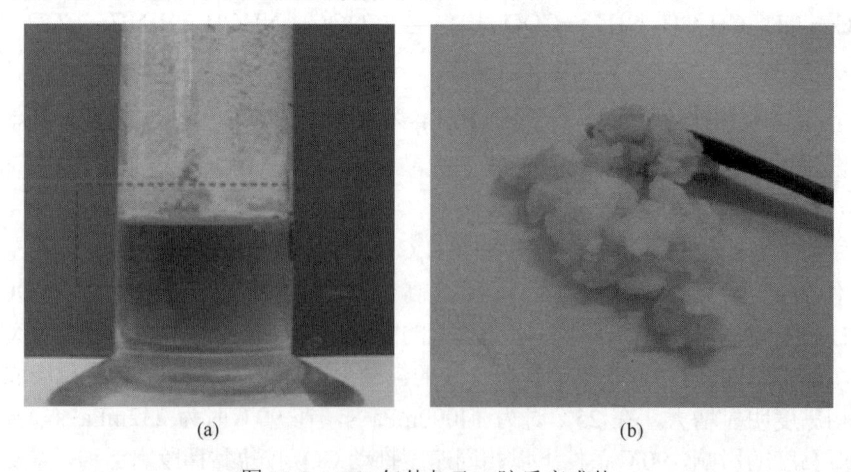

图 11-2　CO_2 气体与乙二胺反应成盐

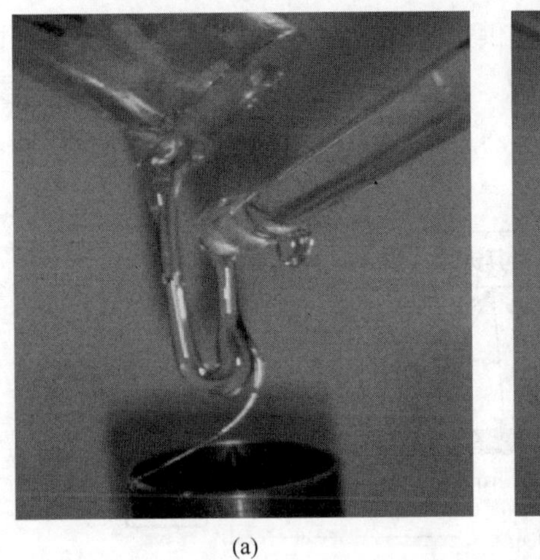
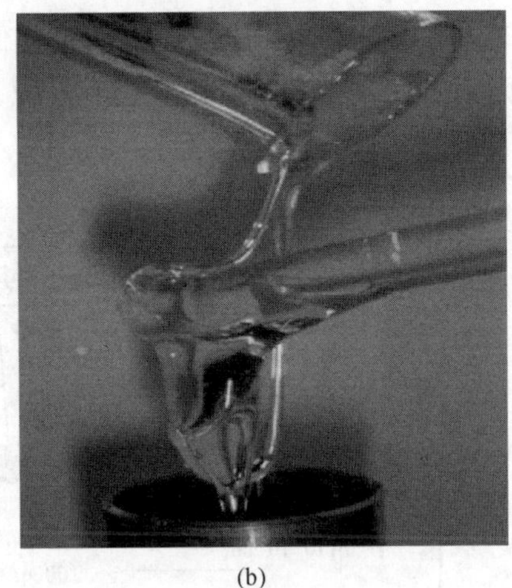

(a)　(b)

图 11-3　CO_2 气体与乙二胺反应成盐后的黏稠水溶液

2) CO_2 气体在注入岩心后与多孔介质中的乙二胺反应成盐

为考察在多孔介质中运移后盐晶是否能够生成，在 100cm 的岩心管中，于 105℃下注入 CO_2 大约 40min 后，注入乙二胺 55mL，控制回压为 1MPa，结果在入口端和出口端都看到了大量盐晶生成(图 11-4)，证实了 CO_2 气体在多孔介质中可以与乙二胺反应成盐。

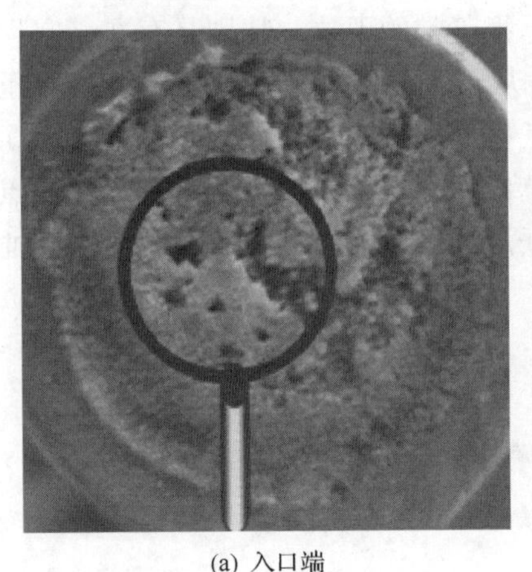
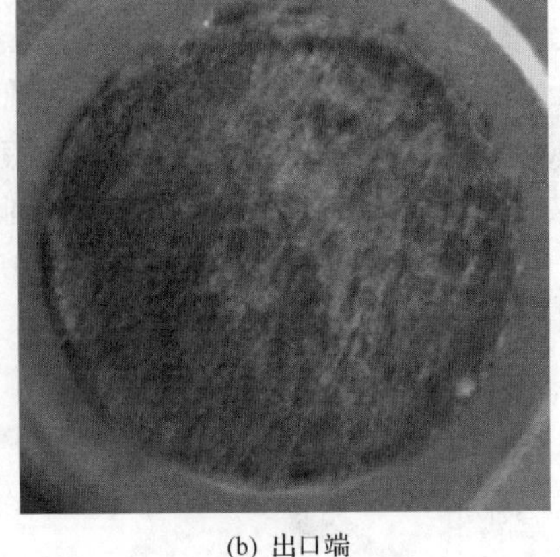

(a) 入口端　(b) 出口端

图 11-4　CO_2 与岩心管中的乙二胺反应成盐

11.1.2　小分子胺封堵能力评价

通过测量各测压点压力分布状况来考察渗透率的变化情况。实验流程如图 11-5 所示，其中填砂管测压点分布情况为对数分布，为防止 CO_2 在高压下液化，采用可升温中间容器，高压恒压恒速泵提供恒定连续注入动力，油封起隔离作用，防止驱出的乙二胺与空气中的 CO_2 反应。填砂管前端 20cm 处设置高渗透段，避免入口伤害。在注入胺段塞前、后各注入一个小的酒精段塞作为隔离段塞，以阻止乙二胺与 CO_2 过早接触。

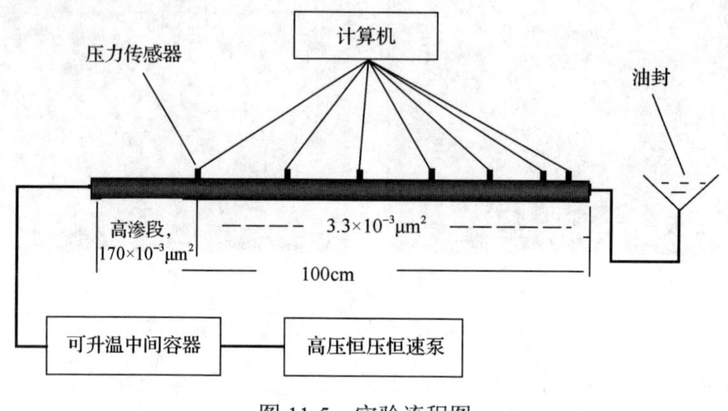

图 11-5　实验流程图

实验过程中控制注入速度为 0.5mL/min，连续注入 CO_2，直到出口端全为气体；再以同样的速度注入酒精清洗段塞 25mL；后续注入乙二胺 55mL；以 15mL 酒精段塞隔离；最后再注入 CO_2，直到压力平稳。

对于低渗透率的情况，注水压力高是很正常的现象，特别是存在一定程度的黏土膨胀，将导致最终的注水难度加大。从图 11-6 可以看出，由于入口端压力太高，第一测压点和入口端压力没有差别，低黏度的注入水在渗透率为 $170\times10^{-3}\mu m^2$ 的 20cm 长度的岩心段上没有显示出足够的压力梯度；第二测压点往后各点都没有压力响应，说明注入压力主要损失在低渗透段以前，这也正是特低渗透油层适合注气开发的主要原因。

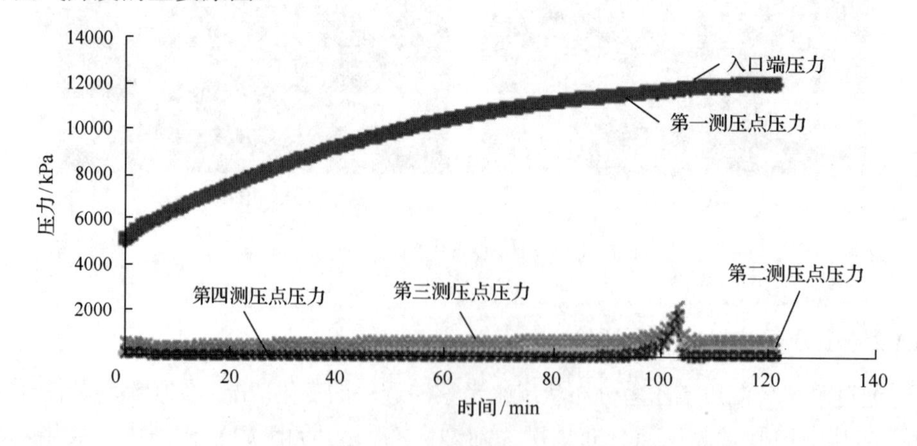

图 11-6　注水压力动态

以 0.5mL/min 的速度注入 CO_2，200min 内入口端压力与第一测压点压力基本保持恒定，在 200min 左右入口端压力与第一测压点压力开始下降，而其他各个测压点压力迅速上升，此时出口端有气泡产生，说明 CO_2 已经运移进入并通过后边的多孔介质(图 11-7)。

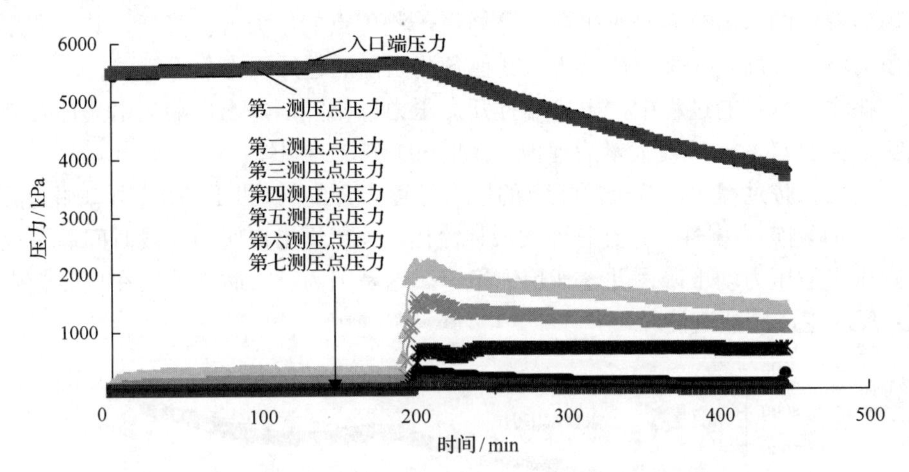

图 11-7　CO_2 驱各个测压点压力响应情况

由于 CO_2 黏度低，入口端压力与第一测压点压力仍然相接近，但在出口见气后，入口端压力与第一测压点压力持续下降，其他测压点压力趋于稳定。以 0.5mL/min 的速度注入酒精，酒精与水的黏度相近，注入过程中压力响应应该近似，但实际的压力响应与之相反，入口端的起始压力不到 1500kPa，趋势是缓慢上升的，而其他各点的压力有下降趋势，压力变化不大(图 11-8)。

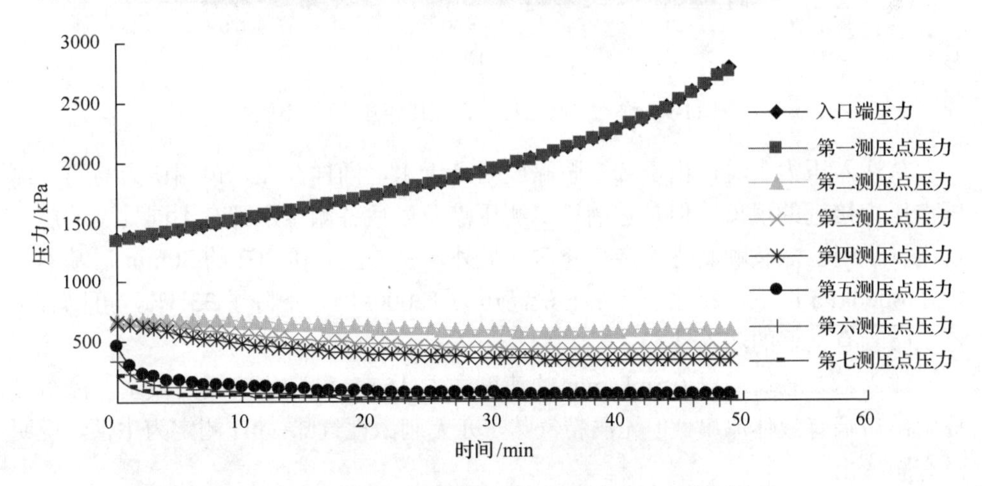

图 11-8　注预洗段塞(酒精)阶段各测压点压力响应情况

出现这种情况的原因是在注入 CO_2 阶段，岩心管中大部分的水被驱走，原来水所占的空间被 CO_2 充满，驱替气体的压力远小于驱替液体的压力，所以注酒精压力会降低。在前期注入 CO_2 后关闭进出口阀门，CO_2 会与多孔介质中的某些成分发生化学反应，导致孔隙体积变大，压力降低，而且关闭进出口阀门后，气体在填砂管中的压力分布趋于平衡，这样第一测压点的压力就会降低，其他测压点的压力将会升高到一平衡值，所以其他各测压点的起始压力几乎相同。

在注入酒精的过程中，出口端打开，压力开始降低，出口端流出液体有酒精气味，说明 CO_2 已经被大量清理掉，此时 pH 测定为中性。

注乙二胺过程中，各个测压点的压力是逐步升高的(图 11-9)，出口端无酒精气味，pH 测定为中性，并且有连续液体流出。关闭进出口阀门一段时间后发现各个测压点的压力均下降，并逐渐趋于稳定，这是因为乙二胺与残留在填砂管中的 CO_2 反应生成胺盐沉淀。

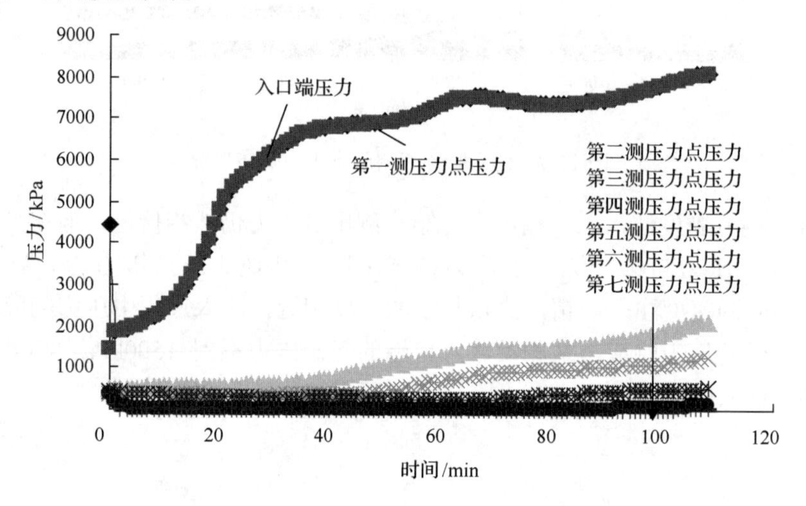

图 11-9　注乙二胺过程各个测压点压力响应情况

从注入压力来看，由于乙二胺黏度略高于水，同样存在入口端压力与第一测压点压力接近的现象，但是它的第二测压点及以后各测压点都有不同程度的压力反应，说明乙二胺顺利进入多孔介质。另外，总的注入压力在约 30min 后基本稳定在 8000kPa 以下，相比于注水的最高压力 12000kPa，下降了 33.3%，可以看出乙二胺具有良好的注入性能。

注入乙二胺后，以 0.5mL/min 的速度注入 15mL 酒精作为隔离段塞，注入过程中出口端有液体流出，但无酒精气味，亦无刺激性气味，pH 测定为中性，说明没有胺逸出。

在注入酒精段塞过程中，压力反应与注入乙二胺段塞过程很相近，不同的是注入压力略有下降，这主要是因为酒精属于互溶剂，与油湿和水湿界面都有良好的相容性，宏观上表现为更容易注入(图 11-10)。

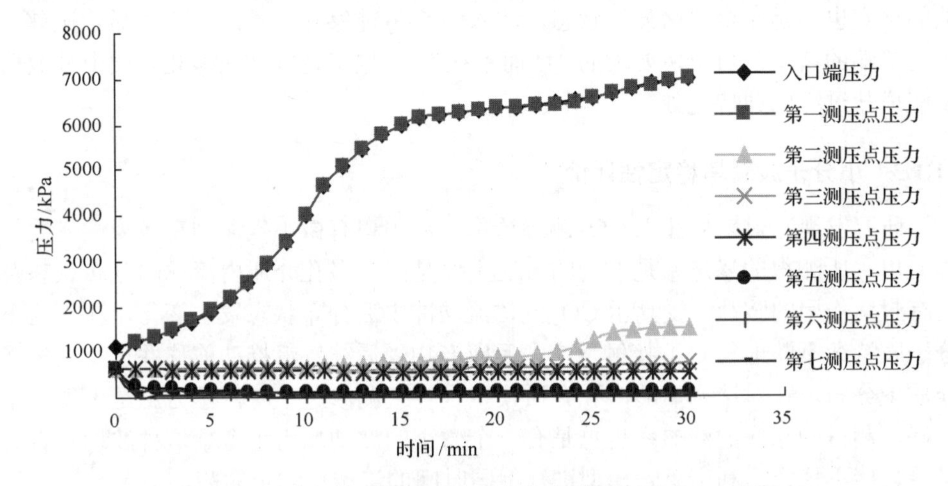

图 11-10　注酒精(隔离段塞)过程各个测压点压力响应情况

以 2mL/min 的流量注入 CO_2，出口端见大量气泡，也就是 CO_2 注穿时，各个测压点压力都有不同程度的响应。从图 11-11 中可以看出，入口端压力与后面几个测压点之间有明显的压差，说明堵塞物在后面两相邻测压点间有分布，特别是入口端压力与第一测压点间的差距明显，说明在前面高渗透率岩心段上也产生了大量的胺盐堵塞物，致使注 CO_2 压力迅速升高到 20000kPa 以上，远远大于初始注 CO_2 时的 4000～6000kPa，封堵作用明显。

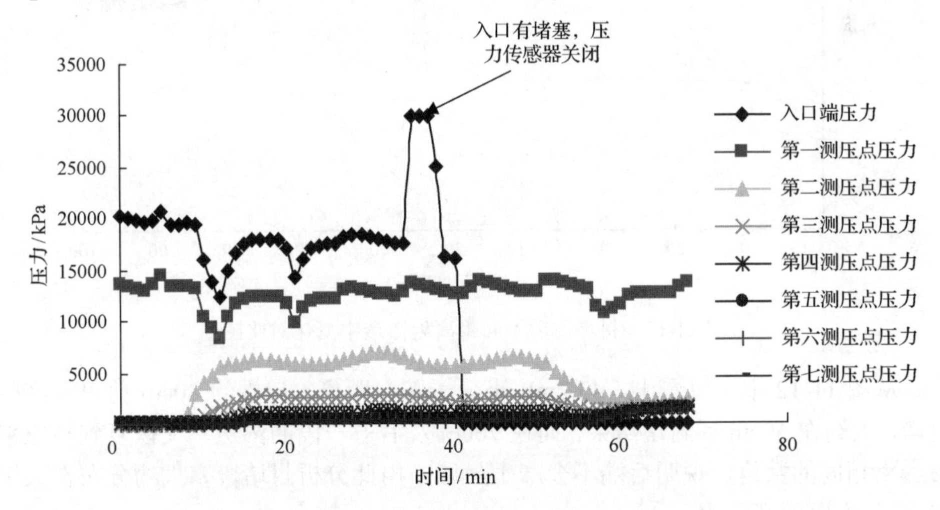

图 11-11　后续注 CO_2 时各个测压点压力响应情况

一个比较明显的现象是第一～第四测压点都有不同程度的压力反应，说明乙二胺在岩心管中自入口到出口有一定的分布，与 CO_2 反应成盐后并非仅仅在入口端产生封堵，而是在一段距离内都产生了不同程度的渗透率降低作用，并且入口端的堵塞也不是完全“堵死”状态，注入的 CO_2 能够在后端压力点上显示压差，表明前端的堵塞是封窜所要求的“堵而不死”，这也正是气体在多孔介质中分散后反应成盐过程的独特之处。

11.1.3 小分子胺封堵稳定性评价

研究发现，封堵后注入 CO_2 测渗透率，从出口有微小气流到有较为大量的气体流出，所测得的渗透率是波动的，这主要是因为多孔介质内流体的分布状态及具有封堵作用的胺盐，受高压 CO_2 气体流动冲击后分布状态发生变化，注入的小分子胺持续不断地与 CO_2 接触反应，反应产物受后续气流推动前移并重新在多孔介质中分布。在对堵塞后的多孔介质模型进行气测渗透率时，压力总是出现一个波峰，测得的相应的渗透率也总是有一个微小的波动。为了考察这种波动是否会导致封堵不稳定，利用单管模型进行不同时间的渗透率测定实验。

模型几何尺寸为 2.5cm×100cm，总孔隙体积为 108mL，封堵前气测平均渗透率为 5.07mD，孔隙度为 22%。实验在 105℃恒温条件下进行，回压控制在 7.5MPa。注入小分子胺 0.4PV（43.2mL），后置氮气段塞 0.1PV（10.8mL），再连续注入 CO_2，并使封窜被突破，依据封堵前、后各段压力梯度计算沿程渗透率变化情况，结果如图 11-12 所示。

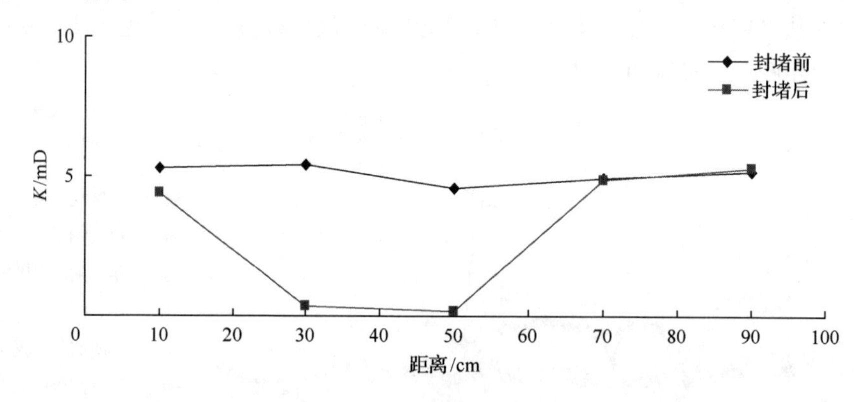

图 11-12 封堵前后不同距离处渗透率变化对比图

从图 11-12 中可以看出，43.2mL 小分子胺在距离入口端约 30cm 前已经产生封堵，大约在 50cm 后封堵结束，而在 70cm 及后方一段的渗透率又恢复到与原来渗透率相同的数值，说明后端不会产生封堵，由此分析封堵段塞大约分布在大于 30cm 长度段的孔隙内。

为了直观地观测封堵稳定性随时间的微小变化，本章单独考察封堵段平均渗透率随时间的变化情况，由图 11-13 可以看出，封堵段的渗透率在初期有小幅度波动，说明后续注入的 CO_2 可以推动少量胺盐重新分配，并且使其逐渐达到一个相对稳定的位置。总体而言，渗透率变化不大，并以小幅度逐渐增大。

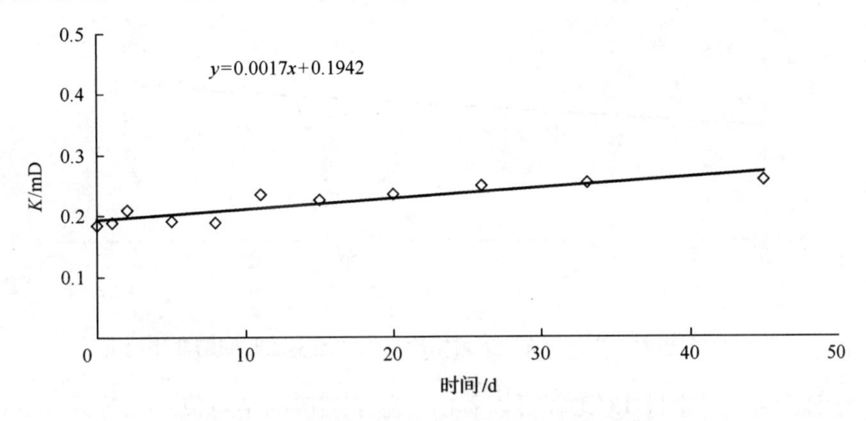

图 11-13　封堵段平均渗透率随时间的变化情况

为了验证小分子胺在大孔道中的封堵及稳定性，选用较高渗透率模型管进行同样的实验。模型几何尺寸为 2.5cm×100cm，总孔隙体积为 112cm^3，封堵前气测平均渗透率为 19.8mD，孔隙度为 22.8%。实验在 105℃恒温条件下进行，回压控制在 7.5MPa。注入小分子胺 0.4PV(44.8mL)，后置氮气段塞 0.1PV(11.2mL)，再连续注入 CO_2，并使封窜被突破，依据封堵前、后各段压力梯度计算沿程渗透率变化情况，实验结果如图 11-14 和图 11-15 所示。

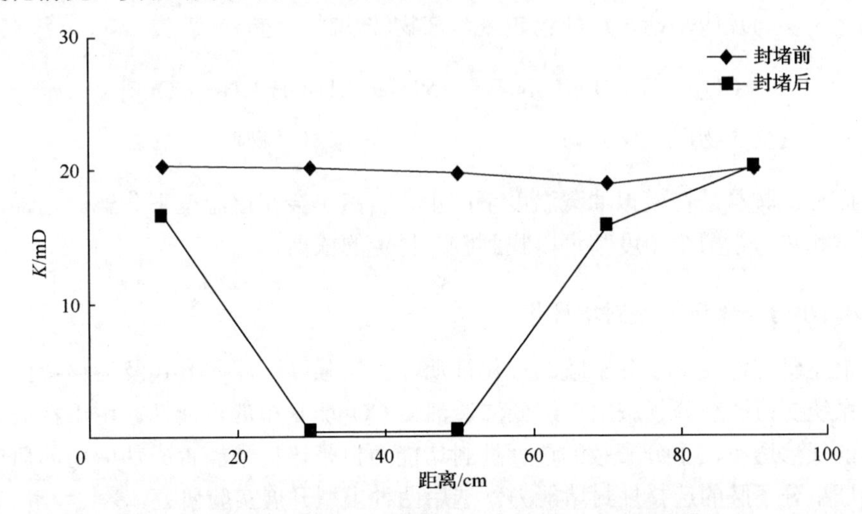

图 11-14　较高渗透率条件下封堵前、后不同距离处渗透率变化对比

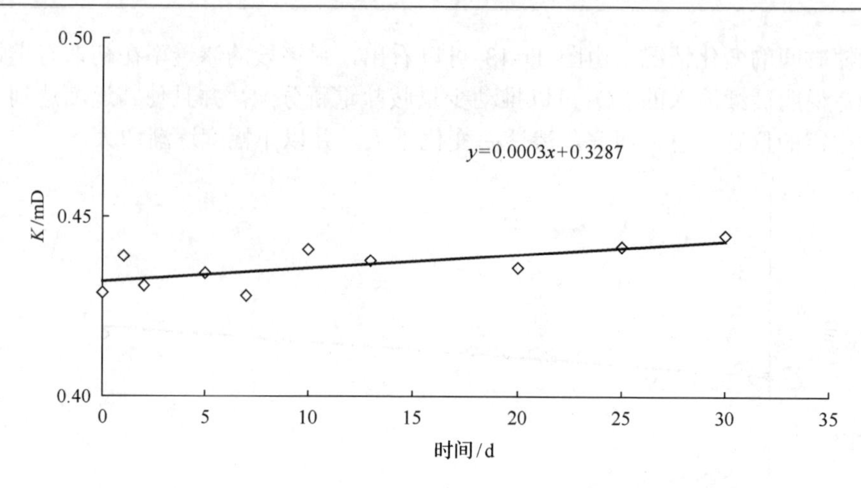

图 11-15　较高渗透率条件下封堵段平均渗透率随时间的变化情况

与图 11-12、图 11-13 比较可以看出，除了相应的绝对值不相等外，其他的变化趋势基本相同，说明胺封堵剂的稳定性在高渗透层的封堵中也可以充分体现出来，不同的是在较高渗透率条件下，封堵强度有所下降。本项技术的特点决定了胺封窜剂在较大喉道中成盐后，由于盐晶体间存在一定的缝隙，不会使通道完全封闭。由此确定本技术更适合应用于渗透率较低的油层，不适合应用于渗透率较高油层的封窜。

对于胺盐封窜的稳定性，可以从化学反应动力学的角度进行解释。由于本书所选择的封堵剂为小分子胺，胺与 CO_2 反应成盐，而后续注入的 CO_2 继续作为反应物之一参与反应平衡，反应物越多，产物胺盐越稳定。

$$CO_2+NH_2CH_2CH_2NH_2 = NH_3^+-CH_2CH_2NH-COO^-$$

（反应物）（反应物）　　　　　　　　（产物）

而且，胺盐是在模拟油藏温度下产生，自然不会在该温度下分解。这样，从动力学和热力学两个角度都可以找到胺盐稳定的依据。

11.1.4　小分子胺选择性封堵评价

上述研究已经从小分子胺的理化性质、封堵强度、注入方式及运移特性等方面，系统探讨了小分子胺用于特低渗透油藏 CO_2 驱封窜的可能性。由于特低渗透油藏的低渗透率，小分子胺的选择性封堵能力也是该技术能否成功应用的前提。为验证小分子胺的选择性封堵能力，选用两种模型开展实验研究。

1. 并联填砂模型

用并联填砂模型，采用合注分采方式，通过考察高、低渗管在封窜前后的渗透率变化确定小分子胺的选择性封堵能力。

并联填砂模型管尺寸为 2.5cm×100cm，高、低渗管的渗透率分别为 $7.4\times10^{-3}\mu m^2$ 和 $2.4\times10^{-3}\mu m^2$，前置段塞为氮气，注入乙二胺 60mL(注入速度为 0.0122m/h)，后置隔离段塞为 60mL 酒精，实验流程示意图如图 11-16 所示。

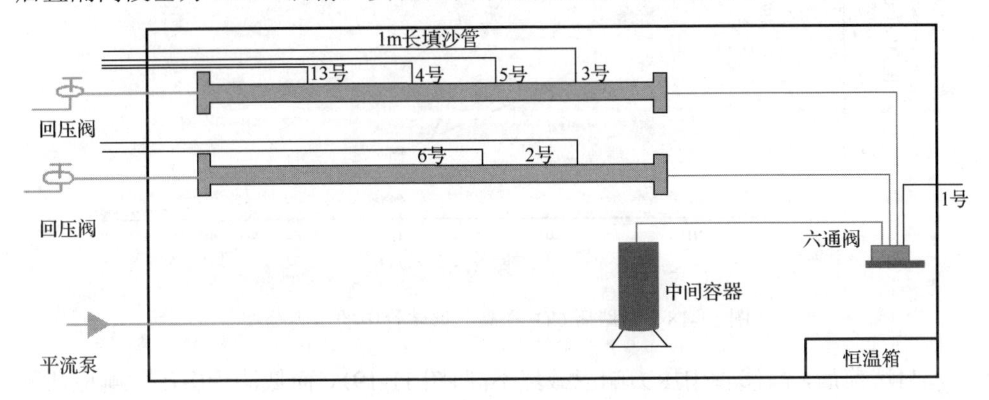

图 11-16　并联填砂模型实验流程示意图

封堵前用 CO_2 驱替，入口端维持恒定压力。可以看到高渗模型与低渗管中压力响应情况明显不同(图 11-17)，高渗管中 CO_2 流动阻力小，压力普遍比低渗管中的压力高，CO_2 大部分通过高渗管流动。

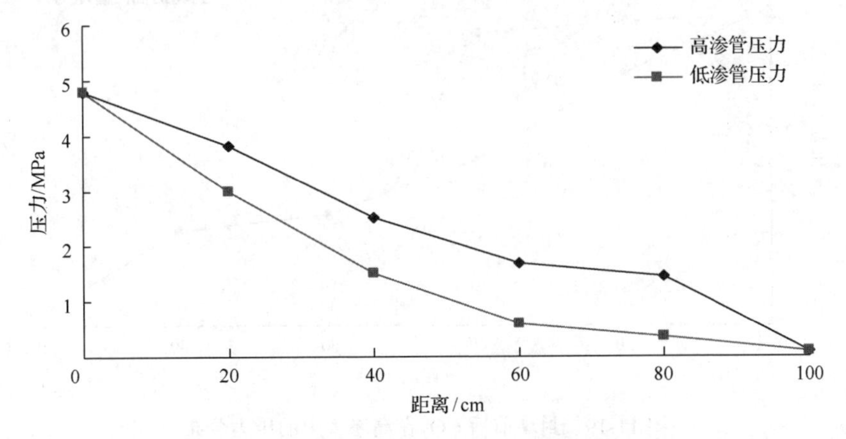

图 11-17　封堵前 CO_2 在高、低渗管中的压力分布

封堵后再用 CO_2 驱替，仍然维持恒定的入口端压力，高渗管中压力响应情况明显发生了改变(图 11-18)，高渗管中在 40～60cm 处出现了大的压力降，说明这

段距离内存在封堵阻力。后续段塞为 60mL 酒精，而模型的孔隙体积为 150mL，计算可得推动胺段塞运移的距离约为 40cm，计算结果与实际结果相近，确定该体系可以被酒精驱动而发生运移。

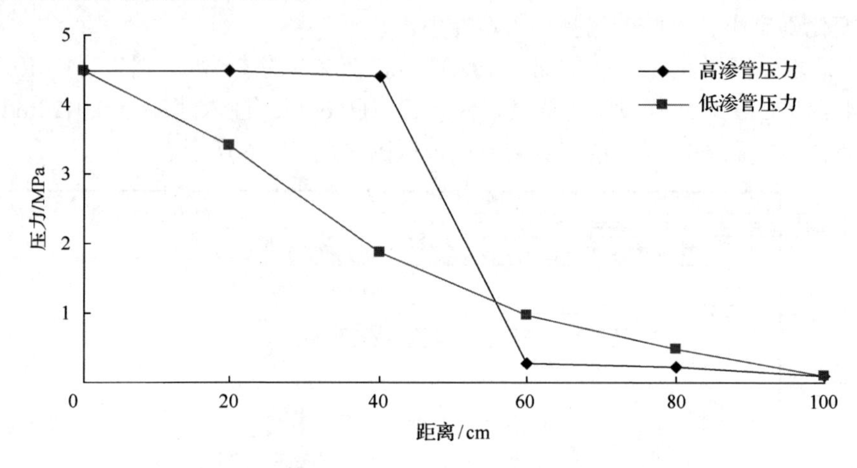

图 11-18　封堵后 CO_2 在高、低渗管中的压力分布

封堵前后，高渗管中压力响应截然不同(图 11-19)，而低渗管中压力响应情况却非常接近(图 11-20)，并对后续 CO_2 的渗流过程几乎没有产生影响，说明在低渗管中并没有发生显著的成盐反应。

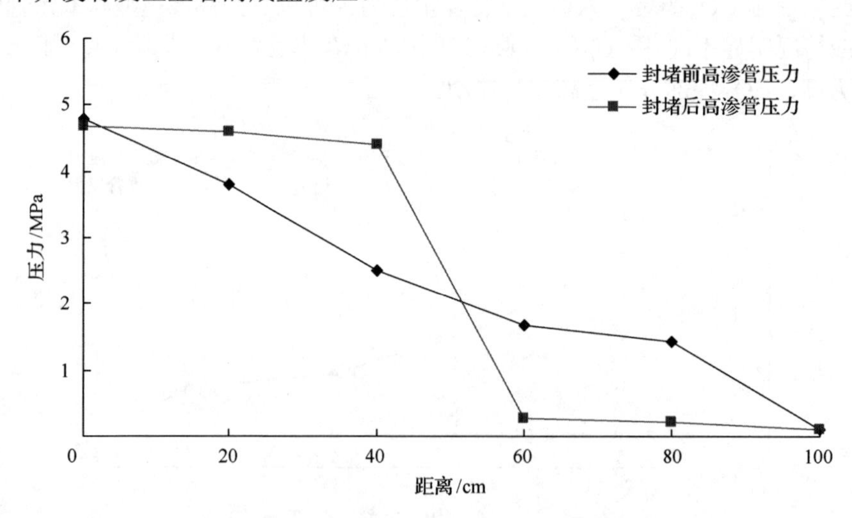

图 11-19　封堵前后 CO_2 在高渗管中的压力分布

从并联填砂模型实验中可以看出，在高、低渗透率级差为 3 时，乙二胺体系在注入过程中仍然具有明显的选择性封堵能力。可见矿场应用中，只要选择恰当的工艺参数，乙二胺封堵体系可以实现选择性封堵。

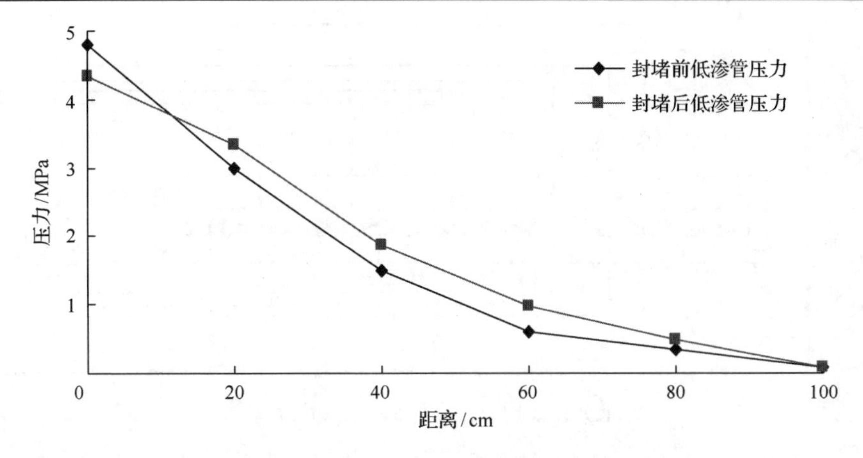

图 11-20　封堵前后 CO_2 在低渗管中的压力分布

从模型管拆管后的端面变化也可以看出，在低渗管中基本没有进入乙二胺(图 11-21)。高渗管中有大量的乙二胺进入并产出，而低渗管在入口端也没有发现乙二胺存在的明显迹象(对苏丹红染色无反应)。由于实验温度为 105℃，岩心管中水分经过 CO_2 的携带而被消耗，在打开填充管后水分大量散失，填砂较干燥(图 11-21)。

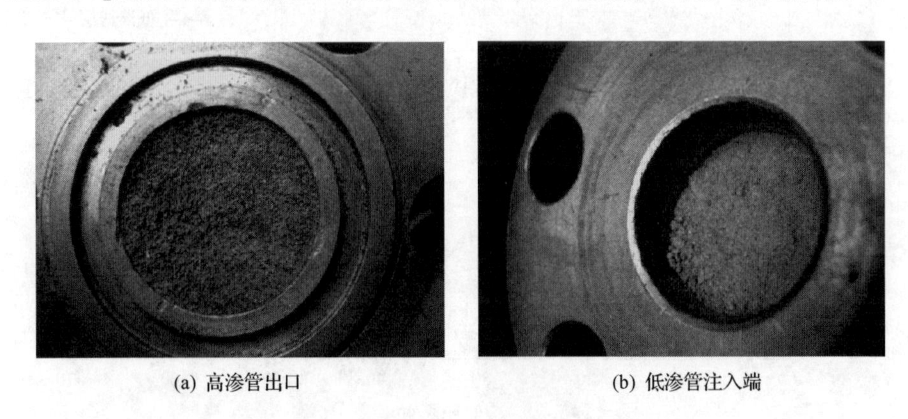

(a) 高渗管出口　　(b) 低渗管注入端

图 11-21　高渗管出口与低渗管注入端对比

2. 双层非均质模型

为考察小分子胺的注入选择性，加大乙二胺用量至 0.48PV(148.8mL)，通过实验确定在较大量注乙二胺的情况下是否会伤害低渗透层。

模型外形尺寸为 4.5cm×4.5cm×70cm(两层，各厚 2.2cm，有隔层)。孔隙体积为 310mL，孔隙度为 21.87%。高渗透层渗透率为 $26\times10^{-3}\mu m^2$，低渗透层渗透率为 $5\times10^{-3}\mu m^2$，渗透率级差为 5.2，实验装置流程如图 11-22 所示。

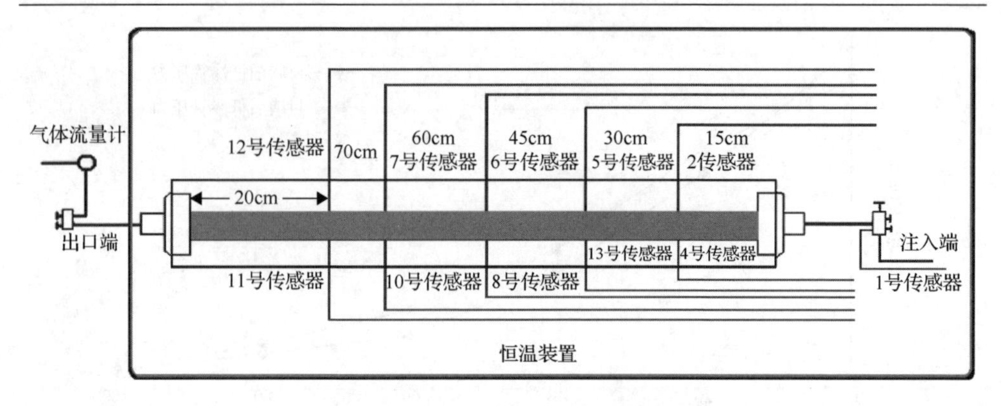

图 11-22　双层非均质模型实验装置示意图

封堵前气测平均渗透率 K_0=19.94×10^{-3}μm^2。从压力响应情况(图 11-23)来看，低渗透层除前面 15cm 处压力略高外，其他各点的压力都很低，实际气体流动也十分微弱，渗透率主要由高渗透层贡献。高渗透层各测压点的不同距离处都有压力显示，说明高渗透层中有 CO_2 流动，窜逸将在这种情况下发生。

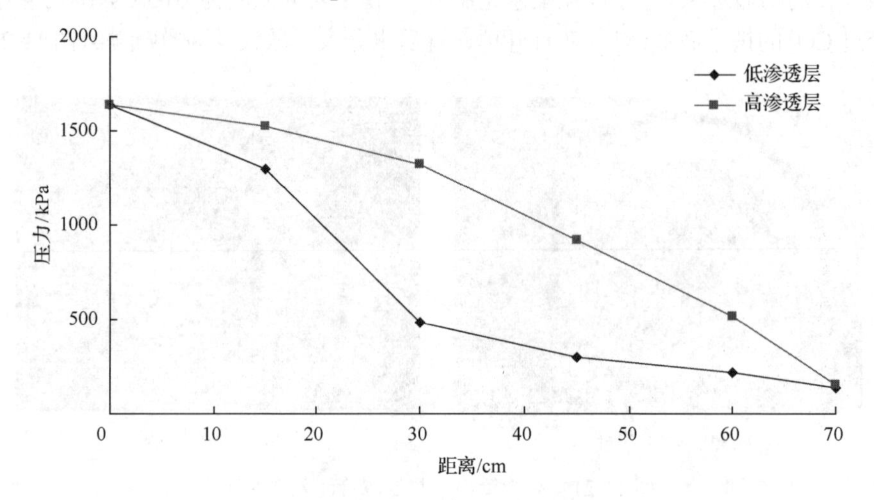

图 11-23　气测平均渗透率高低渗透层各点压力响应情况

在 0.5MPa 下注入 N_2 大约 20min 后，开始注入小分子胺段塞，注入速度为 0.2mL/min，总注入量为 150mL。从图 11-24 可以看出，注胺过程中压力一直比较平稳，低渗透层中没有渗流阻力产生的压力降，高渗透层中压力变化也十分平稳(最大压差仅为 75kPa)，这说明小分子胺对层间非均质性储层可以达到选择性注入，并且注入性良好，不会出现注入过程堵塞气体流动通道的现象。

在 0.42MPa 下注入后置 N_2 段塞约 30min，此时出口端有流出物 20mL，测得 N_2 渗透率为 4.51×10^{-3}μm^2。从图 11-25 可以看出注入后置 N_2 段塞阶段的压力变化与图 11-24 相似，压力主要体现在高渗透层，低渗透层中的气流量很小，没有被启动，也说明前面的胺段塞是安全的，并未提前与岩心中的 CO_2 反应成盐，否则低渗透层将要被启动。

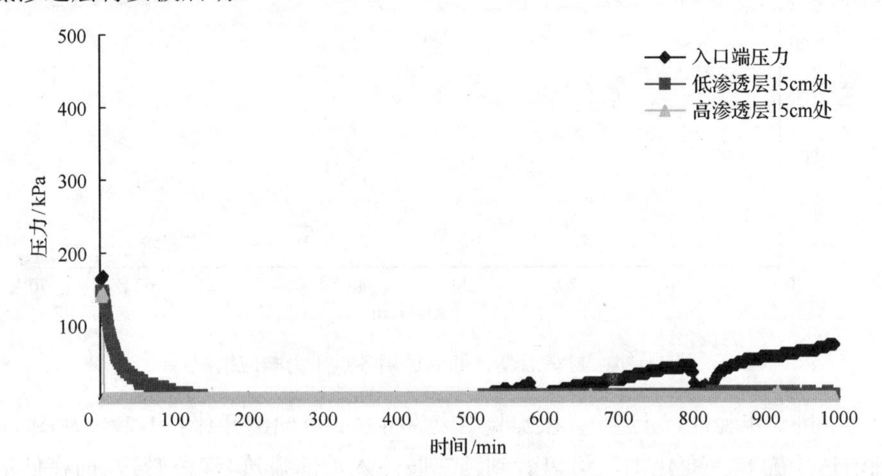

图 11-24　乙二胺段塞注入阶段压力变化情况

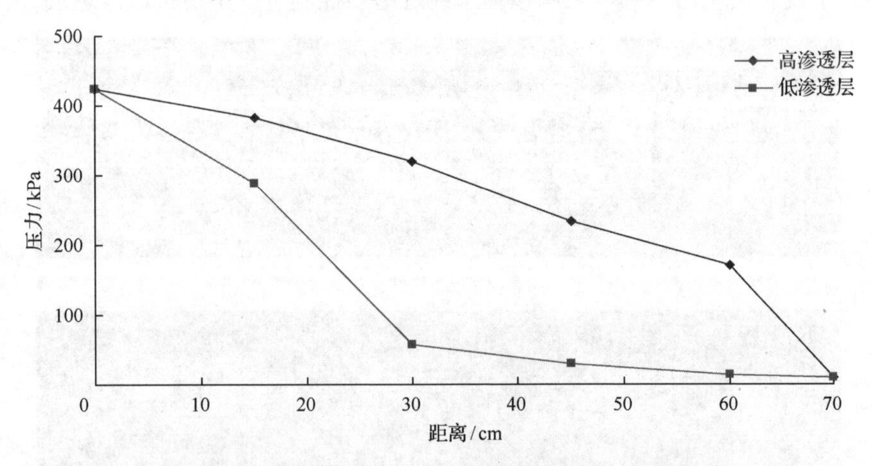

图 11-25　注入后续 N_2 保护段塞阶段的压力变化情况

在 N_2 保护段塞后注入 CO_2，情况则发生了明显变化(图 11-26)。从注入 CO_2 在不同距离处的稳定压力情况来看，高渗透层 30～45cm 处产生了明显的压力降，而低渗透层 30cm 位置后也产生了一定的压力响应，可以初步判断小分子胺体系在高渗透层约 45cm 之后产生了封堵，而在低渗透层中基本没有封堵迹象。此时测定封堵后平均渗透率为 $0.93\times10^{-3}\mu m^2$，渗透率降低幅度为 99.8%。从双层非均质岩心实验中得到的结论与前面并联填砂实验得到的结论相似，即在适当的注入速度下，乙二胺可以选择性地封堵高渗通道，而不会伤害低渗透层。

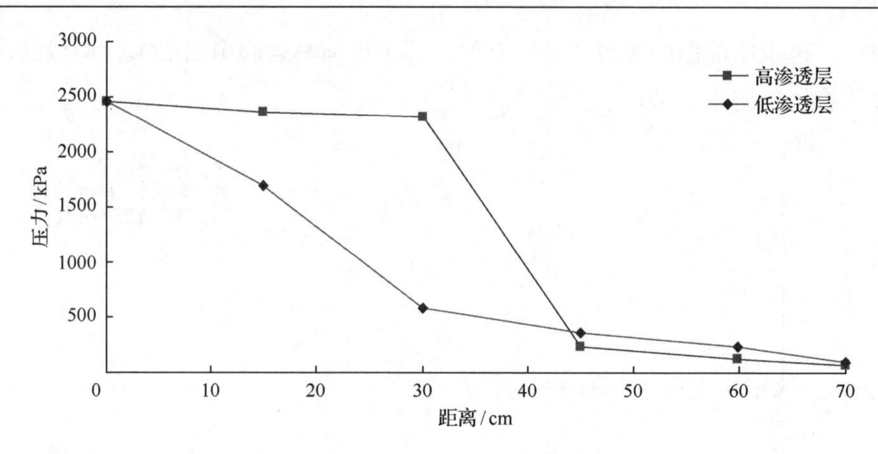

图 11-26　封堵后高、低渗透层各点压力响应情况

为了进一步验证以上结论，在实验结束后将岩心纵向剖开（图 11-27）。从图 11-27 中高渗透层的颜色变化上，可以看到乙二胺注入后的痕迹（深色带），而在低渗透层中几乎没有发现乙二胺，表明该体系经过适当控制可以不伤害低渗透层。

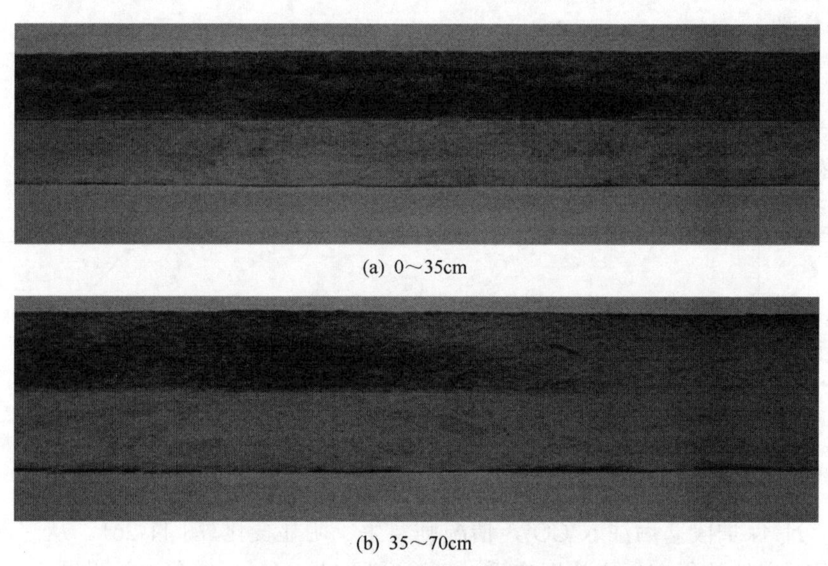

(a) 0～35cm

(b) 35～70cm

图 11-27　乙二胺封堵剂在高、低渗透层的分布情况（真实岩心剖面）

11.1.5　CO_2 驱油小分子胺封堵效果评价

为了确定乙二胺封堵体系在扩大 CO_2 驱油波及体积中的作用，利用胜利油田的原油，用双层非均质模型进行驱油防窜效果实验研究。

物理模型以露头砂进行人工压制，外形尺寸为 4.5cm×4.5cm×70cm（两层，各厚 2.2cm，加隔层）。孔隙体积为 314mL，孔隙度为 22.15%。高渗透层渗透率为

$26\times10^{-3}\mu m^2$，低渗透层渗透率为 $5\times10^{-3}\mu m^2$，渗透率级差为 5.2。

实验中，模型抽真空后先饱和模拟地层水，再饱和原油 210mL，原始含油饱和度为 70.4%。CO_2 驱油至出口连续 30min 无油，注入 0.1PV 的 N_2 隔离段塞，注入 0.2PV 的乙二胺段塞，再注入 0.1PV 的 N_2 保护段塞，最后连续注入 CO_2。

由于模型的非均质性，注入 CO_2 测定渗透率时，高、低渗透层的压力反应如图 11-28 所示，与上述实验情况类似，低渗透层中气流量微弱。

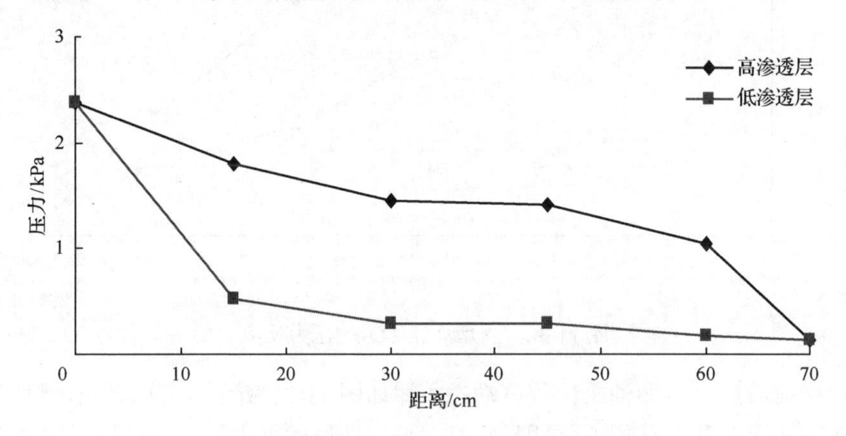

图 11-28　模型注入 CO_2 时高、低渗透层的压力反应

在 CO_2 驱替至出口无油时，注入 0.1PV 的 N_2 前置段塞，再注入 0.2PV 的乙二胺，压力反应如图 11-29 所示。可以看出，在高渗透层 15cm 处的测压点与入口端压力值基本一致，而低渗透层 15cm 处的压力很低且平稳，说明此时高渗透层已经基本被 CO_2 窜通，而低渗透层内再难有气体进入。

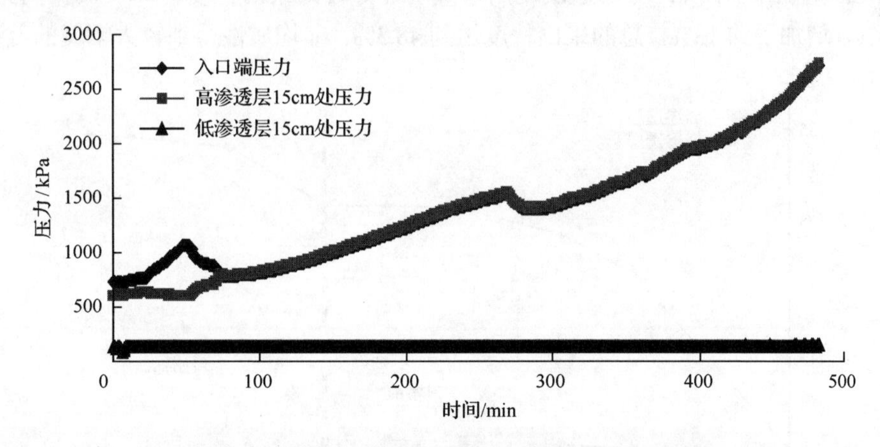

图 11-29　模型注入乙二胺时高、低渗透层的压力反应

在注入 0.1PV 后置氮气段塞作为隔离段塞后，开始连续注入 CO_2，相应的压力反应情况如图 11-30 所示。可以看出，高渗透层的压力明显保持了更长的距离，

说明 CO_2 与乙二胺反应已经起到了封窜作用；同时，低渗透层中各点的压力响应也更加明显，可能是由于高渗透层被封堵后，低渗透层中的原油运移导致压力响应明显增大。

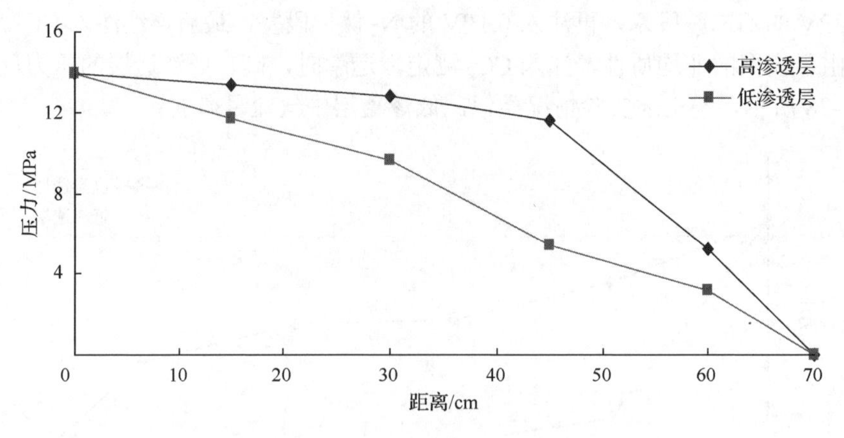

图 11-30　封堵后注 CO_2 的压力反应

封堵前后注 CO_2 驱油采出程度动态规律如图 11-31 所示。可以看出，封堵对扩大 CO_2 驱波及体积的作用非常明显，高、低渗透层的采出程度都得到了明显提高。在封堵前，注入 CO_2 驱，高渗透层采出约 56mL 油，采出程度达到 26.6%；而低渗透层仅仅采出约 2mL 油，采出程度只有 0.95%。5.2 倍的渗透率级差，高渗透层采出的油量是低渗透层的 28 倍，使低渗透层剩余油几乎没有被动用。在注入乙二胺进行封堵后，两个层的动用情况都有大幅度改善，高渗透层继续提高采出程度到 34.3%，增加了 7.7%；低渗透层动用情况明显好转，采出程度由 0.95%提高到了 14.0%，增加了约 13%，总的采出程度达到 48.3%，非均质性得到较大幅度的改善。

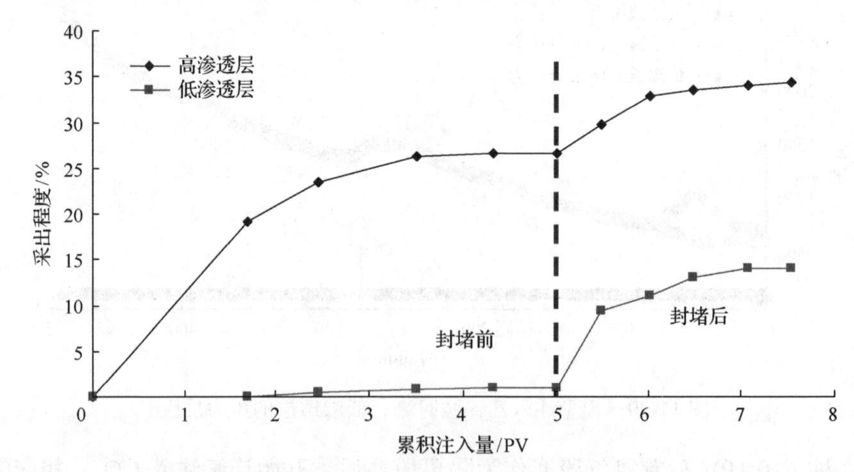

图 11-31　封堵前后注 CO_2 驱油采出程度动态规律

一般水驱油实验中，在封堵作业后，高渗透层几乎不再增加采出程度，仅仅是低渗透层中增加采出程度，因为注入的封堵剂基本以段塞方式被推进高渗透层的某个位置，高渗透层基本都被封死。但是该工艺中，高渗透层在被封堵后在后期注气过程中仍然有原油产出，主要原因为乙二胺产生的封堵效果改善了岩心的非均质程度，使气流在更多转向低渗透层的同时，高渗透层的微观非均质性也得到了改善，即高渗透层中在驱替初期打开的部分优势通道被甲基胺盐封堵后，周围的相对低渗区域也被后续注入的 CO_2 波及，总体上同时扩大了高渗透层和低渗透层中的 CO_2 波及体积。同时，在较低渗透率条件下，即使是单层岩心也不可能达到绝对均质状态，CO_2 由于黏度低，受毛细管力的影响，即使在同一层中存在较小的渗透率差别，也会造成较大的窜逸现象。因此，乙二胺分子在多孔介质中也仅仅是沿着已经形成的 CO_2 优势通道运移，这样，在优势通道被封堵后，高渗透层中一些渗透率相对较低但含有剩余油的部分将被启动，若此时压差足以启动低渗透层，则两层同时见效；若此时压差不足以启动低渗透层，则仅仅高渗透层见效。这里又一次体现了渗透率级差即油藏非均质性对驱替效果的影响。

实际上，由于 CO_2 的特殊性质，不可能出现像水驱油藏那样，以段塞推进的方式波及油层，恰恰由于 CO_2 黏度极低，“指进”作用强，同时又可以溶解于油相，通过稀释作用降低油相黏度，并伴随油相一起运移。实验中发现，大幅度增油的同时，也会大量见气，气与油相伴运移，并非只是 CO_2 以段塞方式驱动原油。这种情况，与矿场实际观测一致。

11.1.6　小分子胺注入方式与深部运移特性研究

上述研究从理论和实验两个方面都证明小分子胺类可以与 CO_2 反应成盐，可以应用于特低渗透油层进行防窜。如何将小分子胺注入油层中的设计位置，并且保证其能够与 CO_2 充分接触并发生反应，是该项技术成功应用的前提之一。

在上述研究中已经初步涉及胺的注入方式，即由于要避免 CO_2 与小分子胺过早接触，在两种能够发生反应的组分之间设置一个隔离段塞，当隔离段塞在油层中逐渐向深部运移且变薄后，小分子胺才会与 CO_2 接触并发生反应生成盐晶体。而且，通过控制隔离段塞的用量便可以控制封堵晶体产生的部位，即封窜深度。由于油藏渗透率低，油藏中的水分几乎都处于束缚状态，处于自由渗流状态的水分很少，大量生成的胺盐晶体不能够完全溶解，部分以晶体状态或黏稠的液体状态滞留在较大的孔道中而产生封堵作用，从而可以抑制 CO_2 的窜逸。

1. 小分子胺的注入方式

将小分子胺准确地送入油层深部再发生成盐反应而产生封窜作用，无疑是该项技术成功应用的关键，而隔离段塞的大小和性质是最先要考虑的重要问题之一。图 11-32 为注入小分子胺的段塞组合方式示意图。

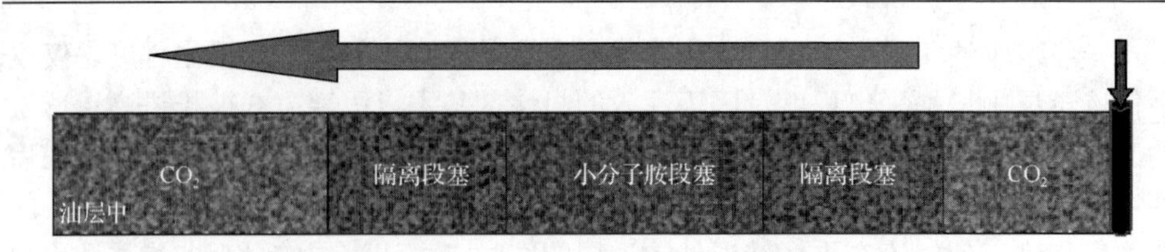

图 11-32　注入小分子胺的段塞组合方式

作为隔离段塞的成分，需要考虑的因素主要是其能够比水更轻松地注入地层中，并且不会与 CO_2 或者小分子胺组分发生反应，同时还要很好地顶替孔隙介质中的 CO_2 或者小分子胺组分。因此，可以选择乙醇、烃类物质或者 N_2，这些物质都可以有效隔离 CO_2 与胺段塞的接触。由于隔离段塞的用量不仅决定了 CO_2 与胺段塞的接触时间，也决定了顶替效率，必须充分考虑成本因素。

在前期实验中选用的隔离段塞主要是95%的酒精，效果明显，这是因为乙醇具有互溶剂的优点，不仅易于注入，而且顶替效率高。轻烃类物质也易于注入，且方便易得，但是成本较高。综合考虑多方面因素，选用 N_2 作为隔离段塞更具有优势，特别是超低的价格将决定 N_2 具有更好的适应性能。

2. 小分子胺的深部运移特性研究

实验选用的乙二胺具有类似酒精的互溶剂性能，可以溶于水、乙醇、乙醚和苯，并能够溶解多种有机物。因此，其不论是以液体状态注入，还是以气体状态注入，在进入地层时都不会存在相界面而导致产生毛细管阻力，可以通过实验考察乙二胺的注入性能。

实验模型为填沙管模型，尺寸为2.5cm×100cm，渗透率为 $13.08\times10^{-3}\mu m^2$。实验中先水测渗透率，然后固定入口端压力为3MPa，向模型中注入 CO_2 并测定流量。保持排量0.1mL/min，向模型中注入酒精前置段塞10mL，再注入乙二胺段塞80mL，后续注入酒精隔离段塞10mL。

从图11-33可以看出，注乙二胺过程中压力一直比较平稳，压力始终在200kPa以下，显示出乙二胺有良好的注入性及较高的流度，易于注入地层中。并且由于前面的隔离段塞作用明显，没有发现其与段塞前面的 CO_2 过早接触成盐的现象。

上述实验中已经涉及乙二胺的注入性能，乙二胺注入过程中，各个测压点的压力逐步升高，液体连续流出，说明乙二胺平稳进入岩心多孔介质中。对于渗透率为 $3.3\times10^{-3}\mu m^2$ 的模型，总的注入压力低于8MPa，远远低于注水阶段的12MPa。温度的影响显著，因为高温(如105℃)状态乙二胺挥发量大，大部分以气体的形式进入多孔介质，注入压力低。从之前的实验可以看出，注乙二胺后注 CO_2，从入口端开始，各个测压点间压力梯度明显，也证明乙二胺已经进入模型深部，并且不同程度地与后续注入的 CO_2 发生反应生成盐。

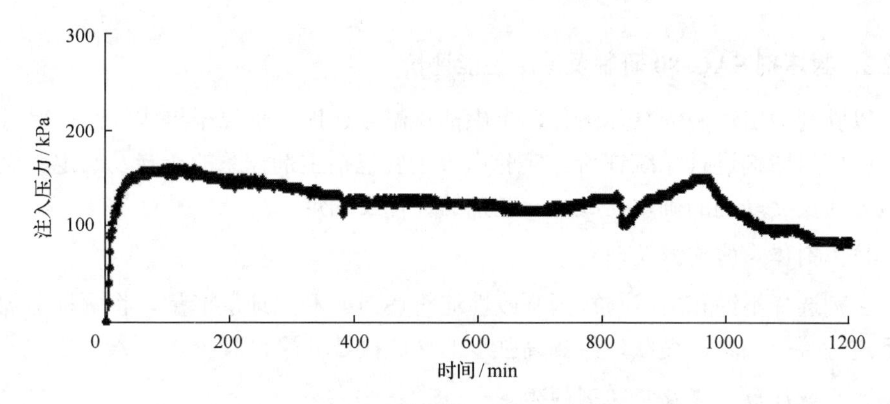

图 11-33　渗透率为 $13.08\times10^{-3}\mu m^2$ 条件下乙二胺的注入压力变化曲线

11.2　低渗透层中裂缝封堵剂筛选及封堵能力评价

11.2.1　高强度封堵剂筛选思路与方法

综合分析文献中报道的封堵剂适应性，结合裂缝型窜流油藏深部强堵的技术难点，可以在聚合物凝胶类调堵剂的基础上改进强度，开发出一种高黏弹性、成胶时间可控、在地下成胶、成胶物具有足够的强度、在多孔介质中经过长距离运移而不会因剪切失去黏性、与基质材料黏附性能极强且基本不受黏土影响的一种强凝胶用来强力封堵裂缝中的窜流[57,58]。

经过系统的室内实验，最终确定开发改性天然高分子和不饱和酰胺类单体接枝共聚的高强凝胶调堵剂。用改性的天然高分子主要是考虑成本因素，该物质价格低廉，易生产。凝胶的引发方式可以通过热、光、射线、等离子体、电场、化学剂等，该凝胶调堵剂使用化学引发，主要为了现场施工方便。

通过系统的研究工作确定基本配方后，利用物理模拟技术，结合矿场实际进行评价工作。具体方法如下。

(1)用正交实验方法初步优化出适于封堵窜流通道的调堵剂配方，通过驱替实验测定调堵剂的突破压力、封堵率等参数，进一步优化调堵剂配方。

(2)将调堵剂注入带有多个测压点的填砂管(模拟油藏条件)，观察调堵剂在填砂管中的运移规律，看是否能将调堵剂推进到填砂管深部的预定位置。封堵后进行水驱，测定其封堵压力是否满足封堵裂缝的强度要求。

(3)采用并联填砂管，评价调堵剂对裂缝型窜流油藏的选择性封堵效果，以及封堵后启动中、低渗透层的能力。

11.2.2　封堵剂 SAG-80 研制及基本性能评价

以胜利油田油藏为具体条件，考虑油藏温度、地层水离子组成、渗透率对新型高强度封堵剂进行系统评价。实验内容主要包括主剂体系的选择及确定、交联反应方式及交联剂的确定、成胶控制剂的选择及确定。

1) 主剂体系的选择及确定

主剂选择不饱和酰胺与羟丙基改性淀粉(SF)。利用地层能量，将两种主剂在地下进行接枝共聚、交联，得到高强度的交联接枝共聚物凝胶。

2) 交联反应方式及交联剂的确定

选择分子内与分子间同时交联的方式，形成较大强度的交联聚合物。

3) 成胶控制剂的选择及确定

考虑试验区块的地层温度在 120℃左右，但是在此温度下进行系统的配方筛选实验较难，为此将配方筛选实验温度均设为 105℃，待筛选出基本配方体系后在 120℃温度下进行成胶效果验证，并进行微调。

选用常规的成胶控制剂已经不能满足要求，必须采用新型的成胶控制剂 CAG-80。具体应用时，利用该控制体系，根据待封窜井的实际温度及不同注入水的水质进行调整，以实现对成胶时间及成胶效果的控制。

1. 主剂用量的选择

通过改变主剂用量，观察封堵剂的成胶状态和水的析出量，实验标准以 100mL 溶液为基准。实验利用 HAAKE RS600 型流变仪，采用锥板测量头系统(pp20 Ti)，转子直径为 10mm，剪切力因子为 636600Pa/(N·m)，剪切速率因子为 $10s^{-1}/(rad \cdot s^{-1})$，应力设定为 5Pa 恒定，应力作用时间为 120s，测定样品的断裂应力，结果见表 11-1 和图 11-34。

表 11-1　主剂用量与成胶状态的关系

主剂用量/%	6	7	8	9	10	11
成胶状态	成胶不完全	成胶不完全	良好	良好	良好	强度差
水析出量/mL	20	10	0	0	0	0

主剂包括不饱和酰胺和羟丙基改性淀粉。作为主剂的不饱和酰胺与羟丙基改性淀粉接枝聚合后，能够形成大分子链网状结构的骨架，再以交联的方式形成化学键或以物理接触方式建立三维网络结构，从而可以形成具有较高弹性的聚合物材料。

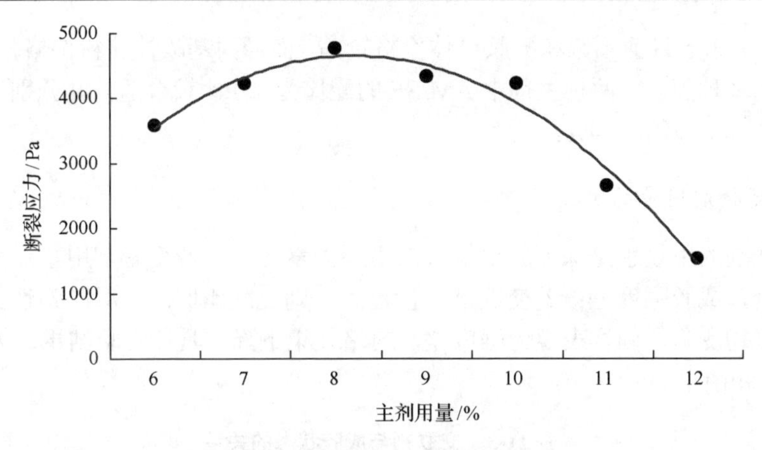

图 11-34　主剂用量-断裂应力曲线

主剂用量直接影响材料的性能，如果主剂用量过高，单体在与羟丙基改性淀粉接枝聚合时，没有足够的反应空间，使大分子链的增长受阻，最终弹性和强度表现不充分；如果主剂用量过低，形成的接枝聚合交联产物很难形成整体凝胶，物质的绝对量不足。

主剂用量低于 8%时，成胶不完全；而高于 10%时，封堵剂材料的断裂应力大幅度下降，同时，综合考虑经济因素，以及该组分在地层中的损失量较小，认为选择 8%的主剂用量为最佳值。

2. 主剂比例的选择

实验在确定两种主剂用量为 8%的基础上，继续考察羟丙基改性淀粉与 AM 两种主剂不同配合比例对成胶效果的影响情况。两种主剂的配比(AM/SF)为 0.5～3.0，对应的成胶状况用断裂应力进行评价，具体评价结果见表 11-2。

表 11-2　主剂比例与成胶状态的关系

主剂比例(AM/SF)	0.5	1.0	1.5	2.0	2.5	3.0
成胶状态	成胶不完全	良好	良好	良好	良好	强度差

当 AM/SF 小于 0.5 时，没有足够的不饱和酰胺单体与羟丙基改性淀粉通过接枝聚合形成大分子链的网状结构骨架，大部分羟丙基改性淀粉以物理填充方式堆积在网格中，并没有生成足够的化学键以增加强度，导致交联后形成的三维网络结构强度低，表现为断裂应力偏低；而当 AM/SF 大于 2.0 时，有部分分子链主要由不饱和酰胺单体自聚构成，其强度低于与羟丙基改性淀粉接枝聚合后的大分子链，弹性变差，表现为断裂应力随之降低。

基于以上考虑，选择不饱和酰胺单体与羟丙基改性淀粉的比例 AM/SF 为 1.0～

2.0。另外，由于目前不饱和酰胺单体价格较高，而羟丙基改性淀粉价格相对低廉，综合考虑多种因素，两种主剂中 AM/SF 的配比为 1.0 比较合适，并分别选择主剂 w(AM)=4%、w(SF)=4%。

3. 交联剂用量的选择

交联剂的用量也是保证胶凝效果的主要因素之一。若交联剂用量过少，则成胶不完全，成胶强度差；若交联剂用量过大，则交联比例高，凝胶弹性大幅度降低，胶凝物变脆，同样表现为强度差，封堵效果下降。具体实验结果见表 11-3、图 11-35 和图 11-36。

表 11-3　交联剂与成胶状态的关系

交联剂用量/%	0.04	0.06	0.08	0.10	0.12	0.14
成胶状态	成胶不完全	成胶不完全	良好	良好	良好	强度差

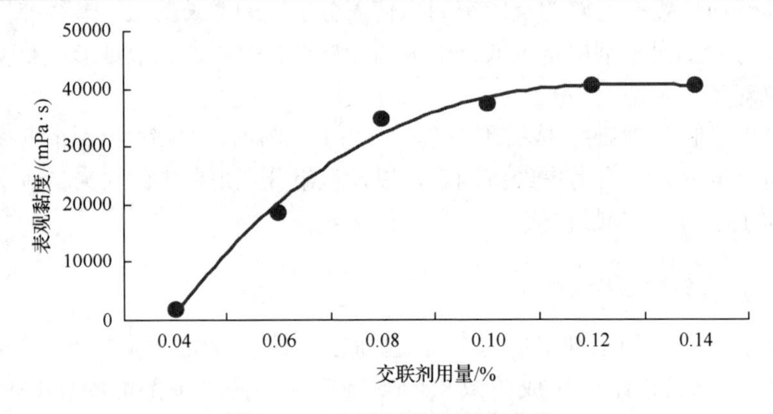

图 11-35　交联剂用量-黏度曲线

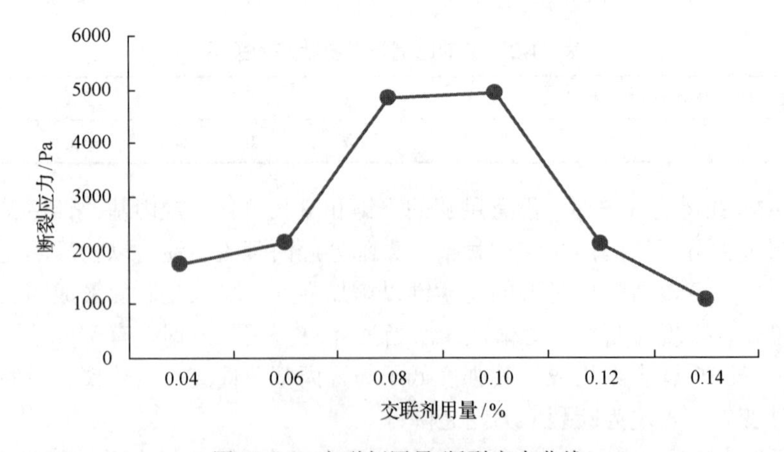

图 11-36　交联剂用量-断裂应力曲线

从交联剂用量-黏度曲线可以看出，随着交联剂用量的增加，表观黏度增强，当交联剂用量在 0.08%以上时，表观黏度开始趋于稳定；从交联剂用量-断裂应力曲线可以看出，交联剂用量为 0.04%～0.08%时，随着交联剂用量的增加，断裂应力增加，此时交联结构形成得不完全，随交联剂用量增加而逐渐完善；当交联剂用量为 0.08%～0.10%时，断裂应力基本不变，此时交联结构已经完全形成，或者在 0.08%浓度时已经接近完善状态；当交联剂用量大于 0.10%时，随着交联剂用量的继续增加，断裂应力迅速下降，此时交联结构过度，弹性下降，胶凝物变脆。

根据以上实验结果，交联剂用量选择 0.08%～0.10%。

4. 成胶控制剂 CAG-70 用量的选择

成胶控制剂直接关乎成胶时间及施工安全。可以通过调节成胶控制剂 CAG-70 的用量来调节成胶时间。在固定其他组分不变的情况下，改变成胶控制剂 CAG-70 的用量，考察对应的成胶时间的变化情况，结果如图 11-37 所示。

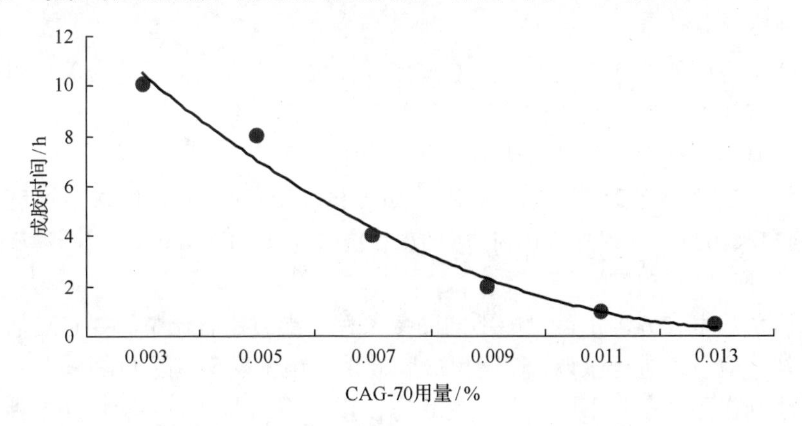

图 11-37　CAG-70 用量-成胶时间曲线

CAG-70 用量为 0.003%～0.005%，可以将成胶时间控制在 8h 以上，完全可以满足矿场封堵裂缝的时间需要。

11.2.3　SAG-80 应用性能评价

1. 静态性能

1) 基液黏度

表观黏度用 HAAKE RS600 型流变仪测定，测定 25～95℃温度下不同温度点的表观黏度(图 11-38)，并以此推算试验区块地层条件 126℃下基液黏度为 8mPa·s。较低的黏度可以保证体系轻松注入裂缝或大孔道中，并且不会伤害低渗透基质。

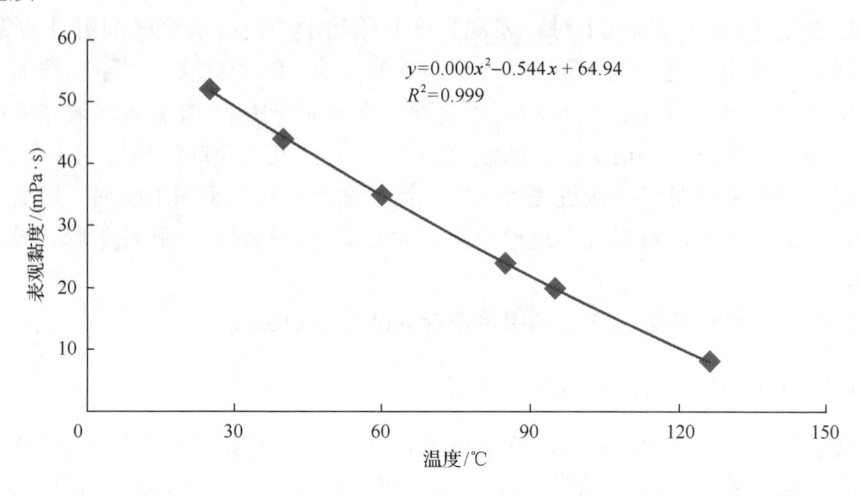

图 11-38　高强封堵剂胶凝前的黏温曲线

2) 静态成胶效果

该体系目前能够适应 28～130℃温度的需要，并且该体系的最大优点是胶凝前体系的流变性近似纯黏流体，在多孔介质中易于以整体段塞方式推进，抗剪切、抗盐、抗温性能突出，并且封堵强度高，稳定性好。

该封堵剂已经在矿场有较多应用，如吉林油田(对应不同区块，温度分别为 28℃、42℃、62℃、85℃)、胜利油田(78℃)、长庆油田(66℃)、新疆油田(80℃、95℃)、河南油田(54℃)。

该体系基本成分固定，对应不同油藏条件，配方略有调整，并且还需使用具体施工井的地下水进行微调，以确保成胶效果和施工安全。图 11-39～图 11-41 是高强封堵剂在不同条件下胶凝前后的状态，以及不同温度、不同水质条件下的胶凝效果。

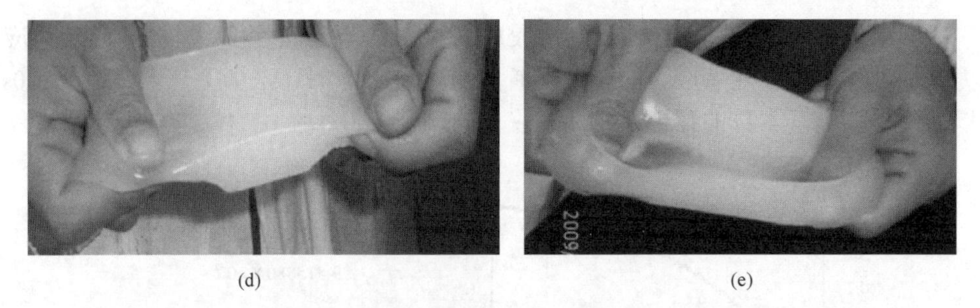

(d)　　(e)

图 11-39　高强封堵剂在凝胶前后的状态

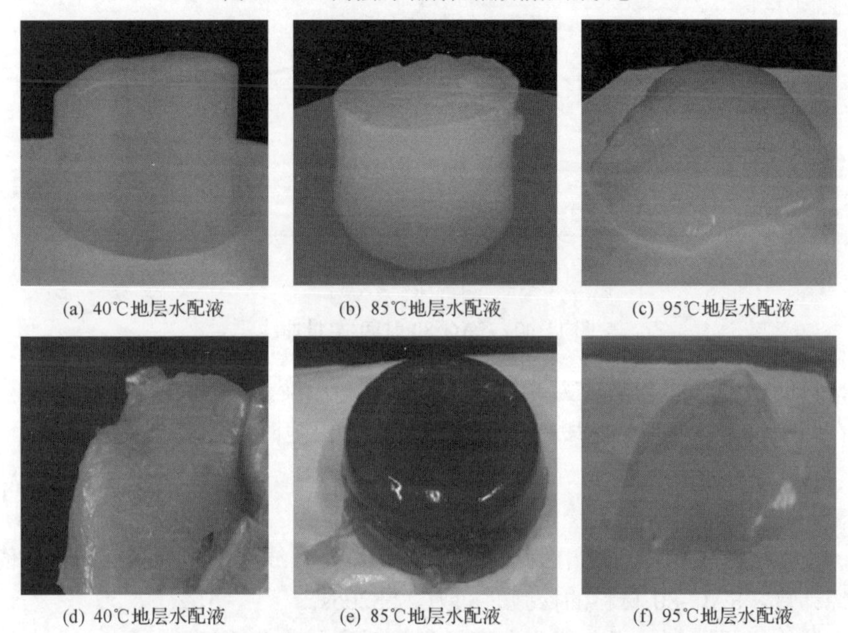

(a) 40℃地层水配液　(b) 85℃地层水配液　(c) 95℃地层水配液

(d) 40℃地层水配液　(e) 85℃地层水配液　(f) 95℃地层水配液

图 11-40　高强封堵剂在不同温度及不同水质条件下的胶凝效果

(a) 11:13AM　(b) 11:14AM

图 11-41　高强封堵剂在 120℃条件下的胶凝状态(胶色变深，弹性更强)

利用确定的配方体系，测试其成胶后的松弛时间(图 11-42)：①0～120s 为应力施加过程，柔量随着应力的施加不断增加；②120s 时，应力突然取消；③120s 以后为材料由于本身的弹性发生蠕变恢复的过程。

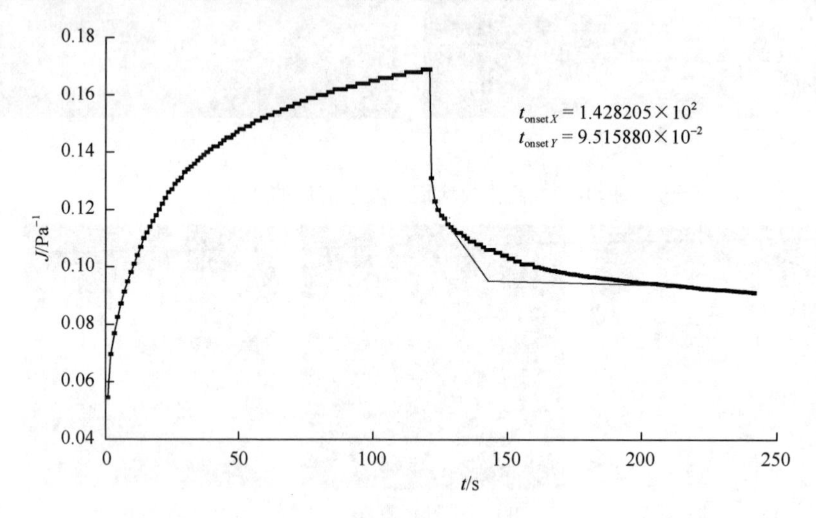

图 11-42 SAG-80 时间-柔量曲线

材料的松弛时间为从应力释放时刻开始到材料变形平衡时刻为止的这一段时间，在图 11-42 中表示为两段曲线切线的交点。松弛时间计算公式为

$$t_{rel}=t_{onsetX}-120 \tag{11-8}$$

式中，t_{rel} 为松弛时间，s；t_{onsetX} 为图 11-42 中切线延长线与横坐标交点的坐标值，s。

经计算，SAG-80 材料的松弛时间为 22.8205s。

由于构成封堵剂的组分皆为非离子型，对离子成分不敏感。同时，封堵剂与地层水、露头砂成分也能够很好地相容。图 11-43 是实验后从模型管中取出的被封堵剂胶结的填充露头砂，露头砂含有 10%左右的黏土成分及其他离子，对很多凝胶体系成胶过程都是不利的影响因素，但对于本实验的体系影响较小。堵剂溶液成胶性能基本不受黏土影响，具有抗吸附、抗絮凝的性能。

3) 成胶前抗剪切性能

多数以 HPAM 为基础的调堵剂体系，成胶前在地层内运移过程中被剪切而导致成胶效果变差，甚至不成胶，因此，抗剪切性能是深部封窜所必需的重要性能。

使用 HAAKE RS600 流变仪，在 65℃条件下，采用同轴圆筒测量系统测定抗剪切特性。同轴圆筒中同一个样品在较高的剪切速率范围内被反复剪切 5 次，每一次均测定表观黏度-剪切速率关系曲线(图 11-44)，高强封堵剂体系中天然高分子的刚性结构使黏度没有大幅度下降。

图 11-43　填砂管取出的露头砂

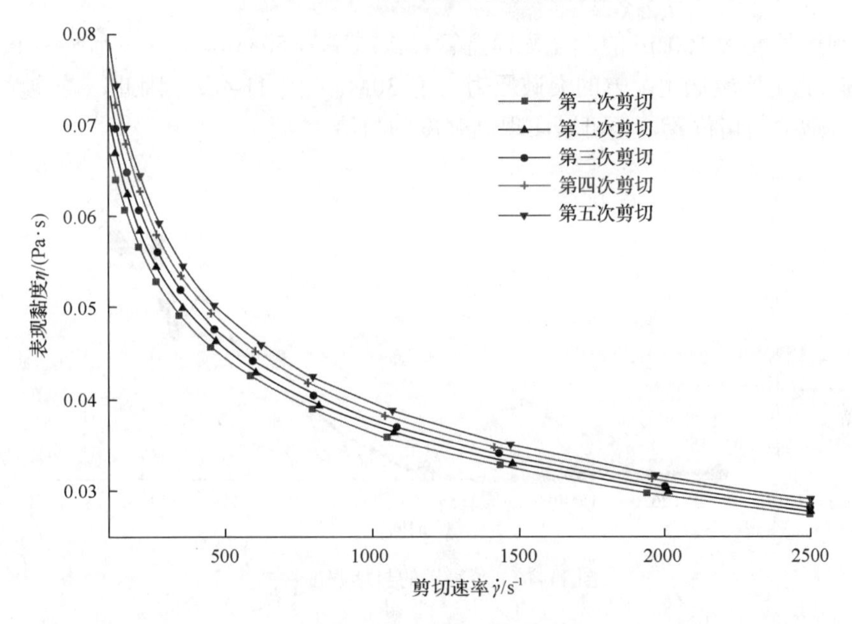

图 11-44　胶结前剪切降黏实验

2. 高强度封堵剂的基本应用性能

1) 注入特性曲线

用两种渗透率的 30cm 的填充砂模型管与露头岩心(人工造缝)进行对比，实验结果如图 11-45 所示，可以看出，该封堵剂在裂缝或高渗透率条件下，注入压力都很低，表明具有较好的注入特性。特别对于渗透率很高的情况(如裂缝)，在室内难以通过水测得到确定的渗透率，注水时的压力近似为 0，此时该封堵剂的注入压力极低。

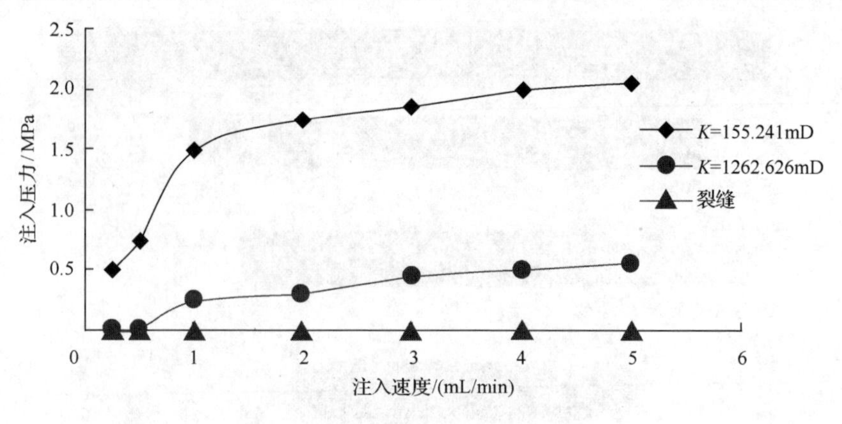

图 11-45 封堵剂胶凝前的注入性能

2)封堵强度与封堵效率

利用长度为 100cm 的填充砂模型管，渗透率为 5083mD，注入胶段塞长度为 50cm，测定实验选用配方的突破压力大于 30MPa(图 11-46)。因此，若能够准确设定合适的封堵位置，便可以实现高强度的封堵。

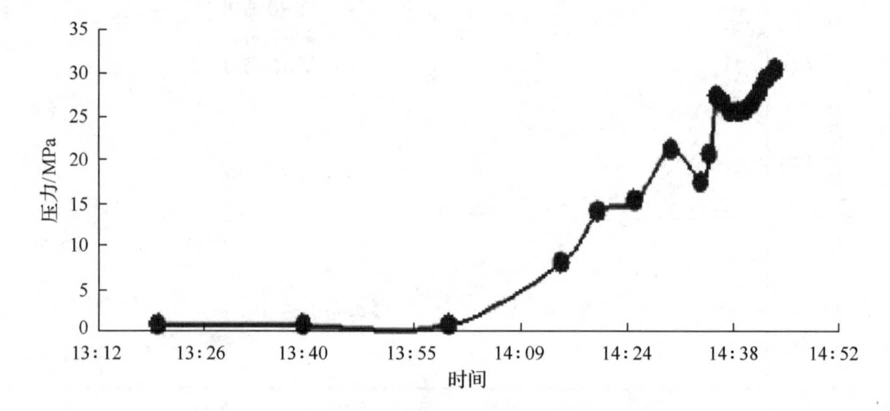

图 11-46 胶凝后的封堵强度性能

继续测试封堵效率。利用长度为 100cm 的模型管，选择细碎砾石充填高渗模型，模拟裂缝或高渗通道中的封堵，控制回压为 7.5MPa；实验注入封堵剂段塞 0.30PV，实验温度控制在 120℃±2℃，在凝胶后注水打穿胶段塞，计算承压和封堵效率，结果见表 11-4。

表 11-4 封堵强度与封堵效率实验结果

堵前渗透率/mD	突破压力/MPa	承压梯度/(MPa/cm)	堵后渗透率/mD	封堵效率/%
35025.3	22.6	0.68	10.6	99.97
13869.2	26.8	0.81	6.2	99.96

从承压梯度来看封堵强度，该体系属于高强堵剂，明显具有封堵强窜流通道的能力。模型管在封堵并经过注水突破后，再测定渗透率，渗透率下降幅度很大，计算封堵效率都达到99%以上。显然，高温下淀粉组分活化更彻底，参加聚合、交联反应的分子数目增多，最终强度升高。

同时进行了油藏岩心裂缝的封堵效果测试。岩心直径为 2.5cm，长度为 8～10cm，孔隙度为 12%～19%，渗透率为 2.8～14.5mD，实验结果如图 11-47 和表 11-5 所示。

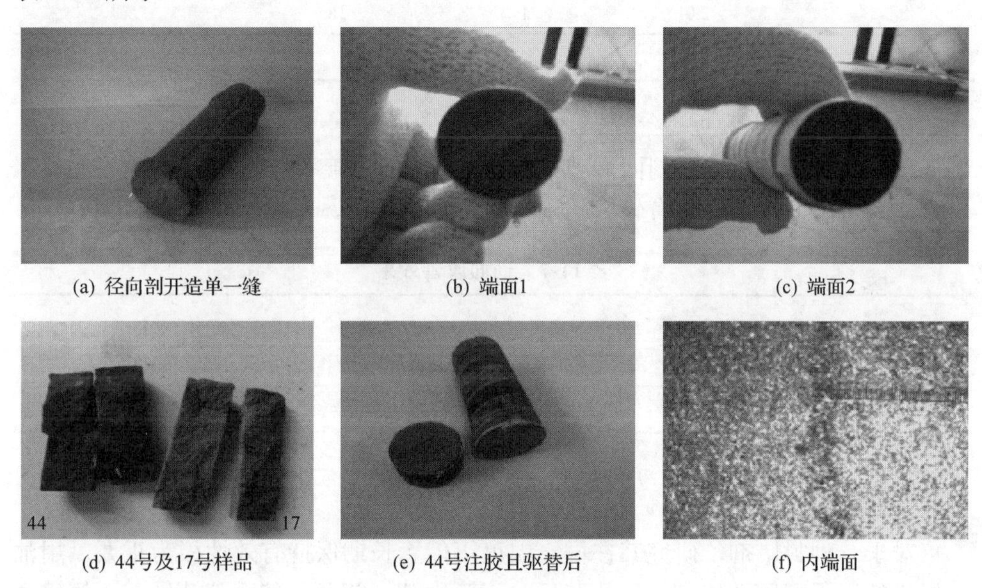

(a) 径向剖开造单一缝　(b) 端面1　(c) 端面2

(d) 44号及17号样品　(e) 44号注胶且驱替后　(f) 内端面

图 11-47　天然岩心造缝示意图

表 11-5　天然岩心封堵效果汇总

岩心编号	岩心参数		评价参数			
	渗透率/mD	缝宽/mm	突破压力梯度/(MPa/m)	注水 8PV 冲刷后渗透率/mD	裂缝封堵率/%	残余阻力系数
A3	1606.5/基质 14.5	0.09	23.2	14.13	99.12	373.0
17	2721.8/基质 2.43	0.14	23.8	2.18	99.90	280.6
44	2468.3/基质 2.82	0.11	24.5	2.63	99.89	277.2

3) 调整剖面能力

以并联方式制备填砂管模型，长度为 50cm，分别填入露头砂和人工造缝岩心块，注入胶段塞长度 30cm，测定剖面改善率。

(1) 水测渗透率。

低渗透率岩心通过改变注入压力，测试渗透率，并取平均值；因裂缝的渗透率较大，实验采用对比法，通过比较相同压力和流量条件下的裂缝管和标准支撑剂填砂管进行渗透率测定(表 11-6)。

表 11-6　模型基本参数

填砂管名称	压力/MPa	流量 Q/(mL/min)	渗透率/$10^{-3}\mu m^2$	平均渗透率/$10^{-3}\mu m^2$
低渗管	4.5	2.5	23.7	22.4
	3.5	1.75	24.7	
	2.0	1	18.9	
裂缝管	对比方法测试			80000

(2)剖面改善率数据。

该体系对高低渗透层剖面调整作用明显，剖面改善率达到 0.997；同时也显示出该体系对高低渗透层具有较好的选择性进入的能力，不会污染基质(表 11-7)。

表 11-7　剖面改善效果

渗透率/$10^{-3}\mu m^2$	吸水比		剖面改善率
	调剖前	调剖后	
80000/基质 22.4	400/9	8/276	0.997

3. 长期稳定性

对于一种封堵剂，研究其在同一温度下能否长期保持有效性极为重要。用油田提供的污水配制调堵剂，待成胶后，切下中部一部分，其余部分转入不锈钢中间容器中，同样注满油田水，并注入 CO_2 加压至 12MPa。将该中间容器置于 105℃±2℃恒温箱中，进行长期老化实验，定期测定调堵剂凝胶的相对强度。相对强度定义为凝胶的弹性黏度，其测定方法为：对同一凝胶样品，在一定时间间隔内切一片小薄片，小薄片面积约为 $1cm^2$，厚度约为 2mm，使用 RS600 流变仪，采用转子 Sensor 为 PP20 的防滑锥板测量系统，在剪切应力为 200Pa 时，测量其相对强度，结果如图 11-48 所示。可以看出，老化后凝胶的相对强度有所变化，但变化程度不大，说明其抗老化能力很强，调堵剂在加温加压下，该凝胶体系在 6 个月内可以保持性质稳定。

此外，为考察成胶后的稳定性，还测试了成胶体系耐酸、耐碱、耐盐的性能。将 3 份胶样分别注入浓盐酸(36.5%)、1%的 NaOH 溶液(pH=13)、1%的 NaCl 盐水，在 65℃条件下经过 1 个月后，测试胶样体积，结果如图 11-49 所示。可以看出，该体系的网络结构属于天然高分子树脂结构，具有很强的化学稳定性。

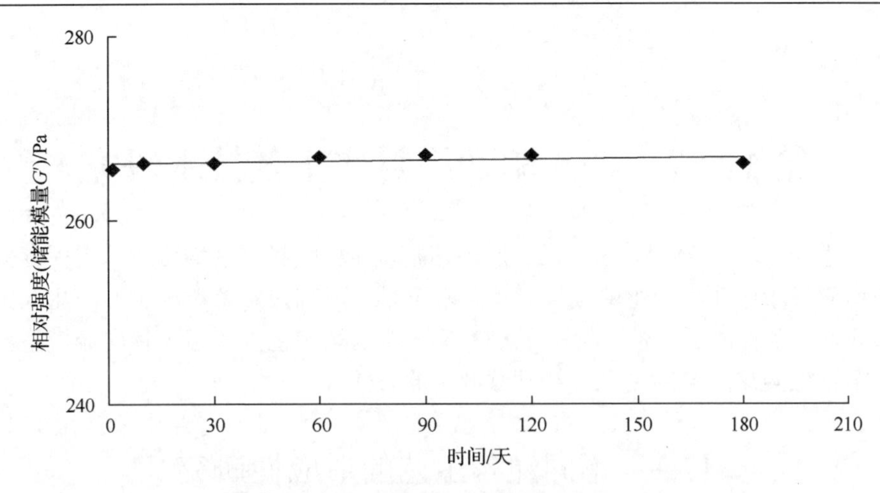

图 11-48　凝胶老化后相对强度随时间的变化

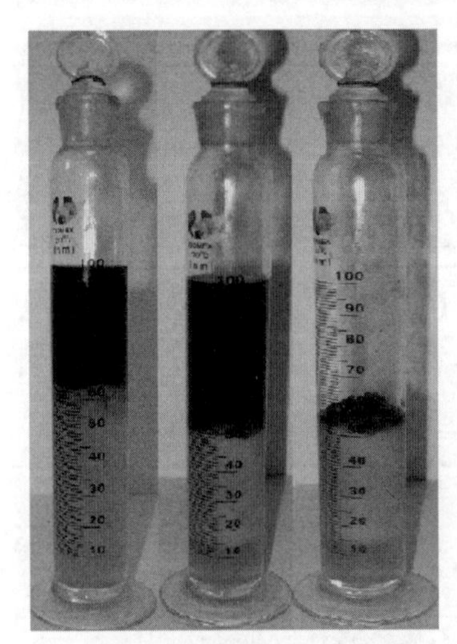

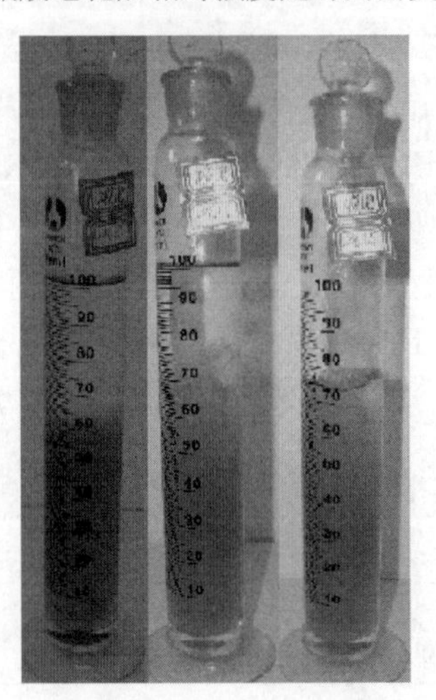

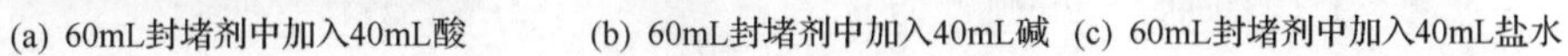

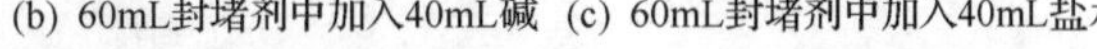

(a) 60mL封堵剂中加入40mL酸　(b) 60mL封堵剂中加入40mL碱　(c) 60mL封堵剂中加入40mL盐水

图 11-49　成胶后的化学稳定性

第 12 章　CO_2驱两级封堵工艺技术研究

上述章节表明，WAG 驱、乙二胺封堵剂、淀粉胶封堵剂均可在一定程度上改善非均质低渗透油藏的驱油效果[59-63]。基于以上研究，本章讨论了不同注入工艺对不同油藏条件的适应性，提出了 CO_2 驱两级封堵工艺，并通过径向流模型验证了 CO_2 两级封堵工艺对复杂裂缝油藏开发的有效性。

12.1　不同注入工艺的适应性研究

12.1.1　WAG 驱适应性研究

由前述实验结果可知，WAG 驱可有效改善非均质油藏的驱油效果，然而并不是所有的非均质油藏均适宜采用 WAG 驱。本章选取均质岩心及不同渗透率级差的非均质岩心，在水驱至含水率为 90%的基础上进行 WAG 驱，研究不同渗透率级差条件下 WAG 的驱油效果，与 CO_2 连续气驱的实验结果做对比，确定 WAG 驱的适应性界限。表 12-1 为不同渗透率级差条件下 CO_2 连续气驱与 WAG 驱油实验结果。图 12-1 为不同渗透率级差条件下 WAG 驱生产动态曲线。

表 12-1　不同渗透率级差条件下 CO_2 连续气驱与 WAG 驱油实验结果

岩心编号	岩心基础数据					驱替实验结果			
	孔隙体积/cm^3	孔隙度/%	含油饱和度/%	气测渗透率/$10^{-3}\mu m^2$	渗透率级差	注入方式	水驱采出程度/%	提高采出程度/%	最终采出程度/%
189	112	19.86	59.91	3.46	均质	气驱	33.61	23.14	56.75
180	103	17.26	53.40	5.19		WAG	33.09	27.57	60.66
140530-6	130	20.84	71.54	5/50	10	气驱	27.47	10.12	37.59
140530-4	116	16.81	74.85			WAG	27.81	21.54	49.36
131213-2	104	17.35	66.35	5/150	30	气驱	23.33	8.43	31.77
131213-6	99	15.99	64			WAG	23.75	20.95	44.70
140531-6	130	20.84	71.54	5/500	100	气驱	18.28	7.04	25.32
140531-4	119	17.01	76.47			WAG	18.51	9.14	27.64

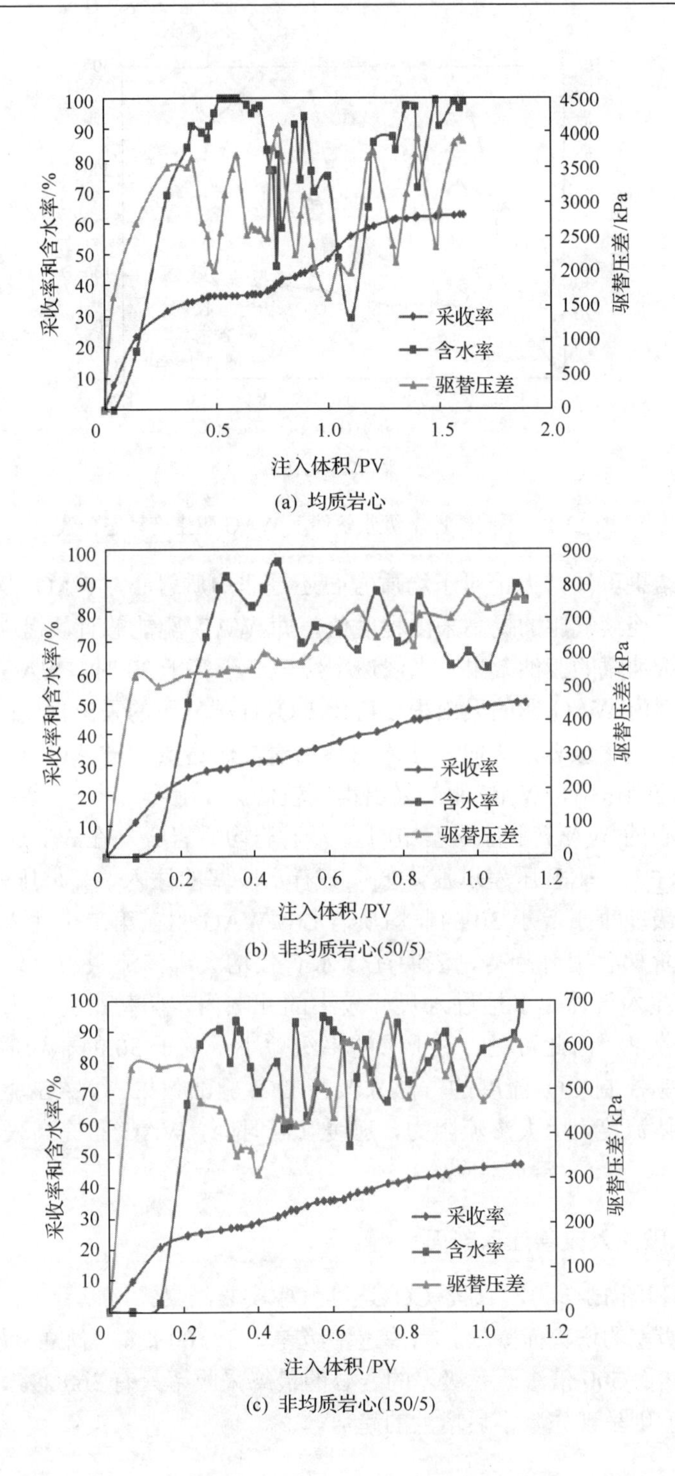

(a) 均质岩心

(b) 非均质岩心(50/5)

(c) 非均质岩心(150/5)

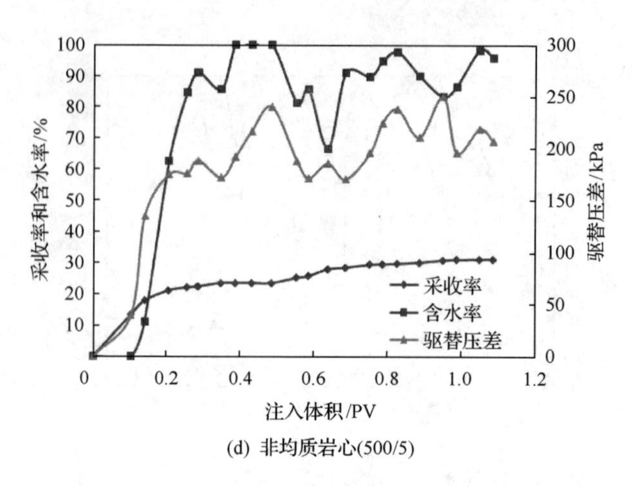

(d) 非均质岩心(500/5)

图 12-1　不同渗透率级差条件下 WAG 驱生产动态曲线

从实验结果可知，无论对于均质岩心还是非均质岩心，WAG 驱的提高采出程度值均高于连续气驱的提高采出程度值，即 WAG 驱能够有效提高采出程度，改善特低渗透油藏的驱油效果。当渗透率级差小于等于 30 时，WAG 驱的效果最好，在该范围内 WAG 驱的采出程度可比 CO_2 连续气驱的采出程度高出 4.43%～12.52%，当渗透率级差过大时，注入流体沿着高渗透层突进，WAG 驱无法起到良好的流度控制作用，WAG 驱的采出程度较低。

均质岩心的 WAG 驱替压差均明显大于非均质岩心。在 WAG 驱阶段，随着气段塞的注入，驱替压差迅速降低；随着水段塞的注入，驱替压差迅速上升。对于渗透率级差小于等于 30 的非均质岩心，WAG 驱在第二个注入周期内，驱替压差呈现阶梯状上升趋势，表明注入水有效增大了渗流阻力，通过控制注入 CO_2 流度，注入气体更多地进入尺寸较小的孔喉内，驱替小孔喉内的剩余油，进而提高采收率。由此可见，对于渗透率级差小于等于 30 的非均质岩心，可以采取 WAG 驱控制 CO_2 流度的方法来改善 CO_2 驱油效果。WAG 驱作用后可有效地控制气体流度，增大渗流阻力，延缓气窜时间，WAG 驱提高采收率在 20%以上。

12.1.2　乙二胺注入改善注入剖面

表 12-2 和图 12-2 为乙二胺+CO_2 连续气驱实验结果。可以看出，最终采收率随着渗透率级差的增大而降低。当渗透率级差小于 100 时，岩心的最终采收率均大于 50%，然而 500 倍渗透率级差的岩心的最终采收率只有 36.82%。乙二胺提高采收率的幅度则呈现先减小后增大的趋势。

表 12-2　乙二胺+CO_2 连续气驱实验结果

岩心编号	渗透率级差	气测渗透率/$10^{-3}\mu m^2$	不同阶段采收率/%				最终采收率/%
			水驱	一次 CO_2 连续气驱	注入乙二胺	二次 CO_2 连续气驱	
H10-1	10	50/5	28.48	10.13	7.21	10.75	56.57
H30-1	30	150/5	26.67	8.72	6.52	12.32	54.23
H100-1	100	500/5	22.26	6.99	7.16	16.87	53.28
H500-1	500	2500/5	18.19	5.56	7.64	5.42	36.81

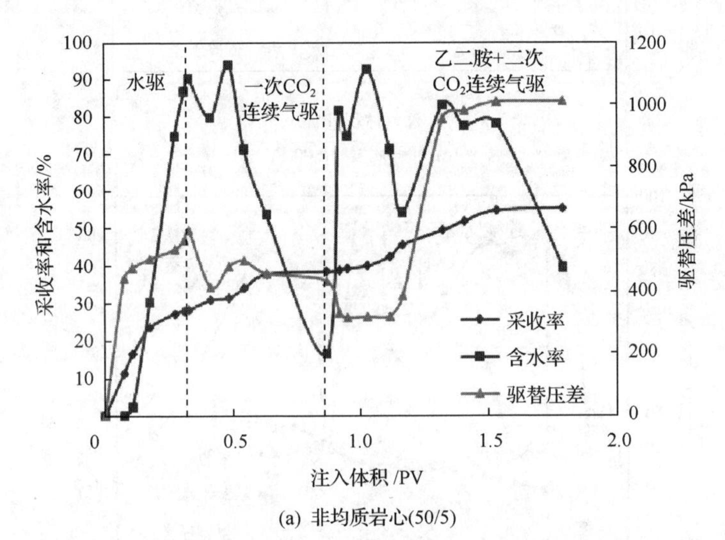

(a) 非均质岩心(50/5)

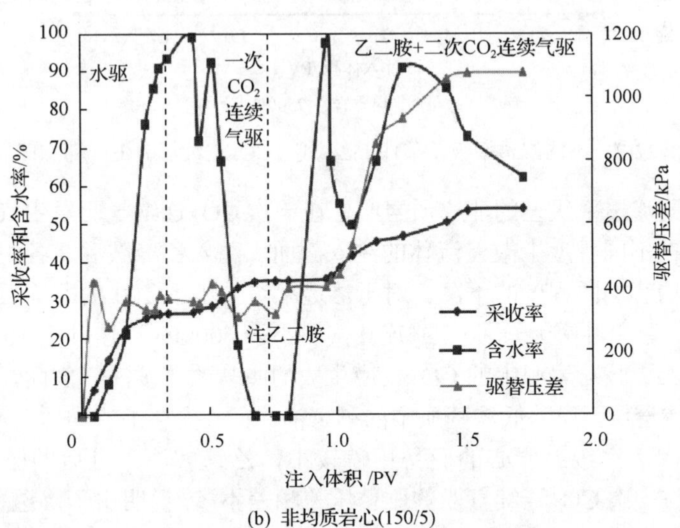

(b) 非均质岩心(150/5)

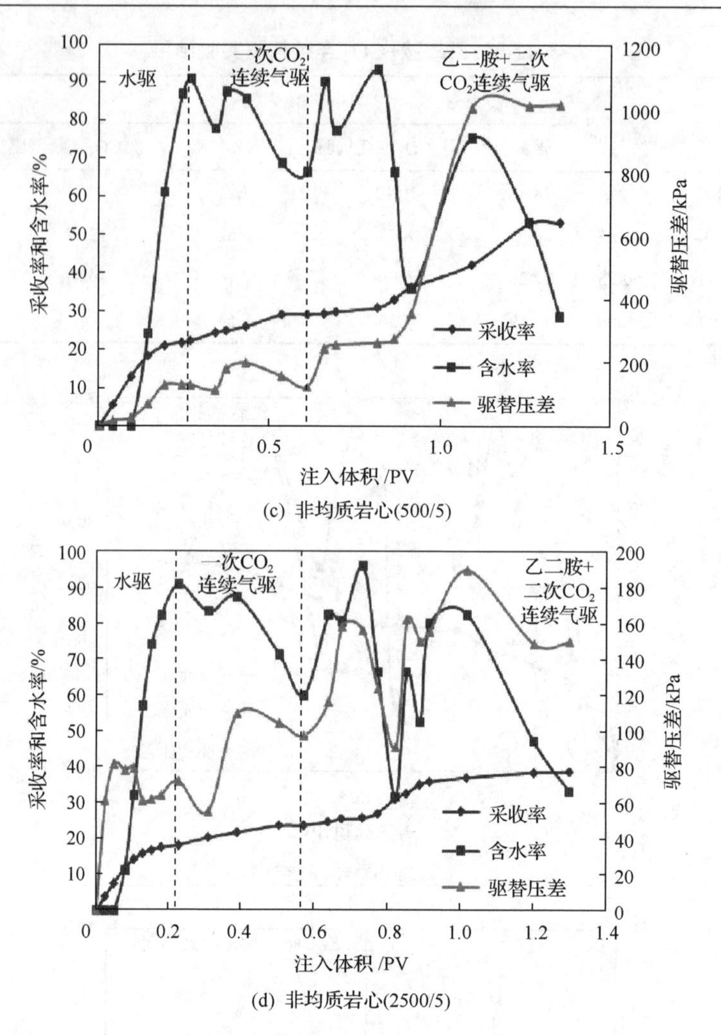

(c) 非均质岩心(500/5)

(d) 非均质岩心(2500/5)

图 12-2　不同渗透率级差条件下乙二胺+CO_2连续气驱生产动态曲线

对于不同渗透率级差的非均质岩心，在一次CO_2连续气驱发生气窜过后注入乙二胺，可在不同程度上改善流体的注入剖面。注入乙二胺后，各组岩心驱替实验的含水率均有不同程度的下降。对于渗透率级差小于100的非均质岩心，乙二胺注入过后，驱替压差从一次CO_2连续气驱小于600kPa迅速升至1000kPa以上，表明注入的乙二胺与岩心中的CO_2反应生成的胺盐改善了注气剖面，迫使注入的CO_2进入低渗透层，启动低渗基质中的剩余油，有效提高了非均质岩心的采收率。

500倍渗透率级差岩心的驱替压差较小，乙二胺注入过后的驱替压差仅为159.65kPa，与一次CO_2连续气驱的驱替压差相差不多。说明由于渗透率级差过大，高渗透层的孔喉尺寸较大，生成的胺盐只起到了降低储层渗透率的作用，后续CO_2注入没能有效地启动低渗基质，仍沿着高渗透层中未被封堵的大孔道向前突进，驱替压差较小，最终采收率较低。因此，当渗透率级差小于等于 500 时，可通过乙二胺注入的方式改善注气剖面，提高低渗油藏的采收率。

12.1.3　淀粉胶+乙二胺改善注入剖面

表 12-3 为淀粉胶+乙二胺注入实验结果。淀粉胶+乙二胺注入工艺实施后，原油采收率显著增加。500 倍渗透率级差岩心的采收率达到了 63.96%，其采收率甚至高于均质岩心 WAG 驱的采收率。裂缝模型的最终采收率也达到了 41.12%。可见两级封堵有效提高了高渗气窜通道模型及裂缝模型的采收率。

表 12-3　淀粉胶+乙二胺注入实验结果

岩心编号	渗透率级差	气测渗透率/$10^{-3}\mu m^2$	不同阶段采收率/%				最终采收率/%
			水驱	一次 CO_2 连续气驱	淀粉胶+二次 CO_2 连续气驱	乙二胺+三次 CO_2 连续气驱	
H500-2	500	2500/5	18.01	5.60	21.00	19.35	63.96
F125	—	裂缝/1.19	14.14	2.87	14.94	9.17	41.12

图 12-3 为淀粉胶+乙二胺注入实验生产动态曲线。对于渗透率级差为 500 的非均质岩心及裂缝型岩心，在一次 CO_2 连续气驱发生气窜过后注入淀粉胶和乙二胺，可明显地改善流体的注入剖面。从驱替压差曲线可知，对于 500 倍渗透率级差的岩心，在注入改性淀粉胶过后，驱替压差从一次 CO_2 连续气驱的 115kPa 升至 647kPa，表明淀粉胶有效地封堵了高渗通道，迫使注入气体启动低渗透层中的剩余油。CO_2 突破后驱替压差开始下降，当注入体积达到 1.0PV 时，CO_2 发生窜逸。乙二胺注入后，驱替压差再次上升，最大驱替压差可达 2000kPa，说明乙二胺已经与岩心中的 CO_2 反应生成了胺盐颗粒，乙二胺的注入改善了岩心的非均质性，扩大了 CO_2 的波及体积，提高了原油采收率。

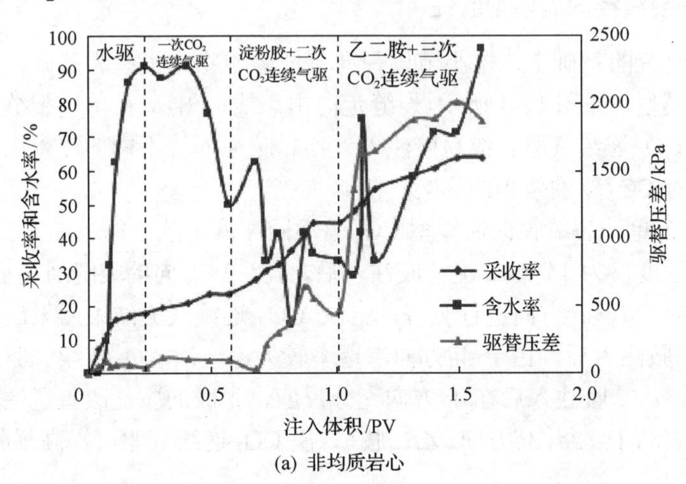

(a) 非均质岩心

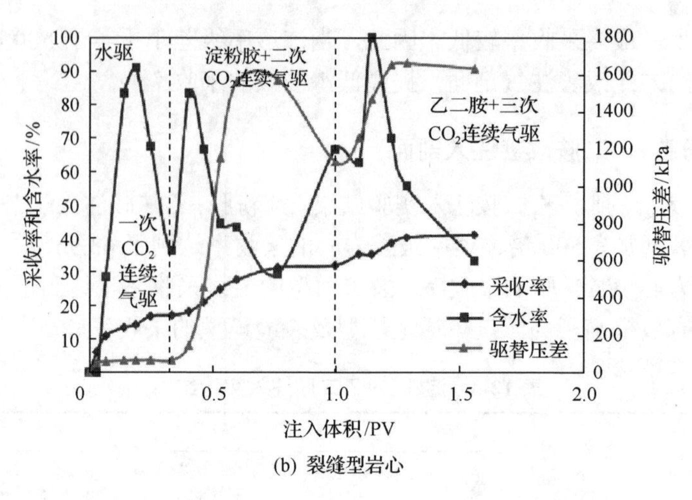

(b) 裂缝型岩心

图 12-3 淀粉胶+乙二胺注入实验生产动态曲线

同样地，对于裂缝型岩心，淀粉胶+乙二胺注入工艺施工后，CO_2的驱替压差可升至1600kPa以上，表明CO_2气体启动了岩心基质中的剩余油，扩大了CO_2的波及体积。高强度的淀粉胶+乙二胺还能够有效改善裂缝模型的注气剖面，改善岩心基质的非均质性，提高CO_2驱的采收率。因此，针对渗透率级差为500及以上的非均质岩心与含有裂缝等强窜通道的岩心，可以采用淀粉胶+乙二胺的注入工艺来改善CO_2的注气剖面，扩大CO_2的波及体积，进而改善特低渗油藏CO_2驱油效果。

12.2 径向流模型CO_2驱注入工艺适应性验证

12.2.1 单一裂缝径向流模型验证

在上述研究的基础上，本小节以径向流低渗透物理模型为基础，建立了单一裂缝径向流模型，如图12-4所示(裂缝走向由黑线标出)。在单一裂缝径向流模型上分别实施CO_2连续气驱、淀粉胶注入、乙二胺注入等不同的注入工艺，分析不同注入工艺对CO_2驱油效果的影响。

表12-4为单一裂缝径向流模型CO_2驱不同注入工艺下的驱油实验结果。模型水驱的采出程度仅为14.4%。淀粉胶注入后，1#、3#方向的裂缝通道被有效封堵，注入气体转向 2#、4#方向进行驱替，一次CO_2连续气驱结束后采出程度提高了20.8%。乙二胺注入后，由于4#方向渗透率较大，一次CO_2连续气驱结束后CO_2的浓度较高，乙二胺注入后在4#方向充分反应，生成的胺盐改善了注气剖面，迫使注入气体启动1#、2#、3#方向，乙二胺+二次CO_2连续气驱可提高采收率21.2%。

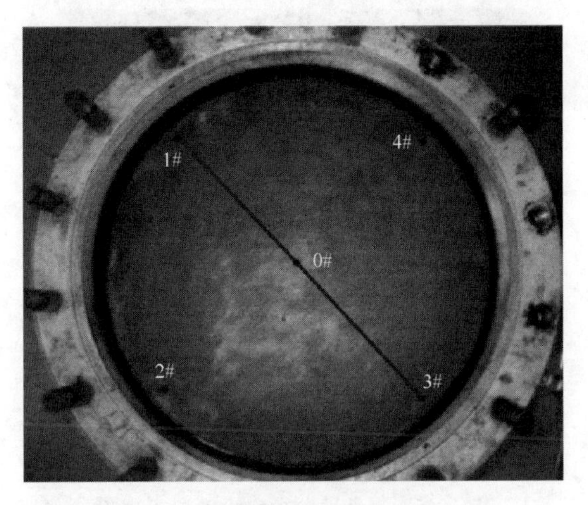

图 12-4　单一裂缝径向流模型实物图

表 12-4　单一裂缝径向流模型 CO_2 驱不同注入工艺下的驱油实验结果　（单位：%）

采出井别	水驱	淀粉胶+一次 CO_2 连续气驱	乙二胺+二次 CO_2 连续气驱	乙二胺+三次 CO_2 连续气驱	乙二胺+四次 CO_2 连续气驱	总采出程度
1#	2.2	0	3.0	8.2	5.3	18.7
2#	0	8.0	6.2	5.0	0	19.2
3#	5.0	0	12.0	0	2.2	19.2
4#	7.2	12.8	0	3.0	0	23.0
合计	14.4	20.8	21.2	16.2	7.5	80.1

同理，后续乙二胺注入在不同程度上改善了模型的非均质性，不断地调整 CO_2 的注入剖面，抑制 CO_2 在模型中的黏性“指进”，最大程度改善了模型的非均质性。经过多次施工后，模型的最终采收率可达到 80.1%。由此可见，淀粉胶注入及乙二胺注入等注入工艺可以有效改善单一裂缝径向流模型 CO_2 驱过程中的注气剖面，扩大 CO_2 的波及体积，改善 CO_2 驱油效果。

12.2.2　复杂裂缝径向流模型验证

在上述研究的基础上，本小节以径向流低渗透物理模型为基础，建立了复杂裂缝径向流模型，如图 12-5 所示(裂缝走向由黑线标出)。在复杂裂缝径向流模型上分别实施 CO_2 连续气驱、淀粉胶注入、乙二胺注入、WAG 驱等不同的注入工艺，分析不同注入工艺对 CO_2 驱油效果的影响。

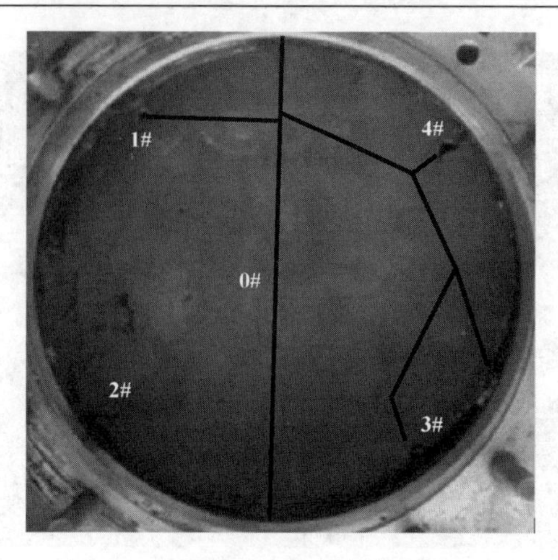

图 12-5　复杂裂缝径向流模型实物图

表 12-5 为复杂裂缝径向流模型 CO_2 驱不同注入工艺下的驱油实验结果。模型水驱的采出程度仅为 9.83%，经过淀粉胶控制水窜后可提高水驱采出程度 7.80%。水驱后 CO_2 连续气驱的窜逸现象严重，基本无效。淀粉胶注入后能够有效控制裂缝中的气窜，CO_2 连续气驱可提高采出程度 4.64%。乙二胺注入后采用 WAG 驱可提高采出程度 13.40%，乙二胺能够改善模型的非均质性，同时 WAG 驱可实现良好的流度控制作用，因此，在此阶段采出程度增幅最为明显。继续注入乙二胺后进行 CO_2 连续气驱，可进一步改善模型的非均质性，调整注气剖面，此阶段可提高采收率 2.64%。

表 12-5　复杂裂缝径向流模型 CO_2 驱不同注入工艺下的驱油实验结果　（单位：%）

采出类别	水驱	注淀粉胶后水驱	气驱	注淀粉胶后气驱	注乙二胺后 WAG	注乙二胺后气驱	总采出程度
1#	1.83	1.44	0.02	0.35	2.96	0.44	7.04
2#	5.00	2.07	0	1.95	5.09	0.92	15.03
3#	0.93	2.68	0.02	1.44	3.54	1.10	9.71
4#	2.07	1.61	0.37	0.90	1.81	0.18	6.94
合计	9.83	7.80	0.41	4.64	13.40	2.64	38.72

第四部分　低渗透裂缝性油藏空气泡沫驱提高采收率技术

第 13 章　空气泡沫驱起泡剂筛选及性能评价

对于低渗油藏，注空气在气源和成本方面具有明显的优势，但是也存在着明显的“易气窜”的缺点。空气泡沫驱在一定程度上克服了“气窜”，同时具有低温氧化改善原油性质及流度控制等方面的作用。对于低渗透裂缝性油藏，由于裂缝的存在，还需要辅助以聚合物调驱来实现对注入气体的控制[64-66]。基于此，开发了空气泡沫与聚合物协同的空气泡沫驱体系进行低渗透裂缝性油藏开发。

空气泡沫驱过程中，泡沫的性能是影响最终驱替效果的关键因素。本章针对实际油藏条件，对几种抗盐性和耐油性较好的表面活性剂进行了起泡及稳泡综合性能测试。在其基础上，对表面活性剂的表面和界面性质进行了研究。最终得到了二元复合低张力泡沫体系，并对其进行了配伍性评价、起泡性评价及抗盐性评价，得到了满足油田实际需求的二元复合低张力泡沫体系配方。

13.1　起泡剂筛选及性能评价

13.1.1　起泡剂优选原则

泡沫是一种不稳定的体系，起泡剂的筛选与评价是所有泡沫流体应用过程的重要工作，不同的应用目的，对于起泡剂有不同的要求。不同类型的起泡剂的适应性有较大的差别，一般来说，筛选起泡剂主要遵循以下原则[67,68]。

(1) 起泡性能好，泡沫基液与空气接触后可产生大量泡沫，泡沫体积膨胀倍数高。

(2) 泡沫稳定性强，产生的泡沫性能稳定，半衰期长。

(3) 与地层岩石、流体配伍性好，和原油、盐水、碳酸盐及各种化学添加剂接触时，能保持其稳定性。

(4) 用量少，成本低。

(5) 起泡剂原料充分，供应货源广泛。

由于空气泡沫调驱主要通过孔隙介质中泡沫的数量控制流度，调整驱替剖面，要求用于空气泡沫调驱的起泡剂应同时具有良好的起泡能力和稳泡能力。在筛选调驱用泡沫起泡剂的过程中，考察的重点是泡沫的起泡能力与稳泡能力的综合性能，单独一项性能突出并不一定适用于泡沫调驱。

13.1.2　起泡剂优选方法

实验中用一定流速的空气通过定量测试溶液，会在刻度容器中形成一定量的泡沫。改变通气时间，记录不同气液比条件下的泡沫高度和泡沫半衰期，以此考察起泡体系的最大起泡能力和稳定性。

评价起泡剂起泡能力和泡沫稳定性的参数主要是起泡体积 V_f 和半衰期 $t_{1/2}$。

(1)泡沫体积 V_f：反映体系的起泡能力，其大小与起泡剂性能、稳定剂性能、液相黏度等因素有关，其中最主要的是起泡剂的起泡能力。稳定剂通过与起泡剂的相互作用和提高液相黏度对体系的起泡能力产生影响。

(2)半衰期 $t_{1/2}$：产生泡沫的液体析出一半时所用时间。半衰期越长，说明泡沫中液体析出越慢，泡沫的稳定性就越好。

(3)泡沫综合指数：为了考虑泡沫质量和泡沫半衰期对泡沫性能的综合影响，提出了泡沫综合指数的概念。图 13-1 为实验条件下得到的泡沫高度与时间的关系曲线。图中阴影部分的面积可以综合反映体系的起泡能力，定义为泡沫综合指数(FCI)。假定曲线方程 $h=f(t)$，则有

$$\mathrm{FCI} = S = \int_{t_0}^{t_0+t_{1/2}} f(t)\mathrm{d}t \tag{13-1}$$

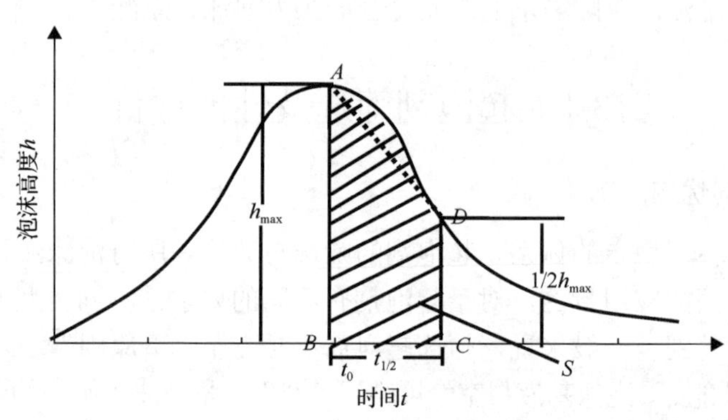

图 13-1 泡沫高度与时间的关系

为了计算方便，近似将梯形 ABCD 的面积设为 S，则有

$$\mathrm{FCI} = S = 0.75h_{max}t_{1/2} \tag{13-2}$$

式中，h_{max} 为最大泡沫高度。

1. 实验试剂

在初选实验中采用现场配方配制矿化度为14000mg/L的离子水对起泡剂性能进行初步评价，然后用过滤的油田污水对起泡剂性能进行验证。通过以往起泡剂评价的经验，表面活性剂质量浓度定为0.3%。同时根据国内外耐油泡沫方面的研究进展，具有优异起泡性能的起泡剂类型主要有氟碳化合物表面活性剂[氟碳

101003、氟碳 101005(1 号)、氟碳 101005(2 号)、DP-4]、阴离子型表面活性剂(HY-2、CYL、十二烷基苯磺酸钠)和两性离子表面活性剂(十二烷基羟丙基磷酸酯甜菜碱)，以下对 3 种类型的表面活性剂分别进行评价。

2. 实验设备

实验装置图如图 13-2 所示。

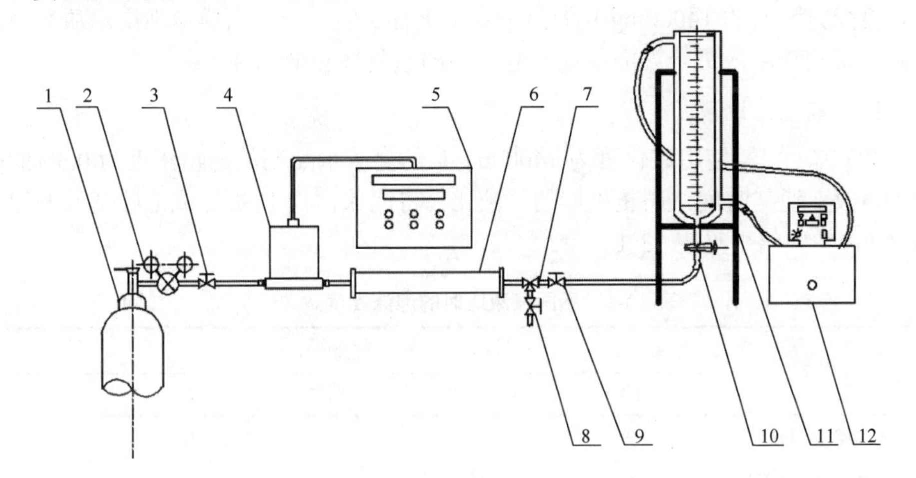

图 13-2　实验装置图

1-气瓶；2-气瓶减压器；3-阀门；4-D07-11 气体质量流量控制器；5-D08-8C 流量显示仪；6-人造均质岩心；7-三通阀；8-放空阀；9-通气控制阀门；10-夹套量筒；11-水平支架；12-恒温水箱

3. 实验步骤

(1) 在夹套量筒内装入 100mL 配置好的表面活性剂溶液，然后加入一定质量浓度(10%～30%)的油田脱水原油。

(2) 打开恒温水箱，让水在夹套量筒内环空循环，使环空温度达到要求的实验温度。

(3) 打开 D07-11 气体质量流量控制器和 D08-8C 流量显示仪电源，预热 15min，待零点稳定后通气，设定控制流量 Q(通常设为 100mL/min) 后开始工作。

(4) 记录停止通气时刻的泡沫体积 V_f，折算成泡沫高度 h，V_f、h 均可表征表面活性剂的起泡能力，并开始记录时间。

(5) 记录泡沫高度衰减到一半时的时间 $t_{1/2}$，即泡沫半衰期，表征泡沫的稳定性。

(6) 计算泡沫综合指数 FCI，表征泡沫质量和泡沫半衰期对泡沫性能的综合影响。

(7) 改变通气时间(即气液比)，读取泡沫体积 V_f、泡沫半衰期 $t_{1/2}$，计算指定的起泡气体、实验温度、气液比条件下起泡剂的泡沫综合指数 FCI。

13.1.3 起泡剂优选结果

1. 无油条件下起泡剂的筛选

由于泡沫体系注入地层后，地层孔隙吼道中含水饱和度很高，驱替前缘或多或少经过高矿化度水的稀释作用，存在离子间的反应。使用依据油田地层水水质矿化度配方配制的 14000mg/L 的离子水来进行实验，一方面模拟地层水质对泡沫体系的影响程度，另一方面保证实验结果的重复性和准确性。

1)起泡能力比较

30℃条件下，使用矿化度为 14000mg/L 的离子水配制的质量浓度为 0.3%的起泡剂，改变通气时间，调整不同的气液比，将泡沫体积 V_f 折算成泡沫基液的泡沫高度 h，实验结果见表 13-1。

表 13-1 不同气液比时的泡沫高度 （单位：cm）

起泡剂	气液比				
	1∶1	2∶1	3∶1	4∶1	5∶1
氟碳 101003	9.6	16.2	19.8	24.6	27.6
氟碳 101005(1 号)	6.6	11.4	21.0	29.4	37.8
氟碳 101005(2 号)	6.0	10.2	18.6	26.4	36.6
DP-4	9.6	16.8	22.2	29.4	39.0
HY-2	8.4	15.6	22.2	28.2	36.0
CYL	10.8	18.3	25.8	33.0	40.8
十二烷基苯磺酸钠	3.6	8.4	18.0	23.4	33.0
十二烷基羟丙基磷酸酯甜菜碱	8.4	16.8	23.4	32.4	38.4

2)稳泡能力比较

30℃条件下，使用矿化度为 14000mg/L 的离子水配制的质量浓度为 0.3%的起泡剂，改变通入空气的时间，调整不同的气液比，记录泡沫体积 V_f 降到最初体积的一半时的时间 $t_{1/2}$，实验结果见表 13-2。

3)综合性能比较

按照泡沫综合指数 FCI 的计算方法，综合比较气液比对不同起泡剂的起泡性能的影响，计算结果见表 13-3。

表 13-2　不同气液比时的泡沫半衰期　（单位：s）

起泡剂	气液比				
	1∶1	2∶1	3∶1	4∶1	5∶1
氟碳 101003	193	256	316	305	363
氟碳 101005（1 号）	2661	3573	3287	3385	3178
氟碳 101005（2 号）	2549	3175	3287	3100	2941
DP-4	348	307	568	832	777
HY-2	235	497	558	809	764
CYL	456	713	865	901	855
十二烷基苯磺酸钠	13	29	37	92	201
十二烷基羟丙基磷酸酯甜菜碱	206	318	632	788	832

表 13-3　不同气液比时的泡沫综合指数

起泡剂	气液比				
	1∶1	2∶1	3∶1	4∶1	5∶1
氟碳 101003	1390	3110	4693	5627	7514
氟碳 101005（1 号）	13172	30549	51770	74639	90096
氟碳 101005（2 号）	11974	27333	45854	61380	80730
DP-4	2506	3868	9457	18346	22727
HY-2	1481	5815	9291	17110	20628
CYL	3693	9786	16738	22300	26163
十二烷基苯磺酸钠	35	183	500	1615	4975
十二烷基羟丙基磷酸酯甜菜碱	1638	4007	11092	19148	23962

根据表 13-3 将 8 种起泡剂的泡沫综合指数与气液比的关系绘制成直观的曲线图，如图 13-3 所示。

从实验结果可知，氟碳 101005（1 号）表面活性剂起泡性能最好，泡沫不但有较高的泡沫高度，而且半衰期通常在 40min 以上，表现出高矿化度条件下氟碳 101005（1 号）表面活性剂具有极好的起泡能力和稳定性。原因是氟碳表面活性剂油溶性基团（疏水基）为一个既憎水又憎油的氟碳链，远比碳氢结构稳定且具有低极性，使氟碳表面活性剂分子在水溶液中具有比其他表面活性剂分子更加强烈的脱离水溶液的倾向，在气/液界面上定向聚集排列成分子膜，具有更好的起泡性能。

泡沫综合指数由高到低排序依次为氟碳 101005（1 号）表面活性剂、氟碳 101005（2 号）表面活性剂、CYL 表面活性剂、十二烷基羟丙基磷酸酯甜菜碱表面活性剂、DP-4 表面活性剂、HY-2 表面活性剂、碳氟 101003 表面活性剂、十二烷基磺酸钠表面活性剂。

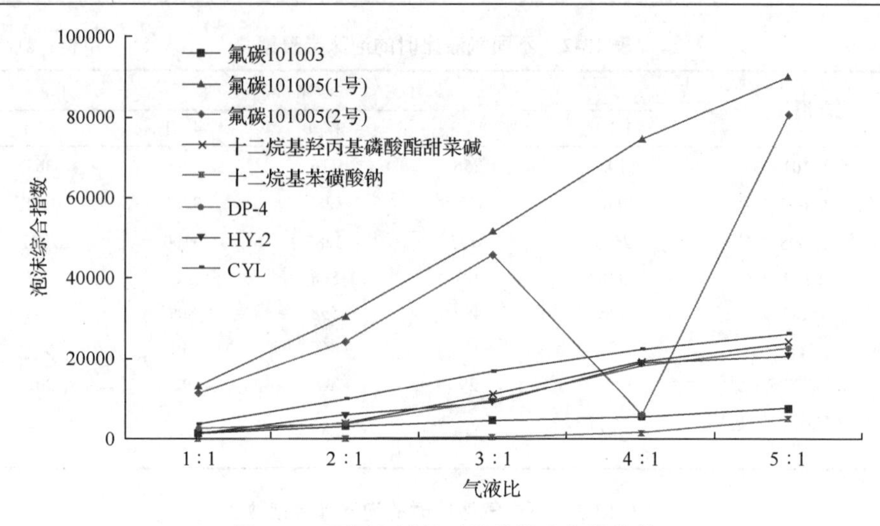

图 13-3　不同气液比时泡沫综合指数比较

2. 含油饱和度 30%条件下起泡剂的筛选

使用 14000mg/L 的离子水对抗盐能力较好的氟碳 101005(1 号)表面活性剂、氟碳 101005(2 号)表面活性剂、CYL 表面活性剂、十二烷基羟丙基磷酸酯甜菜碱表面活性剂、DP-4 表面活性剂、HY-2 表面活性剂和十二烷基苯磺酸钠表面活性剂按照 0.3%的浓度分别配制起泡剂，在 30℃、含油饱和度为 30%条件下测定起泡剂的起泡能力、稳泡能力及综合性能，实验结果见表 13-4～表 13-6。

1)起泡能力比较

从表 13-4 可以看出：随着气液比的增大，7 种起泡剂的泡沫高度都随之增大，但增大的幅度不同；起泡剂类型对泡沫高度影响较大，氟碳表面剂和甜菜碱系列具有较高的起泡能力；起泡剂 CYL 起泡性能最差，在含油条件下基本不起泡。

表 13-4　含油饱和度 30%条件下不同气液比时的泡沫高度　　(单位：cm)

起泡剂	气液比				
	1∶1	2∶1	3∶1	4∶1	5∶1
氟碳 101005(1 号)	4.5	7.2	13.8	20.4	24.6
氟碳 101005(2 号)	6.6	10.2	19.2	27.6	31.8
DP-4	3.3	8.1	15.3	27.6	41.1
HY-2	3.6	6.0	12.6	21.6	26.4
CYL	0	0	0	0	0
十二烷基苯磺酸钠	2.7	6.3	9.6	13.5	18.0
十二烷基羟丙基磷酸酯甜菜碱	5.4	14.7	20.4	25.8	27.0

2）稳泡能力比较

从表 13-5 可以看出：含油条件下几种表面活性剂产生的泡沫半衰期与不含油时相比有一定程度的下降，氟碳 101005 起泡剂在气液比为 3∶1 时的半衰期从 3000s 左右下降到 100s 左右，十二烷基羟丙基磷酸酯甜菜碱表面活性剂的在气液比为 3∶1 时的半衰期从 632s 下降到 196s；在较低气液比 1∶1 时，十二烷基羟丙基磷酸酯甜菜碱起泡剂的半衰期由 206s 下降到 98s，下降幅度不大，稳定性较好，在较低气液比时表现出一定的耐油性。

表 13-5　含油饱和度为 30%条件下不同气液比时的泡沫半衰期　（单位：s）

起泡剂	气液比				
	1∶1	2∶1	3∶1	4∶1	5∶1
氟碳 101005（1 号）	71	92	103	220	196
氟碳 101005（2 号）	93	112	115	247	224
DP-4	26	45	77	180	144
HY-2	23	37	77	125	125
CYL	0	0	0	0	0
十二烷基苯磺酸钠	16	36	43	76	102
十二烷基羟丙基磷酸酯甜菜碱	98	162	196	248	292

3）综合性能比较

根据表 13-4 和表 13-5，计算起泡剂的泡沫综合指数与气液比的关系，并绘制成直观的曲线图，如图 13-4 所示。

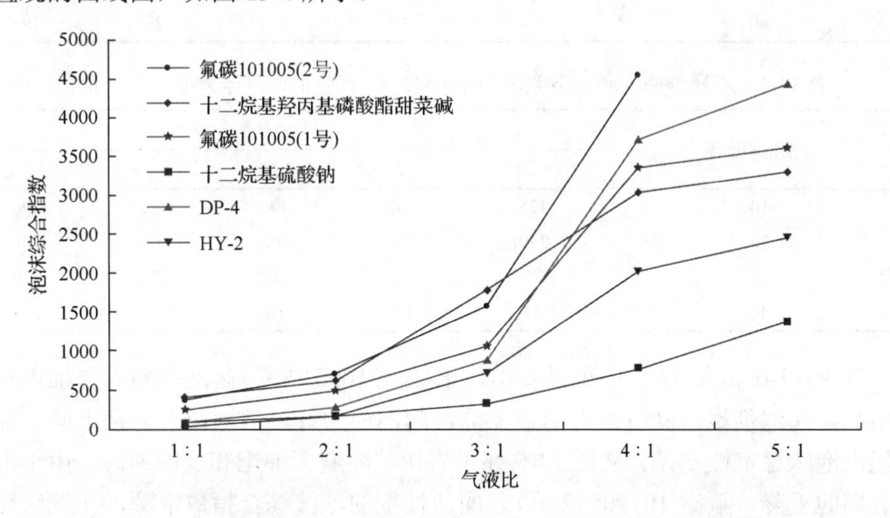

图 13-4　含油饱和度 30%条件下不同气液比泡沫综合指数比较

从图 13-4 可以看出，气液比在 3∶1 以下时起泡剂性能较好的为十二烷基羟丙基磷酸酯甜菜碱和氟碳 101005(2 号)。原因是十二烷基羟丙基磷酸酯甜菜碱一部分是含氮的阳离子，由胺、季胺的长链衍生物构成；另一部分是阴离子部分，由磷酸酯盐构成。此结构决定了其配伍性优于一般阴离子型表面活性剂，另外还具有耐碱性、耐电解质性和抗静电性的优点。甜菜碱在实验条件下基本处于等电区，静电荷最少，在气/液界面排列较紧密，体系的耐油起泡性能较好。氟碳起泡剂由于既不亲水也不亲油，在气/液界面上定向聚集排列，具有很优异的起泡性。

但从泡沫综合指数来看，在含油饱和度 30%条件下这两种表面活性剂综合指数从 90000 左右下降到 5000 左右，应进一步研究这两种表面活性剂的耐油性规律，通过复配形式得出含油条件下起泡剂的最佳配方。

3. 氟碳 101005(2 号)和十二烷基羟丙基磷酸酯甜菜碱的耐油性评价

实验采用浓度 14000mg/L 的离子水、空气气源，用氟碳 101005(2 号)表面活性剂配制质量浓度为 0.3%的起泡剂，在 30℃温度下测定含油饱和度分别为 10%、20%、30%、40%的泡沫的起泡能力和稳泡能力，实验结果见表 13-6 和表 13-7，泡沫综合指数如图 13-5 所示。

表 13-6 不同含油饱和度下氟碳 101005(2 号)产生的泡沫高度 (单位：cm)

含油饱和度/%	气液比				
	1∶1	2∶1	3∶1	4∶1	5∶1
10	7.8	12.6	21.6	28.8	37.2
20	7.2	12.0	20.4	27.6	35.4
30	6.9	10.2	19.8	26.4	30.6
40	5.4	8.7	17.1	26.1	29.7

表 13-7 不同含油饱和度下氟碳 101005(2 号)产生的泡沫半衰期 (单位：s)

含油饱和度/%	气液比				
	1∶1	2∶1	3∶1	4∶1	5∶1
10	125	332	490	403	396
20	110	212	305	335	305
30	71	115	187	220	226
40	52	63	86	155	188

从表 13-6 和表 13-7 中可以看出，氟碳 101005(2 号)起泡剂随着含油饱和度的增高，起泡剂泡沫高度没有明显下降，起泡能力好，但泡沫半衰期下降明显，表现出泡沫稳定性变差。从图 13-5 亦可看出，随着含油饱和度的增高，由于泡沫半衰期的下降，氟碳 101005(2 号)表面活性剂的泡沫综合指数下降，在气液比为 3∶1 时，含油 30%条件下，氟碳 101005(2 号)起泡剂的泡沫综合指数为 2777，没有达到 5000 的要求。

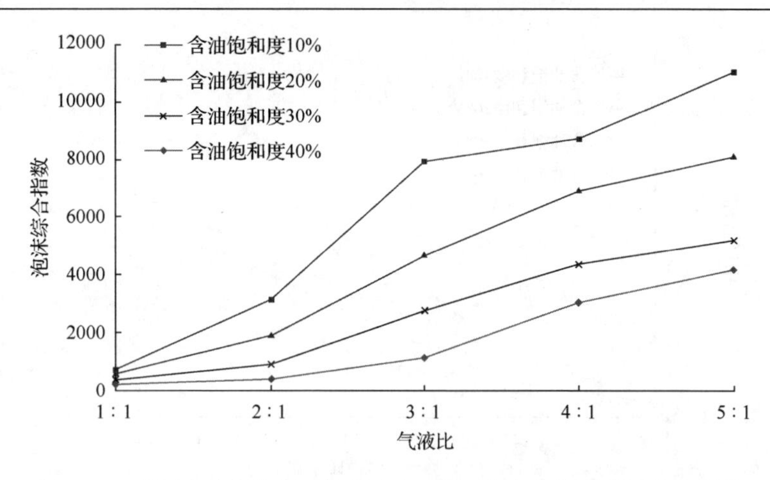

图 13-5　不同含油饱和度下氟碳 101005(2 号)起泡剂的泡沫综合指数

在相同实验条件下，用十二烷基羟丙基磷酸酯甜菜碱配制质量浓度为 0.3%的起泡剂，测定含油饱和度为 10%、20%、30%、40%的起泡剂的起泡能力和稳泡能力，实验结果见表 13-8 和表 13-9，泡沫综合指数如图 13-6 所示。

表 13-8　不同含油饱和度下十二烷基羟丙基磷酸酯甜菜碱产生的泡沫高度(单位：cm)

含油饱和度/%	气液比				
	1∶1	2∶1	3∶1	4∶1	5∶1
10	7.8	12	20.1	27.9	32.1
20	6.6	11.1	19.2	25.8	29.4
30	5.4	8.4	18.3	24.6	27.3
40	4.8	6.9	12.6	20.7	22.5

表 13-9　不同含油饱和度下十二烷基羟丙基磷酸酯甜菜碱产生的泡沫半衰期(单位：s)

含油饱和度/%	气液比				
	1∶1	2∶1	3∶1	4∶1	5∶1
10	130	212	303	336	348
20	115	206	228	262	310
30	98	162	196	248	292
40	86	136	179	216	247

从表 13-8 和表 13-9 中可以看出，十二烷基羟丙基磷酸酯甜菜碱(起泡甜菜碱)起泡剂随着含油饱和度的提高，泡沫高度下降明显，但泡沫半衰期下降不明显，表现出一定的耐油性。从图 13-6 看出，泡沫高度的大幅下降使十二烷基羟丙基磷酸酯甜菜碱的泡沫综合指数随着含油饱和度的升高有所下降。在气液比为 3∶1、含油饱和度为 30%的条件下，十二烷基羟丙基磷酸酯甜菜碱的泡沫综合指数为 2690，也没有达到 5000 的要求。

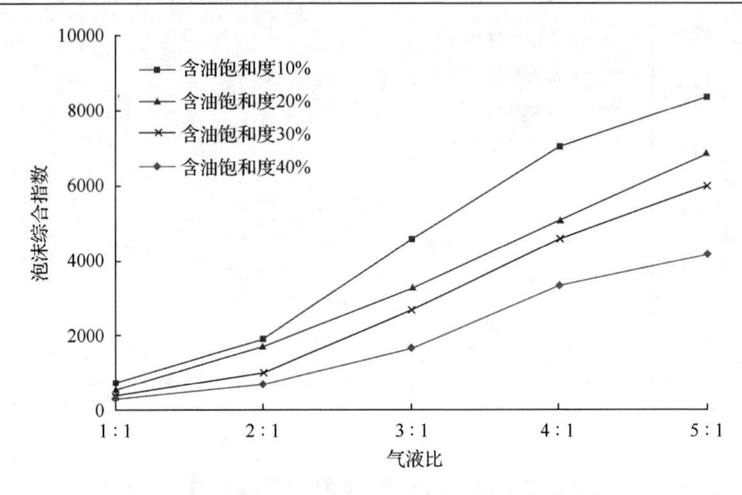

图 13-6　不同含油饱和度下十二烷基羟丙基磷酸酯甜菜碱的泡沫综合指数

综合比较两种起泡剂耐油性实验数据得出，氟碳表面活性剂在相同含油饱和度下泡沫高度较十二烷基羟丙基磷酸酯甜菜碱泡沫高度高，且随着含油饱和度的提高泡沫高度下降幅度不大。而十二烷基羟丙基磷酸酯甜菜碱在相同含油饱和度下泡沫半衰期较长，且下降幅度不大，所以综合考虑将十二烷基羟丙基磷酸酯甜菜碱和氟碳表面活性剂进行复配，使复配起泡剂兼有较高的泡沫高度和较长的半衰期，从而使泡沫综合指数能够达到预期要求。

4. 复配配方确定及其评价

实验采用空气作为气源，分别对浓度为0.3%的十二烷基羟丙基磷酸酯甜菜碱、浓度为 0.3%的氟碳 101005(2 号)表面活性剂、浓度为0.1%的十二烷基羟丙基磷酸酯甜菜碱+浓度为0.2%的氟碳 101005(2 号)(复配配方一)、浓度为 0.2%的十二烷基羟丙基磷酸酯甜菜碱+浓度为0.1%的氟碳 101005(2 号)(复配配方二)、浓度为0.1%的 BS 甜菜碱+浓度为0.2%的氟碳 101005(2 号)(复配配方三)，在含油饱和度为 30%的条件下进行评价，实验结果如图 13-7 所示。

实验结果表明，在试验温度为 30℃条件下，对浓度为 0.3%的氟碳 101005(2 号)表面活性剂和十二烷基羟丙基磷酸酯甜菜碱分别进行的耐油性评价中，发现氟碳 101005(2 号)随着含油饱和度的提高，泡沫高度下降不大，但半衰期方面大幅度下降，稳定性不好；而十二烷基羟丙基磷酸酯甜菜碱随着含油饱和度的提高，半衰期小幅度下降，表明其含油稳定性较好。所以用氟碳 101005(2 号)与甜菜碱复配增加起泡体系的起泡能力和稳泡能力，浓度为 0.1%的十二烷基羟丙基磷酸酯甜菜碱+浓度为 0.2%的氟碳 101005(2 号)表面活性剂的复配配方一效果最好，在较低气液比时亦有不错的综合起泡性能，其泡沫综合指数在气液比为 3∶1 时达到 8560。另外，还用浓度为 0.1%的降低油水界面张力较好的 BS 甜菜碱+浓度为 0.2%的氟碳

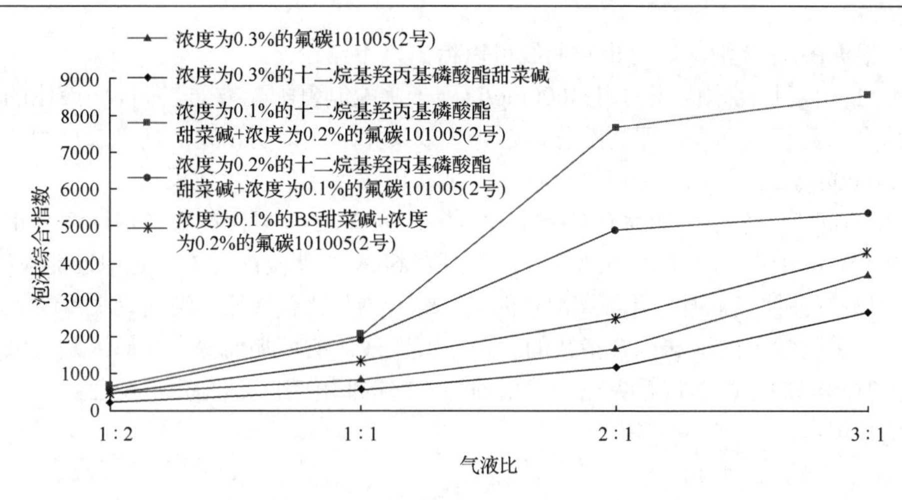

图 13-7 复配体系与单一体系泡沫综合指数的比较(含油饱和度为 30%)

101005(2 号)表面活性剂进行了复配，综合指数优于单独的十二烷基羟丙基磷酸酯甜菜碱和氟碳 101005(2 号)表面活性剂，但比复配配方一和复配配方二的效果差。

5. 现场污水与 14000mg/L 离子水配制的复配配方的比较验证

在前期筛选实验中主要采用根据现场配方配制的 14000mg/L 的离子水，保证了大量筛选实验的重复性，但最终优选出的起泡剂配方要采用现场污水配制，以便检验起泡体系对实际油层污水的适应能力。实验在 30℃温度下，采用现场污水配制起泡剂，含油饱和度为 30%，对总浓度为 0.3%的氟碳表面活性剂和甜菜碱表面活性剂复配配方进行验证，并与现场提供的 Basosol 100 起泡性能作比较，实验结果如图 13-8 所示。

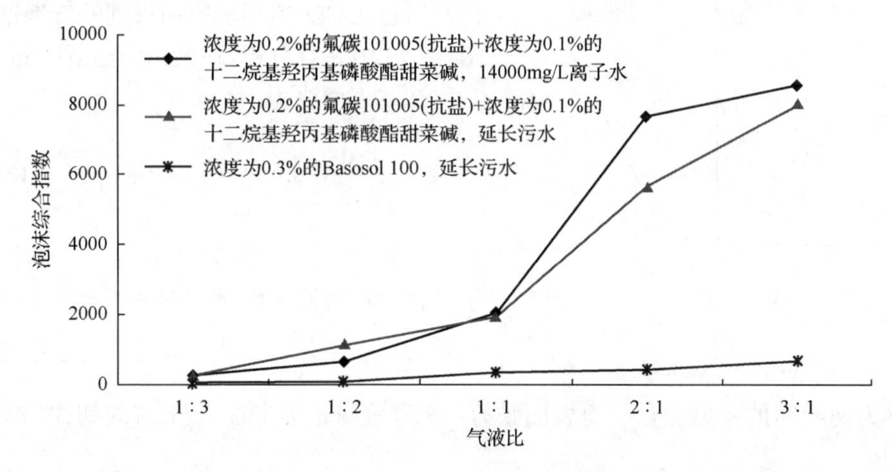

图 13-8 现场污水与 14000mg/L 离子水配制的复配配方起泡性能比较

含油饱和度为 30%，空气，30℃

根据图 13-8 泡沫综合指数曲线可以得出以下结论。

(1)用延长污水配制和用14000mg/L 离子水配制复配配方一，不同气液比的泡沫综合指数相差不大，评测的总体趋势和效果相近，说明在起泡剂筛选过程中采用 14000mg/L 离子水配制能够保证起泡剂在现场使用的实际效果。

(2)起泡剂总浓度均为 0.3%时，在气液比为 3∶1 时复配配方一泡沫综合指数达到 8560，Basosol 100 的泡沫综合指数只有 683，表明复配配方一起泡性能较好。

(3)气液比较低时，几种起泡剂的泡沫综合指数比较接近，当气液比超过 1∶1 时，几种起泡剂的泡沫综合指数的差距随着气液比的增加而变大，原因是气液比较大时起泡剂与原油接触更充分，耐油性不好的起泡剂泡沫稳定性变差，泡沫综合指数偏低。

13.2　起泡剂动态界面性质评价

13.2.1　实验原理

在使用空气泡沫驱驱替原油的过程中，三相(表面活性剂溶液、空气、原油)之间的界面张力大小对原油驱替界面及最终采出程度有着重要影响，选取表面张力、表面扩张黏弹模量、界面张力进行空气泡沫体系界面性质的定量评价[69]。

1. *表面张力测试*

将充满空气的注射器的弯型针头与样品杯中的起泡甜菜碱、氟碳起泡剂溶液接触，通过与注射器相连的马达控制的活塞运动，针头末端生成气泡的大小发生变化，通过 CCD 照相机所拍摄到的气泡剖面图(图 13-9)进行分析，根据拉普拉斯(Laplace)方程计算表面张力：

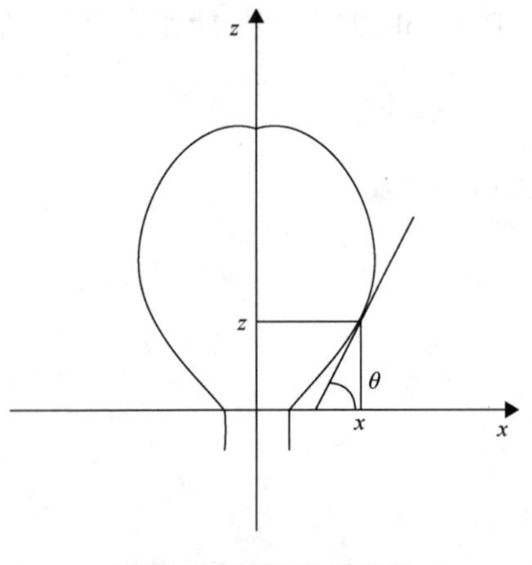

图 13-9　液滴轮廓分析

$$\frac{1}{x}\frac{\mathrm{d}}{\mathrm{d}x}(x\sin\theta)=\frac{2}{b}-cz \tag{13-3}$$

式中，x、z 为液滴轮廓上任意一点的笛卡尔坐标；b 为液滴轮廓的曲率半径；c 为毛细常数，$c=\frac{\Delta\rho g}{\gamma}$，其中 g 为重力加速度，$\Delta\rho$ 为两相间的密度差，γ 为表面张力；θ 为液滴轮廓上过点 (x,z) 的切线与 x 轴的夹角。

2. 表面扩张黏弹模量测试

液滴的表面面积变化是由气泡表面积呈正弦波形扩大、缩小产生的，表面扩张黏弹模量 E(mN/m)表征膜强度的大小，定义为表面张力与表面面积相对变化的比值，即

$$E = \frac{\mathrm{d}\gamma}{\mathrm{d}A / A} = \frac{\mathrm{d}\gamma}{\mathrm{d}\ln A} \tag{13-4}$$

式中，A 为液滴的表面面积，m^2。

由于实验过程中通过 Windrop 软件控制马达运动，从而实现气泡的表面积执行正弦振荡方案，测得的表面扩张黏弹模量 E 是一个复数，其中实数部分 E' 和虚数部分 E'' 分别是储能模量和损耗模量，分别代表弹性和黏性对表面扩张黏弹模量的贡献。

$$E = |E| \exp \mathrm{i}\theta = E' + \mathrm{i}E'' \tag{13-5}$$

3. 界面张力测试

在恒温 30℃下，应用 TEXAS-500 型旋滴界面张力仪，测定油水之间的界面张力。其基本原理——旋滴技术是将油珠悬浮在水(或水溶液)中，油珠因绕水平轴高速旋转而被拉成细丝。在测定超低界面张力时，通过体系旋转，增加离心力场的作用，改变原来重力与界面张力之间的平衡，使液滴的形状便于测定。高密度液体在离心力、重力及界面张力的共同作用下，会在低密度液体中形成圆柱形或椭圆形液滴，其形状由界面张力和转速决定，这种旋滴法能测定超低界面张力至 10^{-6}mN/m 数量级。界面张力由式(13-6)计算得到：

$$\gamma = 0.5615 \frac{\Delta D^3 \Delta\rho}{T^2} \tag{13-6}$$

式中，$\Delta\rho$ 为油水密度差；ΔD 为油滴宽度差值；T 为旋滴仪转速周期。

13.2.2　实验试剂及设备

本次实验采用的试剂：①起泡剂为氟碳 101005(2 号)起泡剂(上海瀛正公司生产，以下简称氟碳起泡剂)、十二烷基羟丙基磷酸酯甜菜碱(上海诺颂公司生产，有效浓度 45%，以下简称起泡甜菜碱)。②表面活性剂为 BS 甜菜碱(有效浓度 30%)。③聚合物为部分水解聚丙烯酰胺(HPAM，大庆炼化公司生产，相对分子质量为 1600×10^4，固含量为 90.2%)。④原油为油田脱水原油。⑤水为过滤的油田污水。

本次实验采用的设备为：法国 I.T.CONCEPT 公司生产的 TRACKER 全自动液滴表面张力仪、Thermo Haake DC30 型恒温水浴、KX-1 型控制箱、布氏黏度计(LVDV-Ⅱ+PRO)、BL6100 电子天平(d=0.1)、ALC210.4 电子天平(d=0.0001)、TEXAS-500 型旋滴界面张力仪、Brookfield-Ⅱ黏度计(美国)、电子天平、搅拌器、恒温箱等。

13.2.3 起泡剂动态界面性质

1. 表面张力结果分析

表面张力与起泡剂体相浓度的关系如图 13-10 所示，结果表明：随着起泡剂体相浓度的增大，起泡剂溶液的表面张力下降，达到一定浓度后表面张力不再减小，基本上保持为一常数。当表面活性剂分子进入水溶剂后，分子的亲油基为了尽可能地减少与水的接触，有逃离水相的趋势。但由于分子中亲水基的存在，又无法逃离水相，其平衡的结果是分子吸附在溶液表面上，即亲油基朝向空气，而亲水基插入水相(图 13-11)。随着体相中表面活性剂浓度的增加，吸附在溶液表面上的分子数目逐渐增加，原来由水和空气形成的表面逐渐被由分子的亲油基和空气所形成的表面替代(图 13-12)。因为分子亲油基间的作用力小，分子的亲油基和空气所形成的表面的表面张力也小。表观上，随着体相浓度的增大，水溶液的表面张力降低。但当表面分子的浓度达到一定值后，分子在溶液表面上的吸附量达到最大，基本上是竖立紧密排列的，完全形成了一层致密的分子亲油基(图 13-13)，再继续增加体相中活性剂的浓度时，并不能改变表面分子亲油基的紧密排列状态，因此对表面张力不会产生影响，出现了如图 13-10 所示的水平段。

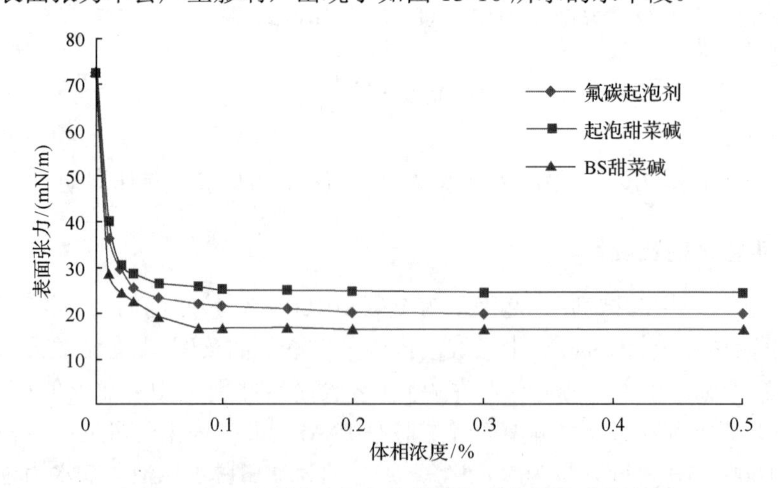

图 13-10　表面张力与起泡剂体相浓度的关系曲线

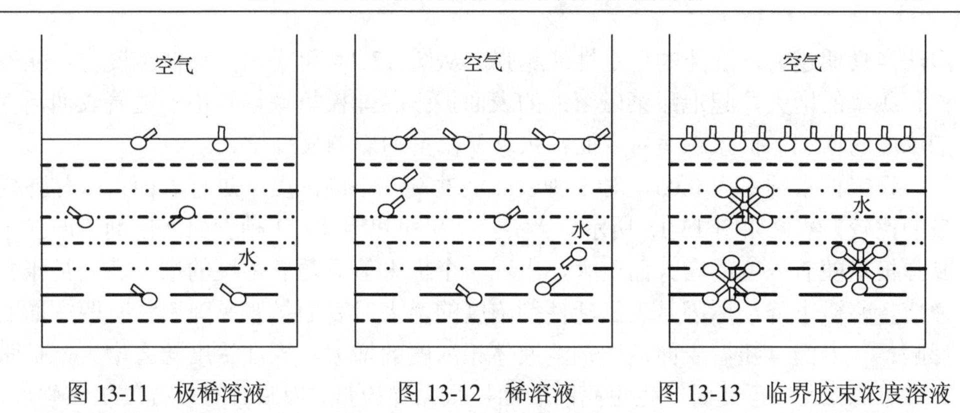

图 13-11　极稀溶液　　图 13-12　稀溶液　　图 13-13　临界胶束浓度溶液

30℃时，延长污水的表面张力为 72.36mN/m，加入质量浓度为 0.01%的氟碳起泡剂后，溶液的表面张力降为 36.45mN/m，当氟碳起泡剂浓度上升到 0.3%时，溶液的表面张力值达到了最低，为 19.87mN/m。起泡甜菜碱溶液质量浓度为 0.01%时，溶液的表面张力降到了 40.1mN/m，在质量浓度为 0.3%时溶液的表面张力达到最低值 24.55mN/m。BS 甜菜碱溶液质量浓度为 0.01%时表面张力降到了 28.54mN/m，在质量浓度为 0.2%时表面张力达到最低值 16.46mN/m。

2. 表面扩张黏弹模量结果分析

图 13-14 为起泡甜菜碱表面扩张黏弹模量与扩张频率的关系，结果表明：随着扩张频率的增大，起泡剂溶液的表面扩张黏弹模量增大。当表面扩张频率较小时，泡沫表面变形速率较慢，表面活性剂分子有足够的时间通过表面和体相向新生表面扩散来修复由界面面积变化带来的表面张力梯度。扩张频率越大，给予被扰动的起泡甜菜碱表面吸附膜重新恢复平衡的时间就越短，表面扩张黏弹模量就越大，液膜的机械强度越大，抗形变能力越强，液膜的排液速度越慢，从而导致

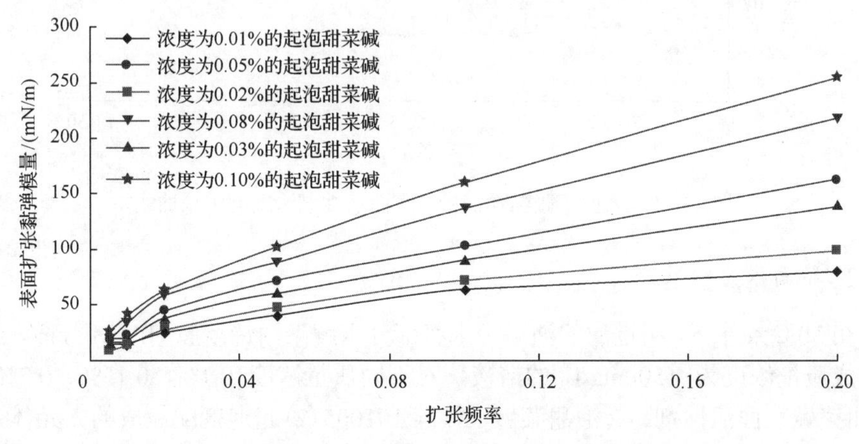

图 13-14　表面扩张黏弹模量与扩张频率的关系曲线

泡沫半衰期越大，泡沫的稳定性能越强。从图 13-14 可看出，在低浓度时，随着扩张频率的增大，起泡甜菜碱溶液的表面扩张黏弹模量增幅较小；随着表面活性剂浓度的增加，扩张频率对表面扩张黏弹模量的影响程度增大。

设定扩张频率为 0.05，对 3 种表面活性剂在不同浓度下进行表面扩张黏弹模量的比较，结果如图 13-15 所示。从实验结果可以看出，3 种表面活性剂表面扩张黏弹模量随着浓度的增大而增大，出现一个极大值后随着浓度的增大表面扩张黏弹模量略微下降。原因是表面活性剂浓度的增大对表面扩张黏弹模量有两方面的影响：一方面，随着表面活性剂溶液体相浓度的增大，表面浓度随之增大，扩张弹性较高，表面形变时产生更高的表面扩张黏弹模量，液膜具有较强的机械强度，抵抗形变的能力增强，泡沫半衰期增大，泡沫稳定性能增强；另一方面，随着体相浓度的增大，溶液内部和液膜表面的分子交换速度加快，正因为这种快速交换，在高浓度时，表面张力梯度会被扩散抵消掉一部分，表面扩张黏弹模量略降，液膜的机械强度小幅降低，抗形变能力减弱，液膜的排液速度增大，泡沫半衰期减小，泡沫稳定性能变差。由于液膜表面分子的这种快速交换，气液界面分子排布紧密，高浓度时泡沫体积比低浓度时大幅增加，表面活性剂浓度增加时泡沫综合指数仍呈上升趋势。低浓度时是由增加的表面浓度决定表面扩张黏弹模量，而高浓度时是由分子交换速度决定表面扩张黏弹模量[70,71]。

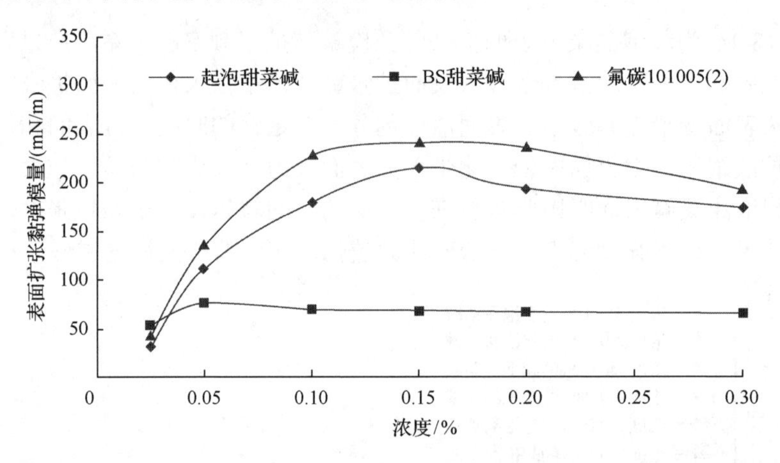

图 13-15 表面扩张黏弹模量与表面活性剂浓度的关系曲线

3. 界面张力结果分析

在 30℃条件下，用过滤的油田污水将部分水解聚丙烯酰胺 HPAM 分散，溶解配制成质量浓度为 1500mg/L 的溶液，对不同质量浓度(0.1%、0.15%、0.2%)的 BS 甜菜碱表面活性剂、起泡甜菜碱、氟碳 101005(2)起泡剂配制成的二元体系的界面张力分别进行评价，实验结果如图 13-16～图 13-18 所示。

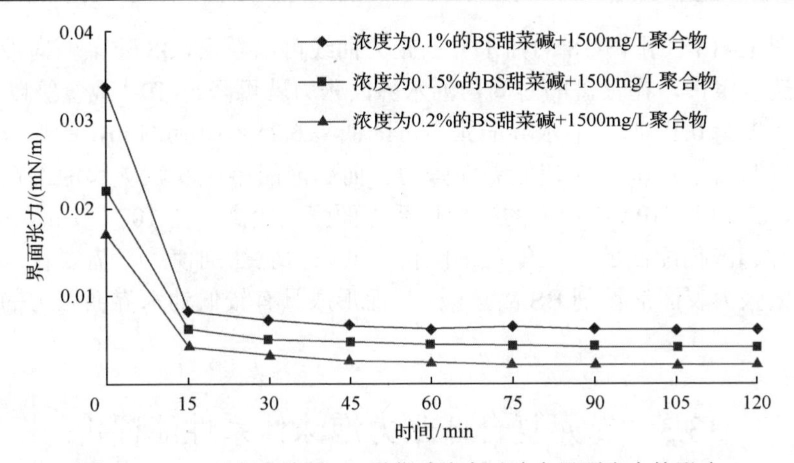

图 13-16　二元复合体系 BS 甜菜碱浓度对油水界面张力的影响

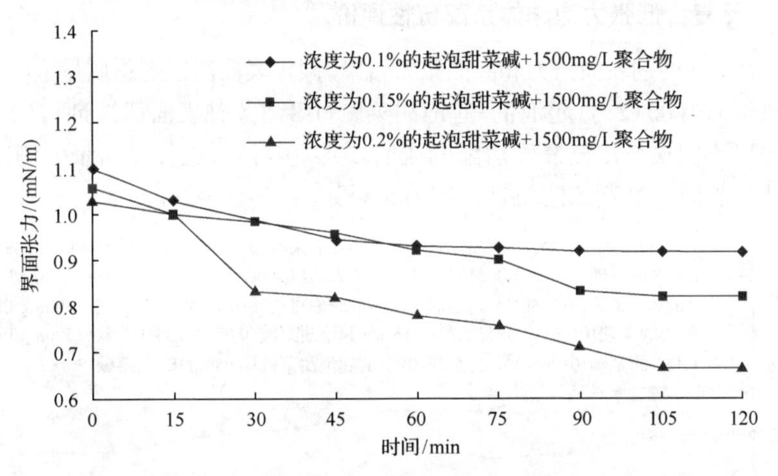

图 13-17　二元复合体系起泡甜菜碱浓度对油水界面张力的影响

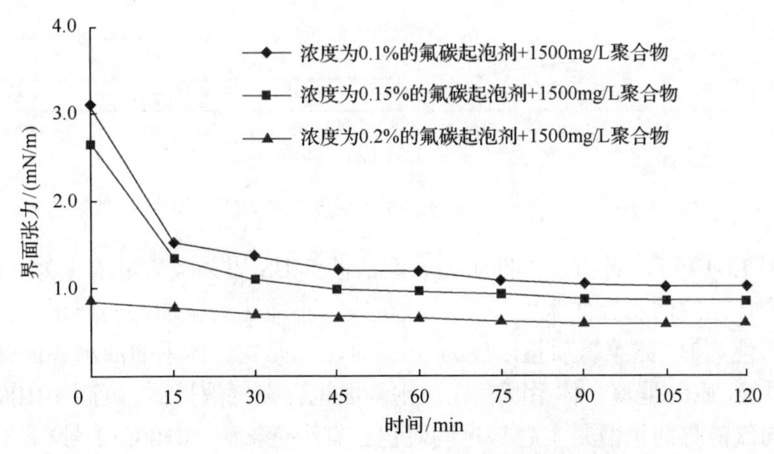

图 13-18　二元复合体系氟碳 101005(2)浓度对油水界面张力的影响

由图 13-16～图 13-18 的油水界面张力曲线可以看出，BS 甜菜碱向油水界面扩散的速度很快，在很短的时间内油水界面张力就可降至 10^{-1} 数量级以下。BS 甜菜碱浓度为 0.1%时，油水界面张力可降低至 6.25×10^{-3}mN/m，所形成的二元体系可以与脱水原油形成超低界面张力。而起泡甜菜碱和氟碳起泡剂在浓度为 0.1%～0.2%时与 HPAM 形成的二元体系界面张力较高，为 10^{-1}～1mN/m，所以由这两种起泡剂配制的二元体系不能作为低张力驱油剂使用，需要在二元体系中加入低张力表面活性剂 BS 甜菜碱，从而形成具有较低油水界面张力的泡沫复合体系。

13.3　二元复合低张力泡沫体系性能评价

13.3.1　二元复合低张力泡沫体系配伍性评价

结合表面活性剂表面张力和界面张力结果，限定表面活性剂总质量浓度为 0.3%，配方为氟碳 101005(2 号)起泡剂+起泡甜菜碱+BS 甜菜碱表面活性剂+1500mg/L 聚合物，对以不同质量浓度复配后配制成的二元复合体系进行界面张力测定，考察复配后几种表面活性剂的配伍性，实验结果如图 13-19 所示。

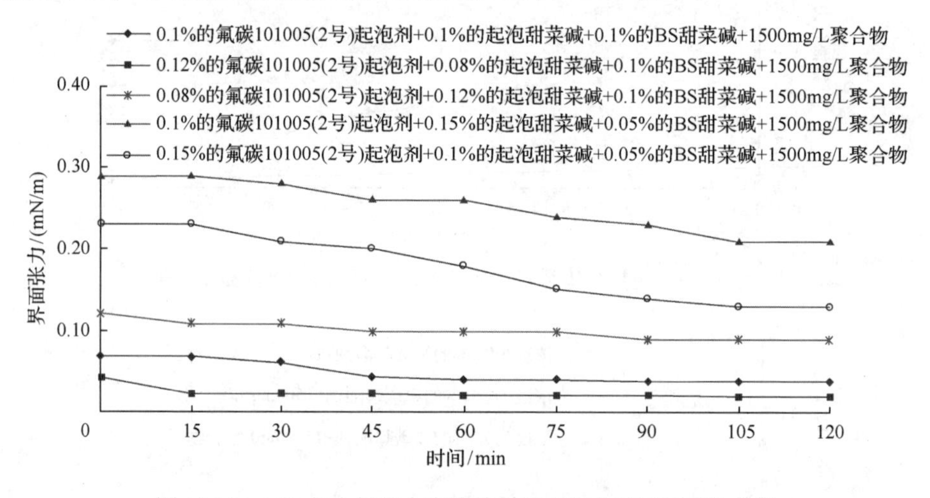

图 13-19　二元复合低张力泡沫体系界面张力随时间变化曲线

由图 13-19 可以看出，当低张力表面活性剂 BS 甜菜碱质量浓度为 0.05%时，二元复合体系的油水界面张力在 10^{-1} 数量级，不能达到驱油剂的要求；而当低张力表面活性剂 BS 甜菜碱质量浓度为 0.1%时，二元复合体系的油水界面张力达到 10^{-2} 数量级，原因是整个体系既存在油水界面也存在气液界面，氟碳 101005(2 号)起泡剂向气液界面扩散是主趋势，同时也会有少量氟碳 101005(2 号)起泡剂铺展在油面上，从而减少了 BS 甜菜碱在油水界面的吸附面积。另外，由于体系起泡甜菜碱的存在，可能会协同 BS 甜菜碱一起在溶液中的疏水链段靠拢在一起，形成胶束，阻止了 BS 甜菜碱向油水界面的扩散，所以低张力表面活性剂 BS 甜菜碱的浓度较低时不能使体系油水界面张力达到 10^{-3} 数量级甚至不能达到 10^{-2} 数量级。

但如果低张力表面活性剂浓度过高，体系中起泡剂浓度过低则会影响起泡性能，优选的二元复合低张力泡沫体系“浓度为 0.12%的氟碳 101005（2 号）起泡剂+浓度为 0.08%的起泡甜菜碱+浓度为 0.1%的 BS 甜菜碱+1500mg/L 聚合物”可以使油水界面张力达到 3.83×10^{-2}mN/m，满足实际应用中对驱油剂性能的预期要求。下面将选择这两种配方进行起泡性能评价实验，从而优选出耐油性、耐盐性好，泡沫综合指数达到 5000 以上，油水界面张力达到 10^{-2} 数量级的二元复合泡沫体系。

13.3.2　二元复合低张力泡沫体系起泡性能评价

在 30℃条件下，用过滤的延长油田污水将部分水解聚丙烯酰胺 HPAM 分散、溶解配制成质量浓度为 1500mg/L 的溶液，限定二元体系中复配后表面活性剂的总浓度为 0.3%，然后在二元复合体系水溶液中加入 30mL 油田脱水原油来模拟油层孔隙中残余油饱和度为 30%的油层驱替条件，对二元复合体系配方一“浓度为 0.12%的氟碳起泡剂+浓度为 0.08%的起泡甜菜碱+浓度为 0.1%的 BS 甜菜碱+1500mg/L 聚合物”和配方二“浓度为 0.08%的氟碳起泡剂+浓度为 0.12%的起泡甜菜碱+浓度为 0.1%的 BS 甜菜碱+1500mg/L 聚合物”进行起泡性能评价，实验结果如图 13-20 所示。

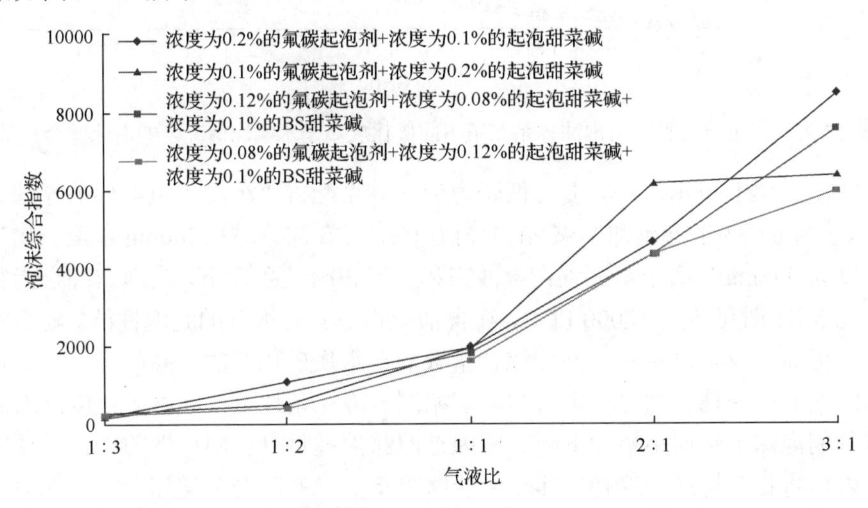

图 13-20　不同气液比时二元复合体系泡沫综合指数比较（含油饱和度 30%，延长油田污水）

由图 13-20 可以看出，二元复合低张力泡沫体系配方一“浓度为 0.12%的氟碳起泡剂+浓度为 0.08%的起泡甜菜碱+浓度为 0.1%的 BS 甜菜碱+1500mg/L 聚合物”产生的泡沫综合性能最好，在气液比 3∶1 时泡沫综合指数为 7571。

13.3.3　二元复合低张力泡沫体系耐盐性能评价

地层孔隙吼道中一般含水饱和度很高，泡沫体系注入地层后，驱替前缘在一定程度上会受到高矿化度水的稀释，泡沫体系中的离子也会与地层水中的钙、镁离子等相互作用，因此评价起泡剂的耐盐性是必要的。

对二元复合低张力泡沫体系配方“浓度为 0.12%的氟碳起泡剂+浓度为 0.08%的起泡甜菜碱+浓度为 0.1%的 BS 甜菜碱+1500mg/L 聚合物”在含油饱和度为 30%的条件下，用不同矿化度的离子水配制，进行起泡性能评价，实验结果如图 13-21 所示。

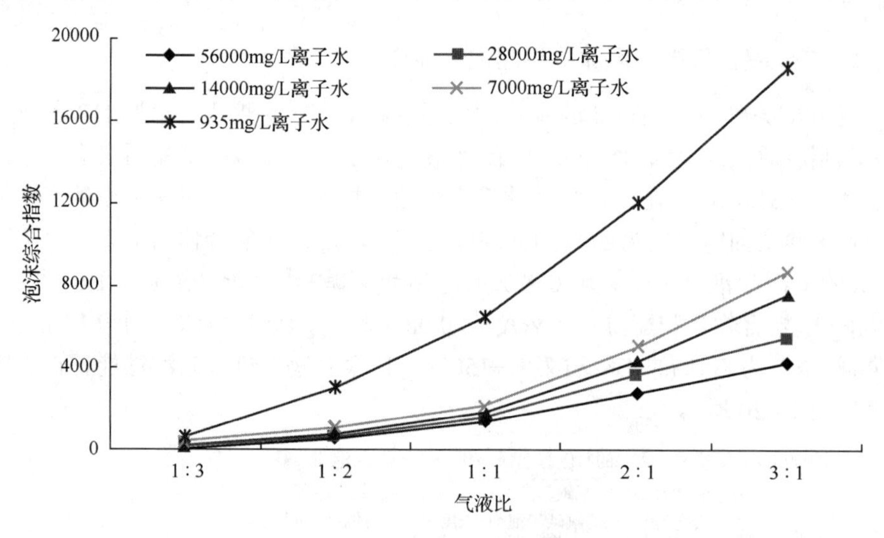

图 13-21　二元复合低张力泡沫体系在用不同矿化度离子水配制情况下的泡沫综合指数

如图 13-21 所示，二元复合低张力泡沫体系配方“浓度为 0.12%的氟碳起泡剂+浓度为 0.08%的起泡甜菜碱+浓度为 0.1%的 BS 甜菜碱+1500mg/L 聚合物”用矿化度为 935mg/L 离子水配置在含油饱和度为 30%的条件下，其泡沫综合指数在气液比 3∶1 时可达到 18000 以上，在含油条件下具有很好的起泡性能。随着水质矿化度提高到 28000mg/L，泡沫综合指数随着水质矿化度的升高而降低，矿化度对起泡剂的泡沫稳定性有一定影响，在相同气液比条件下，随着矿化度的增高，起泡剂的泡沫半衰期小幅度下降。原因是泡沫液膜带有相同极性的电荷，该膜的两个表面将相互排斥，这种排斥作用能够防止液膜变薄乃至破坏。随着水质矿化度的提高，溶液中的电解质浓度增加，液膜间的排斥力会因此而减弱，液膜排液速度加快，泡沫易破裂，此效应仅在液膜较薄时才起明显作用。筛选的二元复合低张力泡沫体系在气液比 3∶1 时泡沫综合指数为 5462，并且此二元复合低张力泡沫体系油水界面张力为 3.83×10^{-2}mN/m，能够满足预期要求。

第 14 章　空气泡沫驱原油低温氧化机理研究

原油与空气发生氧化反应使空气泡沫驱间接实现了烟道气驱的作用，促进了空气泡沫驱的驱替效果，其反应机理与反应程度受到多方面因素的影响[72-74]。本章在不同温度、不同压力、不同影响介质等条件下，通过空气与原油的低温氧化实验过程中的反应速率、原油组分变化、气体成分变化等，研究了空气与原油的低温氧化机理及其影响因素。探讨空气泡沫驱中，气液同注方式对原油低温氧化的影响。

14.1　原油低温氧化驱油机理

空气泡沫驱不但具有一般注气的作用，还具有氧化反应产生的其他驱替效果，原油与氧气的低温氧化原理也将适用于注空气泡沫调驱。不过空气泡沫气泡液膜的存在，延缓了空气与原油的接触，因此其反应的压降比原油与空气反应的压降滞后，相同时间下体系压力降低得更少，这与空气泡沫的强度有关[75]。空气泡沫注入油层中，空气泡沫破裂后，空气中的 O_2 与原油接触，在油藏条件下，注入泡沫流体阻碍了放热反应的连续性，因而注入的空气主要发生低温氧化反应，产生一定量的 CO_2、水及少量的含氧烃类化合物。且低温氧化过程放热，产生的热量使油层温度升高，促使轻质组分蒸发，因此，直接起驱油作用的并不是空气，而是在油层内生成的 CO、CO_2、N_2 和蒸发的轻烃组分等组成的烟道气。

1. 实验设备

氧化反应实验装置如图 14-1 所示。高压反应容器置于恒温箱中，分别进行不同时间段(15 天、30 天、60 天、120 天)的氧化反应，反应结束后从各个容器中取油样、气样，研究原油成分、气体组分变化，并通过压力表观测压力变化。

使用安捷伦 7890A 气相色谱仪分析氧化反应后原油成分的变化，并对产出气进行气相色谱分析，通过气相色谱柱分析出产出气体的组成及各组分的含量。

2. 实验步骤

(1)空气+油的氧化实验：量取一定量的原油($100cm^3$)装入容器中，再向容器内充入高压空气 100mL，加压至预设压力 8MPa，放置到恒温箱中加热到设定温度(保温)，此时调整容器的压力，保持预设压力不变，测定不同时间段(15 天、30 天、60 天、120 天)的低温氧化反应耗氧速率、产出气体组成、原油性质变化。

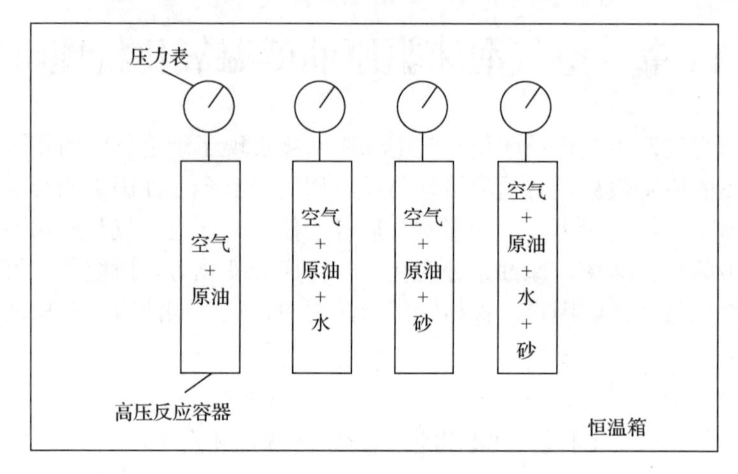

图 14-1　氧化反应实验装置

(2)空气+原油+水的氧化实验：将含水率为 35%的 100cm^3 原油装入容器中，再向容器内充入 100mL 高压空气。加压至预设压力 8MPa，加热到设定温度 27℃，测定 120 天后的低温氧化反应耗氧速率、产出气体组成、原油性质变化。

(3)空气+原油+砂的氧化实验：将 80cm^3 原油和 47.9g 天然油砂(体积约 20cm^3)装入容器中，再向容器内充入高压空气。加压至预设压力 8MPa，加热到设定温度 27℃，测定 120 天后的低温氧化反应耗氧速率、产出气体组成、原油性质变化。

(4)空气+原油+水+砂的氧化实验：将 100cm^3 原油和水的混合物(含水率为 35%)、20cm^3 天然油砂装入容器中，再向容器内充入 100mL 高压空气。加压至预设压力 8MPa，加热到设定温度 27℃，测定 120 天后的低温氧化反应耗氧速率、产出气体组成、原油性质变化。

(5)水对 O_2 的吸附实验：将 100cm^3 水装入容器中，再向容器内充入 100mL 高压空气。加压至预设压力 8MPa，加热到设定温度 27℃，测定 120 天后的空气成分变化，计算水吸附 O_2 的量。

(6)黏土对 O_2 的吸附实验：将 239.8g 天然油砂(不含油，约 100cm^3)装入容器中，再向容器内充入 100mL 高压空气。加压至预设压力 8MPa，加热到设定温度 27℃，测定 120 天后空气成分的变化，计算油砂吸附 O_2 的量。

以上实验记录反应过程中压力随时间的变化情况。待压力基本不变或达到预定时间后，将容器内的混合气体取样，测定油的成分变化和气体中 O_2 和 CO_2 的含量，分析实验数据。

3. 氧化反应速率计算方法

将氧化反应速率定义为单位反应时间及单位体积内原油的耗氧量：

$$反应速率=\frac{O_2消耗的物质的量}{原油体积\times反应时间} \tag{14-1}$$

$$消耗O_2的物质的量=n_1-n_2 \tag{14-2}$$

式中，n_1 为反应前注入高压反应器中 O_2 的物质的量；n_2 为反应后高压容器中剩余 O_2 的物质的量。

14.2　原油低温氧化影响因素分析

14.2.1　原油低温氧化反应

由图 14-2 可知，27℃时体系压力变化较小，说明温度较低，空气与原油进行氧化反应越慢。在温度为 35℃、45℃和 70℃时，随着反应的进行，体系压力下降明显，这是由于温度升高时空气中的 O_2 与原油反应相对剧烈，消耗的 O_2 含量也较多。从图中可以看出，温度为 70℃时的压力下降幅度最大。因此，在相同初始压力条件下，高温有助于氧化反应的进行，说明较高的温度更有利于低温氧化反应中 O_2 的消耗。

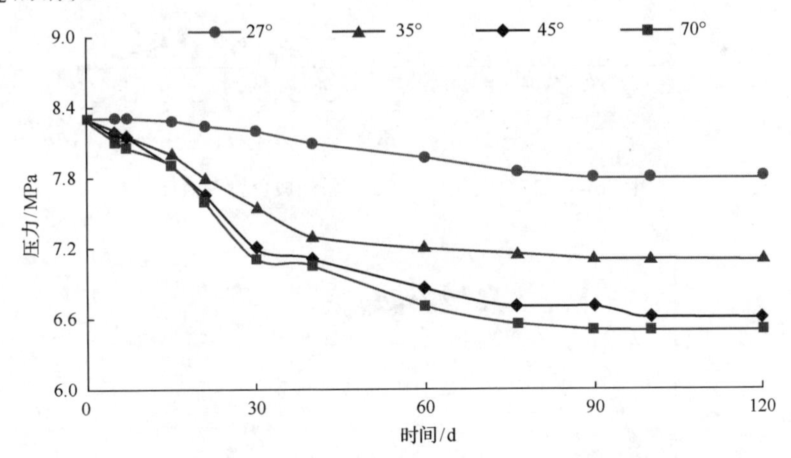

图 14-2　压力为 8MPa 时不同温度下反应压力随时间的变化

图 14-3～图 14-18 分别为 27℃、35℃、45℃、70℃时原油与空气氧化反应 15 天、30 天、60 天、120 天后原油成分含量对比。图 14-19～图 14-22 为相同温度不同反应时间后原油成分含量对比，可知随着时间的增加，原油逐渐被氧化，轻质组分含量增加，重质组分含量减少，且温度越高效果越明显。但是当反应时间

超过 60 天以后，原油成分变化不大。

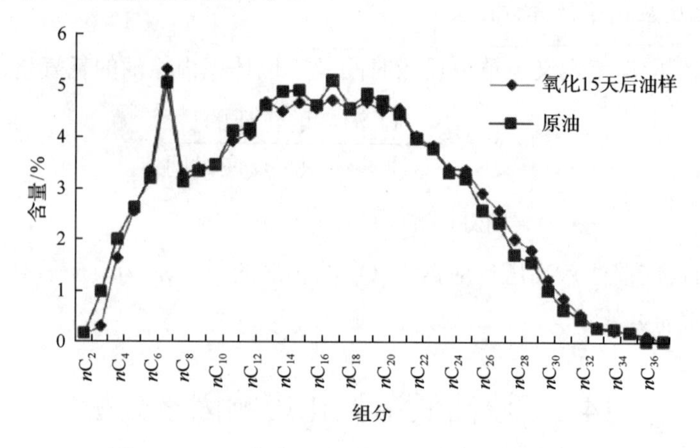

图 14-3　27℃氧化反应 15 天原油成分含量对比

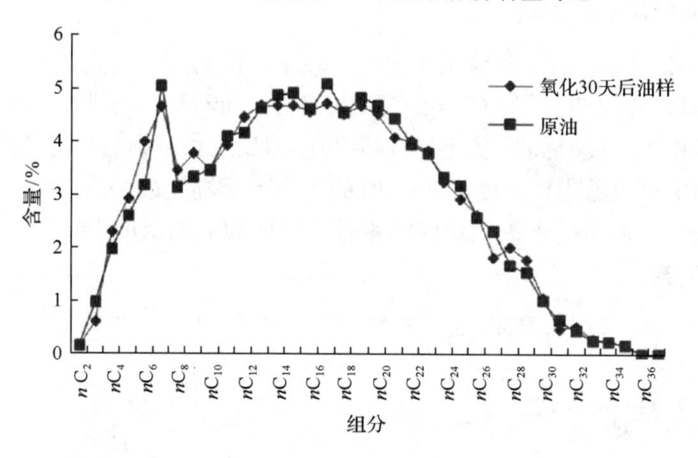

图 14-4　27℃氧化反应 30 天原油成分含量对比

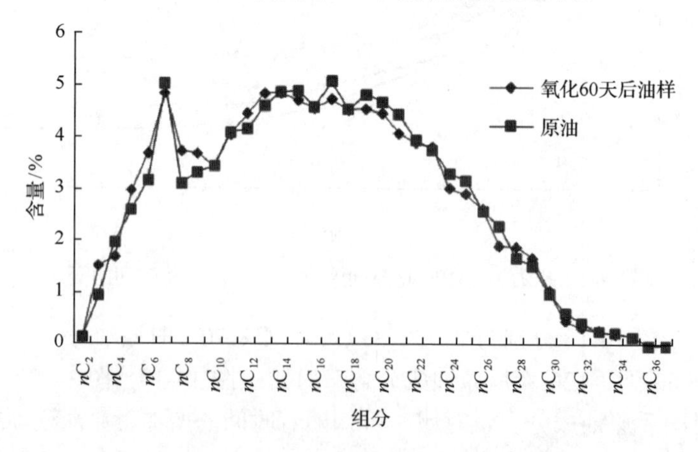

图 14-5　27℃氧化反应 60 天原油成分含量对比

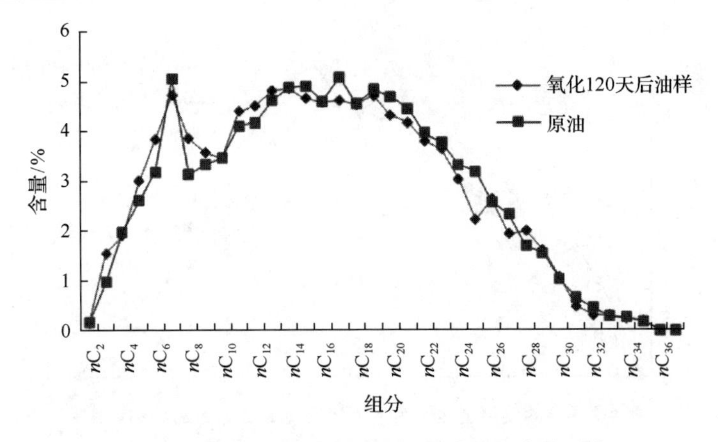

图 14-6　27℃氧化反应 120 天原油成分含量对比

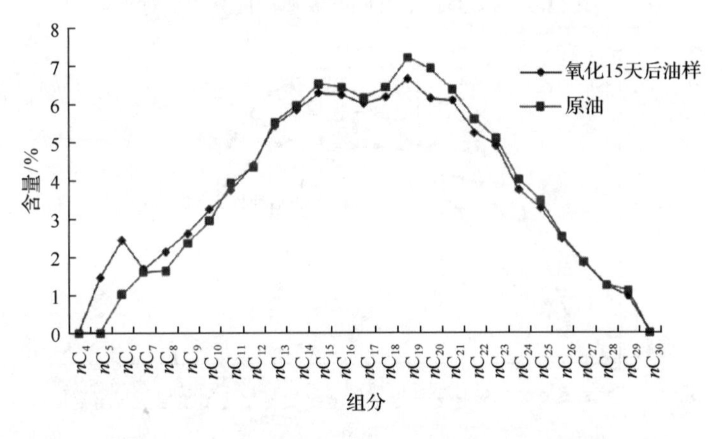

图 14-7　35℃氧化反应 15 天原油成分含量对比

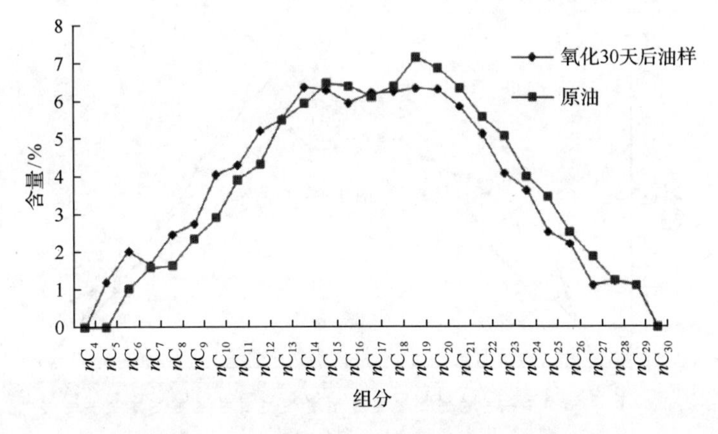

图 14-8　35℃氧化反应 30 天原油成分含量对比

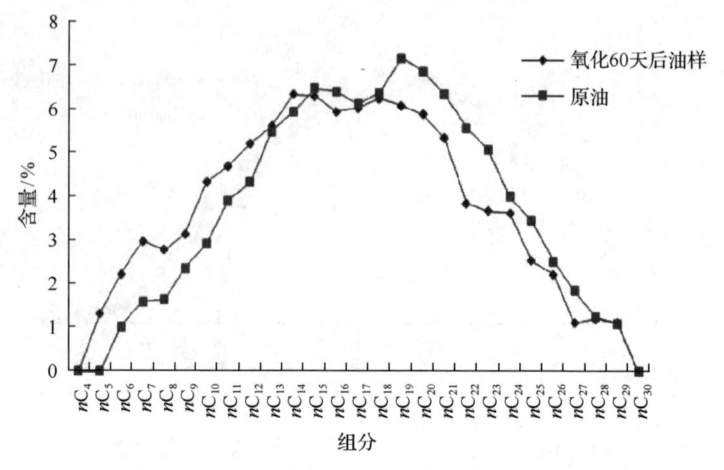

图 14-9　35℃氧化反应 60 天原油成分含量对比

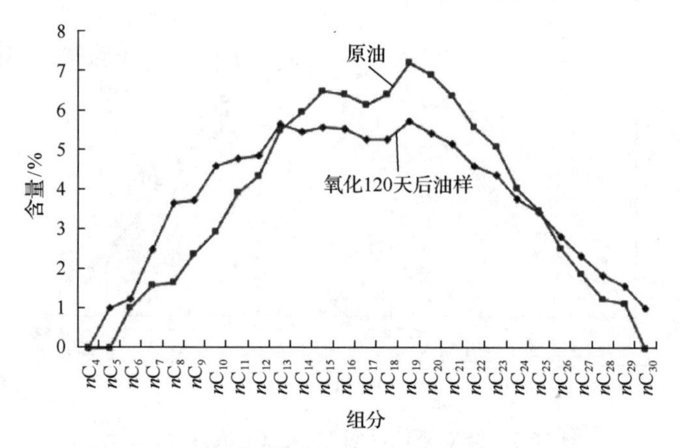

图 14-10　35℃氧化反应 120 天原油成分含量对比

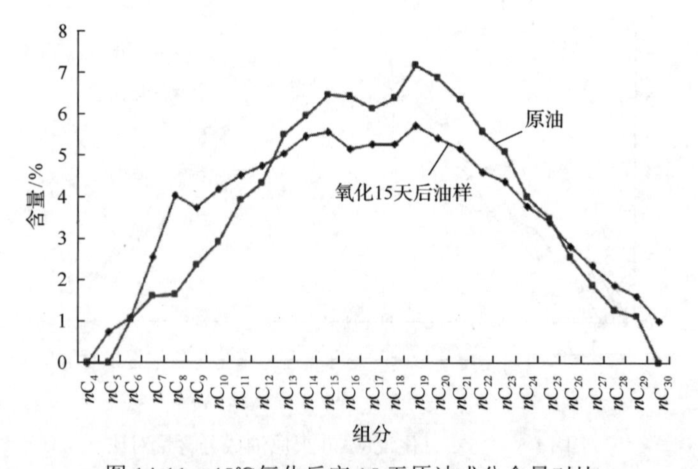

图 14-11　45℃氧化反应 15 天原油成分含量对比

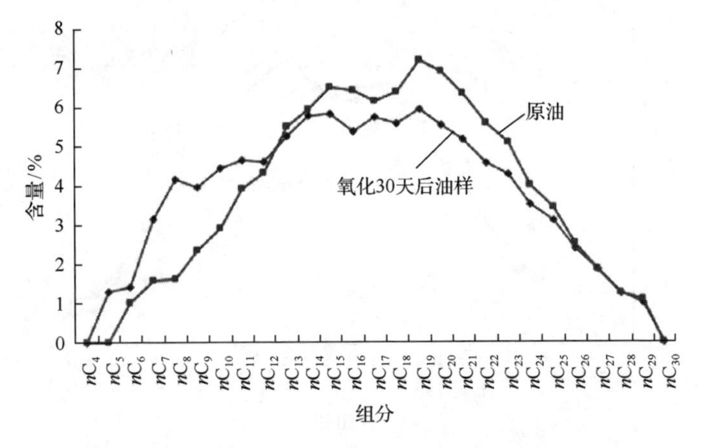

图 14-12　45℃氧化反应 30 天原油成分含量对比

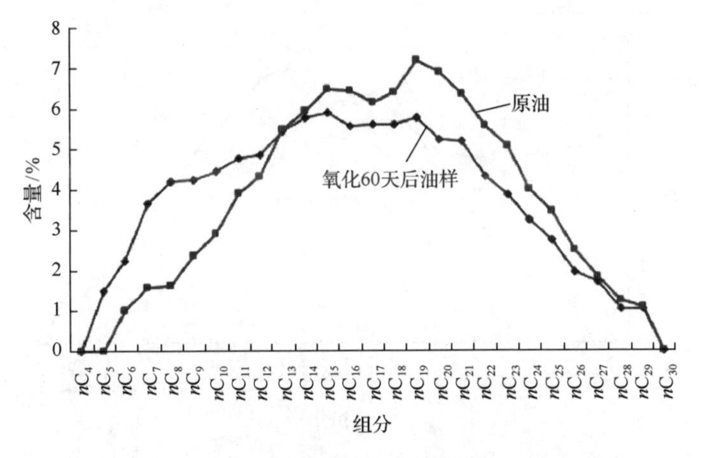

图 14-13　45℃氧化反应 60 天原油成分含量对比

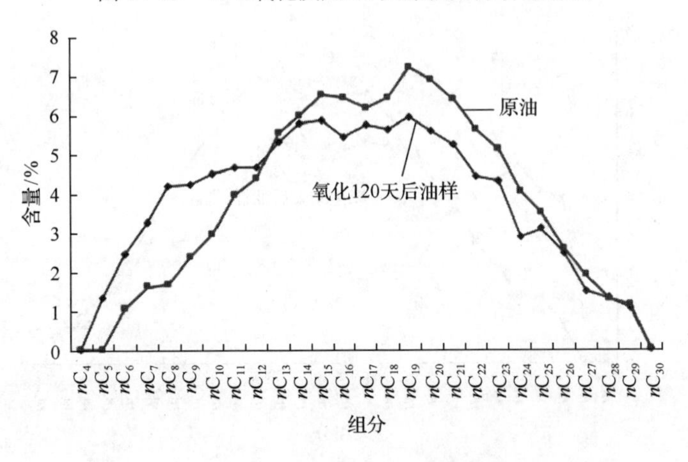

图 14-14　45℃氧化反应 120 天原油成分含量对比

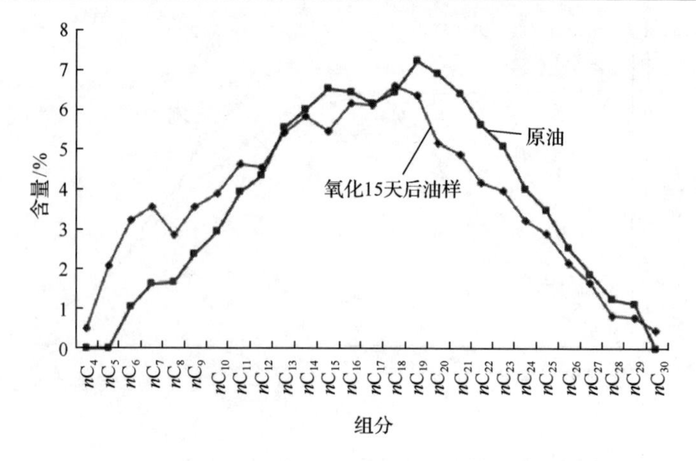

图 14-15　70℃氧化反应 15 天原油成分含量对比

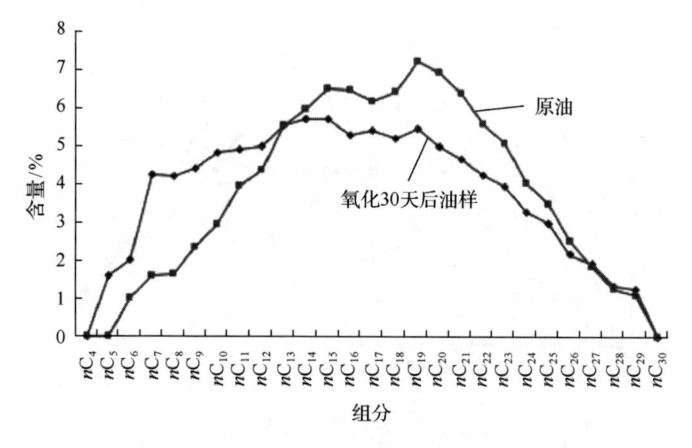

图 14-16　70℃氧化反应 30 天原油成分含量对比

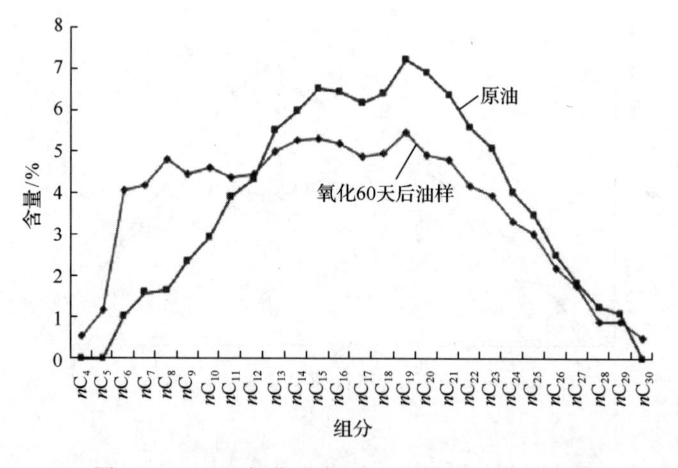

图 14-17　70℃氧化反应 60 天原油成分含量对比

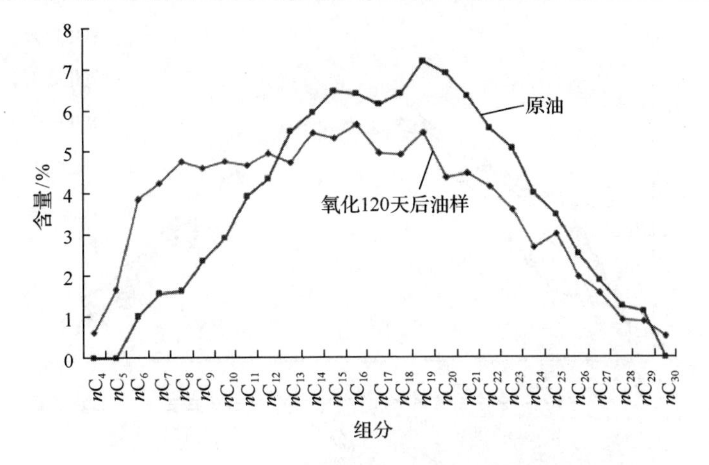

图 14-18　70℃氧化反应 120 天原油成分含量对比

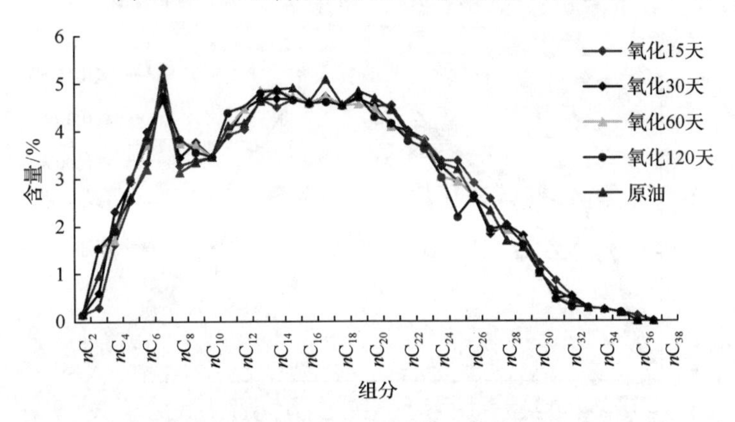

图 14-19　27℃氧化反应不同时间原油成分含量对比

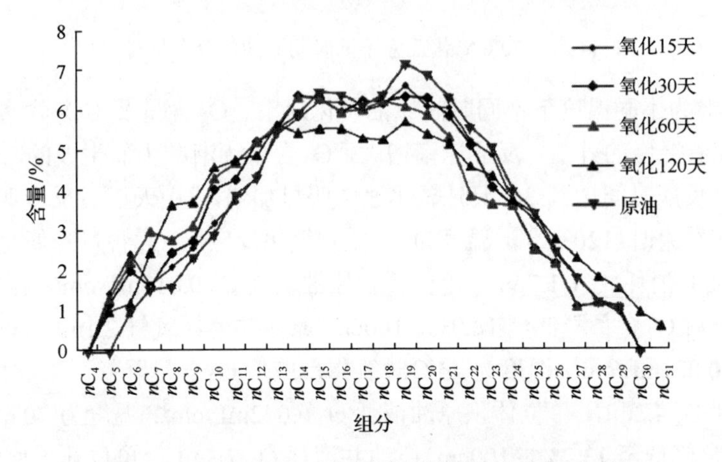

图 14-20　35℃氧化反应不同时间原油成分含量对比

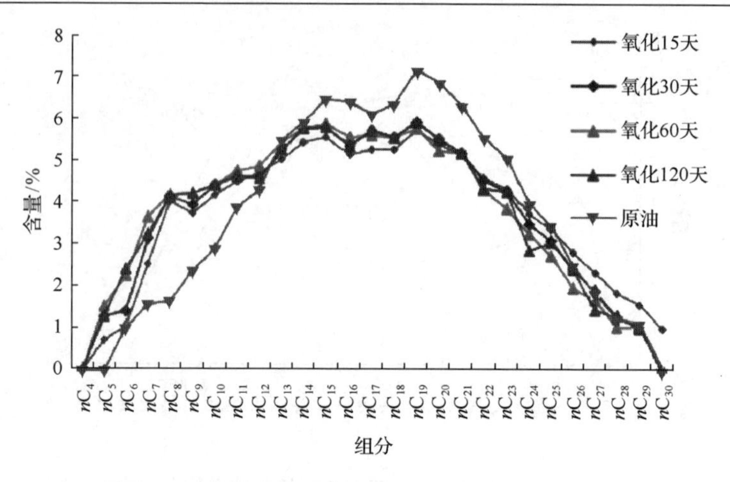

图 14-21　45℃氧化反应不同时间原油成分含量对比

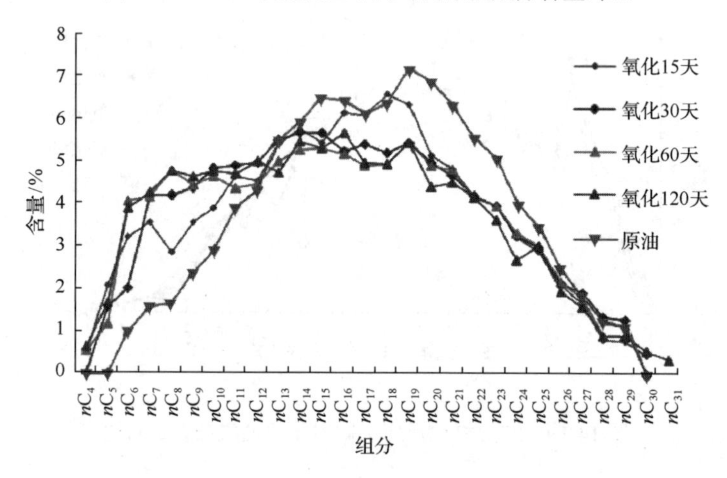

图 14-22　70℃氧化反应不同时间原油成分含量对比

表 14-1 为不同温度下不同时间原油氧化速率、O_2 含量及 CO_2 含量对比。由表可知，随着温度的升高，反应速率增大，O_2 含量逐渐减少而生成的 CO_2 含量随之增加，且反应时间达到 30 天时氧化速率明显加快，60 天以后反应速率趋于缓慢。到反应结束时(120 天)，温度为 27℃时氧化反应后 O_2 含量降低至 19.3%，$100cm^3$ 原油共消耗氧气 1.7mL，单位体积原油消耗 O_2 $0.017mL/cm^3$；温度为 35℃时氧化反应后 O_2 含量降低至 18.9%，$100cm^3$ 原油共消耗氧气 2.1mL，单位体积原油消耗 O_2 $0.021mL/cm^3$；温度为 45℃时氧化反应后 O_2 含量降低至 16.8%，$100cm^3$ 原油共消耗 O_2 4.2mL，单位体积原油消耗 O_2 $0.042mL/cm^3$；温度为 70℃时氧化反应后 O_2 含量降低至 13.7%，$100cm^3$ 原油共消耗 O_2 7.3mL，单位体积原油消耗 O_2 $0.073mL/cm^3$。这些数据表明，随着温度的升高，每毫升原油消耗 O_2 量也随之增

加。但反应过程中体系压力下降，且 O_2 消耗量与 CO_2 的生成量并不相等，这是由于氧化反应产生 CO_2 的同时也产生了一定量的 CO、CH_4 等气体，但设备技术的局限导致 CO 的量无法检测，并且还有一部分 CO_2 产物溶解到原油中。因此，实际上氧化反应过程中原油及空气中的碳氧元素是守恒的。

表 14-1　不同温度下不同时间原油氧化速率、O_2 含量及 CO_2 含量对比

温度/℃	压力/MPa	反应时间/d	反应速率/{10^{-10}mol(O_2)/[h·mL(油)]}	反应后 O_2 体积分数/%	反应后 CO_2 体积分数/%	反应结束后单位体积原油消耗 O_2 量/[mL/cm^3]
27	8	15	1.24	20.9	0.04	0.017
		30	3.72	20.4	0.08	
		60	3.41	19.9	0.15	
		120	2.64	19.3	0.22	
35	8	15	2.48	20.8	0.09	0.021
		30	4.96	20.2	0.16	
		60	5.58	19.2	0.37	
		120	3.26	18.9	0.58	
45	8	15	4.96	20.6	0.22	0.042
		30	8.06	19.7	0.44	
		60	11.78	17.2	0.69	
		120	6.51	16.8	0.76	
70	8	15	14.88	19.8	0.25	0.073
		30	22.32	17.4	0.74	
		60	18.91	14.9	0.99	
		120	11.32	13.7	1.28	

14.2.2　地层水对原油低温氧化反应的影响

实际油藏条件下存在地层水，因此有必要考虑地层水对原油低温氧化的影响。在相同的反应条件下(8MPa，27℃)，分别进行原油含水的氧化实验，以及水单独存在时对 O_2 的吸附实验。

由表 14-2 可知，在水对 O_2 的吸附实验中，100cm^3 地层水共吸附氧气 0.3mL，单位体积水吸附 O_2 的量为 0.003mL/cm^3。由图 14-23 和表 14-3 可知，含水原油与不含水原油氧化反应后成分变化不大，反应速率也没有提高。含水率为 35%的原油氧化反应后 O_2 含量为 19.8%，计算可知水与原油共消耗氧气约 1.2mL，其中水吸附的 O_2 为 0.105mL，约占总耗氧量的 8.75%，原油消耗的氧气量为 1.095mL，约占总耗氧量的 91.25%，单位体积原油消耗 O_2 的量约为 0.017mL/cm^3，与原油单独与空气氧化的实验结果相等，说明高压条件下水中可以溶解一部分 O_2，使空气

中 O_2 含量降低，但原油中水的存在并不能提高氧化反应速率及原油对 O_2 的消耗量。另外，由于原油中含水率为 35%，且高压下水中溶解了一部分 CO_2，检测出反应后的 CO_2 含量较不含水时降低了 31.8%。

表 14-2　水对氧气的吸附实验

压力/MPa	温度/℃	反应后 O_2 体积分数/%	单位体积水吸附 O_2 的量/(mL/cm^3)
8	27	20.7	0.003

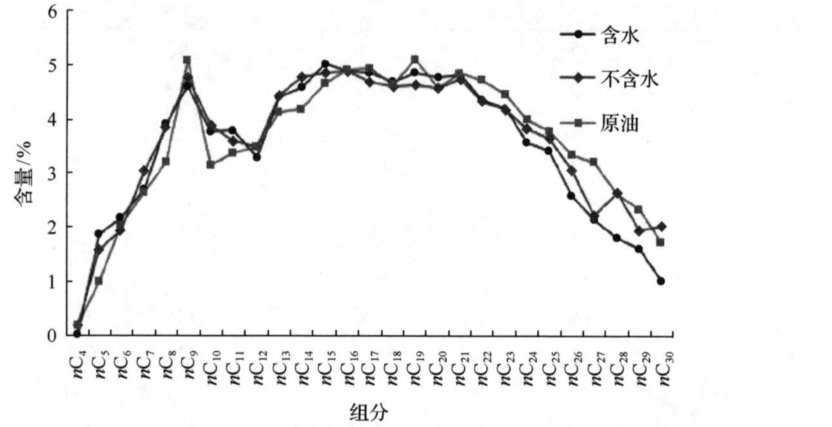

图 14-23　含水与不含水氧化反应后原油组分含量对比

表 14-3　含水对氧化反应的影响

实验	压力/MPa	温度/℃	反应速率/{10^{-10}mol(O_2)/[h·mL(油)]}	反应后 O_2 体积分数/%	反应后 CO_2 体积分数/%
空气+原油	8	27	2.64	19.3	0.22
空气+原油+水(35%)	8	27	2.63	19.8	0.15

14.2.3　油砂对原油低温氧化反应的影响

地层中存在一定量的黏土矿物，通常黏土矿物对氧化反应能够起到一定的催化作用，它可以催化裂解重油部分，从而降低原油黏度，进一步加速原油氧化速率，对于消除安全隐患与提高采收率都十分有利。因此在相同的反应条件下(8MPa，27℃)，进行了油+天然油砂(含黏土)的氧化实验，以及单独油砂对 O_2 的吸附实验，对比分析了油砂对原油氧化反应的影响，测试结果见表 14-4 和表 14-5。

表 14-4　油砂对 O_2 的吸附实验结果

实验	压力/MPa	温度/℃	反应后 O_2 体积分数/%	单位岩石表面积吸附 O_2 的量/(mL/cm^2)
油砂的吸附实验	8	27	20.1	1.12×10^{-5}

表 14-5　含砂对氧化反应速率的影响

实验	压力/MPa	温度/℃	反应速率/ 10^{-10}mol(O_2)/[h·mL(油)]	反应后 O_2 体积分数/%	反应后 CO_2 体积分数/%
空气+原油	8	27	2.64	19.3	0.22
空气+原油+砂(20%)	8	27	3.10	19.2	0.19

在纯油砂对 O_2 的吸附实验中，239.8g 油砂共吸附氧气 0.9mL，由此计算出单位质量油砂吸附氧气的量约为 0.004mL/g。239.8g 油砂体积为 V=100cm^3，室内实验所用油砂粒径为 200 目。假设所有颗粒均为理想的圆球形，共有 n 个直径为 D 的颗粒，每个球形颗粒的表面积 $S_i = 4\pi R^2$，体积 $V_i = \frac{4}{3}\pi R^3$，$n = \frac{V}{V_i}$，R=0.0375mm，计算可得 S_i=1.77×10^{-4}cm^2，V_i=2.21×10^{-7}cm^3，n=4.52×10^8，由此求出岩石颗粒的总表面积为 $S=nS_i$=80004cm^2。实验测得 100cm^3 油砂共吸附氧气 0.9mL，因此计算出与空气接触的单位岩石表面积消耗氧气的量为 1.12×10^{-5}mL/cm^2。

原油含天然油砂的氧化实验中，油砂与原油共消耗氧气 1.8mL。油砂体积为 20cm^3，计算可得总表面积 S=16001cm^2，吸附氧气 0.18mL，约占总耗氧量的 10%；原油吸附氧气 1.62mL，约占总耗氧量的 90%，单位体积原油消耗氧气 0.020mL/cm^3，较单独的原油氧化实验单位体积原油消耗的氧气量(0.017mL/cm^3)提高了 17.6%。并且含天然油砂的氧化实验与单独的原油氧化实验相比，氧化速率提高了 19.2%，耗氧量增加了 5.9%。分析可知，一方面，油砂表面能够吸附一定量的 O_2；另一方面，油砂中的黏土对原油的氧化反应有一定的催化作用，使氧化反应能够更好地进行，加快了 O_2 的消耗。另外，从图 14-24 可以看出，含天然油砂的原油氧化反应后轻质组分含量增多，说明氧化反应的效果更明显。由于油砂同时也吸附了一定量的 O_2，检测出的反应后的 CO_2 含量较不含砂时降低了 13.6%。

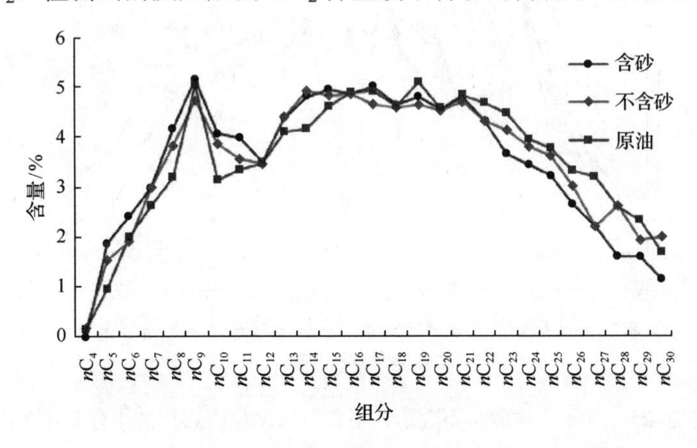

图 14-24　含砂与不含砂氧化反应后原油组分变化对比

14.2.4　水和油砂对原油低温氧化反应的协同影响

将油、水和天然油砂的混合物 $100cm^3$（含水率为 35%、天然油砂 $20cm^3$）装入容器中，再向容器内充入 100mL 的高压空气进行氧化实验，综合考虑水和油砂对原油氧化反应的影响，实验结果见表 14-6。

表 14-6　含水和砂对氧化反应速率的影响

实验	压力/MPa	温度/℃	反应速率/ 10^{-10}mol(O_2)/[h·mL(油)]	反应后 O_2 体积分数/%	反应后 CO_2 体积分数/%
空气+油	8	27	2.64	19.3	0.22
空气+油+水+砂	8	27	4.50	19.2	0.17

由图 14-25 可知含水、含砂的原油氧化反应后的轻质组分含量比不含水、不含砂时高，说明氧化反应的效果更明显。表 14-6 的实验结果表明，当原油中含水含砂时，反应速率比不含水不含砂时提高了 70.5%，耗氧量增加了 5.3%。反应消耗氧气量为 1.8mL，其中水消耗氧气量为 0.084mL，约占总耗氧量的 4.7%；油砂消耗氧气量为 0.18mL，约占总耗氧量的 10%；油消耗氧气量为 1.536mL，约占总耗氧量的 85.3%，单位体积油消耗氧气量约为 $0.029mL/cm^3$，较原油单独氧化反应时单位体积原油耗氧量（$0.017mL/cm^3$）提高了 70.6%。这是由于当油砂和水同时存在时，油砂和水都能吸附一定量的 O_2，并且油砂中的黏土对原油的氧化反应有一定的催化作用，加快了反应速率，增加了原油的耗氧量，氧化反应能够更好地进行。另外，由于地层水是润湿相，优先吸附在岩石表面，扩大了原油与空气的接触面积，既提高了氧化反应速率，又增加了原油对氧气的消耗量。

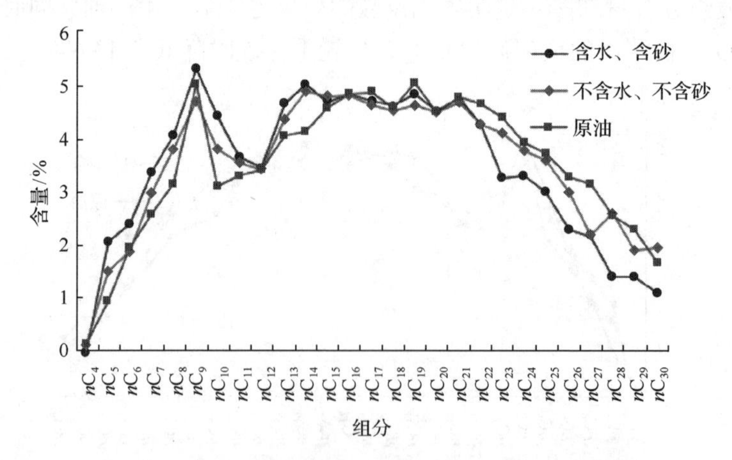

图 14-25　含水、含砂与不含水、不含砂氧化反应后原油组分变化对比

第 15 章　微观运移过程中泡沫形成和衰变机理

本章利用微观平面仿真光刻玻璃模型，研究了多孔介质中空气泡沫的微观渗流特征，直观地观察到泡沫在孔隙介质中的生成、运移、破灭及再生过程，分析了空气泡沫在多孔介质中的微观驱油机理。

15.1　空气泡沫微观驱替实验方法

本节利用微观仿真光刻玻璃模型模拟空气泡沫驱进行实验研究。实验装置分为驱替系统、微观系统和图像采集系统。通过采集系统采集驱替过程中的图片，进而分析多孔介质中空气泡沫驱的微观渗流特征和驱油机理。空气泡沫流体微观实验流程图如图 15-1 所示。

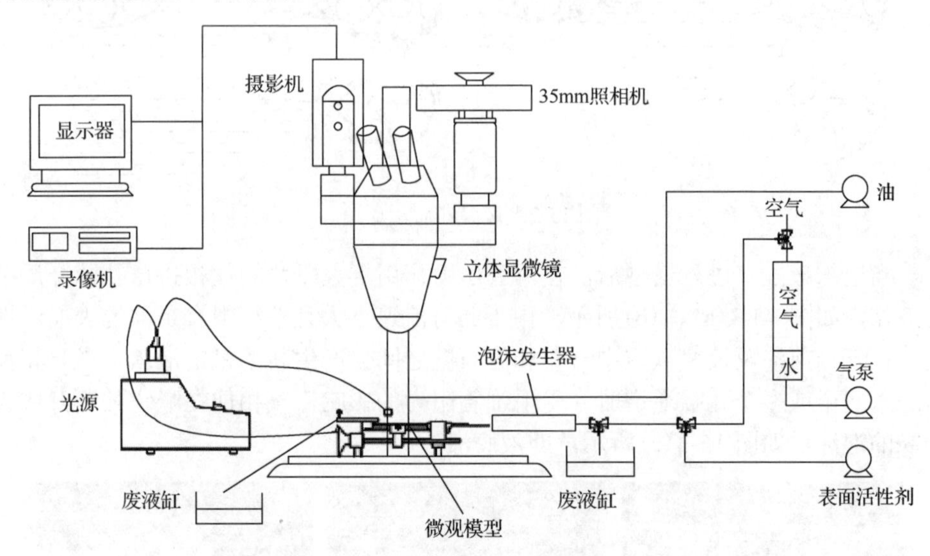

图 15-1　空气泡沫流体微观实验流程图

实验的基本步骤为：①配制溶液，包括模拟地层水(1L 蒸馏水+20g 甲基蓝)、模拟原油(200mL 煤油+1g 苏丹红 Ⅲ号)、泡沫液(450mL 蒸馏水+5mL ZY-1 起泡剂+10g 甲基蓝)；②调试显微摄像镜头；③将微观模型抽为真空，饱和地层水，然后再饱和原油；④以一定的速度进行水驱油，直至微观模型不出油为止；⑤进行空气泡沫驱，并随时记录驱替过程中的动态图像。

15.2　空气泡沫在多孔介质中的生成机理

通过观察发现，空气泡沫体系在多孔介质中的形成机理和常规泡沫形成机理相似。泡沫产生的 3 个机理分别为：液膜滞后、缩颈分离和液膜分断[76,77]。

1. 液膜滞后

液膜滞后是在低流速条件下主要发生在模型入口端的泡沫生成方式，液膜滞后示意图如图 15-2 所示。

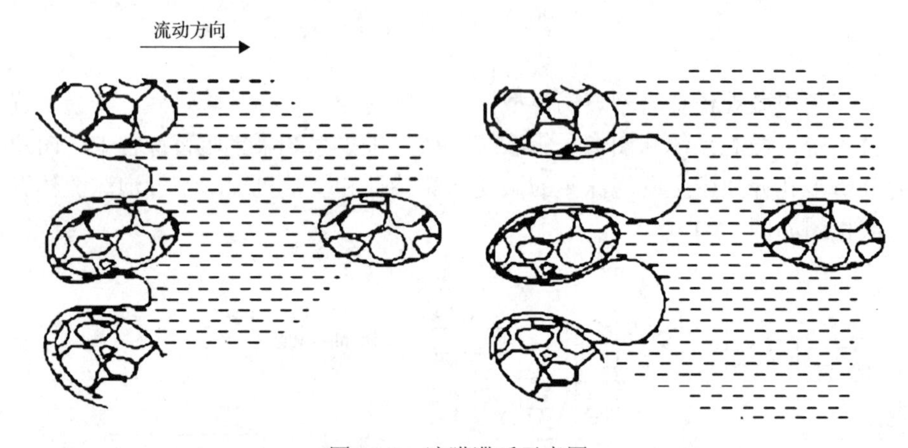

图 15-2　液膜滞后示意图

当泡沫液段塞进入模型后，在驱替压力作用下大段塞的气相挤压孔隙介质中的液相，如图 15-3(a)、(b)所示。由于此时流速不大且液相中有足够的表面活性剂，在气相前沿及较窄喉道中气相和岩石壁之间会产生新的稳定液膜，当气相前沿进入两个或多个孔喉通道时，受毛细管阻力的影响，气相便在喉道处断开成为独立的泡沫，如图 15-3(c)所示，即液膜滞后。

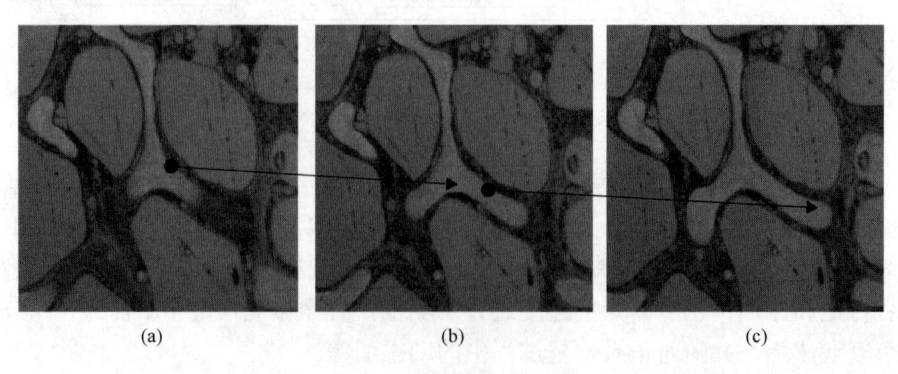

图 15-3　液膜滞后过程

当模型中流速过大时，气相在喉道处不会断开成为泡沫，而是很快沿大孔道迅速发生气窜；当液相中表面活性剂的浓度偏低时，生成的泡沫非常不稳定且很快消失。因此，进行空气泡沫驱替时应选择合适的驱替压力并控制好流速，进行空气段塞和泡沫液段塞交替注入，可以有效避免泡沫液浓度过低的情况。

2. 缩颈分离

缩颈分离是泡沫在孔隙介质中重要的再生机理，缩颈分离示意图如图 15-4 所示。当一个气泡在驱替压力作用下从一个孔隙经过喉道运移到另一个孔隙中时，气泡前缘先缩变为指状慢慢向喉道收缩处移动，如图 15-4(a)所示；当气泡前缘穿过了喉道最窄部位时，就会以较快的速度呈发散状膨胀进入下一个孔隙，如图 15-4(b)所示。

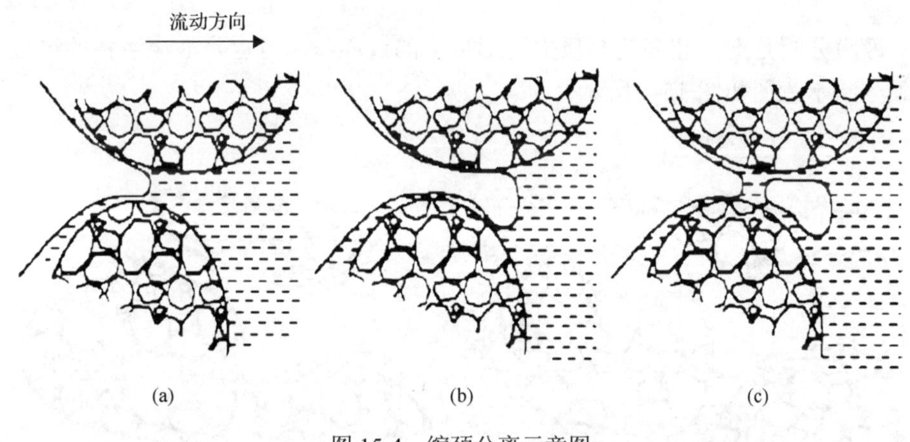

图 15-4　缩颈分离示意图

当气泡前缘逐渐向喉道收缩处移动时，毛细管半径 r 和润湿角 θ 都是逐渐减小的，所受的毛细管力 p_c 相应增加；由于微观模型为亲水模型，此时毛细管力 p_c 为阻力，当前缘到达喉道最窄处时，p_c 达到最大值；气泡前缘继续向前移动，毛细管力随着界面的扩展而下降，会产生一个从孔隙指向孔喉的液体压力梯度。多孔介质中的液相在驱替压力作用下沿孔隙壁面向前流动，当经过喉道时受液体压力梯度的影响会在喉道最窄处周围形成“马鞍状”累积液相，起到“瓶颈”的作用，挤压喉道处的气泡，如图 15-4(c)所示。

气泡缩颈分离通过孔隙喉道时，由于贾敏效应的存在，该过程被分为两个阶段，前一个是贾敏效应存在阶段，如图 15-5(a)和(b)所示，此时气泡运移速度非常缓慢；后一个是贾敏效应消失阶段，如图 15-5(c)所示，此时气泡运移速度相对较快。缩颈分离通常在较高的流速下更易发生，它使得空气成为不连续相，生成很多可以流动的泡沫，泡沫的贾敏效应具有叠加作用，从而很好地控制了空气在孔隙介质中的流度。

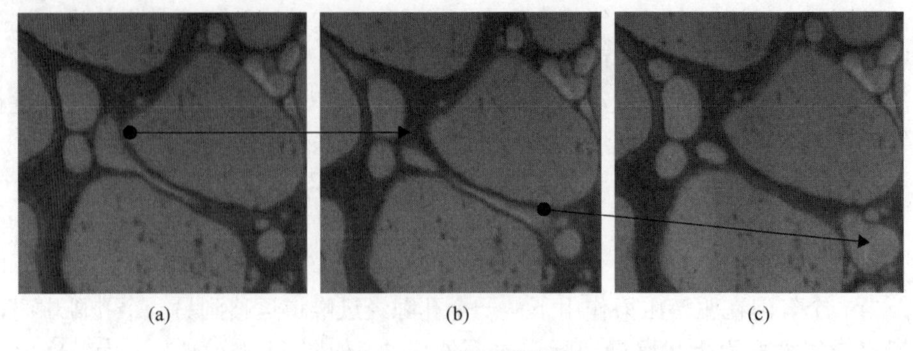

图 15-5　缩颈分离过程

3. 液膜分断

液膜分断是泡沫在多孔介质中变形再生的过程，同时也是泡沫运移的过程，液膜分断示意图如图 15-6 所示。

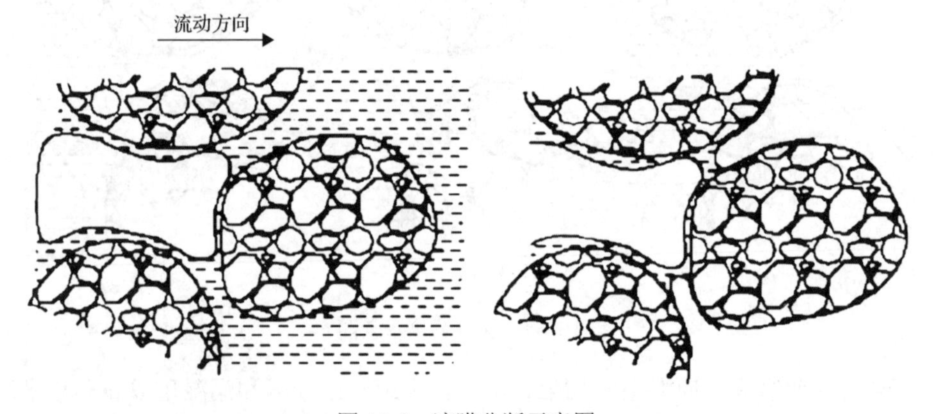

图 15-6　液膜分断示意图

多孔介质中的泡沫在驱替压力作用下向前运移，当进入有多条通道与之连通的孔隙体后，泡沫会选择从其中一条通道通过且不发生变形；或者被分成两个或多个气泡分别从不同的孔隙通道通过。气泡是否被分断主要受气泡大小和该孔隙体周围连通孔隙中捕集泡沫情况的影响。

首先，当气泡的大小较孔隙体小时，气泡不会被分断而是选择阻力相对较小的一个孔隙通道向前运移。其次，气泡路径选择还受到孔隙通道中所捕集泡沫的影响。最后，气泡的体积比孔隙体体积大时，在驱替压力的作用下气泡变形后能够横跨孔隙体，然后逐渐被分断(图 15-7)。

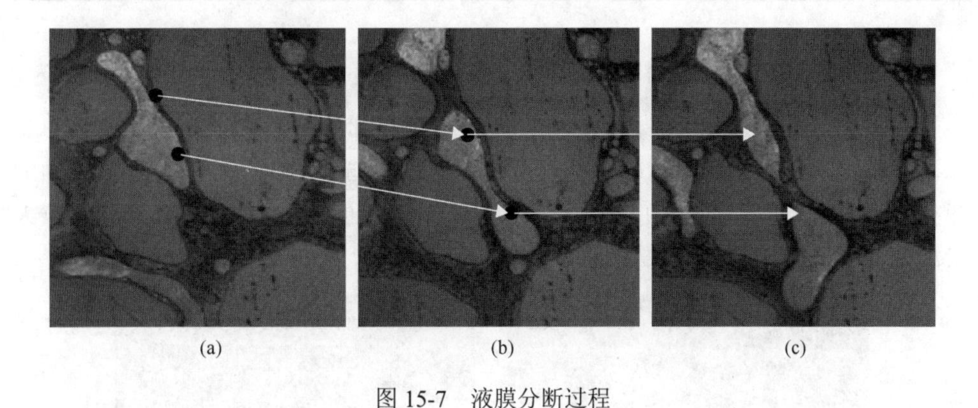

图 15-7　液膜分断过程

15.3　空气泡沫在多孔介质中的破灭机理

泡沫是热力学不稳定分散体系，会自动破裂。空气泡沫和普通泡沫一样，其自动破裂的原因主要有以下 3 个。

(1)液膜排液：首先是受重力的影响，液膜中液相下流，使得液膜变薄；其次如图 15-8 所示，P 点压力较 A 点较低，在压差作用下液相受毛细管抽吸作用使得液膜变薄；最后是蒸发作用。

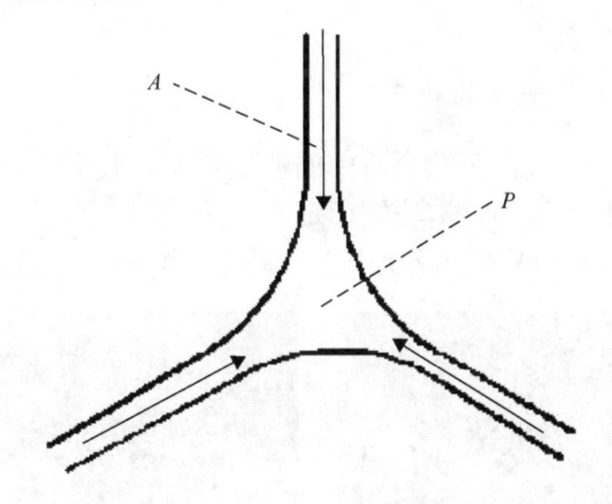

图 15-8　Plateau 边界示意图

(2)液膜破裂：泡沫体系为维持自身稳定，有能量趋于最小的趋势，液膜有自动破裂的趋势，因此，加入表面活性剂降低表面张力有利于泡沫维持自身稳定。

(3)气体扩散：泡沫体系中，小泡沫内的压力相对高于大泡沫内的压力，因此，小泡沫内的空气会自动渗透过液膜进入大泡沫中。

根据对微观实验图像的观察，空气泡沫的破灭可按照有油和无油两种情况进行分析，在不同情况下泡沫破灭的主导原因不同。

1. 有油情况下空气泡沫的破灭

在驱替前缘原油较多时，形成的液膜壁大部分都很薄，如图 15-9(a)所示。其非常不稳定，在渗流优势通道中很容易破裂，如图 15-9(b)所示。这主要是原油的存在使得大量表面活性剂由气水表面迁移到油水界面，从而使得原有泡沫(膜)失去活性剂的保护作用而破裂。

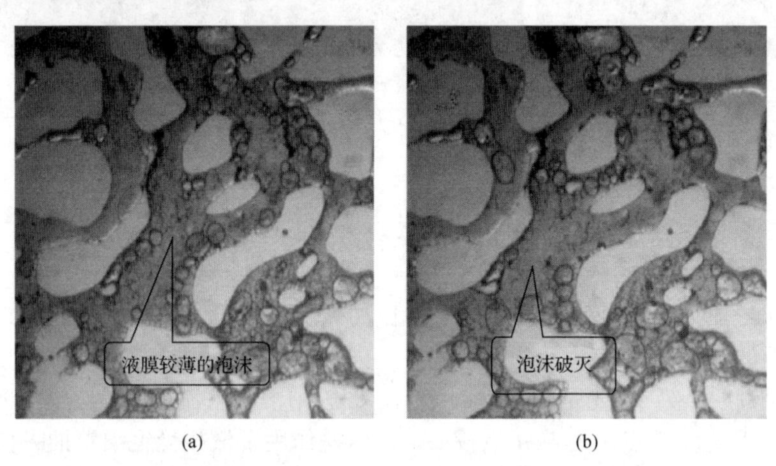

图 15-9　空气泡沫破灭图(含油饱和度高)

2. 无油情况下空气泡沫的破灭

在驱替中部或后部时，多孔介质中的油相变少，液相中的起泡剂浓度相对较高，使泡沫的表面张力较小，泡沫较稳定。如图 15-10 所示，此时泡沫破灭的主要方式是气体扩散，在驱替压力作用下，不断生成的小泡沫破裂合并生成大泡沫。

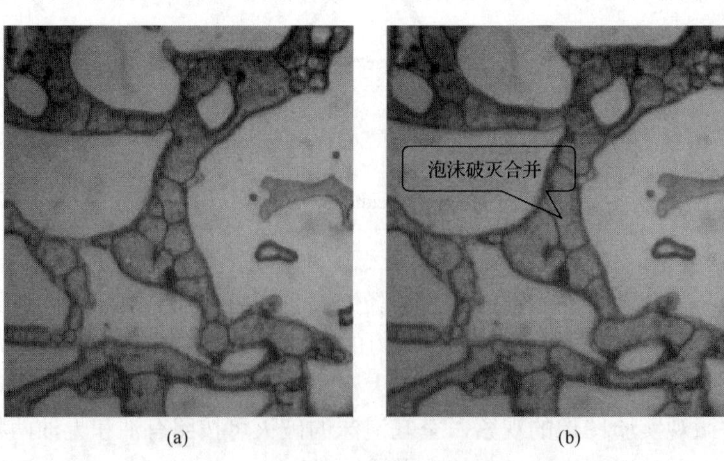

图 15-10　空气泡沫破灭图(含油饱和度低)

15.4　空气泡沫在多孔介质中的运移机理

泡沫是由液相和气相组成的热力学不稳定体系，泡沫在多孔介质中的流动阻力比单纯的液相或气相都大很多。泡沫在多孔介质中运移时液相和气相是分开运移的，在整个过程中泡沫以不断地产生、变形、聚并的形式通过多孔介质。而液相则主要在泡沫网膜中活动，且气相比液相的流速快。

1. 气相运移

一般情况下，气相在多孔介质中处于两种状态：一种是被捕集状态，另一种是流动状态。研究表明，多孔介质中被捕集的气相占 70%～100%，被捕集的气相大大减小了孔隙介质中流体的流动空间，从而有效降低了气相在孔隙介质中的有效渗透率。如图 15-11 所示，部分泡沫在渗流阻力相对较小的渗流优势通道中以“泡沫珠”滚动的形式向前运移，还有一部分泡沫则被捕集在渗流弱势通道及渗流优势通道的孔隙壁附近。泡沫捕集是泡沫的一种暂时状态，压力梯度的上升、气体流速的增大、多孔介质的几何形状等因素的改变都会使被捕集泡沫成为流动泡沫。

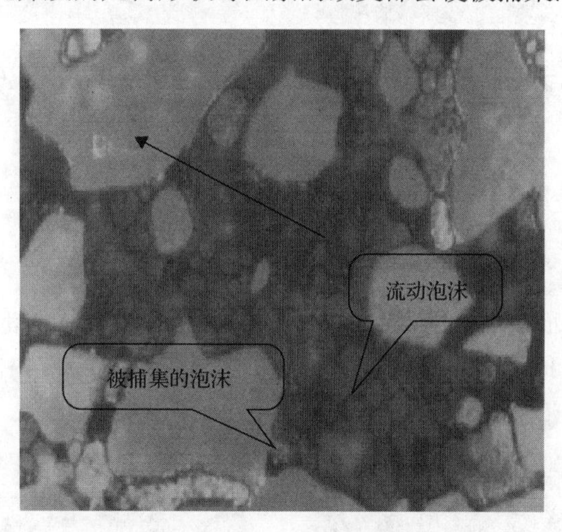

图 15-11　空气泡沫捕集图

2. 液相运移

一般情况下，在水湿孔隙介质中液相的存在形态也分为两种：体积水和液膜水。液膜水顾名思义即形成一定厚度的液膜将气相分离成泡沫；多孔介质中的液相除去液膜水，其余的液相称为体积水。稳定状态下，液相是以体积水和液膜水不断互换的形式在多孔介质中运移。受气液比影响，泡沫干度不断发生变化，液膜存在一个临界厚度。当孔隙介质中的液膜厚度达到临界厚度时，液膜水压力等于体积水压力，液膜稳定；若继续增大气液比，则液膜水压力大于体积水压力，液膜破裂后液膜水变为体积水；反之，若气液比降低则体积水补充液膜水使其稳定。作为润湿相的液相，其运移活动主要发生在液膜网中，所以其相对渗透率基本不受泡沫的影响。

15.5 空气泡沫微观驱油特性

1. 泡沫挤压与占据作用

从实验中观察到，对一般较规则的连通孔道而言，泡沫先挤压、剪切油滴，将油推走，然后再占据孔道(图 15-12)。

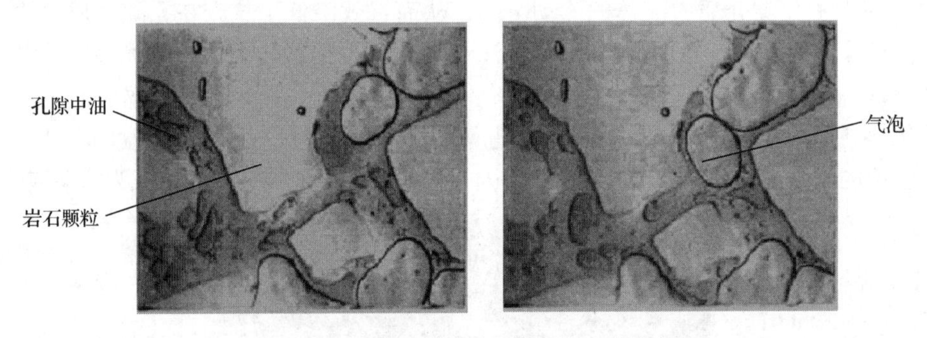

图 15-12 连通孔道中泡沫挤压与占据作用

2. 泡沫驱替盲端残余油作用

对于盲端孔隙而言(图 15-13)，小泡沫先被快速移动的大泡沫挤入盲端入口，然后被后来的泡沫顶入盲端深部，并占据油滴的空间，盲端内的油相在泡沫的变形挤压下则沿泡沫液膜的边缘排出。

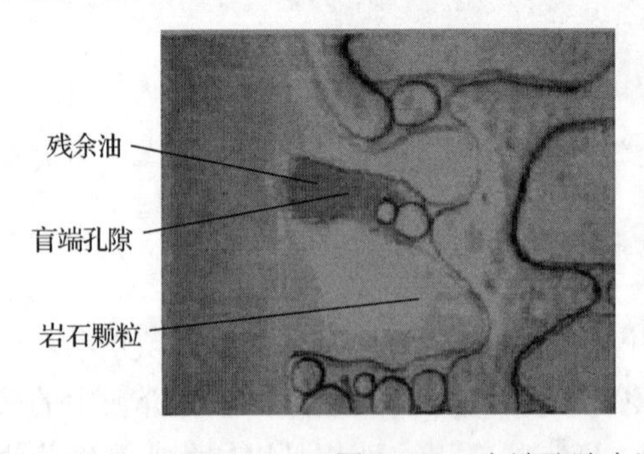

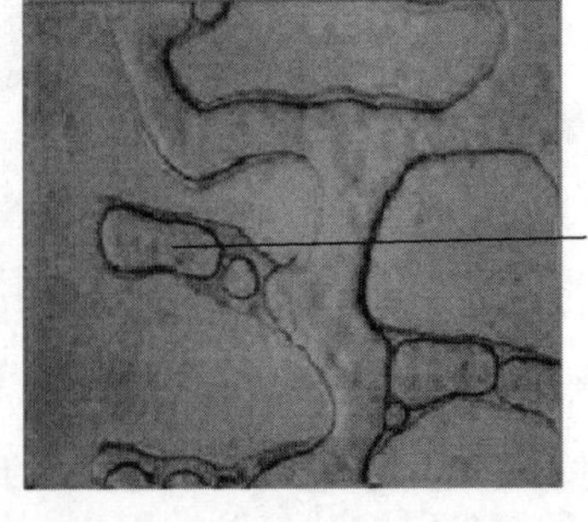

图 15-13 盲端孔隙中泡沫挤压与占据作用

3. 泡沫的选择性堵塞作用

泡沫在运移到一定的位置后便驻留，引起流度下降，从而大幅度降低气相(泡沫)渗透率，对液相(油水混合物)渗透率则影响不大(图 15-14)。

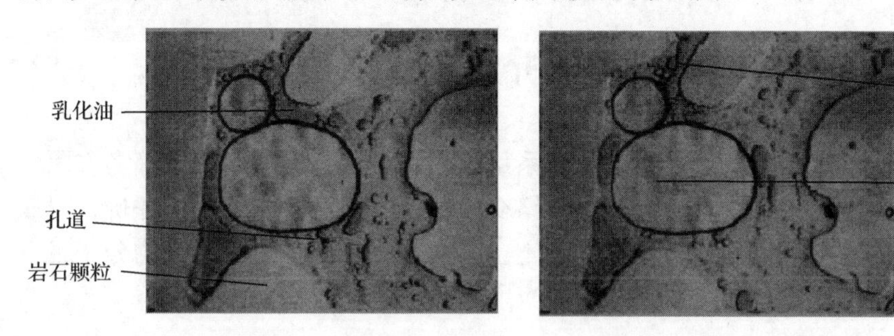

图 15-14　泡沫的选择性堵塞作用

4. 泡沫和气柱堵塞大孔道作用

泡沫在多孔介质中运移时，大泡沫运移的速度要比小泡沫运移的速度慢。这是因为在流动状态下，黏滞力使液体进入管壁和膜内边界之间的滑动层，结果气泡被拉伸变形；此外，由于孔隙的不规则性，气泡两端曲率不同，于是产生了叠加的气液界面阻力效应——贾敏效应。这些因素造成大气泡变形大，流动阻力也大，而小气泡因变形小，流动阻力也相对较小。

另外，还发现大气柱有抢先堵塞大孔隙的趋势。在大泡沫和大气柱选择性地堵塞大孔隙的同时，小泡沫、水相、油相和因活性剂存在而生成的乳状液则从小孔隙向前渗流，最大限度地提高了波及体积(图 15-15)。这种选择性堵塞作用有利于更多地驱赶、剥落小孔隙内及残余在孔隙岩壁的原油，有利于提高采收率。

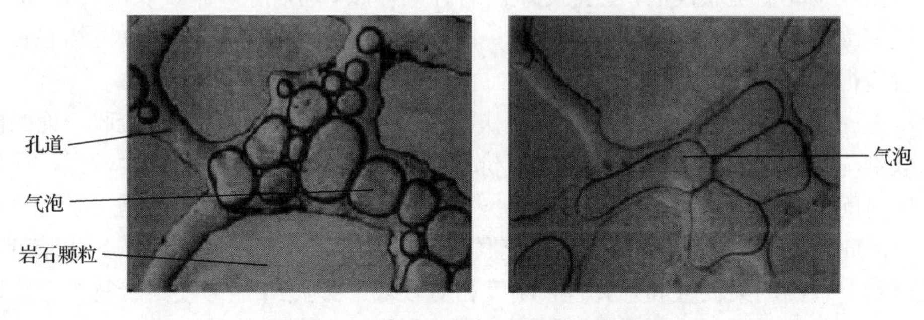

图 15-15　泡沫和气柱堵塞大孔道作用

第 16 章　酚醛树脂交联体系与铬交联体系性能分析与评价

空气泡沫驱过程中，聚合物交联体系可以起到驱油、调剖、稳泡等多方面作用[78-80]。通过实验对常用的酚醛树脂及铬交联体系进行了性能分析与评价，对成胶机理、成胶影响因素进行了分析，确定了不同水质条件，不同聚合物分子量下交联体系的配方，为空气泡沫驱的现场应用提供了理论基础。

16.1　酚醛树脂交联体系

16.1.1　交联体系成胶机理

在交联剂和促凝剂同时存在的条件下，二者发生反应，生成类似于金属性质的交联剂物质(以下称此物质为 M)和酚醛树脂类交联剂物质(以下命名为 N)。两者分别与聚丙烯酰胺发生交联反应，两者的协同作用使之形成较好质量的凝胶。其中，交联剂的用量控制 M 的生成量，促凝剂的用量控制 N 的生成量。

物质 N 是交联剂和促凝剂混合后在一定温度下缓慢释放出来的，因而能够起到延缓交联时间的作用。物质 N 与聚丙烯酰胺的交联过程分为诱导期、加速期和终止期。在诱导期，体系的黏度变化不大，主要进行的是分子内的交联反应，而分子内的交联反应会导致体系的黏度下降。而体系的黏度在加速期急剧增加，主要发生分子间的交联反应，三维交联网络开始形成。随后在一个较长的终止期内，交联速度下降，体系的黏度缓慢增加，并达到一个最大值，化学交联网络也在这个阶段得到增强。

金属离子与羧酸基团的络合速度快，以配位键形式(键能较小)交联，而酚醛交联剂与聚丙烯酰胺中的酰胺基以共价键形式交联(键能较大)，速度较慢，前段反应时间内主要发生的是络合交联反应，后段时间内主要发生的则是化学交联反应。因此物质 N 具有使聚合物溶液交联滞后，黏度增长变缓的特点，其成胶特性具有相对较高的柔韧性和黏弹性，刚度相对较低。物质 M 能够使聚合物溶液交联速度加快，一般是在第一天就开始交联，黏度增长较快，成胶过程具有强度和刚度高、黏弹性和柔韧性相对低的特性。

在矿化度为 935mg/L 的模拟地层水和 30℃条件下，交联剂用量较少时成胶强度低，甚至不成胶，由此说明促凝剂所起的作用倾向于在交联剂起作用以后的附加作用，即强化凝胶的作用。交联剂浓度过高，其成胶黏度不会相应提高，主要原因是其中 HPAM 中羧基含量一定，没有更多的羧基与物质 M 反应。聚合物浓度的高低主要决定了形成凝胶的最终强度，总体趋势是聚合物浓度越高，形成的凝胶强度越高。物质 N 的微观交联机理如下所述[81]。

第一步，苯酚与甲醛进行反应，生成羟甲基苯酚或酚醛树脂，反应方程式如下：

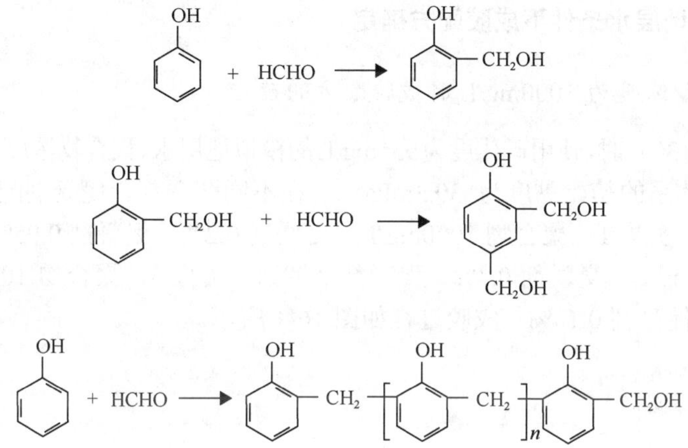

OH　+ HCHO ⟶ OH　CH_2OH

OH　CH_2OH　+ HCHO ⟶ OH　CH_2OH　CH_2OH

OH　+ HCHO ⟶ OH　CH_2　[OH　CH_2]$_n$　OH　CH_2OH

第二步，聚丙烯酰胺与羟甲基苯酚进行缩合，反应方程式如下：

2 ⟮CH_2—CH⟯$_x$⟮CH_2—CH⟯$_y$ (C=O, NH_2; COONa) + OH　CH_2OH　CH_2OH

⟶ ⟮CH_2—CH⟯$_x$⟮CH_2—CH⟯$_y$ + H_2O (C=O; COONa)

NH—CH_2　CH_2—NH—C=O　OH

⟮CH_2—CH⟯$_x$⟮CH_2—CH⟯$_y$ (COONa)

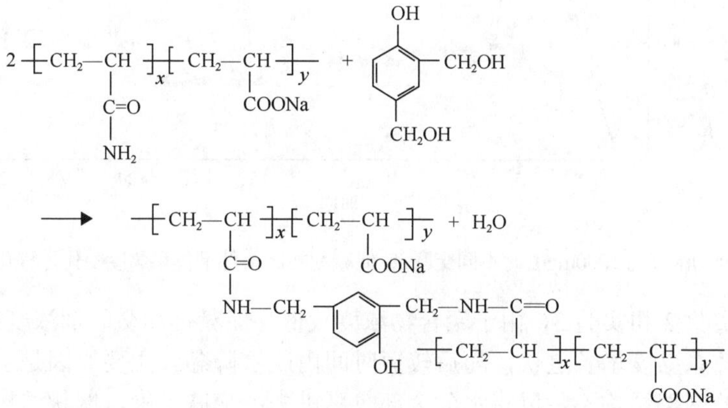

第三步，聚丙烯酰胺与酚醛树脂进行缩合，反应方程式如下：

2 ⟮CH_2—CH⟯$_x$⟮CH_2—CH⟯$_y$ (C=O, NH_2; COONa) + HO—CH_2 ⟮OH　CH_2⟯$_n$ OH

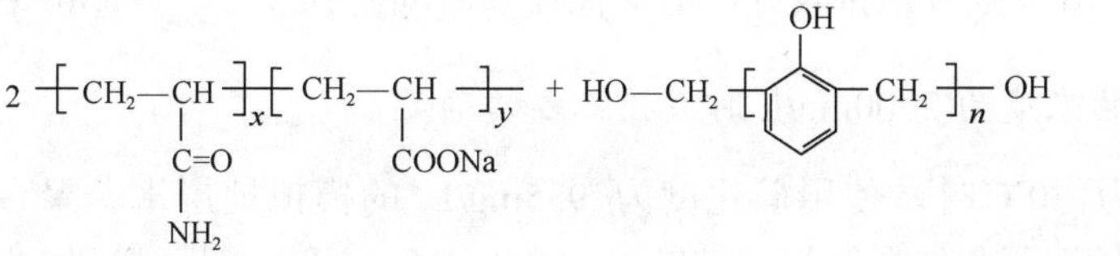

$$\longrightarrow \left[CH_2-CH \right]_x \left[CH_2-CH \right]_y \quad + \quad H_2O$$

（第一个 CH 上接 $C{=}O$，再接 $NH-CH_2-\left[C_6H_3(OH)-CH_2 \right]_n-NH-C{=}O$，该 $C{=}O$ 接 $\left[CH_2-CH \right]_x \left[CH_2-CH(COONa) \right]_y$；第二个 CH 上接 COONa）

16.1.2　模拟地层水条件下成胶配方确定

1. 聚合物浓度为 1000mg/L 时成胶配方的确定

在温度为30℃时，使用矿化度为935mg/L的模拟地层水、聚合物浓度为1000mg/L的情况下，体系的初始黏度为 30.3mPa·s。在不同交联剂、促凝剂配比条件下设置 3 组实验。实验 1：聚合物 1000mg/L、交联剂 0.2%、促凝剂 0.05%。实验 2：聚合物 1000mg/L、交联剂 0.3%、促凝剂 0.09%。实验 3：聚合物 1000mg/L、交联剂 0.4%、促凝剂 0.13%。成胶过程如图 16-1 所示。

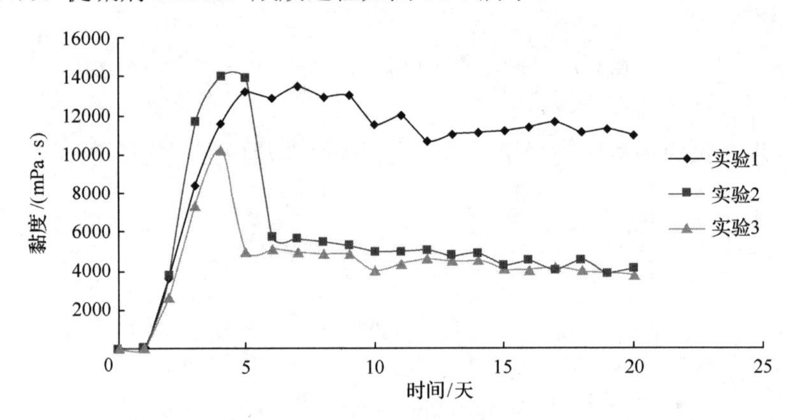

图16-1　聚合物浓度为1000mg/L时不同交联剂、促凝剂配比条件下体系黏度变化过程(注入水条件)

对于实验 2 和实验 3，由于聚合物浓度较低，促凝剂和交联剂浓度相对较高，成胶初期体系黏度增长过快，随后较短时间内脱水降黏。主要原因是主剂浓度较低，形成的网架结构不足以将水分全部包裹进去；交联过度，网状结构收缩，将部分水分挤压出来。实验 1 随时间的延长，黏度有缓慢下降趋势，保持了较好的黏度稳定性，凝胶强度维持较好，能够保证长时间内强度在 10000mPa·s 以上。

2. 聚合物浓度为 2000mg/L 时成胶配方的确定

在温度为 30℃时，使用矿化度为 935mg/L 的模拟地层水、聚合物浓度为 2000mg/L 的情况下，体系的初始黏度为 360.9mPa·s。在不同交联剂、促凝剂配比条件下设置 3 组实验。实验 4：聚合物 2000mg/L、交联剂 0.2%、促凝剂 0.09%。

实验 5：聚合物 2000mg/L、交联剂 0.3%、促凝剂 0.13%。实验 6：聚合物 2000mg/L、交联剂 0.4%、促凝剂 0.05%。成胶过程如图 16-2 所示。

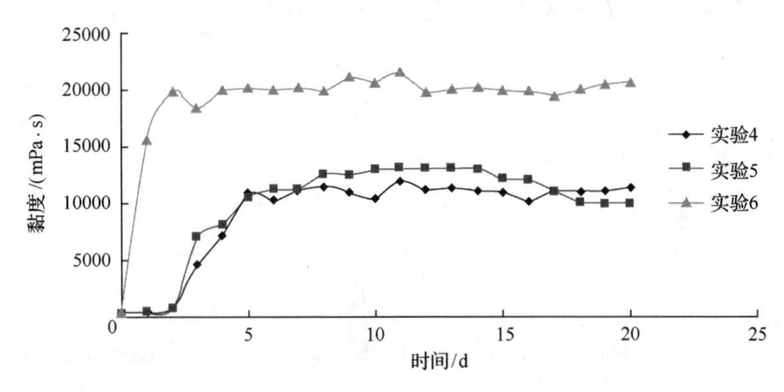

图 16-2　聚合物浓度为 2000mg/L 时不同交联剂、促凝剂配比条件下体系黏度变化过程（注入水条件）

实验 6 交联剂用量大、促凝剂用量小，延缓交联作用不明显，初期黏度增长较快。促凝剂用量小，生成物质 N 对凝胶所起的延缓交联作用小，凝胶强度及成胶过程主要以物质 M 的作用形式表现出来，最终凝胶强度维持在 20000mPa·s 左右。相较于实验 6，实验 4 和实验 5 交联剂相对促凝剂的用量小，生成的物质 M 量小，只能跟部分水解聚丙烯酰胺中的少量羧基反应交联，生成物质 N 的量相对较多，延缓交联作用明显，使其初期交联特性表现不明显，黏度增长缓慢；较多的物质 N 在成胶初期能与部分水解聚丙烯酰胺的酰胺基发生脱水缩合，形成分子内交联，黏度增加不明显；成胶后期与部分水解聚丙烯酰胺中的大量酰胺基发生作用产生分子间交联，凝胶黏度上升较快，黏度维持在 10000mPa·s 左右。

3. 聚合物浓度为 3000mg/L 时成胶配方的确定

在温度为 30℃、使用矿化度为 935mg/L 的模拟地层水、聚合物浓度为 3000mg/L 的情况下，体系的初始黏度为 1095mPa·s。不同交联剂、促凝剂配比条件下设置 3 组实验。实验 7：聚合物 3000mg/L、交联剂 0.2%、促凝剂 0.13%。实验 8：聚合物 3000mg/L、交联剂 0.3%、促凝剂 0.05%。实验 9：聚合物 3000mg/L、交联剂 0.4%、促凝剂 0.09%。成胶过程如图 16-3 所示。

对于实验 7，交联剂用量少、促凝剂用量多，从而生成物质 M 少、生成物质 N 多，M 与聚合物分子中的少量羧基交联，初期交联过程缓慢。物质 N 在后期与大量聚丙烯酰胺分子间的酰胺基发生交联反应，黏度缓慢上升。实验 8 和实验 9 交联剂用量相对较高，生成较多的物质 M，与部分水解聚丙烯酰胺中的大量羧基发生交联反应，初期交联现象明显，黏度升高较快，并很快达到稳定；后期物质 N 对凝胶强度起一定的强化作用，更有利于凝胶的稳定，实验 9 的黏度维持在 22000mPa·s 左右。

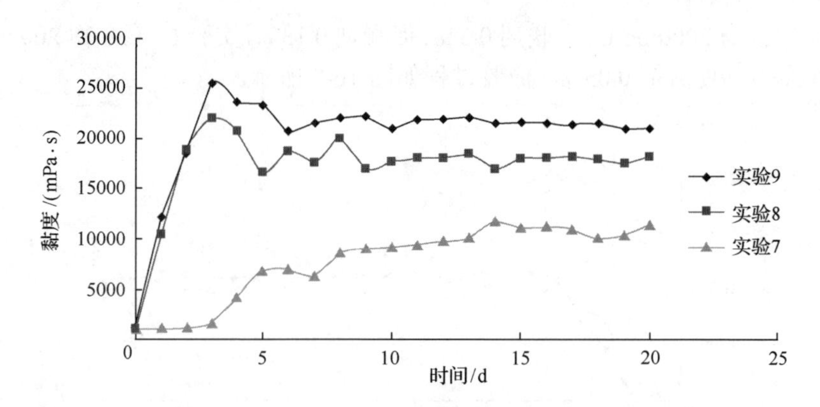

图16-3　聚合物浓度为3000mg/L时不同交联剂、促凝剂配比条件下体系黏度变化过程(注入水条件)

综上所述，若交联剂用量较少、促凝剂用量较多，则成胶时间较长，凝胶强度不高。当促凝剂用量超过一定浓度时，会造成凝胶交联过度，稳定性下降，脱水现象严重。二者复合后，由于复合体系中酚醛树脂性质的物质N和金属交联剂性质的物质M的协同作用，凝胶体系的成胶时间、凝胶强度和稳定性都得到了改善。当复合使用时，两种交联体系的反应既有竞争又有协同，起到了一定的延缓作用，成胶时间变得适中。凝胶形成过程中，由于两种交联体系的交联机理不同，各自形成凝胶结构的微粒大小和形貌有较大的差别。复合后凝胶体系的凝胶强度、稳定性都得到了大大改善。

综合分析实验结果(表16-1)可以得出如下结论。

(1)成胶时间随聚合物浓度的增加和交联剂用量的增加而减小；随促凝剂浓度的增加而略有增加，其中交联剂对凝胶黏度增加所起的作用明显。

表16-1　模拟地层水条件下不同聚合物浓度时成胶配方

试验编号	配方			成胶时间/d	凝胶强度/(mPa·s)	初始黏度/(mPa·s)	稳定性/d
	聚合物浓度/(mg/L)	交联剂/%	促凝剂/%				
1	1000	0.2	0.05	3～4	>10000	30.3	>20
2	1000	0.3	0.09	3～4	>4000	30.3	>20
3	1000	0.4	0.13	3～4	>3000	30.3	>20
4	2000	0.2	0.09	3～4	>11000	360.9	>60
5	2000	0.3	0.13	3～4	>10000	360.9	>60
6	2000	0.4	0.05	1～2	>20000	360.9	>60
7	3000	0.2	0.13	3～4	>10000	1095.0	>60
8	3000	0.3	0.05	1～2	>18000	1095.0	>60
9	3000	0.4	0.09	1～2	>21000	1095.0	>60

(2) 凝胶强度随聚合物浓度和交联剂浓度的增加而增加，当交联剂浓度相对较低时（<0.3%），其对交联过程作用不明显；当浓度达到一定值后其交联作用特性显著增加。

(3) 凝胶稳定性随聚合物浓度的增加而增加；随交联剂的增加先增加后减小；随促凝剂的增加先增加后减小，减小的原因均是过度交联使凝胶产生脱水降黏现象。

16.1.3　地层水条件下成胶配方确定

1. 聚合物浓度为 2000mg/L 时成胶配方的确定

在温度为 30℃时，使用矿化度为 14000mg/L 的模拟地层水、聚合物浓度为 2000mg/L 的情况下，体系的初始黏度为 14.7mPa·s。不同交联剂、促凝剂配比条件下设置 3 组实验。实验 1：聚合物 2000mg/L、交联剂 0.2%、促凝剂 0.05%。实验 2：聚合物 2000mg/L、交联剂 0.3%、促凝剂 0.09%。实验 3：聚合物 2000mg/L、交联剂 0.4%、促凝剂 0.13%。成胶过程如图 16-4 所示。

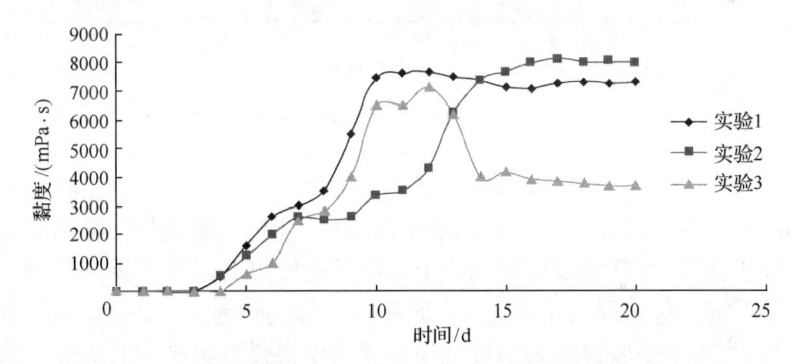

图16-4　聚合物浓度为2000mg/L时不同交联剂、促凝剂配比条件下体系黏度变化过程（地层水条件）

由于主剂聚合物溶液的浓度限制，以及高矿化度下聚合物溶液的降黏特性明显（高矿化度下由于静电屏蔽作用，聚合物分子链蜷缩严重），宏观上体系初期黏度较低，并且聚合物分子卷曲程度相对较高，聚合物分子间距离相对较大，起到交联质点桥梁作用的交联剂不能很好地发挥作用，体系成胶时间延长。对于实验 3，凝胶黏度先增加，维持一段时间后急剧下降，主要原因是交联剂和促凝剂用量过多，产生过度交联使之脱水降黏。实验 2 比实验 1 凝胶黏度略有提高，成胶时间显著增加的原因是促凝剂用量增加，反应过程中产生较多的物质 N，有利于延缓交联。虽然交联剂用量也略有增加，但由于物质 M 与 N 之间存在竞争作用，宏观上表现出物质 N 的作用明显。

整体来看，当主剂浓度为 2000mg/L 时，适当添加交联剂和促凝剂量，其成胶强度能达到 8000mPa·s 以上，成胶时间为 3～4 天，凝胶稳定性较好。

2. 聚合物浓度为3000mg/L时成胶配方的确定

在温度为 30℃时，使用矿化度为 14000mg/L 的模拟地层水、聚合物浓度为3000mg/L 的情况下，体系的初始黏度为 38.0mPa·s。不同交联剂、促凝剂配比条件下设置 3 组实验。实验 4：聚合物 3000mg/L、交联剂 0.2%、促凝剂 0.09%。实验 5：聚合物 3000mg/L、交联剂 0.3%、促凝剂 0.13%。实验 6：聚合物 3000mg/L、交联剂 0.4%、促凝剂 0.05%。成胶过程如图 16-5 所示。

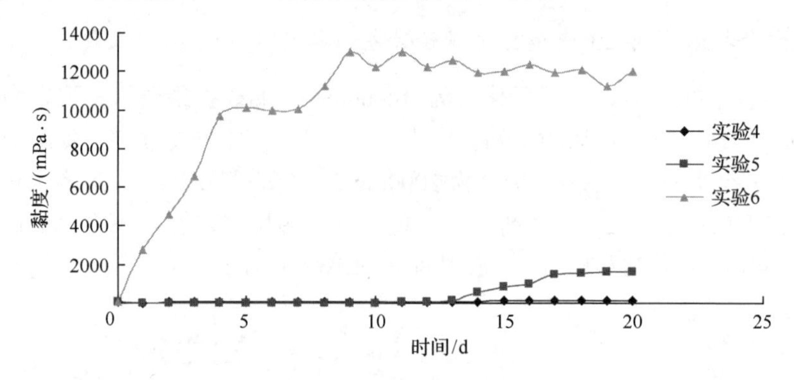

图16-5 聚合物浓度为3000mg/L时不同交联剂、促凝剂配比条件下体系黏度变化过程(地层水条件)

对于实验 4 和实验 5，体系黏度基本不增加，并伴有促凝剂结块沉淀现象。初步分析认为，当促凝剂用量相对交联剂用量较大时(交联剂与促凝剂的比例小于3∶1)，且在低温(交联剂及促凝剂分子反应活化能降低，导致反应缓慢或长时间不反应)及大量二价金属离子作用下，促凝剂难与交联剂发生作用，两者都失去交联活性，长时间不交联，促凝剂以沉淀形式出现，最终导致交联失败。同时具备交联剂与促凝剂的比例小于 3∶1、低温环境、高矿化度 3 个条件时则不能成胶。

由实验 6 可以看出，当主剂浓度为 3000mg/L 时，适当添加交联剂和促凝剂量，其成胶强度能达到 12000mPa·s 以上，凝胶稳定性较好。

3. 聚合物浓度为4000mg/L时成胶配方的确定

在温度为 30℃时，使用矿化度为 14000mg/L 的模拟地层水、聚合物浓度为4000mg/L 的情况下，体系的初始黏度为 224.0mPa·s。不同交联剂、促凝剂配比条件下设置 3 组实验。实验 7：聚合物 4000mg/L、交联剂 0.2%、促凝剂 0.13%。实验 8：聚合物 4000mg/L、交联剂 0.3%、促凝剂 0.05%。实验 9：聚合物 4000mg/L、交联剂 0.4%、促凝剂 0.09%。成胶过程如图 16-6 所示。

实验 7 中交联剂与促凝剂的比例小于 3∶1，在低温高矿化度条件下，两者不发生反应，不能生成物质 M 和 N，进而不能与聚合物产生交联。同时在高矿化度

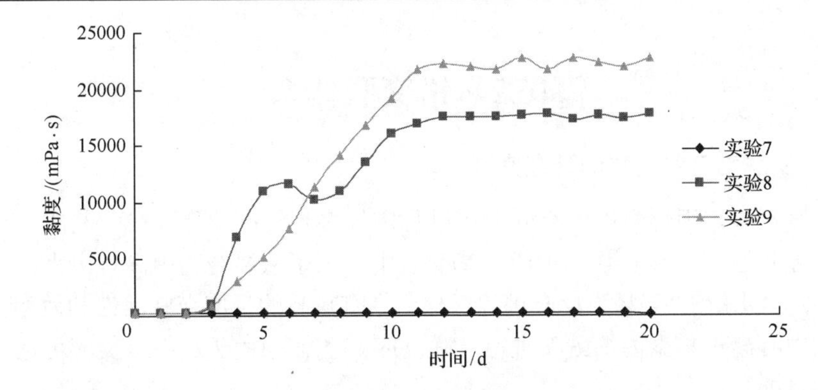

图 16-6　聚合物浓度为 4000mg/L 时不同交联剂促凝剂配比条件下体系黏度变化过程(地层水条件)

条件下成胶时间明显延长。高矿化度下聚合物分子卷曲，分子间间距有所增大，分子间交联程度会随之降低，影响成胶时间和成胶强度。整体来看，当主剂浓度为 4000mg/L 时，适当添加交联剂和促凝剂量，其成胶强度能达到 20000mPa·s 以上，成胶时间为 3～4 天，凝胶稳定性较好。

综合分析实验结果(表 16-2)，可以得出如下结论。

(1)成胶时间随聚合物浓度的增加而减小；随促凝剂浓度的增加而略有增加，其中交联剂对凝胶黏度的增加所起的作用明显。

(2)凝胶强度随聚合物浓度和交联剂浓度的增加而增加，当交联剂浓度相对较低时(＜0.3%)，其对交联过程作用不明显，当浓度达到一定值后其交联作用特性显著增加。

(3)凝胶稳定性随聚合物浓度的增加而增加。

(4)交联剂与促凝剂比例小于 3∶1 时，在低温高矿化度条件下，两者不发生反应，不能生成物质 M 和 N，进而不能与聚合物产生交联。

表 16-2　地层水条件下不同聚合物浓度时成胶配方

试验编号	配方			成胶时间/d	凝胶强度/(mPa·s)	初始黏度/(mPa·s)	稳定性/d
	聚合物/(mg/L)	交联剂/%	促凝剂/%				
1	2000	0.2	0.05	4～5	＞7000	14.7	＞20
2	2000	0.3	0.09	4～5	＞8000	14.7	＞20
3	2000	0.4	0.13	6～7	＞3000	14.7	＞20
4	3000	0.2	0.09			38.0	
5	3000	0.3	0.13			38.0	
6	3000	0.4	0.05	2～3	＞12000	38.0	＞60
7	4000	0.2	0.13			224.0	
8	4000	0.3	0.05	3～4	＞17000	224.0	＞60
9	4000	0.4	0.09	3～4	＞22000	224.0	＞60

16.2　铬交联体系

16.2.1　交联剂与聚合物的延缓交联机理

交联剂与聚丙烯酰胺的交联反应过程需经多步反应才能完成，其成胶过程主要分 4 步进行：①络合物的形成；②交联中心离子从络合物中离解出来；③中心离子经过“水解”“羟桥”反应进行活化，具有较高的反应交联活性和效率；④活化后的中心离子与聚丙烯酰胺进行交联反应。控制其中的 2、3 步反应可达到延缓交联的目的。

1. 交联剂的延缓离解机理

络合交联剂与聚丙烯酰胺大分子交联作用的核心就是中心离子，只有中心离子从络合交联中离解出来，才会发生交联。它的离解过程主要受络合物的络合物质的量比、体系的 pH 和温度的影响，络合交联剂在水溶液中存在多级动态离解平衡。

$$[ML_6]^{3-} \underset{-H_2O}{\overset{+H_2O}{\rightleftharpoons}} [ML_5(H_2O)]^{2-} + L^- - Q_1$$

$$[ML_5(H_2O)]^{2-} \underset{-H_2O}{\overset{+H_2O}{\rightleftharpoons}} [ML_4(H_2O)_2]^- + L^- - Q_2$$

$$[ML_4(H_2O)_2]^- \underset{-H_2O}{\overset{+H_2O}{\rightleftharpoons}} [ML_3(H_2O)_3] + L^- - Q_3$$

$$[ML_3(H_2O)_3] \underset{-H_2O}{\overset{+H_2O}{\rightleftharpoons}} [ML_2(H_2O)_4]^+ + L^- - Q_4$$

$$[ML_2(H_2O)_4]^+ \underset{-H_2O}{\overset{+H_2O}{\rightleftharpoons}} [ML(H_2O)_5]^{2+} + L^- - Q_5$$

$$[ML(H_2O)_5]^{2+} \underset{-H_2O}{\overset{+H_2O}{\rightleftharpoons}} [M(H_2O)_6]^{3+} + L^- - Q_6$$

式中，$-Q_1$～$-Q_6$ 为反应热，负号表示为吸热反应；M 为交联中心离子；L 为络合配位体。

当体系温度升高时，有利于离解反应；当 L^-/M^{3+} 增加时，有利于络合方向反应，表现为延迟性；当 pH 降低时，$[H^+]$ 增加，$[L^-]$ 降低，有利于离解反应。从络合物的稳定性出发，可以调整 pH 和 L^-/M^{3+} 络合物质的量比来满足不同温度下离解过程的延迟性。

2. 水合中心离子反应

由于配位水合离子电荷/半径的比值高，在水解过程中，从配位水中可失去质子形成一系列羟桥络合物。反应如下：

$$[M(H_2O)_6]^{3+} \underset{+H^+}{\overset{-H^+}{\rightleftharpoons}} [M(H_2O)_5OH]^{2+} - Q_1$$

$$[M(H_2O)_5]^{3+} \underset{+H^+}{\overset{-H^+}{\rightleftharpoons}} [M(H_2O)_4OH]^{2+} - Q_2$$

$$[M(H_2O)_4]^{3+} \underset{+H^+}{\overset{-H^+}{\rightleftharpoons}} [M(H_2O)_3OH]^{2+} - Q_3$$

通过以上机理研究可以看出，交联剂与聚丙烯酰胺的延迟交联机理可通过调整络合物交联剂的稳定性、络合交联剂的离解速度、水解速度、“羟桥”反应速度、交联剂浓度和聚丙烯酰胺浓度等变量，来实现体系的延迟交联。

16.2.2　调剖剂成胶影响因素分析

交联剂的配制：将一定量的$CrCl_3$溶解于水中，向其中加入乳酸，搅拌溶解，在45℃恒温箱中放置3天后备用(随着体系老化时间的延长，溶液中的环状乳酸铬三聚体含量增多。由于环状的三聚体最稳定，聚丙烯酰胺/交联剂体系的成胶时间随老化时间的延长而增加)，可以观察到交联剂溶液的颜色从绿色变为蓝黑色。

弱凝胶的制备：先用量筒量取一定量已配好的聚丙烯酰胺母液和硫脲稳定剂母液，边搅拌边加入一定量配制好的交联剂，继续搅拌使交联剂均匀分散在溶液中，最终可得到一系列不同浓度的弱凝胶调剖剂。

1. Na^+对体系成胶的影响情况

在单独用蒸馏水配制交联体系时，体系不成胶，然后依次向清水中加入不同质量的NaCl，配制成不同浓度的NaCl溶液，用不同浓度的NaCl溶液配制交联体系，固定HPAM浓度为2000mg/L，三氯化铬∶乳酸为1∶5，交联剂浓度为200mg/L，硫脲浓度为600mg/L，调节溶液为中性，观察体系成胶情况。实验结果见表16-3和图16-7。

表16-3　NaCl浓度对凝胶形成时间和凝胶黏度的影响(30℃)

NaCl/(mg/L)	调剖剂溶液成胶情况
1000	体系不成胶
2000	成胶时间70h，凝胶黏度低，稳定性差
3000	成胶时间28h，凝胶黏度高，稳定性强
4000	成胶时间25h，凝胶黏度高，稳定性强
5000	成胶时间14h，凝胶黏度高，稳定性差
8000	成胶时间52h，凝胶黏度低，稳定性差
10000	体系不成胶

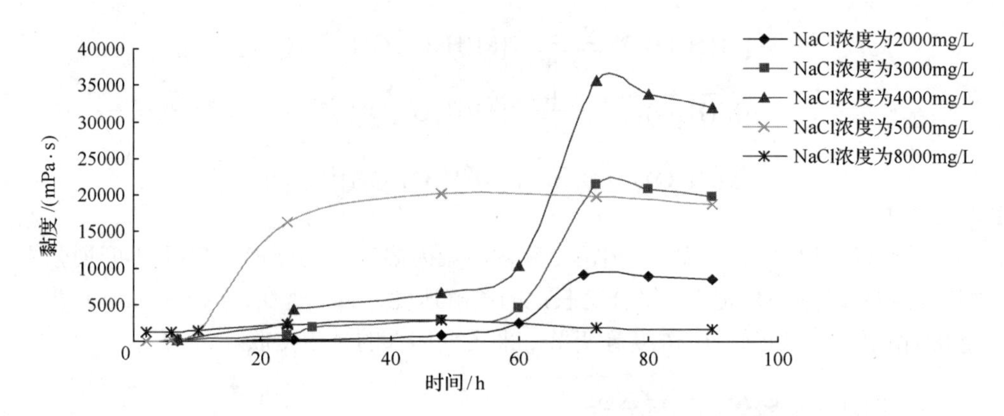

图 16-7　NaCl 浓度对凝胶形成时间(30℃)和凝胶黏度的影响

从表 16-3 及图 16-7 中可以看出，NaCl 浓度影响体系成胶情况，当 NaCl 浓度过低时，体系不成胶，随着 NaCl 浓度的增大，成胶时间变短，凝胶强度增大。表明适量盐的存在有利于交联，可能的原因有两个：一是水中的阳离子可争夺有机铬的有机配体，释放出更多的铬离子；二是盐还可以降低聚丙烯酰胺分子间的静电排斥作用，从而可加强分子间的交联强度。而盐浓度过大时，会压迫凝胶分子层，使水分子从凝胶分子层中脱出，破坏凝胶体系的稳定性。

2. Mg^{2+}对体系成胶的影响情况

在上述实验的基础上，再考虑 Mg^{2+}对体系成胶的影响。用蒸馏水配制 4000mg/L 的 NaCl 溶液，再分别加入不同质量的 $MgCl_2$，配制出不同浓度的 $MgCl_2$ 溶液，用此溶液配制交联体系。固定 HPAM 浓度为 2000mg/L，三氯化铬∶乳酸(物质的量比，下同)为 1∶5，交联剂浓度为 200mg/L，硫脲浓度为 600mg/L，调节溶液 pH 为中性，观察体系成胶情况。实验结果见表 16-4 和图 16-8。

表 16-4　$MgCl_2$ 浓度对凝胶形成时间(30℃)和凝胶黏度的影响

$MgCl_2$/(mg/L)	调剖剂溶液成胶情况
100	成胶时间 24h，凝胶黏度高，稳定性强
200	成胶时间 22h，凝胶黏度高，稳定性差
300	成胶时间 19h，凝胶黏度低，稳定性差
400	成胶时间 15h，凝胶黏度低，稳定性差

从表 16-4 和图 16-8 中可以看出，随着 Mg^{2+}浓度的增加，成胶时间缩短，形成的凝胶黏度增大，但超过一定浓度后，凝胶黏度下降，且稳定性变差。

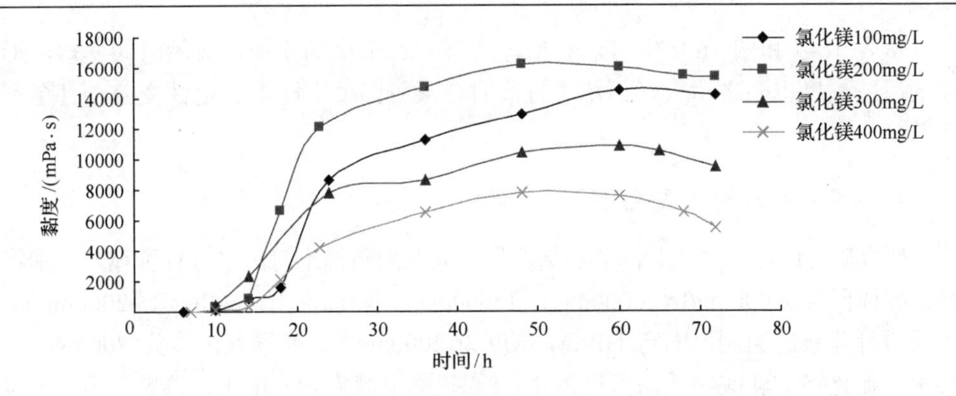

图 16-8　$MgCl_2$浓度对凝胶形成时间(30℃)和凝胶黏度的影响

3. Ca^{2+}浓度对成胶的影响

用蒸馏水配制出不同浓度的$CaCl_2$溶液，用此溶液配制交联体系。固定 HPAM 浓度为 2000mg/L，三氯化铬：乳酸为 1∶5，交联剂浓度为 200mg/L，硫脲浓度为 600mg/L，调节溶液 pH 为中性，观察体系成胶情况。实验结果见表 16-5 和图 16-9。

表 16-5　$CaCl_2$浓度对凝胶形成时间(30℃)和凝胶黏度的影响

$CaCl_2$/(mg/L)	调剖剂溶液成胶情况
2000	成胶时间 25h，凝胶黏度高，稳定性强
5000	成胶时间 16h，凝胶黏度高，稳定性差
8000	成胶时间 8h，凝胶黏度低，稳定性差
12000	体系不成胶，出现絮凝状沉淀

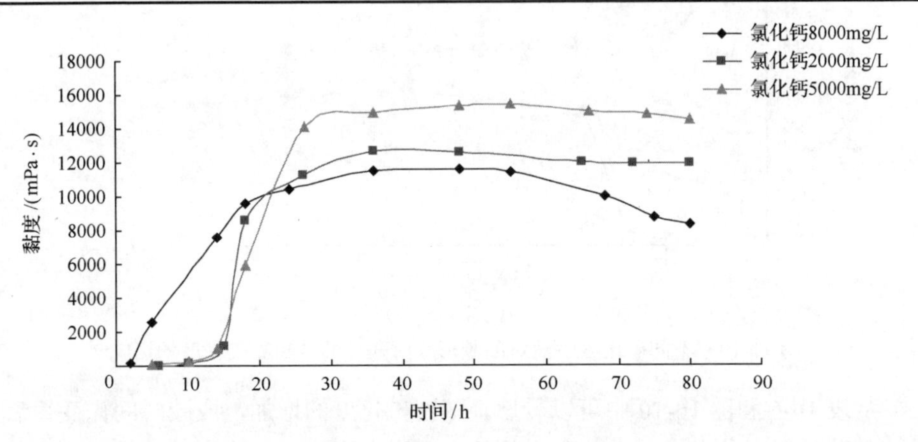

图 16-9　$CaCl_2$浓度对凝胶形成时间(30℃)和凝胶黏度的影响

从表 16-5 和图 16-9 中可以看出，随着 Ca^{2+}浓度的增加，成胶时间变短，形成的凝胶黏度也随之增大，但浓度过高时，凝胶强度下降，稳定性变差，甚至不成胶。

4. 污水矿化度对体系成胶的影响情况

研究矿化度对体系成胶的影响情况时，采取用蒸馏水对污水进行稀释，分别将其浓度稀释为 30000mg/L、20000mg/L、15000mg/L、7000mg/L、3500mg/L、2000mg/L，然后进行体系的配制，固定 HPAM 浓度为 2000mg/L，交联剂浓度为 200mg/L，其中三氯化铬：乳酸物质的量比为 1∶5，硫脲浓度为 600mg/L，调整溶液 pH 为中性，观察成胶情况，见表 16-6 和图 16-10。

表 16-6　不同矿化度溶液对凝胶形成时间(30℃)和凝胶黏度的影响

矿化度/(mg/L)	调剖剂溶液成胶情况
2000	成胶时间 25h，凝胶黏度低，稳定性强
3500	成胶时间 18h，凝胶黏度高，稳定性强
7000	成胶时间 28h，凝胶黏度高，稳定性差
15000	成胶时间 42h，凝胶黏度低，稳定性差
20000	部分成胶
30000	体系不成胶

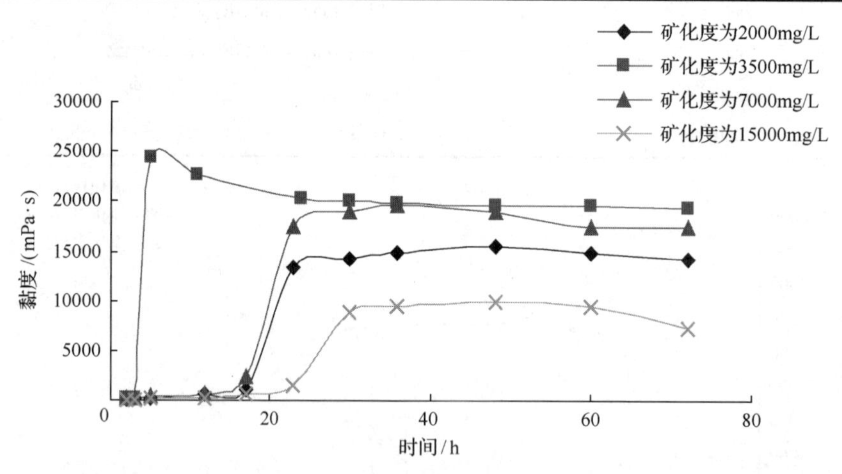

图 16-10　不同矿化度溶液对凝胶形成时间(30℃)和凝胶黏度的影响

从表 16-6 和图 16-10 中可以看出，随着矿化度的增加，成胶时间先变短后变长，凝胶黏度也是先增强后减弱，并且当矿化度到达一定程度时，体系不成胶。这是因为盐会大幅度降低未交联溶液的黏度，使 HPAM 分子线团收缩，不利于

HPAM 分子间的交联反应；体系中盐的含量过少时会使 HPAM 分子线团过度扩张，从而增加 HPAM 单分子球间的静电排斥作用，从而使分子间的交联强度变弱。

综上可知，铬离子成胶体系中适量的二价离子如 Mg^{2+}、Ca^{2+}的存在，会使凝胶体系成胶速度加快，体系黏度增强，但浓度过高也会造成体系成胶效果不佳甚至不成胶。这是因为盐会大幅度降低未交联溶液的黏度，使 HPAM 分子线团收缩，不利于聚丙烯酰胺分子间的交联反应；体系中盐的含量过少时会使 HPAM 分子线团过度扩张，从而增加 HPAM 单分子球间的静电排斥作用，从而使分子间的交联强度变弱。

第 17 章　空气泡沫体系封堵能力、渗流能力和驱油效果评价

本章针对空气泡沫体系在不同毛细管半径下泡沫结构不同造成的表观黏度的差异，分析了空气泡沫体系在裂缝模型中的封堵能力、渗流能力及驱油效果。针对空气泡沫体系在渗透率级差较大的介质中的缺陷，分析了裂缝模型中空气泡沫体系结合调剖体系的渗流能力及驱油效果。同时针对聚合物分子在空气泡沫体系中承担稳泡及调驱功能的不同，给出了适合裂缝介质的聚合物分子量优选标准。

17.1　空气泡沫驱聚合物分子量优选

17.1.1　聚合物分子量与裂缝渗透率匹配关系

聚合物溶液提高原油采收率的机理一是驱油，二是调剖。常规聚合物溶液驱油主要通过提高注入水的黏度和降低水相渗透率来提高原油采收率。高浓度、高分子量聚合物可以封堵高渗透层、大孔道及微裂缝，以此实现调剖目的。在空气泡沫驱过程中，聚合物分子还具有稳泡的作用[82,83]。

聚合物溶液通过多孔介质时将受到孔隙结构和几何尺寸大小的影响，一定分子量的聚合物只能通过与之相适应的多孔介质。所以，选择聚合物分子量时必须考虑聚合物分子可进入的油层渗透率值。同时，过高和过低的聚合物浓度都不利于空气泡沫的稳定。因此，选择能够封堵裂缝的聚合物溶液合适的分子量和浓度，能够将其注入裂缝中并与裂缝渗透率相匹配是空气泡沫驱开发低渗透裂缝性油藏的关键。

1. *岩心实验方法确定聚合物分子量*

通过岩心流动实验，可以得到岩心两端压差与注入体积关系曲线，聚合物相对分子质量与岩心渗透率是否匹配会出现两种情况：一种是聚合物溶液在岩心中流动不发生堵塞的压差变化曲线。水驱压差稳定，测定水相渗透率后，注入聚合物溶液，开始压差上升较快，之后上升缓慢，最后压差基本稳定后再后续水驱时，压差降低较快，并最终达到稳定，说明注聚合过程中聚合物没有发生堵塞，聚合物分子大小与岩心孔隙喉道尺寸匹配(图 17-1)。

另一种是聚合物驱岩心发生堵塞的压差变化曲线。特点是水驱压差稳定，测

水相渗透率后，注聚合物驱后压差一直上升，没有稳定段出现，后续水驱时压差降低较少，甚至有的不下降，说明注聚合物过程中聚合物发生了堵塞，聚合物分子大小与岩心孔隙喉道尺寸不匹配(图 17-2)。

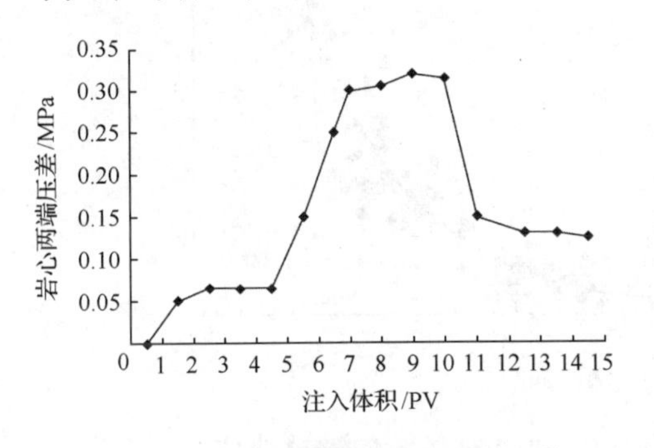

图 17-1　不发生堵塞时岩心两端压差与注入体积关系曲线

图 17-2　发生堵塞时岩心两端压差与注入体积关系曲线图

通过大量室内岩心流动实验，模拟地层在正常注聚状态下，不同渗透率岩心可注入的聚合物溶液不发生阻塞现象的最大聚合物分子量见表 17-1。对于有效渗透率在 $100\times10^{-3}\mu m^2$ 以上的油层而言，注入的聚合物分子量在 820 万左右较适宜。

表 17-1　不同分子量聚合物可通过渗透率下限测定结果

聚合物分子量/万	有效渗透率下限/$10^{-3}\mu m^2$
820	116
1200	165
1600	262
2500	672

聚合物溶液经地面配制，注入系统、井眼时发生剪切降解，现场实际向油层注入的聚合物分子量到达地层所经过的各个环节的分子量损失约 50%，也就是说，如果注入 1200 万～1600 万的中分子量聚合物，那么到达油层中的聚合物分子量在 600 万～800 万，即中分子量聚合物适合有效渗透率在 $100\times10^{-3}\mu m^2$ 以上的油层。但对于封堵渗透率在 $100\times10^{-3}\mu m^2$ 左右的裂缝来说，应选用中分子量以上的聚合物。

2. 半经验计算方法确定聚合物分子量

一个地区储层的渗透率(K)与孔隙半径中值 R_{50} 存在一定的函数关系，聚合物驱经验表明油层孔隙半径中值 R_{50} 达到聚合物分子回旋半径的 5 倍，即可避免聚合物堵塞孔隙。根据萨中地区萨尔图油层压汞资料做出的空气渗透率与孔隙半径中值关系如图 17-3 所示，回归方程为

$$R_{50} = 0.0103K^{0.006} \tag{17-1}$$

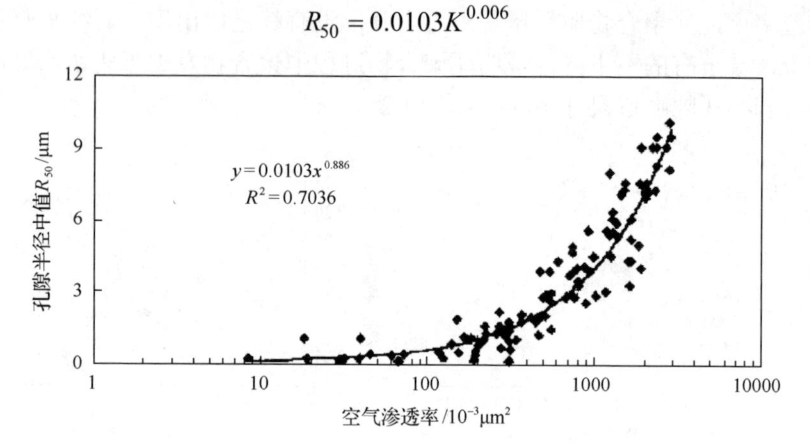

图 17-3　萨中地区萨尔图油层孔隙半径中值与空气渗透率关系曲线

而不同分子量聚合物分子的聚合物溶液的特性黏度为

$$[\mu] = 10^{-13} 10 N \xi^3 r_{\mathrm{p}}^3 M^{-1} / 3\pi \tag{17-2}$$

式中，$[\mu]$ 为聚合物溶液的特性黏度，L/mg；M 为聚合物分子量，10^6；r_{p} 为聚合物回旋半径，μm；N 为阿伏加德罗常数，为 6.02×10^{23}；ξ 为与聚合物有关的常数。

不同聚合物分子量回旋半径适应的孔隙半径中值见表 17-2。

表 17-2　不同分子量聚合物分子回旋半径表

聚合物分子量/万	水解度/%	分子回旋半径/μm	适应的孔隙半径中值 R_{50} 上限/μm
820	30	0.261	1.305
1200	30	0.283	1.415
1600	30	0.342	1.710
2500	30	0.412	2.130

对于有效渗透率大于 $100\times10^{-3}\mu m^2$ 的油层而言，对应的孔隙半径中值 R_{50} 为 1.6μm，则聚合物分子回旋半径应小于 0.32μm，分子量应小于 1400 万，即注入中分子量聚合物油层不会发生堵塞。但对于封堵渗透率为 $100\times10^{-3}\mu m^2$ 左右的裂缝来说，应选用中分子量以上的聚合物。

17.1.2　不同分子量聚合物溶液黏度与矿化度关系

在温度为 30℃条件下，将聚合物用矿化度分别为 935mg/L、14000mg/L、28000mg/L、56000mg/L 的水配置成不同浓度的聚合物溶液，研究聚合物浓度与黏度的关系。高分子量聚合物(分子量为 2500 万)在温度为 30℃、不同矿化度条件下的黏浓曲线如图 17-4 所示，中分子量聚合物(分子量为 1600 万)在温度为 30℃，不同矿化度条件下的黏浓曲线如图 17-5 所示。

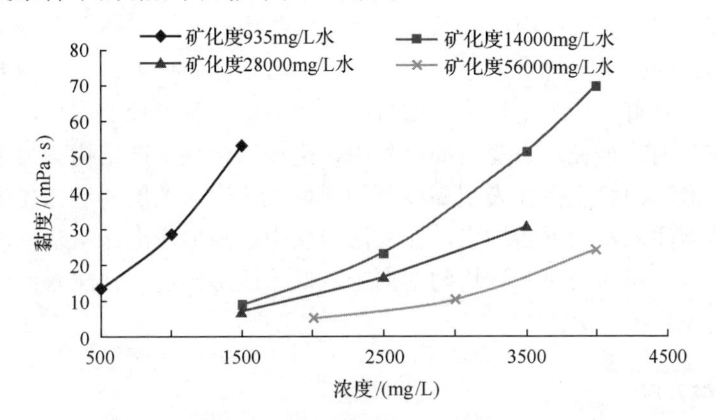

图 17-4　高分子量聚合物在不同矿化度条件下的黏浓曲线

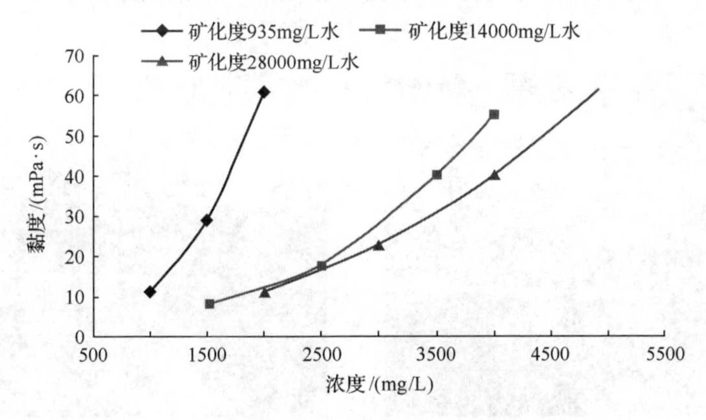

图 17-5　中分子量聚合物在不同矿化度条件下的黏浓曲线

通过对聚合物黏浓曲线的研究发现，在相同聚合物浓度及相同水质矿化度下，聚合物黏度大小依次为高分子量聚合物、中分子量聚合物。在相同聚合物浓度下，聚合物黏度随着水质矿化度的增加逐渐降低；并且随着聚合物浓度的增加，聚合物溶液的黏度呈差别增长。高分子量聚合物的黏度随浓度的增加上升幅度最大，这是由抗盐聚合物在高浓度下分子缔和结构增强，黏度急剧增加造成的。

17.2　裂缝模型空气泡沫体系封堵能力、渗流能力和驱油效果评价

在泡沫体系起泡能力和降低油水界面张力的评价实验中，优选出了起泡效果

较好的低张力泡沫驱油体系。但泡沫在多孔介质中的形成是一动态过程，在此过程中泡沫不断地产生和破裂。液膜的弹性和泡沫形成动力学是泡沫的重要性质，形成的泡沫在地层条件下对不同裂缝的封堵能力，需要通过泡沫在岩心中的渗流实验，研究泡沫渗流过程中的阻力系数来评价[84,85]。

泡沫体系的效果评价可以通过双管并联岩心中体系扩大波及体积的能力来体现。泡沫体系具有“堵大不堵小”的特点，随着毛细管半径的增大，泡沫表观黏度上升。在毛细管半径从小变大的过程中，泡沫结构从单链结构变为束状逐渐增多的结构，泡沫的稳定性和表观黏度都趋于增大。注入地层的泡沫先进入高渗透大孔道，随着注入量的不断增多，在高渗透层中逐渐形成泡沫堵塞，渗流阻力增大，此后注入的流体相对比较均匀地向中、低渗透层推进，使注入剖面得到较好的控制，波及体积扩大。

17.2.1 实验方法

实验设备由注入系统、模拟系统、测量系统和自动控制系统组成，如图 17-6 和图 17-7 所示。

图 17-6 高温高压泡沫评价装置

图 17-7 高压恒速恒压注入泵

实验用岩心直径为 2.5cm，长度为 10cm，渗透率分别为 $300\times10^{-3}\mu m^2$、$500\times10^{-3}\mu m^2$、$1000\times10^{-3}\mu m^2$ 的高渗透岩心和相同尺寸的渗透率为 $10\times10^{-3}\mu m^2$ 的低渗透岩心分别组成并联模型Ⅰ、Ⅱ、Ⅲ。实验用地层水矿化度为 28000mg/L；聚合物为 HPAM，分子量为 2500 万；浓度为 0.12%的起泡剂为氟碳起泡剂+浓度为 0.08%的起泡甜菜碱+浓度为 0.1%的 BS 甜菜碱+1500mg/L 聚合物。气液比为 1∶1，实验温度为 30℃，系统回压为 8MPa。

17.2.2 空气泡沫体系封堵能力

实验中，岩心饱和地层水后在 30℃温度下恒温放置 8h。利用气瓶将回压阀压力加至 8MPa 后以 0.2mL/min 的速度进行水驱，直至注入压力稳定，并记录稳定压差Δp_1。以 0.2mL/min 的速度进行泡沫驱直至岩心出口有稳定的泡沫排出，注入压力稳定，记录稳定压差Δp_2，计算阻力系数$F_R = \Delta p_2 / \Delta p_1$。以 0.2mL/min 的速度进行水驱，直至注入压力稳定，并记录稳定压差Δp_3，计算残余阻力系数$F_{RR} = \Delta p_3 / \Delta p_1$。总共进行了 9 块岩心的泡沫渗流实验，结果见表 17-3。

表 17-3　不同渗透率岩心中不同气液比条件下泡沫渗流实验结果

方案	岩心编号	渗透率/$10^{-3}\mu m^2$	注泡沫前水测压差/10^{-1}MPa	泡沫压差/10^{-1}MPa	注泡沫后水测压差/10^{-1}MPa	阻力系数	残余阻力系数	气液比
1	A-1	300	0.032	2.081	0.166	65	5.2	1∶2
2	A-2	300	0.036	3.025	0.192	84	5.3	1∶1
3	A-3	300	0.034	3.059	0.170	90	5.0	2∶1
4	A-4	500	0.025	1.924	0.108	77	4.3	1∶2
5	A-5	500	0.023	2.092	0.104	91	4.5	1∶1
6	A-6	500	0.022	2.113	0.091	96	4.1	2∶1
7	A-7	1000	0.013	1.130	0.047	87	3.6	1∶2
8	A-8	1000	0.012	1.201	0.045	100	3.8	1∶1
9	A-9	1000	0.012	1.239	0.042	103	3.5	2∶1

1. *岩心渗透率对泡沫渗流能力的影响*

比较表 17-3 中方案 1、4、7，方案 2、5、8，方案 3、6、9 及图 17-8 可知：同一气液比条件下，高渗透率岩心中虽然注入压差较低，但阻力系数较大，说明渗透率越高，泡沫封堵效果越好。这是由于高渗透率岩心内部孔隙较大，泡沫形成能力较强，可以形成较好的泡沫堵塞。

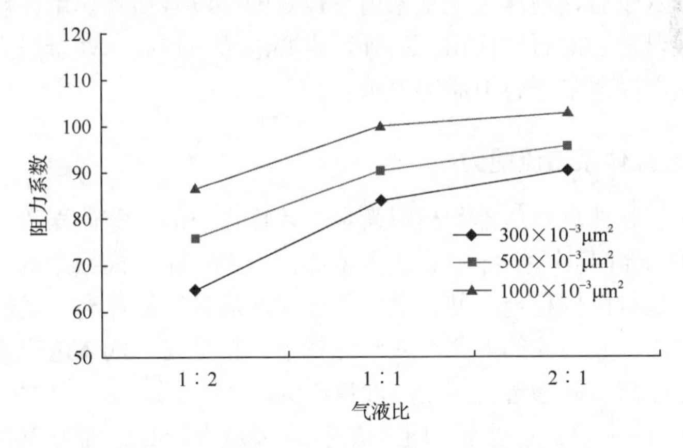

图 17-8　不同岩心中泡沫渗流阻力系数与气液比的关系曲线

2. *气液比对泡沫渗流能力的影响*

比较表 17-3 中方案 1、2、3，方案 4、5、6，方案 7、8、9 及图 17-8 可知：

同一渗透率条件下，气液比对泡沫渗流能力有较大的影响。气液比越大，泡沫渗流阻力越大，但是不同气液比时影响程度不同。由曲线变化趋势可以看出，气液比达到 1∶1 以前，气液比越大，阻力系数越大；气液比达到 1∶1 以后，曲线斜率变小，阻力系数增加幅度减小，说明气液比为 1∶1 时，可以在岩心中形成稳定的泡沫。图 17-9 是渗透率为 $500\times10^{-3}\mu m^2$ 的岩心中气液比为 1∶1 时注入泡沫前后注入压差随 PV 数的变化曲线。

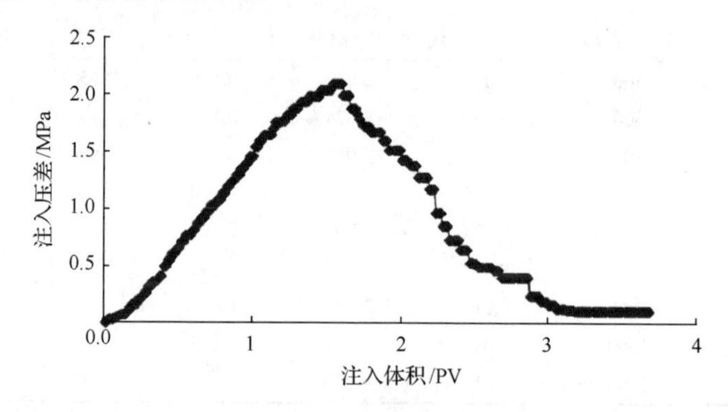

图 17-9　A-5 岩心注入泡沫压差随 PV 数变化曲线

3. 不同渗透率岩心中泡沫残余阻力系数变化规律

比较表 17-3 中方案 1、2、3，方案 4、5、6，方案 7、8、9 可知：不同气液比条件下，相同渗透率岩心中泡沫的残余阻力系数相差不大。这主要是由于岩心经过大量后续水驱后，泡沫效应基本消失，对油层没有伤害作用，剩下的只是残留聚合物溶液对岩心的封堵作用。另外，岩心渗透率越高，残余阻力系数越小，说明聚合物在高渗透率岩心中滞留得越少。

17.2.3　空气泡沫体系渗流能力

实验中，岩心抽真空后饱和模拟盐水，计算岩心的孔隙体积和孔隙度。将岩心在 30℃条件下恒温放置 8h 后，水测岩心渗透率。注入模拟盐水直至高、低渗透岩心中的产液量比例稳定，并记录注入量和产液量，计算高、低渗透模型的产液量比例。采用气液同注的方式注入泡沫体系，直至高、低渗透岩心中的产液量比例稳定，计算高、低渗透模型的产液量比例。

图 17-10～图 17-12 分别为不同渗透率(高渗透率岩心分别为 $300\times10^{-3}\mu m^2$、$500\times10^{-3}\mu m^2$、$1000\times10^{-3}\mu m^2$，低渗透率岩心为 $10\times10^{-3}\mu m^2$)的双管并联模型，水驱至压力稳定后注入泡沫段塞，压力稳定后再进行后续水驱直至压力稳定时的产液量比例变化曲线。

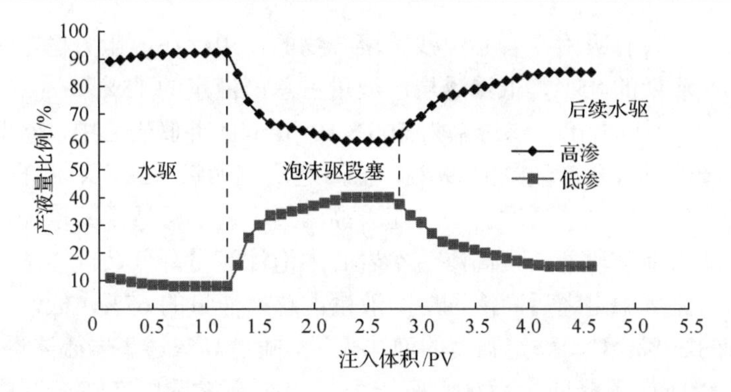

图 17-10　高渗管渗透率为 $300\times10^{-3}\mu m^2$ 的并联岩心中流量分配曲线

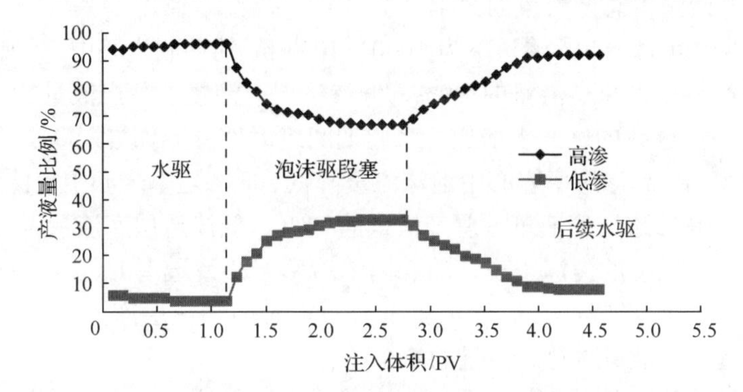

图 17-11　高渗管渗透率为 $500\times10^{-3}\mu m^2$ 的并联岩心中流量分配曲线

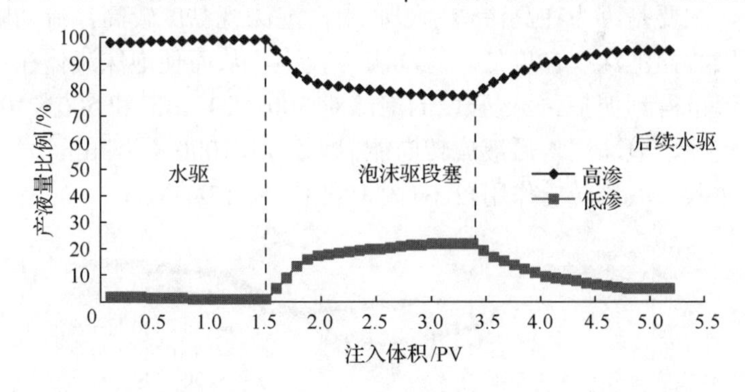

图 17-12　高渗管渗透率为 $1000\times10^{-3}\mu m^2$ 的并联岩心中流量分配曲线

从图 17-10 可以看出：渗透率为 $300\times10^{-3}\mu m^2$ 的并联岩心中，水驱压力稳定时高渗透层产液量占总产液量的 92%，低渗透层产液量占总产液量的 8%，水驱期间大部分流体进入高渗透率岩心。注入泡沫段塞后，高渗透率岩心中泡沫流量降低、低渗透率岩心中泡沫流量增加，流量稳定之后高渗透层产液量占总产液量的 60%，低渗透层产液量占总产液量的 40%，泡沫对渗透率为 $300\times10^{-3}\mu m^2$ 岩心的封堵作用较好，使后续注入流体转向，进入低渗透油层。后续水驱期间泡沫的转向作用消失，只有吸附在岩心中残留聚合物的作用存在，压力稳定时高渗透层产液量占总产液量的 85%，低渗透层产液量占总产液量的 15%。

从图 17-11 可以看出：渗透率为 $500\times10^{-3}\mu m^2$ 的并联岩心中，水驱压力稳定时高渗透层产液量占总产液量的 96%，低渗透层产液量占总产液量的 4%，水驱期间大部分流体进入高渗透率岩心，随着高渗透率岩心渗透率的增加，流量分配差别增大。注入泡沫段塞后，高渗透率岩心中泡沫流量降低、低渗透率岩心中泡沫流量增加，流量稳定之后高渗透层产液量占总产液量的 67%，低渗透层产液量占总产液量的 33%。对于一定强度的泡沫来说，随着高渗透率岩心渗透率的增加，泡沫流体的转向作用降低。后续水驱压力稳定时高渗透层产液量占总产液量的 92%，低渗产液量占总产液量的 8%。

从图 17-12 可以看出：渗透率为 $1000\times10^{-3}\mu m^2$ 的并联岩心中，水驱压力稳定时高渗透层产液量占总产液量的 99%，低渗透层产液量占总产液量的 1%，随着高渗透率岩心渗透率的进一步增加，水驱期间绝大部分流体进入高渗透率岩心。注入泡沫段塞后，高渗透率岩心中泡沫流量降低、低渗透率岩心中泡沫流量增加，流量稳定之后高渗透层产液量占总产液量的 78%，低渗透层产液量占总产液量的 22%。对于一定强度的泡沫来说，随着高渗透率岩心渗透率的进一步增加，泡沫流体的转向作用明显降低。后续水驱压力稳定时高渗透层产液量占总产液量的 95%，低渗透层产液量占总产液量的 5%。

综上所述，泡沫流体可以明显降低高渗透率岩心的分流量，提高低渗透率岩心的分流量，主要是因为在高渗透率岩心中，泡沫视黏度较高，流动阻力大，而在低渗透率岩心，泡沫视黏度低，流动阻力较小，从而使泡沫流体在不同渗透率岩心中的分流量得到调整。一定强度的泡沫对 $300\times10^{-3}\mu m^2$ 和 $500\times10^{-3}\mu m^2$ 岩心的封堵作用较好，泡沫注入后液流转向能力大；对 $1000\times10^{-3}\mu m^2$ 岩心封堵作用较差，泡沫注入后液流转向作用较小(图 17-13，表 17-4)。

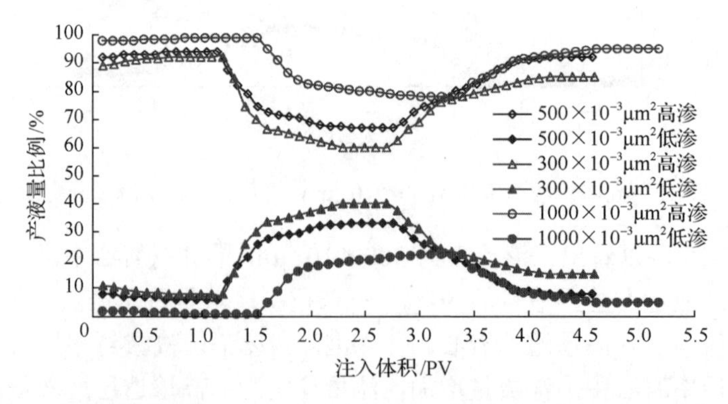

图 17-13 高渗管渗透率为 $300\times10^{-3}\mu m^2$、$500\times10^{-3}\mu m^2$、$1000\times10^{-3}\mu m^2$ 的并联岩心中流量分配对比曲线

表 17-4　不同渗透率岩心中流量分配随泡沫注入的变化情况

注入情况	渗透率		
	$300\times10^{-3}\mu m^2$	$500\times10^{-3}\mu m^2$	$1000\times10^{-3}\mu m^2$
注水稳定	92∶8	96∶4	99∶1
注泡沫稳定	60∶40	67∶33	78∶22
后续注水稳定	85∶15	92∶8	95∶5

注：流量比为高渗岩心比低渗岩心，表 17-5 和表 17-6 同此。

表 17-5 和表 17-6 为不同渗透率岩心中阻力系数和流量分配随泡沫注入量的变化情况。随着泡沫注入量的增加，岩心中泡沫阻力系数增大，封堵能力增强，液流转向能力增大。

表 17-5　不同渗透率岩心中流量分配随泡沫注入量的变化情况

注入体积/PV	渗透率		
	$300\times10^{-3}\mu m^2$	$500\times10^{-3}\mu m^2$	$1000\times10^{-3}\mu m^2$
0.1	3.71	4.56	6.25
0.2	5.74	6.56	10.67
0.3	9.70	12.43	19.83
0.4	13.68	18.30	26.42

表 17-6　不同渗透率岩心中流量分配随泡沫注入量的变化情况

注入体积/PV	渗透率		
	$300\times10^{-3}\mu m^2$	$500\times10^{-3}\mu m^2$	$1000\times10^{-3}\mu m^2$
0.1	86∶14	92∶8	95∶5
0.2	74∶26	87∶13	91∶9
0.3	70∶30	84∶16	87∶13
0.4	67∶33	80∶20	84∶16

17.2.4　空气泡沫体系驱油效果

在实验中，岩心模型抽真空 4h 后饱和地层水，30℃恒温放置 8h。岩心水测渗透率并饱和原油，计算含油饱和度，放置 8h 后岩心出口回压加至 8MPa。使用地层水以 0.20mL/min 的速度进行水驱实验，至岩心出口含水率为 98%，记录压力、油量等参数，计算水驱采收率。采用气液同注的注入方式，以 0.40mL/min 的速度注入泡沫体系，气液比为 1∶1，研究注入 0.1PV、0.2PV、0.3PV、0.4PV 泡沫体系时的驱油效果，并记录压力、产液量等数据。实验结果见表 17-7～表 17-9 及图 17-14 和图 17-15。

表 17-7　高渗管渗透率为 $300\times10^{-3}\mu m^2$ 并联岩心中的驱油实验结果

注入体积/PV	岩心类别	渗透率/$10^{-3}\mu m^2$	孔隙度/%	饱和度/%	水驱采收率/%	低渗管泡沫采收率/%
0.1	高渗	300	19.89	63.82	43.30	4.39
	低渗	10	17.72	56.57	24.06	
0.2	高渗	300	20.18	64.18	42.63	10.52
	低渗	10	17.25	56.41	23.79	
0.3	高渗	300	20.15	65.37	42.64	15.04
	低渗	10	17.08	56.65	23.26	
0.4	高渗	300	20.25	64.36	42.77	16.84
	低渗	10	17.11	56.55	22.53	

表 17-8　高渗管渗透率为 $500\times10^{-3}\mu m^2$ 并联岩心中的驱油实验结果

注入体积/PV	岩心类别	渗透率/$10^{-3}\mu m^2$	孔隙度/%	饱和度/%	水驱采收率/%	低渗管泡沫采收率/%
0.1	高渗	500	20.38	62.82	44.3	3.82
	低渗	10	17.75	56.85	5.62	
0.2	高渗	500	20.32	63.18	44.88	9.28
	低渗	10	17.69	56.57	5.86	
0.3	高渗	500	19.98	62.03	45.83	13.18
	低渗	10	17.13	56.57	6.06	
0.4	高渗	500	20.42	63.07	45.09	15.22
	低渗	10	16.98	58.2	5.96	

表 17-9　高渗管渗透率为 $1000\times10^{-3}\mu m^2$ 并联岩心中的驱油实验结果

注入体积/PV	岩心类别	渗透率/$10^{-3}\mu m^2$	孔隙度/%	饱和度/%	水驱采收率/%	低渗管泡沫采收率/%
0.1	高渗	1000	22.52	59.49	48.41	3.05
	低渗	10	17.42	57.28	0	
0.2	高渗	1000	22.48	57.57	48.03	7.62
	低渗	10	17.53	56.26	0	
0.3	高渗	1000	22.64	58.44	48.39	10.9
	低渗	10	17.48	56.53	0	
0.4	高渗	1000	22.58	58.48	47.83	13.17
	低渗	10	18.05	56.55	0	

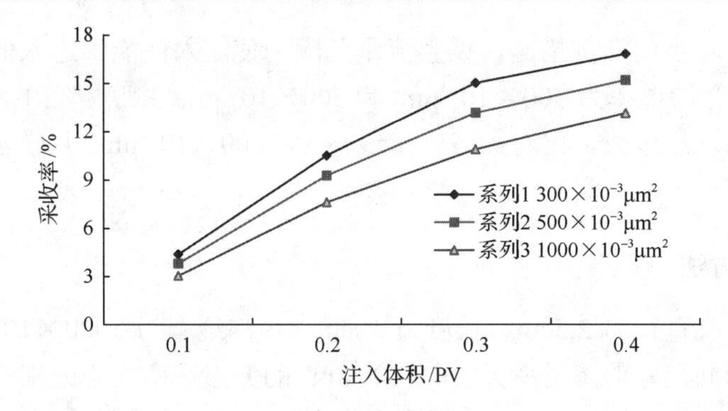

图 17-14　不同岩心渗透率注入不同段塞泡沫时低渗管采收率提高值变化曲线

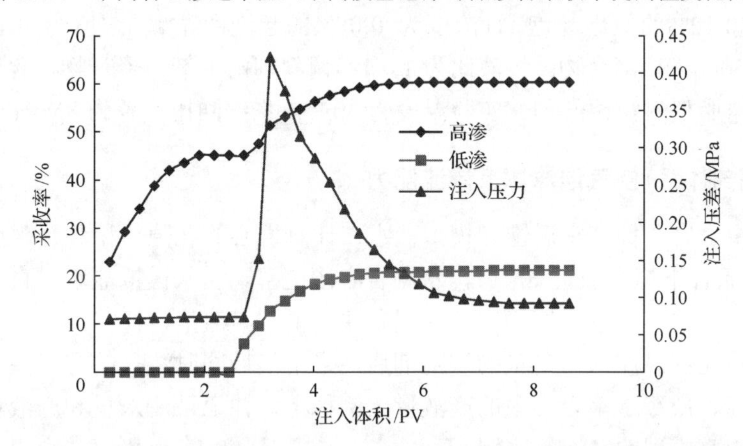

图 17-15　高渗管渗透率为 $500\times10^{-3}\mu m^2$(0.4PV)的并联岩心中泡沫驱油实验曲线

由表 17-7～表 17-9 及图 17-14 可以看出，泡沫注入量越大(0.1～0.4PV)，低渗管采收率提高值越高。高渗管渗透率为 $300\times10^{-3}\mu m^2$ 的并联岩心中，注入 0.3PV 的泡沫时，低渗管采收率提高值为 15.04%，能够达到预期效果。高渗管渗透率为 $500\times10^{-3}\mu m^2$ 并联岩心中，注入 0.4PV 的泡沫时，低渗管采收率提高值为 15.22%，能达到预期效果。高渗管渗透率为 $1000\times10^{-3}\mu m^2$ 并联岩心中，由于两管渗透率差别较大，注入 0.4PV 的泡沫时，低渗管采收率提高值仅为 13.17%，未能达到预期效果。因此，对于层间差异大的油层，或者对于高渗透率油层，注泡沫之前需要采取进一步的调剖措施，调整流量分配，使注入液能够进入低渗透油层驱油。典型的驱替实验曲线如图 17-15 所示。

17.3　裂缝模型中调剖体系+空气泡沫体系渗流能力与驱油效果评价

综上所述，对于层间差异大的油层，或者对于存在高渗透率油层，注泡沫之前需要采取进一步的调剖措施，调整流量分配，使注入液能够进入低渗透油层驱油。由于高渗管渗透率为 $300\times10^{-3}\mu m^2$ 和 $500\times10^{-3}\mu m^2$ 并联岩心中，仅使用泡沫体系就能达到理想效果，仅对高渗管渗透率为 $1000\times10^{-3}\mu m^2$ 并联岩心进行调剖研究。

17.3.1　实验方法

实验用岩心直径为 2.5cm、长度为 10cm，由渗透率为 $1000\times10^{-3}\mu m^2$ 的高渗透率岩心和相同尺寸的渗透率为 $10\times10^{-3}\mu m^2$ 的低渗透率岩心分别组成双管并联模型。地层水矿化度为 28000mg/L；聚合物为 HPAM，分子量为 2500 万；起泡剂为浓度为 0.12%的氟碳起泡剂+浓度为 0.08%的起泡甜菜碱+浓度为 0.1%的 BS 甜菜碱+1500mg/L 聚合物。气液比为 1∶1；调剖剂由主剂为聚合物，含交联剂和稳定剂的树脂型耐盐调剖剂。实验温度为 30℃；系统回压设置为 8MPa。

17.3.2　调剖体系+空气泡沫体系渗流能力

实验中，岩心抽真空后饱和模拟盐水，计算岩心的孔隙体积和孔隙度。将岩心在 45℃条件下恒温放置 8h 后，水测岩心渗透率。注入模拟盐水，直至高、低渗透率岩心中的产液量比例稳定，并记录注入量和产液量，计算高、低渗透率模型的产液量比例。注入一定量的调剖剂后，采用气液同时注入的方式注入泡沫体系，直至高、低渗透率岩心中的产液量比例稳定，并记录注入量和产液量，计算高、低渗透率模型的产液量比例。

图 17-16～图 17-18 为高渗透率($1000\times10^{-3}\mu m^2$)岩心与低渗透率($10\times10^{-3}\mu m^2$)岩心的双管并联模型，水驱至压力稳定后分别注入 0.01PV、0.05PV 和 0.1PV 调剖剂后，再注入泡沫段塞，压力稳定后进行后续水驱直至压力稳定时的产液变化曲线。

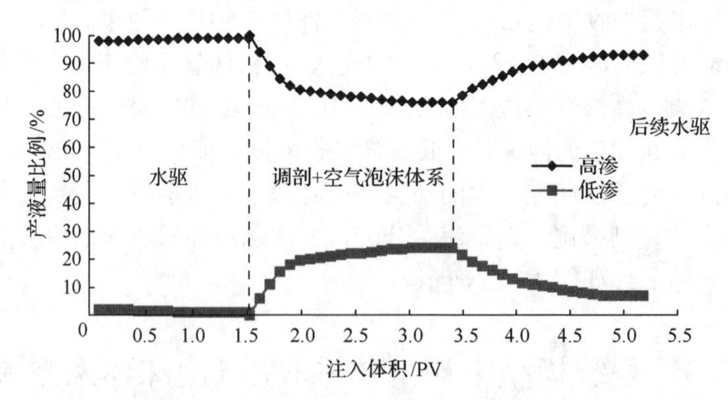

图 17-16　高渗管渗透率为 $1000\times10^{-3}\mu m^2$ 的并联岩心中注入 0.01PV 调剖剂后的泡沫流量分配曲线

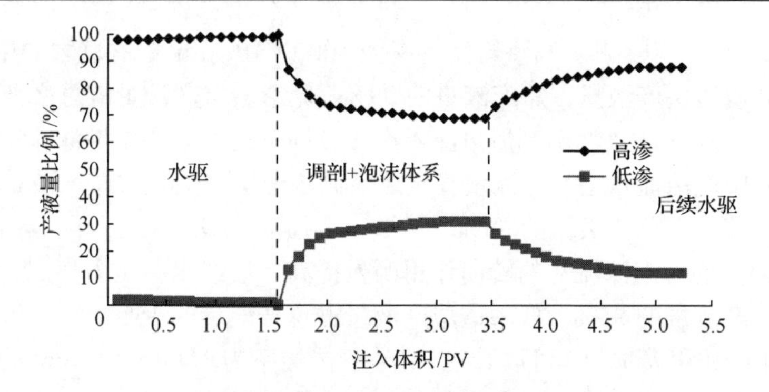

图 17-17　高渗管渗透率为 $1000\times10^{-3}\mu m^2$ 的并联岩心中注入 0.05PV 调剖剂后的泡沫流量分配曲线

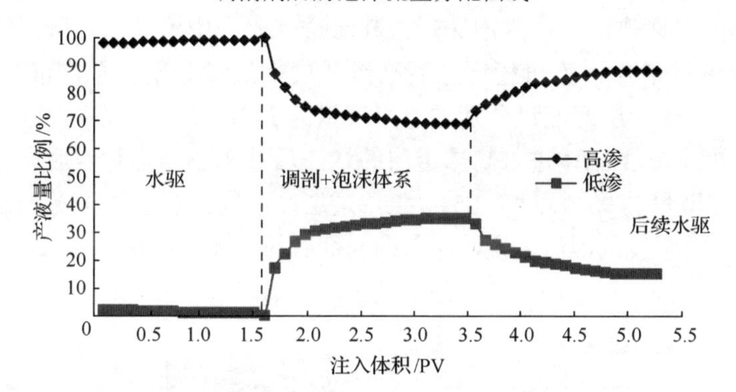

图 17-18　高渗管渗透率为 $1000\times10^{-3}\mu m^2$ 的并联岩心中注入 0.1PV 调剖剂后的泡沫流量分配曲线

从图 17-16 可以看出：高渗管渗透率为 $1000\times10^{-3}\mu m^2$ 的并联岩心中，水驱压力稳定时高渗透层产液量占总产液量的 99%，低渗透层产液量占总产液量的 1%。向高渗透层注入 0.01PV 调剖剂后再注入泡沫，高渗透率岩心中泡沫流量降低、低渗透率岩心中泡沫流量增加，流量稳定之后高渗透层产液量占总产液量的 76%，低渗透层产液量占总产液量的 24%。对于一定强度的泡沫来说，高渗透层注入调剖剂的量较少，泡沫流体转向作用的提高不明显。后续水驱压力稳定时高渗透层产液量占总产液量的 93%，低渗透层产液量占总产液量的 7%。

从图 17-17 可以看出：高渗管渗透率为 $1000\times10^{-3}\mu m^2$ 的并联岩心中，水驱压力稳定时高渗透层产液量占总产液量的 99%，低渗透层产液量占总产液量的 1%。向高渗透层注入 0.05PV 调剖剂后再注入泡沫，高渗率岩心中泡沫流量降低、低渗率岩心中泡沫流量增加，流量稳定之后高渗透层产液量占总产液量的 69%，低渗产液量占总产液量的 31%。对于一定强度的泡沫来说，随着高渗透层注入 0.05PV 调剖剂，泡沫流体的转向作用有所提高。后续水驱压力稳定时高渗透层产液量占总产液量的 88%，低渗透层产液量占总产液量的 12%。

从图 17-18 可以看出：高渗管渗透率为 $1000\times10^{-3}\mu m^2$ 的并联岩心中，水驱压力稳定时高渗透层产液量占总产液量的 99%，低渗透层产液量占总产液量的 1%。向高渗透层注入 0.1PV 调剖剂后再注入泡沫，高渗透率岩心中泡沫流量降低、低渗透率岩心中泡沫流量增加，流量稳定之后高渗透层产液量占总产液量的 65%，低渗透层产液量占总产液量的 35%。对于一定强度的泡沫来说，随着高渗透层注入 0.1PV 调剖剂，泡沫流体的转向作用明显提高。后续水驱压力稳定时高渗透层产液量占总产液量的 85%，低渗透层产液量占总产液量的 15%。

从图 17-19 和表 17-10 可以看出：高渗管渗透率为 $1000\times10^{-3}\mu m^2$ 的并联岩心中，水驱压力稳定时高渗透层产液量占总产液量的 99%，低渗透层产液量占总产液量的 1%。向高渗透层分别注入 0.01PV、0.05PV、0.1PV 调剖剂后再注入泡沫，由于调剖剂的封堵作用，注入泡沫后，高渗透率岩心中泡沫流量降低、低渗透率岩心中泡沫流量增加，流量稳定之后高渗透层产液量分别占总产液量的 76%、69%、65%，低渗透层产液量分别占总产液量的 24%、31%、35%。注入调剖剂可以在一定程度上减少流体进入高渗透层的量。后续水驱压力稳定时高渗透层产液量分别占总产液量的 93%、88%、85%，低渗透层产液量分别占总产液量的 7%、12%、15%。对于一定强度的泡沫来说，注入调剖剂后的流体转向比未注入调剖剂时的流体转向明显；高渗透层层注入的调剖剂越多，注泡沫流体后的转向作用越明显。

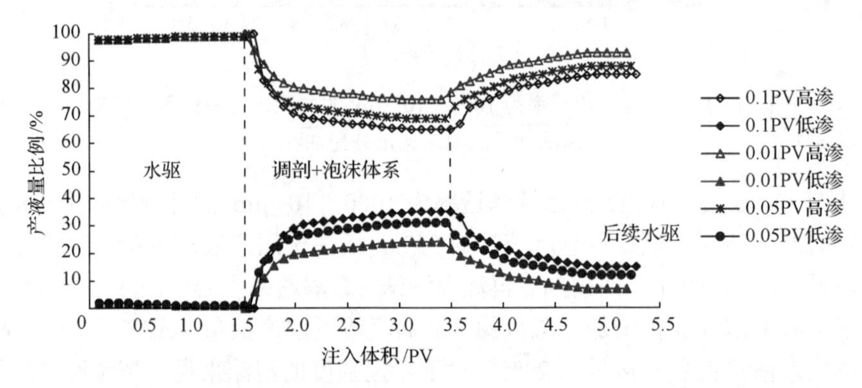

图 17-19　高渗透率为 $1000\times10^{-3}\mu m^2$ 的并联岩心中注入调剖剂后流体流量分配对比曲线

表 17-10　高渗管渗透率为 $1000\times10^{-3}\mu m^2$ 的并联岩心中注入调剖剂前后流量分配变化

注入体积/PV	时期		
	初期	注泡沫稳定期	后续水驱稳定期
0.0	99∶1	78∶22	95∶5
0.01	99∶1	76∶24	93∶7
0.05	99∶1	69∶31	88∶12
0.1	99∶1	65∶35	85∶15

17.3.3　调剖体系+空气泡沫体系驱油效果

实验中，岩心模型抽真空 4h 并饱和地层水，30℃恒温放置 8h。岩心水测渗透率并饱和原油，计算含油饱和度，放置 8h 后岩心出口回压加至 8MPa。使用地层水以 0.20mL/min 的速度进行水驱实验，至岩心出口含水率为 98%，记录压力、油量等参数，计算水驱采收率。以 0.40mL/min 的速度注入调剖体系，然后采用气液同注的方式，以相同的速度注入 0.4PV 泡沫体系，气液比为 1∶1，后续水驱，研究分别注入 0.01PV、0.05PV、0.1PV 调剖体系时泡沫的驱油效果，并记录压力、产液量等数据。

实验结果见表 17-11。注入 0.01PV 调剖体系时，低渗管泡沫采收率提高值为 13.37%，由于注入调剖体系的量很少，流体分流作用不明显，与正常单纯注入泡沫相比，低渗管泡沫采收率提高值增加不明显。随着调剖体系注入量的增加，低渗管泡沫采收率提高值增加明显，注入 0.05PV 调剖体系时，低渗管泡沫采收率提高值为 16.77%；注入 0.1PV 调剖体系时，低渗管泡沫采收率提高值为 18.16%。注入 0.05PV 调剖体系时就能够达到理想的效果，因此，确定调剖体系的注入量为 0.05PV。

表 17-11　高渗管渗透率为 $1000\times10^{-3}\mu m^2$ 的并联岩心调剖前后驱油实验结果

注入段塞	岩心类别	渗透率 $/10^{-3}\mu m^2$	孔隙度/%	含油饱和度/%	水驱采收率/%	低渗管泡沫采收率/%
0.4PV 泡沫	高渗	1000	22.58	58.48	47.83	13.17
	低渗	10	18.05	56.55	0	
0.01PV 调剖体系+0.4PV 泡沫	高渗	1000	22.55	58.43	47.84	13.37
	低渗	10	17.92	56.99	0	
0.05PV 调剖体系+0.4PV 泡沫	高渗	1000	22.58	58.98	47.43	16.77
	低渗	10	18.05	56.61	0	
0.1PV 调剖体系+0.4PV 泡沫	高渗	1000	22.62	58.24	47.91	18.16
	低渗	10	18.04	56.48	0	

17.4　天然岩心裂缝模型中泡沫体系驱油效果

为了比较真实地模拟油层实际情况，低渗管采用延长油田目标区块天然岩心代替人造岩心，进行重复实验。高渗管的渗透率分别为 $300\times10^{-3}\mu m^2$、$500\times10^{-3}\mu m^2$、$1000\times10^{-3}\mu m^2$，相应低渗管的渗透率分别为 $1.59\times10^{-3}\mu m^2$、$1.67\times10^{-3}\mu m^2$、$7.45\times10^{-3}\mu m^2$。对于高渗管的渗透率分别为 $300\times10^{-3}\mu m^2$、$500\times10^{-3}\mu m^2$ 的两组并联模型，注入 0.4PV 泡沫后，低渗管泡沫采收率提高值为 15.44%、15.11%，达到了理想效果。对于高渗管渗透率为 $1000\times10^{-3}\mu m^2$ 的并联模型，注入 0.4PV

泡沫后，低渗管泡沫采收率提高值仅为12.67%，效果不理想。但注入0.05PV的调剖剂后，再注入0.4PV泡沫，低渗管泡沫采收率提高值为15.45%，达到了理想效果。实验结果见表17-12，相应的驱替曲线如图17-20～图17-23所示。

表 17-12　并联岩心(低渗为天然岩心)中的驱油实验结果

注入段塞	岩心类别	渗透率/$10^{-3}\mu m^2$	孔隙度/%	含油饱和度/%	水驱采收率/%	低渗管泡沫采收率提高值/%
0.4PV($300\times10^{-3}\mu m^2$)泡沫	高渗	300	20.34	64.43	43.55	15.44
	低渗	1.59	12.25	22.63	5.14	
0.4PV($500\times10^{-3}\mu m^2$)泡沫	高渗	500	20.52	63.16	44.81	15.11
	低渗	1.67	12.38	23.89	5.03	
0.4PV($1000\times10^{-3}\mu m^2$)泡沫	高渗	1000	22.55	58.36	47.98	12.67
	低渗	7.45	18.94	39.89	0	
0.05PV调剖+0.4PV($1000\times10^{-3}\mu m^2$)泡沫	高渗	1000	22.58	57.94	48.28	15.45
	低渗	7.52	18.96	39.63	0	

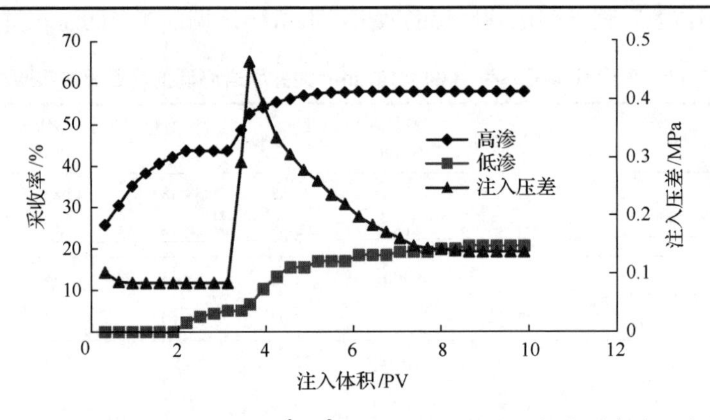

图 17-20　高渗管渗透率为$300\times10^{-3}\mu m^2$(0.4PV)与天然岩心的并联泡沫驱油实验曲线

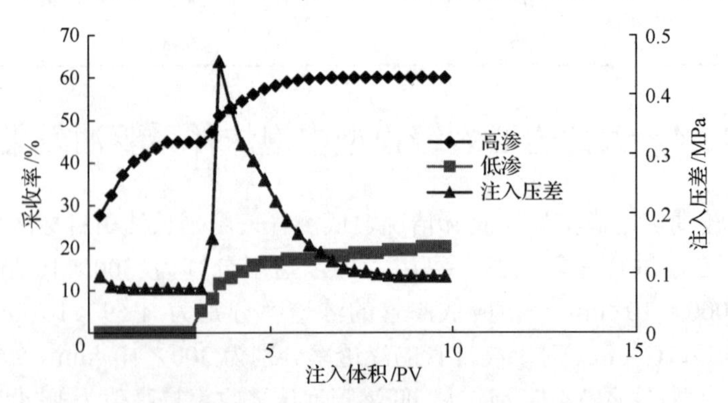

图 17-21　高渗管渗透率为$500\times10^{-3}\mu m^2$(0.4PV)与天然岩心的并联泡沫驱油实验曲线

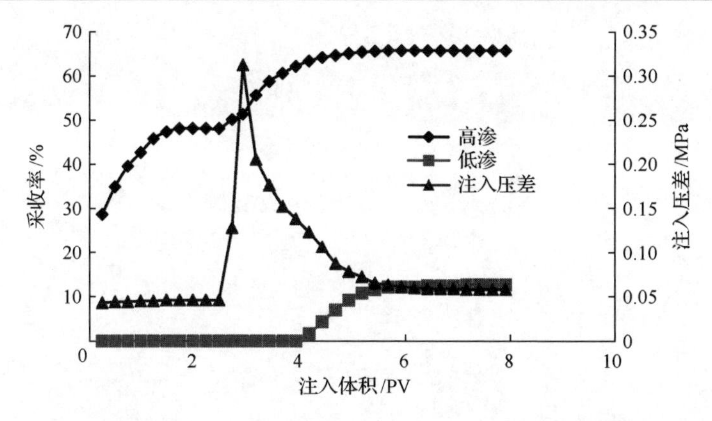

图 17-22　高渗管渗透率为 $1000\times10^{-3}\mu m^2$(0.4PV)与天然岩心的并联泡沫驱油实验曲线

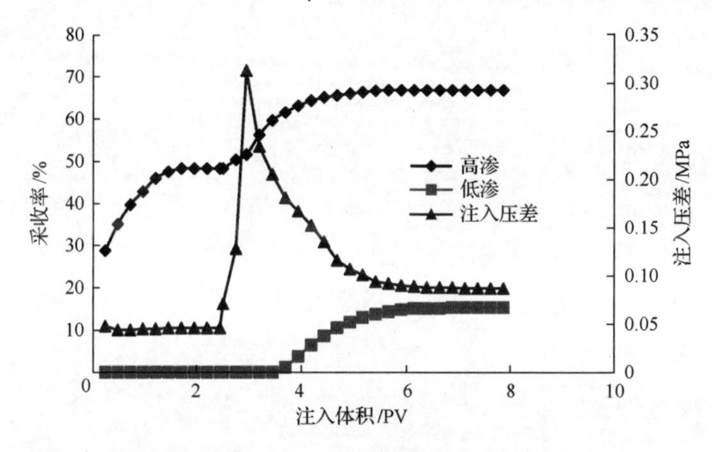

图 17-23　高渗管渗透率为 $1000\times10^{-3}\mu m^2$(0.05PV+0.4PV)与天然岩心的并联泡沫驱油实验曲线

第五部分　开发方法及现场应用

第18章　纳微米颗粒分散体系改善水驱选井决策方法

18.1　W区油藏开发状况

1）ZJ41井区

W区主力油层从2002年开始开发，在ZJ41井区西北部完钻37口井，平均有效厚度为13.8m，油层电测解释孔隙度为11.8%，渗透率为$3.76\times10^{-3}\mu m^2$，试油日产油23.9t、日产水$55m^3$。投产18口井初期日产油6.1t，含水率为3.8%。完钻评价井L74-45井钻遇油层解释有效厚度为9.6m，油层电测渗透率为$7.11\times10^{-3}\mu m^2$，试油日产油5.35t、日产水$13.2m^3$，投产初期日产油2.92t，含水率为71.1%。目前完钻滚动勘探井L166井、L70-51井，L166井钻遇油层厚度为10.8m，试油见油花；L70-51井钻遇油层有效厚度为14.3m，油层电测渗透率为$7.52\times10^{-3}\mu m^2$，试油见油花。从目前完钻井来看，该区具有良好的滚动开发前景。

2）L91-28～L98-31井区

2002年在该井区以滚动扩边为主，完钻17口井，M2层平均有效厚度为23.0m，油层电测解释孔隙度为12.6%，渗透率为$3.45\times10^{-3}\mu m^2$。有12口井钻遇M1层，平均有效厚度为7.4m，油层电测解释孔隙度为12.96%，渗透率为$3.7\times10^{-3}\mu m^2$。13口试油井日产纯油24.2t，9口投产井初期日产油6.5t，含水率为35.4%。根据目前完钻井情况可知，油层物性、试油、试采都比较稳定。

18.2　纳微米颗粒分散体系适应性研究

对纳微米颗粒分散体系在该区的适应性进行静态实验评价，主要评价体系的温度适应性、矿化度适应性及抗剪切性能。

1）温度适应性研究

温度是影响纳微米颗粒分散体系稳定性的主要因素之一。为考察纳微米颗粒分散体系的温度适应性，配制NaCl浓度为50g/L、颗粒浓度为5g/L的纳微米颗粒分散体系样品5个，分别放在不同温度（25℃、35℃、45℃、55℃、65℃）下水化4天，进行黏度测量，实验结果见表18-1和图18-1。

表 18-1　温度对纳微米颗粒分散体系的影响

	温度				
	25℃	35℃	45℃	55℃	65℃
黏度/(mPa·s)	2.1256	2.0923	2.0778	2.003	1.8721

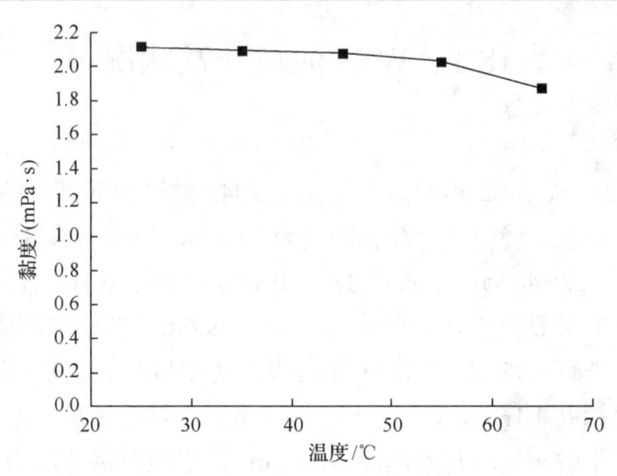

图 18-1　温度与纳微米颗粒分散体系黏度关系

从表 18-1 和图 18-1 可以看出，温度对纳微米颗粒分散体系的黏度存在影响，随着温度的增加，纳微米颗粒分散体系黏度呈现下降的变化趋势，但总体上纳微米颗粒分散体系黏度变化不大，说明该纳微米颗粒分散体系在油藏温度下具有良好的地层适应性。

2) 矿化度适应性研究

矿化度是影响纳微米颗粒分散体系稳定性的另一主要因素。用不同矿化度的水样(0g/L、20g/L、30g/L、40g/L、50g/L)配制 5 个样品(纳微米颗粒分散体系浓度 5g/L+水化 4 天)，在温度为 55℃条件下考察纳微米颗粒分散体系的黏度变化，实验结果见表 18-2 和图 18-2。

表 18-2　矿化度对纳微米颗粒分散体系的影响

	矿化度				
	0g/L	20g/L	30g/L	40g/L	50g/L
黏度/(mPa·s)	2.1255	2.0875	2.0445	2.0276	2.003

从表 18-2 和图 18-2 可以看出，矿化度对纳微米颗粒分散体系黏度存在影响，随着矿化度的增加，纳微米颗粒分散体系黏度呈现下降的变化趋势，但总体上纳微米颗粒分散体系黏度变化不大，说明所考察体系表现出了良好的地层水适应性。

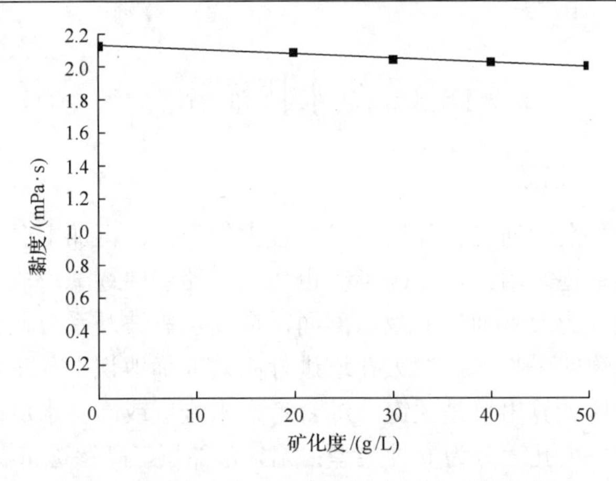

图 18-2　矿化度与纳微米颗粒分散体系黏度关系

3) 抗剪切性研究

在所有纳微米颗粒分散体系改善水驱油过程中，聚合物都有剪切降解的可能性。剪切会使聚合物分子链断裂，使其体系的稳定性变差，因此有必要对纳微米颗粒分散体系的抗剪切性能进行评价。将配置好的纳微米颗粒分散体系以不同的剪切速率进行剪切，考察不同剪切速率下的体系黏度变化。

从表 18-3 和图 18-3 可以看出，纳微米颗粒分散体系在低剪切速率下呈现不稳定状态，稳定性有所降低，但随着剪切速率的增大，黏度逐步趋于稳定，说明该体系具有良好的抗剪切性能。

表 18-3　纳微米颗粒分散体系的抗剪切性

	剪切速率										
	$3s^{-1}$	$42s^{-1}$	$58s^{-1}$	$108s^{-1}$	$150s^{-1}$	$205s^{-1}$	$280s^{-1}$	$386s^{-1}$	$530s^{-1}$	$730s^{-1}$	$1000s^{-1}$
黏度/(mPa·s)	2.35	2.04	2.03	1.98	1.95	2.04	2.01	2.05	2.08	2.09	2.08

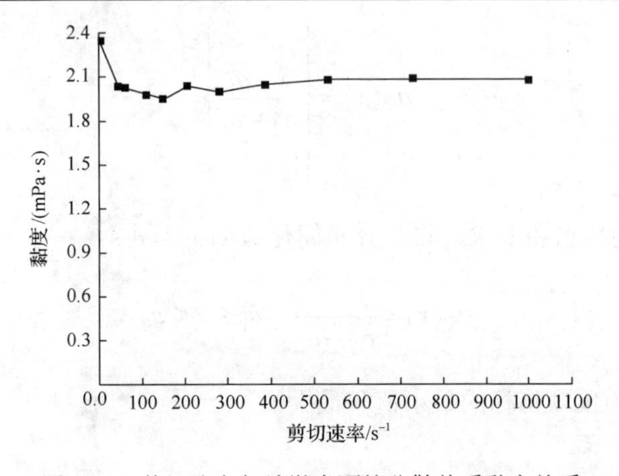

图 18-3　剪切速率与纳微米颗粒分散体系黏度关系

18.3　见水特征分析

18.3.1　大孔道综合指数

长期的注水开发使油层孔隙结构发生较大的变化，再加上温度和压力的不断变化，储层渗透率逐渐增大，孔喉半径也变大，储层中逐渐形成高渗透带，也就是所谓的大孔道。为改善油层的吸水剖面，提高水驱波及系数，充分挖掘油藏潜力，从而提高油藏的采收率，对大孔道进行高效准确地识别并将各种封堵大孔道的技术参数精准地计算出来是关键。综合考虑水淹层或高含水层的特点，从地质和开发条件出发将大孔道分为 6 种类型：无异常储层、高渗透带、裂缝、大裂缝、未完全发展大孔道和完全发展大孔道，通过专家系统模糊理论建立大孔道模型，利用油层物理和渗流力学等知识综合研究流体的各种流动规律和特征，从而利用描述流态变化的雷诺数，基于管流规律对大孔道流态的判别参数进行计算，通过计算出的孔径和体积为确定堵剂量及封堵颗粒的直径提供重要依据。

大孔道形成的动、静态因素指标有许多，若单独考虑各种指标值，不考虑各因素之间的相互影响，即可定性地判断大孔道是否形成。若各指标值之间出现明显矛盾，则需要用定量数据进行判断，利用专家系统知识的不确定性表示法，将判断大孔道是否会形成的决策因子用影响大孔道形成的各因素指标值表示。

利用隶属函数(μ_a)将大孔道的定性判断指标转化为定量数据，用决策因子(F)的大小表示是否有大孔道形成，根据实际问题选用非均质、渗透率、孔隙度等指标采用升半梯形分布表示。

1) 升半梯形分布

升半梯形的数学模型为

$$\mu_a(x)=\begin{Bmatrix}0\\ \dfrac{x-a_1}{a_2-a_1}\\ 1\end{Bmatrix} \tag{18-1}$$

根据实际问题的特点和要求，将此分布简化成如下形式：

$$\mu_a(x)=\frac{x-a_1}{a_2-a_1},\quad a_1 \leqslant x \leqslant a_2 \tag{18-2}$$

式中，a_1、a_2 为单项指标的最小值和最大值。

2) 降半梯形分布

降半梯形的数学模型为

$$\mu_a(x)=\begin{cases}1\\ \dfrac{a_2-x}{a_2-a_1}\\ 0\end{cases} \tag{18-3}$$

同理，将其简化为如下形式：

$$\mu_a(x)=\frac{a_2-x}{a_2-a_1},\quad a_1\leqslant x\leqslant a_2 \tag{18-4}$$

1. 静态指标选取及其判别标准

(1) 渗透率值 (K) 指标值的确定。渗透率对形成大孔道有十分重要的影响，在注水油田开发的中后期即高含水期，渗透率较高的油层部位会出现注入水沿着该高渗通道突进，造成非常严重的不均匀水驱现象。从静态方面分析，平均渗透率大且具有高渗透带的油藏易形成大孔道。

渗透率越大，越易促进大孔道的形成，因此采用升半梯形确定渗透率指标值。

$$\mu_a(K)=\begin{cases}0,\quad K\leqslant 50\times10^{-3}\,\mu\text{m}^2\\ \dfrac{K-a_1}{a_2-a_1},\quad 50\times10^{-3}\,\mu\text{m}^2<K\leqslant 300\times10^{-3}\,\mu\text{m}^2\\ 1,\quad K>300\times10^{-3}\,\mu\text{m}^2\end{cases} \tag{18-5}$$

(2) 渗透率变异系数 (K_v) 指标值的确定。油藏的非均质性是判别是否形成大孔道的另一重要因素。无论是纵向非均质性还是横向非均质性，都容易引起注入水沿着高渗透带突进，从而导致各小层有较大的渗透率差别，出现严重的水驱不均匀现象，因此，渗透率差别越严重的油层，其被冲刷的程度也越严重，形成大孔道的可能性也就越大。可通过渗透率的对数正态分布求取渗透率变异系数。

若把要处理的数据的样本值点到对数正态概率纸上，所有的值几乎都位于一条线上，则将该情况视为渗透率属于对数正态分布。而概率纸上的横坐标标度按自然对数分布，纵坐标标度则依正态分布。正态分布中，均值 μ 、方差 σ^2 位于随机变量区间内的概率是 0.682。因此，渗透率与其均值在累积百分比为 84.1%处的差正好为一个标准差 σ ，变异系数 K_v 为

$$K_{\mathrm{v}}=\frac{\sigma}{\mu} \tag{18-6}$$

对数正态分布的变异系数 K_{v} 为

$$K_{\mathrm{v}}=\frac{\lg K_{\sigma}-\lg \overline{K}}{\lg \overline{K}} \tag{18-7}$$

式中，K_{σ} 为标准渗透率，$\overline{K}$ 为渗透率平均值。

而在应用方面，通常采用如下关系：

$$K_{\mathrm{v}}=\frac{K_{\sigma}-\overline{K}}{\overline{K}} \tag{18-8}$$

渗透率变异系数越大，越易形成大孔道，所以，采用升半梯形确定渗透率变异系数的指标值：

$$\mu_{a}(V)=\begin{cases}0, & V \leqslant 0.5 \\ \dfrac{V-0.5}{0.35}, & 0.5<V \leqslant 0.85 \\ 1, & V>0.85\end{cases} \tag{18-9}$$

在求取渗透率变异系数时，其主要数据来源于测井资料解释的结果。不过，由于实际中长期注水冲刷，无论是渗透率还是其变异系数的值都在不断地发生变化，但总的来讲，这种变化趋势是一致的。

(3)胶结程度指标值的确定。一般将胶结程度分为致密(指标值为 0)、一般(指标值为 0.5)和疏松(指标值为 1)。胶结疏松的泥质砂岩易形成大孔道，而胶结致密需较大的驱替速度，难形成大孔道。

(4)流体黏度指标值的确定。这主要是看油水的黏度差别，若黏度差别大，则易导致流水沿着某一固定方向流动，且易拖拽各种颗粒杂质，比较容易形成大孔道。若为稠油油藏，其指标值为 0.75；否则，指标值为 0.25。

(5)孔隙度指标值的确定。其影响机理与渗透率基本上是相同的，一般情况下，储层孔隙度大的易形成大孔道。所以，采用升半梯形确定孔隙度的指标值。

$$\mu_{a}(\phi)=\begin{cases}0, & \phi \leqslant 0.5 \\ 10\times(\phi-0.15), & 0.15<\phi \leqslant 0.25 \\ 1, & \phi>0.25\end{cases} \tag{18-10}$$

(6)是否为砂岩油藏。若储层为非均质性较严重且胶结比较疏松的砂岩，再经过长期的注水开发，会导致储层结构发生明显变化，较利于形成大孔道。大孔道存在和形成的必要条件之一便是油藏为砂岩性质。若是砂岩油藏，则指标值为 1；否则，指标值为 0。

(7) 储层的正韵律、复合韵律和反韵律沉积特征。若油层的沉积特征为正韵律，则其渗透率由上到下逐渐变大，渗透率差异系数也比较大，此时，对该油层采取合注合采方式时，注入水主要沿高渗透层流动，并且对高渗透层有很强的冲刷作用，可将高渗透层的砂体颗粒驱出。而对于低渗透层，注入水很难流入，且流动缓慢，注入水对低渗透层的作用力较弱，因此，油藏为正韵律时，经过注水开发易形成大孔道。若为正韵律油藏，则其指标值为 1；若为复合韵律油藏，则其指标值为 0.5；若为反韵律油藏，则其指标值为 0。

2. 动态指标选取及其判别标准

(1) 注采压差的确定。一般在油田实际生产中，通常会通过调控注入压力与生产压力值来调整油井产液量，另外注采压差也可以通过产液能力反映。注采比反映了注水井对应采油井的产液能力。而在相同的注采单元，存在与大孔道连通的井，其注采比远大于其他井。相同的注采单元中，注采压差越大，形成大孔道的可能性就越小，因此采用降半梯形确定注采压差指标值。

$$\mu_a(\Delta p)=\begin{cases}1, & \Delta p \leqslant 40\% \\ \dfrac{70\%-\Delta p}{70\%-40\%}, & 40\%<\Delta p \leqslant 70\% \\ 0, & \Delta p>70\%\end{cases} \tag{18-11}$$

(2) 吸水剖面异常程度指标值的确定。对于存在大孔道的储层，会存在某些层位注不进水，而另一些层位大量吸水的情况。若吸水剖面异常程度强，则其指标值为 1；若吸水剖面异常程度较弱，则其指标值为 0.5；若无异常，则其指标值为 0。

(3) 视吸水指数增加程度指标值的确定。所谓视吸水指数是表示吸水能力的指标，其值=日注水量/井口压力。而吸水指数是单位注水压差下的日注水量。若存在大孔道，则注水井的吸水指数就会急剧猛增，而在大孔道形成之前，则表现平稳。视吸水指数增加得越多，形成大孔道的可能性就越大，所以，采用升半梯形确定视吸水指数指标值。

$$\mu_a(m)=\begin{cases}0, & m \leqslant 1.2 \\ \dfrac{m-1.2}{2.5-1.2}, & 1.2<m \leqslant 2.5 \\ 1, & m>2.5\end{cases} \tag{18-12}$$

式中，m 为观测时刻视吸水指数与正常情况下的视吸水指数之比。

(4) 采液指数增加程度指标值的确定。所谓采液指数主要是反映产液量与生产压差之间关系的指标。其原理与视吸水指数基本相同，都是在大孔道出现之后急剧猛增，无论是产液量还是含水率都大幅度上升。采液指数增加得越多，形成大孔道的可能性就越大，所以，采用升半梯形确定采液指数指标值。

$$\mu_a(g)=\begin{cases}0, & g \leqslant 1.2 \\ \dfrac{g-1.2}{2.5-1.2}, & 1.2<g \leqslant 2.5 \\ 1, & g>2.5\end{cases} \tag{18-13}$$

式中，g 为观测时刻采液指数与正常情况下的采液指数之比。

(5) 含水率指标值的确定。若油藏中存在大孔道，则一定会有一明显的表现，即含水率突变，这说明地层中出现了异常。含水率是存在大孔道的重要动态因素，但边底水油藏除外。含水率越大，形成大孔道的可能性就越大，所以，采用升半梯形确定含水率的指标值。

$$\mu_a(w)=\begin{cases}0, & w \leqslant 60\% \\ \dfrac{w-60\%}{90\%-60\%}, & 60\%<w \leqslant 90\% \\ 1, & w>90\%\end{cases} \tag{18-14}$$

式中，w 为观测时刻含水率。

(6) 出砂程度指标值的确定。大孔道的体积与出砂量之间有着间接的关系，出砂程度决定着大孔道的发展程度。若出砂较弱，则其指标值为 0；若出砂较强，则其指标值为 0.5；若出砂严重，则其指标值为 1。

3. 层次分析法确定指标权重

层次分析法是一种结合定性分析和定量计算的系统分析方法。其将复杂的问题分为若干层次，然后根据客观现实，就每层次各元素的相对重要性进行定量表示，即构造判断矩阵。通过对该矩阵的最大特征根及对应的特征向量求解，确定每层次各元素相对重要性的权重，进行各层次的分析，从而推断井间连通性。

综合评价方法考虑静态因素(渗透率变异系数、孔隙度、渗透率、流体黏度、岩性、胶结程度和储层沉积特征)和动态因素(吸水剖面、注采压差、采液指数、出砂程度、含水率和视吸水指数)。

对各个元素设置权重，可得权重向量：

$$\boldsymbol{\omega}=\left[\omega_1,\omega_2,\omega_3,\cdots,\omega_i,\cdots,\omega_n\right]^{\mathrm{T}} \tag{18-15}$$

式中，$\omega_i = m_i \Big/ \sum_{j=1}^{n} m_j$。

针对地质静态因素和开发动态因素，分别设置其权重为 0.33 和 0.67。对 7 个地质静态因素及 6 个开发动态因素设置权重，见表 18-4。

表 18-4　大孔道综合指数评价方法

项目	因素	权重
地质静态因素	渗透率	0.181
	非均质性	0.181
	胶结程度	0.181
	岩性	0.181
	储层沉积特征	0.092
	流体黏度	0.092
	孔隙度	0.092
开发动态因素	注采压差	0.2
	吸水剖面	0.2
	视吸水指数	0.2
	采液指数	0.2
	出砂程度	0.1
	含水率	0.1

4. 大孔道识别评价模型

设模型结构中地质静态因素的指标值 $F_{\mathrm{J}i}$ 与其权值 $\omega_{\mathrm{J}i}$ 相乘然后进行累加得到的值是大孔道的静态判度 F_{J}；动态因素的指标值 $F_{\mathrm{D}i}$ 与其权值 $\omega_{\mathrm{D}i}$ 相乘然后进行累加得到的值是大孔道的动态判度 F_{D}：

$$F_{\mathrm{J}} = \sum_{i=1}^{7}\left(F_{\mathrm{J}i}\omega_{\mathrm{J}i}\right),\quad F_{\mathrm{D}} = \sum_{i=1}^{6}\left(F_{\mathrm{D}i}\omega_{\mathrm{D}i}\right) \tag{18-16}$$

其综合判度 F_{Z} 为静态判度 F_{J} 与其权重 ω_{J} (0.33) 相乘加上动态判度 F_{D} 与其权重 ω_{D} (0.67) 相乘所得

$$F_{\mathrm{Z}} = F_{\mathrm{J}}\omega_{\mathrm{J}} + F_{\mathrm{D}}\omega_{\mathrm{D}} \tag{18-17}$$

判断原则：①若综合判度 $F_{\mathrm{Z}} < 0.4$，则地层情况无异常；②若综合判度 $0.4 \leqslant F_{\mathrm{Z}} < 0.6$，则存在高渗透带；③若综合判度 $0.6 \leqslant F_{\mathrm{Z}} < 0.8$，则为未完全发展大孔道；④若综合判度 $0.8 \leqslant F_{\mathrm{Z}} < 1$，则为完全发展大孔道。

此方法需要的应用资料较多，参数较全，可以说其识别的准确程度较应用单一参数识别较高，其关键是各个参数的权重值分配需较高的经验程度。

利用上述方法，借用成熟的数值模拟方法，将井点位置的参数扩大计算至全区，静态判度计算结果及大孔道综合判度计算结果如图 18-4 所示，静态判度为 0.14～0.22，认为地质因素对大孔道影响较小，大孔道的产生主要源于动态因素。

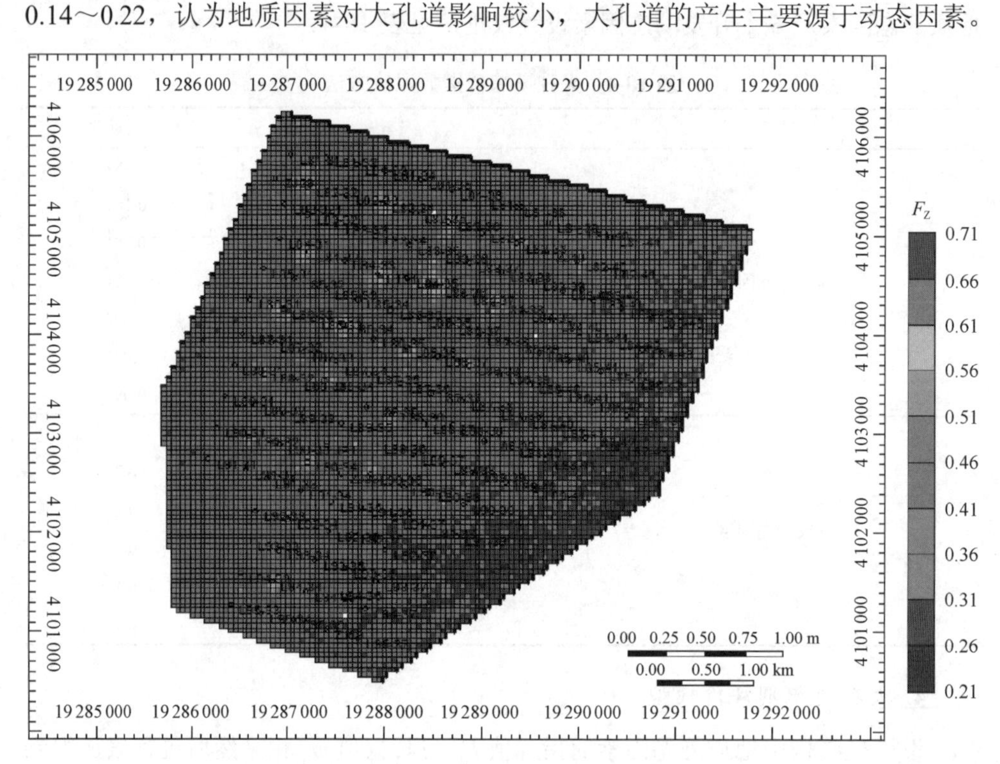

图 18-4　大孔道综合判度分布图

基于有限差分法的性质，与已知参数(井位)越接近的区域，模拟结果越贴近真实情况。从模拟结果来看，大孔道综合指数较高的区域集中在 L131 井、L82-36 井、L82-38 井及 L86-32 井区，这与现场实际开发中的见水情况基本吻合。在实际生产开发中，需针对大孔道综合指数较大的井及区域进行监测，优先对其实施调剖，提高全区采收率。

18.3.2　见水原因分析

1. 裂缝

W 区 M 油层中发育两种成因裂缝，一种为成岩缝，另一种为构造缝。成岩缝一般平行层面延伸，具有断续、尖灭、分叉、合并和弯曲等特点；构造缝一般与层面呈高角度相交，具有分布规律、成组出现等特征，岩心与野外露头等观察证明本区主要发育两组构造缝，一组为 EW-SN 向裂缝，另一组为 NE-NW 向裂缝，前者比后者更发育，裂缝方位分布稳定，走向变化小于 7°，线密度较小，一般为 0.2～0.6 条/m。

M 油层现代地应力场最大主应力（σ_1）的方位一般在 62.5°～78.5°，平均为 NE70°，应力大小一般为 28.7～32.6MPa；最小主应力（σ_3）的方位一般分布在 332.5°～348.5°，平均为 NW340°，应力大小一般为 22.7～24.8MPa。

受天然裂缝和人工裂缝的影响，注入水水驱单方向突进，造成相应油井水淹，采出程度下降。L92-38 井区最大主应力方向（NE70°）L91-38 井水淹程度严重，而该井区的其他井（L92-37 井、L93-38 井、L93-37 井和 L93-39 井）含水率相对较低。

2. 储层非均质性

低渗透油田储层非均质性主要表现在渗透率的非均质性方面，不同部位渗透率的差异是储层非均质性的具体体现，而渗透率的非均质性可以由渗透率级差和变异系数评价。M 油层渗透率主要分布在 0.2～2mD，平均渗透率为 1.81mD，属于特低渗透油层。储层非均质性包括水平非均质性和纵向非均质性，其对注水过程中的水流方向具有主导作用，水主要沿着渗透率大的通道流动，而小孔道里聚集着剩余油，导致水驱不均匀，油井含水率上升较快，有些井甚至发生水淹。

3. 吸水剖面不均匀

吸水剖面是渗透率纵向非均质性的直观表示方法，由于纵向渗透率差异明显，注入水沿着渗透率较高的层位流动，而渗透率相对较低的层位则出现吸水量较少或单层注不进水的情况。

从表 18-5 可以看出，上述井层间相对注入量差异较大，使单层注入水突进和大量注入水冲刷进而形成优势通道，会提早水淹单层，而另外的小层动用效果却很小。差异越大的注水井，调剖的必要性越大。

表 18-5　部分井吸水剖面解释情况

井号	顶深/m	底深/m	厚度/m	相对注入量/%	绝对注入量/(m^3/d)	注入强度/[m^3/(d/m)]
L86-34 井	1878.7	1884	5.3	19.89	7.36	1.39
	1887	1894	7.0	80.11	29.64	4.17
L90-34 井	1794.55	1798.03	3.48	28.89	10.69	3.08
	1804.9	1809.85	4.95	71.11	26.31	5.32
L90-36 井	1836.53	1845.8	9.27	82.58	30.55	3.29
	1845.8	1850.18	4.38	17.42	6.45	1.47
L92-34 井	1769.95	1776.03	6.08	31.71	11.1	1.83
	1777.68	1783.15	5.47	68.29	23.9	4.37
L94-36 井	1560	1565.1	5.1	32.82	11.49	2.25
	1565.1	1572.6	7.5	67.18	23.51	3.14

18.4 判定纳微米颗粒分散体系改善水驱见效时间

18.4.1 见效时间判断方法

鉴于试验区纳微米颗粒分散体系改善水驱含水率变化曲线受注入纳微米颗粒分散体系时机的影响，存在漏斗型和无漏斗型两种情况，是否出现含水率下降漏斗便不能作为判断注入纳微米颗粒分散体系见效及确定见效时间的唯一标准，判断标准如图 18-5 所示。

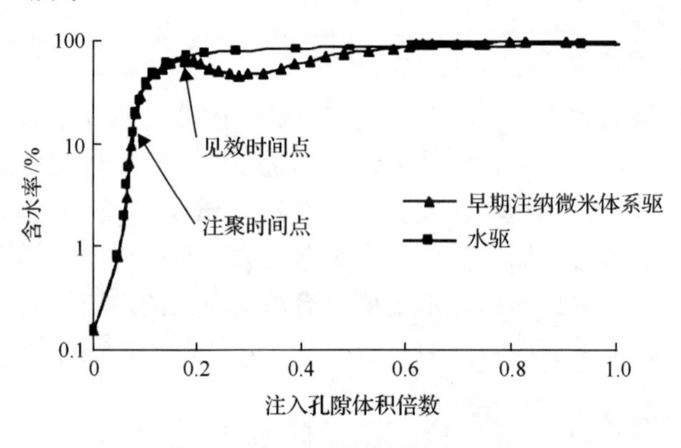

图 18-5 见效时间点的判定方法

(1) 见效时间点。含水率变化曲线相对于水驱出现明显的分叉现象的时间点。

(2) 见效时间。指开始注聚合物到见效时间点的时间段。

在上述调研的基础上，针对 W 区纳微米颗粒分散体系改善水驱含水率变化特点，制定了注入纳微米颗粒分散体系改善水驱见效判别标准(表 18-6)。

表 18-6 纳微米颗粒分散体系改善水驱见效判别标准

注入纳微米颗粒分散体系时区块综合含水率/%	平均单井日增油量/t	含水率下降值/%
0	0.330	0.26
10	0.410	0.33
20	0.490	0.39
30	0.530	0.42
40	0.550	0.44
50	0.570	0.45
60	0.570	0.46
70	0.580	0.48
80	0.530	0.50

综上所述，依据不同时机受效井见效时间，将其合并为 3 类井，提出了纳微米颗粒分散体系改善水驱见效时间判断原则。

(1) 当含水率小于 20%时注入纳微米颗粒分散体系，判断依据为纳微米颗粒分散体系注入后，平均单井日增油 0.49t，含水率下降值大于或等于 0.39%(图 18-6)。

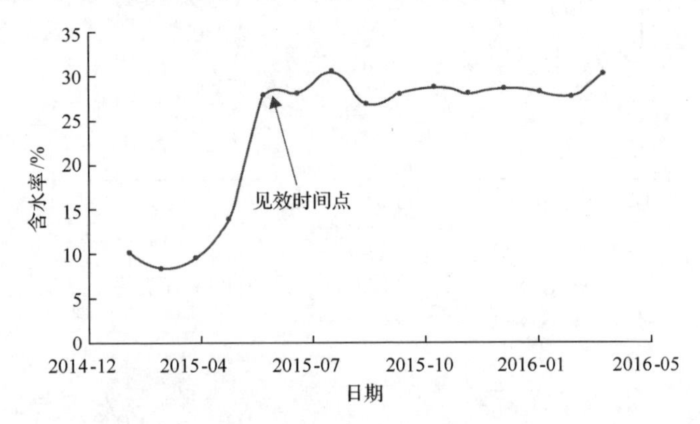

图 18-6　一类井见效时间效果图(ZJ29 井)

(2) 含水率为 20%～60%时注入纳微米颗粒分散体系，判断依据为日产油量上升 0.57t，含水率下降 0.46%，效果连续保持 3 个月以上；与周边相同含水阶段区块相比，含水率上升速度减缓(图 18-7)。

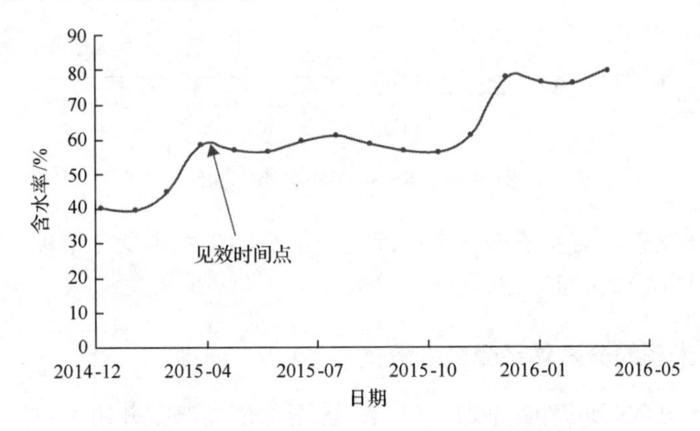

图 18-7　二类井见效时间效果图(L85-35 井)

(3) 含水率大于 60%时注入纳微米颗粒分散体系，平均单井日增油 0.53t，含水率明显下降(图 18-8)。

由于在注纳微米颗粒分散体系的两个轮次中，L86-34 井累计注入纳微米颗粒分散体系量较高，更易于反映周围受效井的见效程度。在此以 L86-34 井所在井组为例，其周围 8 口受效井在注入纳微米颗粒分散体系后 2～5 个月，均出现上述见效时间点，如图 18-9 所示。

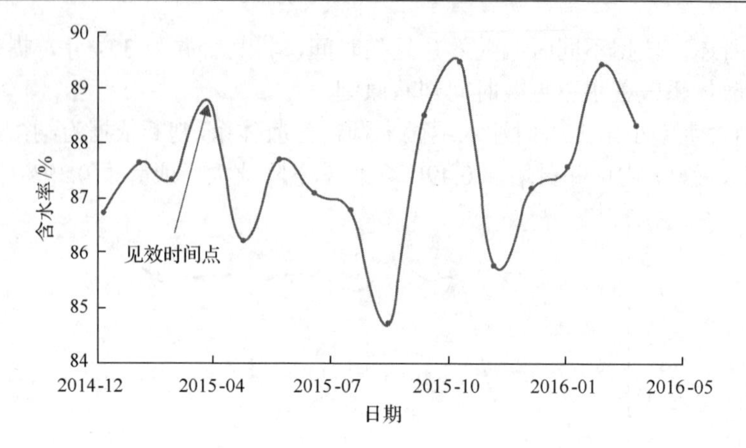

图 18-8 三类井见效时间效果图(L86-41 井)

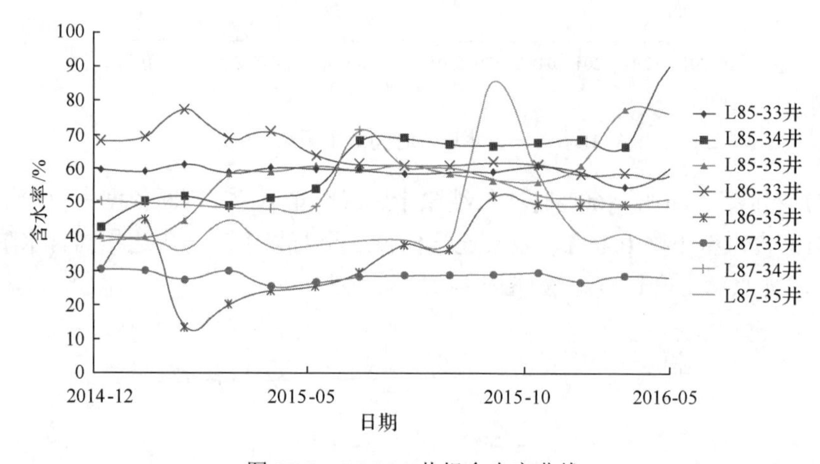

图 18-9 L86-34 井组含水率曲线

在实际开发中，需要依据含水率或受效前后的含水率变化幅度对受效井进行分类，这对判断受效时间点意义深远。

18.4.2 纳微米颗粒分散体系受效井分类

基于上述见效时间判断原则，以 W 区南部诸多典型井组为例，该区域共计 53 口井(油井 44 口，水井 9 口)。其中，L92-36 井、L94-34 井及 L94-36 井于 2010 年注入纳微米颗粒分散体系，受效井 10 口；L90-34 井、L90-36 井、L90-38 井及 L92-34 井于 2012 年注入纳微米颗粒分散体系，受效井 21 口；L86-34 井和 L86-36 井于 2013 年起注入纳微米颗粒分散体系，受效井 13 口。具体井位图如图 18-10 所示。

依据注纳微米颗粒分散体系前后的含水率、日产液量，将区域内的生产井受效特征分为以下 3 类：I 类为受效明显井，动态表现为注纳微米颗粒分散体系前后油井产液量、产油量大幅度上升，随后保持稳定，含水率相对稳定或略有上升，

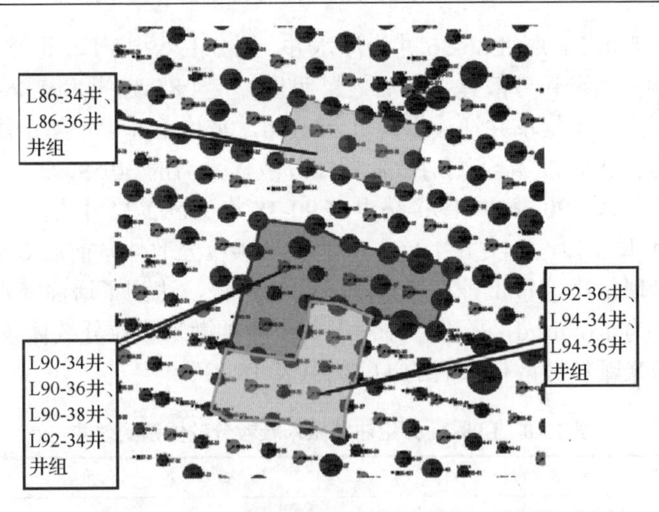

图 18-10　W 区典型井组纳微米颗粒分散体系试验区

且含水率低于 20%；Ⅱ类受效井动态表现为注纳微米颗粒分散体系前后产液量、产油量及含水率略有上升或基本保持稳定，含水率介于 20%～60%；Ⅲ类井动态表现为受效前产液量下降或保持稳定，受效后产液量有所上升或仍保持稳定，而含水率则在受效后出现明显上升，使含水率超过 60%，甚至发生水淹。

从优势渗流通道发育情况可以判断：Ⅰ类井优势渗流通道不发育，Ⅱ类井优势渗流通道较发育，Ⅲ类井优势渗流通道极其发育。其中 L86-34 井组注纳微米颗粒分散体系受效的井见表 18-7。

表 18-7　L86-34 井组注纳微米颗粒分散体系受效井

井号	注纳微米颗粒分散体系前		注纳微米颗粒分散体系后		井型
	日产液量/m^3	含水率/%	日产液量/m^3	含水率/%	
L85-33 井	6.30	57.00	9.24	60.10	Ⅲ类井
L85-34 井	5.40	5.23	8.53	35.86	Ⅱ类井
L85-35 井	8.78	5.16	10.24	26.90	Ⅱ类井
L85-36 井	8.74	5.26	9.86	37.65	Ⅱ类井
L85-37 井	14.22	5.57	11.91	5.61	Ⅰ类井
L86-33 井	6.48	28.58	7.65	31.01	Ⅱ类井
L86-35 井	6.44	27.43	6.86	30.98	Ⅱ类井
L86-37 井	9.24	37.8	7.95	38.64	Ⅱ类井
L87-33 井	8.89	28.42	12.95	28.67	Ⅱ类井
L87-34 井	10.16	47.43	10.60	48.97	Ⅱ类井
L87-35 井	6.28	38.11	10.06	40.78	Ⅱ类井
L87-36 井	8.52	5.09	10.26	5.91	Ⅰ类井
L87-37 井	9.13	6.01	11.67	6.57	Ⅰ类井

该区域以 L86-34 井、L86-36 井为注水井，划分Ⅰ类井 3 口，Ⅱ类井 9 口，Ⅲ类井 1 口。注纳微米颗粒分散体系前后效果明显，仅 L85-37 井和 L86-37 井两口井产液量略有下降，平均单井增液量为 1.48m^3/d，平均单井含水率由注纳微米颗粒分散体系前的 22.85%提高至注纳微米颗粒分散体系后的 30.59%。

L90-34 井组以 L90-34 井、L90-36 井、L90-38 井及 L92-34 井为注水井，划分Ⅰ类井 17 口，Ⅱ类井 3 口，Ⅲ类井 1 口。注纳微米颗粒分散体系前后效果极为明显，绝大部分井呈现出产液量上升、含水率下降的趋势，达到了增油降水的效果。平均单井增液量为 1.65m^3/d，平均单井含水率由注纳微米颗粒分散体系前的 16.82%下降至注纳微米颗粒分散体系后的 11.79%(表 18-8)。

表 18-8　L90-34 井组注纳微米颗粒分散体系受效井

井号	注纳微米颗粒分散体系前		注纳微米颗粒分散体系后		井型
	日产液量/m^3	含水率/%	日产液量/m^3	含水率/%	
L89-33 井	6.55	5.42	7.61	6.36	Ⅰ类井
L89-35 井	6.61	7.30	7.80	5.83	Ⅰ类井
L89-36 井	5.13	5.03	6.29	5.13	Ⅰ类井
L89-37 井	9.66	5.78	13.93	5.15	Ⅰ类井
L89-38 井	9.81	5.26	11.26	6.59	Ⅰ类井
L89-39 井	7.90	6.27	11.38	5.95	Ⅰ类井
L90-33 井	6.45	6.00	7.61	4.66	Ⅰ类井
L90-37 井	6.20	5.80	8.50	5.17	Ⅰ类井
L90-39 井	8.75	38.00	8.80	6.81	Ⅰ类井
L91-33 井	6.84	6.02	7.50	5.47	Ⅰ类井
L91-34 井	4.97	18.20	5.94	16.3	Ⅰ类井
L91-35 井	4.19	35.38	4.35	5.84	Ⅰ类井
L91-36 井	8.20	5.45	9.45	5.50	Ⅰ类井
L91-37 井	5.38	48.31	7.60	26.75	Ⅱ类井
L91-38 井	6.00	29.72	10.26	27.58	Ⅱ类井
L91-39 井	4.90	28.97	9.01	28.38	Ⅱ类井
L92-33 井	2.91	50.57	5.13	58.79	Ⅲ类井
L92-35 井	3.77	5.91	4.26	5.39	Ⅰ类井
L93-33 井	5.06	28.03	4.64	4.62	Ⅰ类井
L93-34 井	4.85	4.95	5.76	5.34	Ⅰ类井
L93-35 井	1.87	6.89	3.57	6.00	Ⅰ类井

L92-36 井组注纳微米颗粒分散体系受效井见表 18-9。该区域以 L94-34 井、

L94-36 井及 L92-36 井为注水井，划分Ⅰ类井 4 口，Ⅱ类井 5 口，Ⅲ类井 1 口。注纳微米颗粒分散体系前后效果不明显，日产液量及含水率变化较小。其中，平均单井增液量为 0.56m³/d，平均单井含水率由注纳微米颗粒分散体系前的 29.26%下降至注纳微米颗粒分散体系后的 26.68%。且 L95-34 井为高含水率井(87.09%～89.37%)，于 2011 年 9 月关井。

表 18-9　L92-36 井组注纳微米颗粒分散体系受效井

井号	注纳微米颗粒分散体系前		注纳微米颗粒分散体系后		井型
	日产液量/m³	含水率/%	日产液量/m³	含水率/%	
L92-37 井	4.80	22.78	6.68	25.67	Ⅱ类井
L93-36 井	2.30	4.75	2.98	5.36	Ⅰ类井
L93-37 井	1.80	20.37	3.11	26.98	Ⅱ类井
L94-33 井	7.56	5.29	7.63	5.37	Ⅰ类井
L94-35 井	4.29	39.85	4.26	38.64	Ⅱ类井
L94-37 井	3.90	6.84	4.03	4.80	Ⅰ类井
L95-33 井	5.04	5.20	5.50	5.84	Ⅰ类井
L95-34 井	13.20	89.37	12.94	87.09	Ⅲ类井
L95-35 井	4.60	57.56	4.61	29.37	Ⅱ类井
L95-37 井	6.52	40.59	7.9	37.65	Ⅱ类井

对以上 44 口油井的实际生产数据进行分析统计。其中，Ⅰ类井 24 口，占总井数的 54.5%，大体表现为含水率稳定或略有上升，且含水率低于 20%，日产液量明显上升；Ⅱ类井 17 口，占总井数的 38.6%，该类井含水率介于 20%～60%；Ⅲ类井 3 口，占总井数的 6.8%，表现为高含水率或含水率大幅度上升。

以上划分方法可以应用于未来的开发中(纳微米颗粒分散体系+表面活性剂)，可依据井型确定纳微米颗粒分散体系与表面活性剂注入体积比。例如，对于Ⅰ类井，可以注入较多的表面活性剂来提高驱替效率，以及部分纳微米颗粒分散体系来预防含水率大幅度上升，在实际开发过程中，以延长有效期，提高洗油效率为主；对于Ⅲ类井，依据含水率情况调整关井或单注纳微米颗粒分散体系来控制含水率，在实际开发过程中以改善水驱波及体积为主。

结合水驱数值模拟方法与驱替特征曲线方法，对比不考虑纳微米颗粒分散体系的数值模拟结果和实际生产单井含水率曲线结果，从含水率曲线上可以看出纳微米颗粒分散体系改善水驱见效情况，如图 18-11 所示。

图 18-11 中，曲线为不考虑纳微米颗粒分散体系的水驱数值模拟方法预测的含水率曲线，散点为考虑纳微米颗粒分散体系改善水驱的驱替特征曲线方法得到的含水率散点。从图中可以看出，曲线后期增长幅度大，在模拟末期远超散点。其交点可认为是见效时间点。

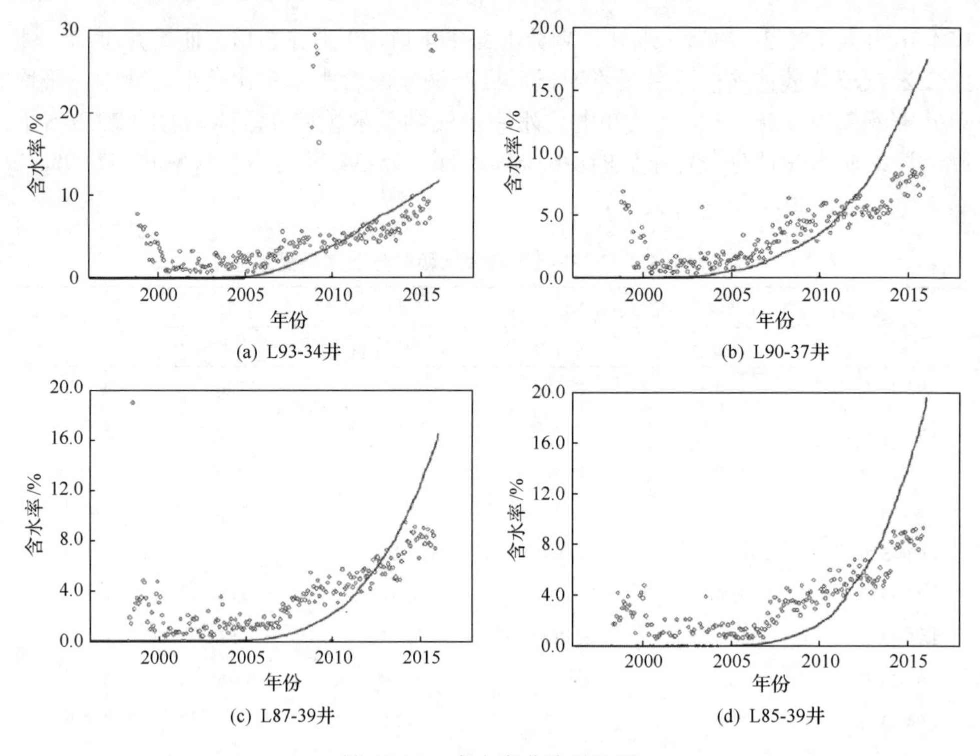

图 18-11　含水率曲线对比图

18.5　纳微米颗粒分散体系改善水驱见效规律

注入纳微米颗粒分散体系以来，油井见效呈现明显的规律性。分析见效规律受地质静态因素及生产动态因素的影响，主要分为以下 5 个部分。

1. 地层渗透率下降

纳微米颗粒分散体系对高渗透层进行封堵，降低近井地带渗透率。例如，L96-36 井压降测井测得等效渗透率从 17.30mD 降至 8.70mD，下降了 49.7%，详见表 18-10。

表 18-10　L96-36 井注入前后压降测试结果

井号	测试		解释结果		备注
	日期	测试方法	地层压力/MPa	渗透率/mD	
L96-36 井	2008-10	压降	22.46	15.61	注入前
L96-36 井	2009-08	压降	23.76	17.30	
L96-36 井	2012-05	压降	24.17	8.70	注入后

2. 注水井压力响应特征较明显

在日注水量保持稳定的条件下，试验后的水井压力上升模式可分为以下 3 类。

(1)阶梯形，压力逐渐上升[图 18-12(a)]。

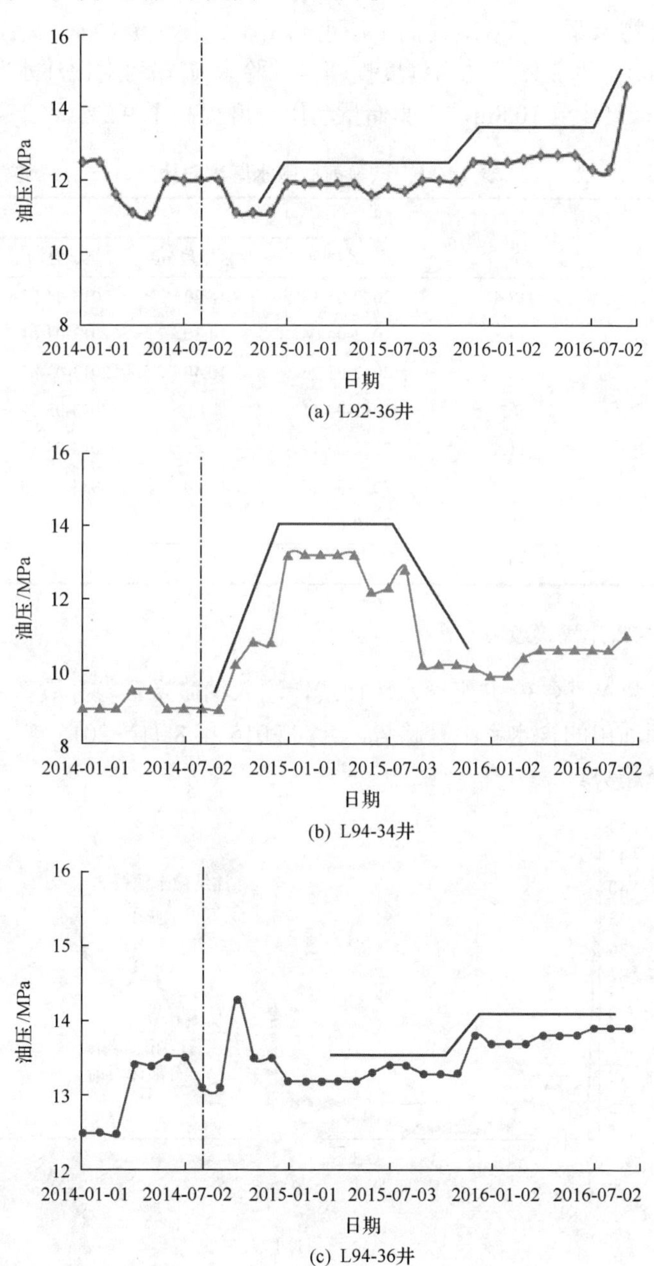

图 18-12　聚驱前后注水井压力变化情况

(2)“几”字形，压力先上升后下降，具有封堵—突破—封堵特征[图 18-12(b)]。
(3)试验后单井油套压力上升 0.4MPa[图 18-12(c)]。

3. 水驱状况得到有效改善

注入聚合物调驱，有效地提高了注水利用率，使试验区水驱指数由 1.96m³/t 下降至 1.86m³/t。水驱储量动用程度提高。试验区 7 口可对比注水井平均单井吸水厚度由 9.6m 上升至 10.8m，水驱储量动用程度提高了 9.2%(表 18-11)。

表 18-11　试验前后吸水厚度对比

序号	井号	砂体有效厚度/m	试验前		试验后	
			测试时间	吸水厚度/m	测试时间	吸水厚度/m
1	L90-34 井	17.4	2012-07-14	14.20	2013-04-02	14.3
2	L90-36 井	14.8	2012-04-04	14.30	2013-04-01	14.1
3	L92-34 井	16.6	2012-05-26	10.40	2013-03-31	12.1
4	L92-36 井	7.2	2011-04-15	4.13	2013-05-12	7.2
5	L94-34 井	11.4	2010-06-17	5.70	2012-04-15	6.6
6	L94-36 井	13.9	2011-04-14	13.80	2013-04-13	13.9
7	L94-38 井	9.4	2010-09-24	4.60	2013-09-30	7.3
平均		13.0		9.6		10.8

4. 含水率上升幅度变小

图 18-13 为 W 区 30 井组含水率曲线，注入纳微米颗粒分散体系后有效减缓了中高含水期油田的含水率上升趋势，且在 2015 年 8 月～2015 年 12 月，含水率呈明显的下降趋势。

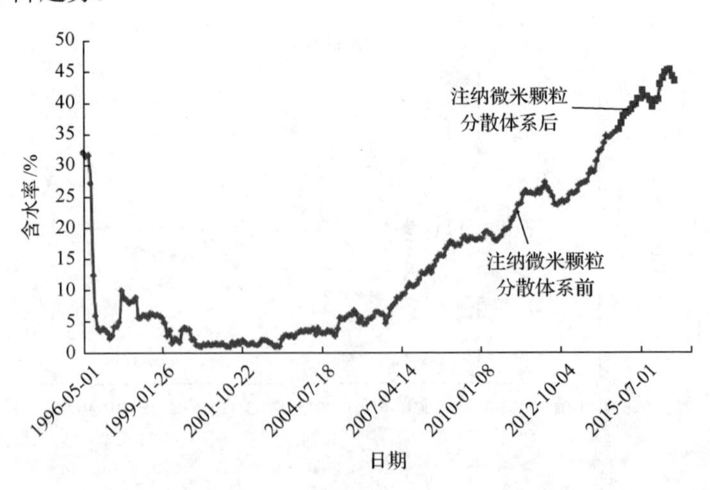

图 18-13　W 区 30 井组含水率曲线

5. 综合递减率变小

图 18-14 为 W 区 30 井组日产油量曲线。注入纳微米颗粒分散体系后，W 区日产油量下降减缓，年综合递减率减缓，且存在一段小幅度上升趋势。

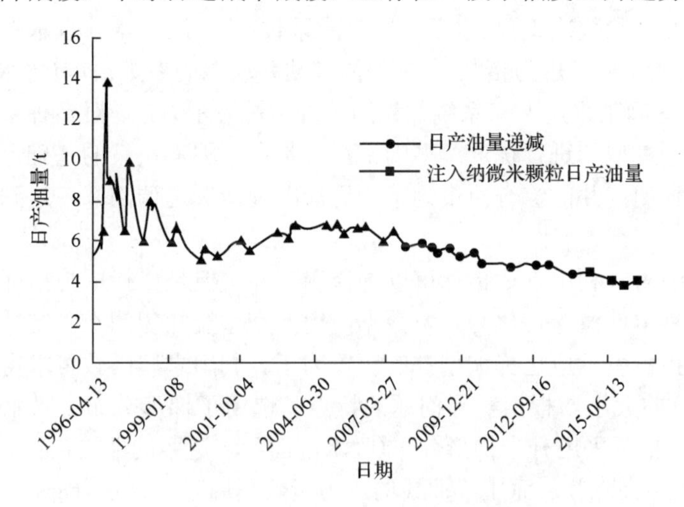

图 18-14　W 区 30 井组日产油量曲线

18.6　选井决策方法

纳微米颗粒分散体系应用的成功与否在很大程度上取决于调剖选井的合理性。目前，通常采用两种方法进行设计：一种是根据现场经验通过定性分析选择调剖井位及调剖剂用量，该方法简单，但存在不确定性，主观性太强，无法达到优化的目的。另一种是单纯采用数值模拟进行优化设计，采用这种方法，通常需要地质建模、区块历史拟合和方案优化等过程，耗时较多，难以满足现场调剖设计和施工需求。因而迫切需要一种既能综合现场专家知识和经验的定性特点，又继承数值模拟技术定量性优点的综合决策方法。

通过资料调研，在筛选实验井组的过程中，一般遵循以下几个原则。

(1)与井组内油井连通性情况好，并对应油井含水率快速上升的水井。

(2)选择小层渗透率差异较大的水井。

(3)选择吸水剖面纵向差异大、层间吸水差异大的井。

(4)位于综合含水率高，采出程度低，剩余油饱和度较高的开发区块的注水井。

(5)吸水和注水状况良好的注水井。

(6)注水井固井质量好，无串槽和层间窜漏现象。

18.6.1　选井决策技术

选井决策包括单因素决策和多因素决策。单因素决策包括压力指数决策(PI决策)、反映地层非均质性的参数决策(平均渗透率、渗透率变异系数)、反映吸水剖面变化状况的参数决策(吸水百分数变异系数)、反映注水井吸水能力的参数决策(每米视吸水指数、压力指数)、反映周围油井动态的参数决策(含水率、采出程度)。利用这些因素采用专家系统知识的不确定性表示方法，对多种参数建立模糊数学综合评判模型并进行优选。多因素决策是在单因素决策的基础上，将这些依据表示成选择调剖井的综合决策因子，更加准确地选定调剖井，达到选择最佳调剖井的目的。

从定性的角度利用上述指标可以选择调剖井，但是当指标与指标之间出现矛盾时就必须将定性概念转化为定量数据，用专家系统知识的不确定性表示方法，将这些选井指标表示成选择调剖井的决策因子。利用隶属函数可求得每项指标的决策因子(F)的大小。根据实际问题的特点，选用了梯形分布。吸水剖面、渗透率、注入动态指标采用升半梯形分布(吸水剖面和渗透率的非均匀性越大、吸水强度越大，越需要调剖)，而压降曲线的压力指数采用降半梯形分布。

1. PI 决策技术及应用

在正常注水条件下，注水井突然关井，测井口压力随时间的变化关系，得到井口压降曲线，井口压力指数定义为

$$\mathrm{PI}=\frac{\int p(t)\mathrm{d}t}{t} \tag{18-18}$$

式中，PI 为井口压力指数，MPa；t 为关井时间，min；$p(t)$ 为井口压力，MPa。

根据多孔介质渗流理论可以确定，注水井 PI 值与地层及流体物性参数有如下关系：

$$\mathrm{PI}=\frac{q\mu}{15Kh}\ln\frac{12.5r_{\mathrm{e}}\phi\mu C}{Kt} \tag{18-19}$$

式中，q 为注水井日注水量，$\mathrm{m^3}$；μ 为流体动力黏度，mPa·s；K 为地层渗透率，$\mu\mathrm{m}^2$；h 为油层厚度，m；r_{e} 为注水井控制半径，m；ϕ 为孔隙度，%；C 为综合压缩系数。

从式(18-19)可以看出，注水井 PI 值与地层渗透率成反比，与油层厚度成反比，与日注水量成正比，与流体动力黏度成正比，与流度(K/μ)成反比。因此，区块中每口井的 PI 值可作为区块整体调剖决策参数，PI 值越小，越需要调剖。

首先必须测取各注水井的 PI 值，即注水井关井 90min 后所测的压力指数值，记作 PI_{90}，为使注水井的 PI 值与区块中其他注水井的 PI 值相比较，应将各注水井的 PI 值改正至相同的 q/h 值情况下，为确定与区块相同的 q/h 值，可以先计算区块的 q/h 平均值，然后就近归整，再按式(18-20)计算 PI 改正值。

$$PI_{修正值}=PI(q/h)/(q/h) \tag{18-20}$$

其次计算出所有参与决策的注水井的 $PI_{修正值}$以后，利用降半梯形分布求得每口注水井的压降曲线决策因子 FPI(i)，计算公式如下：

$$FPI(i)=\frac{PI_{max}-PI(i)}{PI_{max}-PI_{min}} \tag{18-21}$$

式中，PI(i)为第 i 口井的 PI 值；FPI(i)为第 i 口井的决策因子；PI_{max}、PI_{min} 分别为 PI 的最大值与最小值。

求得每口注水井的压降曲线的 FPI(i)后，选择该因子大于平均值的井进行调剖。若区块各注水井注水厚度相差不大，则 PI 值也可按区块 q 平均值的归整值进行改正，然后将区块各注水井按此 PI 改正值的大小进行排列，用于 PI 决策。通过上述计算，PI 值低于区块平均值的注水井为调剖井，高于区块平均值的注水井为增注井，在区块平均 PI 值附近，略高于或略低于区块平均值的注水井为不处理井，结果见表 18-12。

表 18-12　注水井 PI 值决策方法

井号	日注入量/m^3	黏度/(mPa·s)	渗透率/mD	有效厚度/m	PI 值	决策因子	结论
L84-32 井	30.20	7.68	0.89	11	1.58	0.79	需要调剖
L131 井	35.30	7.65	1.26	4.5	3.18	0.52	不需调剖
L86-40 井	36.40	7.64	0.70	11	2.41	0.65	不需调剖
L86-42 井	34.91	7.65	2.92	6	1.02	0.89	需要调剖
L88-34 井	37.70	7.71	1.23	5	3.15	0.53	不需调剖
L88-36 井	44.20	7.64	0.60	6	6.26	0	不需调剖
L90-34 井	44.20	7.73	0.93	14	1.75	0.76	需要调剖
L92-36 井	47.41	7.65	4.22	6	0.96	0.90	需要调剖
L94-34 井	39.28	7.73	8.89	6	0.38	0.99	需要调剖
L94-36 井	36.30	7.68	5.92	9	0.35	1.00	需要调剖

纳微米颗粒分散体系选井步骤如下。

(1)判断区块(或单井)调剖的必要性及区块或单井是否需要调剖。主要根据区块标准 PI 值大小及区块内注水井的 PI 值级差大小。

(2)确定需要调剖的注水井。根据区块及注水井的 PI 值进行筛选，低于区块标准值的注水井进行调剖，高于区块标准值的注水井进行增注，处于区块标准值附近的注水井一般暂不处理。

PI 决策技术主要解决 6 个方面的问题：①判断区块调剖的必要性；②确定区块上需要调剖的井；③选择适合区块调剖的堵剂类型；④确定调剖剂的用量；⑤确定区块调剖间隔时间，即调剖周期；⑥评价区块整体调剖的效果。

2. 渗透率决策及应用

在高含水期，高渗透层(部位)通常都是高含水层(部位)，在注水开发过程中，注入水将沿着这些高渗透层(部位)突进，造成不均匀水洗。从横向上看，平均渗透率比较高的井吸水能力往往也比较大，在静态因素中，渗透率是制约注入能力最主要的因素。因此，平均渗透率大的井越需要调剖。从纵向上看，各小层渗透率差别越大，水洗的不均匀程度越高，剩余油越相对集中在低渗透部位。因此在选择调剖井点时，也应选择那些渗透率变异系数比较大的井进行调剖。渗透率变异系数求法如下：

$$K_{\mathrm{v}}=\frac{\sqrt{\dfrac{\sum_{i=1}^{n}\left[\left(K_i-\overline{K}\right)^2\right]}{n}}}{\overline{K}} \tag{18-22}$$

其中平均渗透率的求法为

$$\overline{K}=\frac{\sum_{i=1}^{n}K_i h_i}{H} \tag{18-23}$$

式中，K_{v} 为渗透率变异系数；n 为小层数；K_i 为第 i 层渗透率，mD；$\overline{K}$ 为平均渗透率；h_i 为第 i 层的厚度；H 为总厚度。

主要考虑渗透率变异系数 K_{v} 和平均渗透率 $\overline{K}$ 的大小，并利用简化的升半梯形分布表示选择调剖井的决策因子，计算公式如下：

$$F(i)=\frac{X(i)-X_{\min}}{X_{\max}-X_{\min}} \tag{18-24}$$

式中，$X(i)$ 为对应的第 i 口井的渗透率变异系数 K_{v} 和平均渗透率 $\overline{K}$；$X_{\min}$ 为参数最小值；$X_{\max}$ 为参数最大值。

按一定的权重系数对渗透率变异系数 K_v 和平均渗透率 $\overline{K}$ 的隶属度进行加权，得到渗透率决策因子 $F(i)$，大于该区块平均 $F(i)$ 的井需要调剖，结果见表 18-13。

表 18-13　渗透率决策方法

井号	变异系数	变异系数决策	平均渗透率/mD	平均渗透率决策	渗透率决策因子	结论
权重	—	0.7	—	0.3	—	—
L84-32 井	0.269062	0.501271	5.969461	1	0.65089	需要调剖
L131 井	0.093710	0.004434	5.648545	0.891871	0.270665	不需调剖
L86-40 井	0.181579	0.253399	4.716434	0.577806	0.350721	不需调剖
L86-42 井	0.187994	0.271575	3.433529	0.145545	0.233766	不需调剖
L88-34 井	0.445082	1	4.887704	0.635513	0.890654	需要调剖
L88-36 井	0.092145	0	5.015613	0.678611	0.203583	不需调剖
L90-34 井	0.399735	0.871515	5.398233	0.807531	0.85232	需要调剖
L92-36 井	0.323685	0.656038	3.001568	0	0.459227	需要调剖
L94-34 井	0.235827	0.407104	5.422047	0.815555	0.529639	需要调剖
L94-36 井	0.115635	0.066556	3.949686	0.319458	0.142427	不需调剖

3. 吸水剖面决策及应用

吸水剖面资料能直接反映注水井纵向上单层吸水状况的差异，这种吸水状况差别越大，注入的不均匀推进越严重。因此，选择调剖井点时也必须选择吸水剖面最不均匀的井。目前许多油田根据剖面级差的大小来选择调剖井。例如，某油田的做法是当强吸水层的相对吸水百分数是弱吸水层的 7 倍以上时，则认为该井需要调剖。这种判断方法简单，但是没有考虑吸水厚度，没有对比强吸水层的厚度与弱吸水层的厚度。本章提出与渗透率变异系数类似的吸水百分数变异系数，选择吸水剖面最不均匀的井。吸水百分数变异系数求法如下：

$$W_{\mathrm{v}}=\frac{\sqrt{\dfrac{\sum\limits_{i=1}^{n}\left[\left(W_i-\overline{W}\right)^2\right]}{n}}}{\overline{W}} \tag{18-25}$$

式中，平均吸水百分数的求法为

$$\overline{W}=\frac{\sum\limits_{i=1}^{n}W_i h_i}{H} \tag{18-26}$$

式中，W_v 为吸水百分数变异系数；n 为小层数；W_i 为第 i 层的吸水百分数；$\overline{W}$ 为平均吸水百分数；h_i 为第 i 层的厚度，m；H 为总厚度。

通常吸水百分数变异系数较大的井是应该调剖的井。计算出每口注水井的吸水百分数变异系数后，利用简化的升半梯形分布表示选择调剖井的决策因子，计算公式如下：

$$\mathrm{FW}(i)=\frac{W(i)-W_{\min}}{W_{\max}-W_{\min}} \tag{18-27}$$

式中，$W(i)$ 为第 i 口井的吸水百分数变异系数；$\mathrm{FW}(i)$ 为第 i 口井的 $W(i)$ 的隶属度；$W_{\max}$、$W_{\min}$ 分别为吸水百分数最大值、最小值。

根据每口注水井的 $\mathrm{FW}(i)$ 值，通常可以选择 $\mathrm{FW}(i)$ 大于平均值的井进行调剖，结果见表 18-14。

表 18-14　吸水剖面单因素决策方法

井号	吸水百分变异系数	吸水剖面决策因子	结论
L84-32 井	0	0	不需调剖
L131 井	0.074200	0.095791	不需调剖
L86-40 井	0.774600	1	需要调剖
L86-42 井	0	0	不需调剖
L88-34 井	0	0	不需调剖
L88-36 井	0.712385	0.919681	需要调剖
L90-34 井	0.422200	0.545056	需要调剖
L92-36 井	0	0	不需调剖
L94-34 井	0	0	不需调剖
L94-36 井	0.305400	0.394268	需要调剖

4. 注水井注入动态决策及应用

渗透率是静态资料，在某种程度上并不能完全反映注水井目前的真实吸水状况，而吸水剖面资料相对比较少，且受测试条件的限制，其准确性也不高。利用注水井月度数据来计算单井吸水强度，可在选择调剖井时克服上述资料带来的误差。通常情况下，存在高渗透层(或条带)的井单井吸水指数远比其他井大，吸水指数较大的井存在高渗透层(或条带)的可能性较大，可以利用吸水指数的大小选择调剖井。对于注水厚度较小的井，即使有高渗透层存在，由于总的吸水量低，吸水指数不会太高，但其每米吸水指数却较大，因此选择调剖井时，也应考虑每米吸水指数。

计算注水井单位注入压力下的吸水量(视吸水指数)。每米视吸水指数是指单位注入压力下每米油层的吸水量。

对于笼统注水井：

$$A = \frac{q}{P_{\mathrm{wh}} h} \tag{18-28}$$

式中，A 为每米视吸水指数，$\mathrm{m^3/(m \cdot MPa)}$；$q$ 为注水井日注水量，$\mathrm{m^3}$；P_{wh} 为井口注入压力，MPa。

对于分层注水井：

$$A = \frac{q_1}{P_1 h} \tag{18-29}$$

式中，q_1 为分层注水量，$\mathrm{m^3/d}$；P_1 为分层注入压力，MPa。

用升半梯形分布求吸水指数的隶属度 $F_1(i)$；再计算出注水井的每米吸水指数，利用升半梯形分布求其隶属度 $F_2(i)$。计算公式如下：

$$F(i) = \frac{A(i) - A_{\min}}{A_{\max} - A_{\min}} \tag{18-30}$$

式中，$A(i)$ 为第 i 口井的视吸水指数(或每米视吸水指数)；$F(i)$ 为第 i 口井的 $F_1(i)$、$F_2(i)$ 的值；$A_{\max}$、$A_{\min}$ 分别为视吸水指数最大值、最小值。

对 $F_1(i)$ 和 $F_2(i)$ 进行适当的加权平均，便可求得注入动态的归一化决策因子 $\mathrm{FA}(i)$，选择因子大于平均值的井进行调剖，结果见表 18-15。

表 18-15　注水井注入动态单因素决策方法

井号	日注水量/m³	井底压力/MPa	地层厚度/m	每米吸水指数/[m³/(m·MPa)]	注入动态决策	结论
L84-32 井	30.20	25.48	11	0.32	0.03	不需调剖
L131 井	35.30	24.8	4.5	0.86	0.24	不需调剖
L86-40 井	36.40	22.82	11	0.23	0	不需调剖
L86-42 井	34.91	23.40	6	0.92	0.26	不需调剖
L88-34 井	37.70	26.47	5	0.55	0.12	不需调剖
L88-36 井	44.20	26.10	6	0.53	0.11	不需调剖
L90-34 井	44.20	25.79	14	0.40	0.06	不需调剖
L92-36 井	47.41	27.15	6	2.54	0.88	需要调剖
L94-34 井	39.28	27.58	6	2.87	1.00	需要调剖
L94-36 井	36.30	25.72	9	1.04	0.31	需要调剖

18.6.2　调剖选井多因素决策技术

影响调剖井选择的因素有很多，上述单因素决策方法所用资料的可靠性不完全相同，更没有同时考虑各种因素。各种因素对选择结果的制约程度不一样，因而单因素决策方法存在一定的局限性。为此，本书采用多因素决策选井，在上一级单因素决策评判的基础上，对吸水能力、非均质性和周围油井生产动态 3 方面的因素进行加权，从而求出调剖井的多因素模糊决策因子 FZ。

1. 模糊综合评判的一般模型

设定一个模糊矩阵：

$$\boldsymbol{R}=\left(r_{ij}\right)_{m\times n} \tag{18-31}$$

设定一个模糊向量：

$$\boldsymbol{X}=\left(x_1,x_2,x_3,\cdots,x_n\right),0\leqslant x_n\prec 1 \tag{18-32}$$

则 $\boldsymbol{X}\odot\boldsymbol{R}=\boldsymbol{Y}$ 称为模糊变换，$\odot$ 表示模糊运算。即

$$Y_i=\sum_{i=1}^{n}x_i\times r_{ij} \tag{18-33}$$

模糊变换的结果 $\boldsymbol{Y}$ 是模糊向量 $\boldsymbol{X}$ 与模糊关系矩阵 $\boldsymbol{R}$ 的合成。

设 $U=\left\{u_1,u_2,u_3,\cdots,u_m\right\}$ 为 m 种因素构成的集合(因素集)，$V=\left\{v_1,v_2,v_3,\cdots,v_n\right\}$ 为 n 种评判构成的集合(评判集)。

各因素的权重分配可视为 U 上的模糊集，记为

$$A=\left\{a_1,a_2,a_3,\cdots,a_m\right\}\in F\left(U\right),i=1,2,3,\cdots,m \tag{18-34}$$

式中，a_i 为第 i 种因素 u_i 的权重，满足归一化条件。由于 n 个评判并非都是绝对肯定或否定，此综合评判结果也应看作 V 上的模糊集，记为

$$B=\left\{b_1,b_2,b_3,\cdots,b_n\right\}\in F\left(V\right),j=1,2,3,\cdots,n \tag{18-35}$$

式中，b_j 反映了第 j 种评判在评判总体 V 中所处的地位。

假定有一个 U 与 V 之间的模糊关系 $\boldsymbol{R}=\left(r_{ij}\right)_{m\times n}$，则可得出一个模糊变换，从而构造一个由 3 个基本要素(因素集 U，评判集 V，模糊映射 f)组成的模糊综合评判模型。

$$f:U \to F(V),\ \ u_i \to f(u_i) \approx (r_{i1}, r_{i2}, r_{i3}, \cdots, r_{im}) \in F(V) \tag{18-36}$$

由此即可得出评判模型。由 f 可诱导出一个模糊关系：

$$\boldsymbol{R} = \begin{pmatrix} r_{11} & r_{12} & \cdots & r_{1n} \\ r_{21} & r_{22} & \cdots & r_{2n} \\ r_{31} & r_{32} & \cdots & r_{3n} \end{pmatrix} \tag{18-37}$$

这意味着三原体 $(U,V,\boldsymbol{R})$ 构成了一个模糊综合评判模型。对于多因素选择调剖井，U 对应选井指标集，V 对应参与决策的井的集合，$\boldsymbol{R}$ 对应单因素决策因子矩阵。

所以，模糊综合评判的基本步骤如下。

(1) 确定评判对象。

(2) 确定因素集 $U=\{u_1,u_2,u_3,\cdots,u_m\}$，如 U={渗透率，吸水剖面，吸水指数，PI值…}。

(3) 确定评语集 $V=\{v_1,v_2,v_3,\cdots,v_n\}$。评语集 V 一般用 5 级表示法，如 V={好，很好，一般，差，很差}。

(4) 根据因素 U 确定 r，构成 $\boldsymbol{R}=(r_{ij})_{m\times n}$。根据各因素隶属函数的确定方法做出的评价称作单因素评价。记作 $r_{ij}=(r_{1j},r_{2j},r_{3j},\cdots,r_{nj})$。所有单因素评价结果组成 $\boldsymbol{R}$。

(5) 确定权重集 $X=(x_1,x_2,x_3,\cdots,x_n)$。可以采用层次分析法或德尔菲法即通常所说的专家评分法确定权重，目前德尔菲法应用广泛。

(6) 选取合适的计算模型，作模糊变换求得 $\boldsymbol{Y}=\boldsymbol{X}\odot\boldsymbol{R}$。

(7) 用一定的方式转换所需形式的结论。

2. 选井的多因素综合决策及应用

在充分考虑各选井指标的情况下，采用多因素综合评判来选择调剖井。选择调剖井的多因素模糊决策模型如下：

$$\mathbf{FZ}(i)_{1\times n} = \boldsymbol{\lambda}(j)_{1\times 4}\,\boldsymbol{F}(i,j)_{4\times n} \tag{18-38}$$

式中，$\mathbf{FZ}(i)_{1\times n}$ 为多因素决策因子矩阵，第 i 口井的多因素决策因子为 $\mathrm{FZ}(i)$；$\boldsymbol{F}(i,j)_{4\times n}$ 为单因素决策因子矩阵，第 i 口井第 j 种因素的决策因子为 $F(i,j)$；$\boldsymbol{\lambda}(j)_{1\times 4}$ 为综合评判的权重系数矩阵，$\lambda(1)$ 为井口压降决策权重，$\lambda(2)$ 为渗透率决策权重，$\lambda(3)$ 为吸水剖面决策权重，$\lambda(4)$ 为注入动态决策权重。

求出区块注水井的多因素综合决策因子后，选择该因子大于平均值的井进行调剖。调剖井确定后，调剖层的选择视具体井况而定。对于笼统注水井，根据吸水剖面测试结果选择每米吸水指数较大的层作为调剖目的层；对于分层注水井，在除去水嘴损失的条件下选择每米吸水指数较大的层作为调剖目的层。

综合上述选井单因素决策因子，设置权重为 $\lambda(1)$=2、$\lambda(2)$=1、$\lambda(3)$=4、$\lambda(4)$=3，得出注水井的多因素决策因子，认为大于平均值的井为需要调剖井。具体情况见表 18-16。

表 18-16　注水井多因素决策方法

井号	PI 决策	渗透率决策	吸水剖面决策	注入动态决策	单井决策值	结论
权重系数	2.00	1.00	4.00	3.00	—	—
L84-32 井	0.79	0.65089	0	0.03	0.232089	不需调剖
L131 井	0.52	0.270665	0.095791	0.24	0.241383	不需调剖
L86-40 井	0.65	0.350721	1	0	0.565072	需要调剖
L86-42 井	0.89	0.233766	0	0.26	0.279377	不需调剖
L88-34 井	0.53	0.890654	0	0.12	0.231065	不需调剖
L88-36 井	0	0.203583	0.919681	0.11	0.421231	需要调剖
L90-34 井	0.76	0.852320	0.545056	0.06	0.473254	需要调剖
L92-36 井	0.90	0.459227	0	0.88	0.489923	需要调剖
L94-34 井	0.99	0.529639	0	1.00	0.550964	需要调剖
L94-36 井	1.00	0.142427	0.394268	0.31	0.46495	需要调剖

第 19 章　纳微米颗粒分散体系驱油技术现场应用

19.1　纳微米颗粒分散体系在 S 油田的现场应用

2015～2016 年主要在 S 油田孔隙区 X 区实施纳微米颗粒分散体系驱油，同时在孔隙-裂缝区 H 区和高渗孔道区 S 区开展试验，措施井共 45 口，对应油井 193 口，见效比为 40.9%，累增油 0.7 万 t，累计降水 1.1 万 m^3，见效井日增油 39.2t（表 19-1）。实施井组原始产油递减速率为 4.4%，实施措施后产油上升速率为 0.1%，含水率上升速率从 0.3%降至 0.1%。

表 19-1　2016 年微球调驱效果统计表

区块	实施井数/口	总体实施效果										见效井情况		
		对应油井/口	措施前			目前			累增油/t	累降水/m^3	井数/口	日增油/t	见效比/%
			日产液/m^3	日产油/t	含水率/%	日产液/m^3	日产油/t	含水率/%					
X 区	29	111	437	170	57.8	435	176	56.2	4079	6694	51	30.0	45.9
H 区	14	72	249	80	65.8	251	79	66.3	2620	3589	22	8.0	44.4
S 区	2	10	43	8	81.0	53	9	81.8	315	481	6	1.2	60.0
综合	45	193	729	258	57.9	739	264	57.5	7014	10764	79	39.2	40.9

19.1.1　X 区纳微米颗粒分散体系改善水驱试验

X 区为多油层开发，多方向见水，表现为孔隙型渗流特征，历年常规调剖效果较差，2015～2016 年在 29 个井组开展纳微米颗粒调驱试验。

1. 地质概况

X 区油层沉积类型为三角洲沉积体系，以水下分流河道、河口坝微相为主。动用含油面积为 77.33km^2，砂体厚度为 8～12m，孔隙度为 12.48%，渗透率为 1.98mD，含油饱和度为 48%，孔喉半径均值为 2.27μm，地层水矿化度为 90000mg/L。

2. 开发历程及现状

该区 2000 年投入开发，采用 300m×300m 井距，井排方向为 NE70°，井网类型为菱形反九点井网。截至 2016 年 12 月，单井产能为 1.51t，综合含水率为 58.9%，采出程度为 7.76%，综合采油曲线如图 19-1 所示。

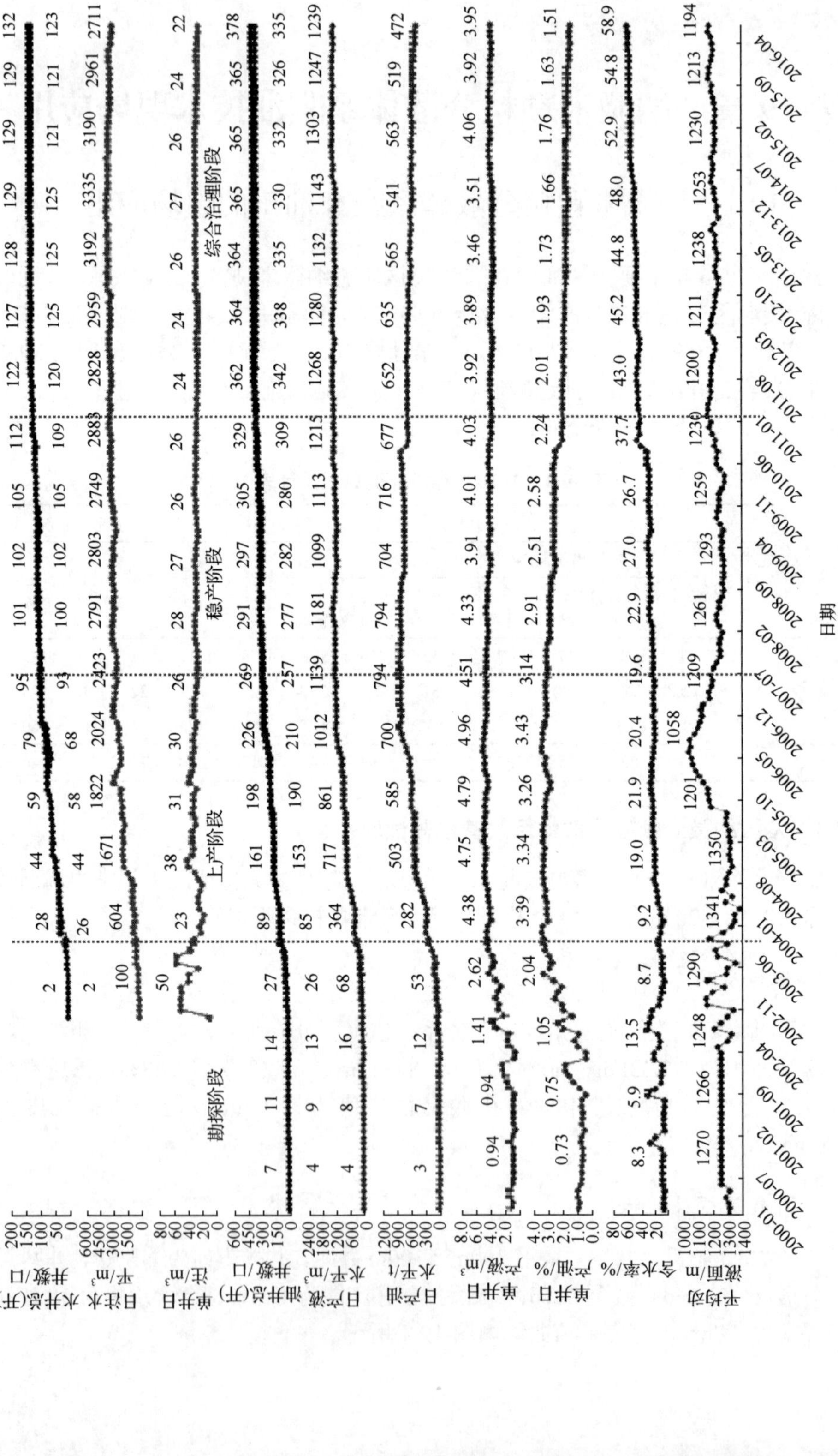

水井总(开)井数/口
200 150 100 50 0
2 28 44 59 79 95 101 102 105 112 122 127 128 129 129 129 132
2 26 44 58 68 93 100 102 105 109 120 125 125 125 121 121 123

日注水平/m³
6000 4500 3000 1500 0
100 604 1671 1822 2024 2423 2791 2803 2749 2883 2828 2959 3192 3335 3190 2961 2711

单井日注/m³
80 60 40 20 0
50 23 38 31 30 26 28 27 26 26 24 24 26 27 26 24 22

勘探阶段　上产阶段　稳产阶段　综合治理阶段

油井总(开)井数/口
600 450 300 150 0
7 11 14 27 89 161 198 226 269 291 297 305 329 362 364 364 365 365 365 378
4 9 13 26 85 153 190 210 257 277 282 280 309 342 338 335 330 332 326 335

日产液水平/m³
2400 1800 1200 600 0
4 8 16 68 364 717 861 1012 1139 1181 1099 1113 1215 1268 1280 1132 1143 1303 1247 1239

日产油水平/t
1200 900 600 300 0
3 7 12 53 282 503 585 700 794 794 704 716 677 652 635 565 541 563 519 472

单井日产液/m³
8.0 6.0 4.0 2.0
0.94 0.94 1.41 2.62 4.38 4.75 4.79 4.96 4.51 4.33 3.91 4.01 4.03 3.92 3.89 3.46 3.51 4.06 3.92 3.95

单井日产油/%
4.0 3.0 2.0 1.0 0.0
0.73 0.75 1.05 2.04 3.39 3.34 3.26 3.43 3.14 2.91 2.51 2.58 2.24 2.01 1.93 1.73 1.66 1.76 1.63 1.51

含水率/%
80 60 40 20
8.3 5.9 13.5 8.7 9.2 19.0 21.9 20.4 19.6 22.9 27.0 26.7 37.7 43.0 45.2 44.8 48.0 52.9 54.8 58.9

平均动液面/m
1000 1100 1200 1300 1400
1270 1266 1248 1290 1341 1350 1201 1058 1209 1261 1293 1259 1230 1200 1211 1238 1253 1230 1213 1194

2000-01 2000-07 2001-02 2001-09 2002-04 2002-11 2003-06 2004-01 2004-08 2005-03 2005-10 2006-05 2006-12 2007-07 2008-02 2008-09 2009-04 2009-11 2010-06 2011-01 2011-08 2012-03 2012-10 2013-05 2013-12 2014-07 2015-02 2015-09 2016-04

日期

图19-1　X区综合采油曲线

3. 开发矛盾

开发中的矛盾表现为地层能量高，平面、剖面压力分布不均(图 19-2)；多向见水特征明显，水驱动用程度低(76.2%)，水驱状况变差(图 19-3)；控水后，产液量、产油量下降矛盾突出(图 19-4)。

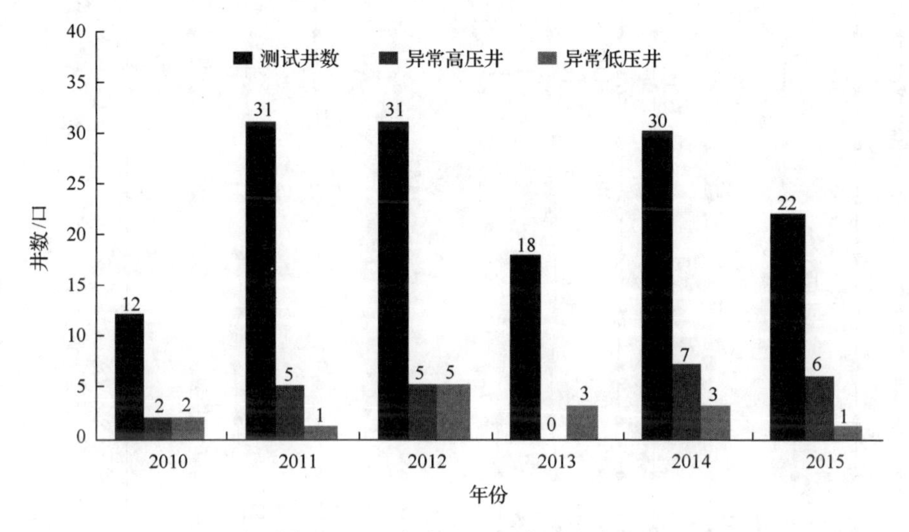

图 19-2　近年来 X 区压力测试结果

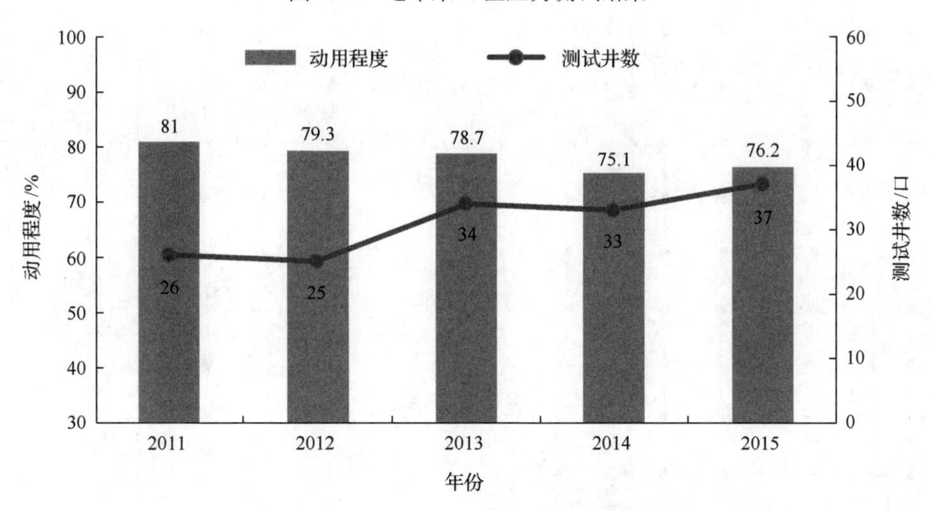

图 19-3　X 区历年水驱动用程度柱状图

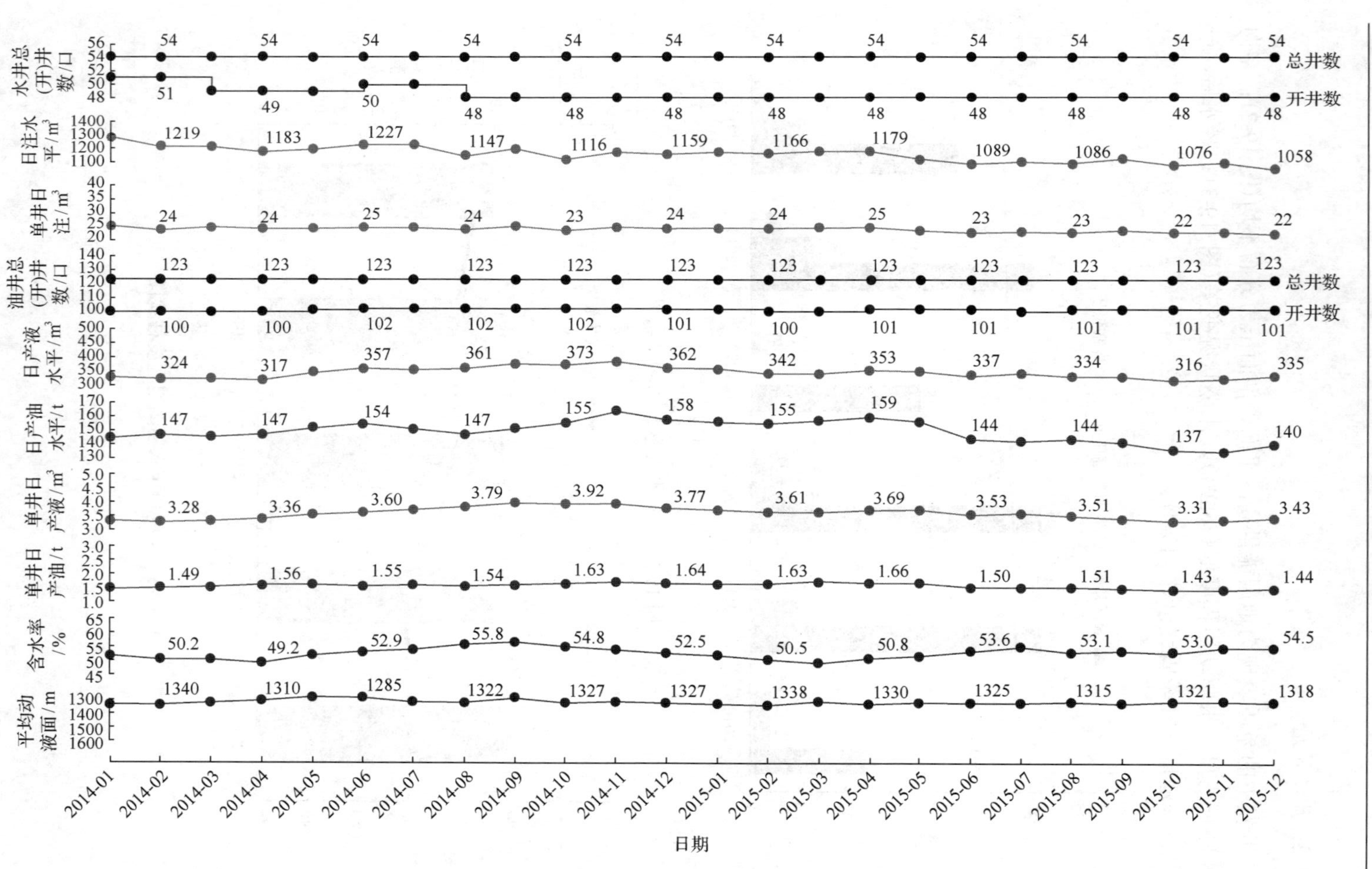

图19-4　X区北部综合采油曲线(扣措施+地关)

采取常规注水调整及隔采动用剩余油难度较大。如图 19-5 所示，剩余油测试显示纵向上油井水淹程度分布不均，高低水淹段相间分布，实施单采后，含水率未能得到有效控制。

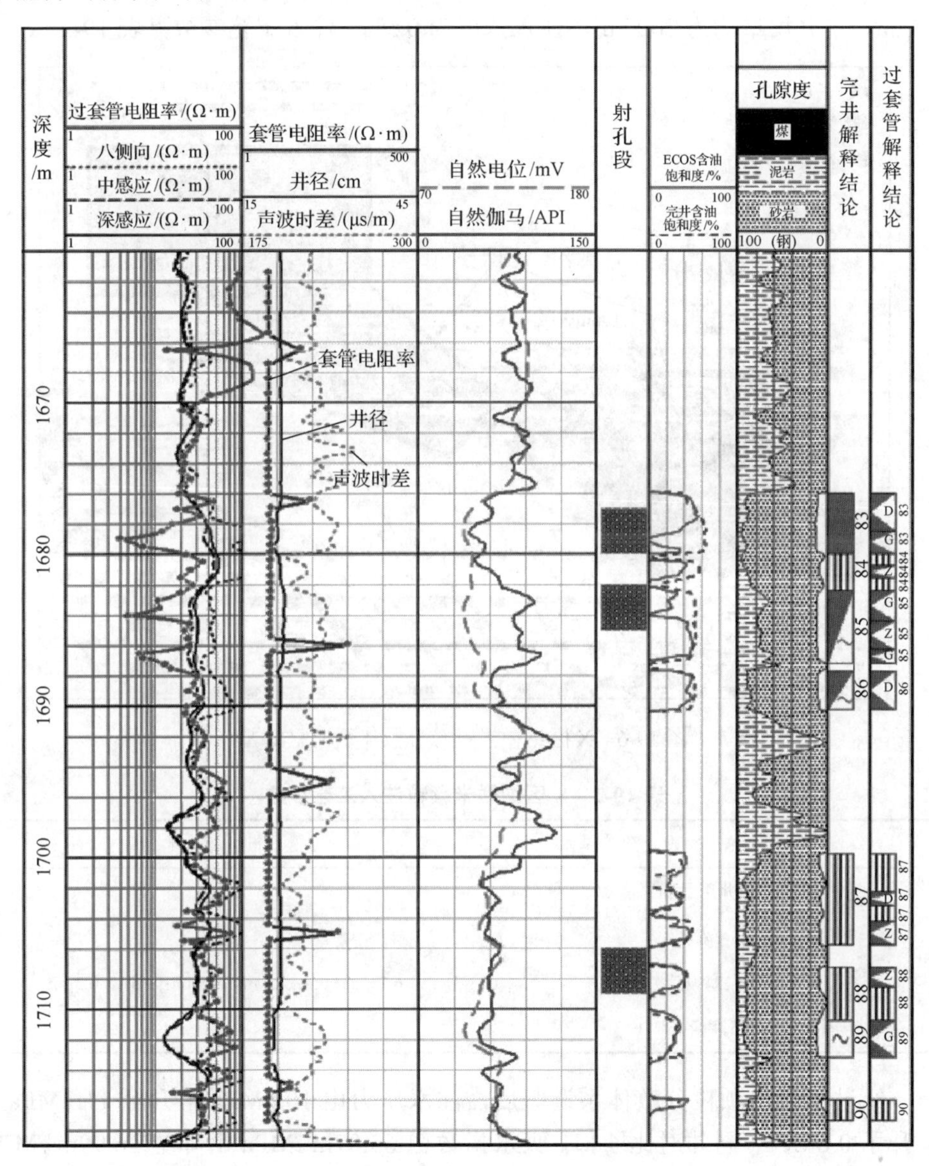

图 19-5　X58-29 剩余油测试成果图

4. 方案要点及实施情况

该区块部署 33 个井组，如图 19-6 所示。纳微米颗粒粒径分别为 10μm、0.8μm、0.3μm，单井用量均为 2000m^3，注入浓度为 0.5%，注入工艺参数见表 19-2。

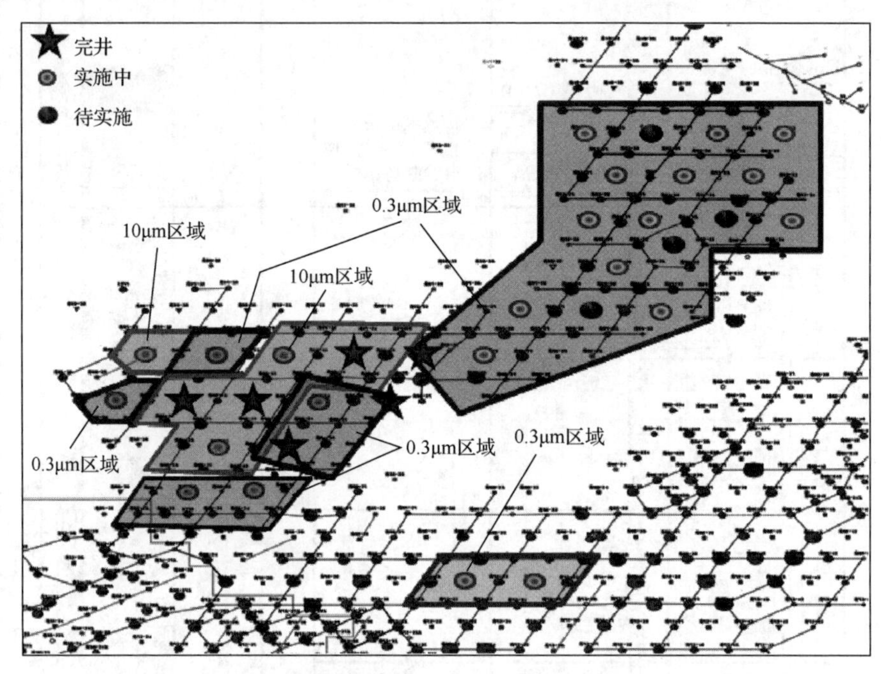

图 19-6　X 区纳微米颗粒分散体系调驱部署

表 19-2　X 区纳微米颗粒注入工艺参数

施工参数	设计值
单井用量/m^3	2000
注入浓度/%	0.5
段塞设计	6 口，10μm；25 口，0.8μm；2 口，0.3μm
日注量/m^3	25

经过纳微米颗粒分散体系调驱后，注水压力由 10.6MPa 上升至 11.2MPa，上升了 0.6MPa；同井对比 6 口，吸水指数由 65.07m^3/MPa 下降至 26.99m^3/MPa（表 19-3，图 19-7）；压力指数(PI)值由 9.34 上升至 10.91(图 19-8)，说明优势渗流通道得到了有效封堵。

表 19-3　调驱前后吸水指数统计表

井号	措施前		措施后	
	日期	吸水指数/(m³/MPa)	日期	吸水指数/(m³/MPa)
X62-20 井	2014-09-02	118.67	2016-07-09	10.52
X62-22 井	2013-05-20	31.15	2016-07-11	13.19
X60-24 井	2015-10-22	66.67	2016-07-14	36.10
X60-26 井	2016-03-08	25.13	2016-07-08	57.80
X62-26 井	2015-08-22	72.99	2016-07-10	10.08
X64-24 井	2015-11-20	75.80	2016-07-29	34.25
平均值		65.07		26.99

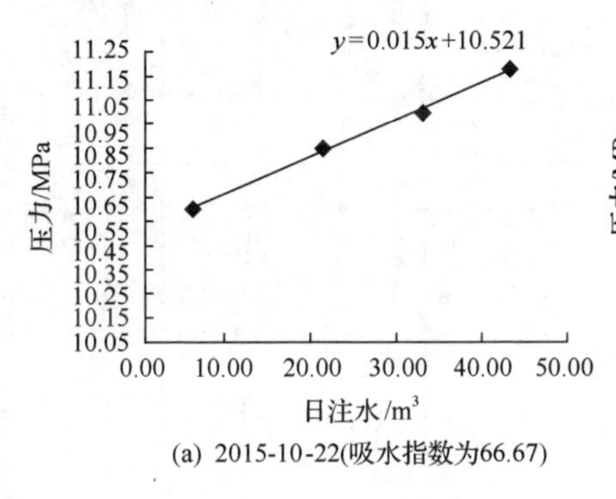

(a) 2015-10-22(吸水指数为66.67)

y=0.0277x+10.799

压力/MPa

日注水/m³

(b) 2016-7-14(吸水指数为36.1)

图 19-7　X60-24 井吸水指数曲线

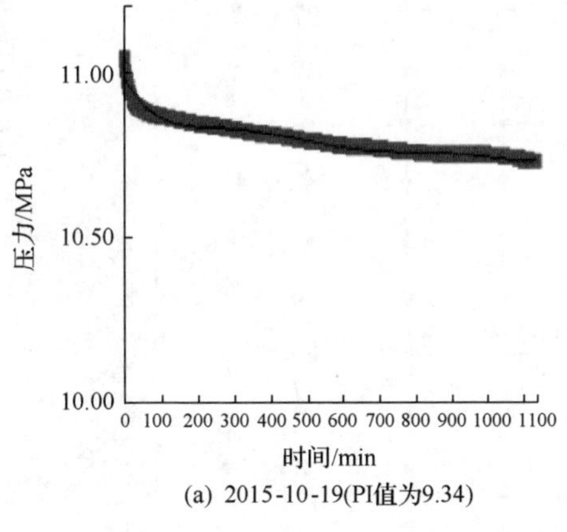

(a) 2015-10-19(PI值为9.34)

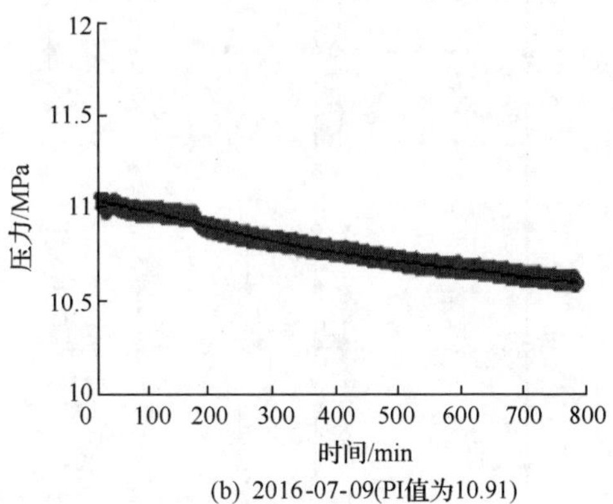

(b) 2016-07-09(PI值为10.91)

图 19-8　X62-26 井压降曲线

对应的 111 口生产井中见效 51 口，见效比为 45.9%，累计增油 4079t。从井组生产曲线来看，产油量上升、含水率下降，原始标定递减速率为 7.1%，见效后产油上升速率为 3.5%；原始含水率上升速度为 0.6%，见效后含水率递减速度为 0.3%，实施效果较好(图 19-9，图 19-10)。

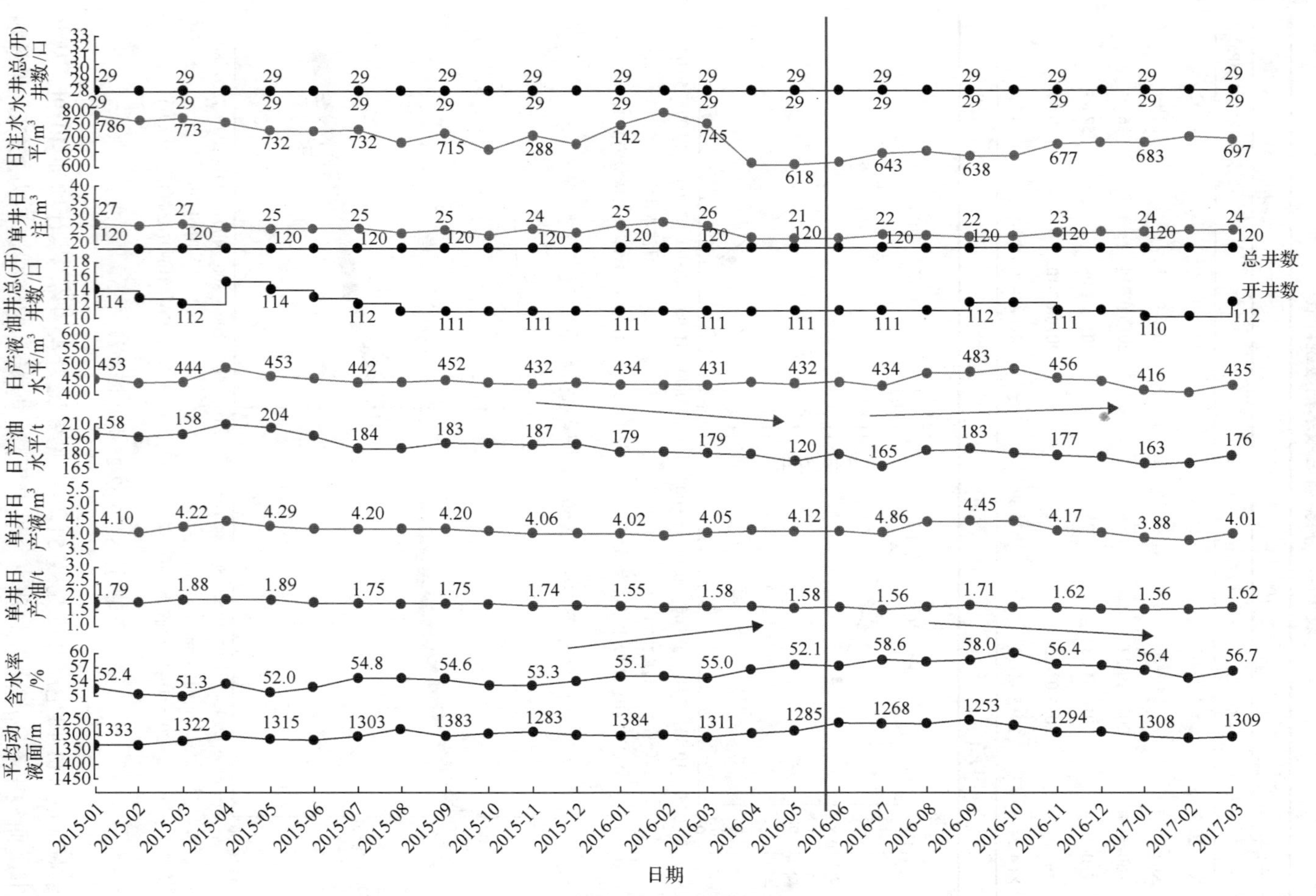

图19-9 X区纳微米颗粒分散体系调驱井组生产曲线

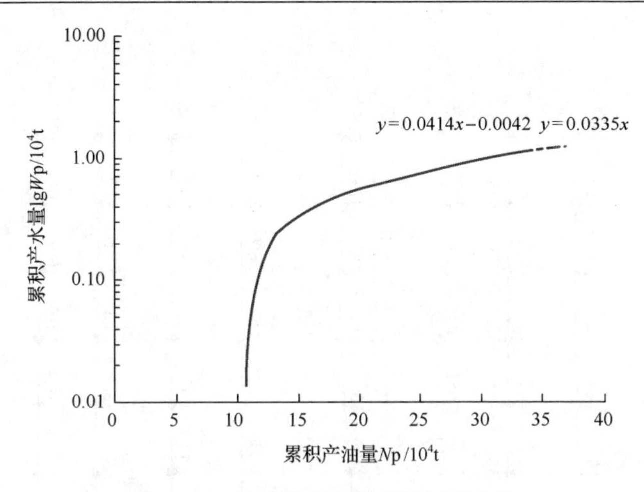

图 19-10　注纳微米颗粒井组甲型曲线

19.1.2　H 区纳微米颗粒分散体系改善水驱试验

1. 地质概况

H 区油层沉积特征为三角洲前缘，含油面积为 117.02km^2，油层埋深为 1200～1350m，平均油层厚度为 15.0m。储层平均孔隙度为 13.3%，平均渗透率为 2.36mD，原始地层压力为 9.6MPa，平均孔喉半径为 2.4μm。

2. 开发历程

H 区 1993 年投入开发，经历快速上产、注水开发、综合治理阶段后，2009 年之后处于加密调整阶段，如图 19-11 所示。

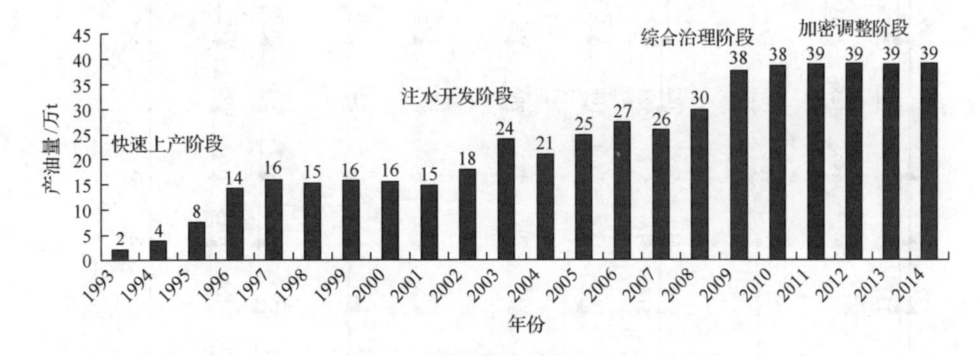

图 19-11　H 区油藏历年产油量柱状图

H 区截至 2015 年油井共开井 645 口，单井产能为 1.43t/d，综合含水率为 57.7%。注水井开井共 282 口，日注水 3950m^3，平均单井日注水 14m^3。月注采比为 1.63，累积注采比为 1.81(图 19-12)。

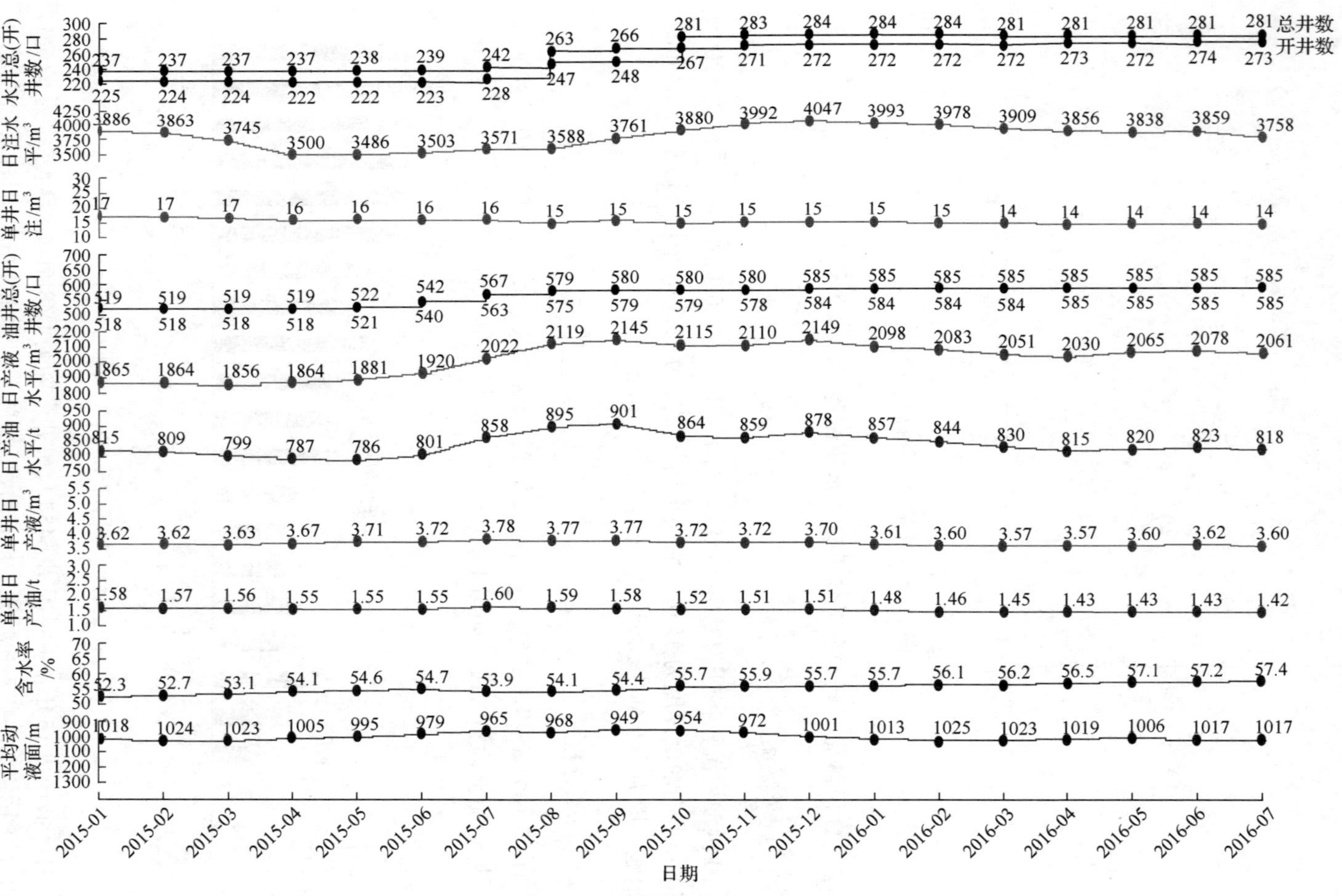

图19-12 H区注采反应曲线(扣措施)

3. 开发矛盾

H 区开发矛盾主要表现为东部跨井组见水问题明显，控水与能量下降矛盾突出。北部实施分注后加强注水，含水率上升速度加快，剖面吸水不均匀，控水效果不佳。剖面高低水淹段相间分布，常规注水调整难以动用剩余油。

4. 方案要点及实施情况

H 区东部和北部属于孔隙渗流，水驱复杂，跨井组见水现象明显，含水率上升速度加快，剖面吸水不均匀，见效程度低，为 27.5%；而 H 区西部属于孔隙-裂缝渗流，高压、高含水率。为改善注水开发效果，2015～2016 年在 H 区北部、东部及西部共 14 口井中实施纳微米颗粒分散体体系调剖，注入工艺参数见表 19-4。

表 19-4　H 区纳微米颗粒注入工艺参数

施工参数	设计值
单井用量/m^3	2000
注入浓度/%	0.5
段塞设计	东部 4 口，10μm；北部 5 口，0.8μm；西部 5 口，5μm
注入量/m^3	14

经过纳微米颗粒分散体系调驱，井组开发动态好转(图 19-13，图 19-14)，见效比为 44.4%，累计增油 2044t，产油递减速率由 15.2%下降至 1.8%，含水率上升速度由 0.4%下降至 0.1%；同时，水驱状况得到改善，注水压力由 10.6MPa 上升至 11.4MPa，PI 值由 6.17 上升至 7.16(图 19-15)。

19.1.3　S 区纳微米颗粒分散体系改善水驱试验

1. 地质概况

S 区油藏类型为构造-岩性油藏，平均孔隙度为 18.5%，渗透率为 14.5mD，孔喉半径为 2.9～18.82μm，原始含油饱和度为 60.0%，地层水矿化度为 16820mg/L，pH 为 6.8～9.7，水型为 Na_2SO_4 型和 $NaHCO_3$ 型；油藏原始驱动类型为弱边底水驱。

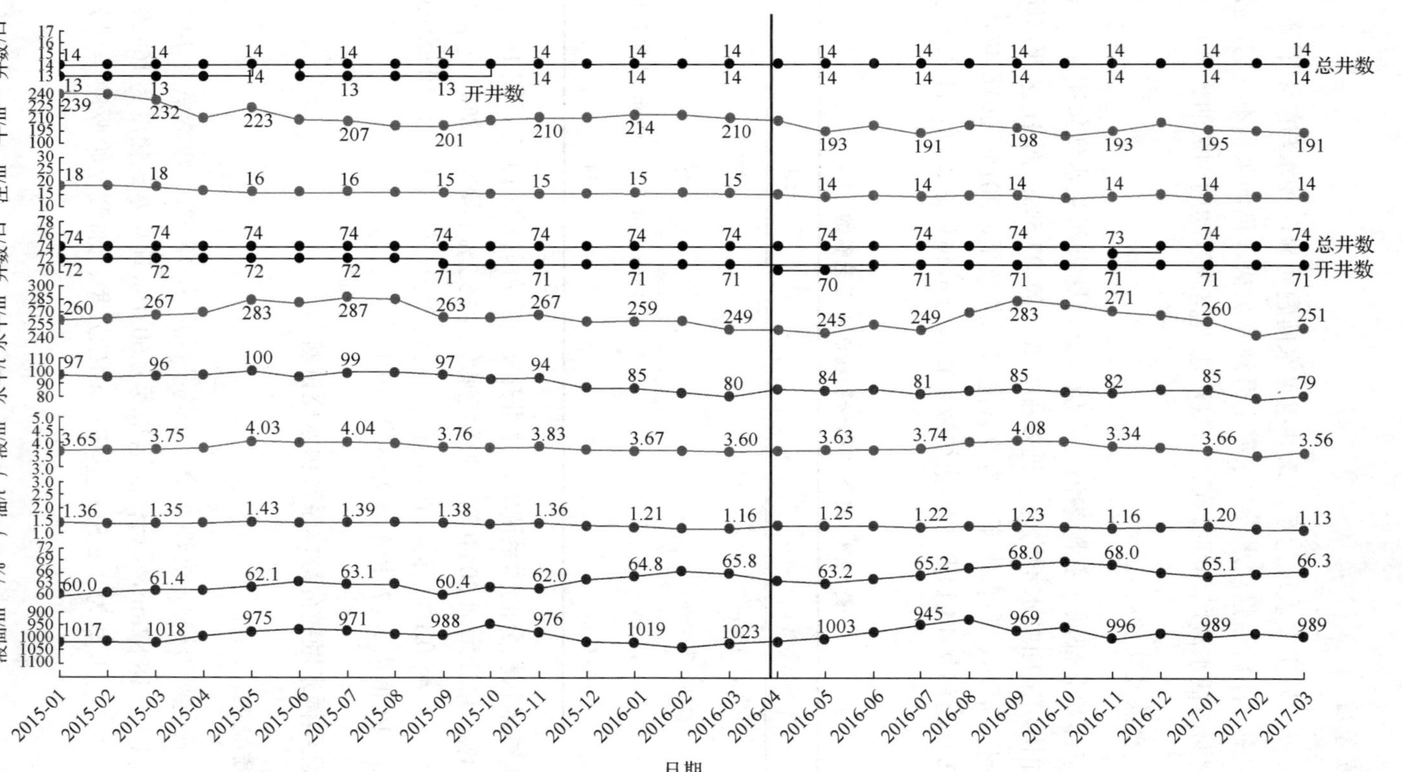

图19-13　H区纳微米颗粒调驱井组生产曲线

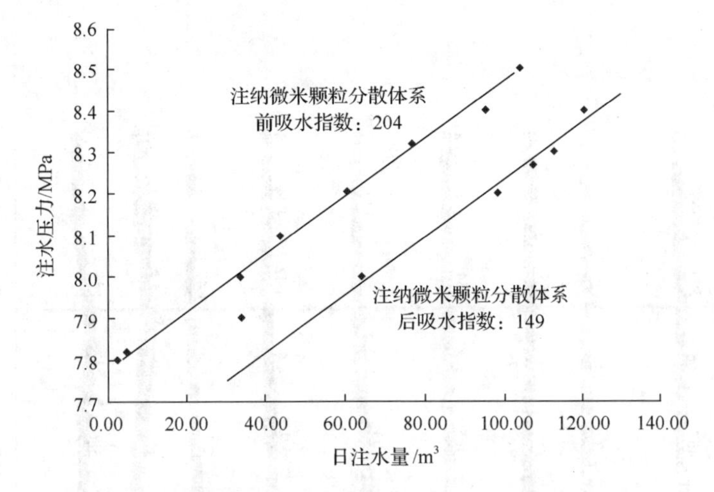

图 19-14　注纳微米颗粒分散体系前后吸水指数对比图

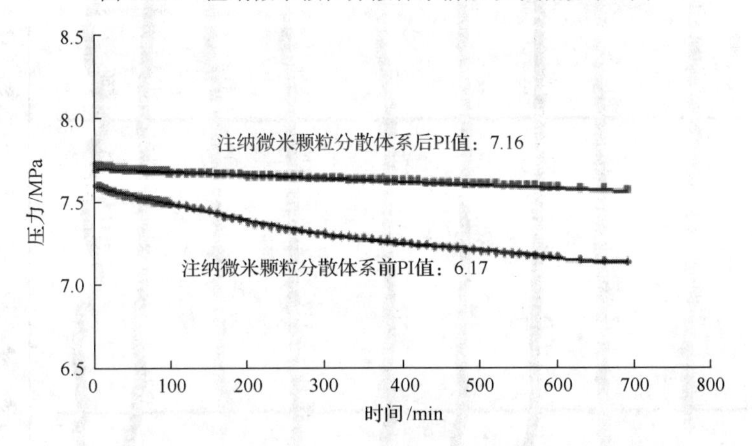

图 19-15　注纳微米颗粒分散体系前后 PI 曲线对比图

2. 开发现状

S 区油藏于 2003 年规模建产，采用不规则反七点井网，井网密度为 15.7 口/km^2，采油速度为 0.83%，采出程度为 17.25%(图 19-16)。

3. 开发矛盾

S 区开发矛盾表现为平面水驱均匀，无明显水驱优势方向，剖面水驱储量动用程度较高，达到 90.2%，但吸水剖面随着注水时间的延长下移，剖面出现不同程度的水淹，多层点状水线串通。

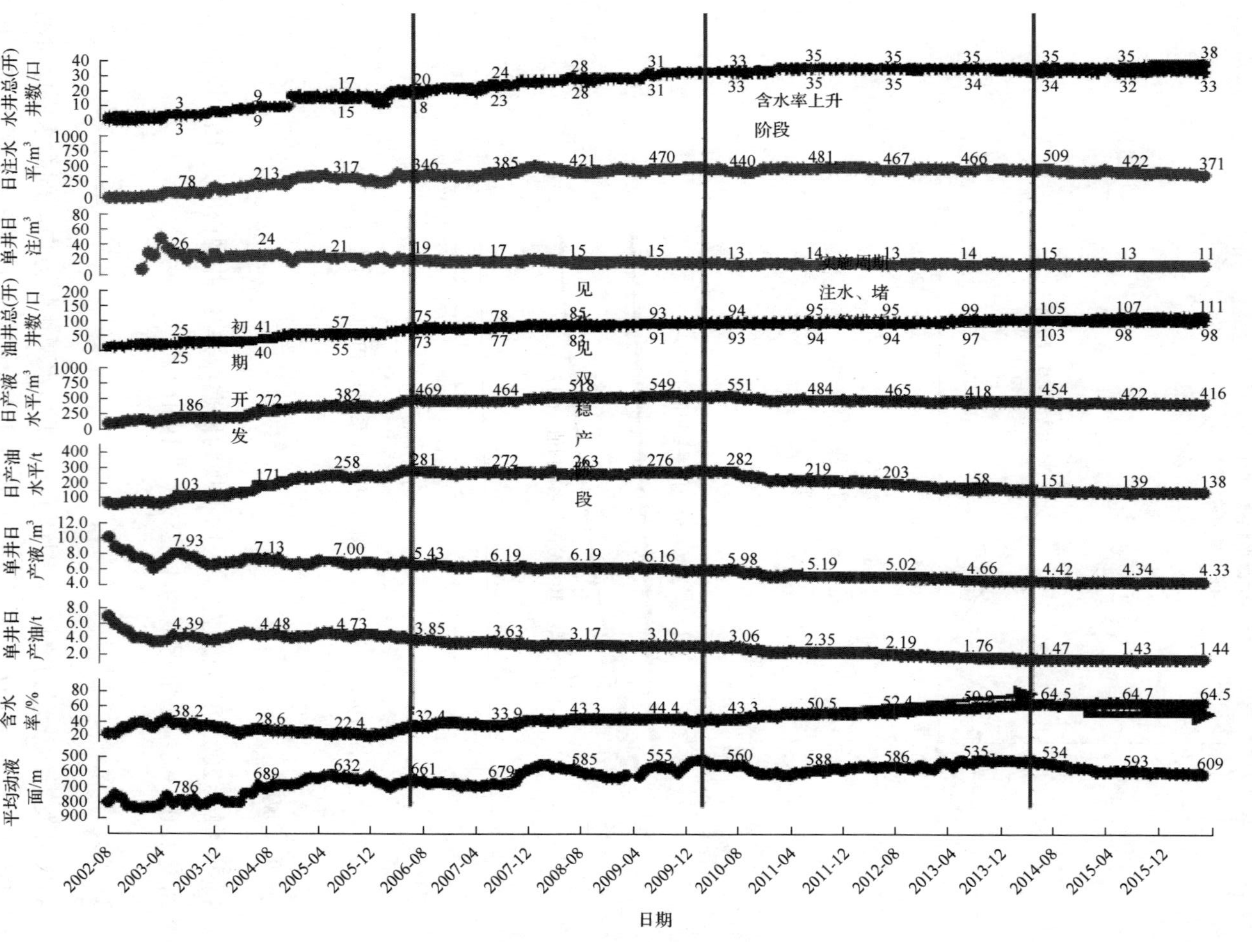

图19-16　S区油水井综合注采曲线

4. *方案要点及实施情况*

S 区开发层位属高渗孔隙型油藏，截至 2016 年已进入高含水率(80%)、高采出程度(16.9%)阶段，为提高水驱效率，2016 年在两口井中开展注纳微米颗粒分散体系调驱试验。2016 年 4 月开注，目前已完井，设计单井注入量为 2000m^3，纳微米颗粒粒径为 10μm，浓度为 0.5%。

经过纳微米颗粒分散体系调驱，表现为增油降水，见效比为 60%，日平均增油 1.2t，累积增油 385t，累积降水 481m^3。注入过程中注水井压力下降，油井无见效反应，5 月 20 日提高注入浓度至 1.0%，W46-026 井压力有所提升，W44-026 井压力持续下降(图 19-17，图 19-18)。

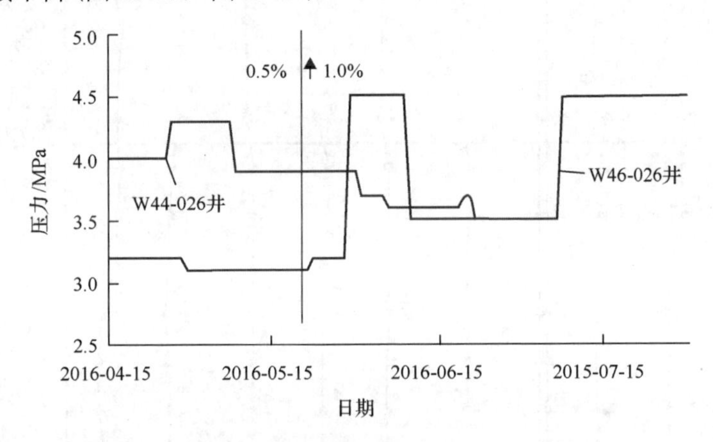

图 19-17　S 区纳微米颗粒分散体系调驱井压力变化

纳微米颗粒分散体系调驱在孔隙区增油降水、降低递减速率效果明显，水驱状况得到了改善，同时解决了压力提升空间受限、井无法调剖的问题。孔隙-裂缝区及高渗孔隙区油井采出液中检测出纳微米颗粒，未达到预期效果，建议下一步对该类型油藏实施纳微米颗粒分散体系调驱前加注前置常规段塞。

19.2　纳微米颗粒分散体系在 Q 油田的现场应用

19.2.1　N2 区 J 油层地质概况

N2、N3 区位于背斜构造的南端，地层的倾角西翼较陡，为 10°，东翼较缓，为 3.5°。构造图上共有 4 条断层，均为正断层，断距一般为 15m，最大断距为 88.4m。J 油层为统一压力系统，J_1 组顶部油层埋藏深度在 913.0～1162.4m。平均原始地层压力为 10.99MPa，饱和压力为 8.93MPa，地饱压差为 2.06MPa。

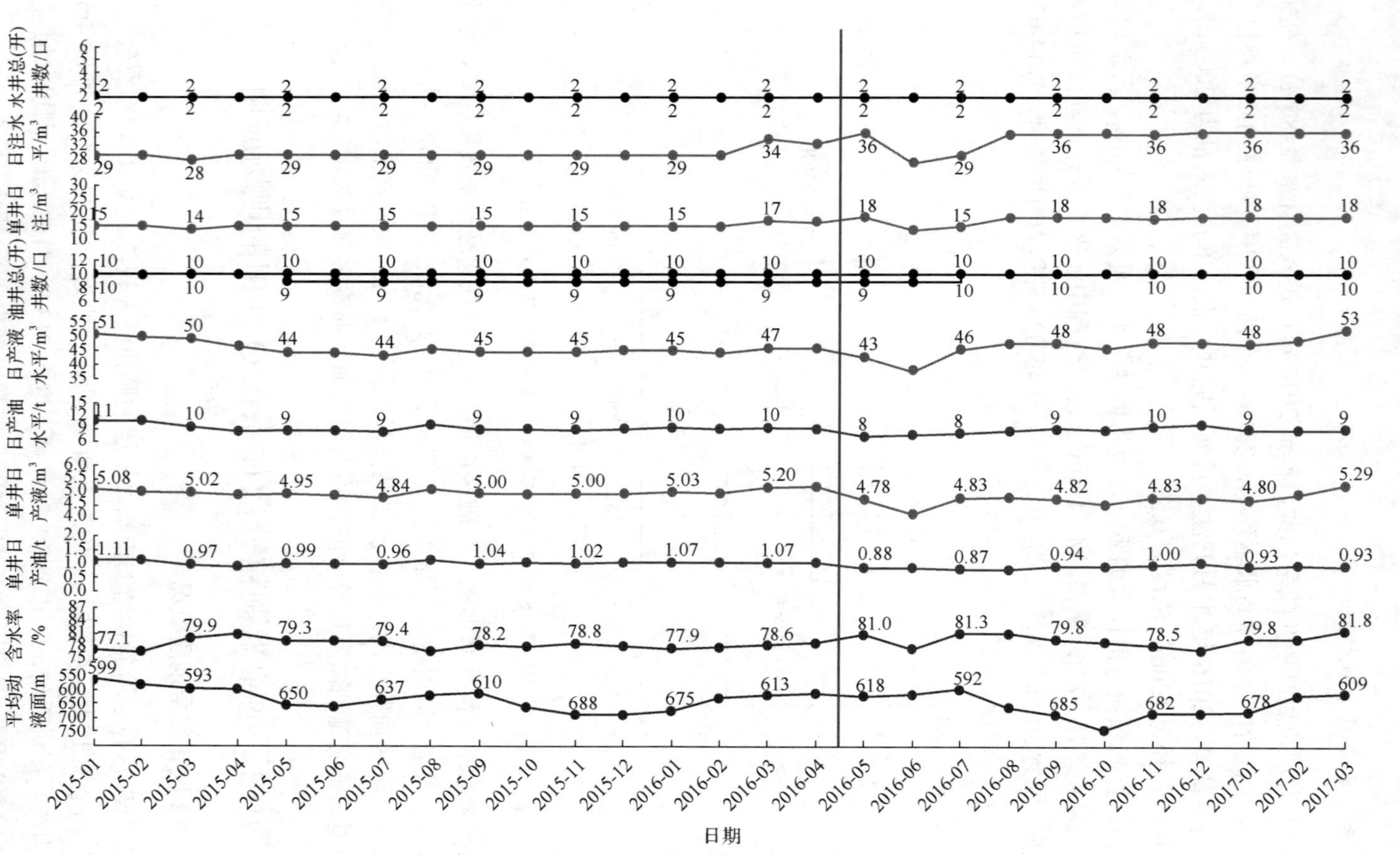

图19-18　S区纳微米颗粒分散体系调驱井组生产曲线

N2、N3 区 J 油层沉积环境主要为三角洲外前缘相沉积，岩性以细砂岩、细粉砂岩和泥质粉砂岩为主，含有少量的伊蒙混层，膨胀性不强，绿泥石含量较高。J 油层为一级复合沉积旋回上部的二、三段沉积，根据岩性的变化规律，可将其进一步划分为两个二级反旋回，J_4 组～J_3 组为一个反旋回沉积，J_2 组～J_1 组为另一个反旋回沉积。N2 区 J_1 组上部部分砂体属于三角洲内前缘相沉积，河道砂不发育，呈坨状、窄条带状分布在席状砂中。其他油层大都属于外前缘相沉积，沉积模式比较单一。

19.2.2　油层开发现状

N2、N3 区 J 油层开发面积为 51.71km^2，1987 年采用反九点法面积井网投入开发，投产油水井 905 口，油水井数比为 3:1，1991 年年产油突破 200×10^4t，1994 年产量达到最高峰，年产油 286.31×10^4t，平均单井日产油 11t，1995 年产量开始递减，1997 年递减率达到了 8.8%。1998～1999 年进行了注采系统调整，采用隔排线状注水方式。截至 2007 年 11 月，全区共有油水井 919 口，其中采油井 606 口、注水井 313 口，日产油量 2227t，综合含水率为 88.92%，年产油量 77.0568×10^4t，累计产油量 3433.5732×10^4t，采油速度为 1.15%，采出程度为 48.57%。年注水量 851.7488×10^4m^3，累计注水量 14480.0864×10^4m^3，年注采比[年注水量与年产液量(产油+产水)的比值]为 1.19，累计注采比为 1.2，总压差为–0.85MPa。

19.2.3　水驱深度调剖井区

1. 水驱深度调剖井区选择标准

2007 年 11 月，N2、N3 区 J 油层综合含水率为 88.92%。由于油层总体含水率较高，受油层夹层发育、注水工艺等因素的影响，注水井进一步细分调整困难，油层层间矛盾突出，井区含水率上升速度快，自然递减率高。J_1、J_2 油层地质储量占 J 油层储量的 49.7%，采出程度为 39.4%，层系含水率已达到 88.46%，层系含水率上升率为 1.25%，自然递减率为 8.44%，考虑到 J_1、J_2 油层剩余潜力较大，因此将其确定为水驱深度调剖的对象。

1) 调剖井区的选择

(1) 调剖井区油层发育、动用状况代表 N2、N3 区 J 油层的普遍状况。

(2) 调剖井区注采系统完善，能形成相对独立的油水运动系统，便于评价。

(3) 调剖井以开采对象为 J_1、J_2 油层的水井为主；注采井距适中，连通方向多，井区油井受效充分；

(4) 调剖井区具有一定的剩余油分布，要求有 1 口以上的中心井进行效果评价；

(5) 调剖井存在主要产液层，井区油井含水率高于全区平均含水率或含水率上升速度快。

2) 选井选层原则

(1) 水井注入能力强，具有一定的压力上升空间，注入剖面不均匀，全井吸水厚度比例小于 75%。

(2) 油井综合含水率高于全区平均含水率或含水率上升速度快，含水饱和度差异大地区的水井。

(3) 层内或层间矛盾突出，吸水剖面不均匀，存在强吸水单元，其吸水强度是全井井层的 2.5 倍。

(4) 受油层夹层发育、工艺等因素的影响，进一步细分调整困难，但层间、平面矛盾突出地区的水井。

2. 水驱深度调剖井的选择

N2、N3 区 J_1、J_2 油层于 1987 年采用面积反九点法投入开采，共有水井 102 口，油井 187 口。截至 2007 年 11 月，水井开井 101 口，平均单井日注水 113m^3，油井开井 180 口，平均日产液 46t，日产油 5t，含水率为 88.38%。根据选井原则和标准，对 N2、N3 区 J 油层地区的水井进行分析，选择 8 口水井开展水驱深度调剖，调剖井区为八注二十一采。

调剖井组由 G163-47 井、G163-49 井、G164-49 井、G165-49 井、G165-51 井、G167-51 井、G169-53 井、G170-53 井共 8 口水井组成，井区共有 21 口油井，中心采出井 6 口。

3. 调剖井区沉积特征

N2、N3 区 J_1、J_2 油层总体上属于三角洲外前缘相沉积，薄层砂稳定发育，纵向上厚油层发育较少，小层砂岩平均厚度为 0.2～1.6m，有效厚度一般小于 1m。与上部沉积的油层相比，具有油层薄、岩性细、物性差、含钙高的特点。由于薄层砂稳定连续分布，连通性较好。

调剖井组位于 N2 区东部 138#和 139#两条断层之间，J_1、J_2 油层平均钻遇砂岩厚度为 53.9m，有效厚度为 20.1m，平均有效渗透率为 $63\times10^{-3}\mu m^2$；河道钻遇率为 0.57%，河道砂渗透率为 $175\times10^{-3}\mu m^2$；主体砂钻遇率为 21.6%，渗透率为 $66\times10^{-3}\mu m^2$；非主体砂钻遇率为 23.8%，渗透率为 $49\times10^{-3}\mu m^2$；表外层砂钻遇率为 32.8%。根据 N2 区东部 J 油层砂体的发育特点，可将其分为 5 类(表 19-5)。

1) 三角洲内前缘亚相

内外前缘过渡相砂体共 10 个沉积单元。该类砂体处于内前缘相向外前缘相的过渡地区，河流能量未完全消失，湖泊改造能力较弱，部分井点存在河道，但砂

表 19-5　油层沉积微相分类

沉积类型	单元/个
内外前缘过渡相砂体	10
外前缘Ⅰ类砂体	13
外前缘Ⅱ类砂体	17
外前缘Ⅲ类砂体	17
外前缘Ⅳ类砂体	10

体较窄，连续性差，呈坨状分布于薄层砂中，钻遇率为 3.7%；主体砂钻遇率为 18.6%；非主体砂钻遇率为 22.7%；表外层砂钻遇率为 42.3%。平均单井钻遇砂岩厚度及有效厚度分别为 8.2m 和 2.7m，占总砂岩厚度及有效厚度的比例分别为 15.2%和 13.4%，该类型砂体平面上相变频繁，油层平面上非均质性强。

2) 三角洲外前缘亚相

(1) 外前缘Ⅰ类砂体：包括 13 个沉积单元，主体砂、非主体砂稳定发育，表外层零散分布在其中。主体砂钻遇率为 58.9%，非主体砂钻遇率为 24.8%，表外层钻遇率为 11.6%。平均单井钻遇砂岩厚度及有效厚度分别为 21.3m 和 10.4m，占总砂岩厚度及有效厚度的比例分别为 39.5%和 51.7%。该类砂体平面连通状况好，是主要吸液、产液层油层的主要吸液、产液层。

(2) 外前缘Ⅱ类砂体：包括 17 个沉积单元，主体砂、非主体砂和表外层交互沉积，非主体砂和表外层为骨架砂体。该类单砂层主体砂钻遇率为 22.6%，非主体砂钻遇率为 38.6%，表外层钻遇率为 27.7%。平均单井钻遇砂岩厚度及有效厚度分别为 13.9m 和 5.0m，占总砂岩厚度及有效厚度的比例分别为 25.8%和 24.9%。该类砂体由于平面上相变频繁，连通关系复杂，非均质性较强。

(3) 外前缘Ⅲ类砂体：包括 17 个沉积单元，非主体席状砂和表外层呈大面积稳定分布，主体砂发育较差，局部以小片状或窄条带状分布。该类单砂层主体砂钻遇率为 7.9%，非主体砂钻遇率为 20.5%，表外层钻遇率为 52.7%。平均单井钻遇砂岩厚度及有效厚度分别为 10.2m 和 2.1m，占总砂岩厚度及有效厚度的比例分别为 18.9%和 10.4%。由于该类型砂体表外层是骨架砂体，油层物性差，连通差。

(4) 外前缘Ⅳ类砂体：共有 10 个沉积单元，其显著特点是泥岩较发育，各种砂体呈零散状分布，砂体的连续性差。该类单砂层主体砂钻遇率为 1.6%，非主体砂钻遇率为 4.2%，表外层钻遇率为 23.2%。平均单井钻遇砂岩厚度及有效厚度分别为 1.6m 和 0.2m，占总砂岩厚度及有效厚度的比例分别为 2.9%和 0.9%。该类砂体物性差，连通差，水驱开发中动用状况差。

4. 调剖井组生产状况

调剖井组 8 口井平均破裂压力为 11.49MPa，截至 2007 年 11 月，注入压力为

10.01MPa，日均注水 190m^3，均为分层井，共划分 39 个层段。调剖井区平均吸水有效厚度只有 6.8m，吸水有效厚度比例为 45.4%；主要吸水层砂岩厚度占总厚度的 37.8%，有效厚度占 42.9%。连通的 21 口采油井，平均日产液 64t，日产油 8.0t，综合含水率为 87.53%，沉没度为 196m，6 口中心井平均日产液 78t，日产油 5.6t，综合含水率为 92.73%。井区含水率＞90%的井有 9 口，含水率为 88%～90%的井有 2 口，含水率＜88%的井共有 10 口(表 19-6)。

表 19-6　水驱深度调剖井生产数据

水井								油井					
井号	砂岩厚度/m	有效厚度/m	破裂压力/MPa	注入压力/MPa	注入量/m^3	全井吸水有效厚度/m	吸水有效厚度比例/%	井号	日产液/t	日产油/t	含水率/%	沉没度/m	备注
G163-47 井	33.8	16.8	11.6	10.83	238	7.6	45.2	G163-46 井	50	6.8	86.4	49	
G163-49 井	22.9	12.2	11.8	10.11	173	6.9	56.6	G163-48 井	55	5.1	90.7	102	
G164-49 井	45.8	20.1	11.15	8.67	143	5.1	25.4	G163-50 井	79	11	86.2	147	
G165-49 井	44.7	18.6	11.3	9.83	232	11.7	62.9	G164-47 井	37	4.3	88.4	294	
G165-51 井	37.4	14.5	11.5	8.42	151	6.3	44.1	G164-48 井	67	6.6	90.1	33	中心井
G167-51 井	33.8	19.8	11.4	10.41	221	7.2	36.4	G164-50 井	59	4.4	92.5	576	中心井
G169-53 井	25.9	9.8	11.8	11.46	204	2.8	28.6	G165-48 井	33	12.3	62.7	39	
G170-53 井	41.5	10.8	11.38	10.33	158	6.9	63.9	G165-50 井	115	8.7	92.4	355	中心井
								G166-49 井	85	11.6	86.4	90	
								G166-50 井	50	3.6	92.8	108	中心井
								G166-51 井	93	5	94.6	157	中心井
								G166-52 井	43	4	90.5	22	
								G167-50 井	44	14.8	66.4	4	
								G167-52 井	43	8.7	79.8	4	
								G168-51 井	42	4.3	89.8	600	
								G168-52 井	85	5.1	94.0	863	中心井
								G168-53 井	68	13.5	80.1	212	
								G169-52 井	69	12.8	81.4	861	
								G169-54 井	45	6.5	85.6	228	
								G170-54 井	116	8.1	93.0	148	
								G171-54 井	73	11.3	84.5	83	
平均	35.7	15.3	11.49	10.01	190	6.8	45.4	21 口	64	8.0	87.53	196	

5. 调剖层的确定

依据各小层的发育、连通情况及吸水状况，综合分析剩余油潜力，确定各个注水井的调剖层段及主要的调剖目的层位。确定调剖主要目的层吸水砂岩厚度为58.8m，有效厚度为38.6m，占全井砂岩厚度的20.6%、有效厚度的31.5%，调剖井段吸水比例占全井的67.5%。

19.2.4　工艺参数选择

为了更好地提高纳微米颗粒分散体系的驱油效果，对纳米颗粒分散体系深度调剖的用量、浓度、强度等参数进行优化，量化调剖体系与渗透率匹配关系，给出调剖体系的适用油层条件。进行系列方案模拟研究。

1. 调剖体系的确定

采油用调剖剂LHW纳微米颗粒-深度调剖剂在油相中为稳定的水分散颗粒，颗粒平均直径为几百纳米至几微米，基本形态为球形，具有良好的变形性和特殊的流动特性，可以进入油藏深部。在油藏的流动过程中，使油藏中的“水窜通道”发生“动态堵塞”，不断产生液流改向，调整、扩大驱替剂的波及面积，进一步提高原油采收率。

从表19-7的实验结果可以看到，调剖剂浓度为300～2000mg/L时的黏度为0.7～2.2mPa·s，接近水的黏度，容易注入。

表 19-7　不同浓度 LHW 纳微米微球深部调剖剂的黏度

浓度/(mg/L)	200	300	400	500	600	800	1000	1500	2000
黏度/(mPa·s)	0.6	0.7	0.8	0.9	1.0	1.2	1.8	2.0	2.2

LHW纳微米颗粒平均直径在几百纳米至几十微米范围可调，并且颗粒的溶胀速度和变形性可调。因此，可根据不同地层的实际渗透率和孔喉半径，生产不同大小、不同变形性的分散体系，通过注入浓度和注入速度的适当调整，可有效解决严重水窜通道的封堵和较低渗透率地层的过度封堵、注入压力过高问题。

2. 纳微米颗粒水化尺寸大小参数

为了反映纳微米颗粒水化特性对驱油效果的影响，本书对水化颗粒粒径达到5μm、10μm、20μm、30μm、40μm、50μm、60μm、70μm、80μm的纳微米颗粒分散体系进行数值模拟研究，模拟结果表明，对于该区块地层条件应选用10～30μm

的水化粒径的纳微米颗粒分散体系，其中选择 20μm 的驱油效果较好(图 19-19)。由此看出，对于不同的储层需要选择与其相匹配的纳微米颗粒，从而可以达到最佳驱油效果。

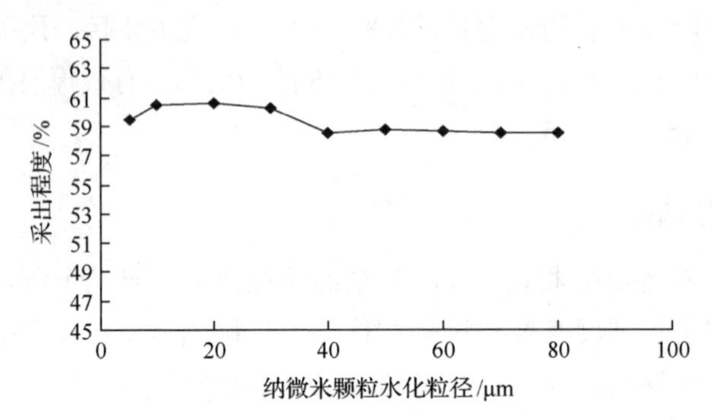

图 19-19　纳微米颗粒水化颗粒粒径对采收程度的影响关系

3. 体系颗粒尺寸大小与储层渗透率匹配关系

为了分析纳微米颗粒分散体系对不同渗透率油层的驱油效果，本书对给定的分散体系进行颗粒尺寸与形貌观察，实验采用粒度仪和 XSZ-H 光学显微镜。实验结果表明，尺寸分布为 10～200nm 颗粒在盐水溶液中在高温烘烤过程下，微球的尺寸会发生由小变大的过程。其最大可观察尺寸大于微米水平，达到几微米到几十微米的水平，并根据不同的纳米分散颗粒分析和驱替实验，给出其粒径与储层渗透率的对应关系，见表 19-8。

表 19-8　纳微米颗粒分散体系粒径大小与油层渗透率匹配对应关系

渗透率/mD	50～100	100～200	200～300	300～400	400～600	600～800	800～1000
水化颗粒粒径/μm	1～5	5～10	10～20	20～32	32～43	43～55	55～80

19.2.5　效果评价

1. 注采比对纳微米颗粒分散体系调驱效果的影响

2008 年 5 月开始(370 天后)，全区加大注水量，注采比分别为 1.07∶1、1.17∶1、1.28∶1、1.5∶1 时预测至 2009 年 10 月的含水率变化如图 19-20 所示。从图中可以看出，注采比在 1.07∶1 与 1.17∶1 时，含水率缓慢下降，并且注纳微米颗粒分散体系调驱效果持续时间长；注采比为 1.28∶1 时，含水率缓慢上升，但相对于水驱仍有效果，只是见效时间较短，从 900 天左右开始缓慢回升；注采比为 1.5∶1

时，初始含水率较高，后期缓慢回升，仍有调驱效果，但是见效期更短，从 760 天左右开始回升。因此随着注采比的提高，含水率上升幅度也较快，并且注纳微米颗粒分散体系的见效时间变短。因此，现阶段加大注采比，会引起含水率上升，在以后的方案设计中，建议应适当减少注采比。

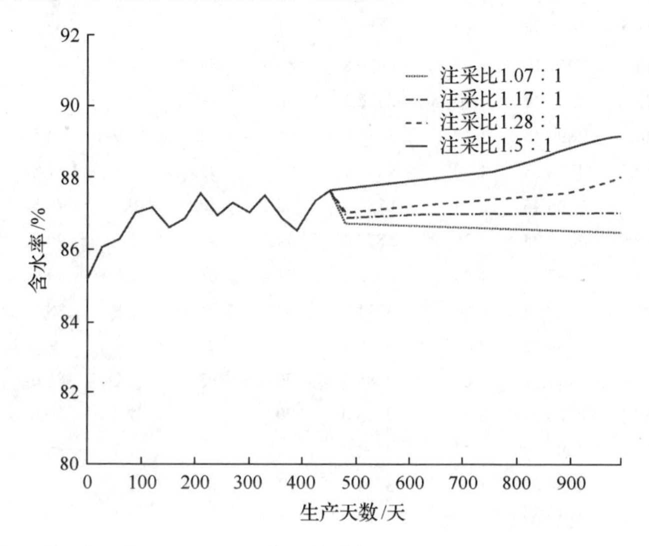

图 19-20　不同注采比对注纳微米颗粒分散体系调驱效果的影响

2. 单井效果评价

从表 19-9 可以看出，单井的实际产量与历史拟合产量相比较，偏差基本在 3%以内，含水率的实际情况与历史拟合对比，偏差基本在 3%以内，可以看出历史拟合效果较好，能真实反映客观真实情况。将单井历史拟合的累计产量与水驱预测累计产量做比较，可以看出，共有 15 口井见效，分别为 G163-46 井、G163-50 井、G165-48 井、G165-50 井、G166-49 井、G166-50 井、G166-52 井、G167-50 井、G167-52 井、G168-51 井、G169-52 井、G169-54 井、G170-54 井、G166-51 井、G171-54 井，其中 G166-51 井、G171-54 井见效不明显，其余 6 口井基本不见效。

方案计算结果(表 19-10)表明，增油高峰期主要集中在注入纳微米颗粒分散体系段塞及以后的 3 个月到 1 年间，增油有效期为 3 年。

综合全区比较，注入纳米颗粒分散体系后全区累计产油量 112142.4m^3，不注入纳米颗粒分散体系则全区累计产油量为 107238.3m^3，增油量为 4904.1m^3。由此看出，采用纳微米颗粒分散体系调驱，可以达到增油目的，技术可行性强。

表 19-9　单井累计产量及含水率的实际情况、历史拟合、水驱预测对比

井号	产量				含水率/%				见效情况	
	实际情况/m^3	历史拟合/m^3	偏差/%	水驱模拟/m^3	实际情况	历史拟合	偏差	水驱模拟	实际	模拟
G163-46井	3866.3	3956.51	2.33	3770.0	89.7	86.2	3.5	86.8	见效	见效
G163-48井	3501.8	3553.16	1.47	3657.5	91.2	90.6	0.6	90.6	未见效	未见效
G163-50井	6940.6	7077.10	1.97	6920.8	89.5	89.4	0.1	90.2	见效	见效
G164-47井	2345.3	2371.10	1.10	2422.5	93.6	91	2.6	91	未见效	不明显
G164-48井	2848.8	2899.13	1.77	2610.6	94.4	92.5	1.9	92.5	未见效	未见效
G164-50井	4712.7	4778.68	1.40	4513.1	93.7	91.8	1.9	91.8	未见效	未见效
G165-48井	7087	7096.45	0.13	6886.7	65.2	68.5	3.3	70.5	见效	见效
G165-50井	5488.5	5668.25	3.28	5878.0	94.5	92.2	2.3	90.8	见效 1	见效
G166-49井	6373.1	6487.82	1.80	6482.4	91.4	88.7	2.7	89.4	见效	见效
G166-50井	3191.8	3287.55	3.00	3211.9	92.7	90.5	2.2	88.6	见效 1	见效
G166-51井	3090.5	3184.25	3.03	3169.1	96.5	93.7	2.8	94	见效 1	不明显
G166-52井	3104.6	3137.72	1.07	2488.3	90.5	88.3	2.2	88.6	见效 1	见效
G167-50井	8439.2	8720.51	3.33	7335.0	70.2	72.5	2.3	79.6	见效	见效
G167-52井	4670.6	4690.84	0.43	4391.4	84	85.1	1.1	85.8	见效	见效
G168-51井	4370.2	4438.67	1.57	3754.5	90	87.5	2.5	88.1	见效 1	见效
G168-52井	3564.8	3623.03	1.63	3738.7	93.3	91.3	2.0	91.2	未见效	未见效
G168-53井	9927	10009.7	0.83	10175	82.9	84.8	2.1	84.8	未见效	未见效
G169-52井	6733.7	6832.46	1.47	5744.1	89.2	87.6	1.6	88.3	见效 1	见效
G169-54井	7163.3	7393.96	3.22	8213.0	90.3	87.3	3	86.2	见效	见效
G170-54	5962.3	6017.95	0.93	6051.3	93.7	91.2	2.5	91	见效	见效
G171-54	6498.2	6699.64	3.10	5824.0	89	86.8	2.2	88.3	见效	不明显

表 19-10　纳微米颗粒分散体系调驱有效期

方案	增油高峰期	增油有效期	见效时间
纳微米颗粒调驱	开注后的 3 个月到 1 年	3 年	2 年多

第 20 章　微生物、CO_2 驱油技术现场应用

20.1　微生物驱油技术现场应用

20.1.1　区块概况

QZ 区油藏距 Q 市 25km，类型为断层遮挡的岩性构造油藏。QZ 区油藏发现于 1958 年，1962 年开始开发，1965 年开始注水开发，在 1983 年、1988 年、1991 年进行了 3 次扩边调整，1998 年进行了加密井调整。截至 2015 年 12 月共有采油井 33 口、注水井 17 口，日注水量 705m^3，日产液 425t，日产油 66t，综合含水率为 84.5%，累积产油 447.6×10^4t，累积产水 616.7×10^4m^3，累积注水 1324.4×10^4m^3，采出程度为 41%。QZ 区典型油藏物性参数见表 20-1。

表 20-1　QZ 区典型油藏物性参数

	参数值		参数值
含油面积/km^2	7.7	油层沉积厚度/m	60～80
有效渗透率/$10^{-3}\mu m^2$	274	有效孔隙度/%	17.4
油藏埋深/m	1088	原始含油饱和度/%	70
地面原油密度/(g/cm^3)	0.862	地面原油黏度(20℃)/(mPa·s)	60.5
地层原油密度/(g/cm^3)	0.8025	地下原油黏度/(mPa·s)	5.6
原始油气比/(m^3/m^3)	84.7	原始地层压力/MPa	14.71
原始饱和压力/MPa	14.71	凝固点/℃	11
地层温度/℃	32	氯离子含量/(mg/L)	5336
钙镁离子含量/(mg/L)	70.42	总矿化度/(mg/L)	15728
地层水水型	Na_2SO_4	有效厚度/m	16.7

20.1.2　方案优化设计

针对 QZ 区研究了减阻增注体系与微生物驱替联合作用效果，设计了以下实验方案：水驱→减阻增注体系段塞→微生物菌液段塞→后续水驱。减阻增注体系段塞的作用是利用表面活性剂溶液的较高黏度，增加高渗透层的渗流阻力，使后续注入的微生物菌液和注入水更多地进入低渗透层，来提高整个驱替相的波及体积，提高洗油效率及综合驱油效果。

20.1.3　应用情况

2014 年开始，在 QZ 区进行了减阻增注与微生物驱提高采收率技术的现场试验，该技术起到了显著的增油降水效果，截至 2015 年 12 月，累计增油 1.6 万 t，综合含

水率下降30%，日产油量提高了1.8倍，功能菌浓度提高了1万倍(图20-1～图20-5)。

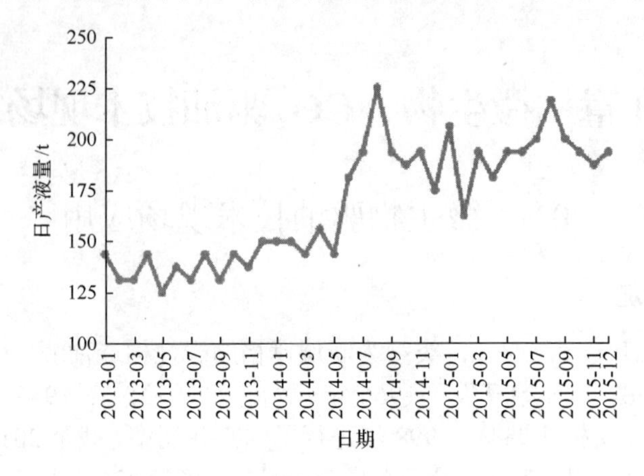

图 20-1　日产液量随时间变化曲线

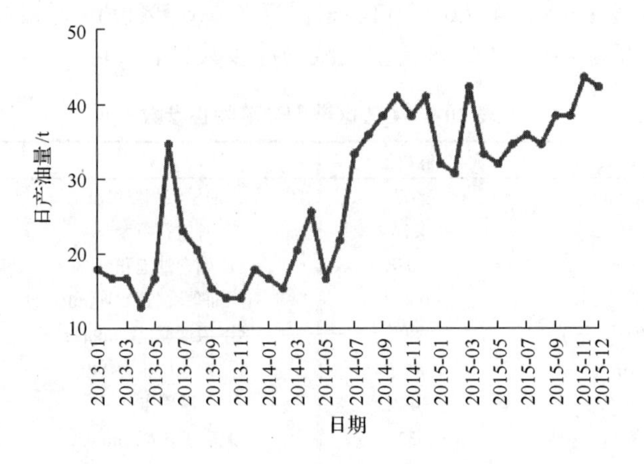

图 20-2　日产油量随时间变化曲线

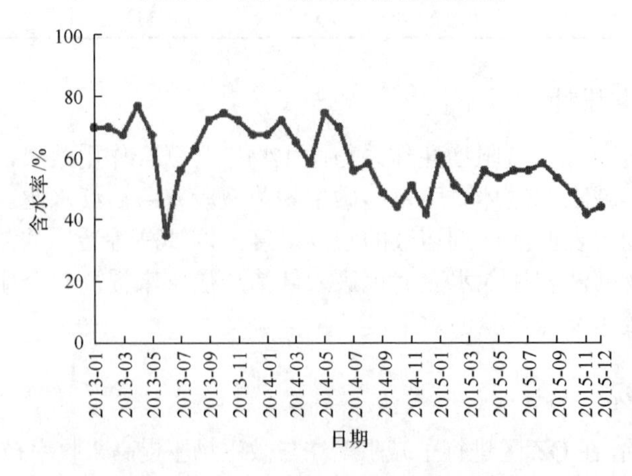

图 20-3　含水率随时间变化曲线

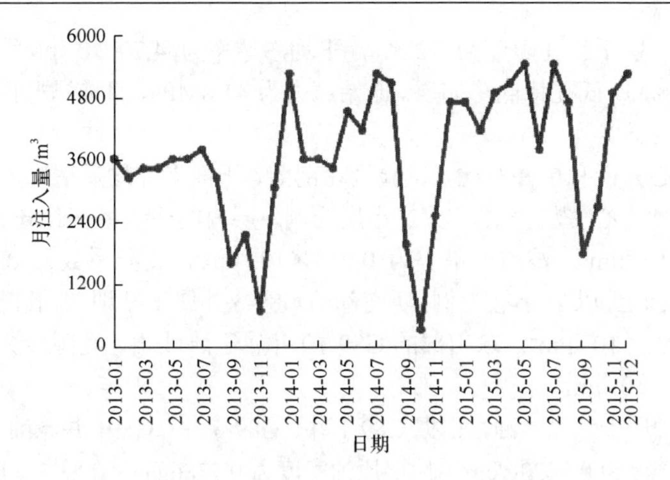

图 20-4　月注入量随时间变化曲线

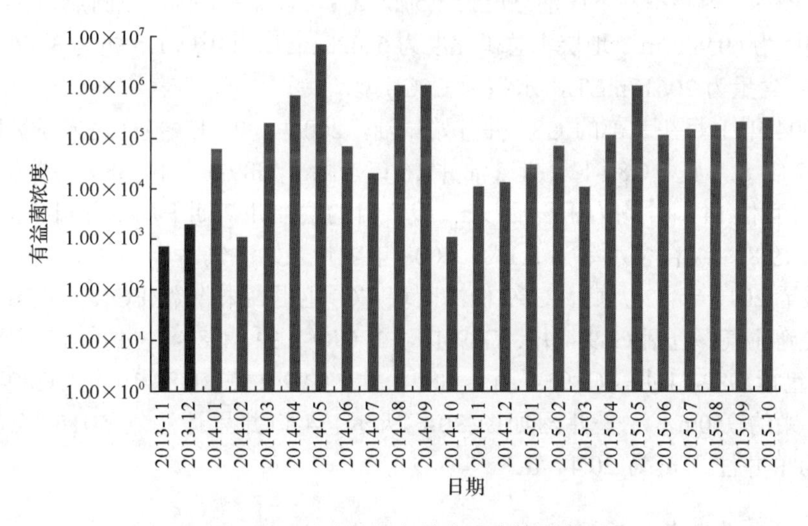

图 20-5　试验前后有益菌浓度检测结果

从试验区开发曲线可以明显看出，试验开始后日产液量与日产油量明显上升，且含水率逐渐下降。试验前后有益菌浓度检测结果显示表面活性剂减阻体系与油藏微生物具有良好的配伍性，综合作用效果明显。

20.2　CO_2驱油技术现场应用

20.2.1　CO_2驱井组动态分析

1. 试验区概况

CO_2驱试验区为 G89-1 块，位于 G89 地区中部。根据 G89 井、G89-8 井岩心资料统计，储层平均孔隙度为 12.5%，平均渗透率为 $4.7\times10^{-3}\mu m^2$，平均碳酸盐含量为 16.4%，属低孔特低渗储层。原始压力为 41.8MPa，目前试验区压力为 26～30MPa，地层温度为 126℃。

根据岩心分析和单井对比，试验区在剖面、平面上非均质情况严重。剖面上，根据 G89-8 井岩心资料分析，以 2^1 小层为例，层内的渗透率变化较大，渗透率最大为 $17.3\times10^{-3}\mu m^2$，渗透率最小为 $0.053\times10^{-3}\mu m^2$，变异系数为 0.8，渗透率级差为 326。平面上，以 2^1 小层为例，西南部的 G89-3 井属于砂坝相，孔隙度为 21.4%，渗透率为 $47.7\times10^{-3}\mu m^2$；东南部的 G89-10 井属于滩砂相，孔隙度为 8.4%，渗透率只有 $0.12\times10^{-3}\mu m^2$。

地层原油属于低黏原油，根据 G89-1 井、G89-5 井、G891 井原油分析资料，平均地面原油密度为 $0.8623g/cm^3$，地层原油密度为 $0.7386g/cm^3$；平均地面原油黏度为 11.83mPa·s，地层条件下原油黏度为 1.59mPa·s，含硫 0.19%，凝固点为 34℃，原始气油比为 $60.9m^3/m^3$。地层水总矿化度为 62428mg/L，其中 Cl^- 含量为 37764mg/L，Na^+、K^+ 含量为 20617mg/L，水型为 $CaCl_2$ 型。

2004 年 1 月在北部的 G89 井开始试油，2004 年 2 月底投产进入试采阶段。到 2007 年 8 月底，G89-1 块投产油井 16 口，除了 G89-3 井和 G89-5 井直接射孔投产外，其他 14 口井均为压裂后投产。投产目的层油井初期平均单井日产液 22.2t、日产油 19.8t、综合含水率为 8.1%，2008 年 1 月开始注气。

截至 2010 年 12 月底，G89 低渗区块 CO_2 驱提高采收率(EOR)先导试验区 4 口井实施注气，包括 G89-4 井、G89-16 井、G89-5 井、G89-17 井；对应采油井有 6 口，包括 G89-11 井、G891-7 井、G89-1 井、G89-9 井、G89-10 井、G89-S1 井，注采井距约 350m，注采井网如图 20-6 所示。4 口井累计注气 50155.6t，阶段末平均单井注入量为 20.44t/d。

2. 注气井动态分析

1) G89-4 井注入动态

截至 2010 年 12 月，已累计注气 27661.2t。注气速度为 21.5t/d，注入压力为 9MPa。2009 年进行过一次主动调整，大幅度降低了注气速度，注气顺利；注气过程中，由于近井压力升高，注入压力由 3MPa 缓慢升高到 9MPa 左右(图 20-7)。

2) G89-16 井注入动态

G89-16 井于 2009 年 7 月开始注气，截至 2010 年 12 月 24 日，已累计注气 5185.4t。注气速度为 21.6t/d，注入压力为 12.5MPa，目前注气顺利；注气过程中，注入压力稳定(图 20-8)。

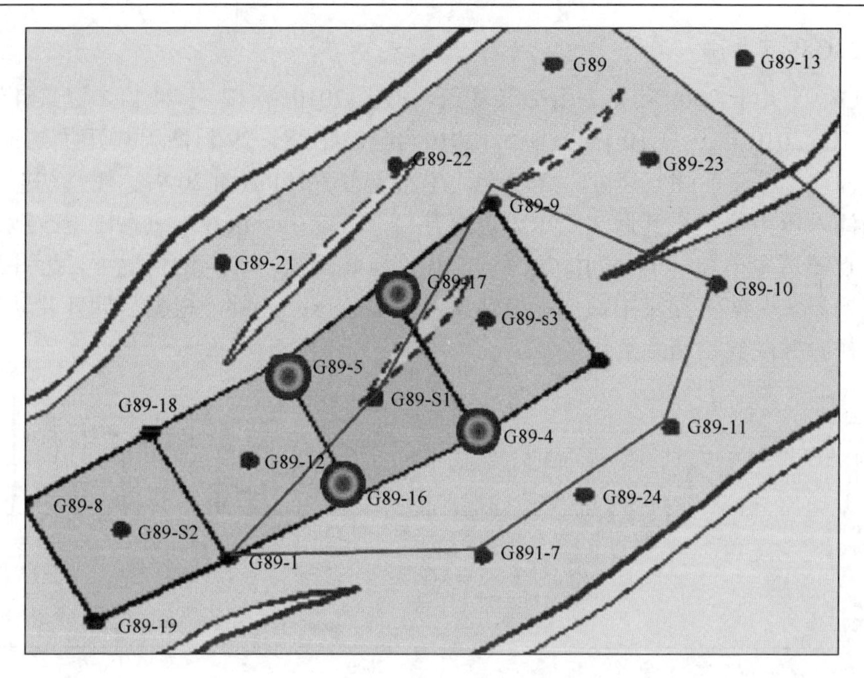

图 20-6　G89 块试验区注采井网

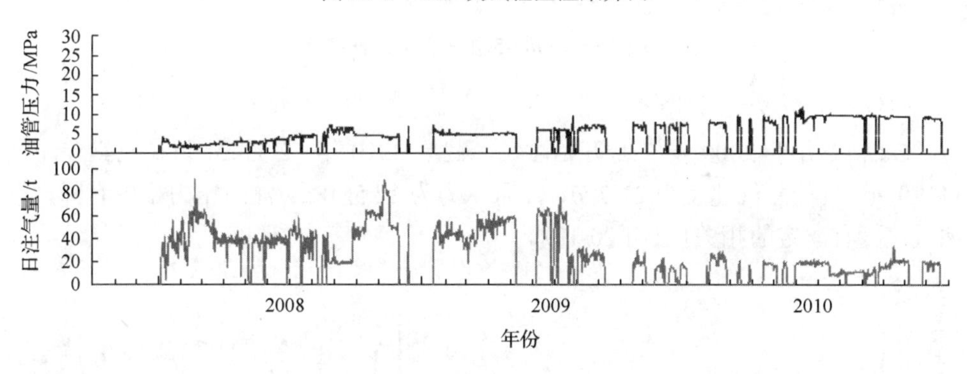

图 20-7　G89-4 井注入动态曲线

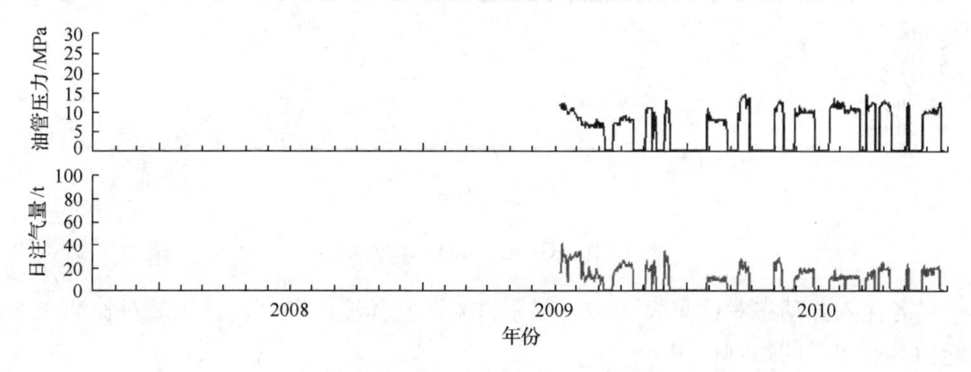

图 20-8　G89-16 井注入动态曲线

3) G89-5 井注入动态

G89-5 井于 2009 年 7 月开始转注气，截至 2010 年 12 月 24 日，已累计注气 6179.1t。2010 年 9 月 10 日停注后，2010 年 10 月 28、29 日两天共开井 23h，之后又停注，停注前注气速度为 26.4t/d，注入压力 30MPa(图 20-9)。注气初期 6 个月内注入压力稳定，其后注入压力急速升高，可能由于该井未进行压裂改造，虽然井点渗透率稍高，但井间渗透率低，在储层碳酸盐含量高的情况下，近井溶蚀作用明显，井间沉淀集中造成孔道堵塞，形成憋压；此外，根据后期开井动态，也不排除井底异物堵塞的可能。

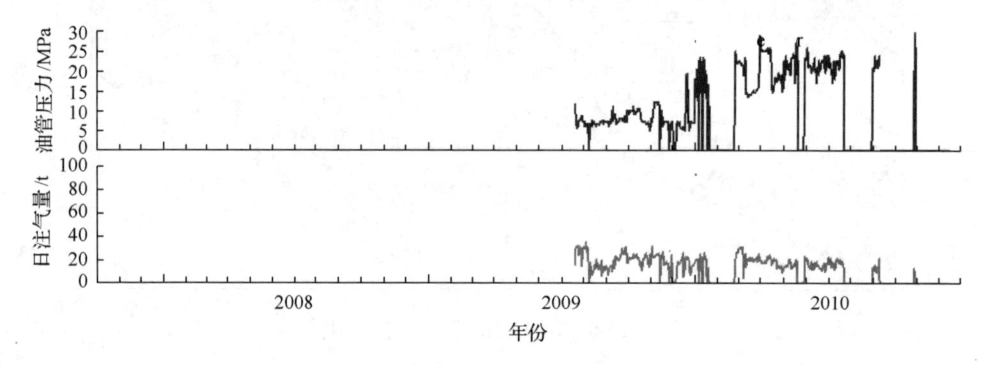

图 20-9　G89-5 井注入动态曲线

4) G89-17 井注入动态

G89-17 井于 2009 年 7 月开始注气，截至 2010 年 12 月 24 日，已累计注气 11129.9t。目前注气速度为 21.7t/d，注入压力为 12.5MPa。注入压力稳中有降，与注气速度有一定的相关性(图 20-10)。

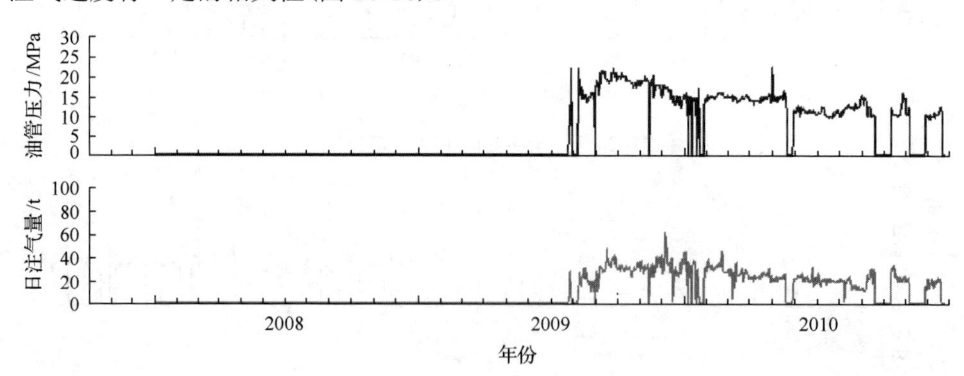

图 20-10　G89-17 井注入动态曲线

各注入井动态对比见表 20-2，显示试验区整体注入顺利，且压裂对长期注入能力具有明显的影响作用。

表 20-2　注气井对比

井号	开始注气时间(年-月)	累计注气量/t	2010.12 注气速度/(t/d)	注入压力/MPa	备注
G89-4 井	2008-01	27661.2	21.5	9	近井压力升高，注入压力缓慢升高
G89-16 井	2009-07	5185.4	21.6	12.5	注入压力稳定
G89-5 井	2009-07	6179.1	26.4	30	注入压力高
G89-17 井	2009-07	11129.9	21.7	12.5	注入压力稳中有降，与注气速度相关

3. 生产井动态分析

自注气以来，油水井开井数稳定，产液量、产油量相对稳定，2010 年 12 月，6 口一线生产井产量为 39.14t/d 左右。与注入动态对比，井口注入量大于井口产液量，尤其是 2009 年下半年，增加了 3 口注气井，注采关系进一步完善，产液量、产油量止跌回稳(图 20-11)。

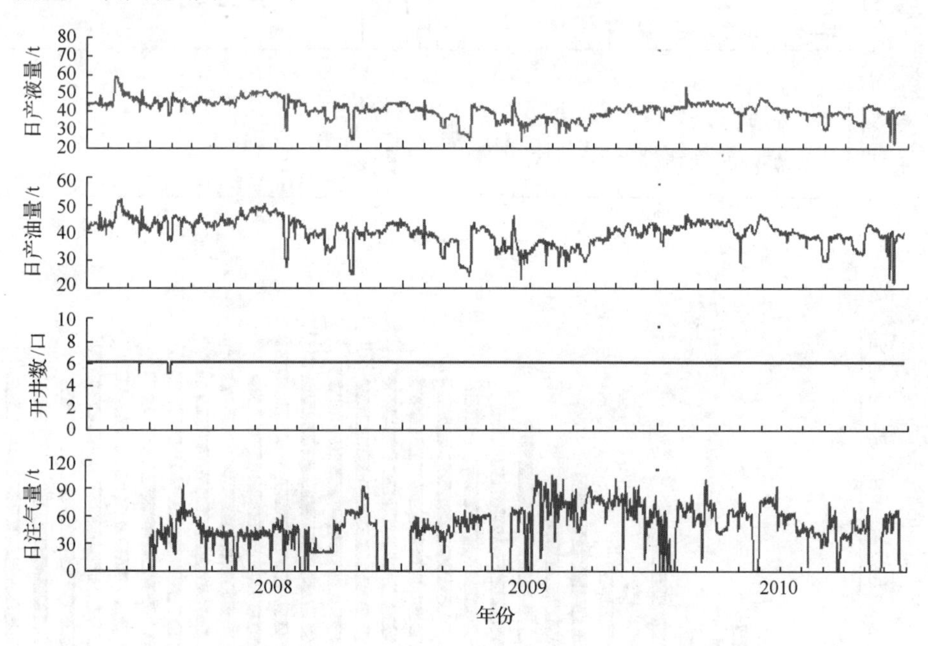

图 20-11　一线井生产动态及注入井注入动态曲线

1) G89-11 井生产动态

如图 20-12 所示，G89-11 井主要受注气井 G89-4 井的影响，G89-4 井注气 3 个月左右时，G89-11 井产出气中 CO_2 含量明显增大，显示 CO_2 在井间贯通；G89-4 井注气 6 个月左右后，G89-11 井生产气油比开始明显增大，显示形成气窜通道；G89-4 井注气 14 个月左右后，G89-11 井生产气油比达到最大，之后由于其他 3 口井开始注气，同时 G89-4 井控制注气，井组注采关系发生变化，生产气油比开始缓慢降低最后趋于稳定；4 口井全部注气后，G89-11 井产量基本保持稳定。G89-11 井产量平均为 3.725t/d，气油比为 165，产量平稳，产出气中 CO_2 含量稳定在 85%左右。

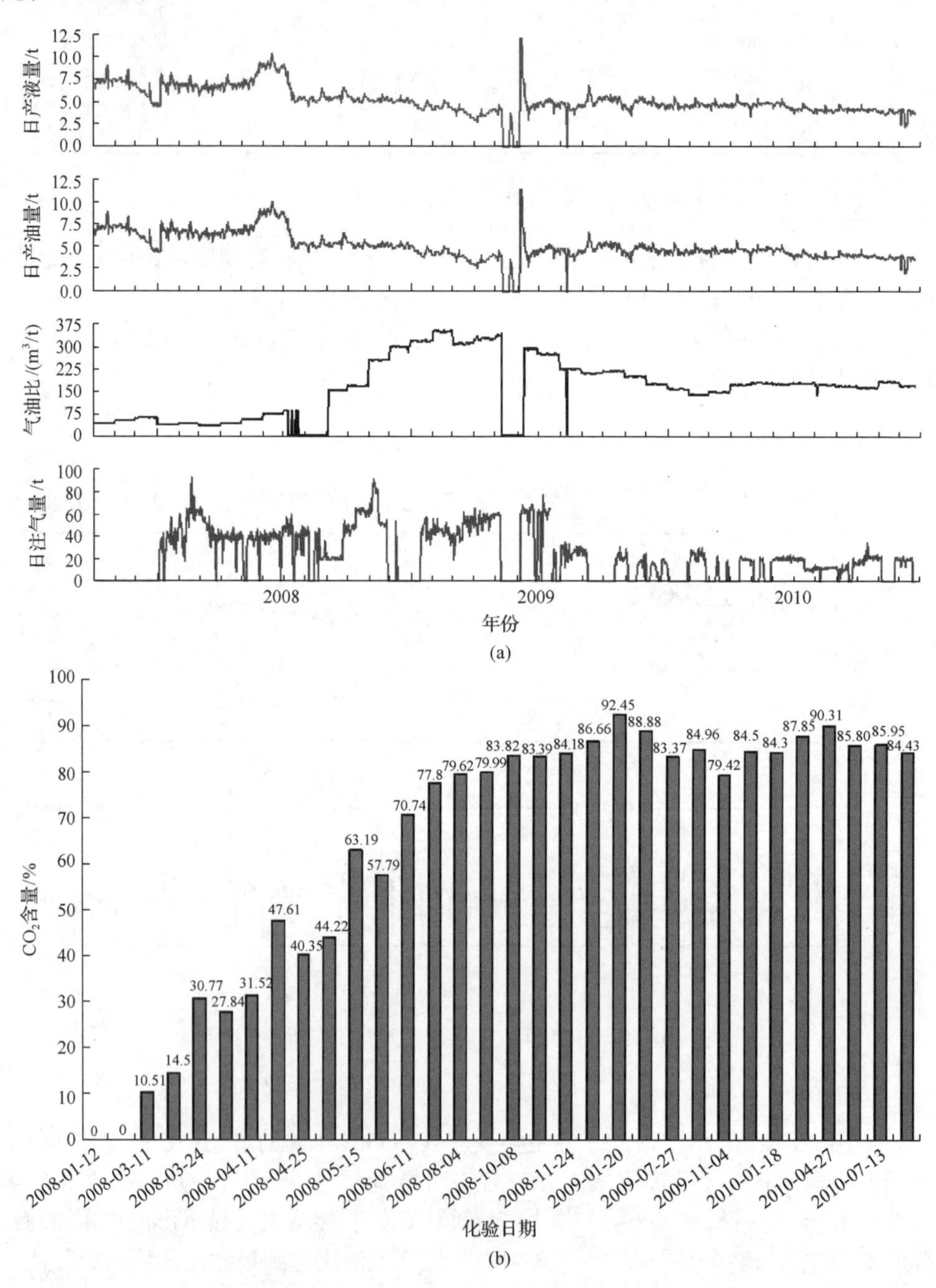

图 20-12　G89-11 井生产动态及相邻注入井注入动态曲线

2) G891-7 井生产动态

G891-7 井可能受注气井 G89-4 井和 G89-16 井的影响，综合对比认为，气窜主要受 G89-4 井的影响，且气窜厚度较大或者渗透率各向异性强。G89-4 井注气 15 个月左右时，G891-7 井产出气中 CO_2 含量开始有规律地升高，显示 CO_2 在井间贯通，几乎与此同时，G891-7 井生产气油比开始明显增大，显示形成气窜通道；G89-4 井注气 29 个月左右时，G891-7 井生产气油比达到最大，其后由于其他 3 口井注气影响开始显现，同时 G89-4 井控制注气的影响，井组注采关系发生变化，生产气油比略有降低后趋于稳定；目前产量平稳，平均为 9.1t/d，含水率为 2.06%，气油比为 410，产出气中 CO_2 含量基本稳定在 70%左右(图 20-13)。

3) G89-1 井生产动态

G89-1 井主要受注气井 G89-16 井的影响，G89-16 井注气 5 个月左右时，G89-1 井产出气中 CO_2 含量明显增大，显示 CO_2 在井间贯通；G89-16 井注气 6 个月左右时，G89-1 井生产气油比开始明显增大，显示形成气窜通道；G89-16 井注气 10 个月左右时，G89-1 井生产气油比达到最大，其后气油比趋于稳定；2010 年 12 月 G89-1 井产量平稳，平均为 6.175t/d，含水率为 2.19%，气油比为 185，产出气中 CO_2 含量迅速上升并稳定在 82%左右(图 20-14)。

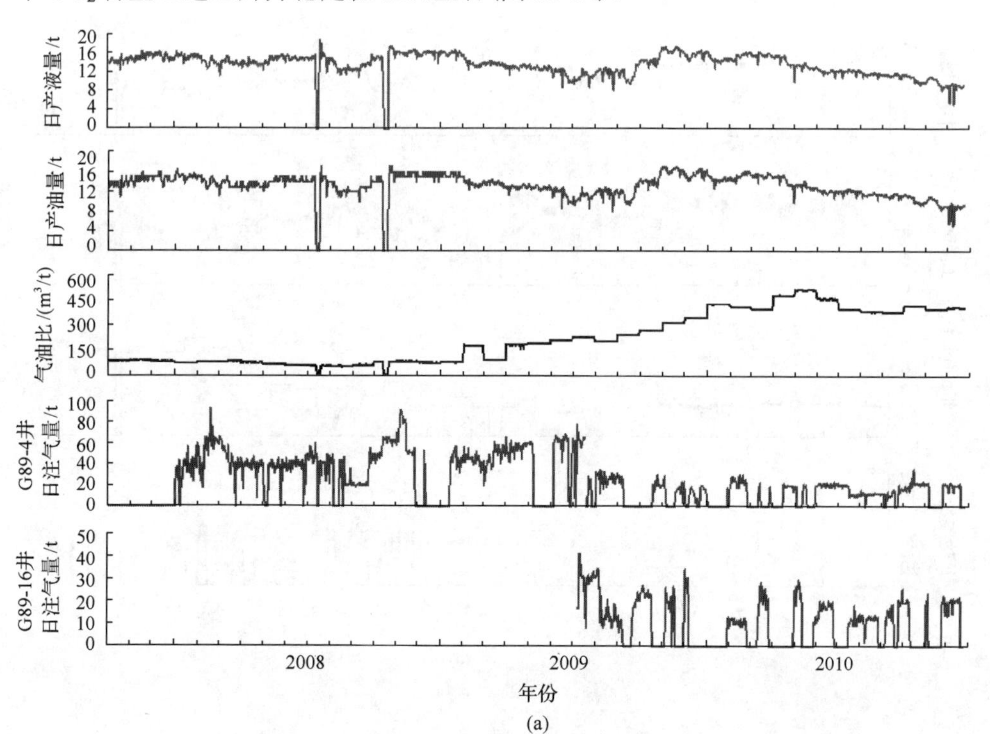

(a)

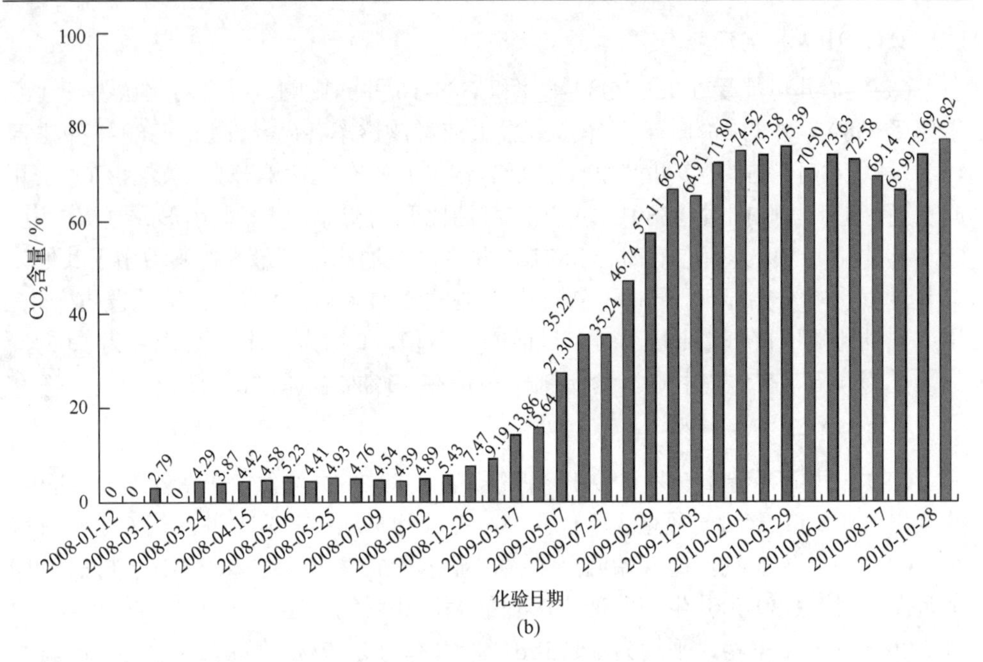

(b)

图 20-13　G891-7 井生产动态及相邻注入井注入动态曲线

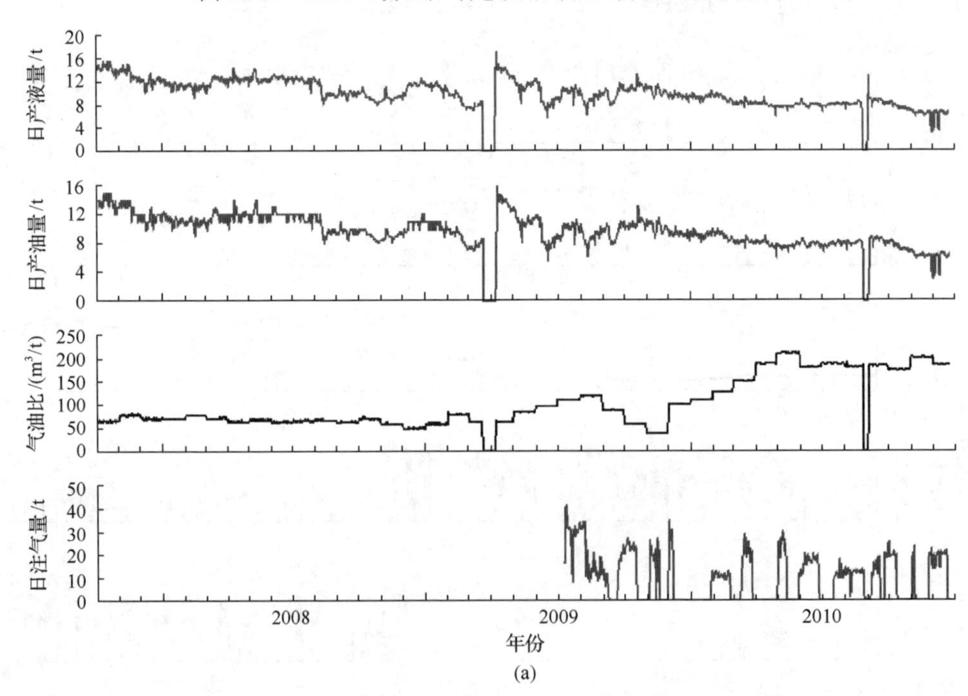

(a)

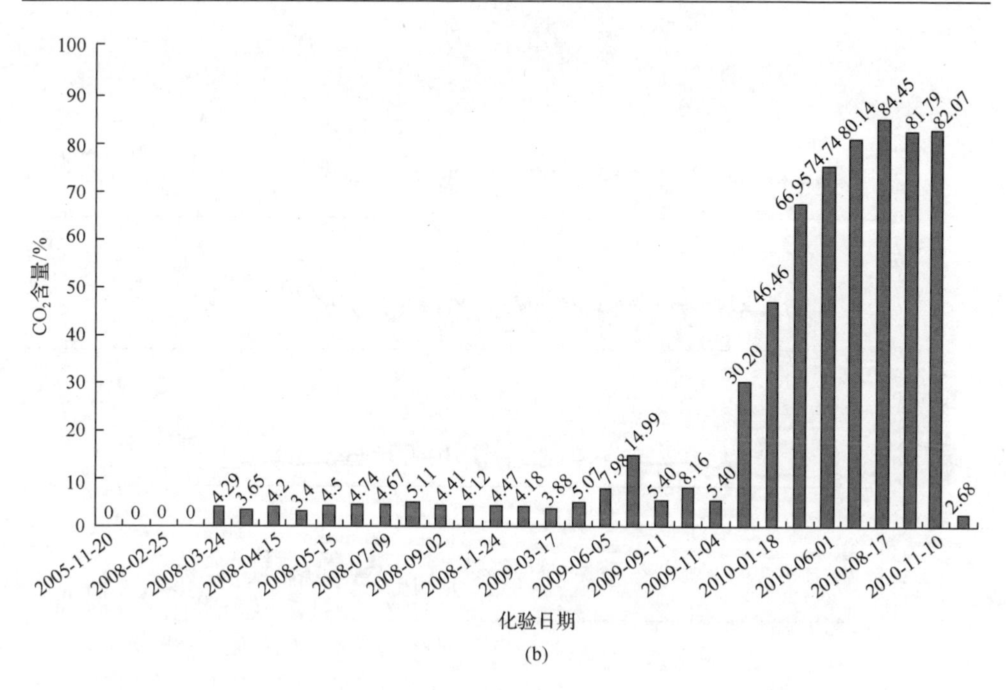

(b)

图 20-14　G89-1 井生产动态及相邻注入井注入动态曲线

4) G89-9 井生产动态

G89-9 井主要受注气井 G89-17 的影响，G89-17 井注气 8 个月左右时，G89-9 井产出气中 CO_2 含量明显增大，显示 CO_2 在井间贯通；G89-17 井注气 11 个月左右时，G89-9 井生产气油比开始明显增大，显示形成气窜通道；G89-17 井注气 12 个月左右时，G89-9 井生产气油比达到最大，其后气油比趋于稳定；2010 年 12 月 G89-9 井产量平稳，平均产量为 8.15t/d，含水率为 0.81%，气油比为 175，CO_2 含量为 91.28%左右(图 20-15)。

5) G89-10 井生产动态

G89-10 井受注气井影响不明显，产量缓慢下降，CO_2 含量接近本底浓度。截至 2012 年 12 月产油量平均为 3.09t/d，含水率为 2.01%，CO_2 含量为 2.91%(图 20-16)。

6) G89-S1 井生产动态

G89-S1 井平面上最为有利，可四向受效，但是投产目的层晚，因此难以判断其主要受效方向。

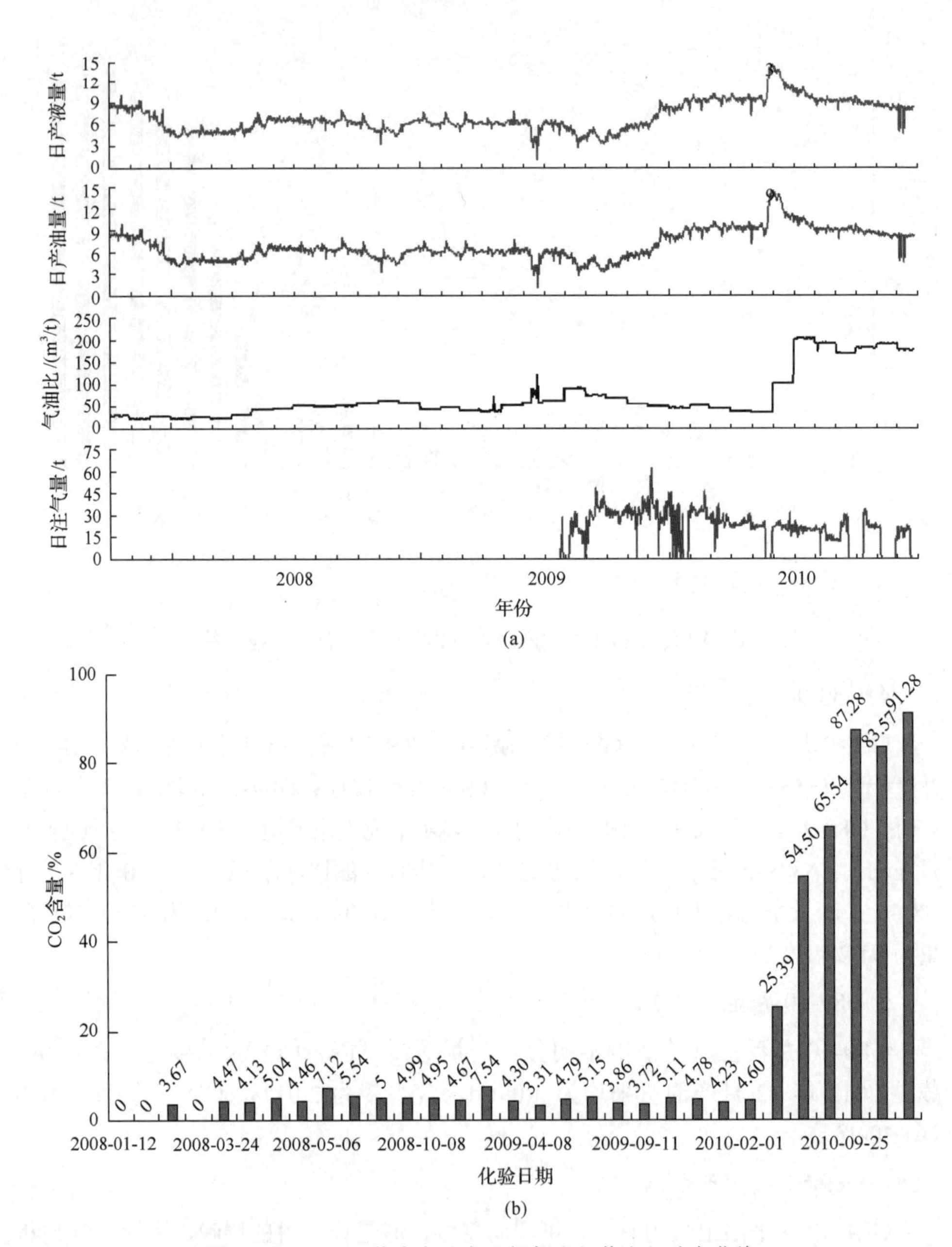

图 20-15　G89-9 井生产动态及相邻注入井注入动态曲线

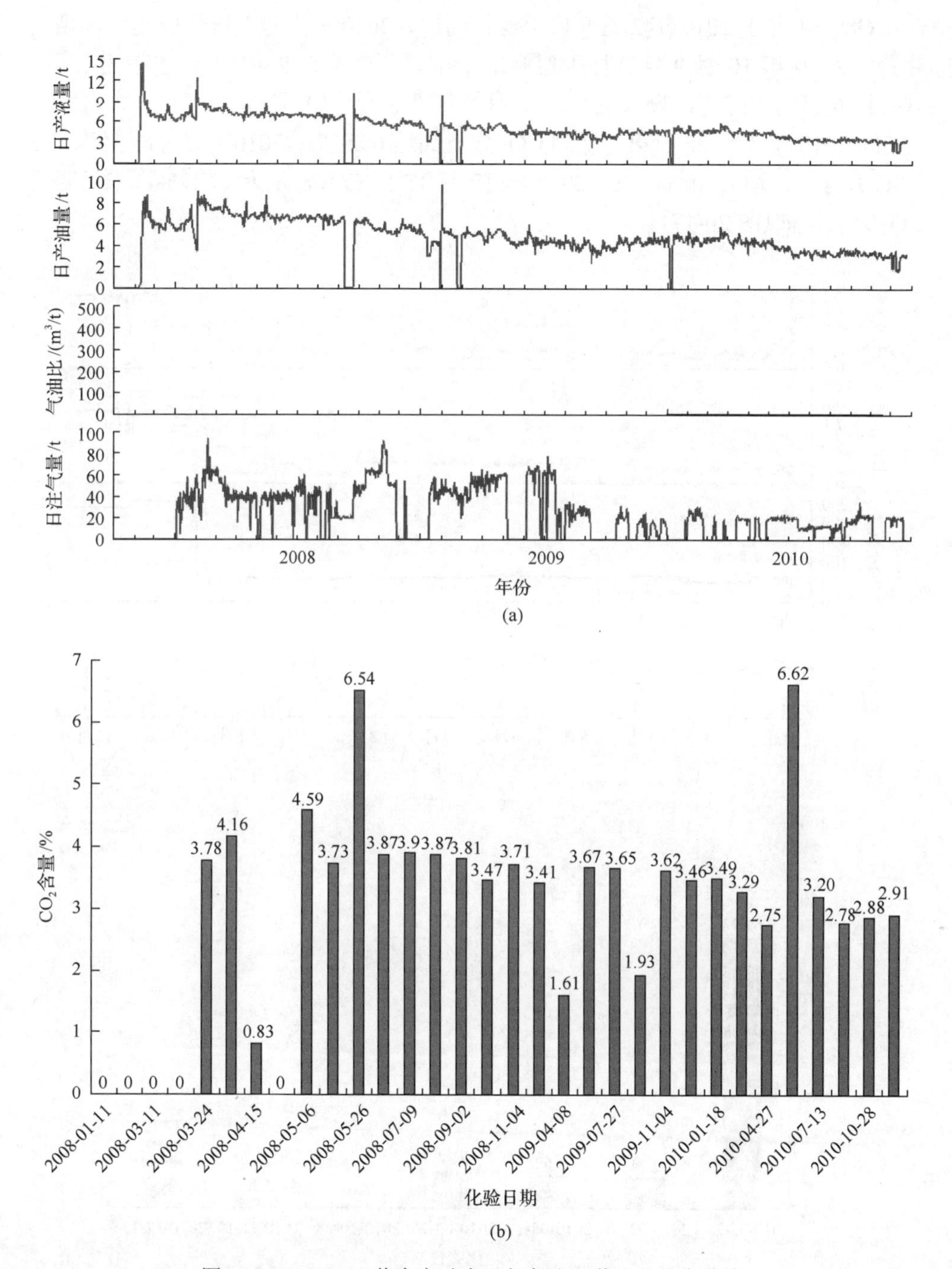

图 20-16　G89-10 井生产动态及相邻注入井注入动态曲线

G89-S1 井于 2010 年 2 月 9 日上返目的层，2010 年 5 月 7 日完成测压，恢复生产，2010 年 10 月 9 号进行压裂施工，压裂前产量为 2.4t/d，含水率为 2%；10 月 26 日施工完毕，投入生产。12 月产量平稳，平均日产油量 8.9t，含水率为 1.9%。2010 年 3 月 25 日第一次测 CO_2 含量高达 69.97%；2010 年 7～11 月测量 5 次 CO_2 含量，均为 10%以下，2010 年 12 月 17 日 CO_2 含量为 17.12%，未见明显 CO_2 突破特征(图 20-17)。

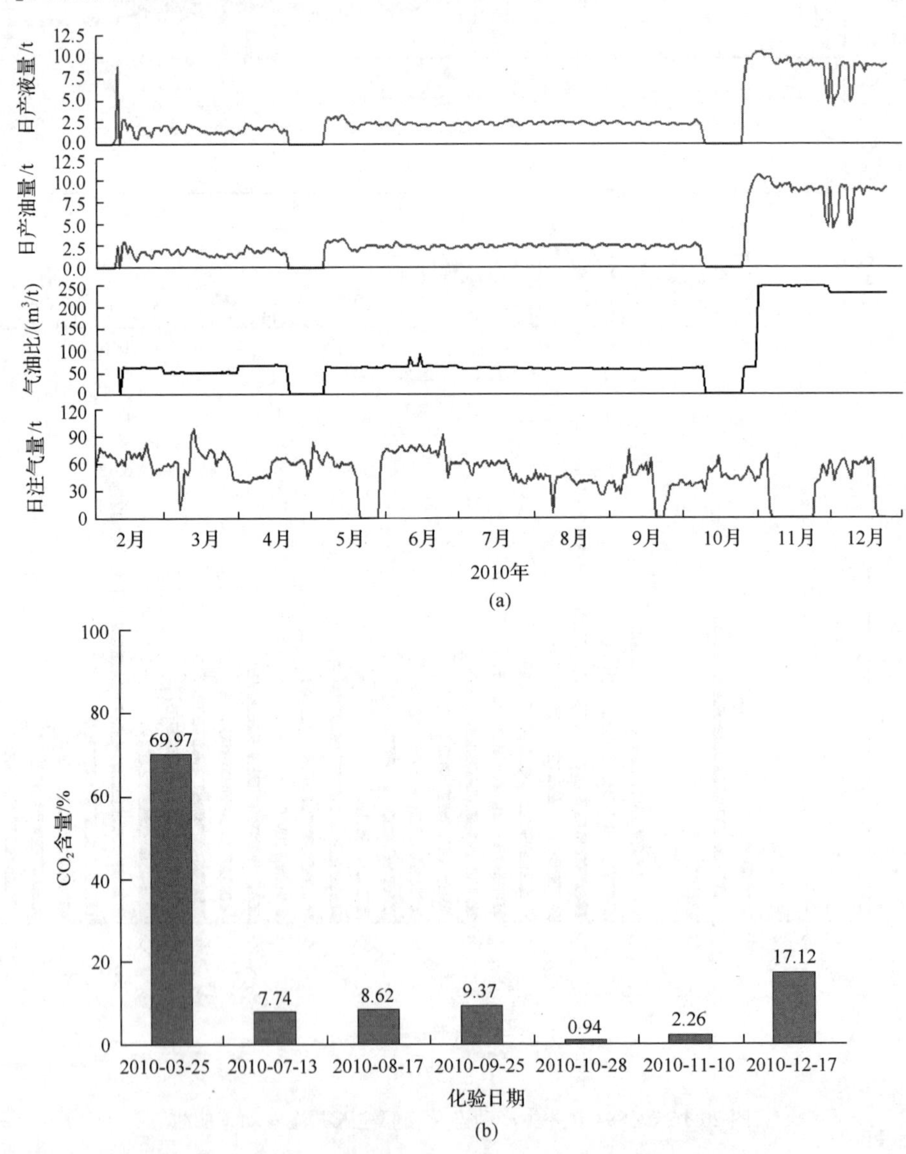

图 20-17　G89-S1 井生产动态及相邻注入井注入动态曲线

由表 20-3 中各井对比可见，6 口井中 4 口井生产气油比的升高与CO_2突破有关，且井间存在一定差别。

表 20-3　生产井典型动态特征

井号	2008 年底产液量/(t/d)	目前产液量/(t/d)	最高气油比/(m^3/m^3)	2010 年底气油比/(m^3/m^3)	气油比变化规律	CO_2贯通时机月	气油比上升时机月	气油比最高时机月	CO_2浓度/%
G89-11 井	约 7	约 3.7	约 350	＞150	升高-降低-趋稳	3	6	14	85
G891-7 井	约 15	约 9.1	约 500	＞400	缓升-趋稳	15	15	29	70
G89-1 井	约 12	约 6.1	约 200	＞180	升高-趋稳	5	6	10	82
G89-9 井	约 8	约 8.1	约 200	＞150	快升-趋稳	8	11	12	91
G89-10 井	约 7	约 3	—	—	—	未	未	未	3
G89-S1 井	约 2.5	约 8.9	约 250	＞200	压裂后突升，不是CO_2突破	未	未	未	17

20.2.2　CO_2驱窜流通道类型

根据注气动态和产出动态确定井间CO_2窜流通道分布及其对应关系，如图 20-18 所示。其中箭头表示气窜方向，箭头粗细定性表示气窜量大小。

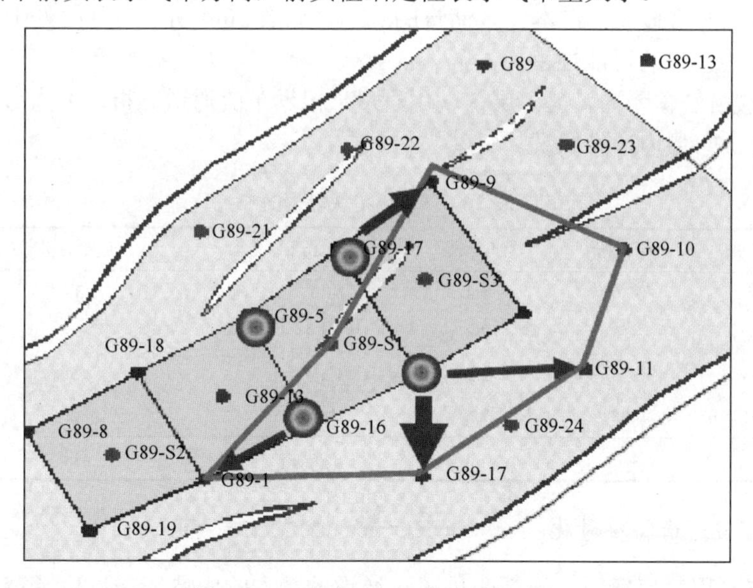

图 20-18　试验区CO_2窜流通道分布

井间CO_2窜流通道可分为两类，如下所述。

(1)第一类：贼层且为优势通道，波及范围小，主要有 G89-11 井、G89-1 井、G89-9 井与注气井间CO_2窜流通道，表现为见CO_2时机早，生产气油比开始升高的时机早，CO_2浓度高。

(2)第二类：渗透性较好，与注气井连线方向不是优势通道方向，波及范围大，主要为G891-7井与注气井间CO_2窜流通道，表现为见CO_2时机晚，生产气油比开始升高的时间晚，CO_2浓度较高。

结合地质特征，认为CO_2窜流通道的发育与断层和次级断层的发育有一定的关系，CO_2窜流方向平行于断层和次级断层的发育方向，且有一个主要方向(西南-东北)。G891-7井与注气井G89-4井之间的连线方向不是渗透率优势方向，但是G89-4井注气早，注气多，因此存在CO_2突破。

20.2.3　CO_2驱封堵挖潜机制分析

1. 封堵挖潜适应性分析

综合地质特征和窜流通道，认为封堵、完善井网、工作制度调整是目前最合适的挖潜方式，其中，封堵挖潜的主要机制包括以下3个方面。

(1)提高平面波及面积。CO_2窜流通道分布具有方向性，且多为单向突进，因此，封堵能够改善平面波及状况，提高平面波及面积。

(2)缓解层间矛盾，提高层间动用程度。根据地质研究，G89-1块有两个主力小层1砂组和2砂组，占本井区储量的93%。如表20-4所示，目前处于注气开发早期，两层突破的可能性小。

(3)缓解超覆矛盾，提高层内动用程度。根据窜流通道分析，多为贼层，因此封堵能够改善层内波及状况。

表20-4　G89-1块储量分布

层位	面积/km^2	厚度/m	储量/10^4t	占总储量百分数/%
1砂组	3.36	4.4	84.6	34
2砂组	3.25	7.8	144.9	59
3砂组	0.95	2.5	13.3	5
4砂组	0.45	1.6	4.2	2
合计	4.1	10.6	247	100

2. 窜流通道特征量化

本书利用数值模拟，根据两种窜流通道的动态响应特征，量化了窜流通道特征，建立了典型地质模型，如图20-19所示。该模型考虑了渗透率各向异性(*X*方向渗透率是*Y*方向渗透率的1.6倍)、压裂影响(采用裂缝导流能力折算渗透率的方法)。

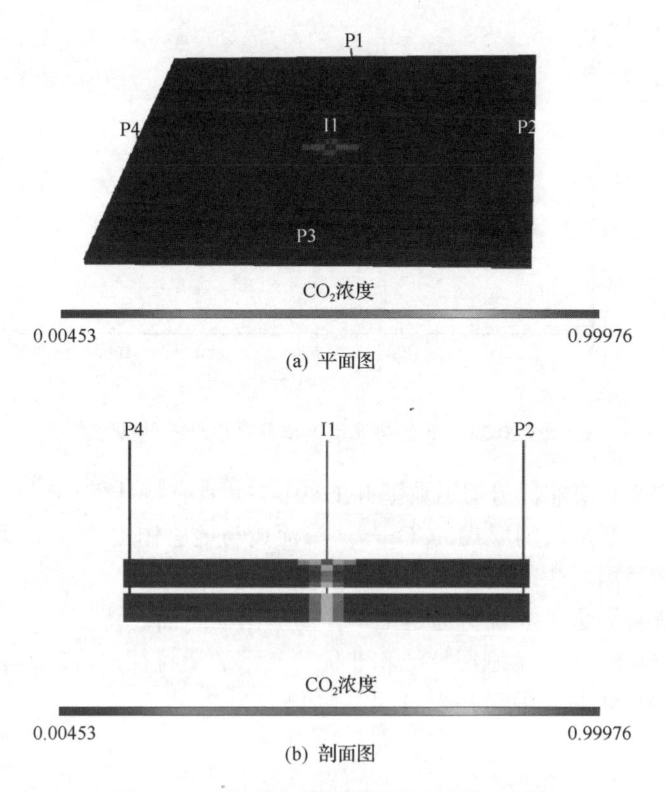

图 20-19　典型地质模型平面、剖面示意图

上部为一个五点井网，I1 井为注气井，P1 井、P3 井为非优势通道上的井，P2 井、P4 井为优势通道上的井；下部为 ZMF1 的浓度色标，上部为采油井-注气井-采油井的一个剖面，中间为注气井，同时给两个层注气

本书计算得到了优势通道、非优势通道上单井的产出动态曲线，为了与开发时间对应，注气过程持续 3 年，如图 20-20 和图 20-21 所示。

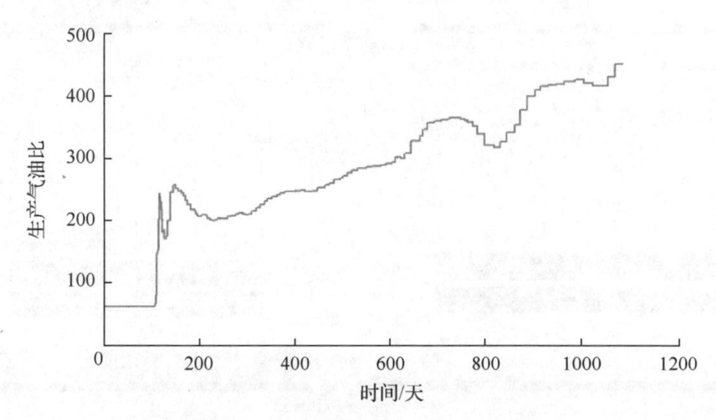

图 20-20　优势通道上单井产出动态曲线

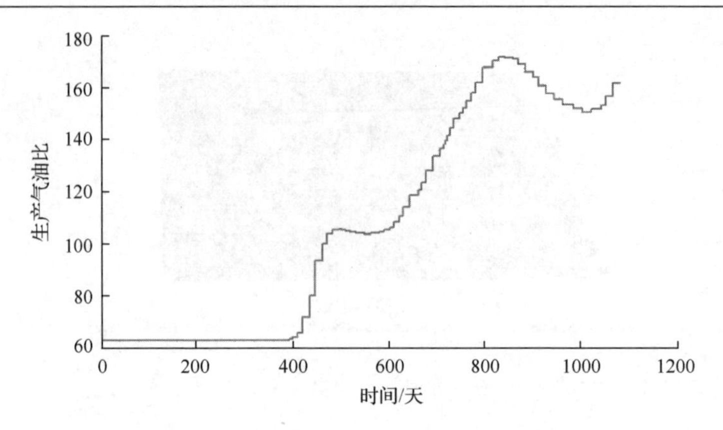

图 20-21　非优势通道上单井产出动态曲线

其中，G89-1 块非优势通道典型井 G891-7 井具有特殊性(部分产量来自非注气井方向、井网不是规则形式、CO_2 与边渗流边与地层作用等)，因此主要考察了其气窜时机和气窜后生产气油比的变化规律。

可见，优势通道、非优势通道上单井的产出动态曲线特征与试验区产出特征相符，在此基础上，确定了贼层特征和非优势气窜通道特征，如图 20-22 和图 20-23 所示(左侧井为 P4 井，中间井为 I1 井，右侧井为 P2 井)。

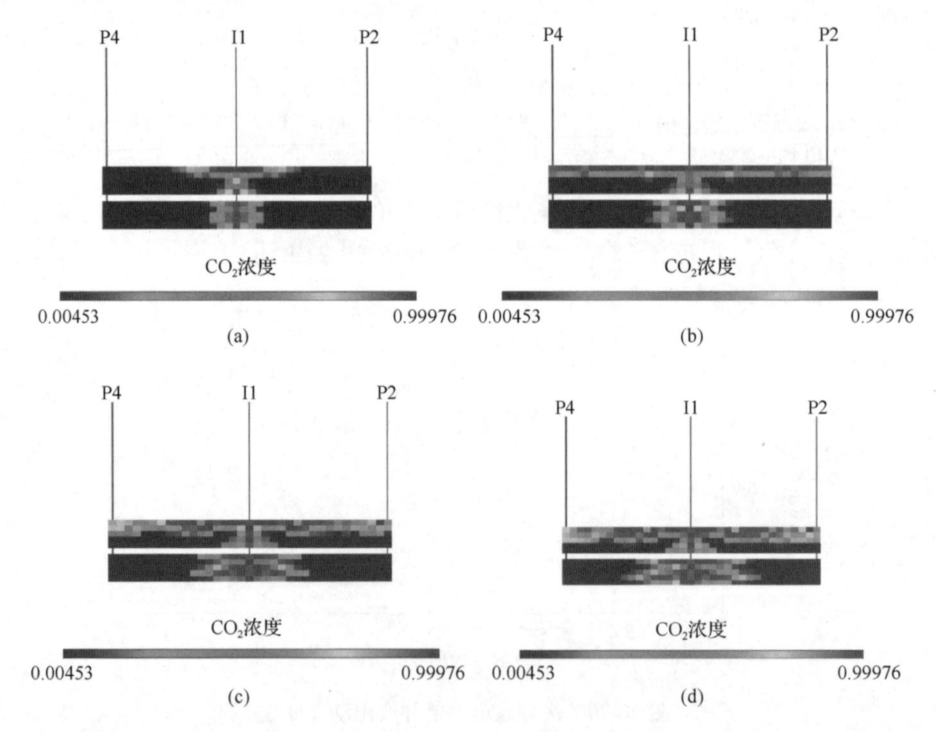

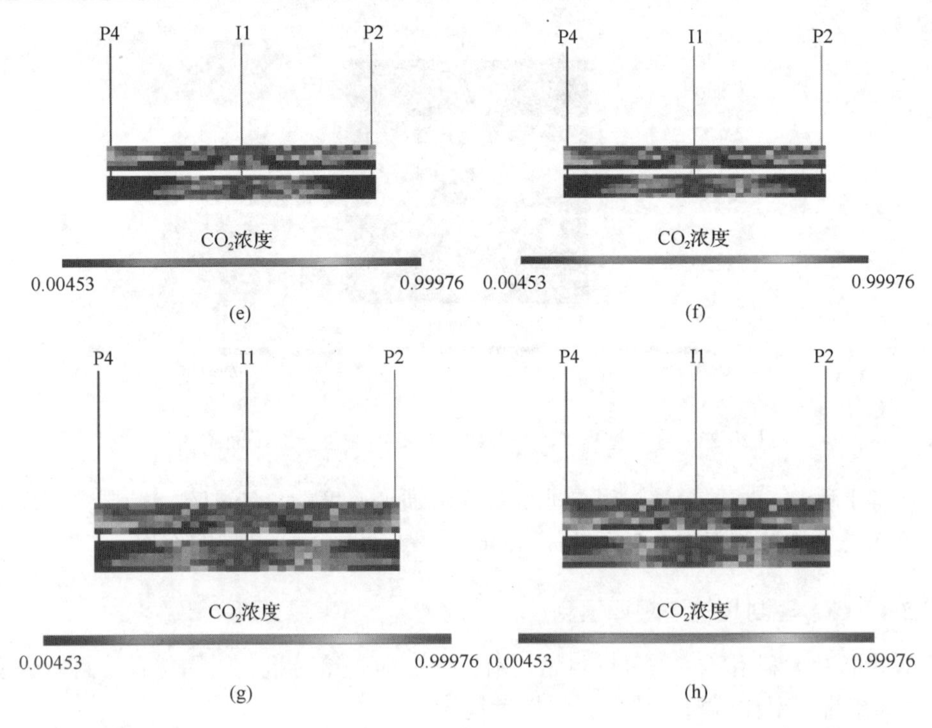

图 20-22　注气过程中优势通道(第一层顶部为贼层)CO_2 浓度分布剖面图系列

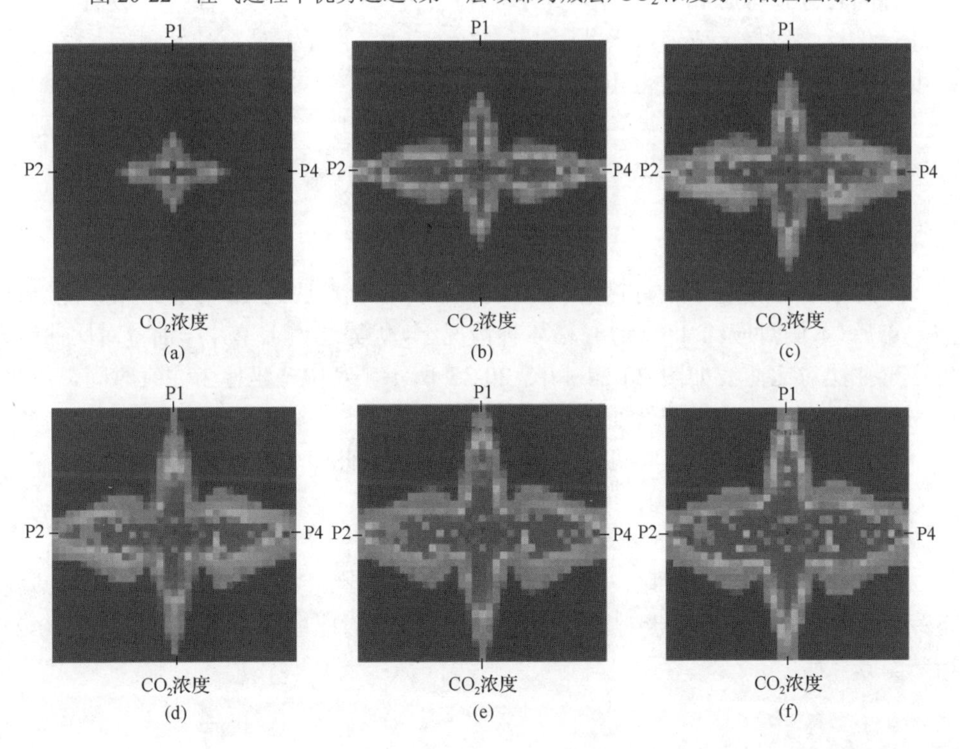

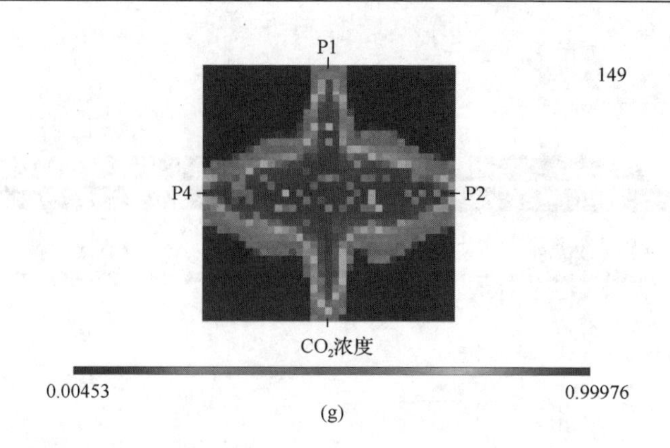

(g)

图 20-23 注气过程中典型井组顶层 CO_2 浓度分布平面图系列

综上可知，贼层窜流通道是非优势窜流通道厚度的 1/4～1/8，贼层窜流通道渗透率是平均渗透率的 2.5 倍左右，同时压裂作业放大了贼层的作用。

20.2.4 CO_2 驱封堵挖潜规律预测

本书考虑利用乙二胺进行封堵挖潜，下面对封堵时机、封堵位置、封堵强度 3 个因素进行对比分析，确定封堵挖潜规律。

各因素分别考虑 3 种状况。①封堵时机：注气后两个月、注气突破后、注气突破一年后。②封堵位置：水井附近、井间距注气井 1/3 处、油井附近。③封堵强度：封堵带 20m、封堵带 40m、封堵带 60m。

采用单因素分析方法，其中，隐含值为注气突破后、井间距注气井 1/3 处、封堵带 40m。以优势通道上单井累油量作为对比指标。

1. 封堵时机

不封堵、注气后 2 个月封堵、注气突破后(本例对应约 120 天)封堵、注气突破一年后(本例对应约 480 天)封堵 4 种情况下，优势通道上单井产油量对比曲线、生产气油比对比曲线如图 20-24 和图 20-25 所示。其中横坐标为注气时间，纵坐标为优势通道上井的生产气油比。

综合分析，认为封堵时机以注气突破前最优，此时生产气油比最低。

2. 封堵位置

不封堵、水井附近封堵、井间距注气井 1/3 处封堵、油井附近封堵 4 种情况下，优势通道上单井产油量对比曲线和生产气油比对比曲线如图 20-26 和图 20-27 所示。

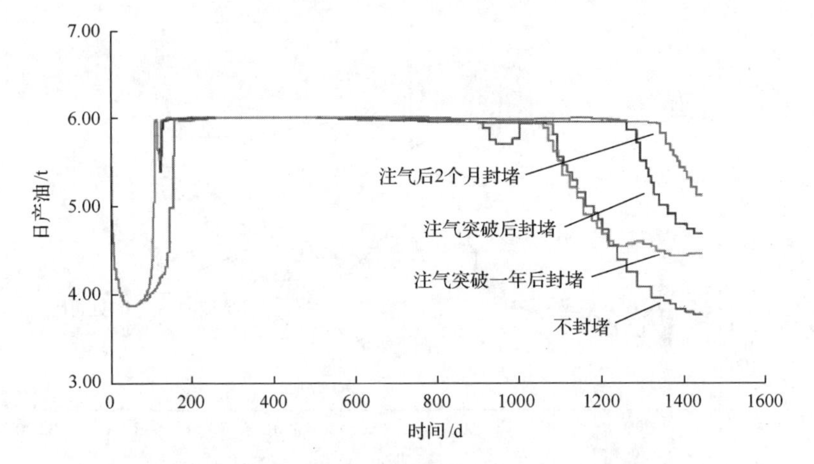

图 20-24　不同封堵时机对应单井产油量对比曲线

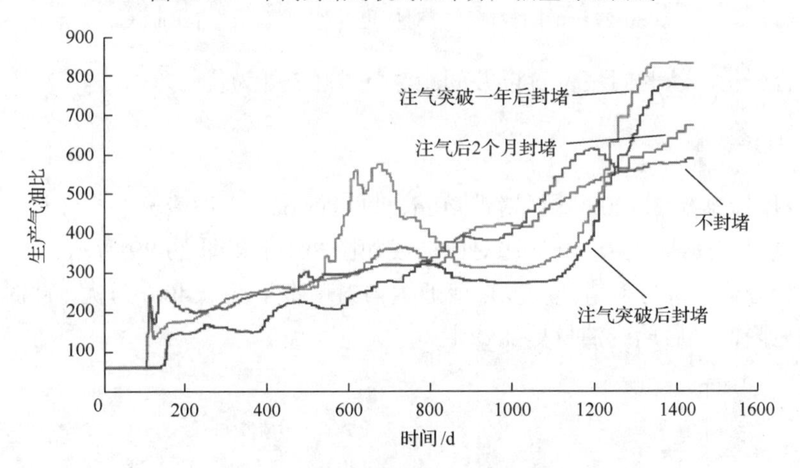

图 20-25　不同封堵时机对应单井生产气油比对比曲线

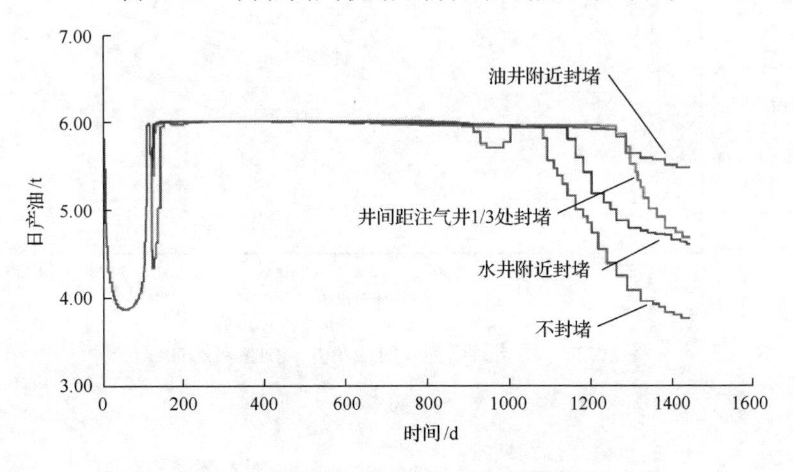

图 20-26　不同封堵位置对应单井日产油量对比曲线

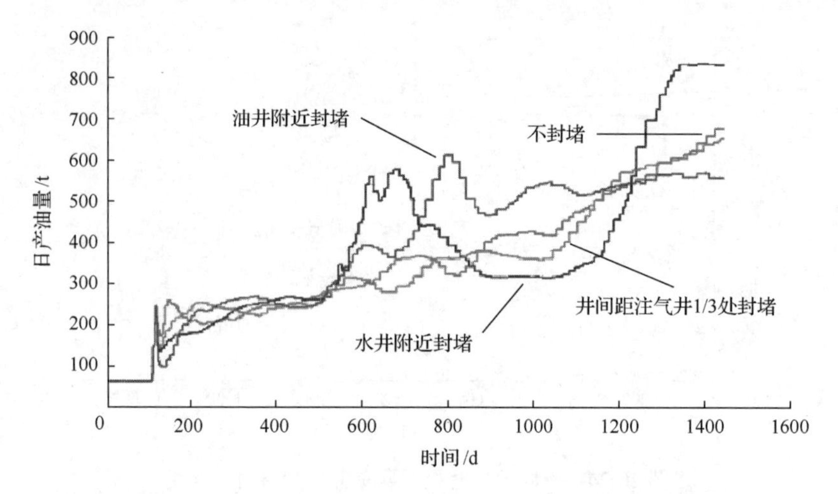

图 20-27　不同封堵位置对应单井生产气油比对比曲线

综合分析，认为封堵位置以井间距注气井 1/3 处为优。

3. 封堵强度

不封堵、封堵带 20m、封堵带 40m、封堵带 60m 4 种情况下，优势通道上单井产油量对比曲线和生产气油比对比曲线如图 20-28 和图 20-29 所示。

综合分析，认为封堵强度以窜流通道内封堵带不低于 40m 为优，此时生产气油比明显降低，后期产油量更加稳定。

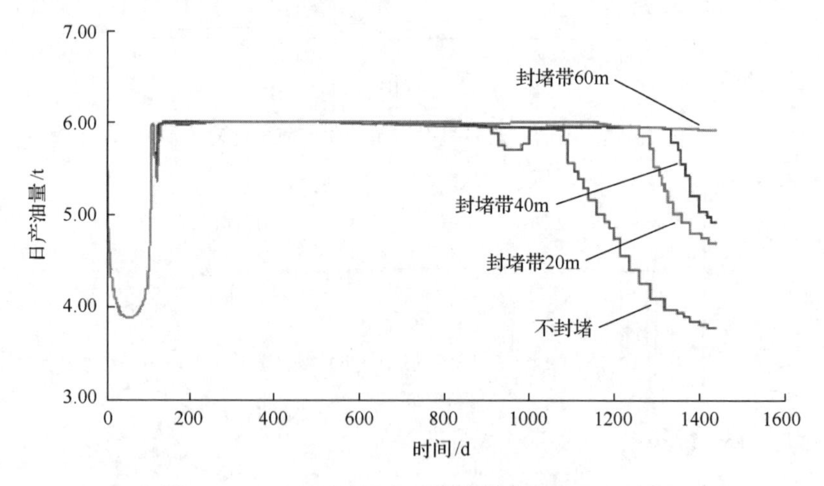

图 20-28　不同封堵强度对应单井产油量对比曲线

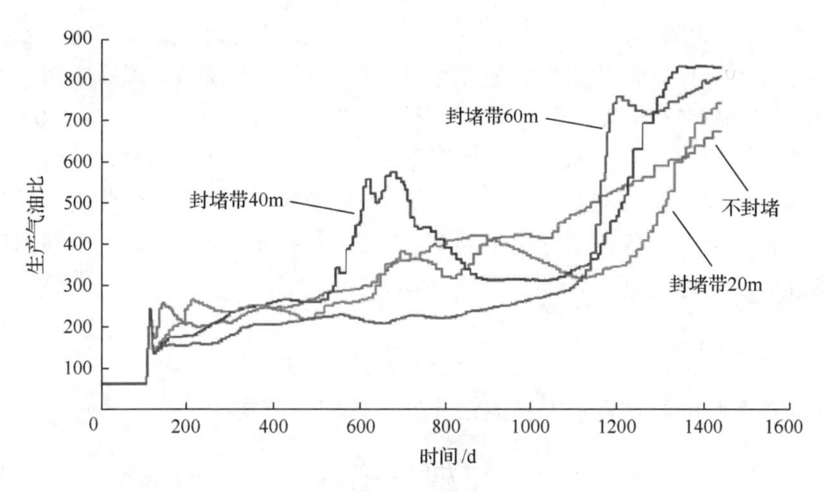

图 20-29　不同封堵强度对应单井生产气油比对比曲线

20.2.5　CO_2 驱封堵方案优化设计方法

1. 封堵要素优化

根据挖潜规律研究，封堵的 3 个主要素及其优化结果为：封堵时机为注气突破前，以产出气中 CO_2 浓度升高为特征；封堵位置为井间，建议距注气井 1/3 处；封堵强度以窜流通道内封堵带不低于 40m，具体需要根据技术经济综合优选。

2. 隔离段塞长度设计

前置段塞和后置段塞长度一致，根据实验结果(图 20-30)设计隔离段塞长度。

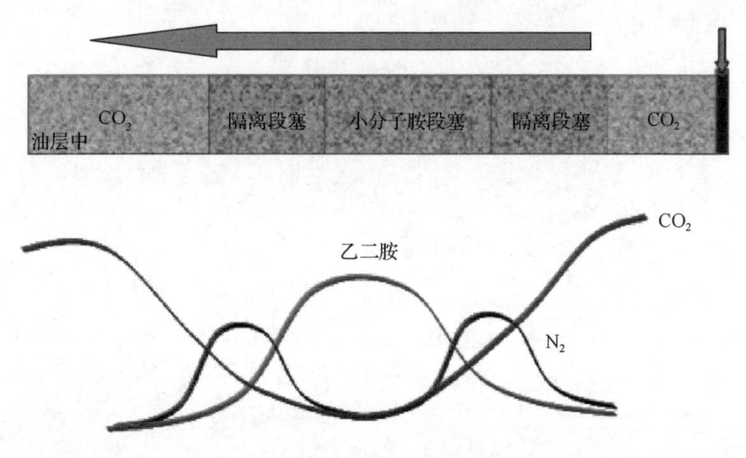

图 20-30　小分子胺段塞组合方式及其浓度分布(上下位置对应)

采用 N_2 作为隔离段塞。当隔离段塞的 N_2 浓度降低到一定水平时，乙二胺即可与 CO_2 发生反应，产生沉淀，发生堵塞。确定前置段塞和后置段塞用量的步骤为：①根据室内实验结果，确定注入流体扩散能力；②按照实际井距 250～350m，结合流体扩散能力，确定需要注入标况下的 N_2 约 $3000m^3$；③兼顾井筒长及防止流体在井筒掺混，估算需要注入标况下的 N_2 约 $2500m^3$；④综合分析，初步折算前置段塞和后置段塞各需要标况下的 N_2 为 2500～$3000m^3$。后期需要根据矿场应用效果进一步进行调整。

3. 乙二胺用量设计

根据乙二胺的物理性质，按照窜流通道体积法公式：

$$M = f\beta WHL\phi S_g\rho_m\alpha \tag{20-1}$$

式中，f 为气窜的优势通道系数，为 0.16～0.31；β 为保险系数，为 1～3；W 为封堵通道宽度，为 80m 左右；H 为封堵通道平均厚度，为 1.5m 左右；L 为封堵带长度，为 60m 左右；ϕ 为储层平均孔隙度，为 12%；S_g 为平均含气饱和度，为 0.5 左右；ρ_m 为药剂密度，为 0.8995g/mL；α 为药剂最终形态的膨胀系数，为 3.5～4。

采用最优封堵参数，分别取保险系数 1 和 2、气窜的优势通道系数 0.26，估算出每口井封窜需要乙二胺 20～40t。

第 21 章　空气泡沫驱油技术现场应用

21.1　G 区块概况

G 区块以三角洲前缘水下分流河道沉积为主，砂体走向近于北西-南东向，呈条带状展布。储层为粉细-细粒岩屑长石砂岩，颗粒分选中等-好。平均有效厚度为 13.2m，平均孔隙度为 8.6%，平均渗透率为 0.38mD。

21.2　加密区概况

1. 开发现状

截至 2017 年 4 月 G 区块油井开井 124 口，日产液/油水平为 127t，单井产能为 1.04t/d，综合含水率为 43.9%，采出程度为 5.62%，采油速度为 1.47%；水井开井共 31 口，单井日注 $14m^3$。月注采比为 1.23，累积注采比为 2.01(图 21-1)。

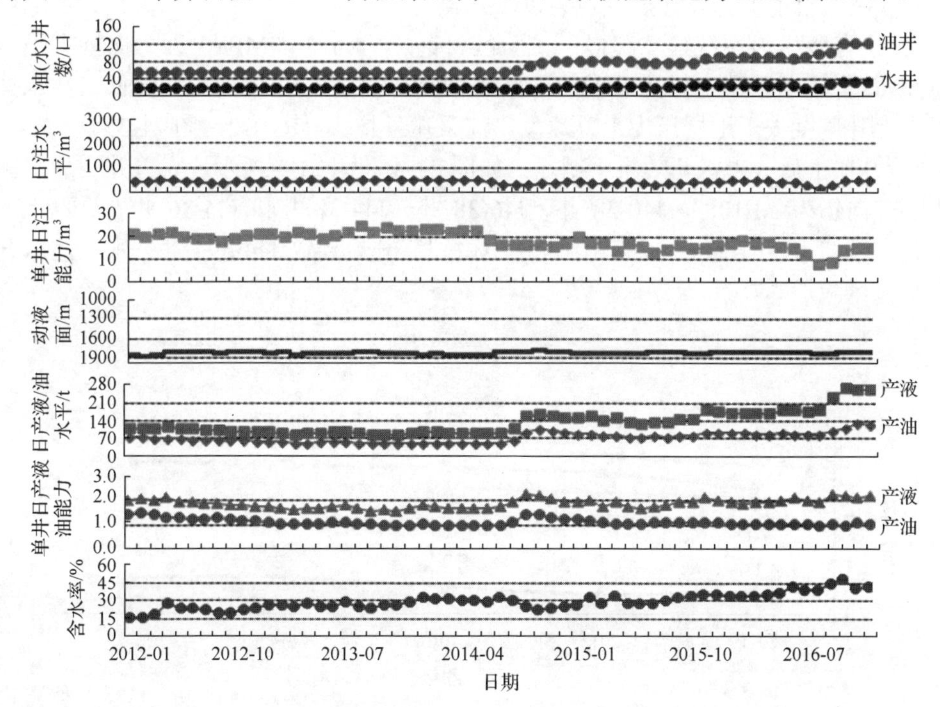

图 21-1　加密区 2012 年 1 月～2016 年 12 月综合开发曲线

2. 实施进展

表 21-1 为 2014～2016 年 G1、G2 单元加密试验区实施进展统计表。由表 22-1 可知，共新建井 74 口，新建地质产能 4.9×10⁴t。井均试油日产量为 12.23m³，日产水 5.4m³。投产 66 口，目前井均日产油 1.17t，含水率为 42.9%。

表 21-1　2014～2016 年 G1、G2 单元加密试验区实施进展统计表

实施年份	区块	新建井数/口		利用老井/口		井深/m	进尺/10^4m	地质产能/10^4t	试油日产量		投产井数/口	初期产量			目前产量		
		采油井	注水井	转注	转采				油/m³	水/m³		日产液/m³	日产油/t	含水率/%	日产液/m³	日产油/t	含水率/%
2014	G2	27	0	2	0	2708	7.31	1.6	15.3	3.4	22	3.03	2.19	14.9	1.63	1.09	21.3
2015	G2	13	3	0	0	2738	4.38	0.8	12.4	2.0	13	3.34	1.99	49.4	3.24	1.27	54.0
2016	G1	22	0	0	0	2738	12.12	2.5	10.5	6.2	22	2.45	1.45	30.4	2.48	1.23	41.7
	G2	12	5	0	0				10.7	10.0	17	2.55	1.14	47.4	2.80	1.08	54.6
合计/平均		74	8	2	0	2728	23.81	4.9	12.23	5.4	74	2.84	1.69	35.53	2.54	1.17	42.9

3. 开发矛盾

G 区块目前的开发矛盾表现为以下几点。

(1) 有效压力系统建立缓慢：试验区目前压力为 14.9MPa，压力保持水平为 78.6%，低于全区压力保持水平(85.2%)。加密调整后，主侧向压差降低。注水井压力上升速度大于地层压力上升速度，注采压差增大(图 21-2，图 21-3)。

(2) 加密后改善水驱效果不明显：如图 21-4 和图 21-5 所示，完善井网后水驱优势方向仍为 NE108°，J40-38 井、J46-38 井、J44-38 井和 J44-36 井先后见水，老井递减增大，且 J44-39 井调剖过程中微裂缝开启导致 J44-394 井见水，注水开发水淹风险加大。

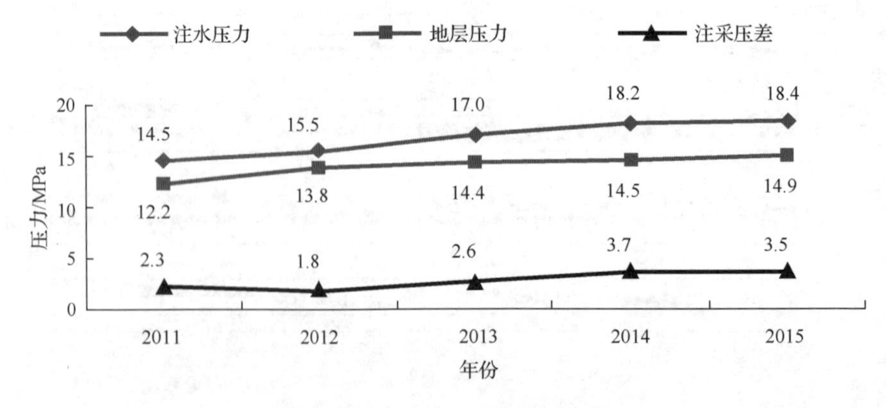

图 21-2　试验区注采压差对比图

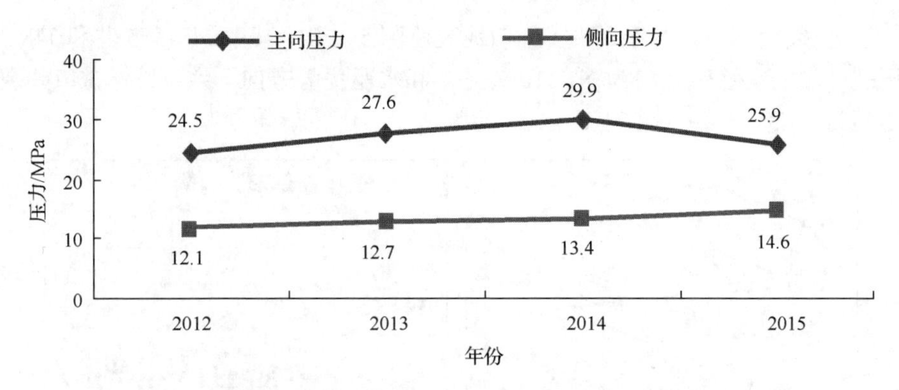

图 21-3　试验区主向井与侧向井历年压力图

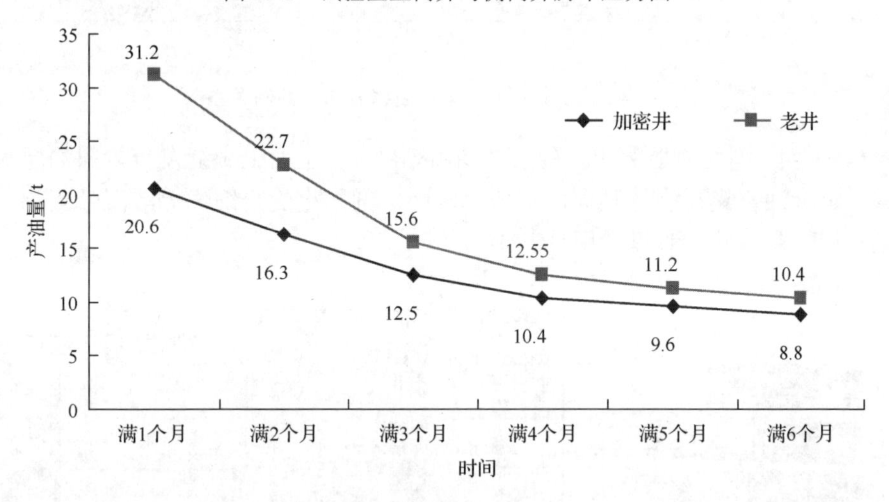

图 21-4　加密区老井和加密井初期月度递减曲线

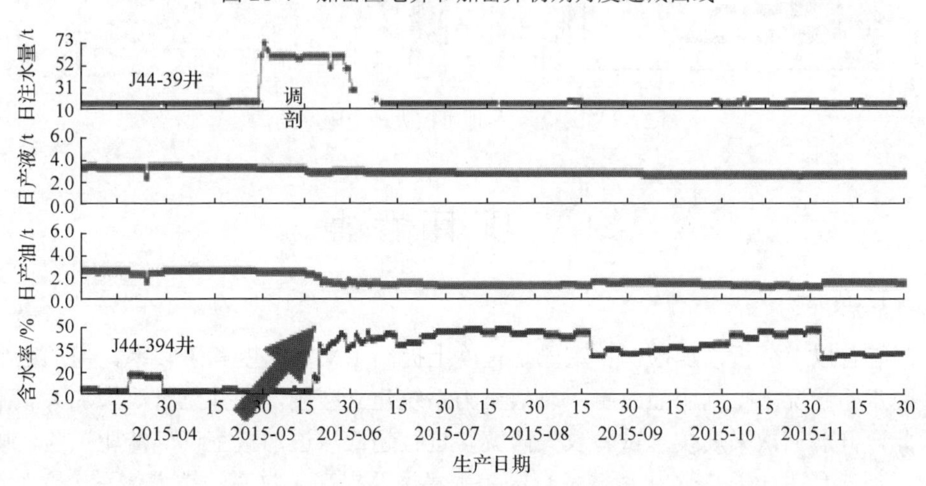

图 21-5　J44-394 井注采曲线

(3)压裂缝网方向复杂：共实施微地震监测 5 井次，其中 J48-355 井和 J48-354 井压裂产生的裂缝带走向为 NE110°左右，和水驱优势方向一致；另外 3 口井裂缝带走向为 NE35°～49°(图 21-6)。

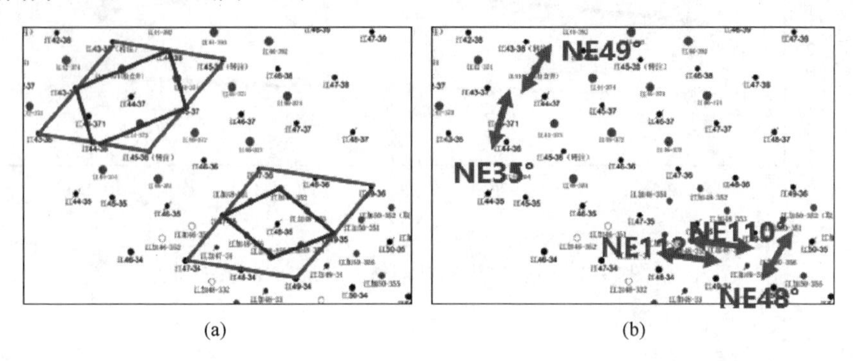

图 21-6　G2 单元加密区压裂缝方向与井网关系

(4)平面、剖面矛盾突出，剩余油动用难度大：平面上裂缝发育方向油层水洗严重，剩余油富集在裂缝侧向，形成死油区。剖面上受窄细优势渗流带影响，油井见水后，剩余储量难以动用(图 21-7)。

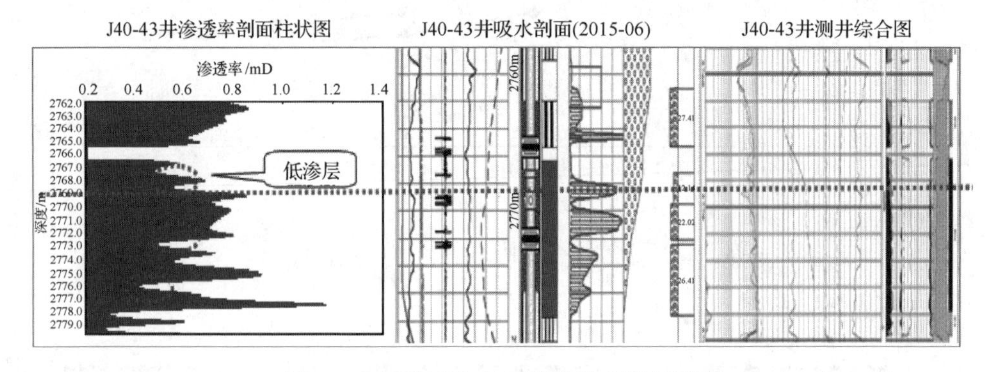

图 21-7　试验区井-地可控大地电阻率测试

21.3　项 目 背 景

1. 试验意义

综合以上分析，加密调整在一定程度上提高了采油速度和采收率，但加密后井网水驱状况未得到明显改善，有效压力系统建立缓慢，油井见水风险加大。基于此，开展三次采油技术试验攻关研究，进行超低渗透油藏空气泡沫驱试验，以期得到一套适合于 G 区块裂缝发育区控水稳油及提高采收率的技术体系，最大限度地提高油田最终采收率，确保油田长期持续稳产。

2. 应用现状

2009 年在 W 区块 ZJ53 井区开展先导试验(图 21-8)，截至 2017 年 4 月实现 15 个井组整体注入，试验达到了预期效果，为该项技术的推广积累了丰富的经验。

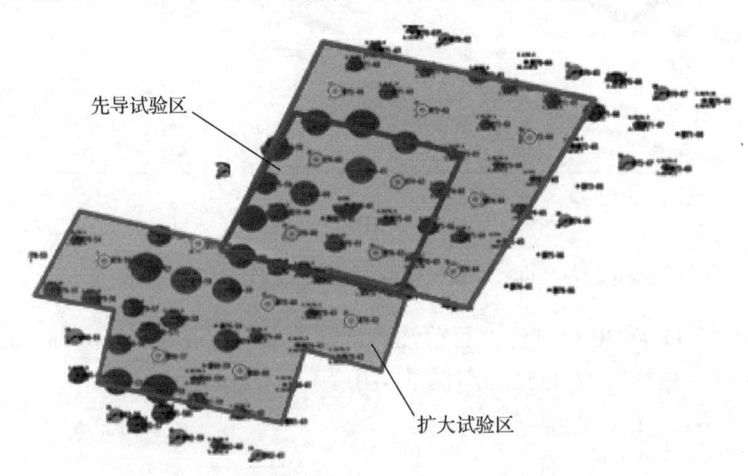

图 21-8　W 区块空气泡沫驱部署图

21.4　试验进展及初步认识

21.4.1　前期准备

从储层物性、开发现状等方面综合考虑，结合井场踏勘情况，确定在加密区开展减氧空气泡沫驱先导试验，并确定 G 加密区的 6 个井组为先导试验组，6 个井分别是 J41-38 井、J42-39 井、J42-37 井、J43-38 井、J43-36 井、J44-37 井。

试验区采取 270m×110m 反九点井网，含油面积为 1.2km^2，地质储量采出程度为 4.12%，目前单井日产油 0.78t，综合含水率为 34.5%。

21.4.2　注入情况

J42-39 井 2016 年 7 月 10 日试注，8 月 21 日第二段结束，累计注液 685.5m^3、注气 7980Nm^3，油压为 18.0MPa。2017 年 1 月注入第三段塞，累计注入 3378.3m^3，累计注气 462560Nm^3(图 21-9)。

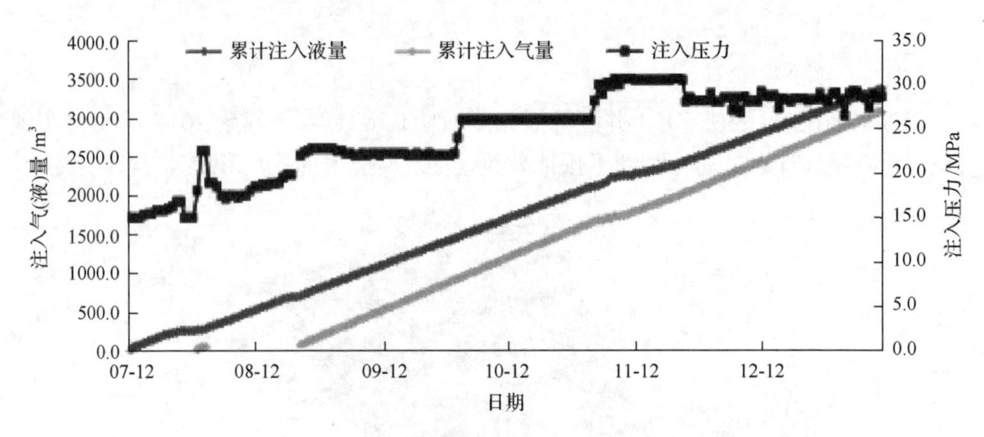

图 21-9　J43-39 空气泡沫驱注入量与压力变化曲线

J41-38 井 11 月 20 日试注，目前注入泡沫段塞(对应井 J40-38 井气窜)，累计注入 1216m^3，累计注气 48510m^3(图 21-10)。

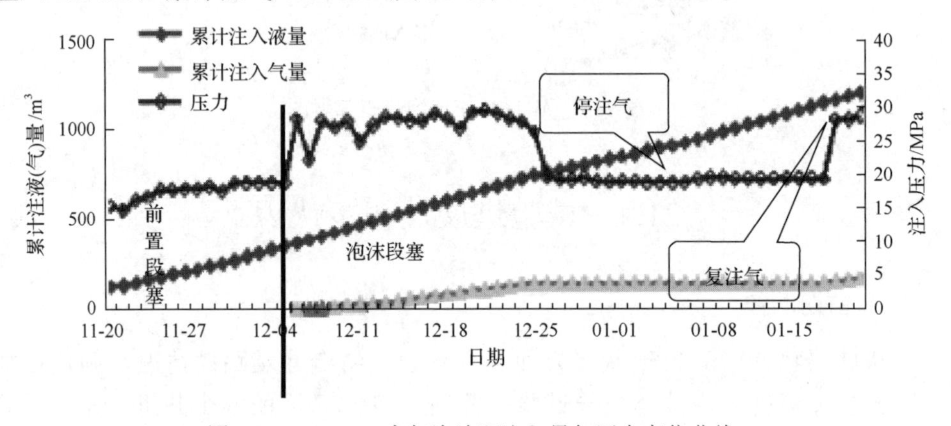

图 21-10　J41-38 空气泡沫驱注入量与压力变化曲线

21.4.3　阶段效果分析

1. 井组生产情况

截至 2016 年 12 月该区块油井开井 12 口，日产油水平平均为 11t，单井产能为 0.92t/d，综合含水率为 50.2%。水井开井共计 2 口，累积注液量为 3448m^3(J42-39 井)、1155m^3(J41-38 井)，累积注气量为 476010m^3(J42-39 井)、40950m^3(J41-38 井)(图 21-11)。

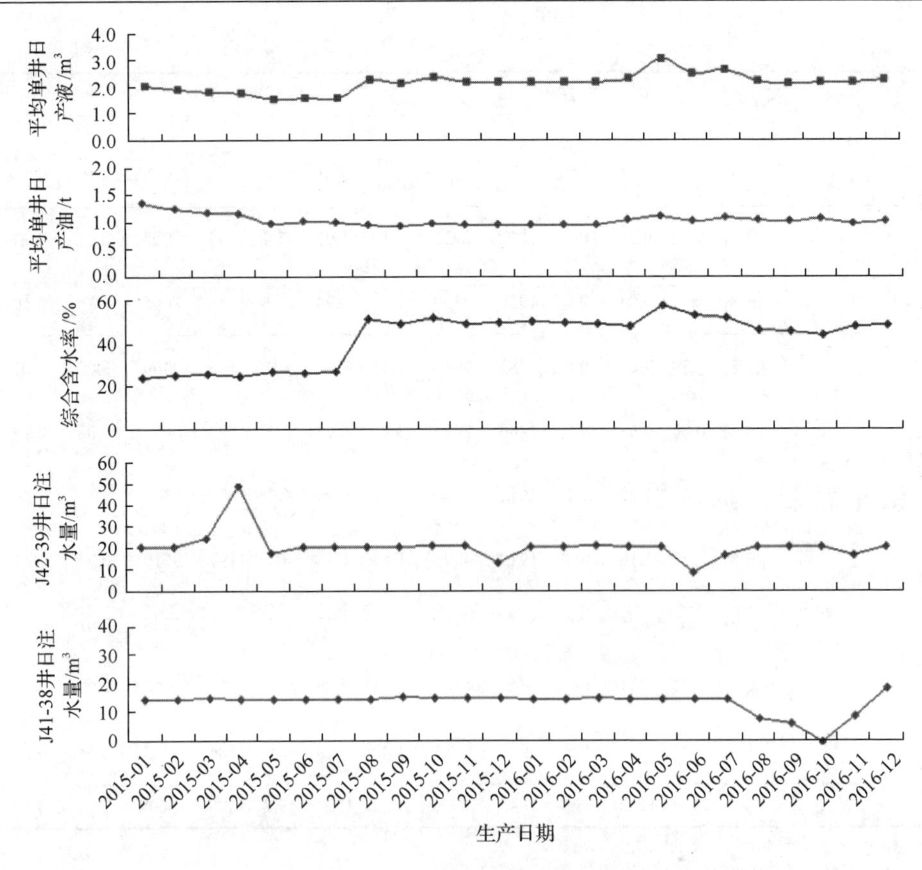

图 21-11　空气泡沫驱井组注采曲线

表 21-2 为注水井 J42-39 井、J41-38 井对应油井生产动态。由表 21-2 可知，对应井组日产液由 29.56m^3 下降至 26.06m^3，日产油由 11.70t 下降至 11.13t，含水率由 53.4%下降至 49.8%，动液面由 1842m 上升至 1808m，目前表现为见效特征井 4 口，稳定井 4 口(表 21-2)。

表 21-2　注水井 J42-39 井、J41-38 井对应油井生产动态

注水井	井类型	对应油井	生产层位	措施前					目前(1.16)						日增油/t
				日产液/m^3	日产油/t	含水率/%	动液面/m	含盐/(mg/L)	日产液/m^3	日产油/t	含水率/%	动液面/m	含盐/(mg/L)	套压/MPa	
J42-39井、J41-38井	纯老井	J42-40井	长 8_1	1.12	0.87	8.9	1673	25097	1.09	0.84	9.2	1636	25155	0	(0.03)
		J42-39井	长 8_1	3.70	1.64	47.9	1746	3510	3.96	0.84	73.4	测不	3510	0.58	(0.80)
		J42-38井	长 8_1	3.50	0.00	100.0	104	3510	4.77	0.00	100.0	井口	2925	0.06	0.00

续表

注水井	井类型	对应油井	生产层位	措施前					目前(1.16)						日增油/t
				日产液/m³	日产油/t	含水率/%	动液面/m	含盐/(mg/L)	日产液/m³	日产油/t	含水率/%	动液面/m	含盐/(mg/L)	套压/MPa	
J42-39井、J41-38井	纯老井	J42-39井	长8_1	9.22	0.28	96.5	井口	2925	5.10	1.07	75.4	1395	2925	0.01	0.79
		J42-38井	长8_1	1.35	1.04	9.9	1926	9360	1.38	0.94	19.6	1964	7605	0	(0.10)
	加密井	J42-392井	长8_1	2.59	2.01	9.0	1783	9945	2.57	1.99	8.9	1808	9360	0.02	(0.02)
		J42-394井	长8_1	0.80	0.63	7.8	1864	5850	0.96	0.75	8.4	1973	6435	0.08	0.13
		J42-391井	长8_1	1.82	1.40	9.2	1911	2340	1.16	0.90	9.0	1917	2340	0	(0.50)
		J42-393井	长8_1	1.51	1.16	10.0	1912	4095	1.51	1.18	8.2	1797	3510	0.24	0.02
		J40-393井	长8_1	1.62	1.25	8.9			1.60	1.23	9.3	1903	2925	0.02	(0.02)
		J40-381井	长8_1	0.94	0.41	49.0	下拍	115830	0.54	0.29	48.3	下拍	115245	0.02	(0.12)
		J42-371井	长8_1	1.33	1.03	8.5	1920	6435	1.42	1.10	9.1	1884	6435	0.03	0.07
合计				29.56	11.70	53.4	1842	17172	26.06	11.13	49.8	1808	15698		(0.57)

2. 井组递减情况

对比实施空气泡沫驱之前，井组月度产量递减速率由 0.47%下降至 0.12%，标定自然递减曲线斜率降低，井组生产态势向好(图 21-12)。

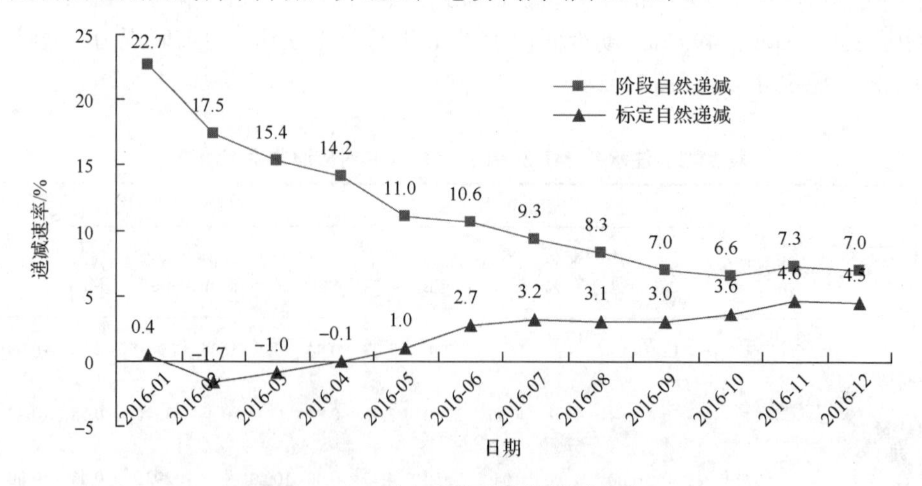

图 21-12 空气泡沫驱井组递减曲线

3. 重点井动液面、流压分析

去除两口措施井(J41-39 井和 J43-39 井)和一口水淹井(J40-38 井)的影响，目前井组液面稳定，流压维持在 6.8MPa 左右，整体流压较低，能量保持水平还有待提高(图 21-13，图 21-14)。

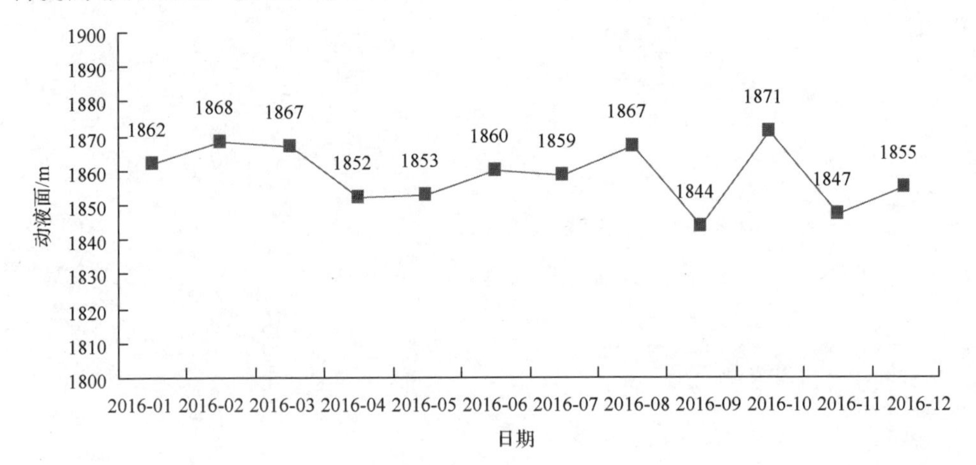

图 21-13　空气泡沫驱井组动液面变化

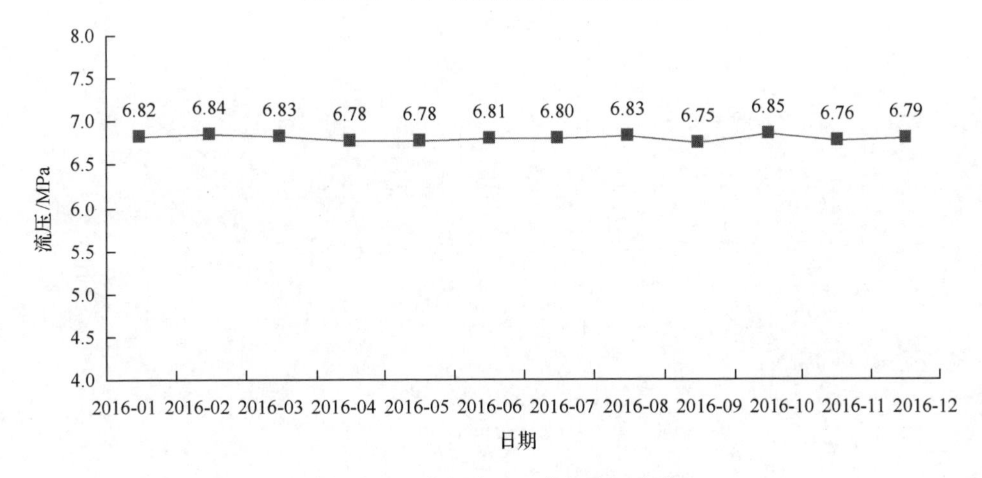

图 21-14　空气泡沫驱井组流压变化

经过研究与分析，取得了以下认识。

(1)经过半年的试验，未出现异常高压，注入压力总体平稳，均在安全可控范围内，排除了注不进的疑虑。

(2)在超低渗透油藏储层裂缝较发育、区块注水压力较高的情况下，试验从方案设计到现场组织实施都采取了有效对策，确保了试验顺利运行。

(3)通过配套相对完善的安全防范措施，结合数字化监控的深度应用，确保了试验安全有序地开展。

(4)经过注入井组生产动态的跟踪分析，已经初步见效，裂缝主向采油井含水率下降明显，部分侧向井动液面上升，井组产量递减减缓。分析认为空气泡沫驱在超低渗透油藏中能够较快地补充地层能量，控制含水率，起到改善开发效果的作用。

参 考 文 献

[1] 朱维耀, 曹孟菁, 蔡强, 等. 多功能复合微球的制备及渗流应用[J]. 材料导报, 2015, 29(10): 9-13.

[2] 雷光伦, 郑家朋. 孔喉尺度聚合物微球的合成及全程调剖驱油新技术研究[J]. 中国石油大学学报, 2007, 31(1): 87-91.

[3] 刘承杰, 安俞蓉. 聚合物微球深部调剖技术研究及矿场实践[J]. 钻采工艺, 2010, 33(5): 62-64.

[4] 朱维耀, 张维俊, 蔡强, 等. 可控粒径 $m\mathrm{TiO_2}/m\mathrm{SiO_2}$ 及其中空结构 $m\mathrm{SiO_2}$ 微球制备[J]. 材料导报, 2016, 30(4): 1-5.

[5] Chauveteau G, Omari A, Tabary R. New size-controlled microgels for oil production[C]. SPE International Symposium on Oilfield Chemistry, Houston, 2001.

[6] 张雪龄, 朱维耀, 田巍, 等. 蒸馏沉淀法制备聚丙烯酰胺复合聚合物微球[J]. 功能材料, 2014, 45(20): 127-132.

[7] 韩秀贞, 李明远, 林梅钦, 等. 交联聚合物微球体系水化性能分析[J]. 油田化学, 2006, 23(2): 162-165.

[8] 李娟, 朱维耀, 龙运前, 等. 纳微米聚合物微球的水化膨胀封堵性能[J]. 大庆石油学院学报, 2012, 36(3): 52-57.

[9] 贾晓飞, 雷光伦, 李会荣, 等. 孔喉尺度聚合物弹性微球膨胀性能研究[J]. 石油钻探技术, 2009, 37(6): 87-90.

[10] 朱维耀, 朱晓阳, 曹孟菁, 等. 微圆管中纳微米聚合物流动规律[J]. 科技导报, 2016, 34(24): 101-105.

[11] Yue M, Zhu W Y, Han H Y, et al. Experimental research on remaining oil distribution and recovery performances after nano-micron polymer particles injection by direct visualization[J]. Fuel, 2018, 212: 506-514.

[12] 于明旭, 朱维耀, 宋洪庆. 低渗透储层可视化微观渗流模型研制[J]. 辽宁工程技术大学学报(自然科学版), 2013, 32(12): 1646-1650.

[13] 龙运前, 朱维耀, 黄小荷, 等. 非均质储层纳微米聚合物颗粒体系驱油实验研究[J]. 西南石油大学学报(自然科学版), 2015, 37(3): 129-137.

[14] 龙运前, 朱维耀, 韩宏彦, 等. 低渗透储层纳微米聚合物颗粒分散体系的流动机制[J]. 中国石油大学学报(自然科学版), 2015, 39(6): 178-186.

[15] Zhu W Y, Lou Y, Liu Q P, et al. Rheological modeling of dispersion system of nano/microsized polymer particles considering swelling behavior[J]. Journal of Dispersion Science and Technology, 2016, 37(3): 407-414.

[16] Zhu W Y, Song H Q, Huang X H, et al. Pressure characteristics and effective deployment in a water-bearing tight gas reservoir with low-velocity non-Darcy flow[J]. Energy & Fuels, 2011, 25(3): 1111-1117.

[17] 龙运前, 朱维耀, 宋付权, 等. 低渗透储层纳微米聚合物颗粒分散体系调驱多相渗流理论[J]. 中南大学学报(自然科学版), 2015, 46(5): 1812-1819.

[18] 黎晓茸, 贾玉琴, 樊兆琪, 等. 裂缝性油藏聚合物微球调剖效果及流线场分析[J]. 石油天然气学报, 2012, 34(7): 125-128.

[19] 曲文驰, 李还向, 但庆祝, 等. 低渗油藏用聚合物微球/表面活性剂复合调驱体系[J]. 油田化学, 2014, 31(2): 227-230.

[20] Zhu W Y, Li J H, Lou Y, et al. Experiment and capillary bundle network model of micro polymer particles propagation in porous media[J]. Transport in Porous Media, 2018, 122(1): 43-55.

[21] Feng Y J, Tabary R, Renard M, et al. Characteristics of microgels designed for water shutoff and profile control[C]. International Symposium on Oilfield, Hoston, 2003.

[22] 王涛, 肖建洪, 孙焕泉, 等. 聚合物微球的粒径影响因素及封堵特性[J]. 油气地质与采收率, 2006, 13(4): 80-82.

[23] 龙运前, 朱维耀, 王明, 等. 纳微米聚合物颗粒驱油剂的表征及性能评价[J]. 科技导报, 2016, 34(2): 156-161.

[24] 孙业恒, 龙运前, 宋付权, 等. 低渗透油藏纳微米聚合物颗粒分散体系封堵性能评价[J]. 油气地质与采收率, 2016, 23(4): 88-94.

[25] 赵玉武, 王国锋, 朱维耀. 纳微米聚合物驱油室内实验及数值模拟研究[J]. 石油学报, 2009, 30(6): 894-897.

[26] 邵振波, 陈国, 孙刚. 新型聚合物驱油数学模型[J]. 石油学报, 2008, 29(3): 409-413.

[27] 哈利德·阿齐兹, 安东尼·塞特瑞. 油藏数值模拟[M]. 北京: 石油工业出版社, 2004.

[28] Zhu W Y, Zhao J X, Han H Y, et al. High-pressure microscopic investigation on the oil recovery mechanism by in situ biogases in petroleum reservoirs[J]. Energy & Fuels, 2015, 29(12): 7866-7874.

[29] 蒋焱, 徐登霆, 陈健斌, 等. 微生物单井处理技术及其现场应用效果分析[J]. 石油勘探与开发, 2005, 32(2): 104-106.

[30] Song Z Y, Zhu W Y, Sun G Z, et al. Dynamic investigation of nutrient consumption and injection strategy in microbial enhanced oil recovery(MEOR)by means of large-scale experiments[J]. Applied microbiology and biotechnology, 2015, 99(15): 6551-6561.

[31] 包木太, 袁书文, 李希明, 等. 多孔介质渗透率对油藏微生物生长代谢影响[J]. 深圳大学学报(理工版), 2011, 28(1): 35-40.

[32] 刘涛, 宋智勇, 曹功泽, 等. 微生物驱油过程中模拟地层条件对微生物生长的影响[J]. 油田化学, 2013, 30(1): 92-95.

[33] Song Z Y, Yao Z, Zhao F M, et al. Wellhead samples of high-temperature, low-permeability petroleum reservoirs reveal the microbial communities in wellbores[J]. Energy & Fuels, 2017, 31(5): 4866-4874.

[34] 夏小雪, 朱维耀, 李娟, 等. 油藏内源微生物生长代谢及驱油特性研究[J]. 石油天然气学报, 2014, 36(1): 122-126, 129.

[35] 朱维耀, 夏小雪, 郭省学, 等. 高温高压条件下油藏内源微生物微观驱油机理[J]. 石油学报, 2014, 35(3): 528-535.

[36] Song Z Y, Zhao F M, Sun G Z, et al. Long-term dynamics of microbial communities in a high-permeable petroleum reservoir reveals the spatiotemporal relationship between community and oil recovery[J]. Energy & Fuels, 2017, 31(10): 10588-10597.

[37] 郭省学, 宋智勇, 郭辽原, 等. 微生物驱油物模试验及古菌群落结构分析[J]. 石油天然气学报, 2010, 32(1): 148-152, 7.

[38] 王慧, 宋智勇, 郝滨, 等. 微生物驱产出液群落结构与现场生产动态的关系[J]. 石油学报, 2013, 34(3): 535-539.

[39] 宋智勇, 郭辽原, 袁书文, 等. 高温油藏内源微生物的堵调及种群分布[J]. 石油学报, 2010, 31(6): 975-979.

[40] 景贵成, 郭尚平, 俞理. 一株以原油为碳源的 Pseudomonas sp. 菌化学趋向性研究[J]. 中国科学院研究生院学报, 2005, 22(2): 187-191.

[41] George D S, Hayat O, Kovscek A R. A microvisual study of solution-gas-drive mechanisms in viscous oils[J]. Journal of Petroleum Science and Engineering, 2005, 46(1-2): 101-119.

[42] 张星, 毕义泉, 汪庐山, 等. 低渗透油藏活性水增注技术探讨[J]. 石油地质与工程, 2009, 23(5): 121-123.

[43] 孙春辉, 刘卫东, 田小川. 用于低渗透高温油藏降压增注的表面活性剂二元体系[J]. 油田化学, 2009, 26(4): 419-421.

[44] Song Z Y, Han H Y, Zhu W Y. Morphological variation and recovery mechanism of residual crude oil by bio-surfactant from indigenous bacteria: macro-and pore-scale experimental investigations[J]. Journal of Microbiology Biotechnology, 2015, 25(6): 918-929.

[45] 李瑞冬，王冬梅，张子玉，等. 复合表面活性剂提高低渗透油田采收率研究[J]. 油田化学，2013，30(2)：221-224.

[46] Xiu J L, Li Y, Guo Y. A mathematical coupling model of seepage field and microbial field in the indigenous microbe enhancing oil recovery[J]. Acta Petrolei Sinica, 2010, 31(6): 989-992.

[47] Knapp R M, McInerney M J, Menzie D E, et al. Microbial Stains and Products for Mobility Control and Oil Displacement[M]. Norman: University of Oklahoma, 1987.

[48] Song H Q, Zhu W Y, Wang M, et al. A study of effective deployment in ultra-low-permeability reservoirs With Non-Darcy Flow[J]. Petroleum Science and Technology, 2010, 28(16): 1700-1711.

[49] Reid B, David F. Cost reduction and injectivity improvements for CO_2 foams for mobility control[C]. SPE/DOE Improved oil Recovery Symposium, Tulsa, 2002.

[50] 徐阳，任韶然，章杨，等. CO_2 驱过程中不同相态流态对采收率的影响[J]. 西安石油大学学报(自然科学版)，2012, 27(1): 57-59.

[51] 林杨，刘杨，胡雪，等. CO_2在非均质多孔介质中的气窜与运移[J]. 石油化工高等学校学报, 2010, 23(2): 43-46.

[52] 刘必心，侯吉瑞，李本高，等. 二氧化碳驱特低渗油藏的封窜体系性能评价[J]. 特种油气藏，2014，21(3)：128-131, 157.

[53] Yuan D Y, Hou J R, Song Z J, et al. Residual oil distribution characteristic of fractured-cavity carbonate reservoir after water flooding and enhanced oil recovery by N2 flooding of fractured-cavity carbonate reservoir[J]. Journal of Petroleum Science and Engineering, 2015, 129: 15-22.

[54] Jaubert J N, Avaullee L, Pierre C. Is it still necessary to measure the minimum miscibility pressure[J]. Industrial Engineering Chemistry Research, 2002, 41(2): 303-310.

[55] 高树生，胡志明，侯吉瑞，等. 低渗透油藏二氧化碳驱油防窜实验研究[J]. 特种油气藏, 2013, 20(6): 105-108, 147.

[56] 张磊，赵凤兰，侯吉瑞，等. 特低渗油藏 CO_2 非混相驱封窜实验研究[J]. 西安石油大学学报(自然科学版)，2013, 28(5): 62-65, 3.

[57] Zhao F L, Hao H D, Hou J R, et al. CO_2 mobility control and sweep efficiency improvement using starch gel or ethylenediamine in ultra-low permeability oil layers with different types of heterogeneity[J]. Journal of Petroleum Science and Engineering, 2015, 133: 52-65.

[58] 郝宏达，侯吉瑞，赵凤兰，等. 低渗透非均质油藏二氧化碳非混相驱窜逸控制实验[J]. 油气地质与采收率，2016, 23(3): 95-100, 115.

[59] 王克亮，明阳阳，张垒垒，等. CO_2气驱过程中泡沫扩大波及体积效果[J]. 大庆石油地质与开发，2013，32(5)：128-131.

[60] 汪勇，侯吉瑞，汪剑武，等. 数值弥散和物理弥散对 CO_2 混相驱替效率的影响[J]. 西安石油大学学报(自然科学版), 2014, 29(2): 50-54, 3.

[61] 王少朋，侯吉瑞，赵凤兰，等. 二氧化碳在油藏流体中的扩散系数研究进展[J]. 油田化学，2013，30(1)：150-154, 160.

[62] Duan X G, Hou J R, Cheng T T, et al. Evaluation of oil-tolerant foam for enhanced oil recovery: laboratory study of a system of oil-tolerant foaming agents[J]. Journal of Petroleum Science and Engineering, 2014, 122: 428-438.

[63] 程杰成，朱维耀，姜洪福. 特低渗透油藏 CO_2 驱油多相渗流理论模型研究及应用[J]. 石油学报，2008,(2)：246-251.

[64] Fujii S, Iddon P D, Ryan A J, et al. Highly stable aqueous foams stabilized solely with polymer latex particles[J]. Langmuir, 2006, 22(18): 7512-7520.

[65] Song H Q, Yu M X, Zhu W Y, et al. Dynamic characteristics of gas transport in nanoporous media[J]. Chinese Physics Letters, 2013, 30(1): 014701.

[66] 李振泉, 殷勇, 王其伟, 等. 气水交替注入提高采收率机理研究进展[J]. 西南石油大学学报. 2007, 29(2): 22-26.

[67] 李兆敏, 张习斌, 李松岩, 等. 氮气泡沫驱气体窜流特征实验研究[J]. 中国石油大学学报(自然科学版), 2016, 40(5): 96-103.

[68] 元福卿, 王其伟, 李宗阳, 等. 油相对泡沫稳定性的影响规律[J]. 油气地质与采收率, 2015, 1(22): 118-121.

[69] Romero-Zeron L, Kantzas A. Pore-scale visualization of foamed gel propagation and trapping in a pore network micromodel[J]. Journal of Canadian Petroleum Technology, 2005, 44(5): 44-50.

[70] 李根, 王克亮, 孙术杰, 等. 油相对含氟磺基甜菜碱泡沫性能影响研究[J]. 应用化工, 2016, 45(12): 2225-2228.

[71] 刘承杰. 氟碳表面活性剂复合泡沫驱油体系的驱油实验[J]. 高分子材料科学与工程, 2012, 28(1): 82-85.

[72] 陈振亚, 牛保伦, 汤灵芝, 等. 原油组分低温氧化机理和反应活性实验研究[J]. 燃料化学学报, 2013, 41(11): 1336-1342.

[73] 侯胜明, 刘印华, 于洪敏, 等. 注空气过程轻质原油低温氧化动力学[J]. 中国石油大学学报(自然科学版), 2011, 35(1): 169-173.

[74] 王杰祥, 王腾飞, 杨长华, 等. 轻质原油低温氧化催化技术[J]. 石油学报, 2015, 36(10): 1260-1266.

[75] Haugen A, Ferno M A, Graue A, et al. Experimental study of foam flow in fractured oil-wet limestone for enhanced oil recovery[J]. SPE Reservoir Evaluation and Engineering, 2012, 15(2): 218.

[76] 汪庐山, 曹嫣镔, 于田田, 等. 气液界面特性对泡沫稳定性影响研究[J]. 石油钻采工艺, 2007, 1(29): 75-78.

[77] Binks B P, Horozov T S. Aqueous foams stabilized solely by silica nanoparticles[J]. Angewandte Chemie International Edition, 2005, 44(24): 3722-3725.

[78] 贾虎, 蒲万芬. 有机凝胶控水及堵水技术研究[J]. 西南石油大学学报(自然科学版), 2013, 35(6): 141-152.

[79] 唐孝芬, 吴奇, 刘戈辉, 等. 区块整体弱凝胶调驱矿场试验及效果[J]. 石油学报, 2003, 24(4): 56-61.

[80] 李振泉, 刘坤, 张以根. 有机复合调驱体系室内研究及现场实验[J]. 油田化学, 2003, 20(2): 140-143.

[81] 王克亮, 孔辉, 付国强, 等. 部分水解聚丙烯酰胺/乳酸铬在油田污水条件下的成胶特性研究[J]. 油田化学, 2016, 33(2): 240-243.

[82] 朱怀江, 刘强, 沈平平, 等. 聚合物分子尺寸与油藏孔喉的配伍性[J]. 石油勘探与开发, 2006, 33(5): 609-613.

[83] 李星红, 徐加祥, 刘玺, 等. 振动-空气泡沫驱封堵性能评价与矿场试验研究[J]. 西安石油大学学报(自然科学版), 2017, 32(1): 83-88.

[84] Seright R S. Use of preformed gels for conformance control in fractured systems[J]. SPE Production & Facilities, 1997, 12(1): 59-65.

[85] 王克亮, 付恬恬, 王翠翠, 等. 三元复合体系在渗流过程中的乳化规律研究[J]. 油田化学, 2013, 30(1): 83-86.